ROMAN MILITARY DIPLOMAS VI

ROMAN MILITARY DIPLOMAS VI

PAUL HOLDER

UNIVERSITY OF LONDON PRESS
SCHOOL OF ADVANCED STUDY
UNIVERSITY OF LONDON

2024

This edition first published 2024 by
University of London Press
Senate House, Malet St, London WC1E 7HU

© Paul Holder 2024
The right of Paul Holder to be identified as author of this Work
has been asserted in accordance with sections 77 and 78
of the Copyright, Designs and Patents Act 1988.

A CIP catalogue record for this book is available from The British Library.

ISBN 978-1-915249-65-4 (paperback)
ISBN 978-1-915249-76-0 (epub)
ISBN 978 1-915249-75-3 (pdf)

Cover image: Photograph of 639, SEVERVS ET ANTONINVS
M. COMINIO MEMORI—tabella II outer face (Margaret Roxan Photograph Archive)

Cover design for University of London Press by Nicky Borowiec.
Book design by Westchester Publishing Services UK.
Text set by Westchester Publishing Services UK in Times New Roman.

CONTENTS

FOREWORD	vi
LIST OF PLATES	vii
BIBLIOGRAPHY	viii
TABLE OF DIPLOMAS IN *RMD VI*	xv
A REVISED CHRONOLOGY OF THE DIPLOMAS PUBLISHED UP TO *RMD VI*	xviii
FURTHER NOTES ON THE CHRONOLOGY	xxxvi
CRITICAL SIGNS	xlix
DIPLOMAS 477-655	li
APPENDIX I: Sites on the Capitol before 90	231
APPENDIX IIa: Inner face of Tabella I: Last line, 118-140	232
APPENDIX IIb: Inner face of Tabella II: First line, 118-140	234
APPENDIX IIIa: Period 3 witness lists, 138-168	235
APPENDIX IIIb: Period 3 witness lists, 178-237	236
CONCORDANCES	237
DIPLOMAS 477-655	243
INDICES:	
1. Witnesses: a revised list of all known witnesses up to *RMD VI*	244
2. Names	265
3a. Governors	280
3b. Prefects of the Fleets	281
4. Recipients, their units, and their families	282
5a. Commanders of auxiliary units named in this volume	286
5b. Commanders of *eqvites singvlares Avgvsti*	287
6. Units	288
7. Peoples and Places	303

FOREWORD

The sixth volume of Roman Military Diplomas is now ready after a gestation more prolonged than originally envisioned. The vast majority of the 179 diplomas described here were published between 2004 and 2007 and includes those diplomas in *RGZM* which have not been included in previous volumes. For ease of reference a concordance between *RGZM* and *RMD* has been provided. More importantly there is a concordance between *L'Année Épigraphique* (*AE*) and all volumes of *RMD* up to and including *AE* 2018 (published 2021).

Following the publication of a diploma of 25 January 206 for Aegyptus (*AE* 2012, 1960) the latest possible date for the issuing of diplomas on metal to auxiliaries has therefore changed accordingly. It should also be noted that there was a cessation of diplomas on metal between 167/168 and 177/178 (Eck 2012d, 46-49 with Weiß 2017a, 141-142). After the resumption of providing metal copies very few grants to auxiliaries are known and they would have been superfluous after the *Constitutio Antoniniana*. Between 177/178 and 206 a total of just twelve closely dated grants to auxiliaries are known. This should be compared with the twenty-seven identifiable individual grants known to have been issued between 161 and 167/168.

Of the diplomas in *RMD* VI only 17 per cent have known findspots although that for *RMD* VI 510 is not at all certain. It should also be noted that three of these were found outside of the Roman Empire (two in Moldova and one in Ukraine). There are now some 840 diplomas included in the Complete Chronology. Revisions to the dates therein are explained in the Further Notes reflecting material published up to the end of 2021. These ninety notes help to explain the revised chronology of diplomas published prior to *RMD* VI and enable the assimilation of the diplomas in this volume. The notes explain the reasons for redating specific diplomas. New readings are given which may be as a result of further cleaning or bringing fragments together.

Over 500 diplomas have been published since 2007 and many more have not yet been published. In the last decade the proportion of provenanced finds has increased mostly because of metal detection beyond the boundaries of the Roman Empire in Europe. Discoveries have been reported in Hungary over the Danube, Slovakia, and Poland. But by far the largest number, more than fifty, have been discovered in Ukraine and have been reported to the Terra Amadociae Project. Most of these are small fragments with none larger than half of a tabella. Many show signs of reuse or are of regular shape.

In the Foreword to *RMD* V I acknowledged the assistance of a number of scholars. Since the publication of *RMD* V a number of scholars have died who had assisted with the preparation of previous volumes in the series notably Géza Alföldy, Slobodan Dušanić, Hans Lieb, Barnabás Lőrincz, Denis Saddington, and Hartmut Wolff. Above all the death of Tony Birley has robbed me of a friend who had always improved my work but he had only seen early versions of the entries for the diplomas within this volume. Werner Eck and Dan Dana have read the text and have corrected errors and have made numerous helpful comments and improvements. Any errors still remaining are of my own making.

I should like to thank Tim Pestell and the Norfolk Museums Service for providing the images of *RMD* VI 505. The Institute of Biblical and Scientific Studies, Philadelphia kindly gave permission to publish fragment C of *RMD* VI 521. The composite images of *RMD* VI 521 and *RMD* VI 548/372 have been created by Andreas Pangerl to whom I gave grateful thanks. It is fitting that the Institute of Classical Studies has agreed to publish *RMD* VI having already published *RMD* IV and *RMD* V. I should like to thank Emma Gallon for her assistance and patience through the publication process.

Paul Holder
November 2023

LIST OF PLATES

Page

Plate 1: Photographs of 505   (a) tabella I inner face
                                (Courtesy of Norfolk Castle Museum and Art Gallery)   35
                                (b) tabella I outer face
                                (Courtesy of Norfolk Castle Museum and Art Gallery)   35

Plate 2: Photographs of 521   (a) tabella I inner face
                                (Courtesy of the Institute of Biblical and Scientific Studies,
                                Philadelphia and Andreas Pangerl)   57
                                (b) tabella I outer face
                                (Courtesy of the Institute of Biblical and Scientific Studies,
                                Philadelphia and Andreas Pangerl)   57

Plate 3: Photographs of 548/372   (a) tabella I inner face
                                    (Courtesy of Andreas Pangerl)   93
                                    (b) tabella I outer face
                                    (Courtesy of Andreas Pangerl)   93

Plate 4: Photograph of 639   (a) tabella II outer face
                               (Margaret Roxan Photograph Archive)   205

vii

BIBLIOGRAPHY

DNP = Der Neue Pauly. H. Cencik, H. Schneider (ed.), Stuttgart.

FO² = Vidman, L. (1982), *Fasti Ostienses.* 2nd ed. Prague.

LGPN = A lexicon of Greek personal names. P. M. Fraser, E. Matthews et al. (ed.). Oxford.
I (1987); II (1994); II.A revised (2007); III.A (1997); III.B (2000); IV (2005); V.A (2010); V.B (2014); V.C (2018). Online = I - V.A (lgpn.ox.ac.uk/online/searches.html).

Nomenclator = A. Mócsy et al. (1983) *Nomenclator provinciarum Europae Latinarum et Galliae Cisalpinae cum indice inverso.* (Dissertationes Pannonicae, III, 1). Budapest.

OnomThrac = Dana, D. (2014), *Onomasticon Thracicum: Répertoire des noms indigènes de Thrace, Macédoine Orientale, Mésies, Dacie et Bithynie.* (Meletemata 70). Athens.

OnomThracSuppl = version 7, December 2020.

OPEL = Onomasticon Provinciarum Europae Latinarum. Compusuit et correxit B. Lörincz.
Vol. I: Aba – Bysanus. Budapest 1994 (2nd ed. 2005)
Vol. II: Cabalicius – Ixus. Vienna 1999
Vol. III: Labareus – Pythea. Vienna 2000
Vol. IV: Quadratia – Zures. Vienna 2002

PME = Devijver, H., *Prosopographia Militiarum Equestrium quae fuerunt ab Augusto ad Gallienum.*
Tom. I-III (Leuven, 1976-80); Tom. IV, suppl. 1 (Leuven, 1987); Tom. V, suppl. 2 (Leuven 1993); Tom. VI (Leuven 2001).

PIR² = *Prosopographia Imperii Romani saec. I. II. III.*
Editio altera. E. Groag et al. (ed.), Pars I A-B (Berlin 1933); Pars II C (1936-58); Pars III D-F (Berlin 1943); Pars IV fasc. 1 G (Berlin 1952), fasc. 2 H (Berlin 1958), fasc. 3 I (Berlin 1966); Pars V fasc. 1 L (Berlin 1970), fasc. 2 M (Berlin 1983), fasc. 3 N-O (Berlin 1987); Pars VI P (Berlin 1998); Pars VII fasc. 1 Q-R (Berlin 1999), fasc. 2 S (Berlin 2006); Pars VIII fasc. 1 T (Berlin 2009), fasc. 2 V-Z (Berlin 2015).

RGZM = Pferdehirt, B. (2004), *Römische Militärdiplome und Entlassungsurkunden in der Sammlung des Römisch-Germanischen-Zentralmuseums.* 2 Tl. (Kataloge vor- und frühgeschichtlicher Altertümer, 37). Mainz.

RMD = Roman Military Diplomas.
I = Roman Military Diplomas 1954-1977. M. M. Roxan. London 1978.
II = Roman Military Diplomas 1978-1985. M. M. Roxan, with contributions ... London 1985.
III = Roman Military Diplomas 1985-1993. M. M. Roxan. London 1994.
IV = Roman Military Diplomas IV. M. Roxan and P. Holder. London 2003.
V = Roman Military Diplomas V. P. Holder. London 2006.

ALFÖLDY, G. (1986), Die Truppenkommandeure in den Militärdiplomen. In Eck, Wolff (1986), 385-436.

BENNETT, J. (2010), Auxiliary Deployment during Trajan's Parthian War: Some Neglected Evidence from Asia Minor. In Deroux (2010), 423-445.

BEUTLER, F. (2010), Ein oberpannonisches Militärdiplom aus Carnuntum und der Statthalter L. Sergius Paullus. *ZPE* 172, 271-276.

BEUTLER, F. (2018), Die Militärdiplome im Besitz des Museum Carnuntinum. *Carnuntum Jahrbuch*, 107-119.

BIRLEY, A. R. (2005), *The Roman Government of Britain.* Oxford.

BIRLEY, A. R. (2014), Two Governors of Dacia Superior and Britain. In Iliescu, Nedu, Barboş (ed.) (2014), 241-259.

BÖRM, H. - EHRHARDT, N. - WIESEHÖFER, J. (ed.) (2008), *Monumentum et instrumentum inscriptum. Beschriftete Objekte aus Kaiserzeit und Spätantike als historische Zeugnisse: Festschrift für Peter Weiß zum 65. Geburtstag.* Stuttgart.

BOYANOV, I. (2007), Two Fragments from Military Diplomas in Yambol Museum. *Archaeologia Bulgarica* 11.3, 69-74.

BUONOPANE, A. (2002), Il diploma militare di un pretoriano da Serraville a Po (Mantova): una nota preliminare. *Quaderni di Archeologia del Mantovano* 4, 27-34.

CALDELLI, M. L. - GREGORI, G.L. - ORLANDI, S. (ed.) (2008), *Epigrafia 2006. Atti dell'XIV Rencontre sur l'épigraphie in onore di Silvio Panciera con altri contributi di colleghi, allievi e collaboratori.* Rome.

CAMODECA, G. (2008-2009), Evergeti ad Ercolano. Le iscrizioni di dedica del tempio di Venere. *Rendiconti della Pontificia Accademia Romana di Archeologia* 81, 47-67.

CAMODECA, G. (2019), Rilettura di CIL XI 6712, 46 e 151: due signacula di servi del cavaliere di età traianea Q. Plinius Truttedius Pius. *Epigraphica* 81, 643-648.

CHIRIAC, C. - MIHAILESCU-BÎRLIBA, L. - MATEI, I. (2004), Ein neues Militärdiplom aus Moesien. *ZPE* 150, 265-269.

COSME, P. (2014), Les bronzes fondus du Capitole: vétérans, cités et urbanisme romain au début du règne de Vespasien. *ZPE* 188, 265-274.

DANA, D. (2004-2005), Traditions onomastiques, brassages et mobilité de populations d'après un diplôme militaire pour la Dacie supérieure de 123 (RGZM 22). *Acta Musei Napocensis* 41-42/1, 69-74.

DANA, D. (2010), Corrections, restitutions et suggestions onomastiques dans quelques diplômes militaires. *Cahiers du Centre Gustave Glotz* 21, 35-62.

DANA, D. (2013), Les Thraces dans les diplômes militaires. Onomastique et statut des personnes. In Parissaki (ed.) (2013), 219-269.

DANA, D. (2017), A Hitherto Unrecognised Cornovian on a Roman Military Diploma (*RMD* I, 35). *Britannia* 48, 287-298.

DANA, D. (2019), Témoignages épigraphiques récents sur l'onomastique et le recrutement des Daces. In Nemeti et al. (2019) 143-166.

DANA, D. (2020), Les corps de garde dans les diplômes militaires. In Wolff, Faure (2020), 319-368.

DANA, D. - DEAC, D. (2018), Un diplôme militaire fragmentaire du règne d'Hadrien découvert à Romita (Dacie Porolissensis) et relecture du diplôme *RMD* I 40 (*Porolissum*). *ZPE* 208, 273-278.

DANA, D. - MATEI-POPESCU, F. (2009), Soldats d'origine dace dans les diplômes militaires. *Chiron* 39, 209-256.

DEROUX, C. (ed.) (2010), *Studies in Latin Literature and Roman History 15*. Brussels.

DIETZ, K.-H. (2008), Eine griechische Inschrift für Caracalla und Iulia Domna. Appendix: Nochmals zu CIL XVI 127. In Börm, Ehrhardt, Wiesehöfer (2008), 77-81.

ECK, W. (2002), Zum Zeitpunkt des Wechsels der *tribunicia potestas* des Philippus Arabs und anderer Kaiser. *ZPE* 140, 257-261.

ECK, W. (2006), review of B. Pferdehirt, *Römische Militärdiplome und Entlassungsurkunden in der Sammlung des Römisch-Germanischen Zentralmuseums. Bonner Jahrbucher* 206, 349-355.

ECK, W. (2007), Die Veränderungen in Konstitutionen und Diplomen unter Antoninus Pius. In Speidel, Lieb (2007), 87-104.

ECK, W. (2011), Neue Zeugnisse zu zwei bekannten kaiserlichen Bürgerrechtskonstitutionen. *ZPE* 177, 263-271.

ECK, W. (2012a), Der Bar Kochba-Aufstand der Jahre 132-136 und seine Folgen für die Provinz Judaea/Syria Palaestina. In Urso (2012), 249-265.

ECK, W. (2012b), *Diplomata militaria* für Prätorianer, vor und seit Septimius Severus. Eine Bestands-aufnahme und ein Erklärungsversuch. *Athenaeum* 100, 321-336.

ECK, W. (2012c), Eine Konstitution für das Heer von Germania Superior mit der *praeterea*-Formel zum Bürgerrecht der Soldatenkinder aus dem Jahr 142. *ZPE* 183, 241-244.

ECK, W. (2012d), *Bürokratie und Politik in der römischen Kaiserzeit: administrative Routine und politische Reflexe in Bürgerrechtskonstitutionen der römischen Kaiser*. Wiesbaden.

ECK, W. (2013a), Die Fasti Consulares der Regierungszeit des Antoninus Pius: eine Bestandsaufnahme seit Géza Alföldys *Konsulat und Senatorenstand*. In Eck, Fehér, Kovács (2013), 69-90.

ECK, W. (2013b), Konsuln des Jahres 117 in Militärdiplomen Traians mit *tribunicia potestas XX*. *ZPE* 185, 235-238.

ECK, W. (2019a), Beobachtungen zur Sonderformel praeterea praestitit in diplomata militaria. *ZPE* 209, 245-252.

ECK, W. (2019b), Die Bürgerrechtskonstitutionen als serielle Quellengattung und proconsul als Element in der Titulatur der römischen Kaiser. In Heller, Müller, Suspène (2019), 481-499.

ECK, W. (2019c), Beinamen für stadtrömische Militäreinheiten unter Severus Alexander und dessen angeblicher Triumph über die Perser im Jahr 233. *Chiron* 49, 251-269.

ECK, W. (2020), Der Einschluss der Kinder in kaiserliche Bürgerrechtskonstitutionen nach der „Reform" des Antininus Pius im Jahr 140: Einblicke in die römischen Administration. In Gatzke, Brice, Trundle (2020) 68-82.

ECK, W. - GRADEL, I. (2021), Eine Konstitution für das Heer von Mauretania Tingitana vom 20. September 104 n. Chr. *ZPE* 219, 248-255.

ECK, W. - PANGERL, A. (2004a), Ein Diplom für einen Centurio der Classis Moesica aus dem Jahr 112 n. Chr. *Althistorisch-Epigraphische Studien* 5, 247-254.

ECK, W. - PANGERL, A. (2004b), Ein Sequaner in einem Militärdiplom vom 27. Juli 108. *Revue des Études Militaires Anciennes* 1, 103-115.

ECK, W. - PANGERL, A. (2004c), Neue Diplome für die Heere von Germania superior und Germania inferior. *ZPE* 148, 259-268.

BIBLIOGRAPHY

ECK, W. - PANGERL, A. (2004d), Eine Bürgerrechtskonstitution für zwei Veteranen des kappadokischen Heeres. *ZPE* 150, 233-241.

ECK, W. - PANGERL, A. (2005a), Traians Heer im Partherkrieg. Zu einem neuen Diplom aus dem Jahr 115. *Chiron* 35, 49-67.

ECK, W. - PANGERL, A. (2005b), Neue Militärdiplome für die Provinzen Syria und Iudea/Syria Palestina. *Scripta Classica Israelica* 24, 101-118.

ECK, W. - PANGERL, A. (2005c), Zwei Konstitutionen für die Truppen Niedermoesiens vom 9. September 97. *ZPE* 151, 185-192.

ECK, W. - PANGERL, A. (2005d), Neue Konsulndaten in neuen Diplomen. *ZPE* 152, 229-262.

ECK, W. - PANGERL, A. (2005e), Neue Militärdiplome für die Truppen der mauretanischen Provinzen. *ZPE* 153, 187-206.

ECK, W. - PANGERL, A. (2004-2005), Ein Diplom für die Truppen von Dacia superior unter dem Kommando des Marcius Turbo im Jahr 119 n. Chr. *Acta Musei Napocensis* 40-41/1, 61-68.

ECK, W. - PANGERL, A. (2006a), Syria unter Domitian und Hadrian: Neue Diplome für die Auxiliartruppen der Provinz. *Chiron* 36, 205-247.

ECK, W. - PANGERL, A. (2006b), Neue Diplome für die Auxiliartruppen in den mösischen Provinzen von Vespasian bis Hadrian. *Dacia* N.S. 50, 93-108.

ECK, W. - PANGERL, A. (2006c), Die Konstitution für die classis Misenensis aus dem Jahr 160 und der Krieg gegen Bar Kochba unter Hadrian. *ZPE* 155, 239-252.

ECK, W. - PANGERL, A. (2006d), Zur Herstellung der diplomata militaria: Tinte auf einem Diplom des Titus für Noricum. *ZPE* 157, 181-184.

ECK, W. - PANGERL, A. (2007a), Weitere Militärdiplome für die mauretanischen Provinzen. *ZPE* 162, 235-247.

ECK, W. - PANGERL, A. (2007b), Neue Diplome für Flotten in Italien. *ZPE* 163, 217-232.

ECK, W. - PANGERL, A. (2006-2007), Neue Diplome für die Dakischen Provinzen. *Acta Musei Napocensis* 43-44/1, 185-210.

ECK, W. - PANGERL, A. (2008a), Zum administrativen Prozess bei der Ausstellung von Bürgerrechts-Konstitutionen. Neue Diplome für die Flotte von Misenum aus dem Jahr 119. In Börm, Ehrhardt, Wiesehöfer (2008), 85-101.

ECK, W. - PANGERL, A. (2008b), Moesia und seine Truppen. Neue Diplome für Moesia und Moesia superior. *Chiron* 38, 317-387.

ECK, W. - PANGERL, A. (2008c), Vater. Mutter, Schwestern, Brüder ...: 3. Akt. *ZPE* 166, 277-284.

ECK, W. - PANGERL, A. (2008-2009), Ein Diplom für die Ravennatische Flotte unter dem Präfekten Aurelius Elpidephorus aus dem Jahr 221 n Chr. *Acta Musei Napocensis* 45-46/1, 2008-2009, 193-205.

ECK, W. - PANGERL, A. (2010), Eine neue Bürgerrechtskonstitution für die Truppen von Pannonia inferior aus dem Jahr 162 mit einem neuen Konsulnpaar. *ZPE* 173, 223-236.

ECK, W. - PANGERL, A. (2011), Verdienste um Kaiser und Reich? Zu einem Diplom aus der Regierungszeit Nervas mit dem Stadthalter Iulius C[andidus Marius Celsus]. *ZPE* 177, 259-262.

ECK, W. - PANGERL, A. (2012), Eine Konstitution für die Truppen von Dacia superior aus dem Jahr 142 mit der Sonderformel für Kinder von Auxiliaren. *ZPE* 181, 173-182.

ECK, W. - PANGERL, A. (2013a), Ein consul suffectus Q. Aburnius in drei fragmentarischen Fragmenten. *ZPE* 185, 239-247.

ECK, W. - PANGERL, A. (2013b), Neue Diplome mit den Namen von Konsuln und Statthaltern. *ZPE* 187, 273-294.

ECK, W. - PANGERL, A. (2014a) Zwei neue Diplome für die Truppen von Dacia superior und Dacia Porolissensis. *ZPE* 191, 269-277.

ECK, W. - PANGERL, A. (2014b), Das vierte Diplom für Galatia-Cappadocia, ausgestellt im Jahr 99. *ZPE* 192, 238-246.

ECK, W. - PANGERL, A. (2016), Das früheste Zeugnis für die Stationierung der cohors XIII urbana in Africa: 11 Juni 79 n. Chr. *ZPE* 199, 176-183.

ECK, W. - PANGERL, A. (2018a), Eine neue Bürgerrechtskonstitution aus dem Jahr 105, dem ersten Jahr der *expeditio Dacica secunda*. In Popescu, Achim, Matei-Popescu (2018), 75-85.

ECK, W. - PANGERL, A. (2018b), Neue Diplome aus der Zeit Hadrians für die beiden mösischen Provinzen. *ZPE* 207, 219-232.

ECK, W. - PANGERL, A. (2018c), Eine Konstitution für abgeordnete Truppen aus vier Provinzen aus dem Jahr 152. *ZPE* 208, 229-236.

ECK, W. - PANGERL, A. (2019), Neue Diplome für die Truppen in den Donau-Provinzen. In Farkas, Neményi, Szabó (2019), 129-145.

ECK, W. - PANGERL, A. (2020), Fragmentarische Diplome aus der hadrianisch-antoninischen Regierungszeit. *Acta Musei Napocensis* 57/1, 89-121.

ECK, W. - PANGERL, A.(2021a), Eine neue Konstitution Hadrians für die Truppen der Provinz Raetien frühestens aus dem Jahr 126/127. *Bayerische Vorgeschichtsblätter* 86, 59-62.

ECK, W. - PANGERL, A. (2021b), Die 12. Kopie einer Konstitution für die Truppen von Mauretania Tingitana aus dem Jahr 153. *ZPE* 217, 195-200.

ECK, W. - WEISS, P. (2002), Hadrianische Konsuln. Neue Zeugnisse aus Militärdiplome. Anhang: Die Konsulnfasten der ersten zehn Jahre Hadrians, *Chiron* 32, 478-484.

ECK, W. - WOLFF, H. (ed.) (1986), *Heer und Integrationspolitik: die römischen Militärdiplome als historische Quelle.* Cologne-Vienna.

ECK, W. - FEHÉR, B. - KOVÁCS, P. (ed.) (2013), *Studia Epigraphica in memoriam Géza Alföldy.* Bonn.

ECK, W. - HOLDER, P. - PANGERL, A. (2010), A Diploma for the Army of Britain in 132 and Hadrian's Return to Rome from the East. *ZPE* 174, 189-200.

ECK, W. - HOLDER, P. - PANGERL, A. (2016), Eine Konstitution aus dem Jahr 152 oder 153 für niedermösische und britannische Truppen, abgeordnet nach Mauretania Tingitana. Mit einer Appendix von Paul Holder. *ZPE* 199, 187-201.

ECK, W. - MACDONALD, D. - PANGERL, A. (2001), Neue Diplome für die Auxiliartruppen in den dakischen Provinzen. *Acta Musei Napocensis* 38/1, 27-48.

ECK, W. - MACDONALD, D. - PANGERL, A. (2002a), Neue Diplome für das Heer der Provinz Syrien. *Chiron* 32, 427-448.

ECK, W. - MACDONALD, D. - PANGERL, A. (2002b), Neue Militärdiplome für Truppen in Italien: Legio II Adiutrix, Flotten und Prätorianer. *ZPE* 139, 195-207.

ECK, W. - MACDONALD, D. - PANGERL, A. (2002-2003), Neue Diplome für die Axiliartruppen von Unterpannonien und die dakischen Provinzen aus hadrianischer Zeit. *Acta Musei Napocensis* 39-40/1, 25-50.

ECK, W. - MACDONALD, D. - PANGERL, A. (2004), Neue Militärdiplome für Truppen in Britannia, Pannonia superior, Pannonia inferior, sowie in Thracia. *Revue des Études Militaires Anciennes* 1, 63-101.

ECK, W. - PACI, G. - PERCOSSI SERENELLI, E. (2003), Per una nuova edizione dei Fasti Potentini. *Picus*, 23, 51-108.

ERDKAMP, P. (ed.) (2007), *A Companion to the Roman Army.* Oxford.

FAORO, D. (2011), *Praefectus, procurator, praeses. Genesi delle cariche presidiali equestri nell'Alto Impero Romano.* Milan.

FARKAS, G. I.- NEMÉNYI, R.- SZABÓ, M. (ed.) (2019), *Visy 75. Artificem commendat opus. Studia in honorem Zsolt Visy.* Pécs.

FREI-STOLBA, R. - LIEB, H. (2009), sag(-): cohors sag(ttaria) ou sag(ittariorum) un problème d'édition de texte. *Epigraphica* 71, 291-301.

GATZKE, A. F. - BRICE, L. L. - TRUNDLE, M. (ed.) (2020), *People and Institutions in the Roman Empire. Essays in Memory of Garrett G. Fagan.* Leiden.

GREENE, E. M. (2015), *Conubium cum uxoribus*: Wives and Children in the Roman Military Diplomas. *Journal of Roman Archaeology* 28, 125-159.

GRIEB, V. (ed.) (2017), *Marc Aurel - Wege zu seiner Herrschaft.* Gutenberg.

HAENSCH, R. - HEINRICHS, J. (ed.) (2007), *Herrschen und Verwalten: Der Alltag der römischen Administration in der Hohen Kaiserzeit.* Cologne.

HAENSCH, R. - WEISS, P. (2012), Ein schwieriger Weg: die Straßenbauschrift des M. Valerius Lollianus aus Byllis. *Römische Mitteilungen* 118, 435-454.

HELLER, A. - MÜLLER, CH. - SUSPÈNE, A. (ed.) (2019), *Philorhômaios kai philhellèn. Hommage à Jean-Louis Ferrary.* (Hautes Études du Monde Gréco-Romain 56). Geneva.

HOLDER, A. (1896-1914), *Alt-celtischer Sprachschatz*, 3 v.,. Leipzig.

HOLDER, P. (1998), Auxiliary Units Entitled Aelia. *ZPE* 122, 253-262.

HOLDER, P. (2003), Auxiliary Deployment in the Reign of Hadrian. In Wilkes (2003), 101-145.

HOLDER, P. (2005), Alae in Pannonia and Moesia in the Flavian period. In Visy (2005), 79-83.

HOLDER, P. (2006), Auxiliary Deployment in the Reign of Trajan. *Dacia* N.S. 50, 141-174.

HOLDER, P. (2007a), Observations on the Inner Faces of Auxiliary Diplomas from the Reign of Antoninus Pius. In Sekunda (2007), 151-171.

HOLDER, P. (2007b), Observations on Multiple Copies of Auxiliary Diplomas. In Speidel, Lieb (2007), 165-186.

HOLDER, P. (2008), Hadrianic Diplomas for the Italian Fleets. In Börm, Ehrhardt, Wiesehöfer (2008), 135-156.

HOLDER, P. (2014), Two Fragmentary Diplomas for Syria. *ZPE* 190, 291-296.

HOLDER, P. (2017a), Auxiliary Recruitment as Reflected in Military Diplomas issued AD 71-168. *Revue Internationale d'Histoire Militaire Ancienne* 6, 13-33.

BIBLIOGRAPHY

HOLDER, P. (2017b), Three Auxiliary Diplomas Revisited. *ZPE* 203, 250-262.

HOLDER, P. (2018a), Some Diploma Witness Lists from the Reign of Hadrian. *ZPE* 208, 256-262.

HOLDER,.P. (2018b), Two Diplomas for Mauretania Tingitana Reconsidered. *ZPE* 208, 263-267.

ILIESCU, V. - NEDU, D. - BARBOȘ, - A.-R. (ed.) (2014), *Graecia, Roma, Barbaricum. In memoriam Vasile Lica.* Galați.

IVANTCHIK, A. - POGORELETS, O. - SAVVOV, R. (2007), A New Roman Military Diploma from the Territory of the Ukraine. *ZPE* 163, 255-262.

JARRETT, M. G. (1994), Non-Legionary Troops in Roman Britain. Part One, the Units. *Britannia* 25, 35-77.

JOVANOVA, L. - ONČEVSKA TODOROVSKA, M. (2018), *Scupi. Sector Southeastern Defensive Wall and the Thermae-Atrium Basilica Complex.* Skopje.

KIENAST, D. - ECK, W. - HEIL, M. (2017), *Römische Kaisertabelle: Grundzüge einer römischen Kaiserchronologie.* 6. Überarbeitete Auflage. Darmstadt.

KRIECKHAUS, A. (2005), Vater und Sohn: Bemerkungen zu den severischen consules ordinarii M. Munatius Sulla Cerialis und M. Munatius Sulla Urbanus. *ZPE* 153, 253-254.

LEUNISSEN, P. M. M. (1989), *Konsuln und Konsulare in der Zeit von Commodus bis Severus Alexander (180-235 n.Chr.).* Amsterdam.

LOMBARDI, P. - VISMARA, C. (2005), Deux inscriptions d'Aléria (Haute-Corse). *Gallia* 62, 279-292.

MACDONALD, D. (2006), New Fragmentary Diploma of the Syrian Army, 22 March 129. *Scripta Classica Israelica* 25, 97-100.

MAGIONCALDA, A. (2006), I procuratori-governatori delle due Mauretaniae: aggiornamenti (1989-2004) e nuove ipotesi. *L'Africa romana* 16, 1737-1758.

MAGIONCALDA, A. (2008), I prefetti delle flotte di Miseno e di Ravenna nella testimonianza dei diplomi militari: novità e messe a punto. In Caldelli, Gregori, Orlandi (2008), 1149-1170.

MANN, J. C. (1972), The Development of Auxiliary and Fleet Diplomas. *Epigraphische Studien* 9, 233-241.

MANN, J. C. (2002), Name Forms of Recipients of Diplomas. *ZPE* 139, 227-234.

MATEI-POPESCU, F. (2005), Despre identitatea cohortelor I Bracaraugustanorum equitata şi I Bracarorum civium Romanorum. In Muşeteanu, Bărbulescu, Benea (2005), 313-318.

MATEI-POPESCU, F. (2007), Two Fragments of Roman Military Diplomas Discovered on the Territory of the Republic of Moldova. *Dacia* N.S. 51, 153-159.

MATEI-POPESCU, F. (2008), Auxiliaria (I). *Studii şi Comunicări de Arheologie şi Istorie Veche* 16, 105-111.

MATEI-POPESCU, F. (2010), *The Roman Army in Moesia inferior.* Bucharest.

MATEI-POPESCU, F. - ȚENTEA, O. (2018), *Auxilia Moesiae Superioris.* Cluj-Napoca.

MICHEL, F. (2008), *Baslel Turbeli f(ilius) Gallinaria Sarniensis.* Question d'onomastique et d'*origo. L'Africa romana* 17, III, 1861-1872.

MIHAILESCU-BÎRLIBA, L. - DUMITRACHE, I. (2016) Diplômes militaires - carrières équestres: le cas de Flavius Flavianus. In Panaite, Cîrjan, Căpiță (2016), 67-74.

MUGNAI, N. (2016), A New Military Diploma for the Troops of *Mauretania Tingitana* (26 October 153). *ZPE,* 197, 243-248.

MUŞEȚEANU, C. - BĂRBULESCU, M. - BENEA, D. (ed.) (2005), *Corona laurea. Studii în onoarea Luciei Țeposu Marinescu.* Bucharest.

NEMETI, S. et al. (ed.) (2019), *The Roman Provinces - Mechanisms of Integration.* Cluj-Napoca.

ONOFREI, C. (2013), A Military Diploma Regarding Dacia Porolissensis (14th of April 123). *Ephemeris Napocensis* 23, 271-276.

PANAITE, A. - CÎRJAN, R. - CĂPIȚĂ, C. (ed.) (2016), *Moesica et Christiana. Studies in Honour of Professor Alexandru Barnea.* Brăila.

PANGERL, A. (2004), Ein neues Militärdiplom für Trebonianus Gallus und Volusianus. *Archäologisches Korrespondenzblatt* 34,1, 101-105.

PANZRAM, S. - RIESS, W. - SCHÄFER, C. (ed.) (2015), *Menschen und Orte der Antike; Festschrift für Helmut Halfmann zum 65. Geburtstag.* Rahden / Westf.

PAPI, E. (2004), Diploma militare da *Thamusida* (*Mauretania Tingitana*): 103/104. *ZPE* 146, 255-258.

PARISSAKI, M.-G. G. (ed.) (2013), *Thrakika Zetemata II: Aspects of the Roman Province of Thrace.* Athens.

PAUNOV, E. (2005), A Hadrianic Diploma for a Thracian Sailor from the Misene Fleet: 25 December 119 A.D. *Archaeologia Bulgarica* 9.3, 39-51.

PETOLESCU, C. C. (2015), Notes prosopographiques (VIII), *Dacia* N.S. 59, 363-370.

PETOLESCU, C. C. - POPESCU, A.-T. (2005), Ein neues Militärdiplom für die Provinz Moesia inferior. *ZPE* 148, 269-276.

PETOLESCU, C. C. - POPESCU, A.-T. (2007), Trois fragments de diplômes militaires de Dobroudja. *Dacia* N.S. 51, 147-151.

PETROVSZKY, R. (2004), Das Militärdiplom des *Atrectus*. *Mitteilungen des Historischen Vereins de Pfalz* 102, 7-64.

PFERDEHIRT, B. (2002), *Die Rolle des Militärs für den sozialen Aufstieg in der römischen Kaiserzeit.* (Römisch-Germanisches Zentralmuseum, Forschungsinstitut für Vor- und Frühgeschichte. Monographien Bd. 49). Mainz.

PISO, I. (2013), *Fasti provinciae Daciae II. Die ritterlichen Amtsträger.* Bonn.

POPESCU, M. - ACHIM, I. - MATEI-POPESCU, F. (ed.) (2018), *La Dacie et l'Empire romain: mélanges d'épigraphie et d'archéologie offerts à Constantin C. Petolescu.* Bucharest.

RYAN, A. J. (2006), In the Museum. *Akroterion* 51, 161-166.

SADDINGTON, D. B. (2004), Local Witnesses on an Early Flavian Military Diploma. *Epigraphica* 66, 75-79.

SADDINGTON, D. (2007), Classes. The Evolution of the Roman Imperial Fleets. In Erdkamp (2007), 201-217.

SADDINGTON, D. B. (2008), The Witnesses on Yet Another Early Flavian Diploma. A Note. *Epigraphica* 70, 351-352.

v. SALDERN, F. (2004), Ein Militärdiplom für die Dacia Inferior vom 19. Juli 146. *Bayerische Vorgeschichtsblätter* 69, 11-18 + Taf. 5-6.

SALOMIES, O. (1996), Observations on Some Names of Sailors Serving in the Fleets at Misenum and Ravenna. *Arctos* 30, 168-186.

SCHEIDEL, W. (1996), *Measuring Sex, Age and Death in the Roman Empire: Explorations in Ancient Demography.* (Journal of Roman Archaeology Supplementary Series no. 21). Ann Arbor.

SCHEIDEL, W. (2007), Marriage, Families, and Survival: Demographic Aspects. In Erdkamp (2007), 417-434.

SCHOLZ, M. (2004), Ein Militärdiplom-Fragment aus Heidenheim-Schnaitheim, „Fürsamen". *Archäologische Ausgrabungen in Baden-Würrtemberg* 2004, 189-190.

SCHOLZ, M. (2005), Militärdiplom und Ziegelstempel aus Walheim, Kreis Ludwigsburg. *Archäologische Ausgrabungen in Baden-Württemberg* 2005, 123-125.

SEKUNDA, N. (ed.) (2007), *Corolla Cosmo Rodewald.* Gdańsk.

SHARANKOV, N. (2009), Three Roman Documents on Bronze. *Archaeologia Bulgarica*, 13,2, 53-72.

SOLIN, H. - SALOMIES, O. (1994), *Repertorium nominum gentilium et cognominum Latinorum.* Editio nova. Hildesheim.

SPEIDEL, M. A. - LIEB, H. (ed.) (2007), *Militärdiplome: Die Forschungsbeiträge der Berner Gespräche von 2004.* (Mavors, 15). Stuttgart.

SPEIDEL, M. P. (1994), *Die Denkmäler der Kaiserreiter - Equites singulares Augusti.* Cologne-Bonn.

SPEIDEL, M. P. (2005), Aurelius Nemesianus and the Murder of Caracalla. *Archäologisches Korrespondenzblatt* 35, 519-521.

STEIDL, B. (2005), Militärdiplome aus dem neuen raetischen Donaukastell von Pfatter. *Bayerische Vorgeschichtsblätter* 70, 133-152.

THOMASSON, B. (1984), *Laterculi Praesidum,* Vol. 1. Göteborg.

THOMASSON, B. (2009), *Laterculi Praesidum,* Vol. 1 ex parte retractatum. Göteborg. (http://www.isvroma.it /public/Publications/laterculi.pdf)

TOMLIN, R. S. O. (2005), The Prefect of the Misene Fleet in 218: a Note to *RMD* III 192. *ZPE* 154, 2005, 271-274.

TOMLIN, R. S. O. (2022), Roman Britain in 2021: III. Inscriptions. Britannia 53, 501-534.

TOMLIN, R. S. O. - PEARCE, J. (2018), A Roman Military Diploma for the German Fleet (19 November 150) Found in Northern Britain. *ZPE* 206, 207-216.

TULLY, G. D. (2005), A Fragment of a Military Diploma for Pannonia Found in Northern England. *Britannia* 36, 375-382.

URSO, G. (ed.) (2012), *Iudaea Socia - Iudaea Capta. Atti del convegno internazionale Cividale del Friuli, 22-24 settembre 2011.* Pisa.

VISY, Zs. (ed.) (2005), *Limes XIX: 19th International Congress of Roman Frontier Studies, Pécs-Sopianae, 1-8 September 2003.* Pécs.

WEBER, E. (1991-1992), Beschriftete Kleinfunde. *Römisches Österreich* 19/20, 10-14.

WEISS, P. (2000), Zu Vicusangaben und qui-et-Namen auf Flottendiplom des 3. Jhs. *ZPE* 130, 279-285.

WEISS, P. (2004a), Das erste Diplom für einen *eques singularis Augusti* von Antoninus Pius. *Revue des Études Militaires Anciennes* 1, 117-122.

WEISS, P. (2004b), Zwei vollständige Konstitutionen für die Truppen in Noricum (8. Sept. 79) und Pannonia inferior (27. Sept. 154). *ZPE* 146, 239-254.

WEISS, P. (2004c), Ein neuer Legat Domitians von Germania superior in einem Militärdiplom: Sex. Lusianus Proculus. *ZPE* 147, 229-234.

WEISS, P. (2004d), Neue Fragmente von Flottendiplomen des 2. Jahrhunderts n. Chr. Mit einem Beitrag zum Urkundenwert des Außentexts bei den Militärdiplomen. *ZPE* 150, 243-252.

BIBLIOGRAPHY

WEISS, P. (2005), Neue Militärdiplome Domitians und Nervas für Soldaten Niedermösiens. Zur Rubrik dimisso honesta missione im Empfängerteil von Urkunden. *ZPE* 153, 207-217.

WEISS, P. (2006a), Die Auxilien des syrischen Heeres von Domitian bis Antoninus Pius. Eine Zwischenbilanz nach dem neuen Militärdiplomen. *Chiron* 36, 249-298.

WEISS, P. (2006b), Iulius Crassipes, leg. Aug. Thraciae, cos. suff. 140, und Iulius <<Crassus>>. Mit neuen Münzen von Anchialos. *Chiron* 36, 357-367.

WEISS, P. (2006c), Eie Bürgerrechtskonstitution Trajans mit Einbeziehung eines Decurio. *ZPE* 155, 257-262.

WEISS, P. (2006d), Neue Militärdiplome für den Exercitus von Britannia. *ZPE* 156, 245-254.

WEISS, P. (2007a), Militärdiplome und Reichsgeschichte: Der Konsulat des L. Neratius Priscus und die Vorgeschichte des Partherkrieges unter Marc Aurel und Lucius Verus. In Haensch, Heinrichs (2007), 61-86.

WEISS, P. (2007b), Weitere Militärdiplome für Soldaten in Mauretania Tingitana aus dem Balkanraum. *ZPE* 162, 249-256.

WEISS, P. (2007c), Ein Militärdiplom Hadrians für Thracia. *ZPE* 163, 263-265.

WEISS, P. (2008), Militärdiplome für Moesia (Moesia, Moesia superior, Moesia inferior). *Chiron* 38, 2008, 267-316.

WEISS, P. (2009), Statthalter und Konsulndaten in neuen Militärdiplomen. *ZPE* 171, 231-252.

WEISS, P. (2015), Konstitutionen eines toten Kaisers: Militärdiplome von Commodus aus dem Jahr 193 n. Chr. In Panzram, Riess, Schäfer (2015), 273-280.

WEISS, P. (2017a), Die Militärdiplome unter Marc Aurel und Commodus: Kontinuitäten und Brüche. In Grieb (2017), 135-154.

WEISS, P. (2017b), Ein neues Diplom von Commodus für die Prätorianer und Stadtkohorten. In Grieb (2017), 155-162.

WEISS, P. (2017c), Hadrians Rückkehr nach dem Partherkrieg. Das früheste Militärdiplom für die *equites singulares Augusti* und die Entlassungsweihung in Rom vom Jahr 118. *Chiron* 47, 21-34.

WEISS, P. - SPEIDEL, M. P. (2004), Des erste Militärdiplom für Arabia. *ZPE* 150, 253-264.

WILKES, J. J. (ed.) (2003), *Documenting the Roman Army: Essays in Honour of Margaret Roxan*. (Bulletin of the Institute Classical Studies Supplement 81). London.

WOLFF, C. - FAURE, P. (ed.) (2020), *Corps du chef et gardes du corps dans l'armée romaine. Actes du septième Congrès de Lyon (25-27 octobre 2018)*. (CEROR 53). Lyons.

WOLFF, H. (2004), Neue Militärdiplomfragmente aus Niederbayern. *Ostbairische Grenzmarken* 46, 9-18.

WOLFF, H. (2005), Ein neues und ein älteres Militärdiplomfragment aus Straubing. *Jahresbericht des Historischen Vereins für Straubing und Umgebung* 105, 59-67.

TABLE OF DIPLOMAS IN *RMD VI*

Abbreviations used in this table are:

A	Auxiliary.
A/C	Auxiliary diploma which includes grants to men of a provincial fleet.
A/C-F	Auxiliary/fleet diploma giving sailors' children citizenship after 140 - *item filis classicorum*.
C	Fleet.
ESA	*equites singulares Augusti*.
L	Legionary.
P	Praetorian.
P/UC	Joint grant to Praetorian and Urban cohorts.
S	Special grant.
UC	Urban cohort.
[ ]	A date or name has been restored.
[CAPS]	A restoration made with confidence.
[lower case]	A probable restoration.

		DATE	PROVINCE/FLEET				FIND-SPOT	
†477	L	70 Mart. 7	II ADIVTRIX	I	II	W		
†478	C/S	71 Apr. 5	RAVENNAS	I(f)			Mihai Bravu	Romania
†479	C	73 (Apr./Iun.)	"quae e[st in Moesia]"	I(f)				
†480	A	75 [Apr. 28]	MOESIA	I(f)				
†481	A	76 (Mart. 15/Iun. 30)	[GERM]ANIA	I(f)				
†482	A	79 Sept. 8	NORICVM	I	II	W		
†483	A	79 Sept. 8	NORICVM	I(f)			Razgrad	Bulgaria
†484	A	80 Ian. [26/28]	[GERMANIA]	I(f)				
†485	A	86 [Mai. 13]	IV[DAEA]	I(f)				
†486	A	88 [Nov. 7]	[SYRIA]	I(f)				
†487	A	88 [Nov. 7]	[SYRIA]	I(f)				
†488	A	90 Oct. 27	GERMANIA SVPERIOR	I(f)				
†489	A	91 Mai. 12	[SYRIA]	I(f)				
†490	A	91 Mai. 12	SYRIA	I(f)	II(f)	[w 7]		
†491	A	91 (Mai. 12)	SYRIA	I(f)				
†492	A	91 Mai. 12	SYRIA	I(f)				
†493	A	91 Mai. 12	SYRIA	I(f)				
†494	A	[91 Mai. 12]	SYRIA	I(f)				
†495	A	[91 Mai. 12]	SYRIA	I(f)				
†496	A	92 Iun. 14	MOESIA INFERIOR	I(f)	II(f)	[w 7]	Cataloi	Romania
†497	A	92 [Iun. 14]	[MOESIA INFERIOR]		II(f)	[w 4]		
†498	A	94 (Mai.1/Aug.31)	[GALATIA ET CAPPADOCIA]	I(f)				
†499	A	94/96 (Sept. 18)	GE[RMANIA SVPERIOR]	I(f)				
†500	A	96 (Sept.18/Dec.31)			II(f)	[w 3]		
†501	A	96 (Sept. 18)/97 [Iun. 30]	[MOESIA INFERIOR]	I(f)				
†502	A	97 [Aug. 14]	[MOESIA SVPERIOR]	I(f)				
†503	A	97 Sept. 9	[MOESIA INFERIOR]		II(f)	[w 7]		
†504	A	97 Oct. (16/31)			II(f)	[w 0]		
†505	A	98 [Febr. 20]	[BRITANNIA]	I(f)			Great Dunham	England
†506	A	99 Aug. 14	MOESIA INFERIOR	I				
†507	A	99 Aug. 14	[MOESIA INFERIOR]		II(f)	[w 7]		
†508	A	100 Mart./Apr.	CAPPADOCIA	I(f)				
†509	A	101 Mart. 13	GERMANIA INFERIOR	I				
†510	A	102 [Nov. 19]	[PANNONIA]	I(f)				?England?
†511	A	104 [Sept. 20]	[MAVRETANIA TINGITANA]	I(f)			Thamusida	Morocco
†512	A	105 Mai. 13	MOESIA INFERIOR	I	II	W	nr. Svištov	Bulgaria
†513	A	105 Mai. 13	MOESIA INFERIOR	I	II(f)	[w 7]		
†514	A	105 Mai. 13	MOESIA INFERIOR	I			Ruse	Bulgaria
†515	A	104/105	[MOESIA SV]PERIOR	I(f)				
†516	A	104/106	[Syria]	I(f)				
†517	A	107 [Nov. 24]	[MOESIA INFERIOR]		II(f)	[w 7]		
†518	A	108 Iul. 28	[MOESIA SVPERIOR]		II(f)	[w 7]		
†519	A/C	112 (Ian. 29/Mart. 29)	[MOESIA INFERIOR]		II(f)	[w 3]		
†520	A	102/114	[Moesia inferior]	I(f)				
†521	A	115 Iul. 5	MOESIA SVPERIOR	I(f)				
†522	A	115 (Mai. 1/Aug. 31)			II(f)	[w 3]		
†523	A	116 [Febr. 22/Mart.31]	MOE[SIA INFERIOR]	I(f)				
†524	A	119 (Mart.16/Apr.13)	[PANN]ONIA INFERIO[R]	I(f)	II(f)	[w 2]		

TABLE OF DIPLOMAS IN *RMD VI*

†525 / 351	A	119 Nov. 12	DACIA SVPE[RIOR]	I(f)					
†526	C	119 Dec. 25	PRAETORIA MISENENSIS	I	II	W			
†527 / 353	C	119 Dec. [25]	PRA[ETORIA] MISENENSIS	I(f)					
†528	C	119 [Dec. 25]	[PRAET]ORIA MIS[EN]ENSIS	I(f)					
†529	C	119 [Dec. 25]	[PRAETORIA] MISENENSIS	I(f)					
†530	C?	[119 Dec. 25?]	[Praetoria misenensis]		II(f)	[w 1]			
†531	A	120 Iun. 29	[DACIA SVPERIOR]		II	W			
†532	A	120 [Iun. 29]	[DACIA SVPERIOR]		II(f)	[w 4]			
†533	A	121 Aug. 19	CILICIA	I					
†534	A	122 Iul. 17	[BRITANNIA]		II(f)	[w 7]			
†535	A	122 Iul. 17	[DACIA INFERIOR]	I(f)					
†536	A	122 Iul. 17	[DACIA INFERIOR]	I(f)					
†537	A	[122 Iul. 17]	[DACIA INFERIOR]	I(f)					
†538	C	121 (Dec.10)/122 (Dec.9)	PRAETORIA RAVENNAS	I(f)				nr. Arčar	Bulgaria
†539	A	123 Apr. 14	DACIA SVPERIOR/DACIA POROLISSENSIS	I				Urfa	Turkey
†540	A	123 (Iun. 16)	[Dacia inferior]		II(f)	[w 1]			
†541	A	123 (Iul. 1/Aug. 31)		I(f)					
†542	A?	126 [Iul. 1?]	[Moesia superior?]		II(f)	[w 1]			
†543	A	127 (Aug. 20)	[GERMANIA INFERIOR]	I(f)					
†544	A/C	127 Aug. 20	[MOESIA INFERIOR]		II	W			
†545	A	127 Oct. 8/13	[AFRICA]	I(f)					
†546	C	129 Febr. 18	PRAETORIA MISENENSIS	I	II(f)	[w 7]		Aléria	Corsica
†547	A	129 Mart. 22	SYRIA	I(f)					
†548 / 372	A	129 Mart. 22	[SYRI]A	I(f)					
†549	A	129 [Mart. 22]	SYRIA	I(f)					
†550	A	129 [Mart. 22]	SVRIA	I(f)					
†551	A	130 (Dec.10)/131 (Ian./Feb.)	[BRITANNIA]	I(f)					
†552	A	131 Iul. 31?	MAVRETANIA CAESARIENSIS	I(f)					
†553	A	128/131	[MAVRETANIA CAESARIENSIS]	I(f)					
†554	A	128/131	[MAVRETANIA CAESARIENSIS]	I(f)					
†555	A?C?	133 (Ian. 1/Apr. 30)			II(f)	[w 1]			
†556	C	133 (Mai. 1/Aug. 31)	[PRAETORIA MISENENSIS]	I(f)					
†557	A	132/133	[RAETIA]	I(f)				Pfatter	Germany
†558	A	134 (Oct. 16/Nov. 13)	DACIA IN[FERIOR]		II(f)				
†559	A?	92/134		I(f)				Dobrudja	Romania
†560	A	129/134	[SYRIA]	I(f)				Orhei county	Moldova
†561	A	129/134	[SYRIA]	I(f)					
†562	A	135 (Nov. 14/Dec. 1)	[DACIA POROLISSENSIS]	I(f)					
†563	A	133/136	RAETIA	I(f)				Pfatter	Germany
†564	A?C?	134/137			II(f)	[w 3]			
†565 / 300	A	117/138	THR[ACIA]	I(f)					
†566	A?	117/138		I(f)				Orhei county	Moldova
†567	A	130/138	[DACIA INFERIOR]	I(f)		[w 3]			
†568	A	130/138	DA[CIA INFERIOR]	I(f)					
†569	A	138/139 [Iul. 17]		I(f)				Trapoklovo	Bulgaria
†570	C	139 Aug. 22	PRAETORIA RAVENNAS	I	II	W			
†571	A	140 (Ian. 1/Dec. 9)	PANNONIA SVPER[IOR]	I(f)					
†572	C?	90/140		I(f)					
†573	C	117/140		I(f)					
†574	A	139/140	[DACIA POROLISSENSIS]		II(f)	[w 4]			
†575	A	142 [Ian. 15]	[S]YRIA PALAESTINA	I(f)	II(f)	[w 7]			
†576	A	142 Ian. 14/Febr. 13	[Germania superior]	I(f)				Walheim	Germany
†577	A	141 (Dec. 10)/142 (Iul. 31)	ARABIA	I(f)					
†578	A	139/142	PAN[NONIA SVPERIOR]	I(f)					
†579	A	144 Sept. 7	[RAETIA]	I(f)				Künzing	Germany
†580	A	144 (Sept. 7)	[RAETIA]		II(f)	[w 1]	Pfatter	Germany
†581	A	145 (Sept. 1/Oct. 31)	[PANNONIA SVPERIOR]	I(f)					
†582	A/C	146 [Aug. 11]	[Pannonia inferior]	I(f)					
†583	A/C	146 [Oct. 11]	[MOESIA INFERIOR]	I(f)				Dobrudja	Romania
†584	A	146/149	[PANNONIA SVPERIOR]	I(f)				Loretto	Austria
†585	A	149 (Dec. 10)/150 (Dec. 9)	[DACIA INFERIOR]	I(f)					
†586	A	151 Ian. 20	MOESIA SVPERIOR	I	II	W			
†587	A	151 Sept. 24	PANNONIA SVPERIOR/[NORICVM]	I	II(f)	[w 7]	nr. Plattensee	Hungary
†588	P/UC	152 Mart. 1		I	II	W			
†589	A/C	152 Sept. 5	GERMANIA INFERIOR	I	II	W			
†590	A/C	152 [Sept. 5]	GERMANIA INFERIOR	I(f)					
†591	A	152 (Iul. 1/Sept. 30)	[DACIA SVPERIOR]	I(f)					
†592	A/C	153 Oct. 26	MAVRETANIA TINGITANA	I	II	W			
†593	A/C	153 Oct. 26	[MAVRETANIA TINGITANA]		II(f)	[w 6]			

ROMAN MILITARY DIPLOMAS VI

No.	Type	Date	Province	I	II	W	Site	Country
†594	A	153 (Oct. 1/Dec. 9)	[SYRIA]	I(f)				
†595	A/C-F	154 Sept. 27	PANNONIA INFERIOR	I(f)	II(f)	[w 7]		
†596	A	155 Mart. 10	THRACIA	I(f)				
†597	A	157 Apr. 23	MOESIA SVPERIOR	I	II	W		
†598	A	157 Sept. 28	RAETIA	I				
†599	C	158 (Ian. 1/Mart. 31)		I(f)				
†600	A?C?	158 (Iul. 1/Aug. 31)			II(f)	[w 3]		
†601	A	158 [Ian. 1]/(Dec. 9)	[THRACIA]	I(f)				
†602	ESA	158 [Ian. 1]/(Dec. 9)	"qui inte[r singulares mi]litaverunt"	I(f)				
†603	A	159 (Iun. 21)	PANNONIA SVP[ERIOR]	I(f)				
†604	A	159 Iun. 21	PANNONIA SVPERIOR	I(f)				
†605	C	160 Febr. 7	PRAETORIA MISENENSIS	I(f)	II(f)	[w 7]		
†606	C	160 Febr. 7	PRAE[TORIA MISENENSIS]	I(f)				
†607	C	160 (Febr. 7)	[PRAETORIA MISENENSIS]	I(f)				
†608	C	160 [Febr. 7]	[PRAETORIA] MISENENSIS	I(f)				
†609	C	160 [Febr. 7]	[PRAETORIA] MISENENSIS	I(f)				
†610	C	160 [Febr. 7]	[PRAETORIA MISENENSIS]	I(f)				
†611	A	160 [Ian./Febr.]	[MOESIA SVPERIOR]	I(f)				
†612	A	160 Mart. 7	SYRIA PALAESTINA	I	II	W		
†613	A	160 Mart. 7	SYRIA PALAESTINA	I				
†614	C	145/160 (Iul. 16/Aug. 13)			II(f)			
†615	A	156 (Dec. 10)/160 (Dec. 9)	[PANNONIA SVPERIOR]	I(f)				
†616	A	159 (Dec. 10)/160 (Dec. 9)	RAETIA	I(f)			Straubing	Germany
†617	C	138/161	[PRAETORIA] MISENEN[SIS]	I(f)				
†618	C	138/161		I(f)				
†619	A	145/161	[MAVRETANIA TINGITANA]	I(f)				
†620	A	154/161	[RAETIA]	I(f)			Künzing	Germany
†621	A	164 [Iul. 21]	DAC[IA POROLISSENSIS]	I(f)				
†622	A	165 (Ian./Febr.)	[RAETIA]		II(f)	[w 5]	Straubing	Germany
†623	A	165/166	[PANNONIA INFERIOR]		II(f)			
†624	A?C?	90/168		I(f)				
†625	A	144/168 Oct. 4	[RAETIA]	I(f)			nr. Heidenheim	Germany
†626	C	152/168		I(f)				
†627	C	152/168	[PRAETORIA MISENEN]SIS	I(f)				
†628	C	152/168	[PRAETORIA] MISENEN[SIS]	I(f)			Stroyno	Bulgaria
†629	A	153/168	[DACIA POROLISSENSIS]	I(f)				
†630	A	178 Mart. 23	[BRIT]ANNIA	I(f)				
†631	A	178 Mart. 23	[BRITANNIA]	I(f)				
†632	A	[178 Mart. 23]	BRI[TANNIA]	I(f)				
†633	A	[178 Mart. 23]	[BRITANNIA]	I(f)				
†634	A?C?	c.178			II(f)	[w 2]		
†635	A	183 or 184 Mai. 24	[THRACIA]	I(f)				
†636	P/UC	178/192 Apr. 27		I(f)			Serravalle a Po	Italy
†637	C	180/192 Apr. 14			II(f)	[w 7]		
†638	P	202 Apr. 30	P. V.	I				
†639	P	207 Mart. 30	P. V.	I	II(f)	[w 7]		
†640	P	207 Mart. 30	P. V.	I(f)			Zarichanka	Ukraine
†641	P	208 Ian. 22	P. V.	I	II	W		
†642	P	208 Ian. 22	P. V.	I				
†643	P	208 [Ian. 22]	[P. V.]	I(f)				
†644	P	219 Ian. 7	ANTONINIANA P. V.		II	W		
†645	P	222 Ian. 7	ANTONINIANA P. V.	I				
†646	ESA	223 Ian. 7	"castris novis Severianis"	I	II	W		
†647	C	225 Nov. 17	PRAETORIA SEVERIAN[A MISENENSIS]	I(f)	II(f)	[w 7]		
†648	C	225 [Dec. 18]	PRAETORIA SEVE[RIANA] RAVENNAS	I(f)				
†649	P	226 Ian. 7	SEVERIANA P. V.	I	II(f)	[w 7]		
†650	P	226 Ian. 7	SEVERIANA P. V.	I(f)				
†651	P	231 Ian. 7	ALEXANDRIANA P. V.	I	II(f)	[w 7]		
†652	P	233 Ian. 7	ALEXANDRIANA P. V.	I(f)	II	W		
†653	P	234 Ian. 7	ALEXANDRIANA P. V.	I	II	W		
†654		222/235			II(f)			
†655	P	252/253 [Ian. 7]	GALLIAN[A VOLVSIANA P.V.]	I(f)				

A REVISED CHRONOLOGY OF THE DIPLOMAS PUBLISHED UP TO *RMD VI*

	No.	Code	Year	Date	Province	I	II	W
	1	C	52	Dec. 11	"quae est Miseni"	I	II	W
	2	A	41/54	Febr. 13	[ILLYRICVM]		II	W
	3	A	54	Iun. 18	[SYRIA]		II	W
	4	A	61	Iul. 2	ILLYRICVM	I		
	†202	A	61	Iul. 2	ILLYRICVM	I	II	W(8)
	5	A	64	Iun. 16	[Raetia or Noricum]		II	W(9)
	†79	A	65	Iun. 17	GERMANIA	I	II	W
	6	A	54/68		[Noricum?]	I(f)		
	7	L	68	Dec. 22	I ADIVTRIX	I	II	W
	8	L	68	Dec. 22	I ADIVTRIX	I	II	W
	9	L	68	Dec. 22	I ADIVTRIX	I	II	W(9)
1*	†136	L	68	[Dec. 22]	[I ADIVTRIX]	I(f)		
	†203	C/S	70	Febr. 26	RAVENNAS	I	II	W
	10	L	70	Mart. 7	II ADIVTRIX	I	II	W
	11	L	70	Mart. 7	II ADIVTRIX	I	II	W
	†323	L	70	Mart. 7	II ADIVTRIX	I(f)		
	†477	L	70	Mart. 7	II ADIVTRIX	I	II	W
	12	C	71	Febr. 9	MISENENSIS	I	II	W
	13	C	71	Febr. 9	MISENENSIS	I		
	†204	C	71	Febr. 9	MISENENSIS	I	II	W
	14	C	71	Apr. 5	RAVENNAS	I	II	W
	15	C	71	Apr. 5	MISENENSIS	I	II	W
2*	16	C	71	Apr. 5	MISENENSIS	I	II	W
	†205	C/S	71	Apr. 5	RAVENNAS	I	II	W
	†478	C/S	71	Apr. 5	RAVENNAS	I(f)		
	17	C/S	71	Apr. 13/30		I(f)		
	†324	A	71	Iul. 30	[Pannonia?]		II	W
	25	P/S	72?	Dec. 30			II	[w 0]
	†479	C	73	(Apr./Iun.)	"quae e[st in Moesia]"	I(f)		
	†1	P	73			I(f)		
	19		64/74				II(f)	[w 2]
	†137	C?	70/74				II(f)	[w 1?]
	20	A	74	Mai. 21	GERMANIA	I	II	W
	†2	A	75	Apr. 28	MOESIA	I	II	W
	†480	A	75	[Apr. 28]	MOESIA	I(f)		
	†206	A?C?	75?				II(f)	[w 3]
	†207	A	74/75			I(f)		
	21	P/UC	76	Dec. 2		I		
	†481	A	76	(Mart. 15/Iun. 30)	[GERM]ANIA	I(f)		
	22	A	78	Febr. 7	MOESIA	I	II	W
	†208	A	78	[Febr. 7]	[MOESIA]	I(f)		
	†325	A	78	[Febr. 7]	[MOE]SIA	I(f)		
	23	A	78	Apr. 15	GERMANIA	I	II	W

ROMAN MILITARY DIPLOMAS VI

	No.		Year	Date	Province			
	†209	A			[MOESIA]	I(f)		
	24	C	78 or 75?	Sept. 8	"quae est in Aegypto"	I(f)	II	W
	†482	A	79	Sept. 8	NORICVM	I	II	W
	†483	A	79	Sept. 8	NORICVM	I(f)		
	158	A	79	Ian. 26/28	GERMANIA	I(f)		
	†484	A	80	Ian. [26/28]	[GERMANIA]	I(f)		
	26	A	80	Iun. 13	PANNONIA	I(f)	II(f)	W
	†138	A	[80	Iun. 13]	[PANNONIA]	I(f)		
	27	A	79 (Sept.)/81 (Sept.)			I(f)		
	28	A	82	Sept. 20	GERMANIA/MOESIA	I	II	W
	29	A	83	Iun. 9	AEGYPTVS	I(f)	II(f)	[w 7]
3*	†210	A	83	Iun.?	PANNONIA	I(f)	II	W
	30	A	84	Sept. 3	PANNONIA	I	II(f)	[w 4]
	†326	A	80/84					
	†327	A	81/84		[GER]MANIA	I(f)		
	†139	P/UC	85	Febr. 22		I		
	†211	A?C?	85	(Ian./Feb.)		I(f)	II(f)	[w 2]
	†212	A?C?	85	(Ian./Feb.)		I(f)	II(f)	[w 2]
	†328	C	85	(Ian./Feb.)	"[XIII urbana quae est in Africa]"	I(f)	II(f)	[w 4]
	18	UC	85	Mai. 30	"XIII urbana quae est in Africa"	I	II	W
	†213	UC	85	Mai. 30	PANNONIA	I		
	31	A	85	Sept. 5	"qui militant in Aegypto"	I		
	32	C	86	Febr. 17	IVDAEA	I	II	W
	33	A	86	Mai. 13	IV[DAEA]	I	II(f)	[w 7]
	†485	A	86	[Mai. 13]	MAVRETANIA TINGITANA	I	II	W
	159	A	88	Ian. 9	S[ARDINIA]	I(f)		
	34	A	88	Ian./Sept.	SYRIA	I	II	W
	†3	A	88	Nov. 7	SYRIA	I(f)		
	35	A	88	Nov. 7	SYRIA	I	II	W
4*	†329	A	88	Nov. 7	SYR[IA]	I	II	W
5*	†330	A	88	Nov. 7	[SYRIA]	I		
6*	†331	A	88	Nov. 7	[SYRIA]	I(f)		
	†486	A	88	[Nov. 7]	[SYRIA]	I(f)	II(f)	[w 4]
	†487	A	88	[Nov. 7]	IVDAEA	I(f)		
	†332	A	90	(Ian. 1/Sept. 13)		I(f)		
	36	A	90	Oct. 27	GERMANIA SVPERIOR	I(f)		
	†333	A	90	Oct. 27	GERMANIA SVPERIOR	I	II	W
	†488	A	90	Oct. 27	GERMANIA SVPERIOR	I(f)		
	†334	A	74/90			I(f)		
	†4	A	91	Mai. 12	SYRIA	I	II(f)	[w 0]
	†214	A	91	Mai. 12	[SYRIA]	I(f)		
7*	†5	A	91	[Mai. 12]	[SYRIA]	I(f)	II(f)	[w 7]
	†489	A	91	Mai. 12	[SYRIA]	I(f)	II(f)	[w 7]
	†490	A	91	Mai. 12	SYRIA	I(f)		
	†491	A	91	(Mai. 12)	SYRIA	I(f)		
	†492	A	91	Mai. 12	SYRIA	I(f)		

A REVISED CHRONOLOGY OF THE DIPLOMAS

Fig.	No.	A/C	Year	Date	Province	I	II	w
8*	†493	A	91	Mai. 12	SYRIA	I(f)	II(f)	[w 7]
	†494	A	[91]	Mai. 12]	SYRIA	I(f)	II(f)	[w 7]
	†495	A	[91]	Mai. 12]	SYRIA	I(f)	II(f)	[w 4]
	37	C	92	Iun. 14	FLAVIA MOESICA	I	II	W
	†496	A	92	Iun. 14	MOESIA INFERIOR	I(f)	II(f)	
	†497	A	92	[Iun. 14]	[MOESIA INFERIOR]	I(f)	II(f)	
	38	A	94	Iul. 13	DELMATIA	I	II	W
	53	A	[94	Iul. 13]	[Delmatia?]	—	—	
	†498	A	94	(Mai.1/Aug.31)	[GALATIA ET CAPPADOCIA]	I(f)	II(f)	
	39	A	94	Sept. 16	MOESIA SVPERIOR	I	II	W
	†335	A	94	Sept. 16	MOESIA SVPERIOR	—	II	W
	†6	A	96	Iul. 12	MOESIA SVPERIOR	—	II	W
	40	A	96	Oct. 10	SARDINIA	I(f)		
9*	†215	A?C?	81/96?		[GERMANIA INFERIOR]	I(f)	II(f)	[w 1]
	†336	A	95 (Sept. 14)/ 96 (Sept. 13)		GE[RMANIA SVPERIOR]	I(f)	—	
	†499	A	94/96 (Sept. 18)		[Moesia superior?]	I(f)	—	
	†500	A	96	(Sept. 18/Dec. 31)	[MOESIA INFERIOR]	I(f)	II(f)	[w 3]
	41	A	97	Ian.	[MOESIA SVPERIOR]	I(f)	II(f)	[w 5]
	†501	A	96 (Sept. 18)/97 [Iun. 30]		[MOESIA INFERIOR]	I(f)	—	
10*	†502	A	97	[Aug. 14]	MOESIA INFERIO[R]	I(f)	—	
	†337	A	97	(Sept. 9)	[MOESIA INFERIOR]	I(f)	—	
	†338	A	97	(Sept. 9)		I(f)	—	
	†140	A	97	(Sept. 9)		I(f)	—	
	†503	A	97	Sept. 9		I(f)	II(f)	[w 5]
	†504	A	97	Oct. (16/31)		I(f)	II(f)	[w 7]
	42	A	98	Febr. 20	PANNONIA	I(f)	II(f)	[w 0]
	†80	A	98	[Febr. 20]	[PANNONIA]	—	II	W
	†81	A	98?	[Febr. 20]	PANNO[NIA]	—	II(f)	[w 4]
	†216	A/C	98	Febr. 20	GERMANIA INFERIOR	I	—	
	43	A	98	[Febr. 20]	BRITANNIA	I(f)	—	
	†505	A	98	[Febr. 20]	[BRITANNIA]	I(f)	—	
	44	A/C	99	Aug. 14	MOESIA INFERIOR	I(f)	—	
	45	A/C	99	Aug. 14	MOESIA INFERIOR	I	—	
	†506	A	99	Aug. 14	MOESIA INFERIOR	I	—	
11*	†507	A	99	Aug. 14	[MOESIA INFERIOR]	I	—	
	†7	A	99	[Aug. 14]	[MOESIA SVPERIOR]	I(f)	II(f)	[w 7]
	167	A	99	[Sept. 14/30]	[Mauretania Tingitana]	I(f)	II(f)	[w 7]
12*	†141	A	99	(Sept. 14/30)	[Mauretania Tingitana]	I(f)	II(f)	[w 3]
	†217	A	99	(Sept./Oct.?)	MOESIA INFERIOR	I(f)	II(f)	[w 4]
	†508	A	100	Mart./Apr.	CAPPADOCIA	I(f)	—	
	46	A	100	Mai. 8	MOESIA SVPERIOR	I	II	W
	†142	C	100	Iun. 12	PRAETORIA RAVENNAS	I	II	W
	†218	A	96/100		[MOESIA SVPERIOR]	I(f)	—	
13*	†509	A	101	Mart. 13	GERMANIA INFERIOR	I(f)	II(f)	[w 7]
	†143	A	101	(Mai. 16)	[MOESIA SVPERIOR]	I(f)		
	47	A	102	Nov. 19	PANNONIA	—		

No.	Type	Year	Date	Province	I	II	W
†510	A	102	[Nov. 19]	[PANNONIA]	I(f)		
†82	A	98/102		[Pannonia]	I(f)		
†144	A	100/102?		PANN[ONIA]	I(f)	II	
48	A	103	Ian. 19	BRITANNIA	I	II	W
†511	A	104 [Sept. 20]		[MAVRETANIA TINGITANA]	I(f)	II	W
49	A	105	Ian. 12	[MOESIA SVPERIOR]			
†339	A/C	105	[Ian. 12?]	[Moesia superior]		II(f)	[w 3]
50	A	105	Mai. 13	MOESIA INFERIOR		II	W
†512	A	105	Mai. 13	MOESIA INFERIOR		II	W
†513	A	105	Mai. 13	MOESIA INFERIOR		II(f)	[w 7]
†514	A	105	Mai. 13	MOESIA INFERIOR		II	W
†8	A	105	[Mai. 1/Iul. 13]	[BRITANNIA]	I(f)	II(f)	[w 7]
51	A	105	[Mai. 1/Iul. 13]	BRITTAN[NIA]	I(f)	II(f)	[w 0]
†340	A	105	(Mai. 1/Aug. 31)		I(f)		
†341	A	98/105 [Sept. 23]			I(f)		
†9	A/C	105	Sept. 24	AEGYPTVS	I	II	W
†145	A	91/105	Mai.	AEGYPTVS/IVDAEA	I(f)	II(f)	[w 2]
†342	A	92/105		BR[ITANNIA]			
†10	A	103/105	Mai./Sept.?	[Raetia/Moesia inferior]	I(f)		
54	A	104/105		[MOESIA SVPERIO]R	I(f)		
†515	A	104/105		[MOESIA SV]PERIOR	I(f)		
52	A	106		[NORICVM]	I(f)		
†516	A	104/106		[Syria]	I(f)		
55	A	107	Iun. 30	RAETIA		II	W
56	A/C	107	Nov. 24	MAVRETANIA CAESARIENSIS		II	W
†517	A	107	[Nov. 24]	[MOESIA INFERIOR]	I(f)	II(f)	[w 7]
†11	A	100/107	(Ian./Mai.)	[Mauretania Tingitana]	I(f)	II	[w 2]
†146	A?	108	Iul. 28	[Britannia?]	I(f)	II(f)	[w 2]
†518	A	108		[MOESIA SVPERIOR]	I(f)	II(f)	[w 7]
†83	A?	96/108?		[Britannia]	I(f)	II(f)	[w 1]
†147	A	98/108?		[MOESIA INFERIOR]	I(f)	II(f)	[w 3]
†219	A	109	(Mai./Aug.)	MAVRETANIA TINGITANA	I(f)	II(f)	[w 2]
161	A	109	Oct. 14	MAV]RETANIA TINGITANA	I(f)	II(f)	[w 2]
162	A	109	Oct. 14	MAVRETANIA [TINGITANA]	I(f)	II(f)	[w 4]
†84	A	109	[Oct. 14]	DACIA	I	II	W
†148	A	109	Oct. 14	DACIA		II	W
57	A	110	Febr. 17	[DACIA]	I(f)	II	W
†220	A	110	[Febr. 17?]	DACIA	I(f)	II(f)	[w 4]
163	A	110	Iul. 2	PANNONIA INFERIOR	I(f)	II(f)	W
164	A	110	Iul. 2	DACIA	I(f)	II(f)	[w 7]
160	S	110 (106 Aug. 11)		[DACIA]	I	II	W
†343	S	110 (106 Aug. 11)		[Mauretania Tingitana]	I(f)	II(f)	[w 2]
14* †12	A	99/110		[MOESIA IN]FERIOR	I(f)		
†221	A/C	99/110		MOESIA INFERIOR	I(f)	II	W
†222	A/C	111	Sept. 25	[MOESIA INF]ERIOR	I(f)		
58	A	111?	[Sept. 25?]			II	W

A REVISED CHRONOLOGY OF THE DIPLOMAS

No.	ID	Type	Year	Date	Province	I	II	w
	†344	A/C	112?	[Ian. 29/Mart.29]	[Moesia inferior]	—	II(f)	[w 5]
	†519	A/C	112	(Ian. 29/Mart. 29)	[MOESIA INFERIOR]	—	II(f)	[w 3]
	†223	A	112	Mai. 3	PANNONIA SVPERIOR	I	II	W
	†85	A	112	Sept. 27	[Raetia?]	I(f)	II(f)	[w 4]
	†149	A	82/112			I(f)		
	†150	A	103/112			I(f)		
	†86	A	113	Dec. 16	[PAN]NONIA SVPERIOR	I(f)	II(f)	[w 7]
	†224	A	113?		[MOESIA INFERIOR]	I(f)		
	59	A/?C	107/113		[Germania inferior]	I(f)		
15*	†225	A	113 (Dec.17)/114 (Mai.2/3)		[DACIA]	I(f)		
	†226	A	114	Mai. 3/4	DACIA	I		
16*	†227/14	A	114	Iul. 19	THRACIA	I	II	W
	60	C/S	114	[Mai./Iul.?]	PRAETOR[IA MISENENSIS]	I	II	W
	61	A	114	Sept. 1	PANNONIA INFERIOR	I		
	†345/152+228	A	114	Sept. 1	PANNONIA INFERIOR	I(f)	II(f)	W
	†153	A/C	114	[Sept. 1]	[PANNONIA IN]FERIOR	I(f)	II(f)	[w 7]
	†87	A	114	[Sept. 1]	[PANNONIA] INFERIOR	I(f)		
	†346+154	A	114	Sept. 1	[PANNONIA INFERIOR]	I(f)		
	71	A?C?	90/114			I(f)	II(f)	[w 2]
	†151	A	90/114		[BRITANNIA]	I(f)	II(f)	[w 0]
	†520	A	102/114		[Moesia inferior]	I(f)		
	†13	A	104/114		[Mauretania Tingitana]	I(f)	II(f)	[w 2]
	†521	A	115		MOESIA SVPERIOR	I(f)		
	†522	A	115	Iul. 5		I(f)	II(f)	[w 3]
	172	A	115?	(Mai. 1/Aug. 31)	[Germania superior?]	I(f)		
	†347	A	113 or 115	(Ian. 1/Dec. 9)	[PANNONIA INFERIOR]	I(f)		
	†523	A	116	[Febr. 22/Mart.31]	MOE[SIA INFERIOR]	I(f)		
17*	†229	A	117	Aug. 16	RAETIA	I(f)		
	62	A	117	Sept. 8	[GERMA]NIA SVPERIOR	I(f)		
	63	A	117	[Sept. 8]	[GERMANIA SVPERIOR]	I(f)		
18*	†155	A	117	[Aug. 17/Dec.]	[RAETIA]	I(f)		
19*	64	A	117?		PA[NNONIA SVPERIOR]	I(f)		
	65	A	98/117		[Germania inferior?]	I(f)	II(f)	[w 2]
	†15	A?	98/117		[Mauretania Tingitana?]	I(f)		
	†230	A?C?	98/117			I(f)		
	165	A	114/117		MAV[RETANIA] TING[ITANA	I(f)		
20*	166	A	118	Mart. 28	[Mauretania Tingitana]	I(f)	II(f)	[w 7]
	†348	A	118	(Mart. 6/Mai. 15)	[GERMANIA SVPERIOR]	I(f)		
	†231	ESA	118	[Iul. 10/Aug. 31]		I(f)		
	†524	A	119	[Mart.16/Apr.13]	[PANN]ONIA INFERIO[R]	I(f)		
	†525/351	A	119	Nov. 12	DACIA SVPE[RIOR]	I(f)	II(f)	[w 2]
	66	C	119	(Dec. 25)	[PRAETORIA] MISENENSIS	I(f)		
	†526	C	119	Dec. 25	PRAETORIA MISENENSIS	I		
	†527/353	C	119	Dec. [25]	PRA[ETORIA] MISENENSIS	I	II	W
	†528	C	119	[Dec. 25]	PRA[ET]ORIA MIS[EN]ENSIS	I(f)		
	†529	C	119	[Dec. 25]	[PRAETORIA] MISENENSIS	I(f)		

	†352	C	119	[Dec. 25?]	[praetoria Misenensis]		II(f)	[w 3]
	†353	C	119	[Dec. 25?]	PRAETORIA [MISENENSIS]	I(f)		
	†530	C	[119	Dec. 25?]	[praetoria Misenensis]		II(f)	[w 1]
	†354	C	119	Dec. 14/31	CLASSIS SYR[IACA]	I(f)		
	†232	A	120	Mai. 16/Iun. 13			II(f)	[w 4]
	67	A	120	Iun. 29	MACEDONIA	I(f)		
	68	S	120	Iun. 29	[DA]CIA SVPE[RIOR]	I(f)	II(f)	[w 7]
	†17	S	120	Iun. 29	DACIA SVPERIOR	I	II	W
	†355	S	120	Iun. 29	[DACIA] SV[PERIOR]	I(f)		
	†531	A	120	Iun. 29	[DACIA SVPERIOR]		II	W
	†532	A	120	[Iun. 29]	[DACIA SVPERIOR]		II(f)	[w 4]
	†356	A	120	Oct. 19	[MOESIA INFERIOR]	I(f)	II(f)	[w 4]
	†88	A?	90/120				II(f)	[w 0]
	†18	A	114/120		[Mauretania Tingitana]		II(f)	[w 0]
	168	C	121	[Ian. 13/Febr.]			II(f)	[w 3]
21*	†19	S	121	[Apr. 5]			II(f)	[w 7]
22*	†357	S	121	Apr. 5		I(f)		
	†533	A	121	Aug. 19	CILICIA	I		
23*	†349	A	120 (Dec.10)/121 (Dec.9)		[Dacia inferior?]		II(f)	[w 4]
24*	†350	A	120 (Dec.10)/121 (Dec.9)		[Dacia inferior?]	I(f)		
	†32	A	118/121		[RAETIA]	I(f)		
25*	†358	C	118/121		PRAETORIA [RAVENNAS]	I(f)		
	†359	A	122	Mart. 19			II(f)	[w 2]
	69	A	122	Iul. 17	BRITANNIA	I	II	W
	†360	A	[122	Iul. 17]	[BRITANNIA]	I(f)		
	†534	A	122	Iul. 17	[BRITANNIA]		II(f)	[w 7]
	†361	A	122	Iul. 17	DACIA INFERIOR	I(f)		
	†535	A	122	Iul. 17	[DACIA INFERIOR]	I(f)		
	†536	A	122	Iul. 17	[DACIA INFERIOR]	I(f)		
	†537	A	[122	Iul. 17]	[DACIA INFERIOR]	I(f)		
	81	P	122	Nov. 18		I(f)		
	169/73	A	122	Nov. 18	MAVRETANIA TINGITANA	I(f)		
	170	A	122	[Nov. 18]	[MAVRETANIA TI]NGITA[NA]	I(f)		
	†538	C	121 (Dec.10)/122 (Dec.9)		PRAETORIA RAVENNAS	I(f)		
	†539	A	123	Apr. 14	DACIA SVPERIOR/DACIA POROLISENSIS	I		
26*	†23	A	123	(Iun. 16)	[Dacia inferior]	I(f)		
	†540	A	123	(Iun. 16)	[Dacia inferior]		II(f)	[w 1]
	†21	A	123	Aug. 10	[DACIA PO]ROLISENSIS/PANNONIA INFERIOR	I(f)		
	†22	A	[123	Aug. 10]	[DACIA POROLISENSIS]/PANNONIA IN[FERIOR]	I(f)		
	†233	A	123	Aug. 10	[DACIA POROLISSENSIS]		II(f)	[w 4]
27*	†20	A	[123	Aug. 10]	[Dacia Porolissensis]		II(f)	[w 3]
28*	†362	A	[123	Aug. 10]	[Dacia Porolissensis?]		II(f)	[w 2]
	†541	A	123	(Iul. 1/Aug. 31)		I(f)		
	†363	A	124	Apr./Iun.			II(f)	[w 0]
	†26	A	124	[Mai. 16/Iun. 13]		I(f)		
	70	A	124	Sept. 16	BRITANNIA	I(f)	II(f)	[w 4]

						I	II	W
	171	A	124	[Sept./Dec.?]	[MAVRETANIA TINGITANA]	I(f)		
	†234	A?C?	118/124?				II(f)	[w 3]
	†25	A	122/124		R[AETIA]	I(f)		
29*	†235	A	125	Iun. 1	MOESIA INFERIOR	I(f)		
30*	†364	A	125	[Iun. 1]	[MOESIA INFERIOR]	I(f)		
31*	†375	A	125	[Iun. 1]	[MOESIA INFERIOR]		II(f)	[w 3]
	88	A	125?	Sept. 15	[BRIT]ANNIA	I(f)		
	†365	A	125?	Sept. 14/Oct. 15		I(f)		
	†27	S	126	Ian .31 or Febr. 12	DACIA SVPERIOR	I	II	W
	†28	S	126	[Ian. 31 or Febr. 12]	DACIA SVPERIOR	I(f)	II(f)	[w 3]
32*	†236	A	126	Iul. 1	PANNONIA SVPERIOR	I		
33*	†366	A	126	Iul. 1	[MOESI]A SVPERIOR	I(f)		
	†542	A?	126	[Iul. 1?]	[Moesia superior?]		II(f)	[w 1]
	†367	A	125/126		[Dacia superior?]	I(f)		
	†237	S	120 or 126		[DACIA SVPERIOR]	I(f)		
	†29	A?	126?		[Mauretania Tingitana?]		II(f)	[w 1]
	†238		120/126?			I(f)		
	†30	A	127	Apr. 14/30	[Dacia Porolissensis]		II(f)	[w 1]
34*	†239	A/C	127	Aug. 20	GERMANIA INFERIOR	I		
	†543	A	127	[Aug. 20]	[GERMANIA INFERIOR]	I(f)		
	†240	A	127	Aug. 20	BRITANNIA	I(f)		
35*	†241	A/C	127	Aug. 20	MOESIA INFERIOR	I	II	W
	†544	A/C	127	Aug. 20	[MOESIA INFERIOR]		II	W
	72	C	127	Oct. 11	PRAETORIA RAVENNAS	I(f)	II(f)	[w 6]
36*	†368	A	127	(Oct. 8/13)	[AFRICA]	I(f)		
	†545	A	127	Oct. 8/13	[AFRICA]	I(f)		
	†369	A	105/127		[MOESIA INFERIOR]	I(f)		
	†370	A	118/120 or 126/128		[Dacia Porolissensis?]	I(f)		
	†31	A	125/128		[D]ACIA PORO[LISSENSIS]	I(f)		
	74	C	129	Febr. 18	PRAETORIA MISENENSIS	I	II	W
	†546	C	129	Febr. 18	PRAETORIA MISENENSIS	I	II(f)	[w 7]
	75	A	129	Mart. 22	DACIA INFERIOR	I	II	W
	†371	A	129	[Mart. 22]	[SYRIA]	I(f)		
37*	†388	A	129	[Mart. 22]	SY[RI]A	I(f)		
	†547	A	129	Mart. 22	SYRIA	I(f)		
	†548/372	A	129	Mart. 22	[SYRI]A	I(f)		
	†549	A	129	[Mart. 22]	SYRIA	I(f)		
	†550	A	129	[Mart. 22]	SVRIA	I(f)		
	†34	A	129	Apr. 30	[PANNONIA INFERIOR]		II	W
	†242	A?	129	Febr. 18/Apr. 20		I(f)		
	†373	A	128/129 [Apr.]		AFRICA	I(f)		
	†243	A	129	Mai./Dec.	[RAETIA]	I(f)		
	†24	A	90/129		[Mauretania Tingitana]	I(f)		
	†244	A?C?	90/129?			I(f)		
	†89	A	110/129?				II(f)	[w 1]
	†156	A	114/129				II(f)	[w 3]

ROMAN MILITARY DIPLOMAS VI

No.	Diploma	Type	Date	Day	Province	I	II	w
	†245	A	114/129?		[Mauretania Tingitana]	I(f)	II(f)	[w 4]
	†33	A	117/129		Dacia inferior	I(f)		
	†374	A	119/129		[MAVRETANIA TINGITANA]	I(f)		
	173	A	129 or 130	Aug. 18	[GERMANIA SVPERIOR]	I(f)		
	†90	A	129 (Dec. 10)/130 (Dec. 9)		[DACIA] INFER[IOR]	I(f)		
	†376	A	129 (Dec. 10)/130 (Dec. 9)		[BRITANNIA]	I(f)		
	†551	A	130 (Dec.10)/131 (Ian./Feb.)		MAVRETA[NIA TINGITANA]	I(f)		
	†157	A	131	(Ian./Apr. 16/17)	MAVRETANIA CAESARIENSIS	I(f)		
	†552	A	131	Iul. 31?	[MAVRETANIA CAESARIENSIS]	I(f)		
	†377	A/C	128/131		[MAVRETANIA CAESARIENSIS]	I(f)		
	†553	A	128/131		[MAVRETANIA CAESARIENSIS]	I(f)		
	†554	A	128/131		[DACIA PO]ROLISENSIS	I(f)		
	†378	A	130(Dec.10)/131(Dec.9)			I(f)		
	†379	ESA	117/132			I(f)		
	†246	A	121/125 or 129/132		[DACIA INFERIOR]	I(f)		
	†380	A	131/132			I(f)		
38*	†158	ESA	133	Apr. 8		I(f)	II(f)	[w 7]
	†555	A?C?	133	(Ian. 1/Apr. 30)	PANNO[NIA SVPERIOR]	I(f)	II(f)	[w 1]
	76	A	133	Iul. 2	[PANNONIA SVPERIOR]	I(f)	II(f)	[w 7]
	77	A	133	[Iul. 2?]	DACIA POROLISSENSIS	I(f)		
39*	†35	A	133	Iul. 2	[PRAETORIA MISENENSIS]	I		
	†556	C	133	(Mai. 1/Aug. 31)	MOESIA SVPERIOR	I(f)		
40*	†247	A	133	Sept. 9	[NORICVM]	I(f)		
41*	174	A	133	(Sept./ Dec.)	[Germania superior]	I(f)		
42*	†159	A	133	(Sept./ Dec.)		I(f)	II(f)	[w 3]
	†249	C	92/133?		[PRAETORIA ---]	I		
	†381	C	132 (Dec. 10)/133 (Dec. 9)		[RAETIA]	I		
	†557	A	132/133			I(f)		
	78	A	134	Apr. 2	MOESIA INFERIOR	I	II	w
	79	C	134	Sept. 15	PRAETORIA MISENENSIS	I	II	w
	80	A	134	Oct. 16	GERMANIA SVPERIOR	I(f)		
43*	†250	A	134	(Oct. 16/Nov. 13)	PANNONIA SVPERIOR	I(f)		
	†558	A	134	(Oct. 16/Nov. 13)	DACIA IN[FERIOR]	I(f)	II(f)	[w 2]
	†91	A?	78/134?			I(f)	II(f)	
	†559	A	92/134		[Germania superior?]	I(f)		
	129	A	114/134		[Raetia]	I(f)	II(f)	[w 5]
	105	A	129/134		[SYRIA]	I(f)		
	†560	A	129/134		[SYRIA]	I(f)		
	†561	A	129/134		[BRITANNIA]	I	II	w
	82	A	135	Apr. 14	PANNONIA INFERIOR	I(f)		
	†251	A/C	135	Mai. 19	DACIA POROLISSENSIS	I	II	
	†248	A	135	(Nov. 14/Dec. 1)	[DACIA POROLISSENSIS]	I(f)		
	†562	A	135	(Nov. 14/Dec. 1)	MAVRETANIA TINGITANA	I(f)		
	†382	A	135	Dec. 31	[Raetia?]	I(f)		
	†36	A?	135?			I(f)		
	†252	C	131(Dec.10)/135 (Dec.9)		CLASSIS MOESICA	I(f)	II(f)	[w 1]

A REVISED CHRONOLOGY OF THE DIPLOMAS

	No.	Type	Date	Day	Province			
	103	A	127/136		[Syria]	I(f)		
	†563	A	133/136		RAETIA	I(f)	II(f)	[w 3]
	†564	A?C?	134/137					
	†160	A	136/137?					
	83	A/C	138	Febr. 28	[SYRIA PALAESTINA]	I(f)	II(f)	[w 7]
	†253	A/C	138	[Febr. 28]	MOESIA INFERIOR	I(f)		
	84	A	138	Iun. 16	[MOESIA INFERIOR]	I(f)		
	†161	A	138	[Mart. 1/Iul. 10]	[PANNONIA SVPE]R[IOR]	I(f)		
	†254	A?C?	98/138		LYCIA ET PAMPHYLIA	I(f)	II(f)	[w 0]
	†92	A	117/138			I(f)		
	85	A	117/138		[Dacia superior?]	I(f)		
	86	A?C?	117/138			I(f)		
	†37	A?	117/138			I(f)		
44*	†255	A?C?	117/138			I(f)		
	†256	A	117/138		[RAETIA]	I(f)	II(f)	[w 1]
	†565/300	A?	117/138		THR[ACIA]	I(f)	II(f)	[w 3]
	†566	A?	117/138			I(f)		
	†257	C	118/138		PRAETORIA MISENENSIS	I(f)		
45*	†383	C	118/138		[PRAE]TORIA MISENENSIS	I(f)		
	†162	A	123/138		[Raetia]	I(f)		
	†258	A	129/138		[GERMANIA SVPERIOR]	I(f)		
	†259	A	130/138			I(f)		
	†567	A	130/138		[DACIA INFERIOR]	I(f)	II(f)	[w 3]
	†568	A	130/138		DA[CIA INFERIOR]	I(f)		
	†93	A	135 (Dec.10)/138 (Iul.10)		N[ORICVM]	I(f)		
	†384	A	136/138 (Iul. 10)		[DACIA SVPERIOR]	I(f)		
	†385/260	A	138		THRACIA	I(f)	II(f)	[w 6]
	†94	A	138	Oct. 10	RAETIA	I(f)	II	W
	†38	C	138	(Iul. 10/Dec.)	PRAETORIA MISENENSIS	I(f)		
	†569	A	138/139			I(f)		
46*	175	A/C	139	[Iul. 18]	[PA]NNO[NIA INFERIOR]	I(f)		
47*	176	C	139	Iul. 18	[MAVRETANIA TINGITANA]	I(f)		
	†570	C	139	Aug. 22	PRAETORIA RAVENNAS	I	II	W
	†261	A	139	Oct. 30	[RAETIA]	I(f)		
	†386	A	139	Oct. 30	RAETIA	I(f)	II(f)	[w 7]
	†164	A	139	[Oct. 30?]	[RAETIA]	I(f)	II(f)	[w 7]
	87	A	139	Nov. 22	SYRIA PALAESTINA	I	II	W
48*	†95/58	A	140	[Mart./Oct.]	[RAETIA]	I(f)		
	177	C	140	Nov. 26	PRAETORIA MISENENSIS	I	II	W
	†571	A	140	(Ian. 1/Dec. 9)	PANNONIA SVPER[IOR]	I(f)		
	†39	A	140	Dec. 13	DACIA INFERIOR	I	II	W
	†387	A	140	Nov./Dec.	RAETIA	I(f)		
	†163	P	90/140?	[Ian./Apr.]		I(f)		
	†262	A?	90/140?			I(f)		
	†572	C?	90/140			I(f)		
	†573	C	117/140			I(f)	II(f)	[w 0]

49*	†389	A	120/140		[Dacia inferior]	I(f)		
	†390	A	120/140		[RAETIA]	I(f)		
	†43	A	138/140		[MAVRET]ANIA [TINGITANA]	I(f)		
	†574	A	139/140		[DACIA POROLISSENSIS]		II(f)	[w 4]
50*	†391	A	141	[Iul./Sept.]	[PANNONIA SVPERIOR]	I(f)		
	†263	A	140/141		[Pannonia superior]	I(f)	II(f)	[w 0]
	†575	A	142	[Ian. 15]	[S]YRIA PALAESTINA	I(f)	II(f)	[w 7]
	†576	A	142	Ian. 14/Febr. 13	[Germania superior]	I(f)		
	†577	A	141 (Dec. 10)/142 (Iul. 31)		ARABIA	I(f)		
	†264	C	142	Aug. 1	PRAETORIA RAVENNAS	I	II	W
	†392	C	142	Aug. 1	PRAETORIA RAVENNAS	I	II	W
	†393	C	[142	Aug. 1]	[PRAETORIA RAVE]NNAS	I(f)		
	†394	C	142	[Aug. 1]	[PRAETORIA RAVENNAS]	I(f)		
51*	†106	C	142	Oct. 6	[PRAETORIA MISENENSIS]	I(f)		
	†395	C	142	[Oct. 6]	[PRAETORIA MISENENSIS]	I(f)		
52*	†128	A	[142	Oct. 6]	[DACIA POROLISSENSIS]	I(f)		
	†396	A	142	(Sept./Oct.)			II(f)	[w 4]
53*	†40	A	138/142		[DACIA POROLISSENSIS]		II(f)	[w 2]
	†265	A	138/142?		[MOESIA INFERIOR]	I(f)		
	†578	A	139/142		PAN[NONIA SVPERIOR]	I(f)		
	†96	A?C?	133/143	ante Aug. 7			II(f)	[w 3]
	†41	A	133/143	ante Aug. 7	[Mauretania Tingitana]		II(f)	[w 4]
	†42	A?	133/143	ante Aug. 7	[Raetia?]		II(f)	[w 2]
	89	A?C?	133/143	ante Aug. 7			II(f)	[w 4]
	†266	A/C	143	Aug. 7	PANNONIA INFERIOR	I	II	W
54*	90	A	144	Febr. 23	DACIA SVPERIOR	I(f)		
	†397	A	144	Sept. 7	PANNONIA IN[FERIOR]	I(f)		
	†579	A	144	Sept. 7	[RAETIA]	I(f)		
	†580	A	144	(Sept. 7)	[RAETIA]		II(f)	[w 1]
	†398	A/C	144	Dec. 22	MAVRETANIA TINGITANA	I(f)	II(f)	[w 7]
	†267	C	128 (Apr.)/144 (Dec.)		PRAETORIA RAVEN<NA>S	I(f)		
	†268	A	141/144		[PANNONIA INFERIOR]	I(f)		
55*	†399/165	A/C	145	Apr. 7	MOESIA INFER[IOR]	I(f)		
	91	A/C	145	Sept. or Oct.	PANNONIA [INFER]IOR	I(f)		
	†44	C	145	Oct. 26	[PRAETORIA MISENENSIS]		II	W
	92	C	145	[Oct. 26?]	PRAETORIA MISENENSIS	I(f)		
	†581	A	145	(Sept. 1/Oct. 31)	[PANNONIA SVPERIOR]	I(f)		
	†400	A	142/145		SYRIA	I(f)		
	†98	A?	114/146?			I(f)		
	†97	A	146	Ian./Mart.	[BRITANNIA]	I(f)		
	178	A	146	Iul. 19	PANNONIA SVPERIOR	I(f)	II	W
56*	†269	A	146	Iul. 19	DACIA INFERIOR	I	II	W
	†401	A/C	146	Aug. 11	PANNONIA INFERIOR	I(f)		
	†582	A/C	146	[Aug. 11]	[Pannonia inferior]	I(f)		
	†583	A/C	146	[Oct. 11]	[MOESIA INFERIOR]	I(f)		
	†270	A/C	146	(Ian./Dec.9)	MOESIA INFERIOR	I(f)		

	†45	A?	143 post Aug. 7/146				II(f)	[w 3]
	†99	A	143 post Aug. 7/146		[Noricum]		II(f)	[w 3]
	†402	A	144/146		[Moesia superior?]		II(f)	[w 7]
	93	A	145 (Dec.10)/146 (Dec.9)		BRITTANIA	I(f)		
	94	A	147		[RAETIA]	I(f)		
	†166	A	140/147?		RAE[TIA]	I(f)		
	95	P/UC	148	Febr. 29		I	II	W
	†271		142 post Aug. 1/148 ante Oct.9				II(f)	[w 2]
	†403		146 post Iul. 19/148 ante Oct. 9				II(f)	[w 3]
	96	A	148	Oct. 9	PANNONIA SVPERIOR	I	II	W
	179	A/C-F	148	Oct. 9	PANNONIA INFERIOR	I	II	W
57*	180/†272	A/C-F	148	Oct. 9	PANNONIA INFERIOR	I(f)	II(f)	[w 7]
	†100	A	148	Sept./Dec. 9	ASIA	I		
	97	A	149	Iul. 5	PANNONIA SVPERIOR	I	II	W
	†584	A	146/149		[PANNONIA SVPERIOR]	I(f)		
	98	P/UC	150	Febr. 18		I		
	99	A	150	Aug. 1	PANNONIA SVPERIOR/INFERIOR	I	II	W
	†585	A	149 (Dec. 10)/150 (Dec. 9)		[DACIA INFERIOR]	I(f)		
	†586	A	151	Ian. 20	MOESIA SVPERIOR	I	II	W
	†587	A	151	Sept. 24	PANNONIA SVPERIOR/[NORICVM]	I	II(f)	[w 7]
58*	†404	A	151	Sept. 24	DACIA POROLISSENSIS	I	II	W
	†273	A	c. 151		[PANNONIA SVPERIOR/INFERIOR]	I(f)		
	†588	P/UC	152	Mart.1		I	II	W
	†406	A	152	Apr./Iun.	[PANNONIA SVPERIOR]		II(f)	[w 7]
	†407	A/C	152	Apr./Iun.	[M]OESIA SVP[ERIOR]	I(f)		
	100	C	152	Sept. 5	PRAETORIA RAVENNAS	I	II	W
	†408	A/C	152	[Sept. 5]	GERMANIA INFERIOR	I(f)		
	†589	A/C	152	Sept. 5	GERMANIA INFERIOR	I	II	W
	†590	A/C	152	[Sept. 5?]	GERMANIA INFERIOR	I(f)		
	†591	A	152	(Iul. 1/Sept. 30)	[DACIA SVPERIOR]	I(f)		
	†167	A/C-F	152	Sept./Oct.	[PANNONIA INFERIOR]	I(f)		
59*	†274	A	153	Mart. 5	GERMANIA SVPERIOR	I(f)		
	101	A	153	(Ian./Mart.)	RAETIA	I(f)		
	†592	A/C	153	Oct. 26	MAVRETANIA TINGITANA	I	II	W
	†409	A/C	153	[Oct. 26]	MAVRETANIA TINGITANA	I(f)		
60*	†410	A/C	153	[Oct. 26]	[MAVRETANIA TINGITANA]	I(f)		
	†411	A/C	153	[Oct. 26]	[MAVRETANIA TINGITANA]	I(f)		
	†593	A/C	153	Oct. 26	[MAVRETANIA TINGITANA]		II(f)	[w 6]
	†594	A	153	(Oct. 1/Dec. 9)	[SYRIA]	I(f)		
	102	C	153	Dec. 24			II	W
	†46	A	153	(Oct./Dec.)	RAETIA	I(f)		
	†412	A	148/153		[MOESIA INFERIOR]		II	W
61*	110/†47	A	154	Sept. 27	[DACIA POROLISS]ENSIS	I(f)	II(f)	[w 7]
62*	†101	A	[154	Sept. 27]?	[Dacia Porolissensis?]		II(f)	[w 3]
	†169	A/C-F	154	[Sept. 27]	[Pannonia inferior]	I(f)		
	†595	A/C-F	154	Sept. 27	PANNONIA INFERIOR	I(f)	II(f)	[w 7]

	104	A	154	Nov. 3	PANNONIA SVPERIOR	I	II	W
	†48	A	154	Dec. 28	MAVRETANIA TINGITANA	I(f)		
	†168	A	140/154?		BR[ITANNIA]	I(f)		
	†413	A	149/154				II(f)	[w 3]
	†596	A	155	Mart. 10	THRACIA	I(f)		
63*	†405	A	152/155		[MOESIA SVPERIOR/ ---]	I(f)		
	†414	A	c. 155		[MOE]SIA INFERIOR	I(f)		
	107	A	156	Dec. 13	[DACIA SVPE]RIOR	I(f)	II(f)	[w 7]
	†49	A	152/156			I(f)		
	†415	A	154/156		[PANNONIA INFERIOR]	I(f)		
	†102	A/C	157	Febr. 8	PANNONIA INFERIOR	I	II	W
	†103	A/C	157	Febr. 8	PANNONIA INFERIOR	I(f)	II(f)	[w 7]
	†417	A	157	[Apr. 23]	[THRACIA]	I(f)		
	†418	A	157	[Apr. 23]	[MO]ESIA <S>VPERIOR	I(f)		
	†419	A	[157	Apr. 23]	[MOESIA SVPE]RIOR	I(f)		
	†597	A	157	Apr. 23	MOESIA SVPERIOR	I	II	W
	†170	A	157	Sept. 28	RAETIA	I(f)		
	†104/51	A	157	[Sept. 28]	R[AETIA]	I(f)		
	†275	A	157	Sept. 28	[RAETIA]	I(f)		
	†598	A	157	Sept. 28	RAETIA	I		
	106	A	157	[Sept. 28?]	SYRIA	I(f)		
	†50	A	157?		MOESIA INFERIOR	I(f)		
	117	A	153/157		[RAETIA]	I(f)		
	†56	A	138/142 or 153/157		[MAVRETANIA TINGITANA]	I(f)		
	183	A	156 (Dec.10)/157 (Dec.9)		RA<E>TIA	I(f)		
	181	A	156 (Dec.10)/early 157		MAVRETA[NIA] TINGITANA	I(f)		
64*	182	A	157	(early/Dec. 9)	MAVRETANIA TINGITANA	I(f)		
	†171	C	158	Febr. 6	PRAETORIA MISENENSIS	I		
	†420	A	158	Febr. 27	BRITANNIA	I(f)	II(f)	[w 5]
	†599	C	158	(Ian. 1/Mart. 31)		I(f)		
	108	A	158	Iul. 8	DACIA SVPERIOR	I	II(f)	[w 7]
	†52	A	158	[Iul.?]	[GERMANIA INFERIOR]	I(f)		
	†600	A?C?	158	(Iul. 1/Aug. 31)			II(f)	[w 3]
65*	†53	A	158	(Dec. 2/5)	[MAVRETANIA TINGITANA]	I(f)		
66*	†54	A	158	Dec. 2/5	[Mauretania Tingitana]		II(f)	[w 2]
	†601	A	158	[Ian. 1]/(Dec. 9)	[THRACIA]	I(f)		
	†602	ESA	158	[Ian. 1]/(Dec. 9)	"qui inte[r singulares mi]litaverunt"	I(f)		
67*	112	A	158	Dec. 27	[PANNONIA INFERIOR]	I(f)		
68*	113	A	158	[Dec. 27]	[PANNONIA [INFERIOR]	I(f)		
69*	†276	A	158	[Dec. 27]	[PANNONIA IN]FERIOR	I(f)		
	109		145/158				II(f)	[w 3]
	†421	A	157 or 158	[post Mart./Apr.]	[SYRIA PALAESTINA]	I(f)		
	†422	A	159	Iun. 21	PANNONIA SVPERIOR	I(f)		
70*	†423	A	159	Iun. 21	PANNONIA SVPERIOR	I(f)		
	†424	A	159	Iun. 21	PANNONIA SVPERIOR		II(f)	[w 7]
71*	†416	A	159	[Iun. 21]	PA[NNONIA SVPERIOR]	I(f)		

A REVISED CHRONOLOGY OF THE DIPLOMAS

No.		Year	Date	Province	I	II	W
†603	A	159	(Iun. 21)	PANNONIA SVP[ERIOR]	I(f)		
†604	A	159	Iun. 21	PANNONIA SVPERIOR	I(f)		
†105	C	160	Febr. 7	[PRAETORIA MISENENSIS]	I	II	W
†277	C	160	Febr. 7	PRAETORIA MISENENSIS	I	II	W
†425	C	160	[Febr. 7]	PRAETORIA MISE[NENSIS]	I(f)	II(f)	[w 7]
†605	C	160	Febr. 7	PRAETORIA MISENENSIS	I(f)	II(f)	[w 4]
†426	C	160	Febr. 7	[PRAETORIA MISENENSIS]	I(f)		
†427	C	160	Febr. 7	[PRAETORIA MISENENSIS]	I(f)		
†172	C	160	[Febr. 7]	[PRAETORIA] MISENENSIS	I(f)		
†606	C	160	Febr. 7	PRAE[TORIA MISENENSIS]	I(f)		
†607	C	160	(Febr. 7)	[PRAETORIA MISENENSIS]	I(f)		
†608	C	160	[Febr. 7]	[PRAETORIA] MISENENSIS	I(f)		
†609	C	160	[Febr. 7]	[PRAETORIA] MISENENSIS	I(f)		
†610	C	160	[Febr. 7]	[PRAETORIA] MISENENSIS	I(f)		
†611	A	160	[Ian./Febr.]	[MOESIA SVPERIOR]	I(f)		
111	A	160	[Ian./ Febr.]	MOESIA SVPERIOR	I(f)		
†612	A	160	Mart. 7	SYRIA PALAESTINA	I	II	W
†173	A	160	Mart. 7	SYRIA PALAESTINA	I(f)		
†613	A	160	Mart. 7	SYRIA PALAESTINA	I		
130	A	160	Mai. 25 or Iun. 24	[BRITANNIA]	I(f)		
†428	A	160	[Iul./Aug.]	[Pannonia inferior]	I(f)		
†278	A	160	Dec. 18	RAETIA	I(f)	II(f)	[w 7]
†614	C	145/160	(Iul. 16/Aug. 13)		I(f)	II(f)	[w 1]
†429	A	148/160		[Pannonia inferior]	I(f)		
†615	A	156(Dec.10)/160(Dec.9)		[PANNONIA SVPERIOR]	I(f)		
†616	A	159 (Dec. 10)/160 (Dec. 9)		RAETIA	I	I	
†55	A	161	Febr. 8	MOESIA SVPERIOR	I	II(f)	[w 7]
†430	A	161	Febr. 8	PANNONIA SVPERIOR	I(f)		
†279/176	A	161	[Febr. 8]	PANNONIA SVPERIOR]	I(f)		
†431	A	[161]	Febr. 8]	[PANNONIA SVPERIOR]	I(f)	II(f)	
†107	A	161	(Ian. 13/Mart. 7)	[MAVRETANIA TING]ITANA	II(f)		
†108	A	126/161		[Noricum]	I(f)		
†114	S	138/161		[MOE]SIA SVPE[RIOR]	I(f)		
†57	A	138/161		[Mauretania Tingitana]	I(f)		
†109	A?C?	138/161			I(f)		
72* †280	A?C?	138/161			I(f)		
†281	A	138/161			I(f)		
†617	C	138/161		[PRAETORIA] MISENEN[SIS]	I(f)		
†618	C	138/161			I(f)		
115	A	140/161		[Britannia]	I(f)		
†282		145/161			I(f)		
†619	A	145/161		[MAVRETANIA TINGITANA]	I(f)		
116	A	145 or 154/161			I(f)		
†432	C	151/161			I(f)		
†433	C	152/161			I(f)	II(f)	[w 4]
†283	C?ESA?	154/161	ante Feb.				

	†59	A	154/161		[Raetia]	I(f)		
	†110	A	154/161		[PANNONIA INFERIOR]	I(f)		
	†284	A/C	154/161		[PANNONIA INFERIOR]	I(f)		
	†60	A	154/161		[SYRIA PALAESTINA]	I(f)		
	†174	A	154/161		[PANNONIA SVPERIOR]	I(f)		
	†175	A	154/161		[RAETIA]	I(f)		
	†620	A	154/161		[RAETIA]	I(f)		
	184	A	156 (Dec.10)/161 (Mart.7)		AEGYPTVS	I(f)		
	†285	A	156/161?			I(f)		
	†434	A	157/161		[Raetia]	I(f)		
	†177	A	161?	Oct. 26	[DACIA P]OROLISSENSIS	I(f)		
	†111	A/C	161	Mart. 7/Dec. 9	[Moesia inferior?]	I(f)		
73*	†67	A	162	Aug. 23	[LYCI]A ET PAMPHYLIA	I(f)		
	118	A	162		[RAETIA]	I(f)		
	†435	A	161 (Mart.7)/162 (Dec. 9)		[TH]RACIA	I(f)		
	†436	A	161 (Dec.10)/162 (Dec. 9)		[NO]R[ICVM]	I(f)		
	†178/112	A	161 (Mart.7)/163 (ante Sept.)		RAETIA	I(f)		
	187	A	161 (Mart.7)/163 (ante Sept.)?		[RAETIA]	I(f)		
	†61	A	161 (Mart.7)/163 (ante Sept.)		[Raetia?]	I(f)		
	†113	A	161 (Mart.7)/163 (ante Sept.)		[PANNONIA INFERIOR]	I(f)		
	†114	A	161 (Mart.7)/163 (ante Sept.)		[MOESIA SVPERIO]R	I(f)		
	†437	A	162 (Dec. 10/163 (Sept.)		[THRACIA]	I(f)		
	†62	A	163	Sept./Dec. 9	[PAN]NONIA SVPERIOR	I(f)		
	119	A	164			I(f)		
	†286	A	163 [Sept.]/164 [Iun.]		[Pannonia superior?]	I(f)		
	185	A	164	Iul. 21	DACIA POROLISSENSIS	I(f)		
	†63	A	164	[Iul. 21]	[DACIA POROLISSENSIS]	I(f)		
	†64	A	164	Iul. 21	DACIA POROLISSENSIS	I(f)	II(f)	[w 7]
	†115/65	A	164	[Iul. 21]	[DACIA POROLISSENSIS]	I(f)		
	†116	A	164	[Iul. 21]	[DACIA POROLISSENSIS]	I(f)		
	†66	A	164	[Iul. 21]	[DACIA POROLISSENSIS]	I(f)		
	†117	A	164	[Iul. 21]	[DACIA POROLISSENSIS]	I(f)		
	†287	A	164	[Iul. 21]	[DACIA POROLISSENSIS]	I(f)		
	†621	A	164	[Iul. 21]	DAC[IA POROLISSENSIS]	I(f)		
	†288	P/UC	164	[Iul./Dec. 9]		I(f)		
	†289	A	164?		[DACIA POROLISSENSIS]	I(f)		
	†290	A	160/164?		[PANNONIA SVPERIOR]	I(f)		
	120	A	165	Febr. 18	[MOESIA SVPERIOR]		II(f)	[w 7]
	†622	A	165	(Ian./Febr.)	[RAETIA]		II(f)	[w 5]
	186	A	165		[Mauretania Tingitana]	I(f)		
	121	A	166	Mart. or Apr.	[RAE]TIA	I(f)	II(f)	[w 7]
	†179	P	166	Apr. 17			II(f)	[w 3]
	122	C	166	Apr. 30	[PRAETORIA MISENEN]SIS	I(f)		
	124	P/UC	161 or 166			I(f)		
	125	A	164/166	Dec. 16 or 19	[RAETIA]	I(f)		
	†291	A	164/166	[Dec. 16 or 19?]			II(f)	[w 1]

	†180	A?	164/166?			[Pannonia superior?]			II(f)	[w 2]
	†438	A	165 (Aug./Sept.)/166 (Iul.)			LYCIA [PAMPHYLIA]	I(f)			
	†623	A	165/166			[PANNONIA INFERIOR]			II(f)	
	123	A	167	Mai. 5		PANNONIA INFERIOR	I		II	W
	†72		140/167?				I(f)			
	†118		154/167?						II(f)	[w 1]
	†119	A	156/157 or 162/167			[Raetia]	I(f)			
74*	126	A	162 post Aug.23/167						II(f)	[w 3]
75*	†121	A	162 post Aug.23/167			[Dacia inferior?]			II(f)	[w 3]
76*	†292	A	163/167	Mart. 8/15		[RAETIA]			II(f)	[w 3]
77*	†120	A	163/167	Mart. or Iul. (23 or 28)		[GERMANIA INFERIOR]			II(f)	[w 6]
	†624	A?C?	90/168				I(f)			
	†625	A	144/168	Oct. 4		[RAETIA]	I(f)			
	†626	C	152/168				I(f)			
	†627	C	152/168			[PRAETORIA MISENEN]SIS	I(f)			
	†628	C	152/168			[PRAETORIA] MISENEN[SIS]	I(f)			
	†629	A	153/168			[DACIA POROLISSENSIS]	I(f)			
78*	†186	A	163/168			[MAVRET]ANIA TINGITANA	I(f)			
	†181	A	166 or 168?			PANN[ONIA INF]ERIOR	I(f)			
	†439	A	166 (Oct. 12)/168			[THRACIA]	I(f)			
	†440	A	166 (Oct. 12)/168			[THRA]CIA	I(f)			
	†68	A	167/168			RAET[IA]	I(f)			
	†441	A	167/168			[THRACIA]	I(f)			
	†442	A	167/168			[DACIA INFERIOR]	I(f)			
	†443	A	167 post Mai. 5/168						II(f)	[w 7]
	†444	A	177?			[Thracia?]	I(f)			
79*	†184	A	178	Mart. 23		BR[ITA]NNIA	I		II	W
	†293	A	178	Mart. 23		BRITANNIA	I		II	W
	†294	A	178	Mart. 23		BRITANNIA	I			
	†630	A	178	Mart. 23		[BRIT]ANNIA	I(f)			
	†631	A	178	Mart. 23		[BRITANNIA]	I(f)			
	†632	A	[178	Mart. 23]		BRI[TANNIA]	I(f)			
	†633	A	[178	Mart. 23]		[BRITANNIA]	I(f)			
	128	A	178	Mart. 23		LYCIA PAMPHYLIA	I		II	W
	188	A?	178?						II(f)	[w 4]
	†634	A?C?	178?						II(f)	[w 2]
	†182	P?UC?	90/178				I(f)			
	†129	A	133/178			[Noricum]			II(f)	[w 1]
	†183	A	140/178?				I(f)			
	†122	A	144/178			[Dacia superior?]	I(f)			
	†445	A?C?	154/178				I(f)			
	†185	A	179	Mart. 23		AEGYPTVS	I			
	†123	A	179	Apr. 1		DACIA SVPERIOR	I		II	W
	†295	A	90/125? or 160/179?				I(f)			
	†296	A	161/169? or 177/180?				I(f)			

	No.		Year	Date	Province / Unit			
	†124	P/UC	180/184 post Oct.			I(f)		
	†297	P?	182/184	Mai. 24		I(f)		
	†635	A	183 or 184	Nov. 24/27	[THRACIA]	I(f)		
	†69	A	186		SYRIA PALESTINA	I(f)		
	†298	ESA	186			I(f)		
	†448	A	157/192	Apr. 27	[PANNONIA INFERIOR]	I(f)		
	†636	P/UC	178/192	Apr. 14	"XIII urba[n]a que est Lugduni"	_	II(f)	[w 7]
	†637	C	180/192	Mart. 16	PANNONIA INFERIOR	I(f)	II(f)	[w 7]
80*	133	UC	193	Aug. 11	PANNONIA INFERIOR	I(f)	II(f)	[w 7]
81*	†446	A/S	193	Aug. 11	[PANNONIA INF]ERIOR	I(f)		
82*	†447	A	193	Aug. 11		I(f)		
83*	132	A/S	193	Febr. 1		_	II	W
	134	UC	194	Apr. 30	P. V.	_	II(f)	
	†638	P	202	Dec. 20	PRAETORIA RAVENNAS	I(f)		
	†449	C	202	Aug. 31	[Pannonia inferior]	_		
	†187	A	203	Mart. (8/14)	[P. V.]	I(f)		
	†302	A	204	(Mart. 8/14)	P. V.	I(f)		
	†452	P	204	Mart. 13	"castris p{e}rioribus"	I(f)		
	†453	ESA	205	Febr. 22	P. V.	_	II(f)	[w 7]
	†188	P	206	Febr. 22	P. V.	_	II	W
	†303	P	206			I(f)		
	†70		90/206			I(f)		
	†125		90/206			I(f)	II(f)	[w 0]
	†126		90/206			I(f)		
	†299		90/206			I(f)	II(f)	[w 2]
	†127	A	109/120 or 154/206?		[BRITANNIA]	I(f)	II(f)	[w 0]
	†450	A?C?	114/125 or 154/206?			I(f)		
	†301		134/206			I(f)		
	†71	A	138/206			I(f)		
	†130		140/206			I(f)		
	131	A	178/206			_	II	W
	†451		178/206			_	II	W
	†304	C	192/202 or 204/206	Sept. 7	[PANN]ONIA INFERIOR	I(f)		
	†189	C	206	Nov. 22	[PRAETORIA ---]	_	II(f)	[w 7]
	†305	P	203 or 207		PRAETORIA RAVENNAS	I(f)		
	†639	P	207	Mart. 30	P. V.	I(f)		
	†640	P	207	Mart. 30	P. V.	_	II	W
	†454	ESA	207	Oct. 20	"castris novis"	_		
	†641	P	208	Ian. 22	P. V.	I(f)		
	†642	P	208	Ian. 22	P. V.	I(f)		
	†643	P	208	[Ian. 22]	P. V.	I(f)		
	135	P	208	[Ian. 22]	[P. V.]	I(f)		
	†190	P or A?	202 or 202/209	Iul. 10/15	PRAETORIA MISENENSIS	_		
	†73	C	209	Ian. 7	P. V.	I(f)		
	†191	P	210			_		
	†306	P or C?	195/211			I(f)		

						I	II	W
	†455	P	212	Ian. 7	P.V.	I	II	W
	136	P	212	[Ian. 7]	[P.V.]		II(f)	[w 7]
84*	127	C	206/212	Mai. 13	[PRAETORIA ---]		II	W
	†74	C	212	Aug. 30	PRAETORIA ANTON<IN>IANA MISENENSIS	I	II	[w 7]
	†456	P	213	[Ian. 7]	[ANTO]NINIANA P. V.	I(f)		
	†131	C	214	Nov. 27	PRAETORIA ANTONINIANA MISENENSIS	I		
	137	UC	216	Ian. 7	ANTONINIANA	I		
	138	C	213 (Oct.)/217 (Apr.)		PRAETORIA ANTONINIANA RAVENNAS	I(f)		
85*	†192	C	218	[Nov. 27?]	PRAETORIA AN[T]ONINIANA [MISENEN]SIS	I(f)		[w 7]
	†644	P	219	Ian. 7	ANTONINIANA P.V.		II	W
	139	P	221	Ian. 7	ANTONINIANA P.V.	I(f)		
86*	†457/317	C	221	(Ian.9/Oct.11)	[PRAETORIA A]NTONINIANA [RAVENNAS]	I(f)	IIf	[w 3]
	†458	C	221	(Ian.9/Oct.11)	[PRAETORIA ANTONINIANA RAVENNAS]		II(f)	[w 3]
	†307	C	221	Nov. 29	PRAETORIA ANTONINIANA MISENENSIS	I	II	W
	140	P	222	[Ian. 7]	[ANTON]INIANA P.V.	I(f)		
	†645	P	222	Ian. 7	ANTONINIANA P.V.	I		
	†75	P+UC	222	Ian. 7	ANTONINIANA P.V.	I	II	W
87*	†308	P+UC	222	Ian. 7	ANTONINIANA P.V.	I	II	W
	†460	P+UC	222	[Ian. 7]	[ANTO]NIN[IANA P. V.]	I(f)		
	141	P?	222	[Ian. 7]		I(f)		
	†459	ESA	222	Ian. 7	["castris --- "]		II(f)	[w 7]
	†461		221 (Iun.26)/222 (Mart.12)			I(f)		
	†193	P	223	[Ian. 7]	S[EVERIANA P.]V.	I(f)		
	†646	ESA	223	Ian. 7	"castris novis Severianis"	I	II	W
	†462	ESA	223	[Ian. 7]	["castris --- "]	I(f)		
	†76	P	224	Ian. 7	SEVERIANA P.V.	I		
	189	P	224	Ian. 7	SEVERIANA P.V.	I	II	W
88*	†463	C	224	Nov. 14/Dec. 11	[PRAETORIA] SEVERIANA RAV[ENNAS]	I(f)		
	142	P	225	Ian. 7	SEVERIANA P.V.	I(f)		
	†309	P	225	Ian. 7	SEVERIANA P.V.	I	II	W
	†310	P	225	Ian. 7	SEVERIANA P.V.	I	II	W
	†647	C	225	Nov. 17	PRAETORIA SEVERIANA [MISENENSIS]	I(f)	II(f)	[w 7]
89*	†311	C	225	Dec. 18	PRAETORIA SEVERIANA RAVENNAS	I	II	W
	†312/194	C	225	Dec. 18	[P]RAETORIA SEVERIA[NA RAVE]NNAS	I(f)		
	†648	C	225	[Dec. 18]	PRAETORIA SEVE[RIANA] RAVENNAS	I(f)		
	†464	P	224/225	[Ian. 7]	[SEVERIANA P. V.]	I(f)		
	†465	P	224/225	[Ian. 7]	[SEVERIANA P. V.]	I(f)		
	143	P	226	Ian. 7	SEVERIANA P.V.	I	II	W
	†466/195	P	226	Ian. 7	SEVERIANA P.V.	I(f)	II(f)	[w 7]
	†649	P	226	Ian. 7	SEVERIANA P.V.	I	II	W
	†650	P	226	Ian. 7	SEVERIANA P.V.	I(f)		
	†196	C	226	[Ian. 1/Dec. 9]	PRAETORIA SE[VERIANA ----------]S	I(f)		
	†313	P	227	Ian. 7	SEVERIANA P.V.	I		
	†467	P	227	Ian. 7	SEVERIANA P.V.		II	W
	†132	P	228	Ian. 7	SEVERIANA P.V.	I		
	†314	P	229 or 220	Ian. 7	SEVERIANA P.V.	I(f)		
	†468	P	226 or 229	[Ian. 7]	[SEVERIANA P.V.]	I(f)		

	†133	C	229	Nov. 27	PRAETORIA SEVERIANA P.V. MISENENSIS	I		
	†469	P	230	Ian. 7	SEVERIANA P.V.	I	II	W
	†470	P	230	Ian. 7	SEVERIANA P.V.	I(f)		
	144	ESA	230	Ian. 7	"castris novis Severianis"	I		
	†197	ESA	230	[Ian. 7]	"[castris prioribus? Sever]ianis"	I(f)		
	†651	P	231	Ian. 7	ALEXANDRIANA P.V.	I	II(f)	[w 7]
	†315	P	231	Ian. 7	ALEXANDRIANA P.V.	I	II	W
	†471a	ESA	232	Ian. 7	"[castris --- Alexandrianis]"	I(f)		
	†316	C	90/139? or 178/232?			I(f)		
	145	P	233	Ian. 7	ALEXANDRIANA P.V.	I	II	W
	†652	P	233	Ian. 7	ALEXANDRIANA P.V.	I(f)	II	W
	†653	P	234	Ian. 7	ALEXANDRIANA P.V.	I	II	W
90*	†201	C	218/235		[PRAETORIA --- RAVENNAS]	I(f)		
	†318	P	219 or 222/235	[Ian. 7]		I(f)		
	†654		222/235				II(f)	
	†134	ESA	223/235	[Ian. 7]		I(f)		
	†135	P	223/235	[Ian. 7]		I(f)		
	†77	P	236	Ian. 7	MAXIMINIANA P.V.	I	II	W
	†471b	C	236		[PRAETORIA MAXIMI]NIANA P.V. [---]	I(f)		
	146	ESA	237	Ian. 7	"castris novis Maximinianis"	I		
	†198	ESA	237	Ian. 7	"castris novis Maximinianis"	I	II	W
	†319	P	242	Ian. 7	GORDIANA P.V.	I		
	147	P	243	Ian. 7	GORDIANA P.V.	I	II	W
	148	P	244	[Ian. 7]	[GORD]IANA [P.] V.	I(f)		
	149	P	245	[Ian. 7]	[PHILIPPIA]NA [P.] V.	I(f)		
	†320	P	245	Ian. 7	PHILIPPI[ANA P.V.]		II(f)	[w 7]
	150	P	246	[Ian. 7]	[PHILIPPIANA P.V.]	I(f)		
	151	P	246	Ian. 7	PHILIP[IANA P.] V.	I(f)		
	†199	P	246	Ian. 7	PHILIPPIANA P.V.	I(f)		
	†472	P	246	Ian. 7	[PHILIPPIANA P.V.]		II(f)	[w 5]
	†473	P	247	Ian. 7	PHIL[IPPIANA P.V.]		II	W
	152	C	247	Dec. 28	PRAETORIA PHILIPPIAN[A P.] V. MISENENSIS	I		
	153	P	248	Ian. 7	PHILIPPIANA P.V.	I		
	†474	P	248	Ian. 7	PHILIPPIANA P.V.	I	II	W
	†475	P	248	Ian. 7	PHILIPPIANA P.V.	I(f)		
	154a	C	249	Dec. 28	PRAE[TORIA] DECIANA P.V. RAVENNAS	I(f)		
	154b	C	250		P.P.V.D.RAVENNAS			
	†321		180/250			I(f)		
	†322	P	194/250			I(f)		
	†200	P	206/250?	[Ian. 7?]	[--------- P.]V.	I(f)		
	†655	P	252/253	[Ian. 7]	GALLIAN[A VOLVSIANA P.V.]	I(f)		
	155	P	254	Ian. 7	VALERIANA GALIENA P.V.	I(f)	II	W
	†476	P	261/268	[Ian. 7]	[GALLIENA P. V.]	I(f)		
	156	P	298	Ian. 7	DIOCLETIANA ET MAXIMINIANA [P.] V.	I(f)		
	157	P	304	[Ian. 7]		I(f)		
	†78	P	306	Ian. 7	AVGVSTORVM ET CAESARVM P.V.	I	II	W

FURTHER NOTES ON THE CHRONOLOGY

The last positive date of an auxiliary diploma is now 206 (*AE* 2012, 1960) so this upper limit has been applied to undatable examples. Diplomata for the *equites singulares Augusti* were issued as late as 237 (*CIL* XVI 146, *RMD* III 198), while the latest example for an Italian fleet dates from 250 (*CIL* XVI 150). Therefore, the end date for fragmentary diplomas of an uncertain period (other than those for auxiliaries and praetorians) has been placed at 250.

1*†136
D. Dana argues that the name of the recipient of this fragmentary diploma for *legio I Adiutrix* was called Tyraesis, a Thracian name (Dana 2010, 35-36 no. 1). Cf. *OnomThrac* 381.

2*16
Michel 2008 discusses the names of the recipient and of his father on this diploma for the Misene fleet. Baslel/Basliel is a Punic name and Turbelus/Turbelius is Sardinian. Additionally, Sarniensis is one of the names of *colonia Sarnia Milev* in Numidia. The author suggests that the father had been a soldier who settled in Africa and married a local inhabitant of Milev. Cf. *AE* 2008, 617.

3*†210
It is proposed that the name of the recipient's father was Dolanus, a Thracian name and that the recipient was Thrax (Dana 2010, 36-37 no. 2). Cf. *OnomThrac* 156.

4*†329
Camodeca 2008-2009, 66-67 proposes that the prefect of *ala I praetoria singularium* was probably the son of an A. Furius Saturninus attested at Herculaneum in 70. Cf. *AE* 2008, 358.

5*†330
See above 4*†329 for details about the prefect of the ala.

6*†331
See above 4*†329 for information about the commanding officer of the ala.

7*†5
Following the publication of an almost complete copy (*RMD* VI 490), this can now be fully restored:
> [Imp. Caesar, divi Vespasiani f., Domitianus
>   Augustus Germanicus, pontifex maximus,
>   tribunic(ia) potestat(e) X, imp(erator) XXI,
>   co(n(s(ul) XV, censor perpetuus, p(ater)
>   p(atriae)], [equitibus qui militant in alis
>   quattuor (1) veterana Gallica (2) Phrygum
>   (3) gemina Sebastena (4) Gallorum et
>   Thracum Antiana et peditibus et equitibus
>   qui in cohortibus septem (1) II classica
>   (2) III et (3) IIII Thracum Syriacis (4) IIII
>   Callaecorum Lucensium (5) IIII Callaecorum
>   Bracaraugustanorum (6) Augusta Pannoniorum
>   (7) Musulamiorum quae sunt in Syria sub A.

> Bucio Lappio Maximo, qui quina et vicena
>   stipendia aut plura meruerunt],
> quorum nomina subscripta sunt], ipsis liberis
>   posterisq[ue eorum civita]tem dedit et conubium
>   [cum uxoribus, quas] tunc habuissent, cu[m est
>   civitas iis data], aut, siqui caelibes ess[ent, cum
>   iis, quas pos]tea duxissent dumta[xat singuli
>   singu]las.
> a. d. III[I idus Maias P.] Valerio [Marino, Cn.]
>   Minicio [F]austino co[s.]
> alae veterana[e Ga]ll[i]ca[e cu]i praest M.
>   Numisius M. [f. Gal. Senecio] Antistianus,
>   [grega]li Seuthi [---]is f., Scaen(o).
> Descriptum e[t recognitu]m ex tabula aenea quae
>   fixa e[st Romae].

> M. Lolli Fusci; M. Calpurn[i] Iusti; C. Pompei
>   Eutrapeli; C. Lucreti [Modesti]; C. Maeci
>   [Bassi]; C. Iuli [Ru---]; L. Alli [Cre---].

8*37
The full witness list of this grant to the *classis Flavia Moesica* can now be restored as:
> A. Lappi [Polliani]; C. Iuli [Heleni]; M. Ca<e>li
>   [Fortis]; Cn. Matici [Barbari]; Q. Orfi{ci}
>   [Cupiti]; L. Pulli [Sperati]; L. Pulli [Verecundi].
>   Cf. RMD VI 496, 497.

9*41
W. Eck and A. Pangerl 2011 discuss the identity of the governor recorded on this much discussed diploma fragment in the light of a new fragmentary diploma whose governor can be restored as Iulius Ca[ndidus Marius Celsus]. They conclude that here he was named as Iulius Mar[ius Celsus]. Cf. *AE* 2011, 1801. Cf. also Weiss 2009, 234-235, *AE* 2009, 1821.

10*†337
D. Dana argues that the name of the son should be read as Mucase[---] rather than anything else (Dana 2010, 39 no. 5). Cf. *OnomThrac* 235. The full name of the commanding officer is now known to have been Q. Planius Sardus C. f. Pup. Truttedius Pius (*AE* 2012, 1957). Cf. *RMD* VI 507 note 2.

11*167
A study of the witnesses on this fragment for Mauretania Tingitana suggests strongly that it is another copy of a known fragmentary issue of 14/30 September 99 (*RMD* III 141) (Holder 2018b, 263-265). Cf. *AE* 2018, 1956.

12*†141

Holder 2018b, 234-235 argues that this is a further copy of a grant to auxilia in Mauretania Tingitana. See above 11*167. A fuller transcription can be offered of the surviving text:

[Imp. Caesar, divi Nervae f., Nerva Traianus Augustus Germanicus, pontifex maximus, tribunic(ia) potestat(e) III, co(n)s(ul) II, p(ater) p(atriae)], [equitibus et peditibus qui militant in alis --- et cohortibus --- et sunt in Mauretania Tingitana sub --- , item dimissis honesta missione, qui quina et vicena plurave stipendia meruerunt], [quorum nomina subscripta sunt, ipsis liberis posteri]sque eorum civitatem [dedit et conubi]um cum uxoribus, quas tunc [habuissent, cum] est civitas iis data, aut, si[qui caelibes essent], cum iis, quas postea duxi[ssent dumtaxat] singuli singulas.
[a. d.---?] k. Octobr(es), Q. Bittio] Proculo, [M. Ostorio] Scapula cos.
[cohort(is)] aut alae --- cui pra]est [---].

[---]; [---]; [---];[Ti. Claudi] Felicis; [---] Hypati; [P. Quirini] Pothi; [C. Valeri] Eucarpi.

13*†143

The publication of a complete copy of this grant to auxiliary units in Moesia superior (*AE* 2008, 1732) reveals that the date of issue was 16 May 101. The full text can therefore be restored as (*AE* 2014, 1129):

Imp. Caesa[r, divi Nervae f., Nerva Traia]nus Augustu[s Germanicus, pontifex ma]ximus, [tribunic(ia) potestat(e) V, co(n)s(ul) IIII, p(ater) p(atriae)], equitibu[s et peditibus, qui militant in ala II] Pannoni[orum et cohortibus decem et duabus] (1) I Flavi[a Bessorum et (2) I Thracum c(ivium) R(omanorum) et (3) I Flav]i[a] Hi[spanorum milliaria et (4) I Antiochensium et (5) I Lusitanorum et (6) I Montanorum c(ivium) R(omanorum) et (7) I Cretum et (8) II Flavia Commagenorum et (9) III Brittonum et (10) IIII Raetorum et (11) V Hispanorum et (12) VI Thracum et sunt in Moesia superiore sub C. Cilnio Proculo qui quina et vicena plurave stipendia meruerunt], [quorum nomina subscripta sunt, ipsis liberis posterisque eorum civitatem dedit et conubium cum uxoribus, quas tunc habuissent], cum est civitas iis data, aut, [siqui c]aelibes essent, cum iis, quas po[ste]a duxissent dumtaxat singuˈlˈi sin[gul]as.
a. d. XVII k.[Iunias] M. Maecˈiˈo Cel[ere], C. Sertorio Broccho Servaeo In[nocente cos.]
<c>ohort(is) I ˈFˈlavˈiˈae Hisˈpˈano[rum millia]riae, cui praest C. Mammius C. ˈfˈ. Pal. Saluˈtˈari[s], pediti M. Antonio M. ˈfˈ. Esumno, V[---].

Descriptum eˈtˈ recoˈgˈnitum ex tabula aˈeˈnea quae ˈfˈixa est Romae.

C. Tuticani Saturnini; P. Lusci A[mandi]; [C. F]ictori P[olitici]; Ti. Claudi [Felicis]; P. Manli [Lauri]; C. Valeri [Eucarp]i; P. Quirini [Pot]hi.

14*†148

D. Dana argues that the recipient's home was Beroea in Syria rather than other cities of that name (Dana 2010, 40 no. 6).

15*†225

Dana 2010, 41 no. 7 argues that the names of the sons of the recipient indicate a home in Eastern Macedonia. Torquatus and Torcus are both assonant Thracian names and Dizala is Thracian. Cf. *OnomThrac* 375-376, 374-375, 151-152 respectively. The first named daughter, Tertulla, was his third surviving child while Quinta was the fifth.

16*†227/14

It is argued that the home of the recipient was the city of Tralles in Caria rather than the tribe in Thrace (Dana 2010, 41-42 no. 8).

17*†229

Eck 2013b reconsiders the evidence for the date of this diploma and concludes that L. Cossonius Gallus, the surviving named consul, held office in 117. His partner was possibly [P. Afranius Flavi]anus. He also suggests that the combination of *tribunicia potestas XX* (10 December 115 to 9 December 116) and *imperator XIII* within the titulature of Trajan as here is indicative of a date of issue within 117. Cf. *CIL* XVI 62.

18*†155

See above 17*†229 for the evidence for the year of issue being 117, especially since L. Cornelius Latinianus, governor on 16 August 117 had been superseded.

19*64

Trajan's titles on this fragment include *tribunicia potestas XX* and *imperator XIII* which probably means a date of issue within 117. See above 17*†229 for the reasoning.

20*†231

Weiß 2017c demonstrates that this fragment is definitely part of an issue to the *equites singulares Augusti*. He refines the date of issue to between 10 July 118 and 31 August 118.

21*†19

W. Eck and A. Pangerl reconsider the content of this fragmentary tabella II and conclude that it is another copy of the special grant to cavalrymen of *ala I Ulpia contariorum milliaria* (Eck-Pangerl 2008c, 284). Cf. *AE* 2008, 1752. The text can now be read as:

FURTHER NOTES ON THE CHRONOLOGY

[Imp. Caesar, divi Traiani Parthici f., divi
    Nervae nepos, Traianus Hadrianus Augustus,
    pontifex maximus, tribunicia potestate V,
    co(n)s(ul) III],
[equitibus qui militant in ala I Ulpia contariorum
    milliaria et sunt in Dacia superiore sub Iulio
    Severo legato, praefecto Albucio Candido,
    quorum nomina subscripta sunt, ante emerita
    stipendia civitatem Romanam dedit cum
    parentibus et fratribus et sororibus].
[non(is) Apr(ilibus) M. Here]nnio Fausto,
    [Q. Pomponio Mar]cello cos.
[(?)ex gre]gale [---] Besso [et ---]ri eius [et ---]
    eius [et ---] eius [et ---] eius.

[-. ---]iani; [C. Vettieni H]ermetis; [A. Cascelli
    P]roculi; [L. Equiti G]emelli; [L. Pulli]
    Verecundi; [L. Pulli] Charitonis; [P. Atini]
    Crescentis.

22*†357
See above 21*†19 for the background to the new version
of this fragment. Cf. *AE* 2008, 1751. The reading is:
[Imp. Caesar, divi Traiani Parthici f., divi Nervae
    nepos, Traianus Hadrianus Augustus, pontifex
    maximus, tribunicia potestate V, co(n)s(ul) III],
[equitibus qui militant in ala I Ulpia contariorum
    milliaria et sunt in Dacia superiore sub Iulio
    Severo] legato, pra[efecto Albucio] Candido,
    quorum no[mina sub]scripta sunt, ante eme[rita
    stipe]ndia civitatem Ro[manam d]edit cum
    parentibus et fratribus et sororibus.
[n]on(is) Apr(ilibus) [M. Herennio] Fausto,
    [Q. Pomponi]o Marcello cos.
[---]nae [f.] Daco, [---] matri eius, [---] fratri
    eius, [---] fratri eius, [---] fratri eius, [---] sorori
    eius.
[Descriptum et r]ecognitum ex tabula ae[nea quae
    fixa e]st Romae in muro post [templum divi
    Aug(usti)] ad Minervam.

23*†349
Eck-Pangerl 2013 publish a further fragmentary copy
of this grant which reveals that Hadrian held tribunician
power for the fifth time (10 December 120 - 9 December
121). The date of issue is either late 120 or late 121 and
the troops eligible for the grant had most likely served in
Dacia inferior. Cf. *AE* 2013, 2186.

24*†350
See above 23*†349 for the reasons for the new dating of
this fragment. Cf. *AE* 2013, 2187.

25*†358
Early in the reign of Hadrian this fleet diploma was
issued to serving sailors. At this time only grants to the
classis Misenensis were made to those who had received
honesta missio. Therefore, this fragment can be assigned

to the Ravenna fleet (Holder 2008, 149). See *RMD* VI
538 note 3 for the revelation that M. Ulpius Marcellus
was prefect of this fleet early in 119. L. Messius Iu[---]
was either commander before him or between him and
L. Numerius Albanus.

26*†23
Eck-Pangerl 2015 publish a fuller version of a
fragmentary diploma of 16 June 123 first published
in 2013 (Eck-Pangerl 2013b, 286-290) which shows
the diploma was part of a grant for Dacia inferior. Cf.
AE 2013, 2195, 2015, 1893. The revised version of
this very fragmentary tabella II offered by the authors
in 2013 (Eck-Pangerl 2013b, 290) can be adjusted
accordingly. Cf. *AE* 2013, 1297. The text can now be
restored as:
[Imp. Caes(ar), divi Traiani Parthici f., d]ivi
    N[ervae nepos, Traianus Hadrianus Aug(ustus),
    pontil(ex) max(imus), trib(unicia) pot(estate)]
    VII, [co(n)s(ul) III, proco(n)s(ul)],
[equit(ibus) et pedit(ibus) qui milit(averunt) in
    --- quae sunt in Dacia inferiore sub Cocceio
    Nasone, --- stipend(is) emerit(is) dimiss(iss)
    honest(a) mission(e),
[quorum nomina subscripta sunt, ipsis liberis
    posterisque eorum civitatem dedit et conubium
    cum uxoribus, quas tunc habuissent, cum est
    civitas iis dat]a, aut, [siqui caelibes essent, cum
    iis, quas post]ea duxi[ssent dumtaxat singuli
    singulas].
a. d. XVI k. I[ul(ias) T. Prifernio Gemino, P.]Metilio
    [Secundo cos.]
[coh(ortis) aut alae?]OI[---]

27*†20
An almost complete witness list on a diploma of 10
August 123 for units in Dacia Porolissensis (*AE* 2011,
1792) can be used to propose that the partial list on this
fragment, named in the same order, is part of a second
copy of this grant (Holder 2018a, 258-260). The list can
be restored as:
[Ti.] Iuli Urbani; [P.] Cauli [Vitalis]; [A.] Fulvi
    [Iusti]; [P. Atti Severi]; [M. Rigi Felicis];
    [P. Atini Flori]; [L. Pulli Daphni].

28*†362
See above 27*†20 for the reasons that this fragmentary
tabella II is possibly another copy of the grant of 10
August 123 to auxiliaries in Dacia Porolissensis.

29*†235
Eck-Pangerl 2014 publish a further fragmentary copy
of this grant to troops in Moesia inferior which enables
them to restore fully the names of the consuls on this
copy as Q. Vetina Verus and P. Lucius Cosconianus.
Cf. *AE* 2014, 1641. D. Dana reads the patronymic of
the recipient as *[---]lotresi* and the name of the first
daughter as *[.].VN[---] fil. eius* (Dana 2010, 44 no. 12).

Both Lucosis and [---]lotresis are Thracian names. Cf. *OnomThrac* 203 and 418 respectively.

30*†364

See above 29*†235 for the reasons why the name of the first consul should be read as [Q. Ve]tina Verus rather than [M.? A]cenna Vero.

31*†375

In the light of the recent publication in the note above to 29*†235 the consuls can restored as Q. Vetina [Verus] and P. Lucius [Cosconianus]. This fragment of tabella II is therefore part of another copy of this grant of 1 June 125 for troops in Moesia inferior.

32*†236

D. Dana proposes that the recipient omitted his praenomen, although a Roman citizen, and so his full name was (M.) Ulpius M. f. Valens (Dana 2010, 44-45 no 13).

33*†366

Two grants are now known of 1 July 126 for units in Moesia superior when Iulius Gallus governor (*AE* 2008, 1717, 2014, 1648; *AE* 2015, 1886). It is not clear to which this fragment belongs but the date of 1 July 126 is definite.

34*†239

D. Dana argues that two letters at most are missing from the name of the recipient. Thus the reading should be *[¹⁻²]sae Natusis f. Daco*. Both names are Dacian. Cf. *OnomThrac* 419 and 260 respectively.

35*†241

This diploma was offered for sale at Heritage Auctions Ancient & World Coin Auction No. 3021, New York, 6-7 January 2013, Lot 21392. The binding wires had been removed and the inner faces were now available for study. Images of these faces have been obtained courtesy of A. Pangerl. The complete text can now be read as:

FURTHER NOTES ON THE CHRONOLOGY

intus: tabella I

IMP CAES DIVI TRAIAN PARTHIC F DIVI NERV
NEPOS TRAIAN HADRIAN AVG PONTIF MAX
  TRIB POTEST XI COS   III
EQ ET PED QVI MIL IN ALIS V ET COH X QVAE APP I
PAN ET GAL ET GAL ATE● CT ET I VESP DARD ET I
5 FL GAET ET II HISP ARAV ET I LVS ET I FL NVM
ET I THR SYR ET I GERM ET I BRAC ET I LEP ET II
FL BRIT ET II LVC ET CHALC ET II MATT ET SVNT
IN MOES INFER SVB BRVT PRAESENT QVIN ET
VICEN ITEM CLASSIC SENIS ET VICEN PLVR STIP
10 EMER DIM HON MISS QVOR NOM SVBSCRIPT
SVNT IPSIS LIBER P● OSTER EOR CIVIT DEDIT
CONVB CVM VXOR QVAS TVNC HAB CVM EST
CVM IIS DAT AVT SIQVI CAEL ESS CVM IIS
   QVAS POST DVXIS DVMTAXAT SING SINGVL
●

15   tabella II
●
    A D XIII K SEPT
Q TINEIO RVFO M LICINIO CELERE NEPOTE COS
vacat
   ALAE I FLAV GAE ● TVL CVI PRAEST
20   M   VLPIVS   ATTIANVS
        EX GREGALE
   VELADATO DIALONIS   F   ERAVISC
ET IVLIAE TITI FIL VXORI EIVS   ERAVISC
ET FORTVNATO F EIVS ET ATRECTO F EIVS
25 ET IANVARIO F EIVS ET MAGNO F EIVS
  ET IANVARIAE   FIL   EIVS
●

vacat
vacat
vacat

extrinsecus: tabella I

IMP CAESAR DIVI TRAIANI PARTHICI F DIVI NERV ●
NEPOS TRAIANVS HADRIANVS AVG·PONTIF MAX
  TRIB   POTEST XI   COS   III
EQVIT ET PEDIT QVI MILITAVER IN ALIS V ET COH X
QVAE APPELL I PANN ET GALL ET GALL ATECTORIG ET I
VESP DARDAN ET I FLAV GAETVL ET II HISP ARAV ET I   5
LVSITAN ET I FLAV NVMIDAR ET I THRAC SYRIAC ET I
GERM ET I BRACAROR ET I LEPID ET II FLAV BRITT ET II
LVCENS ET II CHALCID ET II MATTIAC ET SVNT IN MOES
INFER SVB BRVTTIO PRAESENTE QVIN ET VICEN ITEM
CLASSIC SENIS ET VICEN PLVRIB STIPEND EMERIT   10
DIMISSIS HONEST MISSION QVOR NOMIN SVBSCRIPT
SVNT IPSIS LIBERIS POSTERISQ EORVM CIVIT DEDIT
ET CONVB CVM VXORIB QVAS TVNC HA BVISSENT CVM
       ●   ●
EST CIVITAS IIS DATA AVT SIQVI CAELIB ESSENT
CVM IIS QVAS POSTEA DVXISSENT DVMTAXAT SIN   15
GVLI SINGVLAS A D X III K SEPT
Q TINEIO RVFO M LICINIO CELERE NEPOTE COS
ALAE I FLAVIAE GAETVLOR CVI PRAEST
M   VLPIVS   ATTIANVS
        EX GREGALE   20
VELADATO DIALONIS   F   ERAVISC
ET IVLIAE TITI FIL VXORI EIVS ERAVISC
ET FORTVNATO F EIVS ET ATRECTO F EIVS
ET IANVARIO F EIVS ET MAGNO F EIVS ET IANVARIAE FIL EIVS
DESCRIPTVM ET RECOGNITVM EX TABVLA AENEA   25
QVAE FIXA EST ROMAE IN MVRO POST TEMPLVM
    DIVI AVG AD MINERVAM
      tabella II

TI IVLI		VIBIANI
L VIBI		VIBIANI
L PVLLI	●	DAPHNI 30
Q LOLLI		FESTI
C VETTIENI		HERMETIS
Q ORFI	●	PARATI
TI CLAVDI		MENANDRI

●

*Imp. Caesar, divi Traiani Parthici f., divi Nerv(ae)
nepos, Traianus Hadrianus Aug(ustus),
pontif(ex) max(imus), trib(unicia) potest(ate) XI,
co(n)s(ul) III,
equit(ibus) et pedit(ibus) qui militaver(unt) in
alis V et coh(ortibus) X quae appell(antur)
(1) I Pann(oniorum) et Gall(orum) et (2)
Gall(orum) Atectorig(iana) et (3) I Vesp(asiana)
Dardan(orum) et (4) I Flav(ia) Gaetul(orum)
et (5) II Hisp(anorum) Arav(acorum) et (1) I
Lusitan(orum) et (2) I Flav(ia) Numidar(um) et
(3) I Thrac(um) Syriac(a) et (4) I Germ(anorum)
et (5) I Bracar(augustan)or(um) et (6) I
Lepid(iana) et (7) II Flav(ia) Britt(onum) et (8)
II Lucens(ium) et (9) II Chalcid(enorum) et (10)
II Mattiac(orum) et sunt in Moes(ia) infer(iore)
sub Bruttio Praesente, quin(is) et vicen(is),*

*item classic(is) senis et vicen(is), plurib(usve)
stipend(is) emeritis dimissis honest(a)
mission(e),
quor(um) nomin(a) subscript(a) sunt, ipsis
liberis posterisq(ue) eorum civit(atem) dedit
et conub(ium) cum uxorib(us), quas tunc
habuissent, cum est civitas iis data, aut, siqui
caelib(es) essent, cum iis, quas postea duxissent
dumtaxat singuli singulas.
a. d. XIII k. Sept(embres) Q. Tineio Rufo, M. Licinio
Celere Nepote cos.
alae I Flaviae Gaetulor(um) cui praest M.
Ulpius Attianus, ex gregale Veladato Dialonis
f., Eravisc(o) et Iuliae Titi fil. uxori eius,
Eravisc(ae) et Fortunato f. eius et Atrecto f. eius
et Ianuario f. eius et Magno f. eius et Ianuariae
fil. eius.*

xl

Descriptum et recognitum ex tabula aenea quae fixa est Romae in muro post templum divi Aug(usti) ad Minervam.

Ti. Iuli ⌐Urbani¬; L. Vibi Vibiani; L.Pulli Daphni; Q. Lolli Festi; Q. Vettieni Hermetis; Q. Orfi Parati; Ti. Claudi Menandri.

36*†388

Eck-Pangerl 2006a, 236-237 reconsider the date of this fragment and conclude it is part of a further copy of the grant of 22 March 129 for auxiliary units in Syria. Cf. *AE* 2006, 1848. D. Dana proposes that the names of the recipient and of his family are *[M. Ulpi?]o Stai f. Dr[--- , Daco(?) et ---]ri f. eius et D[--- f./fil. eius]* (Dana 2010, 46-47 no 16). The nominative form of Stai is not yet known. Cf. *OnomThrac* 334.

37*†368

With the publication of a more complete copy of this grant to units in Africa a more refined date of 8/13 October 127 can now be offered. See *RMD* VI 545 for more details.

38*†158

See 52*†128 for the suggestion that later Clodius Gallus was governor of Dacia Porolissensis and is attested on 6 October 142. Holder 2017b, 259-262 publishes a small fragment from the missing lower left side of tabella I of *RMD* III 158. Cf. *AE* 2017, 1218. The text can now be read as:

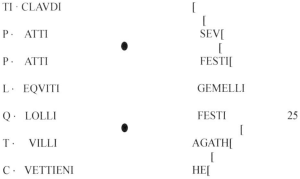

Imp. Caesar, divi Traiani Parthici f., divi Nervae nepos, Traianus Hadrianus Aug(ustus), pont(ifex) max(imus), trib(unicia) pot(estate) XVII, co(n)s(ul) III, p(ater) p(atriae),
equitib(us) qui inter singular(es) militaver(unt) quibus praeest Clodius Gallus, quinis et vicenis pluribusve stipendis emeritis dimissis honesta missione,

quorum nomina subscripta sunt, ipsis liberisque eorum civitatem dedit et conub(ium) cum uxorib(us), quas tunc habuissent, cum est civitas iis data, aut, siqui caelibes essent, cum is, quas postea duxiss(ent) dumtaxat singuli singulas.
a. d. VI id. Apr(iles) C. Antonio Hibero, P. Mummio Sisenna cos.

FURTHER NOTES ON THE CHRONOLOGY

M. Ul[pio Va]leri f. Valerio, Oesco.
[Descript(um) et rec]ognit(um) ex tabula aenea
*   [quae fixa est R]omae in muro post [templum*
*   divi Au]g(usti) ad Minervam.*

Ti. Claudi [Menandri]; P. Atti Sev[eri]; P. Atti
*   Festi; L. Equiti Gemelli; Q. Lolli Festi; T. Villi*
*   Agath[ae]; C. Vettieni He[rmetis].*

39*†35
The home of the recipient of this diploma was altered and has created much debate. A new study of this amendment, including personal inspection of the fragment, has led D. Dana to argue that PANNON was amended to CORNOV (Dana 2017). Cf. *AE* 2017, 1191.

40*†247
Hadrian is revealed to still have been *proconsul* on a diploma of 9 December 132 (*AE* 2010, 1856). Eck-Holder-Pangerl 2010, 193-195 demonstrate that the suffect consuls, P. Sufenas Verus and Ti. Claudius Atticus Herodes, held office during the last four months of 133 because this title is also lacking on all other grants issued during their consulship. In addition, there is no other suitable gap in the *fasti* in the following few years. The date of issue is therefore 9 September 133. D. Dana argues that the otherwise unattested cognomen of the recipient, Vannus, must be related to the Illyrian name Vanno (*OPEL* IV 247). This would suit perfectly his home in Dardania. Furthermore, there is a concentration of his father's name, Timens, in Dardania (*OPEL* IV 122) (Dana 2010, 47 no 17).

41*174
See above 40*†247 for the year of issue of this diploma.

42*†159
See above 40*†247 for the year of issue of this diploma.

43*†250
D. Dana confirms the name of the recipient should be read as *M. [Ulpi]o Batonis f. Cabelo, Colap[ia]n[o]* (Dana 2010, 47-48 no 18).

44*†255
D. Dana proposes to read the surviving personal names on the inner face as:

```
[ET            ]ET SVNTI +[ --- F· EIVS]
[ET            ] F  EIVS  ●[ET --- F EIVS]
[ET         ]INI  F  EIVS  E[T --- F/FIL EIVS]
[   ET      ]  DIVR PINAE[  FIL  EIVS]
[              ]    vacat       [
```

The final name is Diurpina rather than Dourpina (Dana 2010, 48-49 no. 19). Cf. Sunti (dat.) *OnomThrac* 337. Diurpina *OnomThrac* 145. As many as eight children were included with as many as three on the first surviving

line with EIVS or F. EIVS omitted except at the end of the line. Cf. *CIL* XVI 78 of 134, *RMD* V 385/260 and *CIL* XVI 83 of 138.

45*†383
D. Dana proposes that the details of the recipient should be read as *L. Valer[io ---]lesde f. Taru[lae?, ---]* (Dana 2010, 49 no. 20) Cf. *OnomThrac* 349-350.

46*175
The names of the consuls are in smaller script as on a recently published fragment for Pannonia superior of 18 July 139 (*AE* 2010, 1262). The day date is likewise in smaller lettering which strongly suggests that the day date here can be restored as *a. d. XV k. [Aug.]*.

47*176
A re-appraisal of the dating criteria for this fragmentary issue to troops in Mauretania Tingitana in light of *AE* 2010, 1262 permits the conclusion that the date of issue here is also 18 July 139 (Holder 2018b, 265-267). Cf. *AE* 2018, 1957.

48*†95/58
Weiß 2006b demonstrates that Julius Crassipes, governor of Thrace on 10 October 138, should be restored as consul on this fragment. Cf. *AE* 2006, 90 See also *DNP* 12/2, 1031-1032 [II 50], Eck 2013, 73.

49*†389
D. Dana argues that rather than *[---]ttarae f. ei[us]* the name of the son should be read as *[e]t Tarae f. ei[us]*, an attested Dacian name (Dana 2010, 49 no 21). Cf. *OnomThrac* 344-345.

50*†391
Beutler 2010 reveals that Sergius Paullus was governor of Pannonia superior on 18 July 139. Cf. *AE* 2010, 1242. He can also be restored as governor in 140 (*RMD* VI 571). Therefore, the suggestion of W. Eck and A. Pangerl argue that the governor on this fragment previously restored as Statilius Hadrianus should be restored as Sergius Paullus is correct (Eck-Pangerl 2005, 252-253). Cf. *RMD* VI 578.

51*†106
D. Dana proposes that the father's name should be restored as *[---tr]ali f.* and that the name of the recipient should be read as *Dolatr[ali]* rather than *Dolati* (Dana 2010, 50-51 no. 23). Cf. *OnomThrac* 156.

52*†128
See Eck-Pangerl 2014a, 273 for the suggestion that the name of the governor of Dacia Porolissensis can be restored as Clo[dius Gallus]. The date of issue, as a second copy, would have been 6 October 142. Cf.

AE 2014, 1640. Petolescu 2015, 263-264 argues that was commander of the *equites singulares Augusti* on 8 April 133 (*RMD* III 158, *AE* 2011, 1104). Cf. *AE* 2015, 1118.

53*†40
See Dana-Deac 2018, 276-278 for a new study of this fragment based on further images (*AE* 2018, 1325). The text is now:

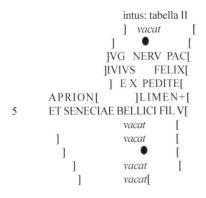

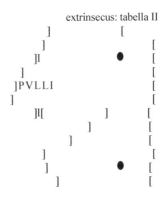

[Imp. Caesar ---]
[equitibus et peditibus qui militaverunt in alis --- et cohortibus --- quae appellantur --- et II Aug(usta) Nerv(iana) Pac(ensis) (milliaria) Britt(onum) --- et sunt in Dacia Porolissensi sub ---]
[coh(ortis) II A]ug(ustae) Nerv(ianae) Pac(ensis) [(milliariae) Britt(onum) cui praest - -. -]ivius Felix [---], ex pedite Aprion[i] Limen[--- f., ---] et Seneciae Bellici fil. [uxori eius, ---]

[---]; [P. Att]i [Severi(?)]; [L.] Pulli [Daphni]; [P. Aitt]i [Festi(?)]; [---]; [---]; [---].

D. Dana proposes that the Thracian names of the recipient enable his home to be restored as *[Besso(?)]* (Dana 2010, 51 no 24).

55*†399/165
Weiß 2008, 314-316 no. 16 publishes fully fragment **B** from *RMD* V 399/165 with composite images of the document. Cf. *AE* 2008, 1190.

56*†269
F. v. Saldern 2004. publishes fully this diploma including transcription of the inner faces based on radiographs. D. Dana shows that the names of the recipient, Coca, and of his father, Tyru (gen.), are Thracian (Dana 2010, 51-52 no. 25). Cf. *OnomThrac* 87 and 382 respectively. The text is now:

54*90

FURTHER NOTES ON THE CHRONOLOGY

intus: tabella I

IMP CAES DIVI HADRIANI F DIVI TRAIANI
P[.]RTH N DIVI NE[.]VAE PRON T AELIVS
H[.]DRIAN ANTON[.]NVS AVG PIVS P M TR
POT VIIII   IMP ● II COS IIII P P
5 EQ ET PED Q M IN AL III ET COH VIIII ET SVNT
IN DACIA INFER [.]V VLPI SATVRNI
NO XXV PLVR ST EM DIM HON MIS QVOR
NOM SVBSCR SV N CIV ROM QVI EOR
NON HAB DED E● CON CVM VX QVAS
10(!) TVNC HAB CVM [.]ST CIV IS DAT AVT CVN
●//////////////+ DVX D   SING

tabella II

●
A D   XIV K   AVG
IVNIORE   ET GALLO COS
vacat
vacat
●
vacat
(!)   EX NVNER E   ILLY RIC
15 EX SESQVIPLICIAR
COCAE   TYRV   F   SARDIC
●
vacat
vacat
vacat

extrinsecus: tabella I

IMP CAES DIVI HADRIANI F DIVI TRA●
IANI PARTH N DIVI NERVAE PRON T AE
LIVS HADRIANVS ANTONINVS AVG PIVS
PONT MAX TR POT VIIII IMP II COS IIII P P
EQVIT ET PEDIT QVI MILIT IN ALIS III ET   5
NVMER EQVIT ILLYR ET COH VIIII QVAE APPEL
I ASTVR ET HISP ET I CLAVD GALL CAPIT ET I
FL COMMAG SAG ET I BRACARAVG ET I TYRIOR
SAG ET I AVG PAC NERV BRITT ∞ ET I HISP
VET ET II FL NVMID ET II FL BESSOR ET II ET III   10
GALLOR ET SVNT IN DACIA INFER SVB VL
PIO SATVRNINO QVINIS ET VICENIS PLVRIB
●   ●
VE STIP EMER DIM HON MISS QVOR NO
MIN SVBSCR ST CIV ROM QVI EOR NON HAB
DED ET CONVB CVM VXOR QVAS TVNC HAB   15
CVM EST CIV IS DAT AVT CVM IS QVAS POS
DVXIS DVMTAXAT SINGVLIS
A· D· XIV   K AVG
CN TERENTIO IVNIORE L AVRELIO GALLO COS
EX NVMER EQVIT ILLYRIC   20
EX SESQVIPLICIAR
COCAE   TYRV   F   SARDIC
DESCRIPT ET RECOGNIT EX TABVL AEREA
QVAE FIXA EST ROMAE IN MVRO POST
TEMPL DIVI   AVG AD MINERVAM   25
tabella II
P ATTI   SEVERI

L PVLLI   DAPHNI
●
M SERVILI   G ETAE

L PVLLI   CHRESIMI

M SENTILI   IASI   30
●
TI IVLI   FELICIS

C IVLI   SILVANI
●

*Imp. Caes(ar), divi Hadriani f., divi Traiani
Parth(ici) n(epos), divi Nervae pron(epos), T.
Aelius Hadrianus Antoninus Aug(ustus) Pius,
pont(ifex) max(imus), tr(ibunicia) pot(estate)
VIIII, imp(erator) II, co(n)s(ul) IIII, p(ater)
p(atriae),*

*equit(ibus) et pedit(ibus) qui milit(averunt) in
alis III et numer(us) equit(um) Illyr(icorum)
et coh(ortibus) VIIII quae appel(lantur) (1)
I Astur(um) et (2) (I) Hisp(anorum) et (3) I
Claud(ia) Gall(orum) Capit(oniana) et (1) I
Fl(avia) Commag(enorum) sag(ittariorum) et
(2) I Bracaraug(ustanorum) et (3) I Tyrior(um)
sag(ittariorum) et (4) I Aug(usta) Pac(ensis)
Nerv(iana) Britt(onum) (milliaria) et (5) I
Hisp(anorum) vet(erana) et (6) II Fl(avia)
Numid(arum) et (7) II Fl(avia) Bessor(um)
et (8) II et (9) III Gallor(um) et sunt in Dacia
infer(iore) sub Ulpio Saturnino, quinis et*

*vicen(is) plurib(us)ve stip(endiis) emer(itis)
dim(issis) hon(esta) miss(ione),*

*quor(um) nomin(a) subscr(ipta) s(un)t, civ(itatem)
Rom(anam), qui eor(um) non hab(erent),
ded(it) et conub(ium) cum uxor(ibus), quas
tunc hab(uissent), cum est civ(itas) is dat(a),
aut cum is, quas pos(tea) duxis(sent) dumtaxat
singulis.*

*a. d. XIV k. Aug(ustas) Cn. Terentio Iuniore,
L. Aurelio Gallo cos.*

*ex numer(o) equit(um) Illyric(orum) ex
sesquipliciar(io) Cocae Tyru f., Sardic(a).*

*Descript(um) et recognit(um) ex tabul(a) aerea
quae fixa est Romae in muro post templ(um) divi
Aug(usti) ad Minervam.*

*P. Atti Severi; L. Pulli Daphni; M. Servili Getae;
L. Pulli Chresimi; M. Sentili Iasi; Ti. Iuli
Felicis; C. Iuli Silvani.*

ROMAN MILITARY DIPLOMAS VI

57*180/†272

Holder 2017b, 250-254 shows that *RMD* IV 272 completes much of the missing part of tabella I of *CIL*

XVI 180. Cf. *AE* 2017, 1188). The text of both faces of the tabellae can therefore be read as:

intus: tabella I

```
      IMP CAES DIVI HADRIANI F DIVI TRAIANI
{B}  PARTH N D//VI NERVAE PRON T AELIVS
      HADRIANVS ANTONINVS AVG PIVS P M
      TR POT XI    IMP  II COS  IIII · P·    P
5    +++++ED Q M IN AL●V ET COH XIII ET SVNT
      IN [..]NN INFER  SVB COMINIO SECVNDO
      XXV PLVE ITEM CLASS XXVI ST EM DIM·
      HON MISS QVOR NOM SVBSCR SVNT
      CIV ROM  QVI EOR NON HAB ITEM FILIS
10   CLASS DED ET CON●CVM VX QVAS TVNC
      HAB  CVM EST CIV IS DAT AVT CVM  IS
      QVAS POST DVM DT SING
                                        ●
```

tabella II

```
          A  D VII  ID  OCT    [
      AGRIPPINO ET  ZENONE COS[
                                   [
            ●                       [
15  ALAE I FL BRITAN  ∞  CVI  PRAEST
      M  LICINIVS   VICTOR   SAVAR
            EX SESQVIPLICAR
      FVSCO   ∟VCI F   AZA∟O
                    vacat
                    vacat
                    vacat
```

extrinsecus: tabella I

```
      IMP CA+[        ] HADRIANI F DIVI TRAIANI
      PARTHIC N[     ]IVI NERVAE PRONEP T AELI
{B}  VS  HADRIAN[.]S ANTONINVS AVG PIVS PONT
      MAX TRIB PO[.] XI IMP ET COS IIII   P   P      (!)
      EQVITIB ET P[…]TIB QVI MILIT IN ALIS V ET           5
      COH XIII QVAE [.]PPEL I FLAV BRITAN ∞ ET I
      THR VET SAG ET I BRITTON C R ET I PRAET C R
      ET I AVG ITVRAEOR ET III BATAV ∞ VEX ET I
      ALPIN EQVIT ET I THR GERM ET I ALPIN
      PEDIT ET I NORIC ET III LVSITAN ET II NER           10
      VIOR ET CAHAEC ET VII BREVCOR ET I LVSIT    (!)
      ET II AVG THR ET I MONTAN ET I CAMPAN
      VOL C R ET I THRAC C R ET SVNT IN PANNON
      INEERIOR SVB COMINIO SECVNDO QVI        (!)
      NIS ET VICEN ITEM CLASSIC  SEX ET VI           15
            ●
      GINT STIPEND EMER DIMISS HONEST
      MISS QVOR NOMIN SVBSCRIPT SVNT CIVI
      TAT ROMAN QVI EOR NON HABER ITEM EE    (!)
      LIS CLASSIC DEDIT ET CONVB CVM VXORIB
      QVAS TVNC HAB CVM EST CIVIT IS DAT AVT          20
      CVM IS QVAS POSTEA DVXIS DVMTAXAT
      SINGVLIS     A  D  VII ID  OCT
C·FABIO AGRIPPINO M ANTONIO ZENONE COS
      ALAE I FLAV BRITAN ∞ CVI  PRAEST
         M  LICINIVS   VICTOR   SAVAR            25
            EX SESQVIPLICARIO
      FVSCO         LVCI      F     AZALO
      DESCRIPT ET RECOGNIT EX TABVL AEREA
      QVAE FIXA EST ROMAE IN MVRO POST ●
      TEMPL DIVI AVG AD MINERVAM              30
                    tabella II
```

L · PVLLI		DAPHNI	
M· SERVILI	●	GETAE	
L · PVLLI		CHRESIMI	
M· VLPI		BLASTI	
TI· IVLI		FELICIS	35
	●	[	
C · IVLI		SILV[	
		[	
P · OCILI		P[	
		[	

Imp. Caes(ar), divi Hadriani f., divi Traiani
  Parthic(i) n[ep(os)], divi Nervae pronep(os),
  T. Aelius Hadrianus Antoninus Aug(ustus) Pius,
  pont(ifex) max(imus), trib(unicia) pot(estate) XI,
  imp(erator) II, co(n)s(ul) IIII, p(ater) p(atriae),
equitib(us) et ped[i]tib(us) qui milit(averunt) in alis
  V et coh(ortibus) XIII quae [a]ppel(lantur) (1) I
  Flav(ia) Britan(nica) (milliaria) et (2) I Thr(acum)
  vet(erana) sag(ittariorum) et (3) I Britton(um)
  c(ivium) R(omanorum) et (4) I praet(oria) c(ivium)
  R(omanorum) et (5) I Aug(usta) Ituraeor(um)
  et (1) III Batav(orum) (milliaria) vex(illatio) et

(2) I Alpin(orum) equit(ata) et (3) I Thr(acum)
  Germ(anica) et (4) I Alpin(orum) pedit(ata) et
  (5) I Noric(orum) et (6) III Lusitan(orum) et (7)
  II Nervior(um) et Caˈllˈaec(orum) et (8) VII
  Breucor(um) et (9) I Lusit(anorum) et (10) II
  Aug(usta) Thr(acum) et (11) I Montan(orum) et
  (12) I Campan(orum) vol(untariorum) c(ivium)
  R(omanorum) et (13) I Thrac(um) c(ivium)
  R(omanorum) et sunt in Pannon(ia) inferior(e) sub
  Cominio Secundo, quinis et vicen(is) pl(uribus)ve
  item classic(is) sex et vigint(i) stipend(is) emer(itis)
  dimiss(is) honest(a) miss(ione),

xlv

FURTHER NOTES ON THE CHRONOLOGY

quor(um) nomin(a) subscript(a) sunt, civitat(em)
Roman(am), qui eor(um) non haber(ent), item
filis classic(orum) dedit et conub(ium) cum
uxorib(us), quas tunc hab(uissent), cum est
civit(as) is dat(a), aut cum is, quas postea
duxis(sent) dumtaxat singulis.
a. d. VII id. Oct(obres) C. Fabio Agrippino,
M. Antonio Zenone cos.
alae I Flav(iae) Britan(nicae) (milliariae) cui praest
M. Licinius Victor, Savar(ia), ex sesquiplicario
Fusco Luci f., Azalo.
Descript(um) et recognit(um) ex tabul(a) aerea
quae fixa est Romae in muro post templ(um) divi
Aug(usti) ad Minervam.

L. Pulli Daphni; M. Servili Getae; L. Pulli
Chresimi; M. Ulpi Blasti; Ti. Iuli Felicis; C. Iuli
Silv[ani]; P. Ocili P[risci].

58*†404
D. Dana argues that rather than being a Thracian name, Prosostus, the personal name of the recipient, is Illyrian (Dana 2010, 52-53 no 27). Cf. *OPEL* III 168.

59*†274
Dana 2010, 53-54 no 29 demonstrates that the remnants of the name of the father of the recipient should be read as *[---]acissae f.*, a Dacian name form.

60*†410
Weiß 2007b, 255-256 provides composite images of both the fragments. Cf. *AE* 2007, 1781.

61*110/†47
Comparison of images of the fragmentary second tablets found at Mehadia and published as *RMD* I 47 and *RMD* II 101 indicates that there are a number of inconsistencies other than they do not touch. The former has framing lines on both surviving edges (just as on tabella I) but the latter does not. It is best to accept that these fragments are not part of the same diploma.

62*†101
As suggested above in note 61*110/†47 these are not part of the same diploma. But the surviving witnesses suggest a date of issue between 149 and 160 (Appendix IIIa). It is therefore possible that this is part of a second copy of the grant of 27 September 154.

63*†405
Further discoveries of grants to units from the western Empire transferred to both Mauretanias during the reign of Antoninus Pius have led to different suggestions for the scope of this fragment (Eck-Holder-Pangerl 2016, 200-201 = *AE* 2016, 1347; Eck-Pangerl 2018c, 236 = *AE* 2018, 1990; Jovanova-Ončevska Todorovska 2018, 216-220). The latter is most of a tabella I of a grant of 31 May 152 which lists troops from five provinces who had served in Mauretania Caesariensis under Varius Clemens (*AE* 2018, 1989 is a fragmentary second copy). Egrilius Plarianus is named as governor of Moesia superior, Claudius Maximus as governor of Pannonia superior, Fuficius Cornutus as governor of Moesia inferior, Popilius Pedo as governor of Germania superior, and Nonius Macrinus as governor of Pannonia inferior. *AE* 2016, 2021 is a fragment of a grant of either 152 or, more likely, 153 to troops from Moesia inferior, governor Flavius Longinus, and from Britain, governor Caesennius Statianus, who had served in Mauretania Tingitiana under Flavius Flavianus. It is now clear that Egrilius Plarianus can be restored as governor of Moesia superior on *RMD* V 405. However the identity of [---] nus is not clear. The date of issue of this fragment is therefore between 152 and 155 (when Flavius Longinus is last attested as governor of Moesia inferior (Thomasson 2009, 20:086). A possible reading is:

[Imp. Caes(ar), divi] Hadri[ani f., divi Traiani
Parth(ici) nep(os), div]i Nervae [pronep(os),
T. Aelius An]toninus [Aug(ustus) Pius,
pont(ifex) max(imus), trib(unicia) pot(estate)
--], imp(erator) [II, co(n)s(ul) IIII, p(ater)
p(atriae)],
[equit(ibus) qui mil(itaverunt)] in alis [-- quae
app(ellantur) Claud(ia) nov(a) misc(ellanea)
et] Gall(orum) [Flaviana quae sunt in Moes(ia)
super(iore)] sub Egr[ilio Plariano item ala
aut cohorte ---] quae est [in --- sub ---]no
legat(is), quinis et vicenis plurib(us)ve stipen]
dis emer[itis dimissis honest(a) mission(e) per]
Varium C[lementem proc(uratorem), cum essent
in expe]d[it(ione) Maur(etaniae) Caesar(iensis),
---].

64*182
Magioncalda 2006, 1739 and note 12 concurs that the governor recorded on this fragment should be restored as (Q. Claudius Ferox) Ae[ronius Montanus]. Cf. *AE* 2006, 1656. See also Faoro 2011, 352-353 no. 17.

65*†53
The final consuls of 157 have been revealed as Q. V[---] SV[---]cius and Q. [---]binus/sinus following the publication of a nearly complete diploma for Pannonia inferior of 6 December 157 (*AE* 2009, 1079 and Eck 2013, 78-79 with note 29). Q. Pomponius Musa and L. Cassius Iuvenalis must therefore have held office in 158 (Eck 2013, 79 and note 30) This fragment was issued on 2/5 December 158.

66*†54
The date of issue can now be seen to have been 2/5 December 158. See above 65*†53.

67*112
The date of issue can now be seen to have been 27 December 158. See above 65*†53.

68*113

The date of issue can now be seen to have been 27 December 158. See above 65*†53.

69*†276

The date of issue can now be seen to have been 27 December 158. See above 65*†53.

70*†423

D. Dana suggests that the name of the father of the recipient is best restored as [Ta]rsae f. Cf. *OnomThrac* 348. He also suggests that the four remaining letters of the recipient's home were either RISC[--] or RISO[--], an otherwise unknown location in Thrace (Dana 2010, 54-55 no. 31).

71*†416

Further conservation work on this fragment has revealed improved readings of many details especially the titles of Pius and the correct name of the governor of Pannonia superior (Beutler 2018, 111-115 and Tab. 51, Abb. 5 = *AE* 2018, 1287). Cf. *RMD* VI 603, 604. The date can now be restored as 21 June 159. The new reading is:

intus: tabella I

```
      IMP CAES DIVI HADRIAN[
       NI PARTH N DIVI NERVAE[
        ]HADRIANVS ANTONIN[
        ]//M   TR POT XXII  IMP  [
5   ///////PED Q M IN AL V●Q A I V[
        ]T C R ET I CANN ET  I  H[
         ]G THR ET COH VI I VLP PA[
             ]V VOL C R ET V[
                 ]  [
```

extrinsecus: tabella I

```
IMP C[
  PAR+[  ]ER[
  LIVS HADRI[
  PONT MAX TR POT X[
EQVITIB ET PEDITIB Q[                    5
  APPEL I VLP CONT ∞ ET[
  NANEF ET I HISP AR[
  COH VI I VLP PANNO[
  ET IV VOL C R ET V CA[
  VOL C R ET SVNT IN PA[                 10
  NIO MACRINO LEG Q[
  RIT DIMISS HONEST M[
  SVBSCR SVNT CIVIT RO[
  HABER DEDIT ET CONV[
  TVNC HABVIS CVM EST[                   15
        ●          [
  CVM IS QVAS POSTEA DV[
  GVLIS PRAET PRAEST FI[
  CENTVR ITEM CALIGAT[
  IRENT PROCRE[
```

Imp. Caes(ar), divi Hadrian[i f., divi Traia]ni Parth(ici) n(epos), divi Nervae [pron(epos), T. Ae]lius Hadrianus Antonin[us Pius], pont(ifex) max(imus), tr(ibunicia) pot(estate) XXII, imp(erator) [II, co(n)s(ul) IV, p(ater) p(atriae)],

equitib(us) et peditib(us) q[ui] m(ilitaverunt) in al(is) V q(uae) appel(lantur) (1) I Ulp(ia) cont(ariorum) (milliaria) et (2) [I Thrac(um)] vic]t(rix) c(ivium) R(omanorum) et (3) I Cannanef(atium) et (4) I Hisp(anorum) Ar[vac(orum) et (5) III Au]g(usta) Thr(acum) et coh(ortibus) VI (1) I Ulp(ia) Panno[n(iorum) (milliaria) et (2) I Thrac(um) c(ivium) R(omanorum) et (3) II Alpin(orum)] et IV vol(untariorum) c(ivium) R(omanorum) et (5) V Ca[ll(aecorum) Lucens(ium) et (6) XIIX] vol(untariorum) c(ivium) R(omanorum) et sunt in Pa[nnon(ia) super(iore) sub No]nio Macrino leg(ato), q[uinq(ue) et vigint(i) stip(endis) eme]rit(is) dimiss(is) honest(a) m[ission(e)], [quor(um) nomin(a)] subscr(ipta) sunt, civit(atem) Ro[man(am), qui eor(um) non] haber(ent), dedit et conu[b(ium) cum uxorib(us), quas] tunc habuis(sent), cum est [civit(as) is data, aut] cum is, quas postea du[xiss(ent) dumtaxat sin]gulis.

praet(erea) praest(itit) fi[liis decur(ionum) et] centur(ionum), item caligat(orum), [quos antequ(am) in castr(a)] irent, procrea[t(os) probavissent cives Romani essent].

72*†280

Dana 2010, 55 no. 32 argues that the restoration of the recipient's personal name as THIA[E] is not certain because there are other Dacian names with the prefix THIA-. Cf. *OnomThrac* 364.

73*†67

Eck-Pangerl 2010, 233-234 demonstrate that this fragment must date to 23 August 162 because the consuls are the same as those named on the complete diploma for auxilia in Pannonia inferior of that date. Cf. *AE* 2010, 1457.

74*126

The establishment of the hierarchy of witnesses on 23 August 162 reveals that the earliest date for the issue of this diploma is after that date. See further Appendix IIIa.

75*†121

See above 74*126 for the earliest issue date of this fragment.

FURTHER NOTES ON THE CHRONOLOGY

76*†292
See above 74*126 for the earliest issue date of this fragment.

77*†120
See above 74*126 for the earliest issue date of this fragment.

78*†186
See Magioncalda 2006, 1740-1741 for the arguments that Volusius [---] was governor of Mauretania Tingitana from about 163 but before 168. Cf. *AE* 2006, 1656. The author also argues that he is attested as governor of Dacia Porolissensis on 26 October 161 where only part of his nomen, Volu[sius], has survived (*RMD* III 177). Cf. Thomasson 2009, 21:030a and 42:041a, Faoro 2011, 296 no. 5.

79*†184
Dana 2010, 55-56 no. 34 publishes the full arguments for the reading of the recipient's name as Thiopus rather than Thiodus noted in *RMD* V p. 704, 42*†184. Cf. *OnomThrac* 364.

80*133
P. Weiß re-assesses the dating of this diploma and concludes that the tribunician year of Commodus had been amended to *XVIII* on the outer face and that therefore the consuls were *suffecti* in 193 during the reign of Pertinax. The date of issue was 16 March 193 (Weiß 2015). Cf. *AE* 2015, 36.

81*†446
The arguments put forward by P. Weiß in the note to *133 also apply to this grant to auxiliaries in Pannonia inferior. Here Commodus is credited with holding tribunician power for the eighteenth time on both faces. The consuls probably took up office on 1 July 193. The date of issue was therefore 11 August 193. Cf. *AE* 2015, 36.

82*†447
See above 81*†446 for the date.

83*132
See above 81*†446 for the date.

84*127
Dietz 2008 argues that the earliest date for this issue is 13 May 2006 based on the witness list. He also proposes that the latest probable date is 13 May 212 (or maybe 213). Cf. *AE* 2008, 613. The lower date is confirmed by a diploma for auxilia in Aegyptus of 25 January 206 which has a different witness list (*AE* 2012, 1960). The date range from 206 to 212 is accepted here.

85*†192
See Tomlin 2005 for the arguments that the name of the prefect of the Misene fleet should be restored as Ael(io) Secundino. Cf. *AE* 2005, 1729. See also Magioncalda 2008, 1153-1154.

86*†457/317
Eck-Pangerl 2008-2009, 193-200 publish a further fragmentary copy of this grant to the Ravenna fleet. This enables the prefect's name to be re-read as [Aurelius Elpi]dephorus (*ibid*. 198). Cf. *AE* 2012, 1946.

87*†308
D. Dana argues that the Thracian cognomen of the sixth witness should be read as MVCATRES, one of the genitives of MVCATRA (Dana 2010, 56-57 no. 36). Cf. *OnomThrac* 237.

88*†463
Eck-Pangerl 2008-2009, 200-205 publish fully fragment **B** from *RMD* V 463 with accompanying images. Cf. *AE* 2012, 1947.

89*†311
Dana 2010, 57 no. 37 publishes fully the suggestion that the patronymic originally published as ATSVITSIAE should be read as ATSIVTSIAE as noted in *RMD* V p. 705, 49*†311. Cf. *OnomThrac* 11.

90*†201
D. Dana has further refined the reading of the recipient and of his home recorded on this fragmentary fleet diploma. He proposes *[ex du]plic[ario M. Aurelio(?) Z]urae fil. Quirinali [cui et --- , Ni]copol(i) ex Moesia inf(eriore), [vico ---]tsitsi* (Dana 2010, 58 no. 40). Cf. *OnomThrac* 410.

CRITICAL SIGNS

(*abc*)	Letters omitted in the original by abbreviation.
[*abc*]	Letters missing from the original which may be restored with reasonable certainty.
a{x}b	Orthographically superfluous letter occurring in the original.
a<x>b	Letter omitted in the original but added to the transcript.
a⌜x⌝b	Correction made to the original in the transcript.
ABC	Letters in the transcript which cannot be interpreted.
~~abc~~	Letters struck through in antiquity.
[..]	Lacuna of two letters in the original.
[---]	Indefinite number of letters missing in the original.
[---c.10-12---]	Approximate number of letters missing in the original deduced from the length of the space and size of the letters.
+++	Faint marks observable on the surface of the diploma indicating the number and positions of letters whose interpretation is not certain.
(!)	A mistake in the original. If possible noted in the margin nearer to the error.
●	Binding holes or hinge holes in the originals.
//////	Damaged area of the surface of the diploma where lettering has been obscured or destroyed.

DIPLOMAS 477-655

477 VESPASIANVS ZVRAZIS

a. 70 Mart. 7

Published N. Sharankov *Archaeologia Bulgarica* 10,2, 2006, 37-46. Complete diploma with both tablets fastened together with two flattened strands of bronze wire. There are clear traces of where the seal cover was soldered to the outer face of tabella II. Hinge holes with wire loops preserved are placed in the top and bottom corners of the right hand side of tabella I. Both tablets: height 18.1 cm; width 14.7 cm; thickness and weight not available. Letter height varies between 5 mm and 9 mm with some Is as well as the corrected letters in line 11 on the outer face of tabella I even taller. On a few occasions the, presumed, ink exemplar was not engraved because there is space for the lettering. These are SI of IPSIS in line 6, ST of IIST at the end of line 8, and CVM at the end of line 9. The binding holes and the hinge holes were punched from the inner face of tabella I and the outer face of tabella II before the text was engraved. The witness names are engraved in a different hand. No framing lines are visible on either of the outer faces. Confiscated in Munich, current whereabouts uncertain.

AE 2006, 1833; *AE* 2008, 1759

intus: tabella I

Not available
for study

extrinsecus: tabella I

```
IMP·VESPASIANVS·CAES·AVG·TR·POT·COS·II ●
CAVSARI·QVI·MILITAVERVNT·IN·LEG·II·AD
IVTRICE·P·F·QVI·BELLO·INVTILES·FACTI·ANTE
EMERITIS·STIPENDIS·EXAVCTORATI·SVNT·ET
DIMISSI·HONESTA·MISSIONE·QVORVM·            5
NOMINA·SVBSCRIPTA·SVNT·IP S LIBERIS·POSTE
RISQ·EORVM·CIVITATEM·DEDIT·ET·CONVBIVM·CVM
VXORIBVS·QVAS·TVNC·HABVISSENT·CVM·II
CIVITAS IIS DATA·AVT·SIQVI·CAELIBES·ESSENT
IIS·QVAS·POSTEA·DVXISSENT·DVM·TAXAT·SING    10
  ●                                      ●
        GVLIS SINGVLAS
IMP·VESPASIANO·CAES·AVG·II·CAESARE·AVG
F·VESPASIANO·COS·NON·MART · RECOGN
ITV·EX·TABVLA·AENEA·QVAE·FICTA·EST·ROMAE·IN
CAPITOLIO·ANTE·EMERITORVM·ANTE·ARAM         15
GENTIS·IVLIAE·INTRISECVS·PODIVM·LATERIS
DEXTERIORI·CONTRA·SIGNVM·LIBERIS·PATRIS
TABVLA·II·ZVRAZIS·DECEBALI·F·DACVS·
                                         ●
```

tabella II ●

C·VETIDI·RASIA	NI·PHILIPPENS	
TI·CLAVDI·CLI	NAE·PHILIPPENS·	20
C·FLAMINI·RE	GILLI·APRESIS·	
C·IVLI·PVDENTIS	PHILIPPENSIS	
L·VALERI·CAPIT	ONIS·LEG·II·MIS	
L·PETICIVS·BAS	SVS·LEG·II·MISS	
P·RVTILI·NOR	BANI·LEG·II·P·F	25

●　　　　　　●　　　　　　●

Imp. Vespasianus Caes(ar) Aug(ustus), tr(ibunicia)
*   pot(estate), co(n)s(ul) II,*
causari<s>, qui militaverunt in leg(ione) II
*   Adiutrice p(ia) f(idele), qui bello inutiles fecit*
*   ante emeritis stipendis[2] exauctorati sunt et*
*   dimissi honesta missione,[1]*

quorum nomina subscripta[3] sunt, ip<si>s liberis
*   posterisq(ue) eorum civitatem dedit et conubium*
*   cum uxoribus, quas tunc habuissent, cum e<st>*
*   civitas iis data,[4] aut, siqui caelibes essent,*
*   <cum> iis, quas postea duxissent dumtaxat*
*   sing{g}uli{s}[5] singulas.*

ROMAN MILITARY DIPLOMAS VI

*Imp. Vespasiano Caes(are) Aug(usto) II, Caesare
Aug(usti) f. Vespasiano cos. non(is) Mart(iis).
<Descriptum et> recognitu<m>[6] ex tabula aenea
quae ficta[7] est Romae in Capitolio {ante
emeritorum} ante aram gentis Iuliae
intri(n)secus podium lateris dexteriori(s) contra
signum Liberi{s} patris[8] tabula II.[9]
Zurazis Decebali f., Dacus.[10]*

*C. Vetidi Rasi<ni>ani Philippens(is); Ti. Claudi
Clinae Philippens(is); C. Flamini Regilli Apre(n)
sis; C. Iuli Pudentis Philippensis; L. Valeri
Capitonis leg. II mis(sicii); L. Peticius Bassus
leg. II miss(icius); P. Rutili Norbani leg. II p. f.[11]*

1. This is the fourth copy of the constitution for *causarii* of *legio II Adiutrix* of 7 March 70 (*CIL* XVI 10, 11, *RMD* V 323). Only one is incomplete (*RMD* V 323). The day date of this grant is the *dies natalis* of the legion. The *causarii* were granted citizenship and honourable discharge before their time as a reward for being wounded fighting for the Flavian cause while serving in the Ravenna fleet and rendered incapable of further service. There are a surprising number of errors in the engraved text either of omission or of correction on the outer face. Unfortunately, with the inner face unavailable, it has not been possible to check if there was a similar number of errors on that face. Therefore, it is not clear if the errors on the outer face were as a result of unfamiliarity with engraving the wording of the text coupled with an unclear ink exemplar.

2. BELLO for BELLVM; ANTE EMERITIS STIPENDIS for ANTE EMERITA STIPENDIA
3. CR corrected in SVBSCRIPTA
4. IIS DATA corrected
5. SINGGVLIS for SINGVLI
6. DESCRIPTVM ET omitted; RECOGNITV for RECOGNITVM
7. FICTA for FIXA
8. LIBERIS PATRIS for LIBERI PATRIS
9. This is the most detailed description so far of this location in Rome of the original copy of the grant compared to the other copies (*CIL* XVI 10, 11, *RMD* V 323). See Appendix I.
10. The name of the recipient was corrected with a large Z and a large R to read ZVRAZIS. He was Dacus from south of the Danube. Cf. Dernaius of 26 February 70 (*RMD* IV 203) and Tutio of 9 February 71 (*CIL* XVI 13). His name, Zurazis, and that of his father, Decebalus, are typical Dacian names (*OnomThrac* 411 and 115-117 respectively).
11. RASIANI undoubtedly for RASINIANI. In common with other diplomas of this period all but one of the witnesses are attested only here. The exception is C. Vetidius Rasinianus in first place who is recorded as a witness on two other diplomas from the same year One is another copy of this grant *(CIL* XVI 10), the other is for the Ravenna fleet of 26 February (*RMD* IV 203). L. Peticius Bassus is named in the nominative. See Saddington 2008 for the suggestion that this copy was witnessed locally to the home of the recipient. See also Cosme 2014 (esp. 267-269) for arguments that the witnesses were present in Rome.

Photographs: *Archaeologia Bulgarica* 10,2, Fig. 1-2.

478 VESPASIANVS TARSAE

a. 71 (Apr. 5)

A: Published C. Chiriac - L. Mihailescu-Bîrliba - I. Matei *Zeitschrift für Papyrologie und Epigraphik* 150, 2004, 265-269. Fragment of tabella I of a diploma from the lower part of the left side found near Mihai Bravu (Tulcea department) in Romania. Height 7.3 cm; width 3.7 cm; thickness 1.1 mm; weight 27.7 g. The lettering on both faces is clear but that on the outside is more cursive. Two framing lines define a clear, wide border.
AE 2004, 1282

B: Published C.C. Petolescu - A.-T. Popescu *Dacia* N.S. 51, 2007, 147-149. Lower left corner of tabella I of a diploma which conjoins fragment **A**. Height 7.6 cm; width 5 cm; thickness 2 mm. The lettering on both faces is clear with that on the outer face more cursive. Letter height on the outer face 3mm with an occasional taller letter; on the inner 5 mm. There is a wide border with two clearly defined framing lines. There is a hinge hole just above the lower left corner of the outer face. Now in the Museum of the National Bank of Romania.
AE 2007, 1232; *AE* 2014, 1617

<pre>
            intus:tabella I   extrinsecus: tabella I
      BASSO ET ANTE EM[++[
      DITIONE BELLI·FORTI[SINGVLAS ·   NON[
      AVCTORATI SVNT·ET +[CAESARE AVG·F·DOMITIA[{A}
      RVM·NOMINA SVBSCR[TESSERA[
   5 RISQVE EORVM·CIVI[TARSAE · DVZI·   F· [5
      VXORIBVS QVAS TVNC[ET·MACEDONI·   F [
      ●   [DESCRIP ET·RECOGNITVM·E[
                                               ROMAE IN CAPITOLIO·AD.A[{B}
        {B}   {A}   ●TRISECVS·PODI·PARTE·SIN[
                                               LOC   XX   [10
</pre>

[Imp. Caesar Vespasianus Augustus, pont(ifex)
  max(imus), trib(unicia) potest(ate) II,
  imp(erator) VI, p(ater) p(atriae), co(n)s(ul) III
  design(atus) IIII],
[nauarchis et trierarchis et remigibus, qui militaverunt
  in classe Ravennate[1] sub Sex. Lucilio] Basso[2] et
  ante em[erita stipendia quod se in expe]ditione
  belli forti[ter industrieque gesserant ex]auctorati
  sunt et d[educti in Pannoniam],
[quo]rum nomina subscr[ipta sunt, ipsis liberis
  poste]risque eorum civi[tatem dedit et conubium
  cum] uxoribus, quas tunc [habuissent, cum est
  civitas iis data, aut, siqui caelibes essent, cum iis,
  quas postea duxissent dumtaxat singuli] singulas.
non[is April(ibus)] Caesare Aug(usti) f. Domitia[no,
  Cn. Pedio Casco cos.][3]
tesser[ario] Tarsae Duzi f., [---] et Macedoni f.
  [eius].[4]
Descrip(tum) et recognitum e[x tabula aenea quae
  fixa est] Romae in Capitolio ad a[ram gentis
  Iuliae --- ex]tri(n)secus podi parte sin[isteriore
  tab(ula) -, pag(ina) --], loc(o) XX.[5]

1. Enough has survived of the dating formulae to show that this is a third copy of the constitution of 5 April 71 for men from the Ravenna fleet (*CIL* XVI 14, *RMD* IV 205). They were rewarded with the full privileges of citizenship for themselves and their children and with the right of legal marriage with their wives before they had completed their term of service. A grant of land in Pannonia was also included according to the complete copies (*CIL* XVI 14, *RMD* IV 205), but no term of service like *RMD* IV 205 whereas *CIL* XVI 14 has *veteranis... qui sena et vicena stipendia aut plura.*

2. Sextus Lucilius Bassus is first recorded as prefect of the Ravenna fleet on 26 February 70 (*RMD* IV 203). He is also attested as prefect of the *classis Misenensis* on 9 February 71 (*CIL* XVI 12, 13) and on 5 April 71 (*CIL* XVI 15, 16). He was given this simultaneous command as a reward for bringing over the Ravenna fleet to the Flavian cause (Tacitus *Hist.* III, 12). Shortly afterwards he was adlected into the Senate (*PIR*[2] L 379, *DNP* 7, 465 [II 2]).

3. The consuls can be restored as Domitian and Cn. Pedius Cascus (*PIR*[2] P 213).

4. Tarsa, the recipient, served as a *tesserarius* which is usually associated with the army. However, army ranks are also recorded within the fleets (Saddington 2007, 125). The recipients of the two other copies of this constitution for the Ravenna fleet were centurions (*CIL* XVI 14, *RMD* IV 205).

5. His name, Tarsa, is Thracian (*OnomThrac* 345-348). His father also possessed a Thracian name. Its nominative is uncertain (*OnomThrac* 172), but may have been Duzes (D. Dana pers.comm. April 2022). A son, Macedo, was also named in the grant.

6. Tarsa's name was in twentieth place in one of the columns on one of the pages of the original bronze document at Rome. This was set up *in Capitolio ad a[ram gentis Iuliae --- ex]tri(n)secus podi parte sin[isteriore].* See Appendix I.

Photographs **A**: *ZPE* 150, Abb. 2-3; **B**: *Dacia* N.S. 51, pl. 1.
Combined: *Dacia* N.S. 51, fig. 1.

479 VESPASIANVS INCERTO

a. 73 (Apr. 1 / Iun. 30)

Published W. Eck - A. Pangerl *Dacia* N.S. 50, 2006, 93-97. Much of the upper left quarter of tabella I of a diploma. Height 9 cm; width 8.4 cm; thickness 2 mm; weight 106 g. The lettering on both faces is well formed and easy to decipher except in those areas, especially on the inner face, which have been damaged by corrosion products. Letter height on the outer face 5 mm; on the inner 6 mm. There is a broad border comprising three framing lines.
AE 2006, 1861

<table>
<tr><td colspan="2" align="center">intus: tabella I</td><td colspan="2" align="center">extrinsecus: tabella I</td></tr>
<tr><td></td><td>IMP CAESAR·VESPAS[</td><td>IMP CAESAR·VESPASIA[</td><td></td></tr>
<tr><td></td><td>PONTIFEX·MAXIMV[</td><td>PONTIFEX · MAXIM[</td><td></td></tr>
<tr><td></td><td>IMP·X·P·P·COS IIII [</td><td>POTESTAT · IIII · IM[</td><td></td></tr>
<tr><td></td><td>TRIERARCHIS ET RE[</td><td>DESIGNAT · V[</td><td></td></tr>
<tr><td>5</td><td>CLASSE QVAE E[</td><td>TRIERARCHIS·ET REM[</td><td>5</td></tr>
<tr><td></td><td>VETTVLENO CER[</td><td>TANT IN CLASSE QVAE[</td><td></td></tr>
<tr><td></td><td>Q[   ]ET VI[</td><td>SEX·VETTVLENO CERI[</td><td></td></tr>
<tr><td></td><td>]++[</td><td>NINO·QVI·SENA ET VI[</td><td></td></tr>
<tr><td></td><td></td><td>AVT PLVRA MERVERAN[</td><td></td></tr>
<tr><td></td><td></td><td>RANIS·DIMISSIS·HON[</td><td>10</td></tr>
<tr><td></td><td></td><td>EX EADEM·CLASSE EME[</td><td></td></tr>
<tr><td></td><td></td><td>QVORVM NOM[.]NA SV[</td><td></td></tr>
<tr><td></td><td></td><td>IPSIS LIBER[</td><td></td></tr>
</table>

Imp. Caesar Vespasia[nus Augustus], pontifex maximu[s, tribunicia] potestat(e) IIII, imp(erator) X, p(ater) p(atriae), co(n)sul IIII, designat(us) V, [censor],[1]
trierachis et rem[igibus, qui mili]tant in classe, quae e[st in Moesia[2] sub] Sex. Vettuleno Ceri[ale[3] et ---]nino,[4] qui sena et vi[cena stipendia] aut plura merueran[t, item vete]ranis dimissis hon[esta missione] ex eadem classe eme[ritis stipendiis],
quorum nom[i]na su[bscripta sunt], ipsis liber[is posterique eorum civitatem dedit et conubium cum uxoribus, quas tunc habuissent, cum est civitas iis data, aut, siqui caelibes essent, cum iis, quas postea duxissent dumtaxat singuli singulas].

1. The titles of Vespasian reveal that this is a grant to the *classis Moesica* when he held tribunician power for the fourth time from 1 July 72 and 30 June 73. In March 73 he had been designated consul for the fifth time. W. Eck and A. Pangerl suggest that the office of *censor* should also be restored at the end of his titles. The

date of this constitution would then have been between 1 April and 30 June 73. The authors also point out that Vespasian had not yet received his eleventh imperatorial acclamation by this date in 73.

2. The award was to *trierarchis et rem[igibus, qui mili]tant in classe, quae e[est in Moesia]*. Cf. the award to *nauarchis et trierarchis et remigibus* of the Ravenna fleet in 71 (*RMD* IV 205, VI 478). The wording implies that there was no nauarch in the Moesian fleet or at least none elegible for this award. For the post of nauarch see Saddington 2007, 210. Veterans who had served twenty-six years or more were also included. It is also clear that there would have been a parallel constitution for auxilia in the province. Cf. 92 Moesia inferior (*CIL* XVI 37 fleet; *RMD* VI 496 auxilia).

3. Sex. Vettulenus Cerialis has been attested as governor of Moesia on diplomas of 28 April 75 (*RMD* I 2, *RMD* VI 480, *AE* 2008, 1713; 2009, 1800), and 78 (*RMD* V 325). (*PIR*[2] V 500, *DNP* 12,2 152-153 [1], Thomasson 2009, 20:025). It is now clear he had assumed this position by 1 April / 30 June 73 and was therefore in post for at least five years.

4. In addition to the governor of the province W. Eck and A. Pangerl show that the prefect of the fleet was also named. Only part of his cognomen, [---]ninus has survived. They observe that *Flavia* could not have been included in the fleet's name and that, therefore, this was a Domitianic award.

Photographs *Dacia* N.S. 50, Taf. 1.

480 VESPASIANVS INCERTO

a. 75 [Apr. 28]

Published B. Pferdehirt *Römische Militärdiplome und Entlassungsurkunden in der Sammlung des Römisch-Germanischen Zentralmuseums*, 2004, Nr. 1. Two non-joining irregular fragments, each comprising two conjoining smaller fragments, from above the middle of tabella I of a diploma.
A: Height 6.5 cm; width 5.8 cm; thickness 4 mm.
B: Height 4 cm; width 3.5 cm; thickness 4 mm.
Combined weight c. 79 g.
The lettering on both faces is clear and generally easy to decipher except around the edges of the smaller fragment. Letter height on the outer face is 0.4 cm and 0.5 on the inner. Slight traces of the left hand binding hole are visible on the lower edge of the larger fragment. There are triple framing lines visible along the left hand side of the larger fragment forming a 9.5 mm wide border. Now in the Römisch-Germanisches Zentralmuseum, Mainz (Inv.Nr. O. 42686).

intus: tabella I

	]AESAR VESPASIAN[
	]IMVS·TR[.]BVNI[
{A}	]ENSOR·COS VI· ●[
	]ET·EQVITIBVS [
5	]EM·QVAE AP[
	]RVM[
	]++[
10	]NA ET[
{B}	]RANT [
	]NT IPSIS[
	]+++[

extrinsecus: tabella I

P]		
B[		
GVSTAN[		
ET·II·CHALC[	]ET IIII HISPA[	
VBIORVM·ET T[	]M ET CILICV[	5
IN MOESIA·SV[	]VLENO CE[	
QVI QVINA ET[	]PENDIA[	
MERVERANT[	]INA[	
SVNT IPSIS L[	]QV[	
CIVITATEM DE[		10
BVS QVAS TV[		
]●[		
{A}	{B}	

[Imp. C]aesar Vespasian[us Augustus, pontifex
    max]imus, tr[i]buni[c(ia) potestat(e) VI,
    imp(erator) XIIII, p(ater) p(atriae), c]ensor,
    co(n)s(ul) VI [designatus VII],[1]
p[editibus] et equitibus, [qui militant in
    cohorti]b[us sept]em,[2] quae ap[pellantur
    (1) I Bracarau]gustan[orum et
    (2) I Sugambrorum tironum] et
    (3) II Chalc[idenorum] et
    (4) IIII Hispa[norum et]
    (5) Ubiorum et (6) T[yrioru]m et
    (7) Cilicu[m quae sunt] in Moesia
    su[b Sex. Vett]uleno Ce[riale],[3] qui quina et
    [vicena sti]pendia [aut plura] meruerant,
[quorum nom]ina [subscripta] sunt, ipsis l[iberis
    posteris]qu[e eorum] civitatem de[dit et
    conubium cum uxori]bus, quas tu[nc habuissent,
    cum est civitas iis data, aut, siqui caelibes

essent, cum iis, quas postea duxissent dumtaxat
    singuli singulas].

1. The extant titles of Vespasian show that this award was granted when he held tribunician power for the sixth time from 1 July 74 until 30 June 75. The publication of a more complete copy has revealed that the date of issue was 28 April 75 (*AE* 2009, 1800). It is therefore a parallel to the known constitution for Moesia of this date which listed ten cohorts (*RMD* I 2).
2. The unit list can now be fully restored from a more complete copy (*AE* 2009, 1800). This shows that only seven cohorts were included in the grant rather than nine as originally restored. Of these *cohors I Bracaraugustanorum, cohors II Chalcidenorum, cohors IIII Hispanorum* (not *cohors III Hispanorum*), *cohors Ubiorum, cohors Tyriorum*, and *cohors Cilicum* can readily be identified. The only name to be supplied is that of *cohors I Sugambrorum tironum* in second place.
3. Sex. Vettulenus Cerialis can be identified as the governor. For more details see *RMD* VI 479 note 3.

Photographs *RGZM* Taf. 1.

481 VESPASIANVS INCERTO

a. 76 (Mart. 15 / Iun. 30)

Published B. Pferdehirt *Römische Militärdiplome und Entlassungsurkunden in der Sammlung des Römisch-Germanischen Zentralmuseums*, 2004, Nr. 2. Two conjoined fragments from the top left corner of tabella I of a diploma. Height 8.7 cm; width 8 cm; thickness 2 mm; weight 57.2 g. The letters on both faces are neat and well cut. Letter height on the outer face is 4 mm with the occasional taller T and F; on the inner face it is 5 mm. There is a hinge hole in the top left corner of the outer face. The latter also has a 9 mm wide border comprising triple framing lines. Now in the Römisch-Germanisches Zentralmuseum, Mainz (Inv. Nr. O. 42685).

intus: tabella I

```
   SVNT·IN[
   MENTE·Q[
   PLVRA MER[
   SCRIPTA SVN[
5  EORVM CIVITA[
   CVM VXORIBVS Q[
   CVM·EST CIVITAS I[
●              [
```

extrinsecus: tabella I

```
                                      ●
   ]NVS AVGVSTVS·PONTIF
   ]OTESTAT· VII IMP XVII
   ]  DESIGNAT    VIII
   ]NT·IN ALIS SEX·QVAE
   ]VIA·GEMINA ET·I·CAN        5
   ]AVIA·GEMINA ET
      ]TIANA·ET·CLAVDIA
      ]ANIA SVB·CN
      ]VINA·ET·VI
         ]ERVERANT          10
         ]SVNT
         ]·CIVI
         ]XORI
            ]T CI
```

[Imp. Caesar Vespasia]nus Augustus, pontiff[ex
    maximus, tribunic(ia) p]otestat(e) VII,
    imp(erator) XVII, [p(ater) p(atriae), co(n)s(ul)
    VII] designat(us) VIII,[1]
[equitibus, qui milita]nt in alis sex,[2] quae
    [appellantur (1) I Fla]via gemina et (2) I
    Can[nenefatium et (3) II Fl]avia gemina et [(4)
    Scubulorum et (5) Picen]tiana et (6) Claudia
    [nova quae] sunt in [Germ]ania sub Cn.
    [Pinario Cle]mente,[3] q[ui q]uina et vi[cena
    stipendia aut] plura meruerant,
[quorum nomina sub]scripta sunt, [ipsis
    liberis posterisque] eorum civita[tem dedit
    et conubium] cum uxoribus, q[uas tunc
    habuissent], cum est civitas i[is data, aut, siqui
    caelibes essent, cum iis, quas postea duxissent
    dumtaxat singuli singulas].

1. The surviving imperial titles show that this is an issue of the reign of Vespasian when he held tribunician power for the seventh time from 1 July 75 until 30 June 76. The date can be refined further because he was designated for his eighth consulship from the middle of March 76.

2. Six alae serving in Germania superior at this time were included in the grant of which the names of five have partially survived. Only *ala Scubulorum* needs to be restored in fourth place based on its inclusion in the diploma of 21 May 74 (*CIL* XVI 20).

3. The governor can be identified as Cn. Pinarius (Cornelius) Clemens who is attested there from 74-76 (*PIR*[2] C 1341, *DNP* 3, 191 [II 9], Thomasson 2009, 10:016).

Photographs *RGZM* Taf. 2.

482 TITVS GVSVLAE

a. 79 Sept. 8

Published P. Weiß *Zeitschrift für Papyrologie und Epigraphik* 146, 2004, 239-246. A complete diploma with green patina was sold at auction early in 2004. Both tabellae: height 20.1 cm; width 16.3 cm; thickness c. 1.5-2 mm; weight of tabella I 434 g, of tabella II 490 g. The lettering on both faces is clear and well-formed although that on the inner faces is more angular. Letter height on the outer face of tabella I 4-5 mm; on the outer face of tabella II 5-7 mm. On the intus of both tabella the letter height is 4-7 mm but the average is 5 mm. There is a 12 mm wide border on both outer faces comprising two well-defined framing lines. Occasionally the lettering runs into the right hand border of tabella I. There are two binding holes and two hinge holes in each tabella. The latter are in the top right and bottom left corners of the outer face of tabella I and are in the bottom corners of tabella II extrinsecus. There are clear traces of the seal cover on the outer face of tabella II. Now in private possession.

Further analysis of the lettering on the inner faces has revealed traces of the ink exemplar particularly where the ink apices were not engraved. See for example the inner face of tabella II line 18 and line 25 (Eck - Pangerl 2006d).
AE 2004, 1922; *AE* 2006, 1865

intus: tabella I

```
     IMP·TITVS·CAESAR·VESPASIANVS·AVGVSTVS
       PONTIFEX MAXIMVS·TRIBVNIC·POTESTAT
       VIIII IMP XIIII   · ●P·P·CENSOR·COS·VII
     EQVITIBVS·ET·PEDITIBVS·QVI·MILITANT IN ALA
5(!)   I·THRACVM·VICTRICE  IT COHORTIBVS DVA
       BVS·I·MONTANORVM·ET·I·ASTVRVM·ET
       SVNT·IN NORICO·SVB·P·SEXTILIO FELICE QVI
       QVINA·ET·VICENA·STIPENDIA·AVT·PLVRA
(!)    MERVERANT·QVORVM·NOMINA·SVBSCRIT
10     TA·SVNT IPSIS·LIBERIS·POSTERISQVE·EO
       RVM·CIVITATEM·DEDIT·ET·CONVBIVM·CVM
(!)    VXORIBVS·QVAS TO●NC·HABVISSENT·CVM
       EST·CIVITAS IIS DATA·AVT·SIQVI·CAELI
```

tabella II

```
       BES ESSENT CVM·IIS·QVAS POSTEA
15     DVXISSENT·DVM·TAXAT·SINGVLI
       SINGVLAS  ·  ●A  ·  D  ·
          VI · IDVS· SEPTEMBR
     T·RVBRIO AELIO NEPOTE·M·ARRIO·FLACCO COS
(!)    ALAE  I THRACVM·VICTRIC CVI IRAEST
20   TI · CLAVDIVS TI · F · QVI APOLLINARIS
              GREGALI
       GVSVLAE  DOQVI  ·  F · THRAC
     DESCRIPTVM·ET·RECOGNITVM·EX·TABVLA
       AENEA QVAE·FIXA·EST ROMA·IN·CAPITO
25     LIO                ●
```

extrinsecus: tabella I

```
     IMP·TITVS·CAESAR·VESPASIANVS·AVGVSTVS
       PONTIFEX·MAXIMVS·TRIBVNIC·POTEST
       VIIII·IMP · XIIII · P·P· CENSOR · COS·VII
     EQVITIBVS·ET·PEDITIBVS QVI· MILITANT
       IN ALA·I·THRACVM·VICTRICE·ET·COHOR           5
       TIBVS·DVABVS·I·MONTANORVM·ET·I·AS
       TVRVM·ET·SVNT·IN NORICO·SVB·P·SEXTI
       LIO·FELICE·QVI QVINA·ET·VICENA·STI
       PENDIA·AVT·PLVRA·MERVERANT
       QVORVM·NOMINA·SVBSCRIPTA SVNT            10
       IPSIS·LIBERIS·POSTERISQVE·EORVM
       CIVITATEM·DEDIT·ET·CONVBIVM·
       CVM·VXORIBVS·QVAS·TVNC·HABV
       ISSENT·CVM·EST·CIVITAS·IIS·DATA
       AVT·SIQVI·CAELIBES·ESSENT·CVM         15
       IIS·QVAS·POSTEA·DVXISSENT·DVM
       TAXAT·SINGVLI·SINGVLAS
          A ·  D · VI · IDVS · SEPT      COS
     T·RVBRIO·AELIO·NEPOTE·M·ARRIO·FLACCO
       ALAE·I·THRACVM·VICTRIC·CVI·PRAEST       20
     TI·CLAVDIVS TI·F·QVI·APOLLINARIS·
              GREGALI
       GVSVLAE   DOQVI  ·  F · THRAC
     DESCRIPTVM·ET·RECOGNITVM·EX TA
       BVLA·AENEA·QVAE·FIXA·EST·ROMAE·IN       25
     CAPITOLIO·IN·TRIBVNAL·APOLLINIS·MAGNI
          PARTE    POSTERIORE
```

tabella II

M LICINI	CERIALIS	
TI CLAVDI	HONORATI	
P CVRTILI	RESTITVTI	30
C CLAVDI	SILVANI	
C HOSTILI	VERI	
M VALERI	FIRMI	
M CAECILI	ANNIANI	

ROMAN MILITARY DIPLOMAS VI

Imp. Titus Caesar Vespasianus Augustus, pontifex
  maximus, tribunic(ia) potestat(e) VIIII, imp(erator)
  XIIII, p(ater) p(atriae), censor, co(n)s(ul) VII,[1]
equitibus et peditibus, qui militant in ala I Thracum
  victrice et[2] cohortibus duabus[3] (1) I Montanorum
  et (2) I Asturum et sunt in Norico sub P. Sextilio
  Felice,[4] qui quina et vicena stipendia aut plura
  meruerant,
quorum nomina subscripta[5] sunt, ipsis liberis
  posterisque eorum civitatem dedit et conubium
  cum uxoribus, quas tunc[6] habuissent, cum est
  civitas iis data, aut, siqui caelibes essent, cum iis,
  quas postea duxissent dumtaxat singuli singulas.
a. d. VI idus Septembr(es) T. Rubrio Aelio Nepote,
  M. Arrio Flacco cos.[7]
alae I Thracum victric(is) cui praest[8] Ti. Claudius
  Ti. f. Qui. Apollinaris,[9] gregali Gusulae Doqui f.,
  Thrac(i).[10]
Descriptum et recognitum ex tabula aenea quae fixa
  est Romae in Capitolio in tribunal(i) Apollinis
  Magni parte posteriore.[11]

M. Licini Cerealis; Ti. Claudi Honorati; P. Curtili
  Restituti; C. Claudi Silvani; C. Hostili Veri;
  M. Valeri Firmi; M. Caecili Anniani.[12]

1. Promulgated on the same day, 8 September 79, as a constitution for the *classis Aegyptiaca* (*CIL* XVI 24), this was a grant to auxilia serving in Noricum. Cf. *RMD* VI 483 for another copy.

2. Intus IT for ET.
3. *ala I Thracum victrix* and two cohorts, *cohors I Montanorum* and *cohors I Asturum*, are named in the grant. Whether they represent the garrison of the province at this time is uncertain owing to the paucity of diplomas for Noricum before the reign of Hadrian with all other known examples only fragments. One ala and eight cohorts are mentioned in Noricum during the Civil Wars of 68-70 (Tacitus *Hist.* III.5.2). However, the names of only the same ala along with *cohors I Flavia Brittonum* and *cohors IIII Tungrorum* have survived on the diploma of 95 (*AE* 2009, 903).
4. P. Sextilius Felix should be identified with Sextilius Felix who was appointed governor of Noricum by Vitellius in 69 but who supported Vespasian's bid for power (Tacitus *Hist.* III.5.2, IV.70.2, *PIR²* S 652, *DNP* 11, 490 [II 1], Thomasson 2009, 16:003). P. Weiß argues that his very long tenure in Noricum was because Vespasian had entrusted him with the reorganisation of the province and of its military installations.
5. Intus SVBSCRITTA for SVBSCRIPTA.
6. Intus TONC for TVNC.
7. The suffect consuls were T. Rubrius Aelius Nepos (*PIR²* R 124) and M. Arrius Flaccus (*PIR²* A 1097).
8. Intus IRAEST for PRAEST.
9. Ti. Claudius Ti. f. Qui. Apollinaris is otherwise unknown.
10. The recipient, Gusula, was Thrax. He and his father have Thracian names but the latter has an uncertain nominative form (*OnomThrac* 192 and 160 respectively).
11. The original constitution from which the diploma was copied was set up *in tribunal(i) Apollinis Magni parte posteriore* on the Capitol. This is a new location (Appendix I).
12. The witnesses are not otherwise known from other constitutions (Index 1: Witnesses, Period 2).

Photographs *ZPE* 146 Taf. III-VI
Photographs of traces of ink *ZPE* 157, 183.

483 TITVS COTO

a. 79 Sept. 8

A: Published B. Pferdehirt *Römische Militärdiplome und Entlassungsurkunden in der Sammlung des Römisch-Germanischen Zentralmuseums*, 2004, Nr. 3. Nearly complete tabella I of a diploma which had been broken into numerous pieces prior to restoration, found in Razgrad, Bulgaria. Height 20.5 cm; width 16.5 cm; thickness 3 mm; weight 487.3 g. The lettering on both faces is well formed and easy to read. Letter height on the outer face, generally, is 5 mm with an occasional taller I, F, and T; on the intus it is 7 mm. The extrinsecus is framed by a 9 mm border comprising three lines. There is one conplete and one partial binding hole with hinge holes in the top right and bottom right corners. Now in the Römisch-Germanisches Zentralmuseum, Mainz (Inv.Nr. O. 42486).

B: Published W. Eck - A. Pangerl *Zeitschrift für Papyrologie und Epigraphik*, 157, 2006, 184. Two further fragments of the tabella I comprising the bottom left corner and the middle of the left hand side. The latter shows further traces of the left hand binding hole. Now in a private collection.

AE 2004, 1259

intus: tabella I

```
          {B}                {B}
   IMP TITVS CAESAR VESPASIANVS  AVG
      PONTIFEX MAXIM ● TRIBVNIC·POTESTAT
      VIIII · IMP XIIII   P · P·  CENSOR ·COS VII
(!)  EQVITIBVS·ET·PEDITIBVS QVI MILITAVERVNT
5    IN ALA I THRACVM·VICTRICE·ET COHORTI
      BVS·DVABVS·I·MONTANORVM·ET·I·ASTV
      RVM ET·SVNT·IN NORICO SVB·P·SEXTILIO
      FELICE·QVI Q[..]NA·ET·VICENA STIPENDIA
      AVT PLVRA M[..]VERANT QVORVM·NOMI
10   NA·SVBSCRIPTA·S ●VNT IPSIS·LIBERIS
      POSTERISQVE EOR[.]M·CIVITATEM·DEDIT
   ● ET CONVBIVM CVM·V[..]RIBVS·QVAS TVNC●
```

extrinsecus: tabella I

```
   IMP TITVS CAESAR VESPASIANVS AVGVS        ●
      TVS PONTIFEX MAXIMVS·TRIBVNIC·PO
      TEST VIIII IMP XIIII P P CENSOR COS VII
   EQVITIBVS ET PEDITIBVS QVI MILITANT
      IN ALA I THRACVM VICTRICE·ET·COHOR         5
      TIBVS· DVABVS [.] MONTANORVM ET·I
      ASTVRVM ET SVNT [.]N NORICO SVB·P·
      SEXTILIO FELICE QVI QVINA ET·VICE
      NA STIPENDIA AVT PL[.]RA MERVE
      RANT QVORVM NOMIN[    ]BSCRIPTA            10
      SVNT·IPSIS·LIBERIS·POSTE[..]SQVE·EO
      RVM·CIVITAT[.]M DEDIT·ET [..]NVBI
      VM·CVM VXORIBVS·QVAS·TV[.]C·HA
                                             ●
{B}  BVISSENT·CVM EST·CIVITAS·IIS[
      TA AVT SIQVI CAELIBES·ESSENT·CVM          15
      IIS·QVAS POSTEA·DVXISSENT·DVM·TA
      XAT SINGVLI·SINGVLAS·A·D VI·ID·SEPT
      T·RVBRIO AELIO NEPOTE M ARRIO FLACCO COS
      ALAE·I·THRACVM VICTRIC·CVI·PRAEST
      TI· CLAVDIVS  TI  F  QVI APOLLINARIS       20
                GREGALI
      COTO        THARSA[.]     F   THRAC
      DESCRIPTVM·ET RECOGNITVM·EX TA
      BVLA AENEA·QVAE·FIXA·EST·ROMAE
{B}  IN CAPITOLIO IN TRIBVNAL·APOLLINIS         25
      MAGNI PARTE POSTERIORE
                                          ●
```

Imp. Titus Caesar Vespasianus Augustus, pontifex maximus, tribunic(ia) potestat(e) VIIII, imp(erator) XIIII, p(ater) p(atriae), censor, co(n)s(ul) VII,[1] equitibus et peditibus, qui militant[2] in ala I Thracum victrice et cohortibus duabus (1) I Montanorum et (2) I Asturum et sunt in Norico sub P. Sextilio Felice, qui quina et vicena stipendia aut plura meruerant,

quorum nomina subscripta sunt, ipsis liberis posterisque eorum civitatem dedit et conubium cum uxoribus, quas tunc habuissent, cum est civitas iis [da]ta, aut, siqui caelibes essent, cum iis, quas postea duxissent dumtaxat singuli singulas.

a. d. VI id. Sept(embres) T. Rubrio Aelio Nepote, M. Arrio Flacco cos.

alae I Thracum victric(is) cui praest Ti. Claudius Ti. f. Qui. Apollinaris, gregali Coto Tharsa[e] f., Thrac(i).[3]

Descriptum et recognitum ex tabula aenea quae fixa est Romae in Capitolio in tribunal(i) Apollinis Magni parte posteriore.

1. This is a second copy of the constitution for Noricum of 8 September 79 (*RMD* VI 482). For details of the units and the governor, see *RMD* VI 482 notes 2 and 4.
2. Intus MILITAVERVNT for MILITANT.
3. Cotus son of Tharsa, was Thrax as was the recipient of the other copy. Both names are Latin variants of Thracian forms (*OnomThrac* 91-96 and 345-348 respectively).

Photographs **A**: *RGZM* Taf. 3-4; **B**: *ZPE* 157, 184.

484 TITVS DIASEVAE

a. 80 Ian. [26/28]

Published B. Pferdehirt *Römische Militärdiplome und Entlassungsurkunden in der Sammlung des Römisch-Germanischen Zentralmuseums*, 2004, Nr. 4. Irregular shaped fragment from the bottom left corner of tabella I of a diploma. Height 9.1 cm; width 9.8 cm; thickness 3 mm; weight 110.7 g. The lettering on each face is well formed and can be read clearly. Letter height on the outer face 4-5 mm; on the inner 6-7 mm. There are three framing lines marking an 8mm wide border on the extrinsecus. At the bottom of the outer face near to the right hand break is a secondary hole which has damaged the final M on line 8 of the intus. Now in the Römisch-Germanisches Zentralmuseum, Mainz (Inv.Nr. O. 42616).

intus: tabella I

```
          ]VESPASIANI F
          ]STVS PONTIFEX
          ]POTEST    VIIII
          ]R    COS    VIII
5         ]VI MILITANT IN
          ]VIA ET I CLAS
(!)                    ]AORVM
          ]VM ROMANORVM●
          ]ARVM ET IIII ET VI
```

extrinsecus: tabella I

```
     ]QVAS[
     ]ITAS·IIS [      ]T SI[
SENT CVM IIS [       ]POSTE[
DVMTAXAT SI[         ]I SING[
        A  D[        ]I K FEB[          5
A·DIDIO GALLO[       ]RICIO V[
L    LAMIA  PLA[..]O · AELIA[
   COHORT IIII TH[.]ACVM C[
Q LVTATIVS Q·F PVP DIXIE[               (!)
              EQVI/////       [         10
DIASEVAE      DIPINI F       [
DESCRIPTVM ET IECOGNITV[                (!)
AENEA QVAE FIXA EST ROM[
LIO      POST   LIGVRES      [
                        ●
```

[Imp. Caesar, divi] Vespasiani f., [Vespasianus Augu]stus, pontifex [maximus, tribunic(ia)] potest(ate) VIIII, [imp(erator) XIIII, p(ater) p(atriae), censo]r, co(n)s(ul) VIII,[1]

[peditibus et equitibus, q]ui militant in [cohortibus undecim[2] (1) I Fla]via et (2) I clas[sica et (3) I Latobicorum et Varcia]ᵣnᵣ orum[3] [et (4) I et (5) II Thracum et (6) II civi]um Romanorum [et (7) II Asturum et (8) III Delmat]arum et (9) IIII et (10) VI [Thracum et (11) ---, quae sunt in Germania sub D. Novio Prisco, qui quina et vicena stipendia aut plura meruerant],

[quorum nomina subscripta sunt, ipsis liberis posterisque eorum civitatem dedit et conubium cum uxoribus], quas [tunc habuissent, cum est civ]itas iis [data, au]t, si[qui caelibes es]sent, cum iis, [quas] poste[a duxissent] dumtaxat si[ngul]i sing[ulas].

a. d. [V/VI]I k. Feb[r(uarias)] A. Didio Gallo [Fab]ricio V[eientone II], L. Lamia Pla[uti]o Aelia[no cos].[4]

cohort(is) IIII Th[r]acum c[ui praest] Q. Lutatius Q. f. Pup. Dᵣeᵣxᵣtᵣe[r Laelianus],[5] equi[ti] Diasevae Dipini f., [Thrac(i)(?)].[6]

Descriptum et ᵣrᵣ ecognitu[m[7] ex tabula] aenea quae fixa est Rom[ae in Capito]lio post Ligures.

1. This is the second copy of the constitution for Germania inferior which can be dated to 26/28 January 80 (*CIL* XVI 158 with *RMD* IV p. 381 3*158). Both had belonged to a cavalryman of *cohors IIII Thracum*. The titles of Vespasian and the name of the governor have been restored accordingly.

2. Eleven cohorts were listed but only seven names have survived. A further three can be restored by comparison with the other copy. Only the eleventh cohort remains unidentified.

3. Intus [---]AORVM for [VARCIA]NORVM.

4. A. Didius Gallus Fabricius Veiento (*PIR*² F 91) and L. (Aelius) Lamia Plautius Aelianus (*PIR*² A 205) were the first *suffecti* of 80, the former was consul for the second time.

5. Extrinsecus DIXIER for DEXTER. For Q. Lutatius Q. f. Pup. Dexter Laelianus see *PME* II, V L 42.

6. Diaseva has a Thracian name (*OnomThrac* 126). His father also seems to have had a Thracian name but its nominative is uncertain (*OnomThrac* 140). D. Dana suggests that the form DIPINI may have been an error for DITENI, the genitive of a known Thracian name, Ditenis (*OnomThrac* 141). He also suggests that the recipient's home can probably be restored as Thrax as on the other copy (Dana 2013, 221 no. 12).

7. Extrinsecus IECOGNITV[M] for RECOGNITV[M].

Photographs *RGZM* Taf. 5.

485 DOMITIANVS INCERTO

a. 86 [Mai. 13]

Published W. Eck and A. Pangerl *Scripta Classica Israelica* 24, 2005, 106-108. Fragment from the top of tabella I of a diploma. Height 4.6 cm; width 4.2 cm; thickness 1.25 mm; weight 19.6 g. The lettering on both faces is well cut and generally clear. Letter height on the outer face 5 mm; on the inner 7.5 mm. The upper edge of the outer face shows a well-defined border with three framing lines.
AE 2005, 1731

<table>
<tr><td colspan="2" align="center">intus: tabella I</td><td colspan="2" align="center">extrinsecus: tabella I</td></tr>
<tr><td></td><td>LOR[</td><td>]I VESPASIANI· F[</td><td></td></tr>
<tr><td></td><td>TIBVS Q[</td><td>]ANICVS·PONTI[</td><td></td></tr>
<tr><td></td><td>ET·I·ET II[</td><td>]AT V IMP XI[</td><td></td></tr>
<tr><td></td><td>SVNT·IN[</td><td>] COS   XII [</td><td></td></tr>
<tr><td>5</td><td>QVI Q[</td><td>]QVI MILI[</td><td>5</td></tr>
<tr><td></td><td></td><td>]NTVR V+[</td><td></td></tr>
</table>

[Imp. Caesar, div]i Vespasiani f., [Domitianus Augustus Germ]anicus, ponti[fex maximus, tribunic(ia) potest]at(e) V, imp(erator) XI[I, censor perpetuus], co(n)s(ul) XII, [p(ater) p(atriae)],[1]

[equitibus et peditibus], qui mili[tant in alis duabus, quae appella]ntur (1) ve[terana Gaetu]lor[um et (2) I Thracum Mauretana et cohor]tibus q[uattuor (1) I Augusta Lusitanorum] et (2) I et (3) II [Thracum et (4) II Cantabrorum et] sunt in [Iudaea sub Cn. Pompeio Longino], qui q[uina et vicena stipendia meruerant],

1. The titles of Domitian show this was issued after he had been consul for the twelfth time and when he held tribunician power for the fifth time. The date range is therefore between 1 January and 13 September 86. W. Eck and A. Pangerl argue from the slight remains of the unit list that this is another copy of the constitution for Iudaea of 13 May 86 (*CIL* XVI 33). The name of the first ala can be restored as *ala v[eterana Gaetu]lor[um]* as on the complete example. Additionally, line 3 of the inner face can be restored as *et I et II [Thracum]* to match the cohorts in third and fourth position on the other copy.

Photographs *SCI* 24, 107.

486 DOMITIANVS INCERTO

a. 88 [Nov. 7]

Published P. Weiß *Chiron* 36, 2006, 252-253. Small, nearly quadrangular, fragment from the middle of tabella I of a diploma with a black patina. Height 2.8 cm; width 3 cm; thickness c. 2.3 mm; weight 14.6 g. The lettering on both faces is regular and cut neatly. Letter height on the outer face 4 mm; 4-5 mm on the inner.
AE 2006, 1838

intus: tabella I	extrinsecus: tabella I
]VR · II [	]VM · MV[
]ETERA[	]LERIO·PA[
]RVM I [	] *vacat* [
]NO[	]PENDIA·AV[
	] NOMINA[

[Imp. Caesar, divi Vespasiani f., Domitianus Augustus Germanicus, pontifex maximus, tribunic(ia) potestat(e) VIII, imp(erator) XVII, co(n)s(ul) XIIII, censor perpetuus, p(ater) p(atriae)],[1]

[equitibus et peditibus, qui militant in alis tribus et cohortibus decem et septem,[2] quae appellant]ur (1) II [Pannoniorum (2) III Augusta Thracum (3) v]etera[na Gallica (1) I Flavia civium Romano]rum (2) I [milliaria (3) I Lucensium (4) I Ascalonita]no[rum (5) I Sebastena (6) I Ituraeorum (7) I Numidarum (8) II Italica civium Romanorum (9) II Thracum civium Romanorum (10) II classica (11) III Augusta Thracum (12) III Thracum Syriaca (13) IIII Bracaraugustanorum (14) IIII Syriaca (15) IIII Callaecorum Lucensium (16) Augusta

Pannonior]um (17) Mu[sulamiorum et sunt in Syria sub P. Va]lerio Pa[truino,[3] qui quina et vicena sti]pendia au[t plura meruerant],

1. P. Weiß argues from the absence of ET between unit names and from the name of the governor (note 3) that this is a further copy of the constitution for Syria of 7 November 88 which named three alae and seventeen cohorts (*CIL* XVI 35). A third copy has also been identified (*RMD* VI 487).
2. Parts of the names of seven units have survived of which two are alae, namely *ala II [Pannoniorum]* and *ala [v]etera[na Gallica]*. The last cohort can be identified as *cohors Mu[sulamiorum]* because it lacks a numeral as on the other copies of this grant.
3. The governor's name can be restored as P. Valerius Patruinus who is attested in Syria from about 87 to 90 (*PIR*[2] V 161, *DNP* 12/1, 1111, Thomasson 2009, 33:035).

Photographs *Chiron* 36, 252.

487 DOMITIANVS INCERTO

a. 88 [Nov. 7]

Published P. Weiß *Chiron* 36, 2006, 253-254. Small sliver from the upper half of tabella I of a diploma which has a black patina. Height 1.1 cm; width 2.7 cm; thickness c. 1mm; weight 2.3 g. The lettering on both faces is well cut and clearly defined although cramped on the outer face. Letter height on the outer face 4mm; on the inner 4-5 mm. The edges are sharp as if recently broken from a larger piece.
AE 2006, 1839

<table>
<tr><td>intus: tabella I</td><td>extrinsecus: tabella I</td></tr>
<tr><td>]ETV[</td><td>]ACA·IIII·CA[</td></tr>
<tr><td>]IBV[</td><td>]NIORVM MV[</td></tr>
<tr><td>]TIB[</td><td>]ER[ ]+[ ]TR[</td></tr>
</table>

[Imp. Caesar, divi Vespasiani f., Domitianus Augustus Germanicus, pontifex maximus, tribunic(ia) potestat(e) VIII, imp(erator) XVII, co(n)s(ul) XIIII, censor perp]etu[us, p(ater) p(atriae)],[1]

[equitibus et pedit]ibu[s, qui militant in alis tribus et cohor]tib[us decem et septem, quae appellantur (1) II Pannoniorum (2) III Augusta Thracum (3) veterana Gallica (1) I Flavia civium Romanorum (2) I milliaria (3) I Lucensium (4) I Ascalonitanorum (5) I Sebastena (6) I Ituraeorum (7) I Numidarum (8) II Italica civium Romanorum (9) II Thracum civium Romanorum (10) II classica (11) III Augusta Thracum (12) III Thracum Syriaca

(13) IIII Bracaraugustanorum (14) IIII Syri]aca (15) IIII Ca[llaecorum Lucensium (16) Augusta Panno]niorum (17) Mu[sulamiorum et sunt in Syria sub P. Val]er[io Pa]tr[uino,[2] qui quina et vicena stipendia aut plura meruerant],

1. Enough of the text on both faces has survived for this fragment to be identified as another copy of the constitution for Syria of 7 November 88 granted to three alae and seventeen cohorts (*CIL* XVI 35, *RMD* VI 486). The surviving unit names on the outer face can be restored as the last four cohorts from that unit list.
2. Line 3 of the outer face has traces of the name of the governor who can be restored as P. Valerius Patruinus. For further details see *RMD* VI 486 note 3.

Photographs *Chiron* 36, 253.

488 DOMITIANVS THARSAE

a. 90 [Oct. 27]

Published W. Eck - A. Pangerl *Zeitschrift für Papyrologie und Epigraphik* 148, 2004, 259-262. Two separate fragments from tabella I of a diploma of which one forms the bottom left corner and the other is from the middle.
A: Height 5.3 cm, width 4.8 cm, thickness 1.25 mm.
B: Height 5.3 cm, width 5.3 cm, thickness 1.25 mm.
Combined weight 48 g. The lettering on both faces is well defined and can be read easily. Letter height on the outer face 4 mm; on the inner 6 mm. There is a wide border with triple framing lines on the outer face. Now in a private collection.
AE 2004, 1910

```
           intus: tabella I                              extrinsecus: tabella I
                        ]NVS AVGVS                              ]QVORVM NOM[
                        ]TRIBVNIC                        ]                    [
                        ]ERPETVVS                              ]RIS POSTERISQ[
                        ]PATRIAE                              ]NVBIVM CVM[
  5(!)                  ]IVOR I FLAVIA                        ]M EST CIVITA[
                             {B}                             ]VM IIS QVA[        5
              ]ET EQ[                                        ]VLI   SI[
   (!)        ]R I ELAVIA D[                                 ]K     N[
   (!)        ]M I IHRACVM[                                     {A}
              ]I AQVITANOR[
  10          ]ARVM[                              ]RT I A[
                 {A}                         M    ARRECI[
                                                         [
                                             THARSAE    [      {B}            10
                                             DESCRIPTVM E[
                                             QVAE FIXA EST[
                                             DIVI AVG AD[
```

[Imp. Caesar, divi Vespasiani f., Domitia]nus Augus[tus Germanicus, pontifex maximus], tribunic(ia) [potestat(e) X, imp(erator) XXI, censor p]erpetuus, [co(n)s(ul) XV, pater] patriae,[1]

[equitibus, qui militant in alis quat]⌈t⌉uor[2] (1) I Flavia [gemina (2) I Cannenefatium (3) I singularium (4) Scubulorum et peditibus] et eq[uitibus, qui in cohortibus decem et quattuo]r (1) I ⌈F⌉lavia D[amascenorum milliaria (2) I Biturigu]m (3) I ⌈T⌉hracum [(4) I Aquitanorum veterana (5) I Asturum (6) I]I Aquitanor[um (7) II Cyrenaica (8) II Raetorum (9) III Delmat]arum[3] [(10) III et (11) IIII Aquitanorum (12) IIII Vindelicorum (13) V Delmatarum (14) VII Raetorum, quae sunt in Germania superiore sub L. Iavoleno Prisco, item dimissis honesta missione, quinis et vicenis pluribusve stipendiis emeritis],

quorum nom[ina subscripta sunt, ipsis libe]ris posterisq[ue eorum civitatem dedit et co]nubium cum [uxoribus, quas tunc habuissent, cu]m est civita[s iis data, aut, siqui caelibes essent, c]um iis, qua[s postea duxissent dumtaxat sing]uli si[ngulas].

[a. d. VI] k. N[ovembr(es) Albio Pullaieno Pollione, Cn. Pompeio Longino cos.]

[coho]rt(is) I A[quitanorum veteranae cui praest] M. Arreci[nus Gemellus,[4] equiti] Tharsae [--- f., Thrac(i)].[5]

Descriptum e[t recognitum ex tabula aenea] quae fixa est [Romae in muro post templum] divi Aug(usti) ad [Minervam].

1. The titles of the emperor show this is an issue from the reign of Domitian. Part of the day date has survived which, along with unit details, enable it to be recognised as a third copy of the constitution of 27 October 90 for Germania superior (*CIL* XVI 36, *RMD* V 333).
2. Intus]IVOR for [QVAT]TVOR. Four alae were listed of which the first can be identified as *ala I Flavia [gemina]* which served in Germania superior thereby supporting the identification.
3. Intus line 7 ELAVIA for FLAVIA, line 8 IHRACVM for THRACVM. The names of four cohorts can be identified on the inner face namely *cohors I Flavia D[amascenorum milliaria], cohors I Thracum, cohors [I]I Aquitanor[um]* and *cohors [III Delmat]arum*. The remainder can be restored from the other copies.
4. The commander can be identified as M. Arreci[nus Gemellus] (*PME* I, IV, V A 160) and the unit can be restored as *cohors I Aquitanorum veterana* as on the other two extant copies (*CIL* XVI 36, *RMD* V 333).
5. The recipient, Tharsa, has a Latin variant of a Thracian name (*OnomThrac* 345-348) The other two known recipients also possessed Thracian names and each was Thrax. D. Dana has therefore suggested that Tharsa was also Thrax (Dana 2013, 223 no. 24).

Photographs *ZPE* 148, 259-260.

489 DOMITIANVS INCERTO

a. 91 Mai. 12

Published W. Eck - A. Pangerl *Chiron* 36, 2006, 219-221. Fragment from the lower right quarter of tabella I of a diploma. Height 8.9 cm; width 8.3 cm; thickness c. 1 mm; weight 77 g. The lettering on both faces is neat and clear. On the outer face the lower right hinge hole survives. There are two framing lines along the outer edges of the extrinsecus. *AE* 2006, 1844

intus: tabella I

```
              ]ET THRACVM
              ]VS ET EQVITIBVS
              ]M I THRACVM MIL
              ]ET I LVCENSIVM
5             ]CVM CIVIVM ROMA
              ]ACA ET II ITALICA
              ]QVAE SVNT IN
              ]MAXIMO QVI QVI
              ]STIPENDIA ME
              ]     vacat        ●
```

extrinsecus: tabella I

```
                                         ]M
              ]SIQVI CAELIBES[     ]CVM
              ]SENT DVMTAXAT SINGVLI
              ] D IIII    IDVS     MAIAS
              ]    MARINO        COS        5
              ]      FAVSTINO
              ]M MILLIARIAE CVI PRAEST
              ]  P    F           BASSVS
              ]     PEDITI
              ]MOCAZENIS    F    THRAC    10
              ]OGNITVM EX TABVLA AE
              ]T ROMAE IN MVRO POST
              ]G AD MINERVAM
                                      ●
```

[Imp. Caesar, divi Vespasiani f., Domitianus Augustus Germanicus, pontifex maximus, tribunic(ia) potestat(e) X, imp(erator) XXI, co(n)s(ul) XV, censor perpetuus, p(ater) p(atriae)],[1]

[equitibus, qui militant in alis tribus (1) III Thracum Augusta et (2) Flavia praetoria singularium et (3) Gallorum] et Thracum [constantium et peditib]us et equitibus, [qui in cohortibus septe]m (1) I Thracum mil(iaria) [et (2) I Gaetulorum] et (3) I Lucensium [et (4) I Sebastena et (5) II Thra]cum civium Roma[norum et (6) II Thracum Syri]aca et (7) II Italica [civium Romanorum], quae sunt in [Syria sub A. Bucio Lappio] Maximo,[2] qui qui[na et vicena plurave] stipendia me[ruerunt, item dimissis honesta missione emeritis stipendiis],

[quorum nomina subscripta sunt, ipsis liberis posterisque eorum civitatem dedit et conubium cum uxoribus, quas tunc habuissent, cu]m [est civitas iis data, aut], siqui caelibes [essent], cum [iis, quas postea duxis]sent dumtaxat singuli [singulas].

[a]. d. IIII idus Maias [P. Valerio] Marino, [Cn. Minicio] Faustino cos.[3]

[cohort(is) I Thracu]m milliariae cui praest [---] P. f. Bassus,[4] pediti [---] Mocazenis f., Thrac(i).[5]

[Descriptum et rec]ognitum ex tabula ae[nea quae fixa es]t Romae in muro post [templum divi Au]g(usti) ad Minervam.

1. This is part of a further copy of the constitution for Syria of 12 May 91 which was granted to three alae and seven cohorts (*RMD* I 4). The titles of Domitian and the unit list have been restored accordingly.
2. A. Bucius Lappius Maximus (*PIR²* L 84, *DNP* 6, 1143-1144, Thomasson 2009, 33:036) had left Syria by 10 August 93 (*AE* 2008, 1753).
3. The suffect consuls from 1 May to 31 August were P. Valerius Marinus (*PIR²* V 122; *DNP* 12/1, 1108) and Cn. Minicius Faustinus (*PIR²* M 609). On the *Fasti Potentini* the latter is recorded with the praenomen D(ecimus) (Eck-Paci-Percossi Serenelli 2003, 95-96).
4. The name of the commander of the cohort is incomplete. [---] P. f. Bassus is otherwise unknown.
5. The recipient was a serving infantryman in *cohors I Thracum milliaria* when the grant was made. His name has not survived but he was Thrax. His father was called Mocazenis, a variant of the Thracian name, Mucazenus (*OnomThrac* 242-243).

Photographs *Chiron* 36, 220.

490 DOMITIANVS BRVZENO

a. 91 Mai. 12

Published W. Eck - A. Pangerl *Chiron* 36, 2006, 205-214. Almost complete diploma which has been bent with tabella I broken in two. Tabella I is also badly damaged in the top right corner with losses near the edge and there is a triangular piece missing from the right middle. Tabella II has suffered similar damage in the bottom right corner. Both tabellae: height 21.5 cm; width 16.5 cm; thickness c. 1.5 mm; combined weight 717 g. The script on all faces is well formed and clear to read except where obscured by corrosion products. Letter height on the outer faces 5 mm; on the inner 6 mm. Where it survives there is a wide border comprising three framing lines on the outer faces of both tabellae. The right hand binding hole on the outer face of tabella I has been destroyed, as has the hinge hole in the top right corner. On the outer face of tabella II there are both binding holes but the bottom right hinge hole is missing. The position of the cover for the seals and binding wire on the outer face of tabella II is clearly visible.
AE 2006, 1842

intus: tabella I

```
  I MP CAESAR·DIVI·VESPASIANI·F·DOMITIANVS AVGVSTVS
     GERMANICVS PONTIFEX·MAXIMVS·TRIBVNIC·POTES
     TAT·X·IMP·XXI·COS·XV CEN●SOR·PERPETVVS· P· P
     EQVITIBVS QVI MILITANT·IN·ALIS·QVATTVOR·VETERANA·
 5   GALLICA·ET·PHRYGVM·ET·GEMINA·SEBASTENA·ET·GAL
     LORVM·ET·THRACVM·ANTIANA·ET·PEDITIBVS·ET·EQVI
     ]VS·QVI·IN·COHORTIBVS·SEPTEM·II·CLASSICA·ET·III
     ]II THRACVM·SYRIACIS·ET·IIII·CALLAECORVM·
     ]ENSIVM·ET·IIII·CALLAECORVM·BRACARAVGVS
10   ]VM ET·AVGVSTA·PANNONIORVM·ET·MVSVLA
     ]RVM QVAE SVNT·IN·SYRIA·SVB·A·BVCIO·LAPPIO
     ]MO·QVI QVINA·ET·VICENA·PLVRAVE·STIPEN
     ]RVERVNT·ITEM ●DIMISSIS·HONESTA·MIS
     ]MERITIS·STIPENDIIS·QVORVM·NOMINA
     ]              ] [                            ●
                tabella II
15  ●SVBSCRIPTA SVNT [..]SIS LIBERIS POSTERIS[
     EORVM CIVITATEM DEDIT ET CONVBI[
                        ●

     RIBVS QVAS TVNC HABVISSENT CVM EST[
     IIS DATA AVT SIQVI CAELIBES ESSENT CVM[
     POSTEA DVXISSENT DVMTAXAT SINGVLIS SIN
20   GVLAS     A    D     IIII · IDVS · MAIAS
        P          VALERIO        MARINO
        CN        MINICIO        FAVSTINO  COS
     ALAE·VETERANAE·GALLICAE·CVI PRAEST
     M·NVMISIVS·M·F· GAL SENECIO ANTISTIANVS
25              GREGALI
     BRVZENO          DELSASI · F ·     THRAC
                        ●
     DESCRIPTVM· ET RECOGNITVM EX TABVLA·AENEA
     QVAE FIXA EST ROMAE
```

extrinsecus: tabella I

```
 I MP·CAESAR·DIVI·VESPASIANI[
    GVSTVS GERMANICVS·PONTIF M[
    POTESTAT·X·IMP·XXI·COS·XV·CENS[
 EQVITIBVS QVI MILITANT IN ALIS QVAT[
    RANA·GALLICA·ET·PHRYGVM ET GEMINA E[        5
    NA·ET·GALLORVM·ET·THRACVM ANTIAN[
    TIBVS·ET·EQVITIBVS·QVI·IN COHORTIBVS SEPTEM
    II·CLASSICA·ET·III·ET·IIII·THRACVM·SYRIACIS·ET·
    IIII·CALLAECORVM·LVCENSIVM·ET·IIII·CALLAE
    CORVM· BRACARAVGVSTANORVM·ET·AVGVSTA       10
    PANNONIORVM·ET·MVSVLAMIORVM·QVAE
    SVNT·IN·SYRIA·SVB·A·BVCIO·LAPPIO·MAXIMO
    QVI·QVINA·ET·VICENA·PLVRAVE·STIPENDIA·
    MERVERVNT·ITEM·DIMISSIS·HONESTA·MIS
    SIONE·EMERITIS·STIPENDIIS·QVORVM·NOMI       15
    NA·SVBSCRIPTA·SVNT·IPSIS·LIBERIS·POSTERIS
        ●                              ●
    QVE·EORVM·CIVITATEM DEDIT·ET CONVBIVM·
    CVM VXORIBVS·QVAS TVNC HABVISSENT CVM
    EST·CIVITAS·IIS·DATA·AVT·SIQVI·CAELIBES ESSENT
    CVM IIS QVAS·POSTEA·DVXISSENT·DVMTAXAT      20
    SINGVLI·SINGVLAS· A· D· IIII· IDVS· MAIAS
    P·          VALERIO ·          MARINO
    CN·         MINICIO ·         FAVSTINO  COS
    ALAE· VETERANAE·GALLICAE·CVI PRAEST
       M·NVMISIVS·M·F·GAL·SENECIO·ANTISTIANVS    25
                 GREGALI
    BRVZENO ·        DELSASI·F·          THRAC·
    DESCRIPTVM·ET·RECOGNITVM·EX·TABVLA·AENEA
    QVAE·FIXA·EST·ROMAE·IN·MVRO POST
    TEMPLVM·DIVI·AVG·AD·MINERVAM              30
                                       ●
```

tabella II

M	LOLLI	●		FVSCI	
M	CALPVRNI			IVSTI	
C	POMPEI			EVTRAPELI	
C	LVCRETI			MODESTI	
C	MAECI			BASSI	35
				[	
C	IVLI			RV[	
				[	
L	ALLI	●		CRE[	
	●			[	
				[	

ROMAN MILITARY DIPLOMAS VI

Imp. Caesar, divi Vespasiani f., Domitianus
Augustus Germanicus, pontifex maximus,
tribunic(ia) potestat(e) X, imp(erator) XXI,
co(n)s(ul) XV, censor perpetuus, p(ater)
p(atriae),¹
equitibus, qui militant in alis quattuor² (1) veterana
Gallica et (2) Phrygum et (3) gemina Sebastena
et (4) Gallorum et Thracum Antiana et peditibus
et equitibus, qui in cohortibus septem² (1) II
classica et (2) III et (3) IIII Thracum Syriacis
et (4) IIII Callaecorum Lucensium et (5) IIII
Callaecorum Bracaraugustanorum et (6) Augusta
Pannoniorum et (7) Musulamiorum, quae sunt in
Syria sub A. Bucio Lappio Maximo,³ qui quina et
vicena plurave stipendia meruerunt, item dimissis
honesta missione emeritis stipendiis,
quorum nomina subscripta sunt, ipsis liberis
posterisque eorum civitatem dedit et conubium
cum uxoribus, quas tunc habuissent, cum est
civitas iis data, aut, siqui caelibes essent, cum iis,
quas postea duxissent dumtaxat singuli singulas.
a. d. IIII idus Maias P. Valerio Marino, Cn. Mincio
Faustino cos.³
alae veteranae Gallicae cui praest M. Numisius
M. f. Gal. Senecio Antistianus,⁴ gregali Bruzeno
Delsasi f., Thrac(i).⁵
Descriptum et recognitum ex tabula aenea quae fixa
est Romae in muro post templum divi Aug(usti)
ad Minervam.

M. Lolli Fusci; M. Calpurni Iusti; C. Pompeii
Eutrapeli; C. Lucreti Modesti; C. Maeci Bassi;
C. Iuli Ru[fi?]; L. Alli Cre[---].⁶

1. This is an almost complete copy of the second constitution for Syria of 12 May 91 granted to four alae and seven cohorts (*RMD* I 5, IV 214).
2. The units named in the grant are now fully identifiable. Cf. *RMD* V p. 699 note 2a *†214. The alae are all unnumbered. The short cohort section begins with *cohors II classica* and the last two are unnumbered. *cohors III Thracum Syriaca* and *cohors IIII Thracum Syriaca* are linked by numeral only without repeating their full titles. The epithet *Syriaca* is declined correctly.
3. For details about the governor, A. Bucius Lappius Maximus, and the consuls, P. Valerius Marinus and Cn. Minicius Faustinus, see *RMD* VI 489 notes 2 and 3.
4. The prefect of the ala was already known but his name was incomplete (*RMD* I 5). He is now known to have been called M. Numisius M. f. Gal. Senecio Antistianus. Cf. *PME* II, IV, V N 17.
5. The recipient, Bruzenus son of Delsases, was Thrax. His name and that of his father are Thracian (*OnomThrac* 70 and 120 respectively).
6. A partial witness list was already known which lacked the cognomina of four of the witnesses (*RMD* I 5). Because of damage to tabella II their names are still not all known. The cognomina of the witnesses in fourth and fifth are now certain namely C. Lucretius Modestus and C. Maecius Bassus. In sixth place may have been C. Iulius Ru[fus(?)]. The cognomen of the witness in seventh L. Allius Cre[---] is currently unknown.

Photographs *Chiron* 36, 209-212.

491 DOMITIANVS CARDENTI

a. 91 (Mai. 12)

Published W. Eck - A. Pangerl *Chiron* 36, 2006, 215-219. Six conjoining fragments from the lower third of tabella I of a diploma although there are small fragments missing from some of the joins. Height 7.6 cm; width 16.2 cm; thickness 1-2 mm; weight 81 g. The script on both faces is next and clear. Letter height on the outer face 4 mm; on the inner 6 mm. The lower right hinge hole on the outer face has survived. There is a wide border comprising three framing lines on the outer face.
AE 2006, 1843

intus: tabella I

```
        ]OMITIANVS AVGVS
        ]XIMVS·TRIBVNIC
        ]OR·PERPETVVS·P·P·
        ]QVATTVOR·VETERA
5       ]INA·SEBASTENA·ET
        ]NA·ET·PEDITIBVS·ET
        ]P[.]EM·II·CLASSICA
        ]ET·IIII·CALLAECO
        ]ECORVM·BRACAR
10      ]NNONIORVM
        ]T·IN·SYRIA·SVB·A
        ]VICENA·PLV
        ]DIMISSIS
        ]ENDIIS●
```

extrinsecus: tabella I

```
[
P          VALER[..]        MAR[
CN         MINI[.]IO        FAVST[
    ALAE·  VETERANAE GALLICAE·CVI[
    M NVMISIVS·M·F·GAL SENECIO ANT[
              GREGALI                     5
CARDENTI       BITICENTHI[      ]DISDIV
DESCRIPTVM·ET·RECOGNITVM·EX TABVLA AE
NEA QVAE FIXA EST ROMAE IN MVRO POST
TEMPLVM·  DIVI·AVG AD MINERVAM
                                    ●
```

[Imp. Caesar, divi Vespasiani f., D]omitianus Augus[tus Germanicus, pontifex ma]ximus, tribunic(ia) [potestat(e) X, imp(erator) XXI, co(n)s(ul) XV, cens]or perpetuus, p(ater) p(atriae),[1]

[equitibus, qui militant in alis] quattuor (1) vetera[na Gallica et (2) Phrygum et (3) gem]ina Sebastena et (4) [Gallorum et Thracum Antia]na et peditibus et [equitibus, qui in cohortibus se]p[t]em (1) II classica [et (2) III et (3) IIII Thracum Syriacis] et (4) IIII Callaeco[rum Lucensium et (5) IIII Calla]ecorum Bracar[augustanorum et (6) Augusta Pa]nnoniorum [et (7) Musulamiorum, quae sun]t in Syria sub A. [Bucio Lappio Maximo, qui quina et] vicena plu[rave stipendia meruerunt, item] dimissis [honesta missione emeritis stip]endiis,

[quorum nomina subscripta sunt, ipsis liberis posterisque eorum civitatem dedit et conubium cum uxoribus, quas tunc habuissent, cum est civitas iis data, aut, siqui caelibes essent, cum iis, quas postea duxissent dumtaxat singuli singulas].

[a. d. IIII idus Maias] P. Valer[io] Mar[ino], Cn. Mini[c]io Faust[ino cos.][2]

alae veteranae Gallicae[3] cui [praest] M. Numisius M. f. Gal. Senecio Ant[istianus], gregali Cardenti Biticenthi [f.], Disdiv( ).[4]

Descriptum et recognitum ex tabula aenea quae fixa est Romae in muro post templum divi Aug(usti) ad Minervam.

1. This can be recognised as a further copy of the second constitution for Syria of 12 May 91 which was granted to four alae and seven cohorts (*RMD* I 5, IV 214, VI 490). The titles of Domitian, the unit list and the name of the governor has been restored accordingly. For more details see *RMD* VI 490.

2. For further information about the consuls, P. Valerius Marinus and Cn. Minicius Faustinus, see *RMD* VI 489 note 3.

3. This is now the third copy of the grant awarded to a cavalryman from *ala veterana Gallica*. For the possible implications of this, see Holder 2017a, 13 and 20).

4. The recipient, Cardentes, has a Thracian name (*OnomThrac* 77-78). His father also has a Thracian name, Biticenthus, a variant of Bithicenthus (*OnomThrac* 38-39). His home, DISDIV, cannot be recognised but it is likely to be an unknown strategia in Thrace (Dana 2013, 249).

Photographs *Chiron* 36, 216-217.

492 DOMITIANVS INCERTO

a. 91 [Mai 12]

Published P. Weiß *Chiron* 36, 2006, 255-257. Fragment from the middle of tabella I of a diploma with a dark patina with the line of the binding holes marked by the unengraved second line of the extrinsecus. Height 4.7 cm; width 6.3 cm; thickness c. 1-1.3 mm; weight 30.04 g. The script on both sides is clear and well formed. Letter height on the outer face 4 mm; on the inner 4-6 mm.
AE 2006, 1840

<table>
<tr><td colspan="2">intus: tabella I</td><td colspan="2">extrinsecus: tabella I</td></tr>
<tr><td></td><td>]I CALL[</td><td>]NA·SVBSCRIP[</td><td></td></tr>
<tr><td></td><td>]STA·PANN[</td><td>]   *vacat*   [</td><td></td></tr>
<tr><td></td><td>]NT·IN·SYRIA[</td><td>]SQVE·EORVM·CIVI[</td><td></td></tr>
<tr><td></td><td>]I·QVINA·ET[</td><td>]M·VXORIBVS QVAS[</td><td></td></tr>
<tr><td>5</td><td>]VNT ITE[</td><td>]TAS IIS·DATA AVT[</td><td></td></tr>
<tr><td></td><td>]EME[</td><td>]VAS·P[</td><td>5</td></tr>
</table>

[*Imp. Caesar, divi Vespasiani f., Domitianus
   Augustus Germanicus, pontifex maximus,
   tribunic(ia) potestat(e) X, imp(erator) XXI,
   co(n)s(ul) XV, censor perpetuus, p(ater)
   p(atriae)],*[1]
[*equitibus, qui militant in alis quattuor (1) veterana
   Gallica et (2) Phrygum et (3) gemina Sebastena
   et (4) Gallorum et Thracum Antiana et peditibus
   et equitibus, qui in cohortibus septem (1) II
   classica et (2) III et (3) IIII Thracum Syriacis
   et (4) IIII Callaecorum Lucensium et (5) III]I
   Call[aecorum Bracaraugustanorum et
   (6) Augu]sta Pann[oniorum*[2] *et
   (7) Musulamiorum, quae su]nt in Syria [sub A.
   Bucio Lappio Maximo, qu]i quina et [vicena
   plurave stipendia meruer]unt, ite[m dimissis
   honesta missione] eme[ritis stipendiis],*
[*quorum nomi]na subscrip[ta sunt, ipsis liberis
   posteri]sque eorum civi[tatem dedit et conubium*

*cu]m uxoribus, quas [tunc habuissent, cum est
civi]tas iis data, aut, [siqui caelibes essent, cum
iis, qu]as p[ostea duxissent dumtaxat singuli
singulas].*

1. This is an issue for troops in Syria when the phrase *ite[m dimissis honesta missione]* was still used in grants to auxiliary troops. This was discontinued c. 105 (Weiß 2005, 210-212). P. Weiß argues that the date can only be 12 May 91 because of the units listed on the inner face (note 2) and restores Domitian's titles accordingly.

2. The partial names of two cohorts have survived on the inner face. *cohors [III]I Call[aecorum Bracaraugustanorum]* can be restored on line 1 and *cohors [Augu]sta Pann[oniorum]* on line 2. P. Weiß argues that they are only found in the same relative positions in the list of the grant to four alae and seven cohorts in Syria on 12 May 91 (*RMD* IV 214, VI 490, 491). In addition to these copies a further two can be recognised (*RMD* I 5, VI 495).

Photographs *Chiron* 36, 255.

493 DOMITIANVS INCERTO

a. 91 [Mai. 12]

Published W. Eck and A. Pangerl *Scripta Classica Israelica* 24, 2005, 108-110. Fragment from the left hand side of tabella I of a diploma just below the line of binding holes which is denoted by the unengraved line at the top of the extrinsecus. Height 5.4 cm; width 3.2 cm; thickness 1 mm; weight 11 g. The lettering on both faces is clear and carefully formed. Letter height on the outer face 5 mm; on the inner 6-7 mm. The left hand edge of the outer face has a border comprising three framing lines.
AE 2005, 1732

intus: tabella I

]PASIANI·F·D[
]ICVS·PONTIF[
]X IMP XX[

extrinsecus: tabella I

vacat [
QVORV[
POSTER[
VM·CVM[
EST·CIVI[
IIS QVA[5
SINGV[
P ·   [
CN ·   [

[Imp. Caesar, divi Ves]pasiani f., D[omitianus
    Augustus German]icus, pontif[ex maximus,
    tribunic(ia) potestat(e)] X, imp(erator) XX[I,
    co(n)s(ul) XV, censor perpetuus, p(ater)
    p(atriae)],[1]
[equitibus, qui militant in alis --- et peditibus et
    equitibus, qui in cohortibus ---, quae sunt in
    Syria sub A. Buccio Lappio Maximo, qui quina
    et vicena plurave stipendia meruerunt, item
    dimissis honesta missione emeritis stipendiis],
quoru[m nomina subscripta sunt, ipsis liberis]
    poster[isque eorum civitatem dedit et conubi]um
    cum [uxoribus, quas tunc habuissent, cum] est
    civi[tas iis data, aut, siqui caelibes essent, cum]

iis, qua[s postea duxissent dumtaxat singuli]
    singu[las].
[a. d. IIII idus Maias] P. [Valerio Marino], Cn.
    [Minicio Faustino cos.]

1. Sufficient of the titles of Domitian have survived to show that this was issued when he held tribunician power for the tenth time between 14 September 90 and 13 September 91. Furthermore, the survival of the praenomina of the consuls on the outer face enables P. Valerius Maximus (*PIR*² V 122) and Cn. Minicius Faustinus (*PIR*² M 609) to be restored. W. Eck and A. Pangerl conclude that this fragment can be identified as a further copy of either of the two known constitutions for Syria of 12 May 91. See further *RMD* VI 489 and 490.

Photographs *SCI* 24, 108-109.

494 DOMITIANVS INCERTO

a. [91 Mai. 12]

Published A. J. Ryan *Akroterion* 51, 2006, 161-166. Fragment from the upper middle of tabella I of a diploma which is fractured into three pieces. Height 5.39 cm; width 2.88 cm; thickness 1.2 mm; weight not provided. The lettering on both faces is well formed and generally easy to decipher except in some areas of the inner face which are obscured by corrosion products. Letter height on both faces c. 4.5 mm. Now in the Museum of Classical Archaeology, Durban (Durban 2007.52).

<table>
<tr><td>intus: tabella I</td><td>extrinsecus: tabella I</td></tr>
<tr><td>]++ TR[</td><td>]+++++[</td></tr>
<tr><td>]ERPETVV[</td><td>]ARIVM ET G[</td></tr>
<tr><td>]NT IN ALI[</td><td>]M ET PEDITIBV[</td></tr>
<tr><td>]PRAETOR [</td><td>]++[</td></tr>
<tr><td>] CVM CO[</td><td></td></tr>
<tr><td>]BVS QVI I[</td><td></td></tr>
<tr><td>]RIA ET I +[</td><td></td></tr>
<tr><td>]TENA E+[</td><td></td></tr>
<tr><td>]+++[</td><td></td></tr>
</table>

(line 5 marks the fifth row of the intus)

[Imp. Caesar, divi Vespasiani f., Domitianus Augustus Germanicus, pontifex maxim]us, tr[ibunic(ia) potestat(e) X, imp(erator) XXI, co(n)s(ul) XV, censor p]erpetuu[s, p(ater) p(atriae)],[1]

[equitibus, qui milita]nt in ali[s tribus (1) III Thracum Augusta et (2) Flavia] praetor[ia singul]arium et (3) G[allorum et Thra]cum Co[nstantiu]m[2] et peditibu[s et equiti]bus, qui i[n cohortibus septem (1) I Thracum millia]ria et (2) I [Gaetulorum et (3) I Lucensium et (4) I Sebas]tena et [(5) II Thracum civium Romanorum et (6) II Thracum Syriaca et (7) II Italica civium Romanorum, quae sunt in Syria sub A. Bucio Lappio Maximo, qui quina

et vicena plurave stipendia meruerunt, item dimissis honesta missione emeritis stipendiis],

1. Line 2 of the intus has the word [P]ERPETVV[S]. This is part of the title *censor perpetuus* which was one of the titles of Domitian. This is therefore an issue of his reign for Syria as revealed by the unit list (note 2).
2. The names of two alae, *ala [p]raetor[ia singularium]* and *ala [Gallorum et Thr]acum Co[nstantium],* can be restored on each face. Three cohorts, *cohors [I Thracum millia]ria, cohors I [Gaetulorum],* and *cohors [I Sebas]tena,* can be restored on the inner face. These names, coupled with the way the unit list is arranged, indicate that this is a copy of the grant of 12 May 91 for Syria to three alae and seven cohorts (*RMD* I 4, VI 489).

Photographs *Akroterion* 51, 162 fig. 1-2; processed images 163 fig. 3a, 164 fig. 4a.

495 DOMITIANVS INCERTO

a. [91 Mai. 12]

Published W. Eck and A. Pangerl *Scripta Classica Israelica* 24, 2005, 110-111. Fragment from just above the middle of tabella I of a diploma. Height 3.1 cm; width 4.1 cm; thickness 1.5 mm; weight 11 g. The lettering on both faces is neat and clear except where corrosion has damaged the outer face. Letter height on the outer face 4 mm; on the inner 5 mm. Interpretation of this fragment has benefitted from photographs supplied by A. Pangerl.
AE 2005, 1733

<table>
<tr><td>intus: tabella I</td><td>extrinsecus: tabella I</td></tr>
<tr><td>]ET PHR[</td><td>]NNONI[</td></tr>
<tr><td>]VM ET[</td><td>]IN SYRIA SV[</td></tr>
<tr><td>]TIBVS·[</td><td>]QVINA ET VI[</td></tr>
<tr><td>]+·ET·IIII[</td><td>]ERVNT ITE[</td></tr>
<tr><td></td><td>]MERITIS S[5</td></tr>
</table>

[Imp. Caesar, divi Vespasiani f., Domitianus Augustus Germanicu, pontifex maximus, tribunic(ia) potestat(e) X, imp(erator) XXI, co(n)s(ul) XV, censor perpetuus, p(ater) p(atriae)],[1]

[equitibus, qui militant in alis quattuor (1) veterana Gallica] et (2) Phr[ygum[2] et (3) gemina Sebastena et (4) Gallor]um et [Thracum Antiana et peditibus et equi]tibus, [qui in cohortibus septem (1) II classica] et (2) III [et (3) IIII Thracum Syriacis et (4) IIII Callaecorum Lucensium et (5) IIII Callaecorum Bracaraugustanorum et (6) Augusta Pa]nnoni[orum[2] et (7) Musulamiorum, quae sunt] in Syria su[b A. Bucio Lappio Maximo, qui] quina et vi[cena plurave stipendia meru]erunt, ite[m dimissis honesta missione] emeritis s[tipendiis],

1. Sufficient has survived of the inner face to reveal the clause *ite[m dimissis honesta missione] emeritis s[tipendiis]* which is known to have been used between 86 and 105 (Weiß 2005, 211). W. Eck and A. Pangerl argue that this grant to units in Syria postdates those of 88 because the unit names are separated by ET. Cf. *RMD* VI 486. Line 3 of the inner face reads *[equi]tibus* and shows that the alae were named before the number of cohorts was given. On the diploma of 10 August 93 for Syria the standard phrase *qui militant in alis --- et cohortibus --- quae appellantur* is used (*AE* 2008, 1753). This evidence points to an issue date of 12 May 91 which is borne out by the unit list (note 2).

2. Parts of the names of two alae have survived. The first can be identified as *ala Phrygum*. The second can be restored as *ala [Gallor]um et [Thracum Antiana]*. Of the cohorts, one was numbered either *III* or *IIII* in the line below where the number of cohorts was given. This suggests a short list. On the outer face, just before the name of the province, *cohors [Augusta Pa]nnoni[orum]* can be restored. This particular order of units can be directly compared to copies of the second constitution for Syria of 12 May 91 (*RMD* IV 214, VI 490, 491, *AE* 2012, 1955). The unit list can be restored using a line length, generally, of about 34-36 letters. This compares well with the line lengths of three definite copies of the grant of 12 May 91 for Syria (*RMD* VI 490, 491, *AE* 2012, 1955).

Photographs *SCI* 24, 110.

496 DOMITIANVS MACRINO

a. 92 Iun. 14

Published C. C. Petolescu - A. T. Popescu *Zeitschrift für Papyrologie und Epigraphik* 148, 2004, 269-276. Almost complete diploma broken into numerous pieces found in the vicinty of Cataloi (Tulcea department) in Romania. Tabella I lacks the bottom right corner and a small area just above the middle. There are two tiny losses near the top left corner and just to the right of the right hand binding hole. Tabella II lacks an area of the lower right hand side. Tabella I: height 20.2 cm, width 16.1 cm; tabella II: height 20.2 cm, width 16.3 cm. The lettering throughout is well formed and clear to read. Both binding holes on each tabella are preserved. Both hinge holes of tabella II are preserved but only the top right hand one on tabella I has survived. Tabella I outer face has a wide border with three framing lines while tabella II outer face has two framing lines. There are clear traces on the outer face of tabella II of the solder for the box which protected the seals of the witnesses. Offered to the National Museum of History of Romania, Bucharest.
AE 2003, 1548

intus: tabella I

```
     IMP CAESAR DIVI VESPASIANI F DOMITIANVS AVGVS
     TVS GERMANICVS PONTIFEX MAXIMVS TRIBVNIC PO
     TESTAT XI IMP XXI CENSOR PERPETVVS COS XVI·P·P
     EQVITIBVS ET PEDITIBVS QVI MILITANT IN ALIS SEPTEM
 5   ET COHORTIBVS DECEM ET ● QVINQVE QVAE APPELLAN
     TVR I VESPASIANA DARDANORVM ET I FLAVIA GAETV
     LORVM ET I PANNONIORVM ET II CLAVDIA GALLORVM
     ET GALLORVM FL[. ]VIANA ET GALLORVM ATECTORIGIA
     NA ET HISPANOR[..] ET I RAETORVM ET I BRACA[
10   GVSTANORVM ET [. . ]VS[..]ANORVM CYRENAI[
     FLAVIA COMMAGENORVM ET I SVGAMB[
     RONVM ET I SVGAMBRORVM VETERA[
     CIDENORVM ET II LVCENSIVM ET II BRA[
     TANORVM ET II FLAVIA B●ESSORVM ET II·E[
15   ET VII GALLORVM ET VBIORVM ET SVNT IN M[
     INFERIORE SVB SEX OCTA[. ]IO FRONTONE QVI Q[
     ●VICENA PLVRAVE STIPENDIA MERVERVNT ITEM[
                         tabella I
     ● DIMISSIS·HONESTA·MISSIONE QVORVM ●
     NOMINA·SVBSCRIPTA SVNT·IPSIS LIBERIS
20   POSTERISQVE·EORVM CIVITATEM DEDIT ET[
                         ●                    [
     CONVBIVM CVM VXORIBVS QVAS[
     BVISSENT CVM EST CIVITAS·IIS D[
(!)  SIQVI·CAELIBES ESSEN CVM·IIS·QV[
     DVXISSENT·DVMTAXAT· SINGVLI SIN[
25      A    D    XVIII    K    IVLIAS
     TI IVLIO CELSO POLEMAEANO L STERTINIO AVITO COS
        COHORT·VII·GALLORVM  ·  CVI PRAEST
           C IVLIVS · C · F · COL       CAPITO
                    EQV●ITI
30   MACRINO        ACRESIONIS   F      APAMEN
     ET             MARCO        F      EIVS
     ET             SATVRNINO    F      EIVS
     ET             AVGVSTAE FILIAE     EIVS
     DESCRIPTVMETRECOGNITVMEXTABVLAAENEAQVAEFIXAESTROMAE
```

extrinsecus: tabella I

```
     IMP·CAESAR·DIVI·VESPASIANI·F·DOMITIANVS·AVGVS ●
     TVS·GERMANICVS·PONTIFEX·MAXIMVS·TRIBVNIC·POTES
     TAT·XI·IMP·XXI·CENSOR·PERPETVVS·COS·XVI·P·P·
     EQVITIBVS·ET·PEDITIBVS·QVI MILITANT·IN ALIS·SE
     PTEM·ET COHORTIBVS·DECEM·ET·QVINQVE·QVAE·APPEL    5
     LANTVR·I·VESPASIANA·DARDANORVM·ET·I·FLAVIA
     GAETVLORVM·ET·I·PANNONIORVM·ET·II·CLAVDIA
     GALLORVM ET·GALLORVM· FLAVIANA· ET· GALLORVM
     ATECTORIGIANA·ET·HISPANORVM·ET·I·RAETO
     RVM·ET·I·BRACARAVGVSTANORVM·ET·I·LVSITANO      10
     RVM·CYRENAICA·ET·I·FLAVIA·COMMAGENORVM
     ET·I·SVGAMBRORVM TIRONVM·ET·I·SVGAMBRO
     RVM VETERANA·ET·[        ]LCIDENORVM·ET·II·LV
     CENSIVM·ET·II·BRA[          ]VSTANORVM·ET·II·
     FLAVIA BESSORVM ET [..]·ET·III·ET·IIII·ET·VII·GALLO   15
     RVM·ET· VBIORVM·ET·SVNT IN·MOESIA·INFERIO
     RE·SVB·SEX·OCTAVIO·FRONTONE QVI QVINA·VICE
                    ●                          ●
     NA·PLVRAVE·STIPENDIA·MERVERVNT·ITEM DIMIS
     SIS·HONESTA MISSIONE·QVORVM NOMINA·SVB
     SCRIPTA SVNT IPSIS·LIBERIS·POSTERISQVE·EORVM     20
     CIVITATEM DEDIT CONVBIVM CVM VXORIBVS
     QVAS TVNC·HABVISSENT·CVM·EST CIVITAS IIS DATA
     AVT· SIQVI· CAELIBES· ESSENT· CVM· IIS QVAS· POSTEA DV
     XISSENT·DVMTAXAT· SINGVLI· SINGVLAS·
            A    D    XVIII   ·   K   ·   IVLIAS·         25
     TI·IVLIO CELSO·POLEMAEANO·L·STERTINIO· AVITO·COS
        COHORT·VII GALLORVM CVI PRAEST
          C   IVLIVS·C·F·COL CAPIT[.]
                    EQVITI        [         ]
     MACRINO        ACRESIONIS · [         ]APAMEN    30
     ET             MARCO       [         ]EIVS
     ET             SATVRNINO [         ]IVS
     ET             AVGVSTAE[          ]IVS
     DESCRIPTVM·ETRECOGNITVM[       ]+A
     QVAE FIXA EST·ROMAE·IN[                            35
     DIVI · AVG · AD · MINER[
                    tabella II
     A · LAPPI                    POLLIANI

     C · IVLI         ●           HELENI

     M · CAELI                    FORTIS
```

ROMAN MILITARY DIPLOMAS VI

CN·MATICI		BARBARI	40
		[	
Q · ORFI		CVPIT[	
		[	
L · PVLLI	●	SPE[	
		[	
L · PVLLI		VERECV[	

Imp. Caesar, divi Vespasiani f., Domitianus Augustus Germanicus, pontifex maximus, tribunic(ia) potestat(e) XI, imp(erator) XXI, censor perpetuus, co(n)s(ul) XVI, p(ater) p(atriae),[1]

equitibus et peditibus, qui militant in alis septem et cohortibus decem et quinque,[2] quae appellantur (1) I Vespasiana Dardanorum et (2) I Flavia Gaetulorum et (3) I Pannoniorum et (4) II Claudia Gallorum et (5) Gallorum Flaviana et (6) Gallorum Atectorigiana et (7) Hispanorum et (1) I Raetorum et (2) I Bracaraugustanorum et (3) I Lusitanorum Cyrenaica et (4) I Flavia Commagenorum et (5) I Sugambrorum tironum et (6) I Sugambrorum veterana et (7) [II Cha]lcidenorum et (8) II Lucensium et (9) II Bra[caraug]ustanorum et (10) II Flavia Bessorum et (11) II et (12) III et (13) IIII et (14) VII Gallorum et (15) Ubiorum et sunt in Moesia inferiore sub Sex. Octavio Frontone,[3] qui quina (et) vicena plurave stipendia meruerunt, item dimissis honesta missione,

quorum nomina subscripta sunt, ipsis liberis posterisque eorum civitatem dedit et conubium cum uxoribus, quas tunc habuissent, cum est civitas iis data, aut, siqui caelibes essent,[4] cum iis, quas postea duxissent dumtaxat singuli singulas.

a. d. XVIII k. Iulias Ti. Iulio Celso Polemaeano, L. Stertinio Avito cos.[5]

cohort(is) VII Gallorum cui praest C. Iulius C. f. Col. Capito,[6] equiti Macrino Acresionis f., Apamen(o)[7] et Marco f. eius et Saturnino f. eius et Augustae filiae eius.[8]

Descriptum et recognitum ex tabula aenea quae fixa est Romae in [muro post templum] divi Aug(usti) ad Minerv[am].

A. Lappi Polliani; C. Iuli Heleni; M. Caeli Fortis; Cn. Matici Barbari; Q. Orfi Cupit[i]; L. Pulli Spe[rati]; L. Pulli Verecu[ndi].[9]

1. In addition to the constitution for the *classis Flavia Moesica* of 14 June 92 (*CIL* XVI 37) this one is solely for the auxilia of Moesia inferior.
2. Seven alae and fifteen cohorts were included in the grant which was probably the vast majority of the garrison of the province at the time. *ala II Claudia Gallorum* and *cohors I Raetorum* had been transferred to Cappadocia by 99 (AE 2014, 1656). Whether the former is the *ala [---]ia Gallorum* named on an issue for Moesia inferior of 9 September 97 is uncertain (*RMD* V 338). the *ala I Claudia Gallorum* is recorded in the province on 13 May 105 (*CIL* XVI 50) and should probably be restored on an issue of 14 August 99 (*AE* 2014, 1643). The other units remained on the Lower Danube into the reign of Trajan (Holder 2006, 141-142). For more detail about individual units, see Matei-Popescu 2010.
3. Sex. Octavius Fronto, the governor, remained in Moesia inferior until 97 (*PIR*² O 35, Thomasson 2009, 20:063). He had been replaced by 9 September 97 (*RMD* VI 503). Cf. *RMD* VI 501 dated to 96/97.
4. Intus ESSEN.
5. The consuls were Ti. Iulius Celsus Polemaeanus (*PIR*² I 260) and L. Stertinius Avitus (*PIR*² S 907). They held office from 1 May until 31 August. The *Fasti Potentini* mistakenly list Ti. I[ulius Polemaeanus] as *consul posterior* to L. Venuleius Apronianus who had replaced Domitian and gave up office on 30 April (Eck-Paci-Percossi Serenelli 2003, 76-77).
6. The prefect of *cohors VII Gallorum*, the unit of the recipient, was C. Iulius C. f. Col. Capito. He is otherwise unknown.
7. The authors argue the recipient, a serving cavalryman, whose father, Acresio, was an oriental Greek most likely came from Apamea in Syria.
8. Two sons and a daughter are also named all of whom have Latin names.
9. The witness list has suffered damage which has destroyed some letters from their names. These can be restored from the copy for the *classis Flavia Moesica* (*CIL* XVI 37) and from a second copy of this grant (*RMD* VI 497). The third witness is therefore M. Caelius Fortis and the fifth is Q. Orfius Cupitus.

Photographs *ZPE* 148, 274-276.

497 DOMITIANVS M. ATTIO [---]

a. 92 [Iun. 14]

Published P. Weiß *Zeitschrift für Papyrologie und Epigraphik* 153, 2005, 207-213. Fragment from the lower left hand side, just above the bottom, of tabella II of a diploma. Reported to have been found on the lower Danube. The piece was reused in antiquity and has been cut into an approximate roundel. The surface of the outer face is quite worn around the middle where there is a circular depression. Height 7.8 cm; width 7.6 cm; thickness c. 1 mm; weight 46.74 g. The lettering on both faces is neat and well formed. On the outer, where the surface is worn, the letters have almost disappeared. Letter height on the outer face 5-6 mm; on the inner 4-5 mm.

AE 2005, 1706

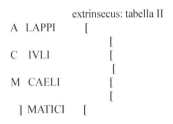

[Imp. Caesar, divi Vespasiani f., Domitianus Augustus Germanicus, pontifex maximus, tribunic(ia) potestat(e) XI, imp(erator) XXI, censor perpetuus, co(n)s(ul) XVI, p(ater) p(atriae)],[1]

[equitibus et peditibus, qui militant in alis septem et cohortibus decem et quinque, quae appellantur --- et sunt in Moesia inferiore sub Sex. Octavio Frontone, qui quina et vicena plurave stipendia meruerunt, item dimissis honesta missione],

[quorum nomina subscripta sunt, ipsis liberis posterisque eorum civitatem dedit et conubium cum uxoribus, quas tunc habuissent, cum est civitas iis data, aut, siqui caelibes essent, cum iis, quas postea duxissent dumtaxat singuli singulas].

[a. d. XVIII k. Iulias Ti. Iulio Celso Polemaeano, L.] Sterti[nio Avito cos.]

cohort(is) II Fla[viae Bessorum cui praest] M. Valerius [---],[2] *dimisso [honesta missione] ex [---] M. Attio M. [f. ---].*[3]

[D]escriptum et [recognitum ex tabula aenea quae fixa est Romae].

A. Lappi [Polliani]; C. Iuli [Heleni]; M. Caeli [Fortis]; [Cn.] Matici [Barbari]; [Q. Orfi Cupiti]; [L. Pulli Sperati]; [L. Pulli Verecundi].[4]

1. P. Weiß concludes this is a second copy of the auxiliary constitution for Moesia inferior of 14 June 92 (*RMD* VI 496) having considered the possibility it was a parallel auxiliary constitution for the province of that date. Unlike the nearly complete first copy which was issued to a serving cavalryman, this one belonged to a veteran of unknown rank from *cohors II Fla[via Bessorum]*.
2. The cognomen of M. Valerius [---], the prefect of the cohort, has not survived. He cannot otherwise be identified.
3. The recipient possessed the *tria nomina* and was therefore a Roman citizen (Mann 2002, 227-232). M. Attius M. [f. ---] had been recruited in 67 at the latest before the presumed creation of *cohors II Flavia Bessorum* by Vespasian (Matei-Popescu 2010, 193). Therefore, he may well have been transferred to the unit.
4. Only parts of the names of four of the witnesses are extant. The full list can be restored by combining this evidence with that of the other copy of the auxiliary constitution (*RMD* VI 496) along with that from the constitution for the *classis Flavia Moesica* of the same date (*CIL* XVI 37).

Photographs *ZPE* 153, 208.

498 DOMITIANVS DORISAE

a. 94 (Mai. 1 / Aug. 31)

Published B. Pferdehirt *Römische Militärdiplome und Entlassungsurkunden in der Sammlung des Römisch-Germanischen Zentralmuseums*, 2004, Nr. 7. Bottom left quarter of tabella I of a diploma which lackes the left hand edge. Height 9.5 cm; width 9.2 cm; thickness 3 mm; weight 126.2 g. The lettering on both faces is well formed and easy to read except where damaged by corrosion products on the inner face. Letter height on the outer face 4 mm; on the inner 6 mm. The left binding hole is preserved. There is an 8 mm wide border comprising three framing lines along the bottom edge of the outer face. Now in the Römisch-Germanisches Zentralmuseum, Mainz (Inv.Nr. O. 42688). *AE* 2004, 1920

<table>
<tr><td colspan="2" align="center">intus: tabella I</td><td colspan="2" align="center">extrinsecus: tabella I</td></tr>
<tr><td></td><td>]SI[.]NI F DOMITIA[</td><td align="center">●]+++[</td><td></td></tr>
<tr><td></td><td>]VS·PONTIFEX MAXIM[</td><td>[</td><td></td></tr>
<tr><td></td><td>]II IMP XXII COS XVI</td><td>STIPENDIIS·EMERITIS·DIMISSIS·H[</td><td></td></tr>
<tr><td></td><td>]● VVS   P   P</td><td>SIONE·QVORVM NOMINA·SVBSCR[</td><td></td></tr>
<tr><td>5</td><td>]////EQVITES ET PEDITES IN</td><td>IPSIS·LIBERIS·POSTERISQVE EORV[</td><td></td></tr>
<tr><td></td><td>]RTIBVS DECEM ET TRIBVS</td><td>DEDIT·ET·CONVBIVM·CVM·VXORIBV[</td><td>5</td></tr>
<tr><td></td><td>]HRACVM HERCVLANA ET</td><td>HABVISSENT CVM·EST·CIVITAS·IIS[</td><td></td></tr>
<tr><td></td><td>]ET I AVGVSTA GERMANI</td><td>CAELIBES·ESSENT·CVM·IIS QVAS POST[</td><td></td></tr>
<tr><td></td><td>]IVIVM ROMANORVM ET</td><td>DVM·TAXAT·SINGVLI·SINGVLAS A D·II[</td><td></td></tr>
<tr><td>10</td><td>]ET I ITALICA MILLIARIA</td><td>M·LOLLIO PAVLLINO VALERIO ASIATICO·SAT[</td><td></td></tr>
<tr><td></td><td>]VIVM ROMANORVM ET I</td><td>C · ANTIO   IVLIO   QVADRATO[</td><td>10</td></tr>
<tr><td></td><td></td><td>ALAE·THRACVM HERCVLANAE +[</td><td></td></tr>
<tr><td></td><td></td><td>C   ·   LVCILIVS   C F   OVF   [</td><td></td></tr>
<tr><td></td><td></td><td>EX·GREGALE   [</td><td></td></tr>
<tr><td></td><td></td><td>DORISAE   DOLENTIS   [</td><td></td></tr>
<tr><td></td><td></td><td>DESCRIPTVM·ET·RECOGNITVM[</td><td>15</td></tr>
<tr><td></td><td></td><td>]NEA QVAE FIXA EST ROMAE·IN M[</td><td></td></tr>
<tr><td></td><td></td><td>]VM·DIVI·AVG·AD MINERVAM   [</td><td></td></tr>
</table>

[Imp. Caesar, divi Vespa]si[a]ni f., Domitia[nus Augustus Germanic]us, pontifex maxim[us, tribunic(ia) potestat(e) XI]II, imp(erator) XXII, co(n)s(ul) XVI, [censor perpet]uus, p(ater) p(atriae),[1]

[iis, qui militaverunt] equites et pedites in [alis tribus et coho]rtibus decem et tribus,[2] [quae appellantur (1) T]hracum Herculana et [(2) gemina colonorum] et (3) I Augusta Germani[ciana[3] et (1) Augusta c]ivium Romanorum et [(2) I Italica milliaria e]t (3) I Italica milliaria [voluntariorum ci]vium Romanorum et (4) I [Ituraeorum milliaria(?) et --- et sunt in Galatia et Cappadocia sub ---, quinis et vicenis] stipendiis emeritis dimissis h[onesta mis]sione,

quorum nomina subscr[ipta sunt], ipsis liberis posterisque eoru[m civitatem] dedit et conubium cum uxoribu[s, quas tunc] habuissent, cum est civitas iis [data, aut, siqui] caelibes essent, cum iis, quas post[ea duxissent] dumtaxat singuli singulas.

a. d. II[---] M. Lollio Paullino Valerio Asiatico Sat[urnino], C. Antio Iulio Quadrato [cos].[4]

alae Thracum Herculanae [cui praest] C. Lucilius C. f. Ouf. [---],[5] ex gregale Dorisae Dolentis [f., Thrac(i)(?)].[6]

Descriptum et recognitum [ex tabula ae]nea quae fixa est Romae in m[uro post templ]um divi Aug(usti) ad Minervam.

1. B. Pferdehirt demonstrates that this award was made to the auxilia of Galatia and Cappadocia when Domitian held tribunician power for the thirteenth time from 20 September 93 until 19 September 94 and, more specifically, between 1 May and 31 August 94 (note 4). The name of the governor has not survived and his identity is uncertain (Thomasson 29:014a). T. Pomponius Bassus seems the most likely candidate and would therefore have been in the province from 94 until 100 (Eck-Pangerl 2014, 243 n. 12; *PIR*² P 705, *DNP* 10, 122 [II 7], Thomasson 29:015).

2. The names of *ala [T]hracum Herculana* and *ala I Augusta Germani[ciana]* have survived. In 99 four alae were listed (*AE* 2014, 1656). But B. Pferdehirt concludes only three were named here, the third being *ala gemina colonorum*. Thirteen cohorts were named while the diploma of 99 includes fifteen (*AE* 2014, 1656). Two can be restored here with certainty. The cohort in second is best restored as *cohors I Italica milliaria*. In fourth may well have been *cohors I Ituraeorum milliaria* if the positioning of all the milliary cohorts was replicated as in 99 and the unpublished diploma of 101 (B. Pferdehirt pers.comm.). The latter is attested in Thrace in 88 (*AE* 2014, 1654). The unit named first is likely to have been *cohors Augusta civium Romanorum* since it is the only other cohort in Galatia and Cappadocia known to have Roman citizenship.

3. After the M is what looks like an N although the second upright is not engraved clearly. It is therefore possible that the error was recognised and the letter was corrected to an unbarred A in a way not fully apparent. Cf. Dana 2017.
4. M. Lollius Paullinus (D.) Valerius Asiaticus Saturninus (*PIR*² L 320; *DNP* 12/1, 1107 [II 3]) and C Antius (A.) Iulius Quadratus (*PIR*² I 507; *DNP* 6, 40 [II 119]), held office from 1 May to 31 August 94 (*FO*² 45). It may be no coincidence that the day date for this award can be restored as AD II[I ID IVL] as on that for Dalmatia (*CIL* XVI 38).

5. C. Lucilius C. f. Ouf. [---] is attested as the commander of *ala Thracum Herculana* but is otherwise unknown.
6. The recipient, Dorisa, had served as a cavalryman. His name is a Latin variant of Durisa (*OnomThrac* 170). His father, Doles, also has a Thracian name (*OnomThrac* 157-159). Thrax is probably to be restored as his home (Dana 2013, 223 no. 32).

Photographs *RGZM* Taf. 9.

499 DOMITIANVS INCERTO

c.a. 94 (Ian. 1) / 96 (Sept. 18)

Published P. Weiß *Zeitschrift für Papyrologie und Epigraphik* 147, 2004, 229-234. Small fragment from the middle of tabella I of a diploma with a dark brown patina. Height 3.1 cm; maximum width 3.9 cm; thickness c. 1.5 mm; weight 12.28 g. The lettering on both faces in neat and clear. Letter height on the outer face 3-3.5 mm; on the inner face 3.5-4 mm. On the outer face the position for the binding holes is indicated by a wide strip devoid of lettering. *AE* 2004, 1912

intus: tabella I
]VLO[
]ANORV[
]ILLIAR[
]·I·ASTV [
]VM·ET·I·[
]VM·R [

extrinsecus: tabella I
]T IN GE[
]SIANO PRO[
] *vacat* [
] *vacat* [
]VE STIPEND[
]INA[

5

*[Imp. Caesar, divi Vespasiani f., Domitianus
 Augustus Germanicus, pontifex maximus,
 tribunic(ia) potestat(e) --, imp(erator) --,
 co(n)s(ul) --, censor perpetuus, p(ater)
 p(atriae)],[1]*

*[equitibus et peditibus, qui militant in alis --- et
 cohortibus[2] ---, quae appellantur --- et
 Scub]ulo[rum et --- et I Germ]anoru[m --- et I
 Flavia Damascenorum m]illiar[ia et I --- et] I
 Astu[rum et --- et ---]um et I [--- et --- civi]um
 R[omanorum et --- et sun]t in Ge[rmania
 superiore sub Sex. Lu]siano Pro[culo,[3] qui
 quina et vicena plura]ve stipend[ia meruerunt],*

*[quorum nom]ina [subscripta sunt, --- dumtaxat
 singuli singulas].*

1. The lack of abbreviation in the text of this fragment suggests an early date. This is borne out by the use of the formula *[qui quina et vicena plura]ve stipend[ia meruerunt]* (Mann 1972: Alföldy-Mann Type I) which is last recorded in 107 (*AE* 2009, 1803). P. Weiß determines the province as Germania superior from the surviving unit list and identifies the governor as Sex. Lusianus Proculus (note 3). He argues therefore for a late Domitianic date for the grant.

2. On the inner face parts of the names of seven auxiliary units have survived. Three can immediately be identified as *ala [Scub]ulo[rum]*, *cohors [I Flavia Damascenorum m]illiar[ia sagittariorum?]*, and *cohors I Astu[rum]*. All are attested in Germania superior on the constitution of 27 October 90 (*CIL* XVI 36, *RMD* V 333, VI 488). By 117 both *cohors I Thracum* and *cohors II Raetorum*, which had been in the province in 90, had been awarded block grants of Roman citizenship (CIL XVI 62).

3. On a diploma of 10 August 93 for Syria one of the suffect consuls is Sex. Lusianus Proculus (*AE* 2008, 1753, *DNP* 6, 68 [II 23], Thomasson 2009, 10:022a). This enables the name of the governor to be restored as [Sex. Lu]sianus Pro[culus]. Furthermore, P. Weiß argues he should be identified as the son of a senator hitherto recorded as Lucianus Proculus (*PIR*[2] L 372) although called Lusianus Proculus by Cassius Dio (Dio 67.11.5). He further argues that Proculus was appointed governor of Germania superior soon after his consulship in 93 and remained there until summer 97 when he was replaced by Trajan.

Photographs *ZPE* 147, 230.

500 IMP. INCERTVS INCERTO

a. 96 (Sept. 1 / Dec. 31)

Published W. Eck - A. Pangerl *Zeitschrift für Papyrologie und Epigraphik* 152, 2005, 229-231. Small fragment from the middle of the left hand side of tabella II of a diploma. No measurements supplied. The lettering on both faces is clear and well formed. Along the left hand edge of the outer face is a wide border with three framing lines.
AE 2005, 1708

<table>
<tr><td colspan="2" align="center">intus: tabella II</td><td colspan="2" align="center">extrinsecus: tabella II</td></tr>
<tr><td></td><td>TA[</td><td></td><td>[</td></tr>
<tr><td></td><td>A [</td><td></td><td>C · CA[</td></tr>
<tr><td></td><td>TI CATIO C[</td><td></td><td>[</td></tr>
<tr><td></td><td>COHOR[</td><td></td><td>Q A[</td></tr>
<tr><td>5</td><td>M   CO[</td><td></td><td>[</td></tr>
<tr><td></td><td>*vacat* [</td><td></td><td>Q [</td></tr>
</table>

[Imp. Caesar ---],
(auxilia)
[quorum nomina subscripta sunt, --- dum]ta[xat
    singuli singulas].
a. [d. ---] Ti. Catio C[aesio Frontone, M. Calpurnio
    ---ico cos.][1]
cohor[t(is) --- cui praest] M. Co[---].[2]

[---];[---]; C. Ca[rrinati Quadrati?]; Q. A[emili
    Soterichi?]; Q. [Pompei Homeri?]; [---]; [---].[3]

1. W. Eck and A. Pangerl argue that the partially preserved name of the *consul prior* should be restored as Ti. Catius C[aesius Fronto] (*PIR²*

C 194). He was suffect consul with M. Calpurnius [---]icus from 1 September to 31 December 96 (*FO²* 45). During their consulship Domitian was assassinated on 18 September and resplaced by Nerva. It is therefore not clear in which reign this constitution was issued.

2. The unknown recipient had served in a cohort whose commander was M. Co[---]. He cannot currently be identified.

3. The names of three witnesses from the middle of the list have been partially preserved. They may tentatively be identifed as C. Ca[rrinatius Quadratus] who is known to have signed in 96; Q. A[emilius Soterichus] who signed from 94 until 107; and Q. [Pompeius Homerus] who is recorded between 93 and 108 (Index 1: Witnesses, Period 2).

Photographs *ZPE* 152, 229.

501 NERVA INCERTO

c.a. 96 (Sept. 18) / 97 [Iun.]

Published P. Weiß *Zeitschrift für Papyrologie und Epigraphik* 153, 2005, 213-217. Two related fragments from the left hand side of tabella I of a diploma with an olive green patina.
A: Situated above the middle of the left hand side. Height 3.3 cm; width 2.4 cm; thickness c. 1.1 mm
B: Situated astride the middle of tabella I. Height 2.3 cm; width 2.1 cm; thickness c. 1.1 mm
Combined weight 9.28 g. The lettering on both faces of each fragment are well cut and easy to read. Letter height on the outer face 3-4 mm; on the inner 4-6 mm. The left hand edge has a well defined wide border with three framing lines.
AE 2005, 1707

	intus: tabella I		extrinsecus: tabella I	
]RVA CA[	]VGVST[	]R[		
]TRIBVN[	]ESTAT·C[	FLAVI[		
]TIBVS ++[	]VS Q[	ET·I·PA[	{A}	
		CIVIV[		
{A}	{B}	COM[		5
		BRI[		
		QVO[		
		vac· [		
		LIB[	{B}	
		DE[		

[Imp. Ne]rva Ca[esar A]ugust[us, pontifex
 maximus], tribun[ic(ia) pot[estat(e),
 c[o(n)s(ul) ---, p(ater) p(atriae)],[1]
[equi]tibus et [peditib]us, q[ui militant in alis --- et
 cohortibus[2] ---, quae appellantur ---] Flavi[a ---]
 et I Pa[nnoniorum et --- et I Lepidiana]
 civiu[m Romanorum et --- et I Flavia]
 Com[magenorum et --- et II Flavia] Bri[ttonum
 et --- et sunt in Moesia inferiore sub Sex.
 Octavio Frontone,[3] ---],
quo[rum nomina subscripta sunt, ipsis] lib[eris
 posterisque eorum civitatem] de[dit et conubium
 cum uxoribus, quas tunc habuissent, cum est
 civitas iis data, aut, siqui caelibes essent, cum
 iis, quas postea duxissent dumtaxat singuli
 singulas].

1. P. Weiß argues that this is an issue for Moesia inferior when Nerva held tribunician power for the first time from 18 September 96 until 17 September 97. There are known parallel constitutions of 9 September 97 for the province (*RMD* V 337, 338, VI 503). He therefore suggests that this constitution was probably issued during 96 or in the first half of 97 because the unit list does not match any of the known examples.
2. Parts of the names of five units have survived on the outer face which suggests to the author a list of at least two alae and more than six cohorts. These can be restored as *ala [Gallorum] Flavi[ana]* or *ala [I] Flavi[a Gaetulorum]* and *ala I Pa[nnoniorum]* along with *cohors [I Lepidiana] civiu[m Romanorum]*, *cohors [I Flavia] Com[magenorum]* and *cohors [II Flavia] Bri[ttonum]*. For further information about these units, see Matei-Popescu 2010.
3. The governor can be restored as Sex. Octavius Fronto (*PIR*[2] O 35; Thomasson 2009, 20:063). He had arrived in the province by 14 June 92 (*RMD* VI 496) and had been replaced shortly before 9 September 97 (*RMD* III 140, V 337).

Photographs *ZPE* 153, 214.

502 NERVA INCERTO

a. 97 [Aug. 14]

Published W. Eck - A. Pangerl *Zeitschrift für Papyrologie und Epigraphik* 152, 2005, 231-234. Fragment from just below the middle of the left hand side of tabella I of a diploma. Height 4.4 cm; width 6.3 cm; thickness 1mm; weight 27.5 g. The lettering on both faces is neat and easy to decipher. Letter height on the outer face 4 mm; on the inner face 5-6 mm. There are two clearly defined framing lines along the left hand edge of the outer face.
AE 2005, 1709

	intus: tabella I		extrinsecus: tabella I	
	]STVS PO[		STIPENDIA MERVE[	
	]TESTAT CO[		HONESTA MISSION[	
	]QVI MILITA[		QVORVM NOMINA S[	
	]ECEM ET NOVE[		LIBERIS·POSTERIS QV[	
5	]IORVM ET PR[		DIT·ET CONVBIVM CV[	5
	]ANORVM ET I +[		NC HABVISSENT CV[	
	]ET I FLAVIA H[		AVT·SI QVI CAELIBES[	
	]++[...]+++[		·]OSTEA·DVXISSENT D[	
			]NGVLAS A D[	
			]HERMENT[	10

[Imp. Nerva Caes(ar) Augu]stus, po[ntifex maximus, tribunic(ia) po]testat(e), co[(n)s(ul) III, p(ater) p(atriae)],[1]

[equitibus et peditibus], qui milita[nt in alis tribus et cohortibus d]ecem et nove[m,[2] quae appellantur (1) II Pannon]iorum et (2) pr[aetoria et (3) Claudia nova? et (1) I ?Mont]anorum et (2) I [--- et ---] et I Flavia H[ispanorum (milliaria) et --- quae sunt in Moesia superiore sub --- , qui quina et vicena plurave] stipendia merue[runt, item dimissis] honesta mission[e emeritis stipendis],

quorum nomina s[ubscripta sunt, ipsis] liberis posterisqu[e eorum civitatem de]dit et conubium cu[m uxoribus, quas tu]nc habuissent, cu[m est civitas iis data], aut, siqui caelibes [essent, cum iis, quas p]ostea duxissent d[umtaxat singuli si]ngulas.

a. d. [--- Sex.] Hermenth[idio Campano, L. Domitio Apollinare cos.][3]

1. The Emperor's titles reveal this is an issue from the reign of Nerva. Line 10 of the outer face preserves part of the name of the *consul prior* who held office in July and August 97 (note 3).
2. Sufficient of the unit list has survived to reveal that nineteen cohorts were named of which one, *cohors I Flavia Hispanorum milliaria,* can be identified. The names of two alae can be recognised namely *ala [II Pannon]iorum* and *ala pr[aetoria]* which confirms that the troops awarded this grant had served in Moesia superior. The third ala can be restored as *ala [Claudia nova]*. For further information about these units, see Matei-Popescu - Ţentea 2018.
3. The first named consul can be identified as Sex. Hermentidius Campanus (*PIR*[2] H 143). His colleague in July and August 97 was L. Domitius Apollinaris (*PIR*[2] D 133, *DNP* 3, 756 [II 6]). On the *Fasti Ostienses* the latter is *consul prior* (*FO*[2] 45). A further copy shows the day date was 14 August 97 (*AE* 2013, 2190).

Photographs *ZPE* 152, 231.

503 NERVA INCERTO

a. 97 Sept. 9

Published W. Eck - A. Pangerl *Zeitschrift für Papyrologie und Epigraphik* 151, 2005, 185-192. One large and one small conjoining fragments from the middle of tabella II of a diploma. Height 13.4 cm; maximum width 9.8 cm; thickness 1.5 mm; weight 85.2 g. The lettering on both faces is well executed and is generally easy to decipher except in a few areas of the inner face where there are corrosion products on the surface. Letter height on the outer face 6 mm; on the inner face 6 mm. Both binding holes have survived. On the extrinsecus the remains of the solder from the cover for the seals can be seen on either side of these holes. At the top and bottom of the outer face are traces of three clearly defined framing lines.

AE 2005, 1704

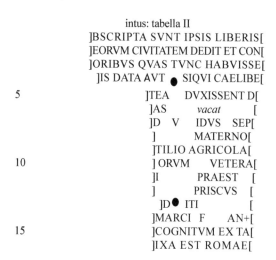

[*Imp. Nerva Caesar Augustus, pontifex maximus, tribunic(ia) potestat(e), co(n)s(ul) III, p(ater) p(atriae)*],[1]

[*equitibus et peditibus, qui militant in alis quinque et cohortibus novem, quae appellantur ---, quae sunt in Moesia inferiore sub Q. Pomponio Rufo, qui quina et vicena plurave stipendia meruerunt, item dimissis honesta missione emeritis stipendiis ab Octavio Frontone*],

[*quorum nomina su*]*bscripta sunt, ipsis liberis* [*posterisque*] *eorum civitatem dedit et* con[*ubium cum ux*]*oribus, quas tunc habuisse*[*nt, cum est civitas i*]*is data, aut, siqui caelibe*[*s essent, cum iis, quas pos*]*tea duxissent d*[*umtaxat singuli singul*]*as.*

[*a.*] *d. V idus Se*[*pt(embres) L. Pomponio*] *Materno,* [*Q. Glitio A*]*tilio Agricola* [*cos.*][2]

[*cohort(is) --- *]*orum vetera*[*nae cu*]*i praest* [*--- *] *Priscus,*[3] [*pe*]*diti* [*--- *] *Marci f., ANC/O/Q*[*--- *].[4]

[*Descriptum et re*]*cognitum ex ta*[*bula aenea quae f*]*ixa est Romae.*

[*C. Tuticani*] *Satu*[*rnini*]; [*Ti. Claudi*] *Prot*[*i*]; [*--- *] *Hypat*[*i*]; [*Ti. Claudi*] *Felic*[*is*]; [*C. Iuni*] *Pri*[*mi*]; *C. Terent*] *Phil*[*eti*]; [*P. Lus*]*ci Aman*[*di*].[5]

1. The consuls and the day date show that this is a further copy of one of the constitutions for Moesia inferior of 7 September 97 (*RMD* V 337, 338). The titles of Nerva and details of this grant have been restored accordingly.
2. The consuls can be restored as L. Pomponius Maternus (*DNP* 12/2, 1087) and Q. Glitius Atilius Agricola (*PIR*[2] G 181, *DNP* 4, 1096 [1]). Cf. *RMD* V 337.
3. The unit of the recipient was either *cohors I Sugambrorum veterana* or *cohors I Hispanorum veterana*. W. Eck and A. Pangerl suggest that the latter might fit the space available better. It is doubtful that this Priscus can be equated with any certainty with Q. Attius Priscus, prefect of *cohors I Hispanorum*, at about this date because of the lack of epithet of his unit (*ILS* 2720, *PME* I, IV, V A 187).
4. W. Eck and A. Pangerl suggest that the recipient had received honourable discharge. Cf. *RMD* V 337. However, this grant was mainly to serving soldiers. Anyone who had been honourably discharged was designated as *dimisso honesta missione* in the line preceding his rank Weiß 2005, 207-217 and *RMD* VI 496). Not enough of the name of the recipient has survived for it to be restored. His father seems to have borne the Latin name Marcus. The third letter of his home was either C, O or Q. It cannot be completed with certainty but Ancyra is a possibility.
5. Only incomplete cognomina of the seven witnesses have survived. Their names can mostly be restored from the surviving witness list of another copy of this grant (*RMD* III 140).

Photographs *ZPE* 151, 187.

504 NERVA INCERTO

a. 97 Oct. (16/31)

Published W. Eck and A. Pangerl *Scripta Classica Israelica* 24, 2005, 111-114. Two conjoining fragments from the middle of tabella II of a diploma. Height 5.6 cm; width 4.0 cm; thickness 1 mm; weight 13.5 g. Lettering has survived only on the inner face and is well formed. Letter height on this face is 5 mm. There are clear traces of the solder for the box for the seals on the outer face. This shows that the fragments are from the middle of the tabella between the nomina and cognomina of the witnesses.

AE 2005, 1734

	intus: tabella II	extrinsecus: tabella II	
	]T CONVBI[	]	[
	]BVISSEN CVM[	]	[
	]S ESSENT CVM[	]	[
	]XAT SINGVL[	]	[
5	] K NOVEM[	]	[
	] ATILIO A[	]	[
	]+O+ICAE +[	]	[

[Imp. Nerva Caesar Augustus, pontifex maximus, tribunicia potestate II, co(n)s(ul) II, p(ater) p(atriae)],[1]

(auxilia)

[quorum nomina subscripta sunt, ipsis liberis posterisque eorum civitatem dedit e]t conubi[um cum uxoribus, quas tunc ha]buissen(t), cum [est civitas iis data, aut, siqui caelibe]s essent, cum [iis, quas postea duxissent dumta]xat singul[i singulas].

[a. d. --- k. Novem[bres L. Pomponio Materno, Q. Glitio] Atilio A[gricola cos.]

[alae vel *cohort(is) ---]+o+icae [---].[2]*

---

1. Sufficient of the consular and day date has survived to show that this is an issue from October 97 and the titles of Nerva have been restored accordingly. The surviving consul can be identified as [Q. Glitius] Atilius A[gricola] (*PIR*² G 181, *DNP* 4, 1096 [1]). He held

the *fasces* with L. Pomponius Maternus (*DNP* 12/2, 1087). Cf. *RMD* VI 503 note 2.

2. The last line of the inner face comprises the name of the unit of the recipient. W. Eck and A. Pangerl restore this as the beginning of *[c]oh I Gae[tulorum?]*. However, the lack of any text on the outer face coupled with traces of the seal box demonstrates the surviving fragment must be from just to the right of centre of the tabella. Therefore the surviving letters should belong to the end of a unit name and can perhaps be restored as ---]ONICAE. The grant of 14 October 109 for Dacia (*RMD* III 148) included both *cohors II Gallorum Macedonica* and *cohors II Gallorum Pannonica*. Either could have been named here.

Reconstructed text lines 1-4 and 7:

terisque eorum dedit eT CONVBIum cum ux
oribus quas tunc haBVISSENT CVM est civitas
iis data aut siqui caelibeS ESSENT CVM iis quas
postea duxissent dumtaXAT SINGVLi singulas

cohort ii gallorum --- O+ICAE cui praest

Photographs *SCI* 24, 111-112.

505 TRAIANVS INCERTO

a. 98 [Febr. 20]

A: Brief notice *Britannia* 34, 2003, 375-376, no. 31. Rectangular fragment from below the left middle of tabella I of a diploma when viewed from the outside found in 2002 near Great Dunham in Norfolk. Height 2.4 cm; width 2.8 cm; thickness c. 1 mm; weight 6.33 g. Now in Norwich Castle Museum & Art Gallery accession number 2003.176.1. *AE* 2003, 1033a-b

B: Brief notice *Britannia* 35, 2004, 349. Rectangular fragment from below the middle of the left-hand side of tabella I when viewed from the outer face found near Great Dunham in 2004. It abuts the left hand edge of **A**. Height 2.9 cm; width 3.7 cm; thickness c. 1 mm; weight 10.38 g. Three framing lines are visible along the left hand edge forming a border about 6 mm wide. Now in Norwich Castle Museum & Art Gallery accession number 2003.176.2. *AE* 2004, 858

Combined: maximum height 2.9 cm; maximum width 6.6 cm; thickness c. 1mm; weight 16.71 g. The edges of each fragment are worn probably as a result of the diploma having been broken up in antiquity most likely for scrap. They therefore do not join exactly. The reading offered is based on personal inspection of the originals.

	intus: tabella I			extrinsecus: tabella I	
	]A TRAIA[	{B}		CAELIBES E[ ]NT CVM[	
	]NTIFEX [			DVMTAXAT S[.]NGVLI SIN[	
	] CO[			IMP CAESAR[.] DIVI NERV[	
	]TANT IN[			SEX IVLIO F[	
5	]QVAE APP[			ALAE I PANNONIOR[	5
	]M CAMPA[	{A}		+ AM[	
	]A ET I A[			{B} {A}	
	]ILLIARI[				
	]E++[				

[Imp. Caesar, divi Nervae f., Nerv]a Traia[nus
Augustus Germanicus, po]ntifex [maximus,
tribunic (ia) potestat(e), co(n)[s(ul) II],[1]
[equitibus et peditibus, qui mili]tant in [alis
tribus(?) et cohortibus[2] ---], quae app[ellantur
(1) --- et (2) I Hispanoru]m Campa[gonum et
(3) I Pannoniorum Tampian]a et (1) I A[---
et --- et I --- m]illiari[a et --- et --- et sunt in
Britannia sub T. Avidio Quieto, item dimissis
honesta missione a Metilio Nepote,[3] qui quina et
vicena plurave stipendia meruerunt],
[quorum nomina subscripta sunt, ipsis liberis
posterisque eorum civitatem dedit et conubium
cum uxoribus, quas tunc habuissent, cum est
civitas iis data, aut, siqui] caelibes e[sse]nt,
cum [iis, quas postea duxissent] dumtaxat
s[i]nguli sin[gulas].
[a. d. X k. Mart(ias)] Imp. Caesar[e] divi Nerv[ae
f. Nerva Traiano Aug. Germ. II], Sex. Iulio
F[rontino II cos.][4]
alae I Pannonior[um Tampianae cui praest -.]
Am[---].[5]

1. The slight remains of the titles of the emperor show that it was issued during the reign of Trajan. The consuls are the *ordinarii* of 98 (note 3). Therefore, the constitution is a parallel issue to that for the auxilia of Britain found at Flémalle in Belgium but which lists different units (*CIL* XVI 43). The day of issue is now shown to have been 20 February through the discovery of a partial copy of a third constitution for Britain of this date (*AE* 2014, 1627).
2. Line 5 of the inner face is spread across the two fragments. The traces on the bottom of fragment **A** represent the tops of letters and those on the top of fragment **B** represent the bottoms. The best fit for the traces is QVAE APP.

   The first parallel constitution of this date for Britain lists three alae and six cohorts (*CIL* XVI 43) while the recently published third probably named three alae and nine cohorts (*AE* 2014, 1627). Comparison of the layout of these unit lists with the spacing of the surviving unit names on the inner face suggests that three alae and at least six cohorts were named on this issue. The ala in second place can be restored as *ala I Hispanorum Campagonum*. It is next recorded in Moesia superior in 105 (*AE* 2018, 1987). Only the last letter of the name of the third ala has survived but it is now clear that it was *ala I Pannoniorum Tampiana* because *ala I Pannoniorum Sabiniana* is named on the third parallel grant (*AE* 2014, 1627). For space reasons the cohort listed in first place was either *cohors I Alpinorum* or *cohors I Aquitanorum* rather than *cohors I Afrorum civium Romanorum*. In line 8 there is mention of a *milliaria* cohort but which one cannot be ascertained. The few letter traces in the final line of the inner face include an E and either an N or an R. Possible cohort names are *cohors I Menapiorum* or a *cohors Nerviorum*.

3. The parallel issues record that the governor, T. Avidius Quietus (*PIR*² A 1410, *DNP* 2, 370 [II 5], Thomasson 2009, 14:014), had recently replaced P. Metilius Sabinus Nepos (*PIR*² M 547, *DNP* 8, 101 [II 6], Thomasson 2009, 14:013). Their names have been restored accordingly. Cf. Birley 2005, 102-104.
4. Sex. Iulius Frontinus was consul for the second time as suffect in 98 with the Emperor Trajan as his colleague (*PIR*² I 322, *DNP* 4, 677-678). Two constitutions for 20 February 98 already exist with these consuls (*CIL* XVI 42, *RMD* IV 216).
5. The unit of the recipient was *ala I Pannoniorum Tampiana* (note 2). Traces of the praenomen and the nomen of the commander have survived. There are suggestions of the curved top of a letter where the praenomen might be expected. This would suggest a C or a Q. Of the nomen the first two letters have survived which can be read as AM.

Photographs Combined Pl. 1a & 1b.

(a)   (b)

Plate 1 Photographs of 505 (a) tabella I inner face (b) tabella I outer face (Courtesy of Norfolk Castle Museum and Art Gallery)

506 TRAIANVS PRIMO

a. 99 Aug. 14

Published B. Pferdehirt *Römische Militärdiplome und Entlassungsurkunden in der Sammlung des Römisch-Germanischen Zentralmuseums*, 2004, Nr. 8. Almost complete tabella I of a diploma which is missing only the bottom left corner. Height 16.6 cm; width 13 cm; thickness 3 mm; weight 280.7 g. The lettering on both faces is well formed and easy to read. Letter height on the outer face 4 mm with an occasional long I; on the inner face 6 mm. Both binding holes are complete and there are hinge holes in the top right corner and the bottom right corner of the outer face. There is an 8 mm wide border comprising three framing lines along the edges of the extrinsecus. Now in the Römisch-Germanisches Zentralmuseum, Mainz (Inv.Nr. O. 42612).

<table>
<tr><td colspan="2">intus: tabella I</td><td colspan="2">extrinsecus: tabella I</td></tr>
<tr><td></td><td>IMP CAESAR DIVI NERVAE F NERVA TRAIA</td><td>IMP CAESAR DIVI·NERVAE F NERVA·TRAIANVS ●</td><td></td></tr>
<tr><td>(!)</td><td>NVS AVGVSTVS GERMANICVS PONIIFEX</td><td>AVGVSTVS GERMANICVS PONTIFEX MAXI</td><td></td></tr>
<tr><td></td><td>MAXIMVS TRIBVNIC●POTESTAT III COS II P P</td><td>MVS TRIBVNIC POSTESTAT III·COS·II P·P</td><td></td></tr>
<tr><td></td><td>EQVITIBVS ET PEDITIBVS QVI MILITANT IN ALIS TRI</td><td>EQVITIBVS ET·PEDITIBVS QVI MILITANT·IN ALIS</td><td></td></tr>
<tr><td>5</td><td>BVS ET COHORTIBVS SEPTEM QVAE APPELLANTVR</td><td>TRIBVS ET COHORTIBVS SEPTEM QVAE APPEL</td><td>5</td></tr>
<tr><td>(!)</td><td>I ASTVRVM ET I FLAVEA GAETVLORVM ET I VES</td><td>LANTVR·I·ASTVRVM ET·I·FLAVIA GAETVLO</td><td></td></tr>
<tr><td></td><td>PASIANA DARDANORVM ET I LEPIDIANA C R</td><td>RVM ET·I·VESPASIANA DARDANORVM ET</td><td></td></tr>
<tr><td></td><td>ET I TYRIORVM ET I LVSITANORVM CYRENAICA</td><td>I·LEPIDIANA·C·R·ET·I·TYRIORVM·ET·I·LVSI</td><td></td></tr>
<tr><td></td><td>ET II FLAVIA BRITTONVM ET II CHALCIDENO</td><td>TANORVM CYRENAICA ET ·II·FLAVIA BRITTO</td><td></td></tr>
<tr><td>10</td><td>RVM ET III ET VII GALLORVM ET CLASSICI</td><td>NVM ET·II CHALCIDENORVM·ET·III ET VII GA</td><td>10</td></tr>
<tr><td></td><td>ET SVNT IN MOESIA INFERIORE SVB Q POMPO</td><td>LORVM·ET·CLASSICI·ET·SVNT·IN MOESIA</td><td></td></tr>
<tr><td></td><td>NIO RVFO ITEM DI ●MISSIS HONESTA MIS</td><td>INFERIORE SVB Q·POMPONIO·RVFO ITEM</td><td></td></tr>
<tr><td></td><td>SIONE QVI QVINA ET VICENA PLVRAVE STI</td><td>DIMISSIS HONESTA MISSIONE QVI QVINA</td><td></td></tr>
<tr><td>(!)</td><td>● RNDIA MERVERVNT QVORVM NO ●</td><td>ET VICENA·PLVRAVE STIPENDIA MERVERVNT</td><td></td></tr>
<tr><td></td><td></td><td>QVORVM·NOMINA SVB SCRIPTA SVNT</td><td>15</td></tr>
<tr><td></td><td></td><td>● ●</td><td></td></tr>
<tr><td></td><td></td><td>IPSIS LIBERIS·POSTERISQVE EORVM CIVITA</td><td></td></tr>
<tr><td></td><td></td><td>TEM DEDIT·ET·CONVBIVM CVM VXORIBVS</td><td></td></tr>
<tr><td></td><td></td><td>QVAS TVNC·HABVISSENT CVM·EST CIVITAS</td><td></td></tr>
<tr><td></td><td></td><td>IIS DATA AVT SIQVI CAELIBES·ESSENT CVM</td><td></td></tr>
<tr><td></td><td></td><td>IIS QVAS POSTEA DVXISSENT·DVMTAXAT</td><td>20</td></tr>
<tr><td></td><td></td><td>SINGVLI·SINGVLAS · A   D   XIX · K · SEPT</td><td></td></tr>
<tr><td></td><td></td><td>Q·FABIO BARBARO·A CAECILIO·FAVSTINO COS</td><td></td></tr>
<tr><td></td><td></td><td>ALAE · I   ASTVRVM   CVI · PRAEST</td><td></td></tr>
<tr><td></td><td></td><td>TI · IVLIVS TI · F PVP   AGRICOLA</td><td></td></tr>
<tr><td></td><td></td><td>GREGALI</td><td>25</td></tr>
<tr><td></td><td></td><td>PRIMO   MARCI   F   VBIO</td><td></td></tr>
<tr><td></td><td></td><td>DESCRIPTVM ET RECOGNITVM EX TABVLA</td><td></td></tr>
<tr><td></td><td></td><td>AENEA QVAE FIXA EST ROMAE IN MVRO</td><td></td></tr>
<tr><td></td><td></td><td>POST TEMPLVM DIVI AVG AD MINERVAM●</td><td></td></tr>
</table>

Imp. Caesar, divi Nervae f., Nerva Traianus Augustus
Germanicus, pontifex maximus, tribunic(ia)
potestat(e) III, co(n)s(ul) II, p(ater) p(atriae),[1]
equitibus et peditibus, qui militant[2] in alis tribus
et cohortibus septem, quae appellantur (1) I
Asturum et (2) I Flavia[3] Gaetulorum et (3) I
Vespasiana Dardanorum et (1) I Lepidiana
c(ivium) R(omanorum) et (2) I Tyriorum et
(3) I Lusitanorum Cyrenaica et (4) II Flavia
Brittonum et (5) II Chalcidenorum et (6) III et
(7) VII Gallorum et classici et sunt in Moesia
inferiore sub Q. Pomponio Rufo,[4] item dimissis
honesta missione, qui quina et vicena plurave
stipendia[5] meruerunt,
quorum nomina subscripta sunt, ipsis liberis
posterisque eorum civitatem dedit et conubium
cum uxoribus, quas tunc habuissent, cum est

civitas iis data, aut, siqui caelibes essent, cum iis,
quas postea duxissent dumtaxat singuli singulas.
a. d. XIX k. Sept(embres) Q. Fabio Barbaro, A.
Caecilio Faustino cos.[6]
alae I Asturum cui praest Ti. Iulius Ti. f. Pup.
Agricola,[7] gregali Primo Marci f., Ubio.[8]
Descriptum et recognitum ex tabula aenea quae fixa
est Romae in muro post templum divi Aug(usti)
ad Minervam.

1. Intus PONIIFEX for PONTIFEX. This is another copy of the constitution for Moesia inferior of 14 August 99 which includes *classici* (*CIL* XVI 45). There are also further copies (*RMD* VI 507, *AE* 2012, 1957). There are now two parallel constitutions (*CIL* XVI 44 and *AE* 2014, 1643). The total number of units given this award was nine alae and nineteen cohorts. This is two alae and four cohorts more than in 92 (*RMD* VI 496) but the same number as are recorded in 97 (*RMD* V 337, 338 with *AE* 2009, 1801). For further details about individual units, see Matei-Popescu 2010.

2. Intus MILIIANT for MILITANT.
3. Intus FLAVEA for FLAVIA.
4. Q. Pomponius Rufus was definitely governor of Moesia inferior in 99 (*PIR*² P 74, *DNP* 10, 124 [I1 17], Thomasson 2009, 20:065). He can also be restored on the issues of 9 September 97 for the province (*RMD* III 140, V 337, 338, VI 503, *AE* 2009, 1801).
5. Intus STIRNDIA for STIPENDIA.
6. The suffect consuls were Q. Fabius Barbarus (*PIR*² F 23) and A. Caecilius Faustinus (*PIR*² C 43, *DNP* 2, 892 [II 12]).

7. *ala I Asturum* was also the unit of the recipient of *CIL* XVI 45. Ti. Iulius Ti. f. Pup. Agricola is also named on *CIL* XVI 45 but is otherwise unknown (*PME* I,V I 14).
8. Primus, son of Marcus, was serving as a cavalryman in the ala. He was an Ubian from Lower Germany. The recipient of the other copy was Bessus (*CIL* XVI 45).

Photographs *RGZM* Taf. 10-11.

507 TRAIANVS DOLAZENO

a. 99 Aug 14

Published W. Eck - A. Pangerl *Dacia* N.S. 50, 2006, 97-99. Nearly complete tabella II of a diploma made up from numerous fragments. There are two small areas missing from the interior of the tablet plus the top right hand and bottom right hand corners. Height 12.8 cm; width 16.5 cm; thickness 1-1.5 mm; weight not available. The lettering is clear and easy to decipher except where corrosion has damaged the top right hand of the outer face and the bottom right side of the inner face. Letter height on the outer face 6-6.5mm; on the inner 4.5-5 mm. Both binding holes have survived. However, only the hinge hole in the bottom left hand corner of the outer face has survived; that in the bottom right hand corner has been destroyed. There is a wide border comprising three framing lines visible on the outer face.
AE 2006, 1862

intus: tabella II

```
  •TEM·DEDIT ET CONVBIVM CVM VXORIBVS
   QVAS TVNC HABVISSE ● NT CVM EST CIVITAS
   IIS DATA AVT SIQVI CAELIBES ESSENT CVM IIS
   QVAS POSTEA DVXISSENT DVMTAXAT SINGVLI
5  SINGVLAS   A    D    XIX   K   SEPT
   Q FABIO BARBARO A CAECILIO FAVSTINO COS
   ALAE·I·FLAVIAE GAETVLORVM CVI PRAEST
   Q PLANIVS SARDVS C F PVP TRVTTEDIVS PIVS
                    GREGALI
10 DOLAZENO   MVCACENTHI   F          BESS
   ET DENEVSI ESIAETRALIS FILIAE VXORI EIVS [.]ESS
   ET          FLAVO      F    EIVS
   ET          NENE      FIL EIVS
   ET          BENZI  ●  FIL EIVS
15 DESCRIPTVM ET RECOGNITVM EX TABVLA AE
   NEA QVAE FIXA EST R[
```

extrinsecus: tabella II

```
C  TVTICANI        ●           SATVR[
                                        [
L  NESVLNAE                    PRO[
                                        [
P  LVSCI                       AMANDI

SEX  FVFICI                    ALEXANDRI

C  TVTICANI                    HELI          5

TI CLAVDI              ●       FELI[.]IS

C  VALERI                      EVCARPI
   ●                                   [
```

[Imp. Caesar, divi Nervae f., Nerva Traianus Augustus Germanicus, pontifex maximus, tribunic(ia) potestat(e) III, co(n)s(ul) II, p(ater) p(atriae)],[1] [equitibus et peditibus, qui militant in alis tribus et cohortibus septem, quae appellantur (1) I Asturum et (2) I Flavia Gaetulorum et (3) I Vespasiana Dardanorum et (1) I Lepidiana c(ivium) R(omanorum) et (2) I Tyriorum et (3) I Lusitanorum Cyrenaica et (4) II Flavia Brittonum et (5) II Chalcidenorum et (6) III et (7) VII Gallorum et classici et sunt in Moesia inferiore sub Q. Pomponio Rufo, item dimissis honesta missione, qui quina et vicena plurave stipendia meruerunt], [quorum nomina subscripta sunt, ipsis liberis posterisque eorum civita]tem dedit et conubium cum uxoribus, quas tunc habuissent, cum est civitas iis data, aut, siqui caelibes essent, cum, iis quas postea duxissent dumtaxat singuli singulas. a. d. XIX k. Sept(embres) Q. Fabio Barbaro, A. Caecilio Faustino cos. alae I Flaviae Gaetulorum cui praest Q. Planius Sardus C. f. Pup. Truttedius Pius,[2] gregali Dolazeno Mucacenthi f., Bess(o) et Deneusi Esiaetralis filiae uxori eius [B]ess(ae)[3] et Flavo f. eius et Nene fil. eius et Benzi fil. eius.[4] Descriptum et recognitum ex tabula aenea quae fixa est R[omae].

C. Tuticani Satur[nini]; L. Nesulnae Pro[culi]; P. Lusci Amandi; Sex. Fufici Alexandri; C. Tuticani Heli; Ti. Claudi Feli[c]is; C. Valeri Eucarpi.[5]

1. This is a third copy of the constitution of 14 August 99 for Moesia inferior which includes *classici* (*CIL* XVI 45, *RMD* VI 506). The titles of Trajan, the list of units, and the name of the governor, have been restored accordingly. For the consuls, Q. Fabius Barbarus and A. Caecilius Faustinus, see *RMD* VI 506 note 6.
2. *ala I Flavia Gaetulorum* was commanded by Q. Planius Sardus C. f. Pup. Truttedius Pius. He should be restored on the issue of 9 September 97 for Moesia inferior as prefect of the ala (*RMD* V 337, Camodeca 2019, *PME* V P 39bis).
3. The recipient, Dolazenus son of Mucacenthus, was Bessus, a generic name for Thracian. He and his father have well attested Thracian names (*OnomThrac* 156 and 228-229 respectively). His wife is denoted as Bess(a). The nominative of her name is uncertain (*OnomThrac* 120). Her father was called Esiaetralis, a variant of the Thracian name Esiatralis (*OnomThrac* 184). A second recipient of this grant, also serving in this ala, and his wife also possessed the same home (*AE* 2012, 1957).
4. A son and two daughters are included in the grant. The two daughters have Thracian names Nene and Benzis, a phonetic variant of Bendis (*OnomThrac* 260-261 and 31 respectively).
5. This is the first attested witness list for this constitution and for its parallel grant, but there is now a complete one from a further copy of this issue (*AE* 2012, 1957). The names in first and second place can be restored as C. Tuticanius Satur[ninus] and L. Nesulna Pro[culus].

Photographs *Dacia* N. S. 50, Taf. 2.

508 TRAIANVS Q. ANTONIO T[---]

a. 100 Mart./Apr.

Published W. Eck - A. Pangerl *Zeitschrift für Papyrologie und Epigraphik* 150, 2004, 233-241. Bottom left corner of tabella of a diploma. Height 10.2 cm; width 7.5 cm; thickness 1.5 mm; weight 60 g. The lettering on both faces is well formed and is very clear on the outer face but it is obscured by corrosion in parts of the inner face. Letter height on the outer face 4-6 mm and 6 mm on the inner. The left binding hole has survived. There is a wide border consisting of three framing lines along the edges of the outer face.
AE 2004, 1913

intus: tabella I

```
          ]VAE F NERVA TRAIANVS
          ]ICVS PONTIFEX MAXIM
        ]TAT IIII   P   P    COS III
        ]●VERVNT EQVES IN ALA
        ]A ET CENTVRIO IN COHOR
5       ]QVAE [..]NT IN CAPPADO
```

extrinsecus: tabella I

```
              ]++[
                ●[
        RIS POSTERISQVE EOR[
        NVBIVM CVM VXORI[
        CVM EST CIVITAS IIS DAT[
        CVM IIS QVAS POSTEA D[          5
        LI SINGVLAS   A       D[
        C  ·   CILNIO          [
        M    MARCIO           [
           COHORT  I  AVGVS[
              AVRELIVS     [           10
                     EX CE[
        Q  ANTONIO  Q  F  T[
        DESCRIPTVM ET RECOGNIT[
        XA EST ROMAE IN MVRO[
              AD MINER[                15
```

[Imp. Caesar, divi Ner]vae f., Nerva Traianus [Aug(ustus) German]icus, pontifex maxim[us, tribunic(ia) potes]tat(e) IIII, p(ater) p(atriae), co(n)s(ul) III,[1]

[iis, qui milita]verunt eques in ala [Thracum Herculan]a et centurio in cohor[te I Augusta Cyrenaica],[2]quae [su]nt in Cappado[cia sub T. Pomponio Basso,[3] quinis et vicenis stipendiis emeritis dimissis honesta missione],

[quorum nomina subscripta sunt, ipsis libe]ris posterisque eor[um civitatem dedit et co]nubium cum uxori[bus, quas tunc habuissent], cum est civitas iis dat[a, aut, siqui caelibes essent], cum iis, quas postea d[uxissent dumtaxat singu]li singulas.

a. d. [---] C. Cilnio [Proculo], M. Marcio [Macro cos.][4]

cohort(is) I Augus[tae Cyrenaicae cui praest] Aurelius [---],[5] ex ce[nturione] Q. Antonio Q. f. T[--- , ---].[6]

Descriptum et recognit[um ex tabula aenea quae fi]xa est Romae in muro [post templum divi Aug(usti)] ad Miner[vam].

1. This is an issue from the reign of Trajan when he held tribunician power for the fourth time from 10 December 99 until 9 December 100.
2. Remarkably this grant was made to just two men from the auxilia of Cappadocia. One had been a cavalryman in an ala, the other,

to whom the copy had belonged, had been a centurion in a cohort whose name is more completely preserved. W. Eck and A. Pangerl have argued that the ala can be restored as *ala [Thracum Herculan] a* and the cohort as *cohor[s I Augusta c(ivium) R(omanorum)* based on a maximum of thirty-three letters on each line of the inner face. However, it is clear that the latter was called *cohors Augusta civium Romanorum* on the diplomas of 99 (*AE* 2014, 1656) and 101 (unpublished). Only *cohors I Augusta Cyrenaica* would therefore fit the space available (note 5).

3. In the diploma of 94 the provincial name is given as Galatia et Cappadocia (*RMD* VI 498) and also on the issue of 99 (*AE* 2014, 1656) and on an unpublished diploma of 101 (*RGZM* 7 note 1). Here, Cappadocia is inscribed in full and so W. Eck and A. Pangerl suggest that Galatia was not mentioned. The governor can be restored as T. Pomponius Bassus (*PIR²* P 705, *DNP* 10, 122 [II 7], Thomasson 2009, 29:015). He had been replaced before 29 March 101 (unpublished diploma). See also *RMD* VI 498 note 1.

4. The *consul prior* can be identified as C. Cilnius [Proculus] (*PIR²* C 732, *DNP* 2, 1203 [2]). In the *Fasti Ostienses* the suffect consuls for March and April 100 are recorded as [-. ---]cius Macer and C. Cilnius Proculus (*FO²*, 45). The evidence from this fragment shows that Proculus' colleague was called M. Marcius Macer.

5. The unit of the recipient can be restored as *cohors I Augusta Cyrenaica*. It is recorded with this name and numeral on the diplomas for Galatia et Cappadocia of 99 (*AE* 2014, 1656) and of 101 (unpublished). Aurelius [---], the cohort commander, unusually for this period is recorded without his praenomen. Cf. Alföldy 1986, 426-431. He is otherwise unknown.

6. The nomenclature of Q. Antonius Q. f. T[---], the recipient, shows he was a Roman citizen before he joined the auxilia (Mann 2002, 227-232).

Photographs *ZPE* 150, 234.

509 TRAIANVS MVCACENTO

a. 101 Mart. 13

Published B. Pferdehirt *Römische Militärdiplome und Entlassungsurkunden un der Sammlung des Römisch-Germanischen Zentralmuseums*, 2004, Nr. 9. Complete tabella I of a diploma. Height 16.7 cm; width 14 cm; thickness 2 mm; weight 280.4 g. The script on both faces is well formed and easy to read except where obscured by corrosion on both faces. Letter height on the outer face 3mm; on the inner 4 mm. On the outer face there is a 5 mm wide border consisting of two framing lines. There is a hinge hole in the top right corner and the bottom right corner of the outer face. Now in the Römisch-Germanisches Zentralmuseum, Mainz (Inv. Nr. O. 42707).

intus: tabella I

```
   IMP CAESAR DIVI NERVAE F NERVA TRAIANVS AVG
   GERMANICVS PONTIFEX MAXIMVS TRIBVNIC PO
   TESTAT    V    P P            COS    IIII
   EQVITIBVS ET PEDITIBVS EXERCITVS PII FIDELIS QVI
 5 MILITANT IN ALIS SEX ET● COHORTIBVS DECEM
   ET NOVEM QVAE APPELLANTVR AFRORVM VETERA
   NA ET INDIANA ET NORICOR C R ET SVLPIC C R ET
   MOESICA ET BATAVORVM C R ET I C R ET I HISPANO
   RVM ET I PANNONIORVM VETER ET I THRAC C R
10 ET I FLAVIA HISPANOR ET I PANNONIOR ET DELMA
   TARVM C R ET I RAETOR C R ET I CLASSICA ET I LV
   CENSIVM ET I LATOBICO●RVM ET VARCIANOR ET
(!) II C R ET II ET HISPANOR ET II ASTVR ET II VARCI
   ANOR ET II THRAC ET III LVSITANOR ET III BREV
15 COR ET IIII THRAC ET SVNT IN GERMANIA INFE
   RIORE SVB L NERATIO PRISCO QVI QVINA ET VI
(!) ● ENA PLVRAVE STIPENDIA MERVERVNT ●
```

extrinsecus: tabella I

```
   IMP·CAESAR·DIVI·NERVAE·F·NERVA·TRAIANVS·AVG●
   GERMANICVS·PONTIFEX·MAXIMVS·TRIBVNIC PO
   TESTAT · V ·     P·P ·    COS       IIII
   EQVITIBVS ET PEDITIBVS EXERCITVS PII·FIDELIS QVI·MI
   LITANT·IN ALIS SEX·ET·COHORTIBVS·DECEM·ET·NOVEM  5
   QVAE APPELLANTVR AFRORVM VETERANA·ET·INDIANA·ET
   NORICORVM C R·ET·SVLPICIA C R·ET·MOESICA·ET·BATAVORVM
   C R·ET·I·C·R·ET·I HISPANORVM·ET·I·PANNONIORVM VETE
   RANA ET·I·THRACVM C R·ET·I·FLAVIA HISPANORVM·ET·I
   PANNONIORVM·ET·DELMATARVM C·R·ET·I·RAETORVM  10
   C·R·ET·I CLASSICA·ET·I LVCENSIVM·ET·I·LATOBICORVM·ET
   VARCIANORVM·ET·II C·R·ET·II ET II HISPANORVM·ET·II
   ASTVRVM·ET·II·VARCIANORVM·ET·II·THRACVM·ET·III
   LVSITANORVM·ET·III·BREVCORVM ET IIII THRACVM ET
   SVNT·IN GERMANIA INFERIORE·SVB·L·NERATIO·PRISCO  15
   QVI·QVINA·ET·VICENA·PLVRAVE STIPENDIA MERVE
              ●                        ●
   RVNT·ITEM·DIMISSIS·HONESTA·MISSIONE·EMERITIS·
   STIPENDIS·QVORVM·NOMINA·SVBSCRIPTA·SVNT·IP
   SIS·LIBERIS·POSTERISQVE·EORVM·CIVITATEM·DEDIT
   ET·CONVBIVM·CVM·VXORIBVS·QVAS·TVNC·HABVIS  20
   SENT·CVM EST·CIVITAS·IIS·DATA AVT·SIQVI·CAELIBES
   ESSENT CVM·IIS QVAS·POSTEA·DVXISSENT·DVMTAXAT
   SINGVLI·SINGVLAS A D III  IDVS MART
   SEX ATTIO SVBVRANO Q ARTICVLEIO·PAETO COS
   COHORT·I·C·R·P·F·CVI·PRAEST·C IVLIVS C·F VOL RVFINVS  25
              CENTVRIONI
   MVCACENTO         EPTACENTIS F      THRAC
   ET ZYASCELI· POLYDORI·F VXORI·EIVS·THRAC
   DESCRIPTVM·ET·RECOGNITVM·EX TABVLA·AENEA
   QVAE·FIXA EST·ROMAE·IN MVRO·POST TEMPLVM  30
      DIVI    AVG   ·   AD · MINERVAM    ●
```

Imp. Caesar, divi Nervae f., Nerva Traianus Aug(ustus) Germanicus, pontifex maximus, tribunic(ia) potestat(e) V, p(ater) p(atriae), co(n)s(ul) IIII, equitibus et peditibus exercitus pii fidelis,[1] qui militant in alis sex et cohortibus decem et novem,[2] quae appellantur (1) Afrorum veterana et (2) Indiana et (3) Noricorum c(ivium) R(omanorum) et (4) Sulpicia c(ivium) R(omanorum) et (5) Moesica et (6) Batavorum c(ivium) R(omanorum) et (1) I c(ivium) R(omanorum) et (2) I Hispanorum et (3) I Pannoniorum veterana et (4) I Thracum c(ivium) R(omanorum) et (5) I Flavia Hispanorum et (6) I Pannoniorum et Delmatarum c(ivium) R(omanorum) et (7) I Raetorum c(ivium) R(omanorum) et (8) I classica et (9) I Lucensium et (10) I

Latobicorum et Varcianorum et (11) II c(ivium) R(omanorum) et (12) II et (13) II Hispanorum[3] et (14) II Asturum et (15) II Varcianorum et (16) II Thracum et (17) III Lusitanorum et (18) III Breucorum et (19) IIII Thracum et sunt in Germania inferiore sub L. Neratio Prisco,[4] qui quina et vicena[5] plurave stipendia meruerunt, item dimissis honesta missione emeritis stipendis,

quorum nomina subscripta sunt, ipsis liberis posterisque eorum civitatem dedit et conubium cum uxoribus, quas tunc habuissent, cum est civitas iis data, aut, siqui caelibes essent, cum iis, quas postea duxissent dumtaxat singuli singulas.

a. d. III idus Mart(ias) Sex. Attio Suburano, Q. Articuleio Paeto cos.[6]

cohort(is) I c(ivium) R(omanorum) p(iae) f(idelis)
cui praest C. Iulius C.f. Vol. Rufinus,[7] centurioni
Mucacento Eptacentis f., Thrac(i) et Zyasceli
Polydori f. uxori eius, Thrac(ae).[8]

Descriptum et recognitum ex tabula aenea quae fixa
est Romae in muro post templum divi Aug(usti)
ad Minervam.

1. Six alae and ninenteen cohorts from the garrison of Germania inferior are included in this grant of 13 March 101. There is now a partial second copy (*AE* 2013, 2192). The honorific title *exercitus pius fidelis* referred to all units in the list. However, only the unit of the recipient *cohors I civium Romanorum* is recorded with the epithet *pia fidelis*.

2. This snapshot of the garrison of Lower Germany compared to that of the diploma of 98 (*RMD* IV 216) shows that the maximum number of cohorts named on the latter was twenty-four rather than twenty-five because they appear in the same relative positions. Five cohorts are missing from that list in 101. Two can be shown to have been moved to the Danube. Both *cohors I Vindelicorum milliaria* and *cohors II Brittonum milliaria* are attested in Moesia superior on 8 May 100 (*CIL* XVI 46, *AE* 2008, 1731). The remaining three - *cohors VI Breucorum, cohors VI Raetorum,* and *cohors VI Brittonum* - are next attested in Germania inferior in 127 (*RMD* IV 239, VI 543, *AE* 2010, 1865). See further Holder 2006, 143 and 148.

3. Intus II ET HISPANOR rather than II ET II HISPANOR

4. L. Neratius Priscus, the governor, is now shown to have been in the province later than previously believed (*PIR*[2] N 60, *DNP* 8, col. 845 Neratius [5], Thomasson 2009, 10:079).

5. Intus VIENA for VICENA.

6. Q. Articuleius Paetus was one of the *ordinarii* of 101 alongside Trajan. The latter was replaced by Sex. Attius Suburanus (Aemilianus), the former Praetorian Prefect (*PIR*[2] A 1366).. Together they held office until the end of March.

7. The prefect of the recipient's unit, C. Iulius C. f. Vol. Rufinus, is not otherwise known.

8. The recipient was a peregrine centurion serving in a cohort of Roman citizens. Mucacentus, son of Eptacentis, was Thrax. Both had Thracian names (*OnomThrac* 228-229 and 177-179 respectively). His wife was also a Thracian called Zyascelis (*OnomThrac* 412). Her father's name was Greek. Unusually she is called Thraca rather than Thraissa (*OnomThrac* 365).

Photographs *RGZM* Taf. 12-13.

510 TRAIANVS INCERTO

a. 102 [Nov. 19]

Published G. D. Tully *Britannia* 36, 2005, 375-382. Fragment from just above the middle of tabella I of a diploma. Purported to have been found in northern England and formerly in a private collection in Bath. Concerning the putative findspot, cf. Tomlin 2022, 517 no. 36 and note 63. Height 3.05 cm; width 4.8 cm; thickness 1.2-4 mm; weight not given. The script is well formed and clear. Letter height on the outer face c. 3.5 mm; on the inner c. 4-4.5mm. Now in the University of Queensland Antiquities Museum.
AE 2005, 954

intus: tabella I
]SILIAN[
]RVM ET[
]III RAE[
]TIO ATIL[
5   ]AVE STIP[
]STA MISS[
]+ + +[

extrinsecus: tabella I
]SVNT[
]///// /LIO AGRICOLA[
]///////////PENDIA ME[
]NESTA MISSIONE[
]IPTA SVNT IPSIS L[5
]++EM DEDIT E[

[Imp. Caesar, divi Nervae f., Nerva Traianus
Aug(ustus) Germanicus, pontifex maximus,
tribunic(ia) potestat(e) VI, imp(erator) IIII,
p(ater) p(atriae), co(n)s(ul) IIII desig(natus) V],[1]
[equitibus et peditibus, qui militant in alis tribus
et cohortibus quinque,[2] quae appellantur (1) I
Arvacorum et (2) I Flavia Britanniciana milliaria
c(ivium) R(omanorum) et] (3) Silian[a c(ivium)
R(omanorum) et (1) I Augusta Ituraeorum et
(2) I Alpino]rum et [(3) I Montanorum et (4) II
Alpinorum et (5) V]III Rae[torum et] sunt [in
Pannonia sub Q. Gli]tio Atilio Agricola,[3] [qui
quina et vicena plur]ave stipendia me[ruerunt,
item dimissis ho]nesta missione,
[quorum nomina subscr]ipta sunt, ipsis l[iberis
posterisque eorum civitat]em dedit e[t conubium
cum uxoribus, quas tunc habuissent, cum est
civitas iis data, aut, siqui caelibes essent, cum iis,
quas postea duxissent dumtaxat singuli singulas].

1. G. Tully demonstrates that the name of the provincial governor responsible for the award survives incomplete on both the inner and outer faces. He can be identified as [Q. Gli]tius Atilius Agricola (note 3). The unit names surviving on the inner face reveals they were based in Pannonia. From this information G. Tully deduces that this is a second copy of the constitution for Pannonia of 19 November 102 (*CIL* XVI 47).

2. The known grant of 102 for Pannonia was made to men serving in three alae and five cohorts. On this copy the *ala Silian[a c(ivium) R(omanorum)]* can be identified along with *cohors [I Alpino]rum* and *cohors [V]III Rae[torum]* in the same relative positions on the inner face.

3. The governor can be restored as Q. Glitius Atilius Agricola (*PIR²* G 181, *DNP* 4, 1096 [1], Thomasson 2009, 18:024). In addition to the other copy of this grant (*CIL* XVI 47) he is attested on fragmentary diplomas dateable to 100/102 (*RMD* III 144, *AE* 2010, 1859).

Photographs *Britannia* 36, 376 fig. 1.

511 TRAIANVS INCERTO

a. 104 [Sept. 20]

Published E. Papi *Zeitschrift für Papyrologie und Epigraphik* 146, 2004, 255-258. Fragment from the top right hand corner of tabella I of an auxiliary diploma. Found during excavations in 2001 in a street of the north-east quarter of Thamusida (Sidi Ali ben Ahmed, Kenitra) Morocco. Height 6.8 cm; width 6.5 cm; thickness 2.5 mm; weight 31.8 g. The script on the inner face is clear and easy to read. That on the outer is more difficult to read because of heavy corrosion. Letter height on the outer face 3 mm; on the inner 4 mm. There are the remains of a hinge hole in the top right hand corner. Two framing lines can be seen on the outer face where they are not obscured by corrosion products.
AE 2004, 1891

```
                intus: tabella I                            extrinsecus: tabella I                    ●
        +++[                                        ]ERVAE F NERVA TRAIANVS
        TORQVATA VICTRIX[                            ]VS DACICVS PONTIFEX MAX
        AEORVM C R ET I AS[                          ]STA///  VIII · IMP   V  COS V P[
        CELTIBERORVM ET[                             ]+VS QVI MILITAVERVNT IN
    5   CARORVM C R ET II +[                         ]ORTIBVS DECEM++V+++V              5
        .]VM ∞ SAGITTARI[                            ]+MIORVM SAGITTARIORV+
        III ASTVRVM C R ET[                          ]ASTVRVM//////////////////////[
        TARVM ET SV[                                 ]C R ET GEM//////////////////[
        ● SVB L[                                     ]  +++////////////////////////[
                                                     ]/////M C R///////////////////[    10
                                                     ]////////ET II HISPANO[
                                                     ]/////////////VM//////////////[
                                                     ]M C R ET IIII GALLO[
                                                     ]////////////IN///////////////[
```

[Imp. Caesar, divi N]ervae f., Nerva Traianus
  [Augustus Germanicus Dacicus, pontifex
  max[imus, tribunic(ia) pote]sta(te) VIII,
  imp(erator) <I>V, co(n)s(ul) V, p(ater)
  [p(atriae)],[1]
[equitibus et pediti]bus, qui militaverunt in [alis
  quinque et coh]ortibus decem [et] u[na,[2] q]u[ae
  appellantur (1) I H]amiorum sagittariorum
  [et (2) I Augusta c(ivium) R(omanorum) et
  (3) III] Asturum [c(ivium) R(omanorum)
  et (4) Tauriana] torquata victrix c(ivium)
  R(omanorum) et (5) Gem[elliana c(ivium)
  R(omanorum) et (1) I Itur]aeorum c(ivium)
  R(omanorum) et (2) I As[turum et Callaecorum
  et (3) I] Celtiberorum [c(ivium) R(omanorum) et
  (4) I Lemavorum c(ivium) R(omanorum) et
  (5) I Bra]carorum c(ivium) R(omanorum) et
  (6) II Hispano[rum c(ivium) R(omanorum) et
  (7) II Syror]um (milliaria) sagittari[or]um
  [et (8) II Hispana c(ivium) R(omanorum)
  et] (9) III Asturum c(ivium) R(omanorum) et
  (10) IIII Gallo[rum c(ivium) R(omanorum) et
  (11) V Dalma]tarum et su[nt] in [Mauretania
  Tingitana] sub L. [Plotio Grypo],[3]

1. The titles of Trajan show that this grant was made when he held tribunician power for the eighth time from 10 December 103 until 9 December 104. He was consul for the fifth time, as *ordinarius*, in 103. It would seem that IMP V should be amended to IMP IV, if indeed IV was not engraved on the damaged surface. The date of issue is now known to have been 20 September 104. See also note 3.
2. Eleven cohorts are named in the unit list and can be seen to be based in Mauretania Tingitana. E. Papi argues that the five alae known to have been based there were also included. On line 2 of the inner face are preserved parts of the titles of *ala [Tauriana] torquata victrix [c(ivium) R(omanorum)]* without the ethnic *Gallorum*. Cf. *CIL* XVI 162, *RMD* II 84 of 14 October 109. On succeeding lines are names of cohorts listed in ascending numerical order. The alae would also have been in the same order. Any units without a numeral would appear at the end of each section. On line 8 of the outer face the letters [---] C R ET GEM[---] can be discerned. This indicates *ala Gemelliana* lacked a numeral for this constitution. Cf. *RMD* II 84 of 19 October 109, *CIL* XVI 165 of 114/117. It also lacks a numeral on the probable second copy of this grant (*AE* 2009, 1798). In spite of the problems of reading the outer face it is possible to suggest a restored list although exact titles for individual units are uncertain. The cohort list is paralleled by that of 114/117 (*CIL* XVI 165) except for *cohors I Bracarorum civium Romanorum* which had been transferred to Moesia inferior (Matei-Popescu 2005).
3. Only the praenomen of the name of the governor is preserved. The recent publication of a grant to the auxilia of Mauretania Tingitana of 20 September 104 has revealed he was L. Plotius Grypus (Eck-Gradel 2021).

Photographs *ZPE* 146, 255, 257.

512 TRAIANVS TARSAE

a. 105 Mai 13

Published B. Pferdehirt *Römische Militärdiplome und Entlassungsurkunden in der Sammlung des Römisch-Germanischen Zentralmuseums*, 2004, Nr. 10. Complete diploma found in the vicinity of Novae. Tabella I: height 16.5 cm; width 12.2 cm; thickness 1.5 mm; weight 209.2 g. Tabella II: height 16.5 cm; width 12.2 cm; thickness 2 mm; weight 224.5 g. The script on all faces is well formed and clear except where damaged by corrosion. Letter height on both outer faces 4 mm except lines 22-23 of tabella I which are 3 mm high. Letter height on both inner faces 5 mm. Both inner faces have striations which were part of the preparation of the surface. Each outer face has a 5 mm wide border comprising two framing lines. In addition to binding holes there are hinge holes in the top right and bottom right corner of tabella I, and in the bottom left and bottom right corner of tabella II. The binding wires were in position as was the box on the outer face of tabella II which protected the seals of the witnesses. The position of corrosion products under the box perhaps indicates the position of those seals. Now in the Römisch-Germanisches Zentralmuseum, Mainz (Inv.Nr. O. 42271).

intus: tabella I

```
   IMP CAESAR DIVI NERVAE F NERVA TRAIANVS AV
   GVSTVS GERMANICVS DACICVS PONTIFEX MAXI
   MVS TRIBVNIC POTESTA●T VIIII IMP IIII COS V·P P
   EQVITIBVS·ET·PEDITIBVS·QVI MILITANT IN ALIS TRI
5  BVS ET COHORTIBVS SEPTEM QVAE APPELLANTVR
   I·PANNONIORVM·ET·HISPANORVM ET ATECTO
   RIGIANA ET I AVGVSTA NERVIANA PACENSIS ∞
   BRITTONVM·ET·I SVGAMBRORVM VETERANA·ET·I
   TYRIORVM·SAGITTARIA ET·I·HISPANORVM VETE
10 RANA·ET·I·FLAVIA NVMIDARVM·ET·II BRIT
   TONVM·AVGVSTA NERVIANA PACENSIS ∞ ET VII
   GALLORVM·ET SVNT IN ● MOESIA·INFERIORE SVB
   A CAECILIO·FAVSTINO QVI QVINA ET VICENA
   PLVRAVE STIPENDIA MERVERVNT ITEM DI
15 ● MISSIS HONESTA·MISSIONE QVORVM              ●
          tabella II
   ● NOMINA SVBSCRIPTA·SVNT·IPSIS·LIBERIS      ●
   POSTERISQVE EORVM CIVITATEM DEDIT·ET CONV
   BIVM CVM VXORIBVS QVAS TVNC HABVISSENT
   CVM EST CIVITAS IIS●DATA AVT SIQVI CAELIBES
20 ESSENT CVM IIS QVAS POSTEA·DVXISSENT·DVM
   TAXAT SINGVLI SINGVLAS
          A D III IDVS MAI
   C IVLIO BASSO CN AFRANIO     DEXTRO COS
   COH·I TYRIORVM SAGITTARIORVM· CVI PRAEST
25      L· RVTILIVS     RAVONIANVS
                PEDITI
   TARSAE        TARSAE ●    F        BESSO
   DESCRIPTVM ET RECOGNITVM·EX·TABVLA·AENEA
   QVAE FIXA·EST·ROMAE
```

extrinsecus: tabella I

```
                                                  ●
   IMP CAESAR·DIVI NERVAE·F·NERVA·TRAIANVS
   AVGVSTVS·GERMANICVS·DACICVS·PONTIFEX·MA
   XIMVS TRIBVNIC·POTESTAT·VIIII·IMP IIII·COS V P P
   EQVITIBVS·ET·PEDITIBVS·QVI·MILITANT IN ALIS
   TRIBVS·ET COHORTIBVS·SEPTEM QVAE APPELLAN  5
   TVR·I·PANNONIORVM ET·HISPANORVM ET ATE
   CTORIGIANA·ET·I AVGVSTA NERVIANA·PACEN
   SIS ∞ BRITTONVM·ET·I·SAGAMBRORVM·VETE    (!)
   RANA·ET·I·TYRIORVM SAGITTARIA ET·I·HISPANO
   RVM·VETERANA·ET·I·FLAVIA·NVMIDARVM ET   10
   II·BRITTONVM·AVGVSTA·NERVIANA PACENSIS
   ∞·ET·VII·GALLORVM ET·SVNT·IN·MOESIA·IN
   FERIORE·SVB·A·CAECILIO FAVSTINO·QVI QVI
   NA ET VICENA·PLVRAVE STIPENDIA MERVE
   RVNT ITEM DIMISSIS HONESTA MISSIONE     15
                               ●
   QVORVM·NOMINA SVBSCRIPTA·SVNT·IPSIS
   LIBERIS·POSTERISQVE·EORVM CIVITATEM DE
   DIT ET CONVBIVM CVM·VXORIBVS QVAS TVNC
   HABVISSENT CVM EST CIVITAS·IIS·DATA AVT SI
   QVI CAELIBES [.]SS[.]NT CVM IIS QVAS POSTEA DV  20
   XISSENT·DVM TAXAT·SINGVLI SINGVLAS
          A·D III IDVS MAI
   C IVLIO BASSO  CN AFRANIO DEXTRO COS
   COH I TYRIORVM·SAGITTARIORVM CVI PRAEST
      L RVTILIVS · RAVONIANVS              25
                PEDITI
   TARSAE   ·   TARSAE · F      BESSO
   DESCRIPTVM ET RECOGNITVM EX·TABVLA
   AENEA QVAE·FIXA EST ROMAE IN MVRO
   POST TEMPLVM DIVI·AVG·AD MINERVAM ●    30
          tabella II
```

TI · IVLI		VRBANI	
Q · POMPEI	●	HOMERI	
P · CAVLI		RESTITVTI	
P · ATINI		AMERIMNI	
M · IVLI		CLEMENTIS	35
TI · IVLI	●	EVPHEMI	
P · CAVLI		VITALIS	

Imp. Caesar, divi Nervae f., Nerva Traianus
  Augustus Germanicus Dacicus, pontifex
  maximus, tribunic(ia) potestat(e) VIIII,
  imp(erator) IIII, co(n)s(ul) V, p(ater) p(atriae),[1]
equitibus et peditibus, qui militant in alis tribus
  et cohortibus septem,[2] quae appellantur
  (1) I Pannoniorum et (2) Hispanorum et
  (3) Atectorigiana et (1) I Augusta Nerviana
  Pacensis (milliaria) Brittonum et (2) I
  Sugambrorum[3] veterana et (3) I Tyriorum
  sagittaria et (4) I Hispanorum veterana et
  (5) I Flavia Numidarum et (6) II Brittonum
  Augusta Nerviana Pacensis (milliaria) et
  (7) VII Gallorum et sunt in Moesia inferiore
  sub A. Caecilio Faustino,[4] qui quina et vicena
  plurave stipendia meruerunt, item dimissis
  honesta missione,
quorum nomina subscripta sunt, ipsis liberis
  posterisque eorum civitatem dedit et conubium
  cum uxoribus, quas tunc habuissent, cum est
  civitas iis data, aut, siqui caelibes essent, cum
  iis, quas postea duxissent dumtaxat singuli
  singulas.
a. d. III idus Mai(as) C. Iulio Basso, Cn. Afranio
  Dextro cos.[5]
coh(ortis) I Tyriorum sagittariorum cui praest L.
  Rutilius Ravonianus,[6] pediti Tarsae Tarsae f.,
  Besso.[7]
Descriptum et recognitum ex tabula aenea quae fixa
  est Romae in muro post templum divi Aug(usti)
  ad Minervam.

Ti. Iuli Urbani; Q. Pompei Homeri; P. Cauli
  Restituti; P. Atini Amerimni; M. Iuli Clementis;
  Ti. Iuli Euphemi; P. Cauli Vitalis.[8]

1. This is a parallel constitution to the one already known of 13 May 105 for Moesia inferior (*CIL* XVI 50). A third constitution of this date for the province with a different unit list has also been published (*RMD* VI 513, 514).
2. Three alae and seven cohorts are listed. Along with the three alae and seven cohorts named on *CIL* XVI 50 and the same number on *RMD* VI 513, 514 this means the garrison of Moesia inferior at the date was at least nine alae and twenty-one cohorts. Most of the units listed on this copy had been previously attested in Moesia inferior. The exceptions are *cohors I Augusta Nerviana Pacensis milliaria Brittonum* and *cohors II Brittonum Augusta Nerviana Pacensis milliaria* which are here named in full for the first time. For further details about individual units, see Matei-Popescu 2010.
3. Extrinsecus SAGAMBRORVM for SVGAMBRORVM.
4. The governor A. Caecilius Faustinus is attested for certain only in 105 (*PIR*[2] C43, DNP 2, 892 [II 12], Thomasson 2009, 20:068).
5. The suffect consuls C. Iulius (Quadratus) Bassus (*PIR*[2] I 508; *DNP* 6, 40 [II 120]) and Cn. Afranius Dexter (*PIR*[2] A 442) held office from 1 May until Dexter died on 24 June to be replaced by Q. Caelius Honoratus on 17 July (*FO*[2] 46).
6. *cohors I Tyriorum*, the unit of the recipient, is described as *sagittaria* within the unit list on both faces. As the unit of the recipient it is called *sagittariorum*, which is the more correct name (Frei-Stolba - Lieb 2009). L. Rutilius Ravonianus was still prefect of the cohort on 24 November 107 (*AE* 2009, 1803). He is otherwise unknown.
7. The infantryman, Tarsa son of Tarsa was Bessus. The name is Thracian (*OnomThrac* 345-348).
8. The witness list is the same as the one on both of the other constitutions for Moesia inferior of this date (*CIL* XVI 50, *RMD* VI 513).

Photographs *RGZM* Taf. 14-16.

513 TRAIANVS VRBANO

a. 105 Mai 13

Published B. Pferdehirt *Römische Militärdiplome und Entlassungsurkunden in der Sammlung des Römisch-Germanischen Zentralmuseums*, 2004, Nr. 11. Complete tabella I and left half of tabella II of a diploma. Tabella I: height 16.6 cm; width 13 cm; thickness 1-2 mm; weight 202.4 g. Tabella II: height 12.9 cm; maximum width 7.8 cm; thickness 1-2 mm; weight 119.9 g. The script is neat and well formed throughout. Letter height on the outer face of tabella I 4 mm but 5 mm on tabella II. On the inner face letter height on tabella I 5 mm but 4-5 mm on tabella II. Both inner faces have faint striations which were made as part of the preparation of the surface of each tabella. The binding holes are complete on tabella I and partially survive on tabella II. Also on the outer face of tabella II are traces of the solder to attach the left hand side of the box to protect the seals. There are hinge holes in the top right and bottom right corners of the outer face of tabella I while there is a hinge hole in the bottom left of the outer face of tabella II. The outer faces of both tablets have a 5 mm wide border consisting of two framing lines. Now in the Römisch-Germanisches Zentralmuseum Mainz Inv.Nr. O. 42505.

intus: tabella I

```
(!)    IMP CAESAR DIVI NERVA TRAIANVS AVG
       GERMANICVS·DACICVS PONTIFEX MAXI
       MVS TRIBVNIC POTESTAT VIIII · IMP IIII COS V P·P
       EQVITIBVS·ET PEDITIBVS QVI MILITANT IN ALIS TRI
5      BVS ET COHORTIBVS SEPT● EM·QVAE APPELLANTVR I
       FLAVIA GAETVLORVM ET I ASTVRVM ET II HISPA
       NORVM ET ARVACORVM·ET·I·LEPIDIANA C R·ET I BRA
       CARAVGVSTANORVM ET I SVGAMBRORVM TIRONVM
       ET·II MATTIACORVM ·ET·II CHALCIDENORVM·ET·II
10     FLAVIA BRITTONVM·ET VBIORVM ET SVNT IN MOE
       SIA·INFERIORE  SVB  A CAECILIO·FAVSTINO QVI
       QVINA ET VICENA PLV● RAVE STIPENDIA MERVE
       RVNT ITEM DIMISSIS·HONESTA MISSIONE QVO
       RVM NOMINA SVBSCRIPTA SVNT IPSIS LIBERIS
15     POSTERISQVE EORVM CIVITATEM DEDIT ET
```

tabella II

```
       ●CONV[    ]M CVM VX[
       SENT·CVM EST CIVITA[
       ESSENT CVM IIS QVAS[
       XAT SINGVLI SINGVLA● [
20        A    D    III    IDV[
       C IVLIO BASSO CN AFRA[
       ALAE  ·  I · ASTVRV[
          L ·  SEIVS · L · F ·[
             GREGAL[
25     VRBANO     ATEION[
          ET·CRISPINAE HEP●[
          ET ATTONI·F EIVS·ET·[
          ET·CRISPINO F·EIV[
       DESCRIPTVM·ET REC[
30     AENEA QVAE·FIXA [
```

extrinsecus: tabella I

```
IMP CAESAR DIVI  NERVAE F NERVA·TRAIANVS●
 AVG GERMANICVS DACICVS PONTIFEX·MA
 XIMVS TRIBVNIC POTESTAT VIIII IMP IIII COS V P P
 EQVITIBVS ET PEDITIBVS QVI MILITANT IN ALIS
 TRIBVS ET COHORTIBVS SEPTEM QVAE APPEL          5
 LANTVR I FLAVIA GAETVLORVM·ET·I·ASTV
 RVM ET II HISPANORVM ET ARVACORVM
 ET I LEPIDIANA C R ET I BRACAR AVGVSTA
 NORVM ET I SVGAMBRORVM TIRONVM
 ET II MATTIACORVM ET II CALCHIDENORVM (!)     10
 ET II FLAVIA BRITTONVM ET VBIORVM
 ET·SVNT·IN·MOESIA·INFERIORE·SVB·A·CAE
 CILIO FAVSTINO·QVI QVINA ET VICENA
 PLVRAVE STIPENDIA MERVERVNT ITEM
 DIMISSIS HONESTA MISSIONE QVORVM              15
 NOMINA SVBSCRIPTA·SVNT IPSIS LIBERIS
 POSTERISQVE EORVM CIVITATEM·DEDIT ET

 CONVBIVM CVM VXORIBVS QVAS TVNC
 HABVISSENT CVM EST CIVITAS IIS DATA
 AVT SIQVI CAELIBES ESSENT ·CVM IIS QVAS        20
 POSTEA DVXISSENT DVMTAXAT SINGVLI
 SINGVLAS   A   D    III     IDVS   MAI
 C IVLIO BASSO  CN AFRANIO DEXTRO COS
 ALAE I       ASTVRVM      CVI PRAEST
    L    SEIVS   L F TRO      AVITVS         25
          GREGALI
 VRBANO      ATEIONIS      F     TREVIR
   ET CRISPINAE EPTACENTI·FILVXORI EIVS
   ET    ATTONI          F      EIVS
   ET    IVLIO           F      EIVS          30
   ET    CRISPINO        F      EIVS
   ET    PRAETIOSAE    FIL     EIVS
 DESCRIPTVM ET RECOGNITVM EX TABVLA AE
 NEA QVAE·FIXA EST ROMAE IN MVRO POST
 TEMPLVM DIVI AVG AD MINERVAM          ●      35
```

tabella II

```
                         [
   TI · IVLI             [
                         [
   Q · POMPEI        ●[
                         [
   P  CAVLI             [
                         [
   P  ATINI             [
                         [
   M  IVLI              [                     40
                         [
```

                    TI IVLI   ●[
                                 [
             ● P CAVLI   [
                                 [

*Imp. Caesar, divi Nervae f., Nerva Traianus
    Aug(ustus) Germanicus Dacicus, pontifex
    maximus, tribunic(ia) potestat(e) VIIII,
    imp(erator) IIII, co(n)s(ul) V, p(ater) p(atriae),[1]*

*equitibus et peditibus, qui militant in alis tribus et
    cohortibus septem,[2] quae appellantur (1) I Flavia
    Gaetulorum et (2) I Asturum et (3) II Hispanorum
    et Arvacorum et (1) I Lepidiana c(ivium)
    R(omanorum) et (2) I Bracaraugustanorum et
    (3) I Sugambrorum tironum et (4) II Mattiacorum
    et (5) II Chalcidenorum[3] et (6) II Flavia Brittonum
    et (7) Ubiorum et sunt in Moesia inferiore sub A.
    Caecilio Faustino, qui quina et vicena plurave
    stipendia meruerunt, item dimissis honesta
    missione,*

*quorum nomina subscripta sunt, ipsis liberis
    posterisque eorum civitatem dedit et conubium
    cum uxoribus, quas tunc habuissent, cum est
    civitas iis data, aut, siqui caelibes essent, cum
    iis, quas postea duxissent dumtaxat singuli
    singulas.*

*a. d. III idus Mai(as) C. Iulio Basso, Cn. Afranio
    Dextro cos.*

*alae I Asturum cui praest L. Seius L. f. Tro.
    Avitus,[4] gregali Urbano Ateionis f., Trevir(o)
    et Crispinae Eptacenti fil. uxori eius[5] et Attoni
    f. eius et Iulio f. eius et Crispino f. eius et
    Pretiosae fil. eius.[6]*

*Descriptum et recognitum ex tabula aenea quae fixa
    est Romae in muro post templum divi Aug(usti)
    ad Minervam.*

*Ti. Iuli [Urbani]; Q. Pompei [Homeri]; P. Cauli
    [Restituti]; P. Atini [Amerimni]; M. Iuli
    [Clementis]; Ti. Iuli [Euphemi]; P. Cauli [Vitalis].[7]*

1. Intus NERVAE F omitted. This is the third separate constitution
   for Moesia inferior of 13 May 105 (*CIL* XVI 50, *RMD* VI 512).
   For the governor and the consuls, see *RMD* VI 512.
2. Three alae and seven cohorts are named as on the others. All
   except *cohors II Flavia Brittonum* were already attested in the
   province. For more information about individual units, see Matei-
   Popescu 2010.
3. Extrinsecus CALCHIDENORVM for CHALCIDENORVM.
4. The prefect of *ala I Asturum*, L. Seius L. f. Tro. Avitus, is otherwise
   unknown.
5. Urbanus, son of Ateio, was a Trever from Gallia Belgica. While
   his name is a Latin one, his father has a Celtic name (Lexicon).
   He is one of a number of Gallic recruits serving in Moesia inferior
   in 99 (*CIL* XVI 45, *RMD* VI 506) and in 105 (*RMD* VI 514).
   See further Holder 2017, 19-20. The home of his wife, Crispina,
   is lacking. Her father, called either Eptacentus (extrinsecus) or
   Hep[tacentus] (intus), has a Thracian name (*OnomThrac* 177-
   179). E. M. Greene has suggested she was probably the daughter
   of a comrade of Urbanus (Greene 2015, 138 note 74).
6. Three sons and one daughter are named. Only one child, Atto, has
   a Celtic name.
7. The witness list is incomplete but it is clearly the same as for the
   other constitutions (*CIL* XVI 50, *RMD* VI 512).

Photographs *RGZM* Taf. 17-19.

514 TRAIANVS ATRECTO

a. 105 Mai. 13

Published R. Petrovszky *Mitteilungen des Historischen Vereins der Pfalz* 102, 2004, 7-64. Complete tabella I of a diploma with a green patina found in the vicinity of Ruse, Bulgaria. Height 15.6-15.8 cm; width 12.4 cm; thickness 1 mm; weight 182.7 g. The script on both faces in well formed and easy to read. Letter height on the outer face 4.5 mm except line 23 and the last part of line 22 where it is 3-3.5 mm. On the inner face the lettering is 5-6 mm high. On the outer face there is a 4.5 mm wide border comprising two parallel framing lines. There are hinge holes in the top and bottom right hand corners of the outer face. A small hole has destroyed the top of the I in DESCRIPTVM on line 27 of the outer face and it is visible toward the end of line 3 of the intus. Now in the Historisches Museum der Pfalz, Speyer (Inv. Nr. HM 2001/102).

AE 2004, 1256

intus: tabella I

```
     IMP CAESAR DIVI NERVAE F NERVA TRAIANVS AVGVST
     GERMANICVS PONTIFEX MAXIMVS TRIBVNIC  ·
     POTESTAT · VIIII      IMP      IIII        ●
                COS V       ●    P        P
 5   EQVITIBVS ET PEDITIBVS QVI MILITANT IN ALIS
     TRIBVS ET COHORTIBVS SEPTEM QVAE APPELLANTVR
     I FLAVIA GAETVLORVM ET·I ASTVRVM ET II HISPANO
     RVM ET ARVACORVM ET I LEPIDIANA CR ET I BRACA
     RAVGVSTANORVM  ET I SVGAMBRORVM TIRONVM
10   ET II MATTIACORVM ET II CHALCIDENORVM ET
     II FLAVIA BRITTANNORVM ET VBIORVM ET SVNT
     IN MOESIA INFERIORE   ● SVB A CAECILIO FAVSTINO
     QVI QVINA ET VICENA PLVRAVE STIPENDIA
     MERVERVNT ITEM DIMIṢSĪS HONESTA MISSIONE
 ●                                                   ●
```

extrinsecus: tabella I

```
     IMP CAESAR DIVI·NERVAE F NERVA·TRAIA ●
     NVS AVGVSTVS·GERMANICVS DACICVS
     PONTIFEX·MAXIMVS·TRIBVNIC·POTES
     TAT    VIIII ·  IMP ·  IIII ·   COS    V · P·P
     EQVITIBVS·ET·PEDITIBVS QVI MILITANT·IN ALIS       5
     TRIBVS ET COHORTIBVS·SEPTEM·QVAE APPEL
     LANTVR·I·FLAVIA GAETVLORVM·ET·I·ASTV
     RVM·ET II HISPANORVM ET ARVACORVM ET
     I LEPIDIANA C·R·ET I BRACARAVGVSTANORVM
     ET·I·SVGAMBRORVM·TIRONVM ET II·MATTIA           10
     CORVM·ET II CHALCIDENORVM ET·II·FLAVIA
     BRITTONVM·ET·VBIORVM·ET·SVNT·IN MOE
     SIA·INFERIORE SVB·A·CAECILIO·FAVSTINO
     QVI QVINA·ET VICENA·PLVRAVE STIPENDIA
     MERVERVNT·ITEM DIMISSIS·HONESTA               15
                ●                      ●
     MISSIONE QVORVM·NOMINA·SVB·SCRIPTA
     SVNT IPSIS LIBERIS·POSTERISQVE EORVM
     CIVITATEM·DEDIT·ET CONVBIVM CVM
     VXORIBVS QVAS TVNC HABVISSENT·CVM         (!)
     CIVITAS·IĪS DATA·AVT SIQVI·CAELIBES·ES         20
     SENT CVM IIS QVAS POSTEA·DVXISSENT·DVM
     TAXAT·SĪNGVLI SĪNGVLAS·A ·D III IDVS·MAI
     C·IVLIO·BASSO·CN·AFRANIO·DEXTRO· COS
     ALAE II HISPANORVM·ET·ARVACORVM CVI
         PRAEST·L·FABIVS L·F·PAL·FABVLLVS          25
                   GREGALI
     ATRECTO·CAPITONIS      F        NEMET
     DESCR●IPTVM·ET·RECOGNITVM EX TABVLA
     AENEA QVAE FIXA·EST·ROMAE IN MVRO
     POST TEMPLVM·DIVI·AVG·AD MINERVA ●           30
```

Imp. Caesar, divi Nervae f., Nerva Traianus Augustus Germanicus Dacicus, pontifex maximus, tribunic(ia) potestat(e) VIIII, imp(erator) IIII, co(n)s(ul) V, p(ater) p(atriae),[1]

equitibus et peditibus, qui militant in alis tribus et cohortibus septem,[2] quae appellantur (1) I Flavia Gaetulorum et (2) I Asturum et (3) II Hispanorum et Arvacorum et (1) I Lepidiana c(ivium) R(omanorum) et (2) I Bracaraugustanorum et (3) I Sugambrorum tironum et (4) II Mattiacorum et (5) II Chalcidenorum et (6) II Flavia Brittonum et (7) Ubiorum et sunt in Moesia inferiore sub A. Caecilio Faustino, qui quina et vicena plurave stipendia meruerunt, item dimissis honesta missione,

quorum nomina subscripta sunt, ipsis liberis posterisque eorum civitatem dedit et conubium cum uxoribus, quas tunc habuissent, cum <est>[3] civitas iis data, aut, siqui caelibes essent, cum iis, quas postea duxissent dumtaxat singuli singulas.

a. d. III idus Mai(as) C. Iulio Basso, Cn. Afranio Dextro cos.

alae II Hispanorum et Arvacorum cui praest L. Fabius L. f. Pal. Fabullus,[4] gregali Atrecto Capitonis f., Nemet(i).[5]

Descriptum et recognitum ex tabula aenea quae fixa est Romae in muro post templum divi Aug(usti) ad Minerva(m).

1. This is a second copy of the third parallel constitution for Moesia inferior of 13 May 105 (*RMD* VI 513). For the governor and the consuls, see *RMD* VI 512.
2. For details of the unit list, see *RMD* VI 513 note 2.
3. Extrinsecus EST omitted.
4. The commander of the *ala II Hispanorum Arvacorum*, L. Fabius L. f. Pal. Fabullus, is otherwise unknown.
5. Atrectus, son of Capito, was still serving when this constitution was promulgated. His name is Celtic (Holder 1896-1914, 271). He was Nemetus from Gallia Belgica. Cf. *RMD* VI 513 note 7.

Photographs *MHVP* 102, 12 Abb. 1, 15 Abb. 2.

515 TRAIANVS INCERTO

c.a. 104/105

Published B. Pferdehirt *Römische Militärdiplome und Entlassungsurkunden in der Sammlung des Römisch-Germanischen Zentralmuseums*, 2004, Nr. 13. Fragment from the upper right quarter of tabella I of a diploma. Height 5 cm; width 6 cm; thickness 1 mm; weight 21.3 g. The script on both faces is well formed and easy to decipher. Letter height on the outer face 4 mm; on the inner 5 mm. There are twin framing lines along the outer edge of the extrinsecus. Now in the Römisch-Germanisches Zentralmuseum, Mainz (Inv.Nr. O. 42639).

intus: tabella I

```
      ET I A+[
      ET III CAM[
      CVM ET VII[
      RIBVS BRIT[
5     PERIORE SVB[
      DIMISSIS HO[
      ET VICENA P[
      QVORVM N[
      RIS POST[
```

extrinsecus: tabella I

```
      ]NERVA TRAIANVS AVGVS
      ]S PONTIFEX·MAXIMVS
      ]· IMP IIII COS   V · P P
      ]MILITANT IN ALIS DVA
      ]NA QVAE APPELLANTVR          5
      ]II PANNONIORVM ET I
      ]CA ∞ C R·ET I·PANNONI
      ]NORVM·ET I HISPANO
      ]+ COMMAGENO
      ]C R ET VI TH[                10
```

[Imp. Caesar, divi Nervae f.], Nerva Traianus
Augus[tus Germanicus Dacicus], pontifex
maximus, [tribunic(ia) potestat(e) ---],
imp(erator) IIII, co(n)s(ul) V, p(ater) p(atriae),[1]
[equitibus et peditibus, qui] militant in alis dua[bus et
cohortibus decem et u]na,[2] quae appellantur [(1)
praetoria singularium et] (2) II Pannoniorum et
(1) I [Brittonum (milliaria) et (2) I Britanni]ca
(milliaria) c(ivium) R(omanorum) et (3) I
Pannoni[orum veterana et (4) I Monta]norum et
(5) I Hispano[rum] et (6) I Al[pinorum et (7) II
Flavia] Commageno[rum] et (8) III Cam[pestris
c(ivium) R(omanorum) et (9) IIII Cypria] c(ivium)
R(omanorum) et (10) VI Th[racum et (11) VII[I
Raetorum c(ivium) R(omanorum) et peditibus
singula]ribus Brit[annicianis et sunt in Moesia
su]periore sub [L. Herennio Saturnino, item]
dimissis ho[nesta missione, qui quina] et vicena
p[lurave stipendia meruerunt],
quorum n[omina subscripta sunt, ipsis libe]ris
post[erisque eorum civitatem dedit et conubium
cum uxoribus, quas tunc habuissent, cum est
civitas iis data, aut, siqui caelibes essent, cum
iis, quas postea duxissent dumtaxat singuli
singulas].

1. Sufficient has survived of Trajan's titles to show that this grant had been made after he had been consul five times but before he had been acclaimed imperator for the fifth time in July or August 106. B. Pferdehirt demonstrates that this is a second copy of a constitution for Moesia superior during the governorship of L. Herennius Saturninus (*CIL* XVI 54). There are currently two further fragmentary diplomas for troops in the province which were issued at a similar time. One was a grant to seventeen cohorts and probably three alae dated by Trajan being *imperator IIII* and *consul V* (*AE* 2015, 1883). Two alae and at least two of the cohorts are also listed here. The other was issued to three alae and eleven cohorts when Trajan held *tribunicia potestas* for the ninth time between 10 December 104 and 9 December 105 (Eck-Pangerl 2018 revised). None of the units are named here. See further note 2.

2. Two alae and eleven cohorts, along with the *pedites singulares Britanniciani*, were listed all of whom can be restored from the other copy (*CIL* XVI 54). It has been observed that there are two fragmentary copies of a constitution for Moesia superior which is dated to 12 January 105 (Matei-Popescu 2008, 107-109). The recipient of one was from *cohors I Britannica milliaria civium Romanorum* (*CIL* XVI 49) and that of the other served in *cohors I Brittonum milliaria* (*RMD* V 339). Both of these cohorts are listed here but not necessarily on either of the other two grants. Given that none of the three alae and eleven cohorts listed on the issue of 104/105 are named here it is possible that these are parallel constitutions. For more informtion about individual units, see Matei-Popescu - Țentea 2018.

Photographs *RGZM* Taf. 23.

516 TRAIANVS INCERTO

c.a. 104/106

Published P. Weiß *Zeitschrift für Papyrologie und Epigraphik* 155, 2006, 257-262. Fragment from above the middle of the right hand side of tabella I of a diploma with a green patina. Height 2.7 cm; width 2.4 cm; thickness c. 0.8 mm; weight 4.18 g. The script on both faces is clear and well formed. Letter height on the outer face 3.5-4 mm; on the inner 4-5 mm. There is a wide border comprising three framing lines along the edge of the outer face. This face shows signs of secondary use where the suface has been scoured which has damaged letters especially in lines 3 and 5. Now in private possession.
AE 2006, 1834

intus: tabella I
]IA SVP[
]NA SVB[
] *vacat* [

extrinsecus: tabella I
]SI
]ONTO
]INA ET
]CVRIONI
]ERIORE   5
]++[

[Imp. Caesar, divi Nervae f., Nerva Traianus
Aug(ustus) Germanicus Dacicus, pontifex
maximus, tribunic(ia) potestat(e) ---, imp(erator)
---, co(n)s(ul) V, p(ater) p(atriae)],[1]
[equitibus et peditibus, qui militant in alis --- et
cohortibus ---, quae appellantur --- et IIII
Callaecorum Lucen]si[um[2] et sunt in Syria
sub A. Cornelio Palma Fr]onto[niano,[3] item
dimissis honesta missione, qui qu]ina et [vicena
plurave stipendia meruerunt[4] et aut item
de]curioni[5] [alae/cohortis --- aut in ala/cohorte
--- quae est in Pannon]ia (?) aut Moes]ia (?)
superiore [sub---],
[quorum nomi]na sub[scripta sunt, ipsis liberis
posterisque eorum civitatem dedit et conubium
cum uxoribus, quas tunc habuissent, cum est
civitas iis data, aut, siqui caelibes essent, cum
iis, quas postea duxissent dumtaxat singuli
singulas].

1. P. Weiß argues from a number of factors that this is an issue from c. 104/106 for troops still serving in Syria plus a decurion of a unit transferred to a province on the Danube. The titles of Trajan have been restored accordingly.
2. P. Weiß suggests this is *cohors [IIII Callaecorum Lucen]si[um]* which is recorded in Syria from 88 (Weiss 2006a, 284).
3. The author argues that of potential governors with the cognomen Fronto only A. Cornelius Palma Frontonianus can plausibly be restored (*PIR*[2] C 1412, *DNP* 3, 195 [II 38], Thomasson 2009, 33:041). He was governor of Syria probably from 104 until 108.
4. The phrase *[item dimissis honesta missione, qui qu]ina et [vicena plurave stipendia meruerunt]* can be restored here. This phrase is frequently attested until 105 (Weiss 2005, 211). The last known occurrence of *item dimissis honesta missione* is in a diploma of 2 July 110 for Pannonia inferior (*CIL* XVI 164, Mann 1972: Alföldy-Mann Type IIE).
5. Surprisingly a decurion from a unit which was in *[---]ia superiore* was also included in the grant. P. Weiß suggests that the province was either Pannonia superior (if issued in 106) or Moesia superior. This unknown unit or a vexillation from it would then have been transferred from Syria to the Danube for the first Dacian War and was still there. A possibility is *ala III Augusta Thracum* which is last attested in Syria in 93 (*AE* 2008, 1753) and then is recorded in Pannonia superior during the reign of Trajan (Holder 2005, 82).

Photographs *ZPE* 155, 257.

517 TRAIANVS C. ANNIO [---]

a. 107 [Nov. 24]

Published B. Pferdehirt *Römische Militärdiplome und Entlassungsurkunden in der Sammlung des Römisch-Germanischen Zentralmuseums*, 2004, Nr. 14. Two conjoining, worn, fragments from the left half of tabella II of a diploma. Height 13 cm; width 9.7 cm; thickness 1 mm; weight 71.3 g. The script on both faces, where not abraded or pitted, is clear and well formed. Letter height on the outer face 5-8 mm; on the inner 5 mm. The lower binding hole has survived on the outer face along with a hinge hole in the bottom left corner. There are no definite traces of framing lines. Now in the Römisch-Germanisches Zentralmuseum, Mainz (Inv. Nr. O. 42283/2).

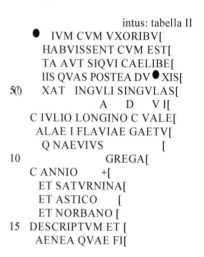

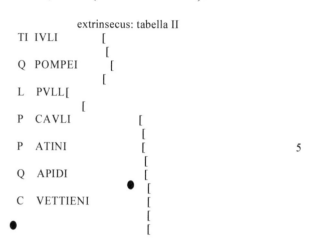

[Imp. Caesar, divi Nervae f., Nerva Traianus Augustus Germanicus Dacicus, pontifex maximus, tribunic(ia) potestat(e) XI, imp(erator) VI, co(n)s(ul) V, p(ater) p(atriae)],[1]

[equitibus et peditibus, --- et sunt in Moesia inferiore sub L. Fabio Iusto, qui quina et vicena plurave stipendia meruerant],

[quorum nomina subscripta sunt, ipsis liberis posterisque eorum civitatem dedit et conub]ium cum uxoribu[s, quas tunc] habuissent, cum est [civitas iis da]ta, aut, siqui caelibe[s essent, cum] iis, quas postea duxis[sent dumta]xat <s>inguli[2] singulas.

a. d.VI[II k. Dec(embres)] C. Iulio Longino, C. Vale[rio Paullino cos.][3]

alae I Flaviae Gaetu[lorum cui praest] Q. Naevius [---],[4] grega[li] C. Annio [---] et Saturnina[e --- fil uxori eius, ---][5] et Astico [f. eius] et Norbano [f. eius].[6]

Descriptum et [recognitum ex tabula] aenea quae fi[xa est Romae].

Ti. Iuli [Urbani]; Q. Pompei [Homeri]; L. Pull[i ---]; P. Cauli [---]; P. Atini [Amerimni]; Q. Apidi [Thalli]; C. Vettieni [Modesti].[7]

1. Trajan's titles can be restored to reflect the last quarter of 107 when the consuls named in line 7 of the inner face are known to have held office (note 3). Parallel constitutions are now known which include the day date of 24 November (*AE* 2009, 1803, 2014, 1646). L. Fabius Iustus can therefore be restored as governor of Moesia inferior (*PIR*[2] F 41, *DNP* 4, 376-377 [II 11], Thomasson 2009, 20:070).
2. Intus the S of SINGVLI was not engraved.
3. C. Iulius Longinus (*PIR*[2] I 381) and C. Valerius Paullinus (*PIR*[2] V 164) were suffect consuls from 1 September until 31 December 107.
4. The prefect of ala I Flavia Gaetulorum, Q. Naevius [---], is otherwise unknown.
5. The owner was still serving as a cavalryman when the grant was made as were the recipients from the two parallel constitutions (*AE* 2009, 1803, 1804; *AE* 2014, 1646). These are currently the last dated examples of Alföldy-Mann Type IID (Mann 1972). The presence of praenomen and nomen suggest that C. Annius [---] was already a citizen (Mann 2002, 227-232). Part of the letter after the second N of SATVRNIN is visible and is most likely to have been an A. Thus she would have been his wife.
6. The names of two sons, Asticus and Norbanus, have survived, but compare the layout of tabella II intus of *RMD* VI 513. It is therefore likely that a further son and either another son or a daughter were named in the missing section.
7. The praenomen and nomen of all seven witnesses have survived as have the first five on a parallel issue (*AE* 2009, 1804). Only the cognomina of those in third and fourth cannot certainly be restored. See further Index 1: Witnesses, Period 2.

Photographs *RGZM* Taf. 24.

518 TRAIANVS [---]NO

a. 108 Iul. 28

Published W. Eck - A. Pangerl *Revue des Études Militaires Anciennes* 1, 2004, 103-115. Large portion of tabella II of a diploma lacking a strip from the left hand side and the bottom right hand corner. Height 12.2 cm; width 12.7 cm; thickness c. 1 mm; weight 112 g. The script on both faces is well formed and easy to read except where obscured by corrosion. Letter height on the outer face 4 mm; on the inner 5 mm. Two framing lines are visible along the top and bottom edges of the outer face but have been obscured by corrosion along the right hand edge. There are obvious traces of solder on the outer face for the box which protected the binding wire and seals.

AE 2004, 1898

	intus: tabella II		extrinsecus: tabella II	
	]S TVNC HABVISSENT CVM EST CIV[	]LI	VRBANI	
	]TA AVT SIQVI CAELIBES ESSENT CVM[	]		
	]AS POSTEA DVXISSENT DVMTAXAT S[	]+I ●	VITALIS	
	]NGVLAS A D VI K AVG	]		
5	]SCIO MVRENA ● COELIO POMPEIO FALCONE	]LI	CLEMENTIS	
	]TIO LVSTRICO BRVTTIANO COS	]		
	] *vacat*	]+	HERACLIDAE	
	]V HISPANOR CVI PRAEST	]		
	]LAVDIVS VERAX	]ANI	PRIMI	5
	]EX PEDITE	]		
10	]NO DOLARRI F SEQVAN	]+ ●	PRISCI	
	]RRIO F EIVS ET NANNI FIL EIVS	]		
	]TVM ET REC ● OGNITVM EX TABV	]I	APRILIS	
	]+EA QVAE FIXA EST ROMAE	]		
	] *vacat*			

[Imp. Caesar, divi Nervae f., Nerva Traianus Augustus Germanicus Dacicus, pontifex maximus, tribunic(ia) potestat(e) XII, imp(erator) VI, co(n)s(ul) V, p(ater) p(atriae)],[1]
[equitibus et peditibus, qui militaverunt --- et sunt in Moesia superiore sub --- stipendis emeritis dimissis honesta missione],
[quorum nomina subscripta sunt ipsis, liberis posterisque eorum civitatem dedit et conubium cum uxoribus, quas] tunc habuissent, cum est civ[itas iis dat]a, aut, siqui caelibes essent, cum [iis, qu]as postea duxissent dumtaxat s[inguli si]ngulas.
a. d. VI k. Aug(ustas) [Q. Ro]scio Murena Pompeio Falcone, [M. Ti]tio Lustrico Bruttiano cos.[1]
[coh(ortis)] V Hispanorum cui praest [Ti.(?) C]laudius Verax,[2] ex pedite [---]no Dolarri f., Sequan(o) [et ---]rrio f. eius et Nanni fil. eius.[3]
[Descrip]tum et recognitum ex tabu[la ae]nea[4] quae fixa est Romae.

[Ti. Iu]li Urbani; [P Cau]li Vitalis; [M. Iu]li Clementis; [Ti. Villi] Heraclidae; [C. Norb]ani Primi; [---] Prisci; [C. Iul]i Aprilis.[5]

1. This is an issue of 27 July 108 and Trajan's titles have been restored accordingly. The *consul prior* is Q. Roscius Murena Coelius Pompeius Falco (*PIR²* P 602, *DNP* 10, 111-112 [II 8]). The name of his colleague has not been preserved in the *Fasti Ostienses* (*FO²*, 47). Here he is called [M. Ti]tius Lustricus Bruttianus. W. Eck and A. Pangerl argue that the proconsul recorded as Lustricius Bruttianus by Pliny (Pliny *ep.* 6,22; *PIR²* L 446) should be identified with this consul, and that he possessed two cognomina Lustricus and Bruttianus. His full name is now known (W. Eck pers. comm.).
2. The unit of the recipient can be identified as *cohors V Hispanorum* which was stationed in the upper province after the division of Moesia (Matei-Popescu - Țentea 2018, 62-63). This grant was therefore made to units stationed in the province. [Ti(?). C]laudius Verax is an otherwise unknown equestrian. W. Eck and A. Pangerl suggest that he might be a Batavian since a son of Julius Civilis' sister was called Verax (Tacitus *Hist.* 5,20f.) and that the family name could have been Claudius.
3. The recipient, an infantryman, was a Sequanus from Gallia Belgica. He had possibly joined the cohort before it left Upper Germany by 20 September 82 (*CIL* XVI 28). Unfortunately, his name has not survived complete but his father was called Dolarrus. A son and a daughter are named. The Nan- root of her name is Gallic (*OPEL* III, 95).
4. Rather than the incomplete first letter being an R as suggested by the authors it seems more likely it was an N as would be usual.
5. The cognomina of the witnesses have survived complete along with traces of most of their nomina. Only Priscus in sixth does not have a recoverable praenomen and nomen (Index 1: Witnesses Period 2).

Photographs *REMA* 1, 104-105 fig. 1-2.

519 TRAIANVS C. VALERIO RVF[---]

a. 112 (Ian. 29 / Mart. 29)

Published W. Eck - A. Pangerl *Archäologisch-Epigraphische Studien* 5, 2005, 247-254. Two conjoining fragments from the upper middle and left upper quarter of tabella II of a diploma. Height 6.7 cm; width 10 cm; thickness 1 mm; weight 55 g. The script on both faces is clear and well formed. Letter height on the outer face 5 mm; on the inner 5 mm. There are two framing lines parallel to the surviving edge of the outer face. The upper binding hole has survived on the outer face and there are traces of the solder for the box over the binding wires. Now in private possession.
AE 2005, 1737

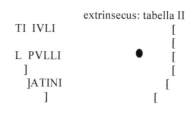

[Imp. Caesar, divi Nervae f., Nerva Traianus Aug(ustus) Germanicus Dacicus, pontifex maximus, tribunic(ia) potestat(e) XVI, imp(erator) VI, co(n)s(ul) VI, p(ater) p(atriae)],[1]
[equitibus et peditibus, qui militaverunt in alis --- et cohortibus ---, quae appellantur --- quae sunt in Moesia --- sub ---, quinis et vicenis, item classicis qui sunt sub eodem, praefecto --- senis et vicenis pluribusve stipendis emeritis dimissis honesta missione],
[quorum nomina subscripta sunt, ipsis liberis posterisque eorum civitatem dedit et conubium cum uxoribus, quas tunc habuissent, cum est civitas iis data, aut, siqui caelibes essent, cum iis, quas postea duxissent dumtaxat singuli singul]as.
a. d. IIII [--- M.(?) L]icinio Ru[sone], T. Sextio Cornelio Afric[ano cos].[1]
classis Flaviae Moe[sicae][2] ex centurion[e] C. Valerio M. f. Ruf[---] et Rufo f. eiu[s].[3]

Ti. Iuli [Urbani]; L. Pulli [Verecundi]; [P.] Atini [Amerimni]; [C. Vettieni Hermetis]; [L. Pulli ---]; [---]; [---].[4]

1. Trajan's titles for 112 can be restored because the consuls can be identified in the *Fasti Ostienses* for that year (*FO*[2] 47-48). T. Sextius Cornelius Africanus (*PIR*[2] S 664) was *consul ordinarius* with Trajan. By about the middle of the month the latter had stepped down to be replaced by [M?] Licinius Ruso (*PIR*[2] L 238). In the *Fasti Ostienses* Africanus does not have Cornelius among his family names. The authors suggest that his father, T. Sextius Magius Lateranus, married a Cornelia. The day date points to between 29 January and 29 March. Cf. *RMD* V 344.
2. The recipient had served as a centurion in the *classis Flavia Moesica*. The format of the text perhaps suggests that there were not separate constitutions for fleet and auxilia in this year as there had been in 73 (*RMD* VI 479) and 92 (*CIL* XVI 37, *RMD* VI 496), but rather this was a combined issue as in 127 (*AE* 2008, 1755) even though the prefect here was named in the text. It is not certain this was an issue for troops in Moesia inferior. There is a constitution of 112 for Moesia superior awarded to auxiliaries and *classici* (*AE* 2008, 1738 and probably *AE* 2008, 1739).
3. The cognomen of the recipient has not survived complete but may well have been either Ruf[us] or Ruf[inus] which are the most popular. C. Valerius M. f. Ruf[---] was a Roman citizen (Mann 2002). One son, Rufus, was included in the grant.
4. The nomina of the first three witness are extant along with the praenomina of the first two. They can therefore be identified as Ti. Iulius Urbanus, L. Pullius Verecundus, and P. Atinius Amerimnus. They appear in the same relative positions on a diploma for the *classis Flavia Moesica* of apparently the same date (*RMD* V 344 note 5). The fourth and fifth witness would then have been C. Vettienus Hermes and L. Pullius [---].

Photographs *A-ES* 5, 247.

520 TRAIANVS INCERTO

c.a. 103/114

Published B. Pferdehirt *Römische Militärdiplome und Entlassungsurkunden in der Sammlung des Römisch-Germanischen Zentralmuseums*, 2004, Nr. 65. Small fragment from left of middle of the top of tabella I of a diploma. Height 1.7 cm; maximum width 2.4 cm; thickness 1 mm; weight 3.5 g. The lettering on the outer face is well formed and easy to read, while that on the inner is more irregular. The letter height on the outer face is 4 mm and is 4.5 mm on the inner. There are twin framing lines parallel to the edge on the outer face. Now in the Römisch-Germanisches Zentralmuseum, Mainz (Inv.Nr. O. 42035/1).

intus: tabella I

CLA+[
VA[
SV+[
IA +[

extrinsecus: tabella I

]VI NERVA[
]CIC PONT[

[Imp. Caesar, di]vi Nerva[e f., Nerva Traianus Aug(ustus) Germanic(us) Da]cic(us), pont[ifex maximus, tribunic(ia) potestat(e) --, imp(erator --, co(n)s(ul) --, p(ater) p(atriae)],[1]
[equitibus et peditibus, qui militaverunt in alis --- et cohortibus[2] ---, quae appellantur --- I] Clau[dia Gallor(um)(?) et --- et II Hispanorum et Ar]va[c(orum)(?) et --- et I] Sug[amb(rorum) veterana(?) et --- et I Claud]ia S[ugamb(rorum) tiron(um)(?) et --- et sunt in Moesia inferiore sub ---],

1. The slight traces of imperial titles show that Trajan had received the honorific title *Dacicus* but not that of *Parthicus* or *Optimus*. The date of issue is therefore between 103 and 114.

2. On the inner face there survive fragmentary names of auxiliary units. B. Pferdehirt suggests that those on the first two lines were alae, perhaps *[ala I] Clau[dia Gallorum]* and *[ala II Hispanorum Ar]va[corum]*. She further suggests that lines 3 and 4 would have contained cohort names, possibly *[cohors I] Sug[ambrorum ---]* and *[cohors I Tyriorum sagittar]ia*. This would indicate that this was a grant to units stationed in Moesia inferior. If this is the case then there is an issue to three alae and seven cohorts of 25 September 111 for Moesia inferior (*RMD* IV 222) which includes *ala I Claudia Gallorum, ala II Hispanorum et Aravacorum*, and *cohors I Sugambrorum veterana* in the same relative positions. The fourth unit however was *cohors I Claudia Sugambrorum tironum*.

Photograph *RGZM* Taf. 131.

521 TRAIANVS [L.] IVLIO CLAVDIANO

a. 115 Iul. 5

A: Published W. Eck - A. Pangerl *Chiron* 35, 2005, 49-67. Much of the lower half of tabella I of a diploma lacking segments from the left and right hand sides. Height 9.2 cm; width 8.6 cm; thickness 1 mm; weight 71 g.
AE 2005, 1723

B: Published W. Eck - A. Pangerl *Chiron* 38, 2008, 363-370. Three conjoining fragments from the top half of tabella I of a diploma which lack small portions of the left hand side. The central fragment fits exactly on to the top of **A**. The top left fragment republished W. Eck - A. Pangerl *Visy 75*, 2019, 131-133.

Combined height 16 cm; width 13.5 cm; thickness 1 mm; weight 146 g. The script on both faces is well formed and clear apart from a few small areas which have been damaged by corrosion. Letter height on the outer face 4 mm; on the inner 4 mm. The left binding hole is complete while the right partially survives. There is a hinge hole in the top right corner of the outer face. Two framing lines are visible.
AE 2008, 1740

C: Published P. Holder *Zeitschrift für Papyrologie und Epigraphik* 203, 2017, 254-258. Rectangular shaped fragment from the lower right hand side of tabella I which fits on to **A**. Height 2.5 cm; width 3.5 cm; weight not available. The script on both faces is well formed and clear apart from a small area of damage near to the edge of the outer face. Two framing lines are visible. Now in the possession of the Institute for Biblical and Scientific Studies, Philadelphia, who have given permission for its inclusion and who have supplied photographs.
AE 2017, 1764

intus: tabella I

```
    IMP CA[                            {A}
    AVG GERM DA[              ] M TRIB POTEST
    XVIII    IMP   [        ]   VI     P   P
    PEDITIB ET EQVITIB QVI MILITAVER IN COHORTIB
5   QVATTVOR QVAE APPELLANTVR I LVSITANOR
    ET I FLAV BESSOR ET I ● ANTIOCHENSIVM ET III
    BRITTON VETER QVAE SVNT IN MOESIA SVPERIORE
(!) SVB C TVTILIO LVPERCO ITEM ALA PRAETORIA SINGVL
    ET COHORTIB NOVEM I THRAC SYRIAC ET I MONTAN
10  ET I CILIC ET I CISIPADENSIVM ET III AVG NERV
    BRITTON ET IIII RAETOR ET V HISPANOR ET VII
    BREVCOR C R ET FLAV TRANSLATIS IN EXPEDITI
    ONE QV[    ]ET VICENIS PLVRIBVSVE STIPEN
    DIS EMERITIS DI[..]● SSIS HON [    ]+[
15  SIONE QVORVM N[      ]SVBSCR[
    IPSIS LIBERIS POST[    ]EORVM [
    DEDIT ET CONVBIV[    ]VXORIB [
    ●             vacat [    ]         [
            {B}                   {C}
```

extrinsecus: tabella I

```
    IMP CAESAR DIVI NERVAE F NERVA TRAIANVS      ●
    OPTIMVS AVG GERM DACICVS PONTIF MAXIM
    TRIB POTEST XVIII IMP VIIII COS VI P P
    PEDITIB ET EQVITIB QVI MILITAVER IN COHORTIB
    QVATTVOR·QVAE APPELLANTVR I LVSITANOR ET I 5
    .]LAVIA BESSOR ET I ANTIOCHENSIVM ET III BRIT
    .]ON VETERAN QVAE SVNT IN M[..]SIA SVPERIORE  {B}
    .]VB L TVTILIO LVPERCO ITEM ALA PRAETORIA SIN
    .]VLARIVM ET COHORTIB NOVEM I THRAC SYRIAC ET
    ]ANOR ET I CILICVM ET I CISIPADENSIVM ET    10
    ]NERVIAN BRITTON ET IIII RAETOR ET V
    ]NOR ET VII BREVCOR C R ET FLAVIA TRANS
    ]N EXPEDITIONE QVINIS ET VICENIS PLVRI
    ]IPENDIS EMERITIS DIMI[
    ]NE QVORVM NOMINA SVBS[            15
    ]       ●              ●[
    ]LIBERIS POSTERISQVE EORVM[
    ]T ET CONVBIVM CVM VXORIBVS[
    ]BVISSENT CVM EST CIVITAS IIS DATA·AVT S[
    ]LIBES ESSENT CVM IIS QVAS POSTEA DVXISSENT
    ]MTAXAT SINGVLI SINGVLAS A D·III·NON IVL  20
    ]   IVLIO        FRVGI                  
    ]P    IVVENTIO       CELSO      COS      {C}
    .]LAE PRAETORIAE SINGVLARIVM C VI PRAEST
    .] SESTIVS                IANTHERA      (!)
    ]           EX GREGALE      [      ]    25
    ] IVLIO L  F  CLAVDIANO       AN[
    ET IVLIO F EIVS ET DOMNINAE FIL [
    DESCRIPTVM ET RECOGNITVM EX T[
    ]NEA QVAE FIXA EST ROMAE IN MV[
    ]EMPLVM DIVI AVG AD MINER[            30
    ]              vacat             [
```

{A}

Imp. Caesar, divi Nervae f., Nerva Traianus Optimus Aug(ustus) Germ(anicus) Dacicus, pont(ifex) maxim(us), trib(unicia) potest(ate) XVIII, imp(erator) VIIII, co(n)s(ul) VI p(ater) p(atriae),[1] peditib(us) et equitib(us), qui militaver(unt) in cohortib(us) quattuor,[2] quae appellantur (1) I

Lusitanor(um) et (2) I Flavia Bessor(um) et (3) I Antiochensium et (4) III Britton(um) veteran(a), quae sunt in Moesia superiore sub L. Tutilio Luperco,[3] item ala praetoria singularium et cohortib(us) novem[4] (1) I Thrac(um) Syriac(a) et (2) I Montanor(um) et (3) I Cilicum et (4) I

56

*Cisipadensium et (5) III Aug(usta) Nervian(a)
Britton(um) et (6) IIII Raetor(um) et (7) V
Hispanor(um) et (8) VII Breucor(um) c(ivium)
R(omanorum) et (9) Flavia translatis in
expeditione quinis et vicenis pluribusve stipendis
emeritis dimissis hon[esta mis]sione,*

*quorum nomina subscr[ipta sunt], ipsis liberis
posterisque eorum [civitatem] dedit et conubium
cum uxoribus, [quas tunc ha]buissent, cum est
civitas iis data, aut, s[iqui cae]libes essent, cum iis,
quas postea duxissent [du]mtaxat singuli singulas.*

*a. d. III non. Iul(ias)[L.] Iulio Frugi, P. Iuventio
Celso cos.[5]*

*[a]lae praetoriae singularium cui praest [-.] Sestius
⌈P⌉anthera,[6] ex gregale [L.] Iulio L. f. Claudiano,
An[---[7] e]t Iulio f. eius et Domninae fil.[eius].[8]*

*Descriptum et recognitum ex t[abula ae]nea quae
fixa est Romae in mu[ro post t]emplum divi
Aug(usti) ad Miner[vam].*

1. This grant for units of the garrison of Moesia superior was made when Trajan held tribunician power for the eighteenth time from 10 December 113 to 9 December 114. However, he was acclaimed as imperator for the ninth time in 115. Therefore the date of issue was between 1 May and 31 August 115 for this constitution based on the consular date (note 5). Fragments from two further copies of this constitution are now known (*AE* 2014, 1647, 2015, 1885).
2. Of the four cohorts in Moesia superior on the day of issue all remained in the province except for *cohors I Flavia Bessorum* which had been transferred to Macedonia by 29 June 120 (*CIL* XVI 67). For more details about individual cohorts, see Matei-Popescu - Țentea 2018.
3. L. Tutilius Lupercus (*PIR*[2] T 436) is attested here for the first time as governor of Moesia superior. L. Tutilius Lupercus Pontianus was *consul ordinarius* in 135. W. Eck and A. Pangerl argue the latter must have been the son of a consul to have been *ordinarius*. Thus, the governor of Moesia superior would have been his father and would have been suffect consul most likely in 106 or 108 when there are gaps in the *fasti*. They also suggest that Lupercus may have been adlected into the senate by Trajan and that he came from Spain. Support for the latter inference is supplied by an inscription from Emerita recording a slave of two Tutilii (*CIL* II 550). On the inner face Lupercus is called Gaius rather than Lucius. In the light of the son and a probable grandson both called Lucius the C would have been engraved mistakenly instead of L.
4. Some of the nine cohorts described as sent on expedition have left traces of their participation in Trajan's Parthian expedition. For example, a tombstone of a Pannonian infantryman of *cohors VII Breucorum* has been found at Gordion in Phrygia (*AE* 2010, 1620). See further Bennett 2010. For *cohors Flavia* and *cohors III Augusta Nerviana Brittonum* there is no definite later evidence although it is possible that the former might be *cohors I Flavia civium Romanorum* attested in Syria Palaestina from 139 (*CIL* XVI 87) or *cohors I Flavia* recorded in Africa in 127 (*RMD* V 368, VI 545). For more details about all of these units, see Matei-Popescu - Țentea 2018.
5. The praenomen of the *consul prior* can be restored as L(ucius) from the other constitutions with this pair of consuls (*RMD* VI 522, *AE* 2012, 1128). W. Eck and A. Pangerl have shown that L. Iulius Frugi can be identified with the praetorian governor of Lycia et Pamphylia in about 114 (*PIR*[2] I 329; Thomasson 2009, 30:018). P. Iuventius Celsus (T. Aufidius Hoenius Severianus) is already known as praetorian governor of Thrace (*PIR*[2] I 882; Thomasson 2009, 22:010). The diploma of 19 July 114 shows that he had relinquished his post shortly before (*RMD* IV 227/14). Their period of office can be dated from 1 May until 31 August 115. Their entry in the *Fasti Potentini* can be restored as L. Iulius F[rugi, P. Iuventius Celsus] (Eck-Paci-Percossi Serenelli 2003, 108 and fig. 4). The day date of the constitution is now confirmed as 5 July.
6. The commander of *ala praetoria singularium* can be identified as [-.] Sestius Panthera who is not otherwise known. Panthera seems the best amendment for the engraved IANTHERA (*Nomenclator* 329 col.4, *OPEL* III 123).
7. While damage has removed any trace of a praenomen, Iulius Claudianus, the recipient, was most likely a Roman citizen because of his Latin names and standard filiation (Mann 2002, 228-230). His praenomen can be restored as Lucius.
8. A son, Iulius, and a daughter, Domnina, were included in the grant. The authors comment on the unexpected naming of the children if they were children of a Roman citizen. There is a direct parallel with the names on the grant of 19 July 114 to C. Iulius C. f. Valens where a son, Iulius, and two daughters, Valentina and Gaia, are listed (*RMD* IV 227/14). His home is uncertain but there is a citizen from Anazarbus in Cilicia who was the recipient of a diploma of 29 March 101 (unpublished) and one from Ancyra who owned the diploma of 20 September 82 (*CIL* XVI 28).

Photographs **A**: *Chiron* 35, 67; **A** and **B**: *Chiron* 38, 365-366; **C**: *ZPE* 203, 255.

Composite *ZPE* 203, 256 and 257. Pl. 2a & 2b.

Plate 2 Photographs of 521 (a) tabella I inner face (b) tabella I outer face (Courtesy of the Institute of Biblical and Scientific Studies, Philadelphia and Andreas Pangerl)

522 TRAIANVS INCERTO

a. 115 (Mai. 1 / Aug. 31)

Published W. Eck - A. Pangerl *Zeitschrift für Papyrologie und Epigraphik* 152, 2005, 234-236. Fragment from the lower left quarter of tabella II of a diploma Height 5 cm; width 7 cm; thickness 1 mm; weight 28 g. The script is well formed and clear on both faces. Letter height on the outer face 5 mm; on the inner 4 mm. There are two framing lines on the outer face along with the remains of the lower left hinge hole.
AE 2005, 1710

<table>
<tr><td colspan="2">intus: tabella II</td><td colspan="2">extrinsecus: tabella II</td></tr>
<tr><td></td><td>MISSIONE QVORV[</td><td></td><td>]+[</td></tr>
<tr><td></td><td>IPSIS LIBER POSTERI[</td><td></td><td>[</td></tr>
<tr><td></td><td>BIVM CVM VXORI[</td><td>Q APIDI [</td><td></td></tr>
<tr><td></td><td>TAS IIS DATA AV///[</td><td></td><td>[</td></tr>
<tr><td>5</td><td>POSTEA DVX////D//[</td><td>C TVTICANI [</td><td></td></tr>
<tr><td></td><td>   *vacat*   [</td><td></td><td>[</td></tr>
<tr><td></td><td>L IVLIO FRVG[</td><td></td><td>[</td></tr>
<tr><td></td><td>COH[   ]+[</td><td></td><td></td></tr>
</table>

[Imp. Caesar, divi Nervae f., Nerva Traianus
    Optimus Aug(ustus) Germ(anicus) Dac(icus),
    pont(ifex) max(imus), trib(unicia) pot(estate)
    XVIII, imp(erator) VIIII, co(n)s(ul) VI, p(ater)
    p(atriae)],
[equitibus et peditibus, qui militaverunt in --- et
    sunt in --- sub --- stipendis emeritis dimissis
    honesta] missione,
quoru[m nomina subscripta sunt], ipsis liber(is)
    posteri[sque eorum civitatem dedit et conu]bium
    cum uxori[bus, quas tunc habuissent, cum est
    civi]tas iis data, au[t, siqui caelibes essent, cum
    iis, quas] postea dux[iss(ent)] d[umtaxat singuli
    singulas].
[a. d. ---] L. Iulio Frug[i, P. Iuventio Celso cos.]¹
coh[ort(is) ---],²

[---]; [---]; [---]; [---]; [---]; Q. Apidi
    [Thalli]; C. Tuticani [---].³

1. W. Eck and A. Pangerl argue that L. Iulius Frug[i] can be identified as the *consul prior* in partnership with P. Iuventius Celsus. They were suffect consuls between 1 May and 31 August 115 (*RMD* VI 521 note 5). The titles of Trajan have been restored accordingly.
2. Only the tops of the letters representing the unit of the recipient have survived. These can be restored as COH[---].
3. The praenomina and nomina of the last two witnesses are extant. The witness in sixth can be identified as Q. Apidius Thallus who until now was known to have signed between 99 and 114 (Index 1: Witnesses Period 2). In seventh could be either C. Tuticanius Saturninus who signed 101-112; C. Tuticanius Helius who is known to have signed 99-112; or C. Tuticanius Crescens who is recorded in seventh place on the constitution of 5 July 115 for Pannonia superior (*AE* 2012, 1128). But signing sixth on the latter is A. Cascellius Proculus.

Photographs *ZPE* 152, 234.

523 TRAIANVS INCERTO

a. 116 [Febr. 22 / Mart. 31]

Published W. Eck - A. Pangerl *Dacia* N. S. 50, 2006, 99-102. Two conjoining fragments from the upper segment of tabella I of a diploma which lacks the framing lines and edge of the right hand side. Height 5.5 cm; width 12.4 cm; thickness 1mm; weight 42 g. The script on both faces is well formed and easy to read except where obscured by corrosion. Letter height on the outer face 4-5 mm; on the inner 5 mm. Parallel to the surviving edges of the outer face are two framing lines.
AE 2006, 1863

intus: tabella I

```
   IMP CAE[
    OPTIM A[
    TRIB  PO[
   EQVITIBV[
5  DVABVS E[
   ARVACOR ET[
   SAGIT·ET I ∞[
   ET·II·FLAV [
   SVNT IN MOE[
10 POMPEIO F[
   PLVRIBVS[
   HONEST M[
   SVNT IPS[
     ]+++[
```

extrinsecus: tabella I

```
IMP CAESAR DIVI NERVAE F NERVA TRAIANVS
 OPTIM AVG GERM DACIC PARTHIC PONTIF MAX
 TRIB POT XX IMP XII   PROCOS   COS VI  P  P
EQVITIBVS ET PEDITIBVS QVI MILITAVERVNT IN
ALIS DVABVS ET COHORTIBVS QVINQVE QVAE AP      5
PELLANTVR II HISPANOR ET ARVACOR ET ATECTORI
·]IANA GALLOR ET I TYRIOR SAGITTAR ET I MILLIA
 ]BRITTON ET I SVGAMBRORVM TIRON ET II F[
      ]II FLAV NVMIDARVM ET S[
         ]+++[.]V[                             10
```

Imp. Caesar, divi Nervae f., Nerva Traianus
Optim(us) Aug(ustus) Germ(anicus) Dacic(us)
Parthic(us), pontif(ex) max(imus), trib(unicia)
pot(estate) XX, imp(erator) XII, proco(n)s(ul),
co(n)s(ul) VI, p(ater) p(atriae),[1]
equitibus et peditibus, qui militaverunt in
alis duabus et cohortibus quinque,[2] quae
appellantur (1) II Hispanor(um) et Arvacor(um)
et (2) Atectori[g]iana Gallor(um) et (1) I
Tyrior(um) sagittar(iorum) et (2) I millia[ria]
Brittonum et (3) I Sugambrorum tiron(um) et
(4) II Flav(ia) [Bessor(um) et] (5) II Flav(ia)
Numidarum et sunt in Moe[sia inferiore sub
Q.] Pompeio F[alcone,[3] quinis et vicenis]
pluribus[ve stipendis emeritis dimissis]
honest(a) m[issione],
[quorum nomina subscripta] sunt, ips[is liberis
posterisque eorum civitatem dedit et conubium
cum uxoribus, quas tunc habuissent, cum est
civitas iis data, aut, siqui caelibes essent, cum

iis, quas postea duxissent dumtaxat singuli
singulas].
[a. d. --- L. Lamia Aeliano, Sex. Carminio Vetere
cos.]

1. The titles of Trajan show this grant was made when he held tribunician power for the twentieth time from 10 December 115 until 9 December 116. He assumed the title Parthicus on 20 or 21 February 116 (*FO*[2], 48). The publication of a fragmentary second copy of this grant shows that it was issued during the term of office of the *ordinarii* of 116. The consuls can be restored as L. (Fundanius) Lamia Aelianus and Sex. Carminius Vetus who held office from 1 January until 31 March (*FO*[2] 48).

2. Two alae and five cohorts were included in the award. The cohort in fourth position is best restored as *cohors II Flavia Bessorum* (*AE* 2009, 1806). For more details about individual units see Matei-Popescu 2010.

3. The governor can be restored as Q. Roscius Coelius Murena Coelius Pompeius Falco (*PIR*[2] P 602, *DNP* 10, col. 111-112 [II 8], Thomasson 2009, 20:073). He is attested as governor of Moesia inferior in 116 and 117. He was then governor of Britain probably from 118 (Birley 2005, 114-119).

Photographs *Dacia* N.S. 50 Taf. 3.

524 HADRIANVS INCERTO

a. 119 (Mart. 16 / Apr. 13)

Published W. Eck - D. MacDonald - A. Pangerl *Acta Musei Napocensis* 39-40/1, 2002-2003, 25-34. Fourteen fragments, many with worn edges, apparently from the same diploma were offered for sale on the Antiquities Market. Tabella I is represented by eight fragments in three groups. Three conjoining fragments are from the top right quadrant of the tabella lacking only the corner. Height 6 cm; width 6.1 cm. A further group of four conjoining fragments is from either side of the middle left half of the tabella. Height 10.5 cm; width 6.2 cm. The eighth fragment is from the right hand edge just above the bottom. Height 3.8 cm; 3.5 cm. All fragments overall thickness 1 mm; overall weight 48 g. The script is neat and clear on both faces except where obscured by corrosion. Letter height on the outer face about 4 mm; on the inner 5 mm. The left hand binding hole has survived. Along each of the surviving edges of the outer face there are two framing lines although those on the top are less clearly defined.

Tabella II is represented by six fragments of which three conjoin. This group is from just to the right of the middle top of the outer face. A further fragment comes from lower down the middle. A small uninscribed fragment is from the left hand edge of the outer face and cannot be located. The sixth is from just above the bottom near to the left hand corner. All fragments overall weight 16 g. The script is neat and clear except where obscured by corrosion. Letter height on the outer face about 7 mm; on the inner 5 mm. The top binding hole has survived. Along the top and left hand edges are two framing lines.
AE 2003, 2041

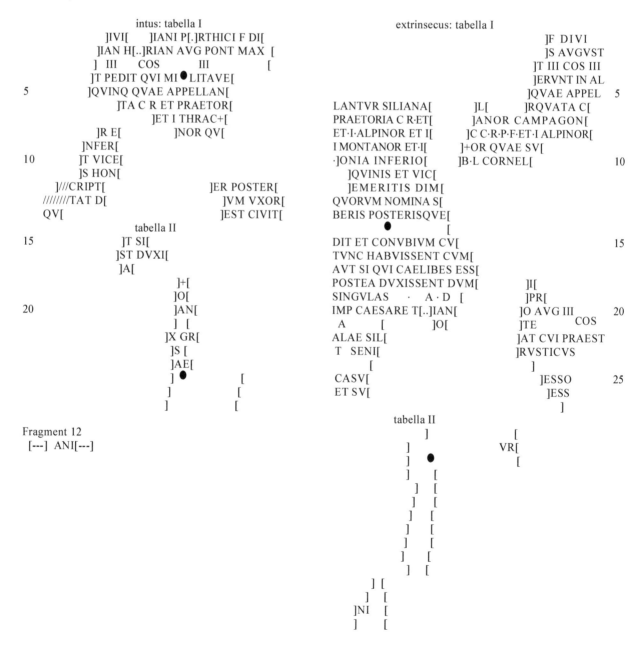

ROMAN MILITARY DIPLOMAS VI

*[Imp. Caesar, d]iv[i Tra]iani P[a]rthici f., divi
[Nervae nep(os), Tra]ian(us) H[ad]rian[u]s
August(us), pont(ifex) max(imus), [tribunic(ia)
potes]t(ate) III, co(n)s(ul) III,[1]*

*[equitibus] et pedit(ibus), qui militaverunt in
alis [tribus et cohortibus] quinq(ue),[2] quae
appellantur (1) Siliana [armil]l[ata to]rquata
c(ivium) R(omanorum) et (2) praetoria
c(ivium) R(omanorum) et (3) [I Hisp]anor(um)
Campagon(um)[c(ivium) R(omanorum)] et
(1) I Alpinor(um) et (2) I Thracu(m) c(ivium)
R(omanorum) p(ia) f(idelis) et (3) I Alpinor(um)
[et] (4) I Montanor(um) et (5) I [Lusita]nor(um),
quae su[nt] in [Pann]onia inferio[re su]b
L. Cornel[io Latiniano],[3] quinis et vice[nis
pluribusve stipendis] emeritis dim[issi]s
hon[esta missione],*

*quorum nomina [subs]cript[a sunt, ipsis lib]eris
posterisque [eor(um) civi]tat(em) d[e]dit et
conubium cum uxo[ribus, quas] tunc habuissent,
cum est civit(as)[4] [iis data], aut, siqui caelibes
ess[ent, cum iis], qu[as] postea duxissent
dum[taxat si]n[guli] singulas.*

*a. d. [---A]pr(iles) Imp. Caesare T[r]aian[o
Hadrian]o Aug. III, [A. Platori]o [Nepo]te cos.[5]*

*alae Sil[iana(e) armillat(ae) t]o[rqu]at(ae)
cui praest T. Seni[us - f. ---] Rusticus,[6] [e]x
gr[egale] Casu[--- , -- f. B]esso et Su[---]ae [fil.
uxori eius B]ess(ae) [et --- (?)].[7]*

*Descriptum et recognitum ex tabula aenea quae fixa
est Romae in muro post templ(um) divi Aug(usti)
ad Minervam].*

*[Ti. Iuli] Ur[bani]; [---]; [---]; [---]; [---];
[---]; [- ---]ni [---].[8]*

1. Sufficient survives of the titulature of Hadrian to show that he had held tribunician power for the third time which ran from 10 December 118 until 9 December 119. He was also consul for the third time as one of the *ordinarii* of 119 (note 5).
2. Five cohorts from the garrison of Pannonia inferior were named in the grant. The authors argue that three alae were also listed although the number is not extant nor are their exact titles certain. Both *ala Siliana armillata torquata civium Romanorum* and *ala I Hispanorum Campagonum civium Romanorum* transferred later to other provinces (Holder 2006, 144-145 and Table 3). Of the five cohorts the name of the fifth is not clear. Intus line 8 has [---] NOR QV[AE while the reading [---]COR QVAE on line 9 of the extrinsecus is not certain. This name seems better restored as [I LVSITA]NOR to fit the space. For further details of the cohorts, see Lőrincz 2000.
3. The governor can be identified as L. Cornelius Latinianus (*PIR*² C 1375, *DNP* 3, 193 [Il 22], Thomasson 2009, 19:008). He seems to have taken over late in 118 or early in 119.
4. Sufficient of the inner face has survived to show that tabella I ended with EST CIVIT. The opening of the first line of tabella II can be reconstructed as [IIS DATA AV]T SI[QVI CAELIB]
5. The *ordinarii* of 119 were Hadrian and P. Dasumius Rusticus. The latter was replaced by A. Platorius Nepos (*PIR*² P 449), probably on 1 March (Eck-Weiß 2002, 480). The day of issue was between 16 March and 13 April.
6. The name of the unit of the recipient is not complete but lacks *c(ivium) R(omanorum)* after [TORQV]AT unlike within the unit list. But there does not seem to be sufficient space for insertion in the missing section either. The commander most likely was called T. Seni[us] Rusticus. He is otherwise unknown.
7. Casu[---], the recipient, was Bessus (an alternative to Thrax). While his name is incomplete it would have been Thracian (*OnomThrac* 80). His wife, a Bessa, was also named in the grant. It is unclear if any children were included.
8. The fragmentary names of two witnesses have survived. The cognomen of the witness in first place can be restored as VR[BANI]. He can be identified as Ti. Iulius Urbanus (Index 1: Witnesses Period 2). In seventh there remain two letters from the end of the nomen of a witness.

Photographs *AMN* 39-40/1, 26 Abb. 1, 27 Abb. 2, 29 Abb. 3.

525/351 HADRIANVS DEMVNCIO

a. 119 Nov. 12

A: Published W. Eck - D. MacDonald - A. Pangerl *Acta Musei Napocensis* 38/1, 2001, 27-36. Thirteen fragments of tabella I of an auxiliary diploma probably found in Hungary. Nine of these fit together to form much of the bottom half of the tabella. The other four join together to form the upper left hand side and upper left corner. Weight 62 g.
AE 2001, 2150

B: Published W. Eck - D. MacDonald - A. Pangerl *Acta Musei Napocensis* 39-40/1, 2002-2003, 48-50. Small fragment of the bottom left corner of tabella I.
AE 2003, 2047

C: Published W. Eck - A. Pangerl *Acta Musei Napocensis* 41-42/1, 2004-2005, 61-67. Five further fragments of the tabella I filling in most of the bottom half and providing the upper right section.
AE 2005, 1703

D: Published W. Eck - A. Pangerl *Zeitschrift für Papyrologie und Epigraphik* 199, 2016, 179-183. Further fragment of tabella I filling in much of the missing upper right section. The right hand edge is, however, lacking.
AE 2016, 2019

Overall height 16.01 cm; width 13.5 cm; thickness 1 mm; total weight not given. The script on both faces is well formed and clear. Letter height on the outer face 4 mm; on the inner 5 mm. Two framing lines are visible running parallel to the surviving edges. The right hand binding hole has survived. There is a hinge hole in the top right and lower right corners or the outer face.

intus: tabella I

```
   IMP CAESAR DIVI TRAIANI PARTHICI F DIVI
   NERVAE NEPOS T[      ]ANVS HADRIANVS AVG
   PONTIF MAX TRI[      ]T III    COS III
       ]T ET[   ]IT[    ]MILIT IN ALA VNA[
5                       ]ANTVR HISPANOR ++
   ET I[            ]T I ALPINOR ET I BRITTANNIC
   ∞ C R[           ]TON C R P F ET V GALLOR ET VIII
   RAET[      ] SVNT IN DACIA SVPER SVB MARCI
   TVR[      ]E QVINIS ET VICENIS PLVRIBVS
10 VE STIPENDIS EMERIT DIMISS HONEST
   MISS QVORVM    ● NOM SVBSCRIPT
   SVNT IPSIS LIBERIS POSTERISQVE EO
  ●RVM CIVIT DEDIT ET CONVB CVM     ●
```

extrinsecus: tabella I

```
   IMP CAE[     ]TRAIANI PARTHICI F DIVI  ●
   NERVAE[      ] TRAIANVS HADRIANVS AVG
   PONT M[      ]RIBVNIC POTEST III COS III
   EQVITIB[     ]DITIBVS QVI MILITAVERVNT
   IN ALA VN[           ]VAE APPELLANTVR      5
   HISPANOR +[          ]ET I HISP P F ET I ALPI
   NOR ET I BR[         ]II BRITTONVM ∞ C R
   P F ET V GA[         ]II RAETORVM ET SVNT IN
   DACIA SV[            ]RCIO TVRBONE QVINIS ET
   VICENIS[             ]STIPENDIS EMERITIS DI   10
   MISSIS HO[           ]ONE QVORVM NOMINA
   SVBSCRIP[     ]NT IP[..]IS LIBERIS P[..]TERISQVE EO
   RVM[          ]M DEDIT ET CONVBIVM CVM VXORI
                 ]                            ●
   BV[           ]C HABVISSENT CVM EST CIVITAS
   IIS DATA AVT SI QVI CAELIBES ESSENT CVM IIS QVAS  15
   POSTEA DVXISSENT DVMTAXAT SINGVLI SINGVLAS
              A   D PR IDVS NOVE [ ]
   C·HERENNIO CAPELLA L COELIO RVFO   COS
   COHORT   VIII      RAETORVM   CVI PRAEST
     L  AVIANIVS               //RATVS        20
                 EX PEDITE
   DEMVNCIO AVESSONIS  F        ERAVISC
   ET PRIMO F EIVS ET SATVRNINO  F EIVS
   ET POTENTI F EIVS ET VIBIAE    FIL EIVS
   ET COMATVMARAE        FIL     EIVS       25
   DESCRIPTVM ET RECOGNITVM EX TABVLA AENEA
   QVAE FIXA EST ROMAE IN MVRO POST TEMPLVM  ●
   DIVI   [      ]   AD MINERVAM
```

Imp. Caesar, divi Traiani Parthici f., divi Nervae nepos, Traianus Hadrianus Aug(ustus), pontif(ex) max(imus), tri[b(unicia) po]t(estate) III, co(n)s(ul) III,[1]
equitib[us] et [pe]ditibus, qui militaverunt in ala una [et cohort(ibus) VII[2], q]uae appellantur (1) Hispanorum et (1) I [---] et (2) I Hisp(anorum) p(iae) f(idelis) et (3) I Alpinor(um) et (4) I

Brittannic(a (milliaria) c(ivium) R(omanorum) [et (5) II] Britton(um) (milliaria) c(ivium) R(omanorum) p(ia) f(idelis) et (6) V Gallor(um) et (7) VIII Raetorum et sunt in Dacia super(iore) sub Marcio Turbone,[3] quinis et vicenis pluribusve stipendis emeritis dimissis honest(a) miss[i]one, quorum nomina subscript[a] sunt, ip[s]is liberis posterisque eorum civit[ate]m dedit et conubium

ROMAN MILITARY DIPLOMAS VI

*cum uxoribu[s, quas tun]c habuissent, cum est
civitas iis data, aut, siqui caelibes essent, cum
iis, quas postea duxissent dumtaxat singuli
singulas.*

*a. d. pr. idus Nove(mbres) C. Herennio Capella,
L. Coelio Rufo cos.[4]*

*cohort(is) VIII Raetorum cui praest L. Avianius
[G]ratus,[5] ex pedite Demuncio Avessonis
f., Eravisc(o), et Primo f. eius et Saturnino
f. eius et Potenti f. eius et Vibiae.fil. eius et
Comatumarae fil. eius.[6]*

*Descriptum et recognitum ex tabula aenea quae
fixa est Romae post templum divi [Aug(usti)] ad
Minervam.*

1. This is an issue of the reign of Hadrian with a day date of 12 November 119.
2. One ala and seven cohorts are listed. The ala is now known to have been *ala Hispanorum*. Cf. *RMD* VI 531 of 29 June 120 also for Dacia superior. By 125/126 it had been transferred to Dacia inferior (*AE* 2009, 1035). Only the name of the cohort in first place is still unknown. The cohort in fourth can be restored as *cohors II Britannorum/Brittonum milliaria civium Romanorum pia fidelis*. On the inner face of this diploma it is not recorded as

milliary. The cohorts either remained in Dacia superior or formed part of the garrison of Dacia Porolissensis when it was detached from the former (Holder 2003, 102-103 and Table 1).

3. Q. Marcius Turbo, later *praefectus praetorio*, is now revealed as equestrian governor of Dacia superior in 119 (*PIR*[2] M 249, Thomasson 2009, 21:004, Piso 2013, Nr. 72). This was a special command, originally combined with the command in Pannonia inferior. By 29 June 120 he had been succeeded by Sex. Iulius Severus (See *RMD* VI 531 note 1).
4. C. Herennius Capella (*PIR*[2] H 115, *DNP* 12/2, 1004) and L. Coelius Rufus (*PIR*[2] C 1246, *DNP* 3, 58) were suffect consuls from 1 November to 31 December 119.
5. The commander of *cohors VIII Raetorum*, L. Avianius [G]ratus, remains otherwise unknown.
6. Demuncius, son of Avesso, was an Eraviscus from Pannonia inferior. His name is not otherwise attested but Demiuncus is recorded in Pannonia (*OPEL* II 97). Avesso is also unrecorded, but Ave- is found in Celtic areas (*OPEL* I 222). Three sons and two daughters are listed of whom the last was called Comatumara which is attested in Pannonia (*OPEL* II 70).

Photographs: Composite **A-C**: *AMN* 41-42/1, 66-67 Abb. 1-2.
D: *ZPE* 199, 181-182.
Composite extrinsecus **A-D**: *ZPE* 199, 180.

526 HADRIANVS M. BAEBIO FIRMO

a. 119 Dec. 25

Published E. Paunov *Archaeologia Bulgarica* 9, 2005, 39-51. Complete diploma lacking only a triangular fragment from the lower right edge of tabella II along with an area of restoration slightly above. There is a crack in the equivalent part of tabella I with a second crack also on this edge. Both tablets height 16.5 cm; width 13.9 cm; thickness 1.2-2 mm; weight tabella I 249.3 g, tabella II 314.9 g. The script on all faces is clear and well formed. On the outer face of tabella II there are traces of the solder for the box which protected the seals and binding wires. In addition to the two binding holes on the outer face of tabella I there are two hinge holes in the upper right and bottom right corners. Tabella II outer face has the hinge holes located in the bottom left and bottom right corners. The outer faces of both tablets have three framing lines parallel to the edges. Now in an American private collection.

AE 2005, 1738

intus: tabella I

```
    IMP·CAESAR·DIVI·TRAIANI·PARTHICI·
    F DIVI NERVAE·NEPOS·TRAIANVS·
    HADRIANVS AVGVSTVS PONTIFEX
    MAXIMVS TRIB ● VNIC POTESTAT
5   II   COS II
    IIS QVI MILITAVERVNT IN CLASSE
    PRAETORIA MISENENSI QVAE EST
    SVB L· IVLIO FRONTONE·SEX ET
    VIGINTI STIPENDIS EMERITIS
10  DIMISSIS HONESTA MISSIONE
    QVORVM NOMINA SVBSCRIPTA
    SVNT IPSIS LI ● BERIS POSTERIS
    QVE EORVM CIVITATEM DEDIT
(!) ET CONVBIVM VXORIBVS
    ●                          ●
```

tabella II

```
15  ● QVAS TVNC HABVISSENT CVM  ●
    EST CIVITAS IIS DATA AVT SIQVI
    CAELIBES ESSENT CVM IIS QVAS
    POSTEA DVXISS ● ENT DVMTAXAT
    SINGVLI SINGVLAS
20    A    D   VIII    K  IAN
(!)  C HERENNIO    CATILLA
    L  COELIO    RVFO  COS
        EX GREGALE
    M BAEBIO ATHI F FIRMO  BESSO
      ET    MVCATRALI    F EIVS
                 ●
            vacat
            vacat
```

extrinsecus: tabella I

```
    IMP CAESAR·DIVI TRAIANI·PARTHICI ●
    F·DIVI·NERVAE NEPOS·TRAIANVS·HA
    DRIANVS·AVGVSTVS·PONTIFEX·MAXI
    MVS·TRIBVNIC POTESTAT      III
    COS   III                              5
    IIS·QVI MILITAVERVNT IN CLASSE
    PRAETORIA·MISENENSI·QVAE EST SVB·L·IV
    LIO·FRONTONE·SEX·ET·VIGINTI·STIPEN
    DIIS EMERITIS DIMISSIS HONESTA MIS
    SIONE QVORVM·NOMINA·SVBSCRIPTA         10
    SVNT·IPSIS LIBERIS·POSTERISQVE EO
    RVM CIVITATEM·DEDIT·ET CONVBI
       ●
    VM CVM VXORIBVS QVAS·TVNC HABV
    ISSENT CVM EST CIVITAS·IIS DATA·AVT
    SIQVI CAELIBES ESSENT CVM IIS QVAS    15
    POSTEA·DVXISSENT DVMTAXAT SIN
    GVLI·SINGVLAS· A· D· VIII·K·IANVAR·
    C · H ER ENNIO  ·  CAPELLA
    L ·   CO ELI O      RVFO  COS
           EX GREGALI                   (!) 20
    M  BAEBIO  ATHI·F· FIRMO   BESSO
        ET     MVCATRALI    F  EIVS
    DESCRIPTVM ET RECOGNITVM EX TABVLA
    AENEA·QVAE FIXA EST ROMAE IN MVRO
    POST TEMPLVM AVG AD MINERVA        25
                               ●
```

tabella II

TI· IVLII	●	VRBANI
TI· CLAVDI		MENANDRI
Q· FABI		ITI
P· VIGELLI		PRISCI
A· CASCELLI		PROCVLI 30
P · ATINI	●	CRESCENTIS
L· PVLLI		VERECVNDI
●		●

Imp. Caesar, divi Traiani Parthici f., divi Nervae nepos, Traianus Hadrianus Augustus, pontifex maximus, tribunic(ia) potestat(e) II vel *III; co(n)s(ul) II* vel *III,[1]*

iis, qui militaverunt in classe praetoria Misenensi, quae est sub L. Iulio Frontone,[2] sex et viginti stipendiis emeritis dimissis honesta missione,

quorum nomina subscripta sunt, ipsis liberis posterisque eorum civitatem dedit et conubium cum[3] uxoribus, quas tunc habuissent, cum est civitas iis data, aut, siqui caelibes essent, cum iis, quas postea duxissent dumtaxat singuli singulas.

a. d. VIII k. Ianuar(ias) C. Herennio Capella L. Coelio Rufo cos.[4]

ex gregale M. Baebio Athi f. Firmo, Besso et Mucatrali f. eius.[5]

Descriptum et recognitum ex tabula aenea quae fixa est Romae in muro post templum divi Aug(usti) ad Minerva(m).

Ti. Iuli Urbani; Ti. Claudi Menandri; Q. Fabi Iti; P. Vigelli Prisci; A. Cascelli Proculi; P. Atini Crescentis; L. Pulli Verecundi.[6]

1. On the inner face of tabella 1 the titles of Hadrian state that he had been consul twice and that he held tribunician power for the second time which ran from 10 December 117 until 9 December 118. However, on the outer face both numerals have been altered from II to III. His third year of tribunician power ran from 10 December 118 until 9 December 119. But the consular and day date is 25 December 119. This dating discrepancy is present on all definite copies of tabella I of this constitution Cf. *RMD* VI 527/353; V 352, *CIL* XVI 66 (inner and outer faces); *RMD* VI 528, 529 (outer face). See further Holder 2008, 134-141, Eck-Pangerl 2008, 85-101.

2. This is an issue for the Misene Fleet when the prefect was L. Iulius Fronto (*PIR²* I 324). He was still in command on 22 March 129 (*CIL* XVI 79, *RMD* VI 548). See further Magioncalda 2008, 1157-1159.

3. Intus CVM is omitted.

4. Intus CATILLA for CAPELLA. The consuls were C. Herennius Capella and L. Coelius Rufus for whom see *RMD* VI 525/351 note 4.

5. Extrinsecus GREGALI for GREGALE. The recipient, M. Baebius Firmus, had served exactly twenty-six years. See *RMD* VI 503 for arguments about his status. His father, Athus, was a peregrine whose name is a Latin variant of Athys (*OnomThrac* 11). He gives his home as Bessus, an alternative to Thrax. A son with the Thracian name, Mucatralis, is also listed (*OnomThrac* 238-242).

6. The list is a blend of frequent and rare witnesses. P. Vigellius Priscus is currently only known from copies of this grant. Q. Fabius Itus is only attested in 119 and 120. A. Cascellius Proculus only signed with reasonable certainty between 110 and 121 although there is a Proculus attested on a fragment dated to 122/134 (*CIL* XVI 105). Similarly, there is a Crescens recorded in this list who might be the same as the P. Atinius Crescens who is known to have signed between 115 and 121. For the others who are well known, see Index 1: Witnesses Period 2.

Photographs *ArchBulg* 9, 41 fig. 1, 46 fig. 2.

527/353 HADRIANVS INCERTO

a. 119 Dec. [25]

A: Published W. Eck - A. Pangerl *Monumentum et instrumentum inscriptum*, ed. H. Börm - N. Ehrhardt - J. Wiesehöfer, 2008, 88-92. Fragment of tabella I of a diploma comprising about the bottom third. Height 6.6 cm; width 14 cm; thickness 1-2 mm; weight 94 g. The script on the outer face is neat and clear; that on the inner face is slightly less so. Letter height on the outer face 4 mm; on the inner 5-6 mm. There is a hinge hole in the lower left corner of the outer face. Three deep framing lines are visible parallel to the extant edges of the outer face.
AE 2008, 1757

B: Published W. Eck - D. MacDonald - A. Pangerl *Zeitschrift für Papyrologie und Epigraphik* 139, 2002, 198-200. Fragment from the middle of the top part of tabella I of a fleet diploma. Height 7.8 cm; width 7.3 cm; thickness c. 1 mm; weight 48.3 g. The script on the outer face is neat and clear; that on the inner is slightly less so. Letter height on the outer face 4-4.5 mm; on the inner 3.5-6 mm. Three deep framing lines are visible on the outer face.
AE 2002, 1734

```
{A}              intus: tabella I      {B}                          extrinsecus: tabella I
      IMP CAES DIVI[                                    ]AR·DIVI·TRAIANI·PARTHICI F[
      NERVAE NEPO[                                      ]NEPOS TRAIANVS HADRIANVS[
      AVG  PONT   [              ]+                     ]  F· MAXIMVS·TRIBVNIC·  P[
      II  COS  II  [             ]                      ]  III           vacat        [
5     IIS QVI MILITA[            ]ASSE PRAETORIA  {B} ]TAVERVNT IN CLASSE PRA[          5
      MISENENSI Q[               ]L IVLIO FRON          ]QVAE EST SVB·L·IVLIO·FRON[
      TONE SEX ET VIG[           ]NDIS EMERITIS         ]NTI STIPENDIS·EMERITIS D[
      DIMISSIS HONE[             ]NE QVORVM NO          ]ISSIONE QVORVM N[
      MINA SVBSCRIP[                                    ]IPSIS·LIBERIS[
10    RISQVE EORVM[                                         ]++[                       10
      NVBIVM CV[
  ●         [

                                                 {A}
                                                         ]+[          ]K IAN[
                                             C    HERENNIO·    C[.]PELLA
                                             L ·     COELIO          RVFO      COS
                                                   EX GREGALE
                                             M·ANTONIO·BVSI·F·CELERI      BESSO    15
                                               ET ·  TERI      F       EIVS
                                               ET ·  DOLAZENI     F     EIVS
                                             DESCRIPTVM ET RECOGNITVM EX TABVLA AE
                                             NEA QVAE FIXA EST ROMAE IN MVRO POST
                                         ●   TEMPLVM DIVI·AVG    AD MINERVA       20
```

Imp. Caesar, divi Traiani Parthici f., [divi] Nervae nepos, Traianus Hadrianus Aug(ustus), pont[i] f(ex) maximus, tribunic(ia) p[o]t[est(ate)] II vel [III], co(n)s(ul) II vel III,[1]

iis, qui militaverunt in classe praetoria Misenensi, quae est sub L. Iulio Frontone,[2] sex et vig[i]nti stipendis emeritis dimissis hone[sta m]issione,

quorum nomina subscrip[ta sunt], ipsis liberis [poste]risque eorum [civitatem dedit et co]nubium cu[m uxoribus, quas tunc habuissent], cum est civitas iis data, aut, siqui caelibes essent, cum iis, quas postea duxissent dumtaxat singuli singulas].

a. [d. VIII] k. Ian[uar(ias)] C. Herennio C[a]pella, L. Coelio Rufo cos.[3]

ex gregale M. Antonio Busi f. Celeri, Besso[4] et Teri f. eius et Dolazeni f. eius.[5]

Descriptum et recognitum ex tabula aenea quae fixa est Romae in muro post templum divi Aug(usti) ad Minerva(m).

1. As with other copies of this constitution Hadrian is recorded as *[trib pot] II cos II* on the inner face, while on the outer face he is shown to have held his third consulship. See further *RMD* VI 526 note 1.
2. The commander of the Misene Fleet is L. Iulius Fronto. See in more detail *RMD* VI 526 note 2.
3. For the consuls C. Herennius Capella and L. Coelius Rufus, see *RMD* VI 525/351 note 4.
4. The recipient, M. Antonius Celer, gives Bessus, an alternative to Thrax, as home. His father has a Thracian name whose nominative form is uncertain (*OnomThrac* 73). See *RMD* VI 605 for arguments about his status.
5. Included in the grant are two sons, Teres and Dolazenis, whose names are Thracian (*OnomThrac* 355-361 and 156).

Photographs **A**: *Monumentum* 89; **B**: *ZPE* 139, Taf. V Nr. 2.

528 HADRIANVS INCERTO

a. 119 [Dec. 25]

Published W. Eck - A. Pangerl *Monumentum et instrumentum inscriptum*, ed. H. Börm - N. Ehrhardt - J. Wiesehöfer, 2008, 85-88. Fragment from the upper left quarter of tabella I of a diploma. Height 5.5 cm; width 5.2 cm; thickness 1 mm; weight 25 g. The script on both faces is clear and can easily be read. Letter height on the outer face 4 mm; on the inner face 5-6 mm.
AE 2008, 1756

<table>
<tr><td colspan="2" align="center">intus: tabella I</td><td colspan="2" align="center">extrinsecus: tabella I</td></tr>
<tr><td></td><td>]QVI MIL[</td><td>]I TR[..]ANI [</td><td></td></tr>
<tr><td></td><td>]ORIA MIS[</td><td>]POS TRAIANVS [</td><td></td></tr>
<tr><td></td><td>]LIO FRONTON[</td><td>]PONTIFEX MAXIM[</td><td></td></tr>
<tr><td></td><td>]DIS EMERITI[</td><td>]III COS III [</td><td></td></tr>
<tr><td>5</td><td>]MISSIONE Q[</td><td>]ILITAVERVNT IN [</td><td>5</td></tr>
<tr><td></td><td>]SCRIPTA SVN[</td><td>]ENSI QVAE EST SVB[</td><td></td></tr>
<tr><td></td><td></td><td>]VIGINTI STIPEND[</td><td></td></tr>
<tr><td></td><td></td><td>]+++MISSIONE QV[</td><td></td></tr>
<tr><td></td><td></td><td>]VNT IPSIS L[</td><td></td></tr>
<tr><td></td><td></td><td>]++[</td><td>10</td></tr>
</table>

[Imp. Caesar, div]i Tr[ai]ani [Parthici f.,
  divi Nervae ne]pos, Traianus [Hadrianus
  Aug(ustus)], pontifex maxim[us, tribunic(ia)
  potestat(e)] III, co(n)s(ul) III,[1]
[iis], qui militaverunt in [classe praet]oria Mis[en]
  ensi, quae est sub [L. Iu]lio Fronton[e,[2] sex et]
  viginti stipendis emeriti[s dimissis honesta]
  missione,
qu[orum nomina sub]scripta sunt, ipsis l[iberis
  posterisque eorum civitatem dedit et conubium
  cum uxoribus, quas tunc habuissent, cum est
  civitas iis data, aut, siqui caelibes essent, cum

iis, quas postea duxissent dumtaxat singuli
singulas].

1. W. Eck and A. Pangerl argue that the numerals within the partially preserved titles have been amended from II to III to indicate a date of issue when Hadrian held tribunician power for the third time from 10 December until 9 December 119, which means it is also a copy of the issue for the Misene Fleet of 25 December 119. See further *RMD* VI 526 note 1.
2. The fleet commander can be identified as L. Iulius Fronto (*RMD* VI 526 note 2).

Photographs *Monumentum* 86.

529 HADRIANVS INCERTO

a. 119 [Dec. 25]

Published B. Pferdehirt *Römische Militärdiplome und Entlassungsurkunden in der Sammlung des Römisch-Germanischen Zentralmuseums*, 2004, Nr. 25. Fragment from the middle of the top part of tabella I of a diploma. Maximum height 7 cm; width 7.5 cm; thickness 2 mm; weight 45.9 g. The script is clear and well formed on both faces except where obscured by corrosion on the inner face. Letter height on the outer face 4 mm; on the inner 5 mm. Parallel to the upper edge of the outer face is an 9 mm wide border comprising three framing lines. Now in the Römisch-Germanisches Zentralmuseum, Mainz (Inv. Nr. O. 42248a).

intus: tabella I

```
        ] [    ] vacat  [
   IIS QVI MILITAV[
   MISENENSI QV[
   SEX ET VIGI[
   HON[
5  S[
```

extrinsecus: tabella I

```
           ]TRAIANI PARTHICI F[
           ]TRAIANVS HADR[
           ]IFEX MAXIMVS [
       ]S III              [
           ]ERVNT IN CLAS[                    5
       ]QVAE EST SVB L IVL[
   ]NTI STIPENDIS EM[
       ]SSIONE QVOR[
        ]PSIS LIBE[
           ]    [
```

[Imp. Caesar, divi] Traiani Parthici f., [divi Nervae nepos,] Traianus Hadr[ianus Aug(ustus), pont]ifex maximus, [tribunic(ia) poestat(e) III, co(n)]s(ul) III,[1]

iis, qui militaverunt in clas[se praetoria] Misenensi, quae est sub L. Iul[io Frontone],[2] sex et viginti stipendis em[eritis dimissis] hon[est(a) mi]ssione,

quor[um nomina subscripta sunt, i]psis libe[ris posterisque eorum civitatem dedit et conubium cum uxoribus, quas tunc habuissent, cum est civitas iis data, aut, siqui caelibes essent, cum,

iis quas postea duxissent dumtaxat singuli singulas].

1. This can now be seen to be a copy of the constitution of 25 December 119 for the Misene fleet. The general layout and the amendment from II to III of the number of consulships Hadrian had held provide confirmation. Cf. *RMD* VI 526; Holder 2008, 134-141; Eck-Pangerl 2008, 85-101.
2. L. Iulius Fronto, prefect of the Misene fleet, is here recorded with his praenomen as on other copies of this issue (*RMD* VI 526 note 2).

Photographs *RGZM* Taf. 41.

530 HADRIANVS INCERTO

a. 119 [Dec. 25?]

Published W. Eck - A. Pangerl *Zeitschrift für Papyrologie und Epigraphik* 152, 2005, 237-238. Small fragment from bottom of tabella II of a diploma just to the right of the middle. Height 3.8 cm; width 4.4 cm; thickness 2 mm; weight 16.95 g. The script is clear and well formed. Three framing lines are visible on the outer face.
AE 2005, 1711

intus: tabella II
]VLI SINGVL[
]IAN   [
   ]APELLA [
   ]RV[

extrinsecus: tabella II
         ] [
         ]   +E+[
         ]   [

[Imp. Caesar, divi Traiani Parthici f., divi Nervae
   nepos, Traianus Hadrianus Aug(ustus), pontifex
   maximus, tribunic(ia) potestat(e) III, co(n)s(ul)
   II aut III],
[iis, qui militaverunt in classe praetoria
   Misenensi(?), ---],
[quorum nomina subscripta sunt, ipsis liberis
   posterisque eorum civitatem dedit et conubium
   cum uxoribus, quas tunc habuissent, cum est
   civitas iis data, aut, siqui caelibes essent, cum
   iis, quas postea duxissent dumtaxat sing]uli
   singul[as].
[a. d. VIII k.(?)] Ian(uarias) [C. Herennio C]apella,
[L. Coelio] Ru[fo cos.][1]

[---]; [---]; [---]; [---]; [---]; [---]; [L. Pulli]
V(?)e[recundi].[2]

1. W. Eck and A. Pangerl demonstrate that the consuls can be identified as C. Herennius Capella and L. Coelius Rufus who held office from 1 November until 31 December 119. See further *RMD* VI 525/351 note 4). The day of issue was during December. The authors therefore conclude that this most likely a copy of the constitution for the Misene Fleet of 25 December 119. The titles of Hadrian have been restored accordingly.

2. Part of the cognomen of the seventh witness has survived. Only an E is clear but there is an upright of a letter after it. There also seem to be traces of a letter at an angle preceding it. Thus, it is possible to read [V]E[RECVNDI]. L. Pullius Verecundus signed in seventh place on the grant to the Misene fleet of 25 December 119 (*RMD* VI 526 note 6).

Photographs *ZPE* 152, 237.

531 HADRIANVS ADIVTORI

a. 120 Iun. 29

Published W. Eck - A. Pangerl *Acta Musei Napocensis*, 43-44/1, 2006-2007, 194-198. Almost complete tabella II of a diploma. All of the edges are damaged and part of the top right corner is missing. In the middle of the tope edge a fragment has been broken off but most survives. There is a hole in the tabella just above the middle and toward the right hand side which had been made from the outside. Height 12.7 cm; width 16.5 cm; thickness 0.5 mm; weight 111 g. The script on both faces is clear and well formed. Letter height on the outer face 6-7 mm; on the inner 4 mm. Both binding holes have survived and there are traces of the solder for the box which protected the seals on the binding wires. There is a hinge hole in the bottom left corner of the outer face.
AE 2007, 1762

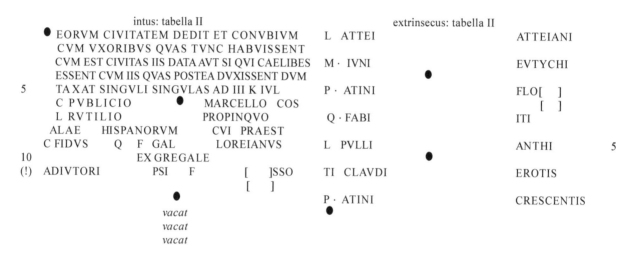

[*Imp. Caesar, divi Traiani Parthici f., divi Nervae nepos, Traianus Hadrianus Aug(ustus), pontif(ex) max(imus), trib(unicia) potest(ate) IIII, co(n)s(ul) III*],[1]
[*equitibus et peditibus, qui militaverunt in ala/is -- et cohortibus ---, quae appellantur Hispanorum et --- et --- quae sunt in Dacia superiore sub Iulio Severo, --- stipendis emeritis dimissis honesta missione*],
[*quorum nomina subscripta sunt, ipsis liberis posterisque*] *eorum civitatem dedit et conubium cum uxoribus, quas tunc habuissent, cum est civitas iis data, aut, siqui caelibes essent, cum iis, quas postea duxissent dumtaxat singuli singulas.*
a. d. III k. Iul(ias) C. Publicio Marcello, L. Rutilio Propinquo cos.[2]
alae Hispanorum cui praest C. Fidus Q. f. Gal. Loreianus,[3] *ex gregale Adiutori ⌐I⌐ si f., [Be]sso.*[4]

L. Attei Atteiani; M. Iuni Eutychi; P. Atini Flo[ri]; Q. Fabi Iti: L. Pulli Anthi; Ti Claudi Erotis; P. Atini Crescentis.[5]

1. This is an issue of 29 June 120 for auxiliaries in a province whose name has not survived. W. Eck and A. Pangerl argue that the province can be identified as Dacia superior because the *ala Hispanorum*, the unit of the recipient, was based in the province in 119 (*RMD* VI 525/351). This auxiliary constitution would then be parallel to the one for the *Palmyreni sagittarii* (*CIL* XVI 68, *RMD* I 17). Sex. Iulius Severus can therefore be restored as governor (*PIR*[2] I 576, *DNP* 6, 42 [II 133], Thomasson 2009, 21:005, Birley 2014, 242-243).
2. C. (Quinctius Certus) Publicius Marcellus (*PIR*[2] P 1042) and L. Rutilius Propinquus (*PIR*[2] R 256) were suffect consuls probably from 1 May to 30 June 120 (Eck-Weiß 2002, 481).
3. *ala Hispanorum* is first attested in Dacia superior on 12 November 119 (*RMD* VI 525/351). By 125/126 it was in Dacia inferior (*AE* 2009, 1035). C. Fidus Q. f. Gal. Loreianus is otherwise unattested. Fidus is normally a cognomen and is not otherwise recorded as a nomen (Solin-Salomies 1994, 79). Similarly his cognomen is otherwise unattested.
4. The recipient was most likely Bessus, an alternative to Thrax. D. Dana has suggested that his name and that of his father have been incorrectly engraved (Dana 2010, 43 no. 10). Rather than a Roman name, which would have been unlikely at this date, and as a previously unattested cognomen, ADIVTORI PSI F., he has proposed A<VL>V<P>ORI <I>SI F. Both of these names are Thracian (*OnomThrac* 14-16 and 198 respectively). On balance it seems best to read Adiutori ⌐I⌐ si f.
5. The witness list is the same as that on the copies of the constitution for *Palmyreni sagittarii* of the same date (*CIL* XVI 68, *RMD* I 17). This bolsters the arguments for this copy being for the auxilia of Dacia superior (Holder 2018a, 257-258).

Photographs *AMN* 43-44/1, 195 fig. 4a-b.

532 HADRIANVS L. CASSIO [---]

a. [120 Iun. 29]

Published P. Holder *Zeitschrift für Papyrologie und Epigraphik* 208, 2018, 260-262. Upper left quarter of tabella II of a diploma. Height 8.2 cm, no other measurements available. The script is clear except where obscured by corrosion on the inner face. No framing lines are visible on the outer face. Part of the upper binding hole has survived. On the outer face there are traces of the solder for the box which protected the seals and binding wire. Now in private possession.

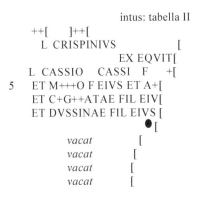
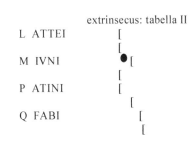

[Imp. Caesar, divi Traiani Parthici f., divi Nervae nepos, Traianus Hadrianus Aug(ustus), pontif(ex) max(imus), trib(unicia) potest(ate) IIII, co(n)s(ul) III],[1]

[equitibus et peditibus, qui militaverunt in --- et sunt in Dacia superiore sub Iulio Severo, ---],

[quorum nomina subscripta sunt, --- dumtaxat singuli singulas].

[a. d. III k. Iul(ias) C. Publicio Marcello, L. Rutilio Propinquo cos.]

[coh(ortis) --- cui praest] L. Crispinius [---],[2] ex equit[e] L. Cassio Cassi f. [---][3] et M[arc]o(?) f. eius et A[--- f./fil. eius] et C[o]g[it]atae(?) fil. eiu[s et --- fil. eius] et Dussinae fil. eius [(?)et --- fil. eius].[4]

L. Attei [Atteiani]; M. Iuni [Eutychi]; P. Atini [Flori]; Q. Fabi [Iti]; [L. Pulli Anthi]; [Ti. Claudi Erotis]; [P. Atini Crescentis].[5]

1. The lack of the *descriptum et recognitum* formula on the inner face points to a date after c. 110 at the earliest and definitely after 118 (Appendix IIa). The inclusion of children on this auxiliary diploma points to a date before 140. The evidence from the witness list suggests that this is another copy of the auxiliary constitution for Dacia superior of 29 June 120 (note 5). The titles of Hadrian have been restored accordingly.
2. The unit of the recipient was a *cohors equitata* whose commander, L. Crispinius [---], is otherwise unattested. His nomen is recorded in the western empire mostly in Gallia Belgica (*OPEL* II 85).
3. L. Cassius [---], the recipient, was a Roman citizen (Mann 2002, 228-230).
4. At least five children were named. The first child was a son whose name can be restored as Marcus. The next was either a son or daughter. The daughter on line 6 can be restored as Cogitata which is mostly attested in Pannonia and Noricum (*OPEL* II 68). On line 7 is a daughter named Dussina, a name not otherwise recorded although Dussona is recorded in Dalmatia (*OPEL* II 111).
5. The praenomina and nomina of the first four witnesses have survived. The same names appear in the same order and in the same position on the constitutions of 29 June 120 for auxiliary units in Dacia superior (*RMD* VI 531) and for *Palmyreni sagittarii* in the same province (*CIL* XVI 68, *RMD* I 17). They do not occur in the same order in any other known diploma (Holder 2018a, 257-258).

Photographs *ZPE* 208, 260-261.

533 HADRIANVS ALEXANDRO

a. 121 Aug. 19

Published B. Pferdehirt *Römische Militärdiplome und Entlassungsurkunden in der Sammlung des Römisch-Germanischen Zentralmuseums*, 2004, Nr. 19. Complete tabella I of a diploma which has a large crack in the upper right quarter. Height 16.5 cm; width 13.3 cm; thickness 1.5 mm; weight 239.6 g. The script on both faces is well formed and easy to read except where the surface of either side has been damaged. Letter height on the outer face 4 mm; on the inner 4 mm. On the outer face there is a 7 mm wide border delineated by a single framing line. There are hinge holes in the top right corner and bottom right corner of the outer face. Under the lower hinge hole there is a small incised V. Now in the Römisch-Germanisches Zentralmuseum, Mainz (Inv. Nr. O. 42615).

intus: tabella I

```
     IMP CAES DIVI TRAIANI PARTHICI F DIVI NER
     VAE NEPOS TRAIANVS HADRIANVS AVG PONTIF
     MAX TRIB POT   V COS  III  PROCOS
     PEDIT ET EQVIT QVI M IN ● COH IIII GALL QVAE EST
5(!) IN CILICIA SVB CALPVRNIO CESIIANO PRAEF SVR
     DENIO PRISCO QVIN ET VICEN PLVRIBVSVE
     STIP EMER DIMISS HON MISS QVOR NOM
     SVBSCRIPTA SVNT IPS LIBER POSTERISQ
     EOR CIVIT DEDIT ET ● CONVB CVM VXOR QVAS
10   TVNC HABVISS CVM EST CIVIT IS DATA
(!)    AVT SIQVI CALLIB ESSENT CVM IIS QVAS
     ●                                          ●
```

extrinsecus: tabella I

```
     IMP CAESAR DIVI TRAIANI PARTHICI F DIVI NER ●
     VAE NEPOS TRAIANVS HADRIANVS AVG PONTIF
     MAX TRIB POTEST  V   COS III  PROCOS
     PEDITIB ET EQVITIB QVI MILITAVERVNT IN COHORT
     IIII GALLOR QVAE EST IN CILICIA SVB CALPVRNIO  5
     CESTIANO PRAEF SVDERNIO PRISCO QVINIS
     ET VICENIS PLVRIBVSVE STIPENDIS EMERITIS
     DIMISSIS HONESTA MISSIONE QVORVM NO
     MINA SVB SCRIPTA SVNT IPSIS LIBERIS POS
     TERISQVE EORVM CIVITATEM DEDIT ET CONV   10
     BIVM CVM VXORIBVS QVAS TVNC HABVISSENT
     CVM EST CIVITAS IIS DATA·AVT SIQVI CAELIBES
       ●                                    ●

     ESSENT CVM IIS QVAS POSTEA DVXISSENT DVM
     TAXAT SINGVLI SINGVLAS  A D XIIII K  SEP
     M ·  STATORIO   SECVNDO                      15
     L ·  SEMPRONIO MERVLA AVSPICATO    COS
          EX PEDITE
     ALEXANDRO  ANDRONICI  F    ANTI
     ET MAXIMO F EIVS ET IAMBAE F EIVS
     ET       HERACLIDE     F  EIVS          20
     ET       ALEXANDRAE  FIL EIVS
     DESCRIPTVM ET RECOGNITVM EX TABVLA AENEA
     QVAE FIXA EST ROMAE IN MVRO POST TEM
     PLVM  DIVI  AVG  · AD · MINERVAM      ●
```

Imp. Caesar, divi Traiani Parthici f., divi Nervae nepos, Traianus Hadrianus Aug(ustus), pontif(ex) max(imus), trib(unicia) potest(ate) V, co(n)s(ul) III, proco(n)s(ul),[1]

peditib(us) et equitib(us), qui militaverunt in cohort(e) IIII Gallor(um),[2] quae est in Cilicia sub Calpurnio Cestiano,[3] praef(ecto) Sudernio Prisco,[4] quinis et vicenis pluribusve stipendis emeritis dimissis honesta missione,

quorum nomina subscripta sunt, ipsis liberis posterisque eorum civitatem dedit et conubium cum uxoribus, quas tunc habuissent, cum est civitas iis data, aut, siqui caelibes[5] essent, cum iis, quas poseta duxissent dumtaxat singuli singulas.

a. d. XIIII k. Sep(tembres) M. Statorio Secundo, L. Sempronio Merula Auspicato cos.[6]

ex pedite Alexandro Andronici f., Anti(ochiae)[7] et Maximo f. eius et Iambae f. eius et Heraclide f. eius et Alexandrae fil eius.[8]

Descriptum et recognitum ex tabula aenea quae fixa est Romae in muro post templum divi Aug(usti) ad Minervam.

1. This is the only known copy of a constitution for auxiliaries in Cilicia. It was issued when Hadrian held tribunician power for the fifth time between 10 December 120 and 9 December 121 specifically on 19 August 121. Proconsul is included in his titles for the first time showing he had definitely left Rome by this date (Eck 2019b, 489-490).

2. The unit in which the beneficiaries of the award had served was a *cohors IIII Gallorum*. It is most likely to be identified with the *cohors IIII Gallorum* attested in Thracia on a diploma of 19 July 114 (*RMD* IV 227/14). It should most likely be identified with the one later attested in Syria (Weiß 2006a, 278-279). See also *RMD* VI 599 note 2.

3. Intus CESIIANO for CESTIANO. The governor is named as Calpurnius Cestianus (Thomasson 2009, 31:009a). He is otherwise unknown. His cognomen points to the Eastern provinces as his home.

4. Intus SVRDENIO, extrinsecus SVDERNIO. The prefect of the cohort, Sudernius Priscus, is otherwise unknown.

5. Intus CALLIB for CAELIB.

6. The consuls, M. Statorius Secundus (*PIR*² S 891, *DNP* 11, 930) and L. Sempronius Merula Auspicatus (*PIR*² S 359), took up office on 1 July and relinquished it on 31 August (Eck-Weiß 2002, 478-479 and 481).
7. The infantryman recipient was a peregrine. Both he and his father have Greek names. His home can be restored as Anti(ochia) but which one in the Greek east is uncertain.

8. Three sons and one daughter are named. Only the first named son was given a Latin name while the others bore Greek names.

Photographs *RGZM* Taf. 34-35.

534 HADRIANVS INCERTO

122 (Iul. 17)

Published W. Eck, D. MacDonald and A. Pangerl *Revue des Études Militaires Anciennes* 1, 2004, 64-68. Two contiguous fragments from tabella II of a diploma. Together they form most of the left half of the tabella lacking the bottom left corner and a large part of the top left quadrant. Height 14.4 cm; width 8.4 cm; thickness c. 1.5 mm; weight 75 g. The script on the outer face is much better formed than that on the inner which is also less deeply incised. Letter height on the outer face 4-5 mm; on the inner 3-5 mm. There are two framing lines along each of the surviving edges of the outer face. Both binding holes have survived. There are traces of the solder for the left hand side of the box which protected the seals and binding wires on the outer face.
AE 2004, 1900

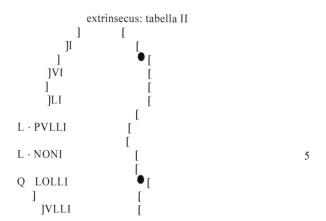

[Imp. Caesar, divi Traiani Parthici f., divi Nervae nepos, Traianus Hadrianus Augustus, pontifex maximus, tribunicia potestate VI, co(n)s(ul) III, proco(n)s(ul)],[1]

[equitibus et peditibus, qui militaverunt in alis decem et tribus et cohortibus triginta et septem, quae appellantur ---, quae sunt in Britannia sub A. Platorio Nepote, quinque et viginti stipendis emeritis dimissis honesta missione per Pompei]um Fa⸢l⸣conem,[2]

q[uorum nomina subscripta sunt, ipsis] liberis posterisq(ue) e[orum civitatem dedit et conu]bium cum uxoribus, qu[as tunc habuissent, cum est] civ<i>tas[3] *iis data, aut, siq[ui caelibes essent, cum] iis, quas postea duxisse[nt dumtaxat singuli] singulas.*

a. d. XV[I k. Aug(ustas)] Ti. Iulio [Capitone], L. Vitr[asio Flaminino cos].[4]

[alae G]allor(um) Picentian[ae cui praest [Ti.? Clau]dius PrisciN/AN[us ---],[5] *ex grega[le ---] Busudia[-- f., ---].*[6]

[Ti. Claud]i [Menandri]; [A. Ful]vi [Iusti]; [Ti. Iu]li [Urbani]; L. Pulli [Daphni]; L. Noni [Victoris]; Q. Lolli [Festi]; [L. P]uli [Anthi].[7]

1. This is part of another copy of the constitution for Britain of 17 July 122. Cf. *CIL* XVI 69 (complete), *RMD* V 360 (fragment), and *AE* 2008, 800 (multiple fragments).
2. The L in FALCONEM was not fully formed and looks like an I. For Pompeius Falco's preceding governorship of Moesia inferior, see *RMD* VI 523 note 3.
3. The second I of CIVITAS was not engraved.
4. The suffect consuls were Ti. Iulius Capito (*PIR*² I 245) and L. Vitrasius Flamininus (*PIR*² V 765) whose period of office is not known for certain.
5. The unit of the recipient can be restored as *ala Gallorum Picentiana*. The authors suggest that the commanding officer's name should be restored as [Ti.(?) Clau]dius Priscian[us] rather than with the cognomen Priscinus. He is otherwise unknown.
6. The recipient had served as a cavalryman. His father's name survives as BVSVDIA[...]. The authors suggest a possible Pannonian origin based on the name root BVS- (*OPEL* I, 329). However, BVS- and SVDI- can both be found as parts of Thracian names (*OnomThrac* 73 and 336 respectively).
7. The names of the witnesses can be restored by comparison with the complete copy (*CIL* XVI 69).

Photographs *REMA* 1, 65-66 fig. 1-2.

535 HADRIANVS BOLLICONI

a. 122 Iul. 17

Published B. Pferdehirt *Römische Militärdiplome und Entlassungsurkunden in der Sammlung des Römisch-Germanischen Zentralmuseums*, 2004, Nr. 20. Lower half of tabella I of a diploma. Height 8.3 cm; width 13.2 cm; thickness 1 mm; weight 101.3 g. The script on both faces is well formed and easy to read except where surface damage has obscured the lettering on the inner face. Letter height on the outer face 3 mm; on the inner 4 mm. Visible on the inner face are scratches from the preparation of the surface. There is a 3 mm border on the outer face comprising two framing lines. Both binding holes have survived in part and there is a hinge hole in the lower right corner of the outer face. Now in the Römisch-Germanisches Zentralmuseum, Mainz (Inv. Nr. O. 42722).

intus: tabella I

```
        ]NI PARTH·F DIVI NERV
        ]AN·AVG·PONT MAX·TR
        ]    III    PROCOS
        ]●IN AL · III · ET COH V
5(!)    ]AIL·CAP·ET GALL·ATECT
        ]BR· AVG·ET II·FL·NVM
        ] S·ET III GALL· QVAE
        ]R·SVB COCCEIO NASON
        ]TIP·EMER·DIM HON
10      ]SVBSCR·SVNT IPSIS
        ]EOR·CIVIT DED·ET
        ]VAS TVNC·HAB CVM
        ]●
        ]AVT SIQ·CAELIB·ESS
        ] ·DVX·DVMTAX·SING
        ]                    ●
```

extrinsecus: tabella I

```
●                              ●
DEDIT ET CONVBIVM CVM VXORIBVS QVAS TVNC
HABVISSENT CVM EST CIVITAS IS DATA AVT SI
QVI CAELIBES ESSENT CVM IS QVAS POSTEA
DVXISSENT DVMTAXAT SINGVLI·SINGVLAS
  A D · XVI · K · AVG· TI·IVLIO CAPITONE        5
  L·    VITRASIO    FLAMININO    COS
ALAE I CLAVD·GALLOR CAPITON CVI PRAEST
C PACONIVS·C F ARN  FELIX CARTHAGIN
          EX GREGALE
BOLLICONI·  ICCI  F  ICCO    BRITT        10
  ET APRILI F·EIVS ET IVLIO  F  EIVS
  ET APRONIAE FIL·EIVS ET VICTORIAE FIL EIVS
DESCRIPT·ET RECOGN·EX TABVLA AENEA
QVAE FIXA EST ROMAE IN MVRO POST
  TEMPL  DIVI  AVG    AD MINERVAM  ●    15
```

[Imp. Caes(ar), divi Traia]ni Parth(ici) f., divi
  Ner[vae nepos, Traianus Hadri]an(us)
  Aug(ustus), pont(ifex) max(imus), tr(ibunicia)
  [pot(estate) VI, co(n)s(ul)] III, proco(n)s(ul),[1]
[equit(ibus) et pedit(ibus), qui militav(erunt)]
  in al(is) III et coh(ortibus) V,[2] [q(uae)
  app(ellantur) (1) Ast(urum) et (2) I Cl(audia)
  G]a˹i˺l(orum)[3] Cap(itoniana) et (3) Gall(orum)
  Atect(origiana) [et (1) --- et (2) I]
  Br(acar)aug(ustanorum) et (3) II Fl(avia)
  Num[id(arum) et (4) II Fl(avia) Bes]s(orum) et
  (5) III Gall(orum) quae [sunt in Dacia
  infe]r(iore) sub Cocceio Nason(e),[4] [quin(is)
  et vic(enis) plur(ibus)ve s]tip(endis) emer(itis)
  dim(issis) hon(esta) [miss(ione)],
[quor(um) nomin(a)] subscr(ipta) sunt, ipsis
  [liber(is) posterisq(ue)] eor(um) civit(atem)
  dedit et conubium cum uxoribus, quas tunc
  habuissent, cum est civitas is data, aut, siqui
  caelibes essent, cum is, quas postea duxissent
  dumtaxat singuli singulas.
a. d. XVI k. Aug(ustas) Ti. Iulio Capitone, L. Vitrasio
  Flaminino cos.[5]
alae I Claud(iae) Gallor(um) Capiton(ianae)
  cui praest C. Paconius C. f. Arn. Felix
  Carthagin(ensis),[6] ex gregale Bolliconi Icci f.
  Icco, Britt(oni)[7] et Aprili f. eius et Iulio f. eius et
  Aproniae fil. eius et Victoriae fil. eius.[8]

Descript(um) et recognit(um) ex tabula aenea quae
  fixa est Romae in muro post templ(um) divi
  Aug(usti) ad Minervam.

1. This is an issue of 17 July 122 for Dacia inferior and the year of tribunician power held by Hadrian has been restored accordingly. For other copies of this constitution see *RMD* V 361, VI 536, 537; *AE* 2013, 2194.
2. Three alae and five cohorts were listed but the names of the ala in first position and the first cohort are wanting. The former can be restored as *ala I Asturum*.
3. Intus [G]AIL for [G]ALL.
4. Cocceius Naso is attested as governor of Dacia inferior here and on 16 June 123 (*AE* 2015, 1893) (Thomasson 2009, 21:021a, Faoro 2011, 298). He was still in the province between 10 December 125 and 9 December 126 (*AE* 2009, 1035).
5. The names of the consuls and the day date are inscribed in smaller letters, indicating a second hand, as on other copies (*RMD* V 361, VI 536). For more information about the consuls, see *RMD* VI 534 note 4.
6. C. Paconius Felix, from Carthage, the commander of *ala I Claudia Gallorum Capitoniana* is otherwise unknown.
7. The recipient seems to be called Bollico Iccus. Such a double cognomen is highly unusual for a soldier of Celtic origin. There may have been confusion with his father's name which is also Iccus. He was a Britto.
8. Two sons and two daughters were named all of whom have Latin names.

Photographs *RGZM* Taf. 36.

536 HADRIANVS INCERTO

a. 122 Iul. 17

Published W. Eck - D. MacDonald - A. Pangerl *Acta Musei Napocensis* 39-40/1, 2002-2003, 34-37. Fragment from just below the middle of the right hand side of tabella I of a diploma. Height 3.8 cm; width 4.8 cm; thickness c. 1 mm; weight 13.1 g. The script on both faces is well formed and clear except where damaged by corrosion. Letter height on the outer face generally 4 mm except for the date elements on lines 2-4 which are 2.5-3 mm high; on the inner 4 mm. There are traces of two framing lines along the edge of the outer face.
AE 2003, 2042

intus: tabella I
]PT SVN[.] IPS[
]TAT· DED· ET[
]C· HABVIS[
]T SIQVI CA[
5　　　　　]QVAS POS[
]　　*vacat*　　[

extrinsecus: tabella I
]STEA [.]VX[
]AS· A D XVI· K· AVG
]NE
]NO　　　　COS
]　*vacat*
]VI PRAEST　　　　　　5
]　AELIANVS
]　*vacat*
]F　　DALMAT

[Imp. Caesar, divi Traiani Parthici f., divi Nervae nepos, Traianus Hadrianus Augustus, pontifex maximus, tribunicia potestate VI, co(n)s(ul) III, proco(n)s(ul)],[1]
[equitibus et peditibus, qui militaverunt in alis --- et cohortib(us) ---, quae appellantur --- quae sunt in Dacia inferiore sub Cocceio Nasone, quinis et vicenis pluribusve stipendis emeritis dimissis honesta missione],
[quor(um) nom(ina) subscri]pt(a) sun[t], ips[is liber(is) poster(is)q(ue) eor(um) civi]tat(em) ded(it) et [conub(ium) cum uxor(ibus), quas tun]c habuis(sent), [cum est civit(as) is data, au]t, siqui ca[elibes essent, cum is], quas postea [d]ux[issent dumtaxat singuli singul]as.
a. d. XVI k. Aug(ustas) [Ti. Iulio Capito]ne, [L. Vitrasio Flamini]no cos.

[alae aut *cohort(is) --- cu]i praest [---] Aelianus,[2]*
[---] f. Dalmat(ae).[3]

1. The authors argue that this is most likely to be another copy of the constitution for Dacia inferior of 17 July 122 on the basis of the consular and day date. Their contention is supported by the fact that this element was engraved by a second hand in smaller lettering, indicating a second hand, as on other copies of this grant (*RMD* V 361, VI 535). The titles of Hadrian and the name of the governor have been restored accordingly.
2. The name of the unit of the recipient has not survived but it was neither *ala Gallorum Atectorigiana* (*RMD* V 361) nor *ala I Claudia Gallorum Capitoniana* (*RMD* VI 535) nor probably *ala I Asturum* which was commanded by Valentinus on 16 June 123 (*AE* 2015, 1893). In each case the cognomen of the commander is not Aelianus. He cannot otherwise be identified.
3. The unknown recipient of this copy was from Dalmatia.

Photographs *AMN* 39-40/1, 35 Abb. 4-5.

537 HADRIANVS INCERTO

a. [122 Iul. 17]

Published W. Eck - A. Pangerl *Acta Musei Napocensis* 43-44/1, 2006-2007, 186-189. Fragment from the upper middle of the right hand side of tabella I of a diploma. Height 3.7 cm; width 3.8 cm; thickness 1 mm; weight 8 g. The script of the outer face is well formed and clear while that on the inner is more angular and irregular. Letter height on the outer face 4 mm; on the inner 5 mm. On the inner face there are faint scratches from the preparation of the surface. There are two framing lines along the edge of the outer face.
AE 2007, 1759

intus: tabella I
]CIVITATEM[
]RIBVS QVA[
]TAS IIS DAT[
]   *vacat*   [

extrinsecus: tabella I
]+++ANOR
]R QVAE SVNT
]ASONE QVI
]IS EMERI
]QVORVM   5
]IBERIS POS
]CONVBI

[Imp. Caes(ar), divi Traiani Parth(ici) f., divi
    Nervae nepos, Traianus Hadrian(us) Aug(ustus),
    pont(ifex) max(imus), tr(ibunicia) pot(estate) VI,
    co(n)s(ul) III, proco(n)s(ul)],[1]
[equit(ibus) et pedit(ibus), qui milit(averunt) in
    al(is) -- et coh(ortibus)[2] ---, quae app(ellantur)
    --- et ---]anor(um) [et ---]r(um) quae sunt [in
    Dacia infer(iore) sub Cocceio N]asone,[1] qui[nis
    et vicenis plur(ibus)ve stipend]is emeri[tis
    dimissis honesta missione],
quorum [nomina subscripta sunt, ipsis l]iberis
    pos[terisq(ue) eorum] civitatem [dedit et
    c]onubi[um cum uxo]ribus, qua[s tunc
    habuissent, cum est civit]as iis dat[a, aut,

siqui caelibes essent, cum iis, quas postea
duxissent dumtaxat singuli singulas].

1. W. Eck and A. Pangerl argue that this is a further copy of the constitution of 17 July 122 for Dacia inferior primarily because the name of the governor can be restored as [COCCEIO N]ASONE on the outer face. He is attested as governor of Dacia inferior on 17 July 122 (*RMD* VI 535) and as late as between 10 December 125 and 9 December 126 (*AE* 2009, 1035). The contents of the grant of 16 June 123 (*AE* 2015, 1893) do not match the surviving details of this fragment. The titles of Hadrian have been restored accordingly. See further *RMD* VI 535.
2. On the outer face the partial names of two cohorts have survived. Their names cannot be restored with confidence.

Photographs *AMN* 43-44/1, 186 Abb. 1a-b.

538 HADRIANVS INCERTO

a. 121 (Dec.10) / 122 (Dec.9)

Published B. Pferdehirt *Römische Militärdiplome und Entlassungsurkunden in der Sammlung des Römisch-Germanischen Zentralmuseums*, 2004, Nr. 21. Upper left quarter of tabella I of a diploma found in the vicinity of Ratiaria. Height 8.8 cm; width 12.4 cm; thickness 1 mm; weight 52.8 g. Height to middle of binding hole 7.1 cm; restored height 14.2 cm. The script on both faces is clear and well formed. Letter height on the outer face 3 mm; on the inner 3 mm. The right hand binding hole is complete while the left hand one partially survives. Traces of a hinge hole are visible in the upper right corner of the outer face. There is a 3 mm wide border comprising two framing lines parallel to the surviving edges of the outer face. Now in the Römisch-Germanisches Zentralmuseum, Mainz (Inv. Nr. O. 42770).

intus: tabella I

```
  IMP CAESAR DIVI TR[
   NERVAE NEPOS TRAI[
   PONTIF MAXIM TRIB[
       III      PRO    ●[
5  IIS QVI MILITANT IN CLAS[
   NATE SVB NVMERIO ALB[
   CENA PLVRAVE STIPEND [
   QVOR NOMIN SVBSCRIPT[
   RIS POSTERISQ EO  ● [
10 CONVBIVM CVM VXORI[
(!) ESS CVM EST C[
   ●    [
```

extrinsecus: tabella I

```
  IMP·CAESAR DIVI·TRAIANI PARTHICI F·DIVI NERVAE ●
   NEPOS·TRAIANVS HADRIANVS AVG·PONTIF
   MAXIM·TRIBVNIC·POTEST    VI     COS
       III     PRO    COS
  IIS QVI MILITANT IN CLASSE PRAETORIA RAVEN       5
   NATE SVB·NVMERIO ALBANO QVI SENA ET[
   CENA PLVRAVE STIPENDIA MERVERVNT [
   RVM NIMINA SVBSCRIPTA SVNT IPSIS LIB[
   POSTERISQVE EORVM CIVITATEM DEDIT ET CON[
   VM·CVM VXORIBVS QVAS TVNC·HABVISSENT C[     10
   ]AS IIS DATA AVT SIQVI CAELIBES ESSE[
       ]●          ●    [
          ]EA DVXISSENT D[
              ]+[
```

Imp. Caesar, divi Traiani Parthici f., divi Nervae nepos, Traianus Hadrianus Aug(ustus), pontif(ex) maxim(us), tribunic(ia) potest(ate) VI, co(n)s(ul) III, proco(n)s(ul),[1]
iis, qui militant[2] in classe praetoria Ravennate sub Numerio Albano,[3] qui sena et [vi]cena plurave stipendia meruerunt,
quorum nomina subscripta sunt, ipsis lib[e]ris posterisque eorum civitatem dedit et conubium cum uxoribus, quas tunc habuissent,[4] cum est c[ivit]as iis data, aut, siqui caelibes esse[nt, cum iis, quas post]ea duxissent d[umtaxat singuli singulas].

1. This diploma was issued while Hadrian held tribunician power for the sixth time from 10 December 121 until 9 December 122.

When away from Rome he demonstrated his *imperium* through the title *proconsul* which is first recorded on 19 August 121 (*RMD* VI 533).

2. The phrase, *iis qui militant*, shows that at this time constitutions for the *classis Ravennas* were still awarded to serving sailors unlike those for the Misene fleet. See further Holder 2008, 146-148 and now *AE* 2012, 1988 for an award of 119 to the Ravenna fleet.

3. (L.) Numerius Albanus (*PIR²* N 100) was still prefect on a diploma of 11 October 127 (*CIL* XVI 72) (Magioncalda 2008, 1157-1158). At present this is the earliest attestation on a diploma of a prefect of an Italian fleet lacking a praenomen. His predecessor, M. Ulpius Marcellus, is attested as prefect in 119 (*AE* 2012, 1988). L. Messius Iu[---] would therefore either have been an earlier prefect or in between (*RMD* V 358).

4. Intus [HABV]ESS for [HABV]ISS.

Photographs *RGZM* Taf. 37.

539 HADRIANVS ZACCAE

a. 123 Apr. 14

Published B. Pferdehirt *Römische Militärdiplome und Entlassungsurkunden in der Sammlung des Römisch-Germanischen Zentralmuseums*, 2004, Nr. 22. Complete tabella I of a diploma found near Urfa in Turkey. Height 16.9 cm; width 13.1 cm; thickness 1.5 mm; weight 286.1 g. The script on both faces is neat and well formed although that on the inner face is more angular. The surface of both sides has areas of roughness partially from the scouring for the preparation of the tabella and, on the inner face, partly as a result of corrosion where the lettering is more difficult to read. Letter height on the outer face 3 mm; on the inner 4 mm. In addition to the binding holes there is a hinge hole in the top right corner of the outer face. The outer face also has a 4 mm wide border comprising two framing lines. Now in the Römisch-Germanisches Zentralmuseum, Mainz (Inv. Nr. O. 42614).

intus: tabella I

```
(!)  IMP·CAESAR DIVI TRAIAVI DARTHICI F DIVI NERVAE
     NEPOS TRAIANVS HADRIANVS AVG PONT MAX
     TRIBVN POTEST  VII  COS III  PRO  COS
     EQ ET PED QVI MIL IN ●COH II FL COMM ET PED
5    BRITT QVAE SVNT IN DAC SVPERIOR SVB IVLIO
     SEVERO ITEM ALAE I BRITT C R ET COH II GALLOR
     MACED TRANSLATIS IN DAC POROLIS SVB LIVIO
     GRATO QVINIS ET VICEN PLVRIBVSVE STIPEND
(!)  EMERIT DIMISS HONEST MISS QVOR NOM NA
10(!) SVBSCRIPT SVNT IPSIS LIBER COSTER SQ EOR
     CIVITAT DEDIT ET CO●NVB CVM VXORIB QVAS
     TVNC HABVISS CVM EST CIVIT IIS DATA AVT
     SIQVI C[.]ELIB ESS CVM IIS QVAS POSTEA
     ●
```

extrinsecus: tabella I

```
IMP CAESAR DIVI TRAIANI PARDIICI·F·DIVI  ●  (!)
  NERVAE NEPOS TRAIANVS HADRIANVS AVG
  PONTIF MAX TRIBVN POTEST VII COS III PROCOS
EQVITIB ET PEDITIB QVI MILITAVER IN COH II FLA
  VIA COMMAGENOR ET PEDET B·BRITTANN QVAE  (!)5
  SVNT IN DACIA SVPERIORE SVB IVLIO SEVERO
ITEM ALAE I BRITTON C R ET COH II GALLOR MACE
  DONIC TRANSLATIS IN DACIA POROLISENSI SVB
  LIVIO GRATO QVINIS ET VICENIS PLVRIBVSVE
  STIPENDIS EMERITIS DIMISS HONESTA MIS      10
  SIONE QVORVM NOMINA SVBSCRIPTA SVNT
  IPSIS LIBERIS POSTERISQ EORVM CIVITATEM
  DEDIT ET CONVBIVM CVM VXORIBVS QVAS TVNC
  HABVISSENT CVM EST CIVITAS IIS DATA AVT
            ●                        ●
  SIQVI CAELIBES ESSENT CVM IIS QVAS POSTEA   15
  DVXISSENT DVMTAXAT SINGVLI SINGVLAS
          A  D XVIII  K    MAI
Q ARTICVLEIO PAETINO L VENVLEIO APRONIANO COS
  COH II  FLAVIA  COMMAGENOR  CVI PRAEST
       VLPIVS                VICTOR         20
            EX EQVITE
ZACCAE        PALLAEI     F  SYRO
ET IVLIAE BITHI FIL FLORENTINAE VXOR EIVS BESS
ET ARSAMAE  F  EIVS ET ABISALMAE  F  EIVS
ET SABINO    F  EIVS ET ZABAEO    F  EIVS    25
ET ACHILLEO F  EIVS ET SABINAE   FIL  EIVS
DESCRIPTVM ET RECOGNITVM EX TABVLA AE
NEA QVAE FIXA EST ROMAE IN MVRO POST
TEMPL     DIVI     AVG  AD MINERVAM
```

*Imp. Caesar, divi Traiani Parthici f., divi Nervae
nepos, Traianus Hadrianus Aug(ustus),
pontif(ex) max(imus), tribun(icia) potest(ate)
VII, co(n)s(ul) III, proco(n)s(ul),[1]
equitib(us) et peditib(us), qui militaver(unt)
in coh(orte) II Flavia Commagenor(um) et
ped⌐i⌐t<i>b(us) Brittann(icianis),[2] quae sunt in
Dacia superiore sub Iulio Severo,[3] item alae I
Britton(um) c(ivium) R(omanorum) et coh(ortis)
II Gallor(um) Macedonic(ae)[2] translatis in
Dacia Porolisensi sub Livio Grato,[4] quinis et
vicenis pluribusve stipendis emeritis dimiss(is)
honesta missione,
quorum nomina[5] subscripta sunt, ipsis liberis
posterisq(ue)[6] eorum civitatem dedit et*

*conubium cum uxoribus, quas tunc habuissent,
cum est civitas iis data, aut, siqui caelibes
essent, cum iis, quas postea duxissent dumtaxat
singuli singulas.
a. d. XVIII k. Mai(as) Q. Articuleio Paetino, L.
Venuleio Aproniano cos.[7]
coh(ortis) II Flavia(e) Commagenor(um) cui praest
Ulpius Victor,[8] ex equite Zaccae Pallaei f.,
Syro et Iuliae Bithi fil. Florentinae uxor(i) eius,
Bess(ae)[9] et Arsamae f. eius et Abisalmae f. eius
et Sabino f. eius et Zabaeo f. eius et Achilleo f.
eius et Sabinae fil. eius.[10]
Descriptum et recognitum ex tabula aenea quae fixa
est Romae in muro post templ(um) divi Aug(usti)
ad Minervam.*

ROMAN MILITARY DIPLOMAS VI

1. Extrinsecus line 1 PARDIICI for PARTHICI, intus line 1 TRAIAVI DARTHICI for TRAIANI PARTHICI. This is an issue of 14 April 123 for Dacia superior. Once more the unit list is only a partial record of the garrison. Cf. the issue of 24 November 124 to one ala and five cohorts (*AE* 2010, 1857). It includes one ala and one cohort which had recently been transferred permanently to Dacia Porolissensis and is unusual in that both governors are named unlike the grants for Egypt and Iudaea of 105 (*RMD* I 9) and Germania superior and Moesia of 20 September 82 (*CIL* XVI 20). B. Pferdehirt suggests that, in this instance, the transferred units had been fully integrated into the garrison of their new province before the constitution had been issued. See also Onofrei 2013.
2. Extrinsecus PEDET B for PEDITIB with the second I unengraved. The four units named on this grant had been in Dacia on 2 July 110 (*CIL* XVI 164). *cohors II Flavia Commagenorum* and the *pedites Britanniciani* remained in the province and are attested there in 136/138 (*RMD* V 384) and 25 April 142 (*AE* 2012, 1945) respectively. While *ala I Brittonum civium Romanorum* and *cohors II Gallorum Macedonica* had just been transferred to Dacia Porolissensis their stay was not permanent. The former had moved to Pannonia inferior by 139 (*CIL* XVI 175), the latter to Moesia superior by 129 (Eck-Pangerl 2018b, 224-231).
3. Sex. Iulius Severus is attested as governor of Dacia superior between 120 and 126, see further *RMD* VI 531 note 1.
4. The procurator of Dacia Porolissensis in 123 is now known to have been called Livius Gratus (*DNP* 7, 373 [II 2], Thomasson 2009, 21:026, Faoro 2011, 294).
5. Intus NOMNA for NOMINA with the I not engraved.
6. Intus COSTER SQ for POSTERISQ. The I was not engraved.
7. The *ordinarii* of 123 were Q. Articuleius Paetinus (*PIR²* A 1173) and L. Venuleius Apronianus (Octavius Priscus) (*PIR²* V 377). They appear to have held office until the end of April. See also *RMD* VI 540.
8. The commander of *cohors II Flavia Commagenorum* is called Ulpius Victor. The lack of praenomen is unusual (Alföldy 1986, 430-431). See also *RMD* V 361, VI 535 of 17 July 122. He should not be identified with the procurator of Raetia in 153 (Faoro 2011, 269).
9. The recipient Zacca, son of Pallaeus, was from Syria. D. Dana has proposed that his name is a Latin variant of a known name in northern Syria and that therefore he was most likely from Commagene and was recruited in 98 at the latest (Dana 2004-2005). His wife, a Thracian, was Iulia Florentina rather than Iulia Fiorentina (Dana 2004-2005, 71 note 13). She had Latin names and was likely to have been a Roman citizen. This would then have been a example of filiation by cognomen with her veteran father, Bithus, who possessed a Thracian name (*OnomThrac* 40-58).
10. Six children are listed of whom only one is a daughter. Two of the sons, Abisalma and Zabaeus, have Syrian names (Dana 2004-2005, 70). Arsama is Iranian but variants are recorded in northern Syria (Dana 2004-2005, 70-71). A fourth son, Achilleus, has a Greek name. The remaining son and the only daughter possess the male and female version of the same Latin name which are common in Syria (Dana 2004-2005, 71).

Photographs *RGZM* Taf. 38-39.

540 HADRIANVS INCERTO

a. 123 (Iun. 16)

Published W. Eck - A. Pangerl *Zeitschrift für Papyrologie und Epigraphik* 152, 2005, 238-241. Fragment from the bottom of tabella II of a diploma to the right of the middle. Height 3.8 cm; width 4.5 cm; thickness 2 mm; weight 14 g. The script on the inner face is clear and well formed although the day date and consular names are more angular suggesting a different hand. Letter height 5 mm. Along the bottom of the outer face are twin framing lines. Both faces show scratches from the preparation process of the surfaces.
AE 2005, 1712

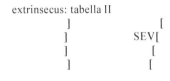

intus: tabella II

```
            ]STEA DVXISSE[
            ]VLAS A D XVI K I[
            ]ETILI   SECVN[
            ]        vacat     [
            ]                +++[
```

extrinsecus: tabella II

```
            ]              [
            ]           SEV[
            ]              [
            ]              [
```

[Imp. Caesar, divi Traiani Parthici f., divi Nervae nepos, Traianus Hadrianus Aug(ustus), pontif(ex) maxim(us), tribunic(ia) potest(ate) VII, co(n)s(ul) III, proco(n)s(ul)],[1]

[equitibus et peditibus, qui militaverunt in alis -- et cohortibus --, quae appellantur --- et sunt in Dacia inferiore sub Cocceio Nasone, ---],

[quorum nomina subscripta sunt, ipsis liberis posterisque eorum civitatem dedit et conubium cum uxoribus, quas tunc habuissent, cum est civitas iis data, aut, siqui caelibes essent, cum iis, quas po]stea duxisse[nt dumtaxat singuli sing]ulas.

a. d. XVI k. I[ul(ias) T. Prifernio Gemino, P. M]etili(o) Secun[do cos.]

[---]; [---]; [---]; [---]; [---]; [---]; [P. Atti] Sev[eri].[2]

1. The publication of a large fragment of the tabella II along with fragments of the tabella I of a constitution for Dacia inferior of 16 June 123 confirm the dating of this example (*AE* 2013, 2195, *AE* 2015, 1893). The colleague of P. Metilius Secundus (*PIR*[2] M 549) is now known to have been T. Prifernius (Paetus Rosianus) Geminus (*PIR*[2] P 938). They probably held office from 1 May until 30 June 123. The titles of Hadrian have been restored accordingly. Cf. *RMD* I 23 which has the same day date. It is therefore likely that all three diplomas were copies of the same grant. If so, the procurator would have been Coceius Naso. See further *RMD* VI 535.
2. Part of the cognomen of the witness in seventh place has survived and can be restored as Severus. At this time only P. Attius Severus is attested as a witness (Index 1: Witnesses Period 2). This cognomen also appears in seventh place on the new diploma of 16 June 123 for Dacia inferior (*AE* 2013, 2195).

Photographs *ZPE* 152, 239.

541 HADRIANVS INCERTO

a. 123 (Iul. 1 / Aug. 31)

Published W. Eck - A. Pangerl *Zeitschrift für Papyrologie und Epigraphik* 152, 2005, 241-242. Fragment from the lower left hand side of tabella I of a diploma. Height 4 cm; width 2.5 cm; thickness unknown; weight not given. The surviving script is well formed and clear. There is a double framing line along the left hand edge of the outer face. *AE* 2005, 1713

<table>
<tr><td>intus: tabella I</td><td>extrinsecus: tabella I</td><td></td></tr>
<tr><td>]I F DIVI NE[</td><td>+++[</td><td></td></tr>
<tr><td>]AVG PONT[</td><td>SING[</td><td></td></tr>
<tr><td>]   [</td><td>RVF[</td><td></td></tr>
<tr><td></td><td>COH [</td><td></td></tr>
<tr><td></td><td>L [</td><td>5</td></tr>
<tr><td></td><td>[</td><td></td></tr>
<tr><td></td><td>+[</td><td></td></tr>
</table>

[Imp. Caesar, divi Traiani Parthic]i f., divi Ne[rvae nep(os), Traianus Hadrianus] Aug(ustus), pont(ifex) [maxim(us), tribunic(ia) potestat(e) VII, co(n)s(ul) III],[1]
[equitibus et peditibus, qui militaverunt in alis --- et cohortibus ---, quae appellantur --- et sunt in --- sub ---],
[quorum nomina subscripta sunt,--- dumtaxat singuli] sing[ulas].
[a. d. --- T. Salvio] Ruf[ino Minicio Opimiano, Cn. Sentio Aburniano cos.]
coh(ortis)[--- cui praest] L. [---].[2]

1. W. Eck and A. Pangerl argue that the imperial titles on the inner face indicate an issue from the reign of Hadrian. In addition, the appearance of the cognomen of a consul at the beginning of line 4 of the outer face shows that his praenomen and nomen must have been inscribed on the line above. Cf. the special constitution of 10 August 123 for Dacia Porolissensis (*RMD* I 21 which has an almost exact parallel RV/FINO. The consul can therefore be plausibly identified as T. Salvius Rufinus Minicius Opimianus (*PIR*[2] M 623). He was consul with Cn. Sentius Aburnianus (*PIR*[2] S 387) They were probably in office for only two months (from 1 July to 31 August) like the previous *suffecti* (*RMD* VI 540 note 1).
2. The recipient had served in an auxiliary cohort whose commander bore the praenomen Lucius.

Photographs *ZPE* 152, 241.

542 HADRIANVS INCERTO

a. 126 [Iul. 1(?)]

Published W. Eck - A. Pangerl *Zeitschrift für Papyrologie und Epigraphik* 152, 2005, 242-243. Fragment from the bottom of tabella II of a diploma just to the left of the middle. Height 2.5 cm; width 3 cm; thickness 0.5 mm; weight not given. The script is clear and well formed. Along the bottom edge of the outer face are two framing lines.
AE 2005, 1714

intus: tabella II	extrinsecus: tabella II
]SINGVL[	]ENI [
]CVSPIO C[	] [
]AENIO S[	

[Imp. Caesar, divi Traiani Parthici f., divi Nervae
nep(os), Traianus Hadrianus Aug(ustus),
pontif(ex) max(imus), tribunic(ia) potest(ate) X,
co(n)s(ul) III],[1]
[equitibus et peditibus, qui militaverunt in alis -- et
cohortibus --, quae appellantur --- et sunt in
Moesia superiore(?) sub Iulio Gallo(?), ---],
[quorum nomina subscripta sunt, --- dumtaxat]
singul[i singulas].
[k. Iul(iis)(?) L.] Cuspio C[amerino, C. S]aenio
S[evero cos.]
[alae aut cohortis ---].

[---]; [---]; [---]; [---]; [---]; [---]; [---];
[C. Vetti]eni [Hermetis?].[2]

1. W. Eck and A. Pangerl show that the partially preserved names of the consuls on the inner face should be identified as L. Cuspius Camerinus (*DNP* 3, 250) and C. Saenius Severus (*PIR*² S 560,

DNP 10, 1212). They are attested on a diploma for Pannonia superior of 1 July 126 (*RMD* IV 236). They probably held office from 1 July until 31 August.

2. Part of the nomen of the witness in seventh place has survived and it can be restored as Vettienus. The two possible candidates at this date are C. Vettienus Modestus who is known to have signed between 100 and 129 and C. Vettienus Hermes attested between 112 and 134. (Index 1 Witnesses: Period 2). An almost complete copy of a constitution for Moesia superior of 1 July 126 is now known (*AE* 2015, 1886). There is also a grant of this date with a parallel unit list for the province preserved only on tabella I (*AE* 2006, 1844 + *AE* 2008, 1717, *AE* 2014, 1648). The witness list has C. Vettieni [Her]metis signing in seventh place. Given that the consuls on this fragment are the same as those on these known diplomas of 1 July 126, it is possible that the surviving traces of the name of the seventh witness can be restored as [C. VETTI]ENI [HERMETIS]. See *RMD* V Appendix IV for further examples of Period 2 witness lists of the same date and province. The date of issue could then be restored as 1 July 126 and the province as Moesia superior with Julius Gallus as governor. See further *RMD* V 366, *AE* 2015, 1886.

Photographs *ZPE* 152, 242.

543 HADRIANVS INCERTO

a. 127 (Aug. 20)

Published B. Pferdehirt *Römische Militärdiplome und Entlassungsurkunden in der Sammlung des Römisch-Germanischen Zentralmuseums*, 2004, Nr. 24. Fragment from the middle of the bottom of tabella I of a diploma. Height 4.9 cm; width 5.1 cm; thickness 0.5-1.0 mm; weight 18 g. The script on both faces is clear and well formed except for the middle of the inner face where the surface is damaged. Letter height on the outer face 4 mm except for line 3 where it is 2.5-3 mm; on the inner 4 mm. There is a 3 mm wide border comprising two framing lines on the outer face. Now in the Römisch-Germanisches Zentralmuseum, Mainz (Inv. Nr. O. 42273).

intus: tabella I

```
              ]+[      ]++++++[
          ]TOB ET VARC ET I
          ]R ET I CLASS ET I
          ]/////P ET II AST ET
5         ]//////////////BREVC
            ]//////B L CAELIO
            ]/////////N PLV
              ]/////S QVOR
```

extrinsecus: tabella I

```
          ]VT SI[
          ]SS DVMTA[
          ]O RVFO·M·LICIN[
          ]VARCIANOR  [
          ]S                 [              5
          ]  EX PEDITE       [
          ]   DAVBASGI        F[
          ]NAMESIS FIL VXORI[
          ]OGN EX TABVL AENEA Q[
          ]RO POS TEMPLVM·DIVI·AV[        10
```

[Imp. Caesar, divi Traiani Parthici f., divi Nervae
nepos, Traianus Hadrianus Aug(ustus),
pont(ifex) max(imus), tribun(icia) potest(ate) XI,
co(n)s(ul) III],[1]
[equiti(bus) et peditib(us) exerc(itus) p(ii) f(idelis),
qui militav(erunt) in alis V et coh(ortibus) XV,
quae appell(antur) (1) I Afror(um) veter(ana)
et (2) I Thrac(um) et (3) Gall(orum) et
Thrac(um) classian(a) c(ivium) R(omanorum)
torq(uata) victrix et (4) I Noricor(um)
c(ivium) R(omanorum) et (5) Sulpicia c(ivium)
R(omanorum) et (1) Flavia Hispan(orum)
et (2) I La]tob(icorum) et Varc(ianorum) et
(3) I [Pannon(iorum) et Dalmat(arum) et
(4) I Raetor(um) c(ivium)] R(omanorum) et
(5) I classic(a) et (6) I [Lucens(ium) et (7) II
Varcian(orum) et (8) II c(ivium) R(omanorum)
et (9) II His]p(anorum) et (10) II Ast(urum) et
[(11) III Breuc(orum) et (12) IIII Thrac(um) et
(13) VI Britt(onum) et (14) VI] Breuc(orum)
[et (15) VI Raetor(um) et sunt in Germania
inferior(e) su]b L. Caelio [Rufo, quinis et
vicenis, it(em) class(icis) senis et vice]n(is),
plu[rib(usve) stipend(is) emeritis dimissis
honest(a) mis]s(ione),
quor[um nom(ina) subscripta sunt, ipsis liberis
posterisq(ue) eorum civitat(em) dedit et
conub(ium) cum uxorib(us), quas tunc
habuiss(ent), cum est civit(as) is data, au]t,
si[qui caelib(es) essent, cum is, quas postea
duxi]ss(ent) dumta[xat singul(i) singul(as)].

[a. d. XIII k. Sept(embres) Q. Tinei]o Rufo, M.
Licin[io Nepote cos.][2]
[coh(ortis) ---] Varcianor(um) [cui praest ---]s [
---],[3] ex pedite [---] Daubasgi f. [--- et ---]
namesis fil. uxori [eius ---.].[4]
[Descript(um) et rec]ogn(itum) ex tabul(a) aenea
q[uae fixa est Romae in mu]ro pos(t)[5] templum
divi Au[g(usti) ad Minervam].

1. B. Pferdehirt concludes that this is a second copy of the constitution of 20 August 127 for Germania inferior (*RMD* IV 239) and restores the titles of Hadrian, the unit list, and the name of the governor, accordingly. There are now further copies (*AE* 2010, 1865, 1866).
2. The names of the consuls are in smaller lettering suggesting they were added after standard elements of the text had been engraved. The day date would also have been squeezed in at the beginning of the line. Cf. *RMD* VI 535 of 17 July 122 for Dacia inferior. They can be restored as Q. Tineius Rufus (*PIR*[2] T 227) and M. Licinius (Celer) Nepos (*PIR*[2] L 222) who held office from 1 May until 31 August 127.
3. The recipient had served as an infantryman in either *cohors I Latobicorum et Varcianorum pia fidelis* or *cohors II Varcianorum pia fidelis*. It is uncertain if there is space for the name of the former unit.
4. The name of the recipient has not survived but his father, Daubasgi (gen.), probably has a Dacian name (*OnomThrac* 113). Similarly, although the name of his wife is not known, her father's name, (?) Namesis (gen.), is also probably Dacian (*OnomThrac* 258).
5. Unusually for this date there is TABVL for TABVLA and POS for POST on the extrinsecus. However, one of the other copies of this grant also has TABVL (*RMD* IV 239) and another POS (*AE* 2010, 1865).

Photographs *RGZM* Taf. 41.

544 HADRIANVS CALO

a. 127 Aug. 20

Published B. Pferdehirt *Römische Militärdiplome und Entlassungsurkunden in der Sammlung des Römisch-Germanischen Zentralmuseums*, 2004, Nr. 23. Complete tabella II of a diploma. Height 12.4 cm; width 14.9 cm; thickness 1-1.5 mm; weight 141.8 g. The script on both faces is clear and well formed. Letter height on the outer face 4-5 mm; on the inner 3-5 mm. The feet of the Ls and serifs of the Is on the intus are of irregular lengths which could cause confusion of interpretation depending on context. The outer face has a 4-5 mm wide border comprising two framing lines. There is a hinge hole in the bottom right corner of the outer face. Also, on this face are traces of the solder for the box which covered the seals and the binding wires. Now in the Römisch-Germanisches Zentralmuseum, Mainz (Inv. Nr. O. 42690).

intus: tabella II

```
         A    D   XIII    K    SEPTEMBRES
      Q TINEIO RVFO M LICINIO NEPOTE COS
      CO H  I  THRAC      SYRIAC  CVI  PRAEST
         C       STATILIV●S         CRITO
5                   EX PEDITE
      CALO      PAPI     F          CYRRO
      ET MOCIMO  F EIVS ET FRONTONI F EIVS
      ET RVMAE F EIVS   ET RVFO  F  EIVS
      ET CARSIAE FIL EIVS ET RVFINAE FIL  EIVS
                       vacat

                       vacat
                       vacat
                       vacat
```

extrinsecus: tabella II

TI IVLI	VRBANI
L · VIBI	VIBIANI
L · PVLLI	DAPHNI
Q · LOLLI	FESTI
C · VETTIENI	HERMETIS 5
Q ORFI	PARATI
TI CLAVDI	MENANDRI

[Imp. Caesar, divi Traiani Parthici f., divi Nervae nepos, Traianus Hadrianus Aug(ustus), pontifex maximus, tribunicia potestate XI, co(n)s(ul) III],[1]

[equitibus et peditibus, qui militaverunt in alis V et cohortibus X, quae appellantur (1) I Pann(noniorum) et Gall(orum) et (2) Gall(orum) Atectorig(iana) et (3) I Vesp(asiana) Dardan(orum) et (4) I Flav(ia) Gaetul(orum) et (5) II Hisp(anorum) Arav(acorum) et (1) Lusitan(orum) et (2) I Flav(ia) Numidar(um) et (3) I Thrac(um) Syriac(a) et (4) I Germ(anorum) et (5) I Bracar(augustan)or(um) et (6) I Lepid(iana) et (7) II Flav(ia) Britt(onum) et (8) II Lucens(ium) et (9) II Chalcid(enorum) et (10) II Mattiac(orum) et sunt in Moes(ia) infer(iore) sub Bruttio Praesente, quin(is) et vicen(is), item classic(is) senis et vicen(is), plurib(usve) stipend(is) emeritis dimissis honest(a) mission(e)],

[quor(um) nomin(a) subscript(a) sunt, ipsis liberis posterisq(ue) eorum civit(atem) dedit et conub(ium) cum uxorib(us, quas tunc habuissent, cum est civitas iis data, aut, siqui caelib(es) essent, cum iis, quas postea duxissent dumtaxat singuli singulas].

a. d. XIII k. Septembres Q. Tineio Rufo, M. Licinio Nepote cos.[2]

coh(ortis) I Thrac(um) Syriac(ae) cui praest C. Statilius Crito,[3] ex pedite Calo Papi f., Cyrro et Mocimo f. eius et Frontoni f. eius et Rumae f. eius et Rufo f. eius et Carsiae fil. eius et Rufinae fil. eius.[4]

Ti. Iuli Urbani; L. Vibi Vibiani; L. Pulli Daphni; Q. Lolli Festi; C. Vettieni Hermetis; Q. Orfi Parati; Ti. Claudi Menandri.[5]

1. This is a second, partial, copy of the constitution for Moesia inferior of 20 August 127 (*RMD* IV 241). There is now a third (*AE* 2008, 1755). The titulature of Hadrian has been restored accordingly as has the list of units and the name of the governor.

2. For the consuls, Q. Tineius Rufus (*PIR*² T 227) and M. Licinius (Celer) Nepos (*PIR*² L 222), see in more detail *RMD* VI 543 note 2.

3. *cohors I Thracum Syriaca*, the unit of the recipient, was commanded by C. Statilius Crito who is otherwise unknown. For further information about the cohort, see Matei-Popescu 2010, 233-235.

4. The infantryman recipient was from Cyrrhus in Syria. His name, Calus, and that of his father, Papus, are of uncertain origin. Four sons and two daughters are named. Mocimus and Ruma have Semitic names. The other two sons and both daughters were given Latin names.

5. The witness list is not exactly the same as that recorded on the first copy (*RMD* IV 241). In first place here is Ti. Iulius Urbanus rather than Ti. Iulius Vibianus. As noted in *RMD* V p. 701, 11*†241 Ti. Iulius Urbanus is the correct name which is also confirmed by the third copy (*AE* 2008, 1755).

Photographs *RGZM* Taf. 40.

545 HADRIANVS ANTONIO [---]

a. 127 Oct. 8/13

A: Published W. Eck - A. Pangerl *Zeitschrift für Papyrologie und Epigraphik* 152, 2005, 243-248. Bottom left corner of tabella I of a diploma. Height 5.4 cm; width 5.6 cm; thickness 1 mm; weight 24 g. The script on both faces is well cut and easy to decipher. Letter height on the outer face 5 mm; on the inner 4 mm. There are two well defined framing lines along the edges of the outer face.
AE 2005, 1715
B: Published W. Eck *Zeitschrift für Papyrologie und Epigraphik* 177, 2011, 263-267. Two large fragments from the middle of tabella I which do not join but which are clearly from the same diploma. The larger is from the left side and is made up from five smaller fragments. The other which is from the right side of the middle, comprises two conjoining fragments. Fragment a: height 4.9 cm, width 6.12 cm; fragment b: height 4.3 cm, width 4.0 cm; thickness of both about 1 mm; weight not given. The script on both faces is clear and easy to read. Both binding holes have survived. On the left hand edge of the outer face are two framing lines. Now in private possession.
A and **B** join to form just over half of the left hand side of the tabella.
AE 2011, 1807

```
   {B}      intus: tabella I        {A}                    extrinsecus: tabella I
        ]RAIANI PARTHICI F DIVI NERVAE          STIPEND[.]S EM[
        ]NVS HADRIANVS AVG  PONTIF              SIONE QVORV[              ]A SVB[
        ]    XI    COS  III                     IPSIS LIBERIS·PO[         ]Q EORVM[
              ]N AL II ET COH IX QVAE APP I PANN DEDIT·ET CONVBI[         ]M·VXORIBV[
  5     ]+A ET I C ●HALC E[. .]FL AFR ET I FL       ●                         ●[    {B
  (!)           ]AFR ET II HA[    ]VI COMAMG     TVNC HABVISSENT[       ]M·EST CIVI[        5
                   ]N AFRI[      ]ABIO CAT       TA·AVT SIQVI CAELIBE[  ]ENT CVM[
                                                 POSTEA DVXISSENT D[    ]XAT·SINGV[
             ]M SVBSCR[                           GVLAS      A  ·  D  ·[  ]VS  · OCT ·[
             ]T CON·CVM VX[                       L AEMILIO [    ]O[      ]O SEVERO[
  10           ]D ●ATA AVT[                       COH  II   [                            10
                 ]S D[                            L·AEMILIV[
                                                   vacat    [
                                                 ANTONIO    D+[              {A}
                                                  ET ANTONIO F EIVS[
                                                  ET MAXIMAE FIL EIV[
                                                 DESCRIPTVM·ET R[                        15
                                                 AENEA QVAE FIXA[
                                                 POST·TEMPLVM·D[
```

[Imp. Caes(ar), divi T]raiani Parthici f., divi
   Nervae [nepos, Traia]nus Hadrianus
   Aug(ustus), pontif(ex) [max(imus), trib(unicia)
   pot(estate)] XI, co(n)s(ul)] III,[1]
[equ(itibus) et ped(itibus), qui mil(itaverunt) i]n
   al(is) II et coh(ortibus) IX,[2] quae app(ellantur)
   (1) I Pann(oniorum) [et (2) I Flav(ia) et
   (1) I Syr(orum) s]a(gittariorum)(?) et (2) I
   Chalc(idenorum) e[t (3) I] Fl(avia) Afr(orum)
   et (4) I Fl(avia) [et (5) II Hisp(anorum) et (6)
   II Fl(avia)] Afr(orum) et (7) II Ha[m(iorum)
   et] (8) VI Com⌐ma¬g(enorum)[3] [et (9) VII
   Lusit(anorum) et sunt i]n Afri[ca sub F]abio
   Cat[ullino,[4] ---] stipend[i]s em[eritis dimissis
   honesta mis]sione,
quoru[m no]m[in]a subscr[ipta sunt], ipsis
   liberis po[steris]q(ue) eorum [civitatem] dedit
   et conubi[um cu]m uxoribu[s, quas] tunc
   habuissent, [cu]m est civi[tas iis] data, aut,
   siqui caelibe[s ess]ent, cum [iis, quas] postea
   duxissent d[umta]xat singu[li sin]gulas.

a. d. [--- id]us Oct(obres) L. Aemilio [Iunc]o, [Sex.
   Iuli]o Severo [cos.][5]
coh(ortis) II [--- cui praest] L. Aemiliu[s --- ,[6] ex
   ---] Antonio D+[--- f. ---] et Antonio f. eius [et
   --- f. eius] et Maximae fil. ei[us et --- fil. eius?].[7]
Descriptum et r[ecognitum ex tabula] aenea quae
   fixa [est Romae in muro] post templum d[ivi
   Aug(usti) ad Minervam].

1. This is a second, more complete, copy of the constitution for Africa of 127 (*RMD* V 368). Here the consuls are named and part of the day date survives. The date of issue can be narrowed to between 8 October and 13 October of that year.
2. It is now clear that two alae and nine cohorts were included in the grant. The second ala can be restored as *ala I Flavia (Numidica)* as on an issue for Africa of 128/129 (*RMD* V 373). It seems to be called *ala I Flavia Numidica provincialis* on a diploma of 22 March 129 (*AE* 2014, 1635). The order in which the cohorts were listed is now clear with *cohors I Syr(orum) sa(gittariorum?)* is in first place with *cohors II Hispanorum* to be restored in fifth. Cf. *RMD* V 368 and *RMD* V 373 for a further discussion of the units.
3. Intus COMAMG for COMMAG.
4. Q. Fabius Catullinus is now attested as governor of Africa between 8/13 October 127 and 10 December 128 / 9 December 129 (*PIR*² F

25, *DNP* 4, 376 [II 5], Thomasson 2009, 40:027). See also *RMD* V 373.

5. L. Aemilius Iuncus (*PIR*[2] A 355) and Sex. Iulius Severus (*PIR*[2] I 576, *DNP* 6, 42 [II 133]) were suffect consuls from 1 October until 31 December 127 (*FO*[2] 49).

6. The unit of the recipient was one of the second cohorts. Its commander was L. Aemilius [---] who cannot be certainly identified. An L. Aemilius Paulus, from Attacum in Hispania Tarraconensis, attested as *praef. coh. I[---]*, perhaps in the reign of Hadrian, is a possibility (*PME* I,IV,V A 84).

7. Antonius can be both a nomen and a cognomen but the lack of praenomen suggests he was not a citizen (Mann 2002). Two sons would have been included in the grant, one of whom was also called Antonius. The name of one daughter, Maxima, has survived and a second was probably listed.

Photographs **A**: *ZPE* 152, 244; **B**: *ZPE* 177, 264. **A** and **B** joined *ZPE* 177, 266.

546 HADRIANVS M. COMINIO VIELONI

a. 129 Febr. 18

Published P. Lombardi et C. Vismara *Gallia* 62, 2005, 280-285. Nearly complete diploma found near Aléria, Corsica. Tabella I lacks the top right hand and bottom right hand corners and there is damage to the other two corners. Less survives of tabella II which has lost areas from each corner apart from that on the top right. There is also a line of three holes in the upper right quarter of which the middle one is the largest. This is reflected on tabella I where there is a dent and crack in the matching area. Both tabellae are cracked along the line of the binding holes. Tabella I maximum height 19.1 cm, maximum width 15.9 cm, weight 230 g; tabella II maximum height 16 cm, maximum width 18.9 cm, weight 184 g. The script on all faces is well formed and clear except where there is damage to the surfaces of the tabellae. Letter height on the faces of both tabella is 3-5 mm. There is an 11 mm wide border on the outer face of tabella I comprising three framing lines. On the outer face of tabella II the border is 12 mm wide and also comprises three framing lines. The location of hinge holes is uncertain. However, on the outer face of tabella II the position of the box which protected the seals and binding wires is visible either side of the binding holes.

AE 2005, 691

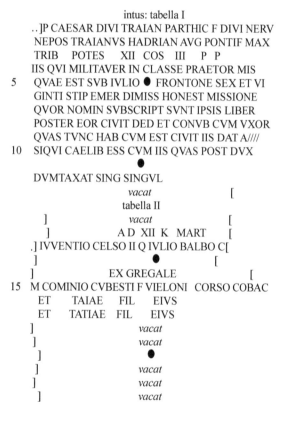

[I]mp. Caesar, divi Traiani Parthici f., divi Nervae nepos, Traianus Hadrianus Aug(ustus), pontif(ex) max(imus), trib(unicia) potest(ate) XII, co(n)s(ul) III, p(ater) p(atriae),[1] iis, qui militaverunt in classe praetoria Misenensi, quae est sub Iulio Frontone,[2] sex et viginti stipendis emeritis dimissis honesta missione, quorum nomina subscripta sunt, ipsis liberis posterisque eorum civitatem dedit et conubium cum uxoribus, quas tunc habuissent, cum est civitas iis data, aut, siqui caelibes essent, cum iis, quas postea duxissent dumtaxat singuli singulas.

a. d. XII k. Mart(ias) P. Iuventio Celso II, Q. Iulio Balbo cos.[3]

ex gregale M. Cominio Cubesti f. Vieloni, Corso
Cobas(io)(?)[4] et Taiae fil. eius et Tatiae fil. eius.[5]
Descriptum et recognitum ex tabula aenea quae fixa
est Romae in muro pos[t] templum divi Aug(usti)
ad Minervam.

[Ti.] Iul[i] Urbani; C. Caesi [R]omani; Ti. Claudi
M[en]andri; C. Vettieni Modesti; [L.] Attei
Atteiani; L. Pulli [Verecundi]; [C.] Vettieni
[He]rm[etis].[6]

1. This is a second copy of the constitution of 18 February 129 for the Misene fleet (*CIL* XVI 74). As P. Lombardi and C. Vismara observe the dating elements do not match. Hadrian held his twelfth year of tribunician power from 10 December 127 until 9 December 128 but the consular and day date is 18 February 129. This indicates that the grant was approved before 10 December 128 but not published at Rome until 129. Hadrian was in Athens at the time which explains why he is not called *proconsul* (Eck 2019b, 489-490).

2. (L.) Iulius Fronto commanded this fleet for at least ten years being attested as prefect on 25 December 119. See *RMD* VI 526 note 2.

3. P. Iuventius Celsus (T. Aufidius Hoenius Severianus) was consul for the second time as *ordinarius* until 30 April 129 (*PIR*[2] I 882, *DNP* 6, 116-117). His colleague from just before 13 February was Q. Iulius Balbus (*PIR*[2] I 200).

4. Intus COBAC rather than COBAS. The recipient, M. Cominius Vielo, gives his home is given as Corso Cobas(io?) but where on Corsica he came from cannot currently be identified. The findspot shows that he returned home after honourable discharge.

5. Two daughters, Taia and Tatia are named.

6. The witness list can be restored to match that on *CIL* XVI 74.

Photographs *Gallia* 62, fig. 1-2.

547 HADRIANVS [M. VLP]IO CANVLEIO

a. 129 Mart. 22

Published W. Eck - A. Pangerl *Chiron* 36, 2006, 221-230. Nearly complete tabella I of a diploma comprising three conjoining fragments. The bottom left corner is missing and the left and bottom sides lack their original edges. Height 14.2 cm; width 12.0 cm; thickness 1 mm; weight 145 g. The script on both faces is clear with that on the inner face more angular than the well formed script of the outer face. Letter height on the outer face 4 mm; on the inner 4 mm. In addition to the two binding holes there is a hinge hole in the top right hand corner of the outer face. There are two framing lines along the original top and right hand edges.

At some time in antiquity this tabella was converted into a plate to protect a key hole by cutting a rectangular hole through it just above the middle and to the left of centre. Four holes for nails were also made. There is also a small square hole near the bottom left of the outer face.

AE 2006, 1845

```
              intus: tabella I                                extrinsecus: tabella I
        ]CAES DIVI[      ]ANI F[                   .]MP CAESAR DIVI TRAIANI·PARTHICI F DIVI NERVAE ●
     NEPOS TRAIANVS HADRIAN[                         NEPOS·TRAIANVS HADRIANVS AVG PONTIF·MAX
       MA[..]RIB POTEST   ·   XIII     C[            TRIB POTEST      XIII      COS      III      P P
     EQ ET PEDIT QVI MIL·IN AL II ET COH XI QVAE·A[  .]QVITIB [..] PEDITIB QVI MILITAVER IN ALIS I[..]T COH XI
5       AVG XOIT ET I FL AGRI ● PP ET I ASCALON SAG ET[  QVAE AP[...]ANTVR AVG XOITAN ET·I FLAV AG[.]PPIAN   5
        DACOR·ET I[      ]G C R·ET I VLP PETREOR SAG E[   ..]I ASCALONITANOR SAGITT·ET I VLP DACOR ET I VLP SA
        CLASS ET II GEM LIG ET CORSOR·ET II VLP EQVIT[    ..]TT C·R·ET I VLP PETREOR SAGITT·ET II CLASSICA ET II GE
        C R ET II ITAL C R ET III THRAC SYR·SAG ET IIII C[  ..]INA LIGVR ET CORSO[..]T II VLP EQVIT·SAGITT·C R·ET II
        LVCENS ET V VLP PETREOR SAG ET SVNT IN S[        ..]ALICA C·R·ET III THRA[...]RIACA SAGITT·ET IIII CALLAECOR
        SVB POBLICIO MARCELLO QVIN ET VICEN[            ..]CENSIVM ET V·VLP [...]REOR·SAGITT ET SVNT IN SYRI   10
10      STIP EM DIM HON ● MISS QVOR NOM SV[             .] SVB POBLICIO MAR[.]ELLO QVIN ET VICENIS PLVRIB
        SCR[.]P SVNT IPS LIB POSTER EOR CIVIT DE[       .]E STIPENDIS·EMERITIS DIMISSIS·HONESTA·MISSIO
        ET CONVB CVM VXORIB QVAS TVNC HAB C[            .]E QVORVM·N OMINA SVBSCRIPTA SVNT IPIS LIBE      (!)
   ● EST CIVIT IIS DATA AVT SIQ CAELIB ESSENT [         ]              ●                     ●
                                                        RIS POSTERISQVE EORVM CIVITATEM DEDIT ET CO
                                                        ]IVM·CVM·VXORIBVS·QVAS·TVNC·HABVISSENT     15
                                                        ..]M EST CIVITAS·IIS DATA AVT·SIQVI·CAELIBES ESSENT
                                                         ]·IIS QVAS POSTEA DVXISSENT DVMTAX SINGVLI
                                                        ]GVLAS
                                                        ]            A D  · XI   K · APR·
                                                        ]NTIO CELSO II Q IVLIO BALBO COS   20
                                                        ]     VLP     ·DACOR    CV[. .]RAEST
                                                        ]DIVS TI·F·QVI·MAXIMINVS·NEAPOL
                                                        ]        EX PEDITE
                                                         ]ZO//DAMVSI     F CANVLEIO DACO
                                                        ]VM ET RECOGNITVM EX TABVLA AENEA   25
                                                        ]A EST ROMAE IN MVRO POST TEMPLVM
                                                                    ]VAM
```

[I]mp. Caesar, divi Traiani Parthici f., divi Nervae
  nepos, Traianus Hadrianus Aug(ustus),
  pontif(ex) max(imus), trib(unicia) potest(ate)
  XIII, co(n)s(ul) III, p(ater) p(atriae),[1]
equitib(us) et peditib(us), qui militaver(unt) in alis
  II et coh(ortibus) XI,[2] quae ap[pell]antur
  (1) Aug(usta) Xoitan(a) et (2) I Flav(ia)
  Agrippian(a) et (1) I Ascalonitanor(um)
  sagitt(ariorum) et (2) I Ulp(ia) Dacor(um)
  et (3) I Ulp(ia) sag[i]tt(ariorum) c(ivium)
  R(omanorum) et (4) I Ulp(ia) Petreor(um)
  sagitt(ariorum) et (5) II classica et (6) II
  gemina Ligur(um) et Corsor(um) et (7) II
  Ulp(ia) equit(um) sagitt(ariorum) c(ivium)
  R(omanorum) et (8) II Italica c(ivium)
  R(omanorum) et (9) III Thrac(um) Syriaca

sagitt(ariorum) et (10) IIII Callaecor(um)
  Lucensium et (11) V Ulp(ia) Petreor(um)
  sagitt(ariorum) et sunt in Syri[a] sub Poblicio
  Marcello,[3] quin(is) et vicenis plurib(us)[v]e
  stipendis emeritis dimissis honesta missio[n]e,
quorum nomina subscripta sunt, ipsis liberis
  posterisque eorum civitatem dedit et conubium
  cum uxoribus, quas tunc habuissent, c[u]m est
  civitas iis data, aut, siqui caelibes essent, [cum]
  iis, quas postea duxissent dumtaxat singuli
  [sin]gulas.
a. d. XI k. Apr(iles) [P. Iuve]ntio Celso II, Q. Iulio
  Balbo cos.[4]
[coh(ortis) I] Ulp(iae) Dacor(um) cu[i p]raest
  [Ti. Clau]dius Ti. f. Qui. Maximinus Neapol(i),[5] ex
  pedite [M. Ulpio] Zo[r]damusi f. Canuleio, Daco.[6]

[Descript]um et recognitum ex tabula aenea [quae fix]a est Romae in muro post templum [divi Aug(usti) ad Minver]vam.

1. This is an almost complete copy of tabella I of the issue of 22 March 129 for two alae and eleven cohorts stationed in Syria. Hadrian was in Athens at this time which is why he is not *proconsul* (*AE* 2006, 1845, Eck 2019b, 489-490). See Holder 2014 for other copies.
2. For further information about individual units, see Weiss 2006a, 272-289.
3. (C. Quinctius Certus) Poblicius Marcellus (*PIR*² P 1042, *DNP* 10, 580 [II 2], Thomasson 2009, 33:046) was certainly governor of Syria between 129 and 134. See also *RMD* VI 561 note 1.
4. For more detail about the consuls, P. Iuventius Celsus and Q. Iulius Balbus, see *RMD* VI 546 note 3.
5. The unit of the recipient and its commander can be restored as *cohors I Ulpia Dacorum* and Ti. Claudius Maximinus, from Naples. He is known only from copies of this grant.
6. The name of the recipient can be restored as M. Ulpius Canuleius. His father's name was most likely Zordamuses (Dana - Matei-Popescu 2009, 213 [10] and note 14, *OnomThrac* 408). To date all owners of copies of this grant appear to have been Dacians who had served in *cohors I Ulpia Dacorum* (Dana 2019, 154).

Photographs *Chiron* 36, 224-225.

548/372 HADRIANVS INCERTO

a. 129 (Mart. 22)

A: Published W. Eck - D. Macdonald - A. Pangerl *Chiron* 32, 2002, 434-438, and W. Eck - A. Pangerl *Chiron* 36, 2006, 233-235. Fragment from the upper right corner of tabella I of an auxiliary diploma. Height 4.9 cm; width 4.7 cm; thickness 1 mm; weight 19 g. The script on both faces is clear but that on the inner is more angular with some letters not fully formed. Letter height on the outer face 3 mm; on the inner 5 mm. Two framing lines are visible on the outer face and there is a hinge hole in the upper right corner.
AE 2002, 1747, *AE* 2006, 1847
B: Published W. Eck - A. Pangerl *Chiron* 36, 2006, 230-233. Four non-joining fragments from tabella I of a diploma. The largest and most irregularly shaped fragment is from the upper middle of the outer face. To its right is a fragment from the right hand edge. The remaining two fragment are from the lower half. The one which is nearly rectangular is from just below the largest fragment. Largest fragment height 4.5 cm; width 3.1 cm. All fragment overall thickness 1 mm; overall weight 18 g. The script on both faces is clear and well formed. Letter height on the outer face 4 mm; on the inner 4 mm. Along the original right hand edge of the outer face a single framing line can be seen.
AE 2006, 1846
C: Published W. Eck - A. Pangerl *Chiron* 36, 2006, 242-243. Almost square fragment from the centre of the lower half of tabella I of a diploma. Height 2.8 cm; width 2.6 cm; thickness 1 mm; weight 5 g. The script on both faces is clear and well formed. Letter height on the outer face 5 mm; on the inner 4 mm.
AE 2006, 1851
Combined fragments initial publication P. Holder *Zeitschrift für Papyrologie und Epigraphik* 190, 2014, 294-296.

intus: tabella I

```
                          ]+[
                   ] COS     [
                   ]L II ET COH[
                   ]ASCALON[
5                            ]VLP PETR[  {C}
(!)        ]SS ET I[         ]ORSPR ET I[
           ]ET II ITALIC C R[          ]A[
(!)           ]LVCNS ET V[.]LP PETREO[
           SVNT[      ]IA SVB P[...]ICIO MARC[
10         VICEN PL[              ]+[
           QVOR NOM[
(!)        CIVIT DED ET COAIV[
(!)        HAB CVM EST CINIT[
    ●           vacat        [
              {A}
```

extrinsecus: tabella I   {A}

```
                              ]                    ●
                              ]CI F DIVI NER
                              ]S AVG·PONT
                              ] O//  I I I     P   P
                              ]IN ALIS II ET COH XI
                              ]FLAV AGRIPPIANA   5
                              ]DACOR ET I VLP
            ]EOR SA[     ]T II CLASSICA
            ]CORSOR E[   ]LP EQVITVM
            ]A C R ET III[   ]C SYRIACA SA
            ]R LVCENS ET[        ]ETREOR  10
            ]BLICIO MA[     ]QVIN////
            ]EMERITIS[      ]SIS HO
            ]VM NOMIN[      ]CRIP[
            ] vacat  [
]CIVITATEM[        ]CONVBI[
]QVAS TVN[         ]ENT CVM[            15
]ATA AVT SIQ[      ]ES ESSEN[
]POSTEA DVX[       ]DVMTAX[
]GVLAS      A  D   XI  K[
   ]CELSO II Q  IVLIO[
   ]LP   DACO[                          20
   ]TI F QVI·  [
   ]PEDITE   [
      {C}
```

[Imp. Caesar, divi Traiani Parthi]ci f., divi Ner[vae nepos, Traianus Hadrianu]s Aug(ustus), pont(ifex) [max(imus), trib(unicia) potest(ate) XIII], co(n)s(ul) III p(ater) p(atriae),[1] [equitib(us) et peditib(us), qui militaver(unt)] in alis II et coh(ortibus) XI, [quae appellantur (1) Aug(usta) Xoitan(a) et (2) I] Flav(ia) Agrippiana [et (1) I] Ascalon[itanor(um) sagitt(ariorum) et (2) I Ulp(ia)] Dacor(um) et (3) I Ulp(ia) [sagitt(ariorum) c(ivium)

R(omanorum) et (4) I] Ulp(ia) Petreor(um) sa[gitt(ariorum) e]t (5) II classica et (6) I[I gemina Ligur(um) et] Corsor(um)[2] et (7) I[I U]lp(ia) equitum [sagitt(ariorum) c(ivium) R(omanorum)] et (8) II Italica c(ivium) R(omanorum) et (9) III [Thr]ac(um) Syriaca sa[gitt(ariorum) et (10) IIII Callaeco]r(um) Lucens(ium)[3] et (11) V [U]lp(ia) Petreor(um) [sagitt(ariorum) et] sunt [in Syr]ia sub P[o]blicio Marc[ello], quin[is et] vicen(is) *pl[uribusve stipendis] emeritis [dimis]sis ho[nesta missone],*

quorum nomin[a subs]crip[ta sunt, ipsis liberis posterisque eorum] civitatem ded(it) et conubi[um⁴ cum uxoribus], quas tun[c] hab[uiss]ent, cum est civit(as)⁵ [iis d]ata, aut, siq[ui caelib]es essen[t, cum iis, quas] postea dux[issent dumtax[at singuli [si]ngulas.

a. d. XI k. [Apr(iles) P. Iuventio] Celso II, Q. Iulio [Balbo cos.]

[coh(ortis) I U]lp(iae) Daco[rum cui praest Ti. Claudius] Ti. f. Qui.[Maximinus Neapol(i),⁶ ex] pedite [--- , Daco(?)].⁷

1. Now more complete this is another copy of the constitution for Syria of 22 March 129 (*RMD* V 371, VI 547). The titles of Hadrian, the governor, the day and consular dates, and the unit list have been restored accordingly. Further fragmentary copies are extant (*RMD* V 388, VI 549, 550, *AE* 2012, 1956, 2014, 1658, 1659, 2016, 2024).
2. Intus [C]ORSPR for CORSOR.
3. Intus LVCNS for LVCENS.
4. Intus COAIV[B] for CONV[B].
5. Intus CINIT for CIVIT.
6. The unit of the recipient and its commander can be restored as *cohors I Ulpia Dacorum* and Ti. Claudius Ti. f. Qui. Maximinus. See further *RMD* VI 547 note 5.
7. The recipient was once again an infantryman but neither his name nor his home have survived. But he was probably Dacus. See further *RMD* VI 547 note 6.

Photographs **A**: *Chiron* 32, 447; **B**: *Chiron* 36, 232; **C**: *Chiron* 36, 242; Combined Pl. 3a & 3b.

(a)

(b)

Plate 3 Photographs of 548/372 (a) tabella I inner face (b) tabella I outer face (Courtesy of Andreas Pangerl)

549 HADRIANVS INCERTO

a. 129 [Mart. 22]

Published W. Eck - A. Pangerl *Scripta Classica Israelica* 24, 2005, 116-118. Re-published W. Eck - A. Pangerl *Chiron* 36, 2006, 240-241. Fragment from the centre of the lower half of tabella I of a diploma. Height 3.3 cm; width 2.6 cm; thickness 0.75 mm; weight 5.5 g. The script on both faces is clear and well formed although that on the inner face is more irregular. Letter height on the outer face 4 mm; on the inner 6 mm.
AE 2005, 1736, *AE* 2006, 1850

<table>
<tr><td>intus: tabella I</td><td>extrinsecus: tabella I</td></tr>
<tr><td>]P EQVIT SA[</td><td>] O II [</td></tr>
<tr><td>]AG ET IIII CALL[</td><td>] D[</td></tr>
<tr><td>]NT IN SYRIA S[</td><td>] F QVI·M[</td></tr>
<tr><td>]+[ ]+[</td><td>]PEDITE [</td></tr>
<tr><td></td><td>]OSIAE F[5</td></tr>
<tr><td></td><td>]ET RECOG[</td></tr>
<tr><td></td><td>]FIXA[</td></tr>
</table>

[Imp. Caesar, divi Traiani Parthici f., divi Nervae nepos, Traianus Hadrianus Aug(ustus), pontif(ex) max(us), trib(unicia) potest(ate) XIII, co(n)s(ul) III, p(ater) p(atriae)],[1]

[equitib(us) et peditib(us), qui militaver(unt) in alis II et coh(ortibus), XI quae appellantur --- et (7) II Ul]p(ia) equit(um) sa[g(ittariorum) c(ivium) R(omanorum) et (8) II Ital(ica) c(ivium) R(omanorum) et (9) III Thrac(um) Syr(iaca) s]ag(ittariorum) et (10) IIII Call[aec(orum) Lucens(ium) et (11) V Ulp(ia) Petreor(um) sag(ittariorum) et su]nt in Syria s[ub Poblicio Marcello, quinis et vicenis pluribusve stipendis emeritis dimissis honesta missione],

[quorum nomina subscripta sunt, --- dumtaxat singuli singulas].

[a. d. XI k. Apr(iles) P. Iuventio Cels]o II, [Q. Iulio Balbo cos.][2]

[coh(ortis) I Ulp(iae)] D[acorum cui praest Ti. Claudius Ti.] f. Qui. M[aximinus Neapol(i),[3] ex] pedite [M. Ulpio ---]osiae f. [--- Daco(?)].[4]

[Descriptum] et recog[nitum ex tabula aenea quae] fixa [est Romae in muro post templum divi Aug(usti) ad Minervam].

1. The dating criteria preserved on this fragment are incomplete but W. Eck and A. Pangerl argue that it was part of the issue of 22 March 129 for Syria. Their arguments are based on the consul named on the outer face holding the fasces for a second time as *ordinarius* (note 2) and that the four surviving units listed on the inner face were stationed in Syria and can be identified with cohorts in the same relative positions on the nearly complete tabella I (*RMD* VI 547).
2. The consul in first place can be identified as P. Iuventius Celsus (T. Aufidius Hoenius Severianus). See further *RMD* VI 546 note 3
3. While little survives of the name of the recipient's unit and of his commanding officer they can be identified as *cohors I Ulpia Dacorum* and Ti. Claudius Maximinus Cf. *RMD* VI 547 note 5.
4. Not enough survives of the name of the father of the recipient to be certain what he was called. It is likely that the recipient was Dacus because he served in *cohors I Ulpia Dacorum* like all the other known owners of copies of this grant (Dana - Matei-Popescu 2009, 213 [11]).

Photographs *SCI* 24, 116-117; *Chiron* 36, 240.

550 HADRIANVS INCERTO

a. 129 [Mart. 22]

Published D. MacDonald *Scripta Classica Israelica* 25, 2006, 97-100. The upper right corner of tabella I of a diploma with a grey green patina. Height 4.2 cm; width 7.1 cm; thickness 1 mm; weight 19.82 g. The script on both faces is clear and well formed. Letter height on the outer face 4 mm; on the inner 4-5 mm. There are two framing lines along the surviving edges of the outer face. There is a hinge hole in the upper right corner which was punched from the inner face after the text was inscribed and has damaged the upper part of the N of PONT. Now in private possession. *AE* 2006, 1852

intus: tabella I

```
      GEMIN[
      ET II ITA[
      CALL·LVC[
      IN SVRIA[
5     VICEN·PL[
      MISS QV[
      LIBER P[
    ● CVM VXO[
```

extrinsecus: tabella I

```
           ]ANI PARTHICI· F DIVI NER●
           ]S HADRIANVS·AVG·PONT
           ]OTEST · XIII  COS·III · P · P
           ]QVI MILITAVER·IN ALIS II ET
           ]ANT·AVG·XOITAN ET I·FLAV      5
           ]ONIT·SAGITTAR ET I·VLPIA
           ]T·C·R·ET·I·VLP·PETRAEOR S[
           ]+[
```

[Imp. Caesar, divi Trai]ani Parthici f., divi Ner[vae
nepos, Traianu]s Hadrianus Aug(ustus),
pont(ifex) max(imus), trib(unicia) p]otest(ate)
XIII, co(n)s(ul) III, p(ater) p(atriae),[1]
[equitib(us) et peditib(us)], qui militaver(unt) in
alis II et [coh(ortibus), XI quae appell]ant(ur)
(1) Aug(usta) Xoitan(a) et (2) I Flav(ia)
[Agrippian(a) et (1) I Ascal]onit(anorum)
sagittar(iorum) et (2) I Ulpia [Dacor(um)
et (3) I Ulpia sagit]t(ariorum) c(ivium)
R(omanorum) et (4) I Ulp(ia) Petreor(um)
s[agitt(ariorum) et (5) II classica et (6) II]
gemin(a) [Ligur(um) et Corsor(um) et (7) II
Ulp(ia) equit(ata) sagit(ariorum) c(ivium)
R(omanorum)] et (8) II Ita[lic(a) c(ivium)
R(omanorum) et (9) III Thrac(um) Syr(iaca)
sagitt(ariorum) et (10) IIII Call(aecorum)
Luc[ens(ium) et (11) V Ulp(ia) Petreor(um)

sagitt(ariorum) et sunt] in Suria [sub Poblicio
Marcello, quin(is) et] vicen(is) pl[ur(ibus)
ve stip(endis) emer(itis) dim(issis) hon(esta)]
miss(ione),
qu[orum nom(ina) subscr(ipta) sunt, ips(is)]
liber(is) p[oster(isque) eor(um) civit(atem)
dedit et conub(ium)] cum uxo[rib(us), quas
tunc hab(uissent), cum est civit(as) iis data, aut,
siq(ui) caelib(es) essent, cum iis, quas postea
duxiss(ent) dumtax(at) singuli singulas].

1. When this diploma was issued, Hadrian held tribunician power for the thirteenth time which ran from 10 December 128 until 9 December 129. This is also an issue for Syria to two alae and a number of cohorts whose identities match those on *RMD* VI 547. Therefore it is a further copy of the constitution for Syria of 22 March 129.

Photographs *SCI* 25, 97-98.

551 HADRIANVS INCERTO

a. 130 (Dec. 10) / 131 (Ian. / Feb.)

Published P. Weiß *Zeitschrift für Papyrologie und Epigraphik* 156, 2006, 245-251. Much of the left upper corner of tabella I of a diploma which recently had been broken into pieces and then restored. Much earlier a cut had been made through the tabella from the outside. Just below this is a further area of damage. Height 7.7 cm; width 7.2 cm; thickness 0.7 mm; weight 22.93 g. The script on both faces is now clear having had all surface deposits removed during conservation. That on the outer face is neat while that on the inner is more irregular with potential confusion between E, T, L, I, and C and G. Letter height on the outer face 2-3 mm; on the inner 3-4 mm. There are two faint framing lines along the outer edges of the outer face.
AE 2006, 1836

intus: tabella I

```
      IMP CAES DIVI TRAIANI PAR[
      TRAIANVS HADRIANVS A[
(!)   XI IIII COS    III      P  P [
      EQVIT ET PED QVI MIL[        ]I[
5     AST ET CALL PETR ∞[
      ET I AEL DAC ∞ ET II G[
      ET II DALM ET II NER[
      BRACAVG ET IIII GA[
      CALL ET VI NERV ET[
10    SEV[
```

extrinsecus: tabella I

```
IMP CAESAR DIVI TRAIANI PARTH[
  NEPOS TRAIANVS HADRIANV[
TRIB · POTEST XIIII COS   II[
EQVITIB·ET PEDITIB·QVI MIL[
  XVII QVAE APPELL II ASTVR ET G[                    5
  HISPAN ASTVR ET I TVNGR ET[
  ∞ ET II GALLOR ET II LING ET II A[
  DALMAT ET II NERV ET III LING[
  AVG ET IIII G[..]LOR ET IIII LING E[
  LOR ET VI NE[.]V ET VII TRAC[              (!)   10
  SVB IVLIO SE[..]RO[
  RITIS DIMI[
  NOMINA[
  QVE EOR[
  RIB QVAS TV[                                       15
```

Imp. Caesar, divi Traiani Parth[ici f., divi Nervae]
  nepos, Traianus Hadrianus A[ug(ustus),
  pont(ifex) maxim(us)], trib(unicia) potest(ate)
  XIIII vel XIIIII, co(n)s(ul) III, p(ater) p(atriae),
  [proco(n)s(ul)],[1]
equitib(us) et peditib(us), qui mil[itaver(unt) in alis
  IIII et coh(ortibus)] XVII,[2] *quae appell(antur)*
  (1) II Astur(um) et (2) Gall(orum) Petr(iana)
  (milliaria) [c(ivium) R(omanorum) et (3) I]
  Hispan(orum) Astur(um) et (4) I Tungr(orum) et
  [(1) I ---] et (2) I Ael(ia) Dac(orum) (milliaria)
  et (3) II Gallor(um) et (4) II Ling(onum) et (5) II
  A[stur(um) et (6) II ---] et (7) II Dalmat(arum)
  et (8) II Nerv(iorum) et (9) III Ling(onum)
  [et (10) III Nerv(iorum) et (11) III]
  Brac(ar)aug(ustanorum) et (12) IIII
  Ga[l]lor(um) et (13) IIII Ling(onum) e[t (14)
  IIII --- et (15) V] Gallor(um) et (16) VI
  Nerv(iorum) et (17) VII T<h>rac(um)[3] *[et sunt*
  in Britannia] sub Iulio Sev[e]ro,[4] *[--- stipendis*
  eme]ritis dimi[ssis honesta missione],
[quorum] nomina [subscripta sunt, ipsis liberis
  posteris]que eor[um civitatem dedit et conubium
  cum uxo]rib(us), quas tu[nc habuissent, cum est
  civitas iis data, aut, siqui caelibes essent, cum iis,
  quas postea duxissent dumtaxat singuli singulas].

1. This is a copy of a constitution for troops in Britain issued in the reign of Hadrian. Extrinsecus TRIB POTEST XIIII but intus [TRIB POT] XIIIII. On the inner face there was a gap between the X and the first I beneath the superscript bar. Into this was inserted, above the line, a short I with a large foot. The X on the outer face is damaged but nothing seems to have been inserted either before the first I under the bar or in the space before COS. P. Weiß argues that it was judged there was not enough room for an amendment. Hadrian held tribunician power for the fourteenth time from 10 December 129 until 9 December 130 and for the fifteenth from 10 December 130 until 9 December 131. P. Weiß suggests that copies of this grant were being prepared by 9 December 130 at the latest. Therefore, the latest date for publication at Rome would have been early in 131 otherwise the normal figure XV would have been engraved. Insufficient is known about how corrections were made although there are examples of complex emendations on either face which are now difficult to decipher because the means of highlighting the correct lettering are no longer extant. Cf. *RMD* V 369 (note 4) and *RMD* I 35 (with Dana 2017).

2. While the exact number of alae has not survived the names of four are extant and there is no space for extra units. All are further documented in the reign of Hadrian and beyond although none of them appear on the issue of 9 December 132 (*AE* 2010, 1856). Seventeen cohorts were named of which three cannot be identified for certain. Only two of those recorded are numbered *I* out of some 20 which are known. Further only one *cohors milliaria* is named unless the missing first unit was one of the other five so numbered. The cohort in sixth place bore the numeral *II* and would have been either *cohors II Pannoniorum* or *cohors II Thracum* or possibly *cohors II Tungroum* (at least a vexillation of which was not in Britain at this time). In fourteenth was a unit numbered IIII, or possibly V, although *cohors V Raetorum* is not recorded in Britain after 122 (*CIL* XVI 69). The remaining candidates are

cohors IIII Breucorum, cohors IIII Delmatarum (but not certainly attested after 122), and *cohors IIII Nerviorum*. For more details concerning the garrison of Britain, see Holder 2003, 118-119 and table 17, Jarrett 1994.

3. Extrinsecus TRAC[---] for THRAC[---].

4. This is the earliest attestation of Sex. Iulius Severus (*PIR*² I 576) as governor of Britain (Birley 2014, 243).

Photographs *ZPE* 156 246-247.

552 HADRIANVS DIVRDANO

a. 131 Iul. 31

Published W. Eck - A. Pangerl *Zeitschrift für Papyrologie und Epigraphik* 153, 2005, 188-194. Five conjoining fragments from tabella I of a diploma of which the largest comprises just over the lower left quarter. Two fragments join the largest just above the middle and extend to the right hand edge. The remaining two extend to the top just to the left of the middle. Maximum height 15.0 cm; maximum width 12.3 cm; thickness 1 mm; weight 105 g. The script on both faces is clear and neat. Letter height on the outer face 5 mm; on the inner 5 mm. Both binding holes have survived. There is a single faint framing line along each edge.
AE 2005, 1724

```
            intus: tabella I
        ]I TRAIANI PARTHICI F DIVI NERV
        ]VS HADRIANVS AVG PONT MAX TR
        ]I II      P   P      PROCOS
    PE[.] QV[   ]N COH I FL ● MVS QVAE EST IN MAVR
5   CAES SVB VETTIO LATRONE QVIN ET VIC PLVR
    STIP EMER DIM HON  MISS  QVOR  NOM
(!) SVBSCR  SVNT  IPS  LLB  POST EOR
        ]T CON CVM VX QVAS T
        ]ST CI ● V IS DAT AVT SIQ
10      ]M IS QV[
        ]  vacat  [
        ]  vacat  [
        ]  vacat  [
```

```
            extrinsecus: tabella I
        ]DIVI TRAIAN[
        ]ANVS HADRI[
        ]XV   COS  III [
        ]VI MILITAVERV[
        ]ORVM QVAE EST[                        5
        ]ETTIO·LATRONE[
        ]ENDIS·EMERIT[
    SIONE QVORVM·NOMINA S[
    RIS·POSTERISQ·EORVM·CIVITATEM·DEDIT ET CONV
    BIVM·CVM VXORIBVS QVAS TVNC·HABVISSENT CVM  10
    EST CIVITAS·IIS DATA·AVT·SIQVI CAELIBES ESSENT
    CVM IS·QVAS POSTEA DVXISSENT·D VMTAXAT SIN
            ●                        ●
    GVIL SINGVLAS          PR    K·  AV[        (!)
    L·FABIO GALLO Q·FABIO    IVLIANO[
    COH · I FLAV · MVSVLAMIOR ·   CV[          15
    IVLIVS                        HO[
                EX PEDITE              [
    DIVRDANO ·      DAMANAEI    F   [
    ET ZISPIER· ZVROSI·FIL·VXORI·EIVS·[
        ET      DECEBALO      F      E[         20
        ET      DOSSACHO      F      E[
        ET      COMADICI      F      E[
        ET      DAVAPPIER    FIL     E[
        ET      DAEPPIER     FIL     E[
    DESCRIPTVM ET RECOGNITVM EX TABV[           25
    FIXA EST ROMAE IN MVRO POST T[
        DIVI      AVG      AD    MINER[
```

[Imp. Caesar], divi Traiani Parthici f., divi Nerv[ae
nep(os), Trai]anus Hadrianus Aug(ustus),
pont(ifex) max(imus), tr[ib(unicia) pot(estate)]
XV, co(n)s(ul) III, p(ater) p(atriae),
proco(n)s(ul),[1]
pe[d(itibus)], qui militaveru[nt i]n coh(orte)
I Fl(avia) Mus[ulami]orum,[2] quae est in
Maur(etania) Caes(ariensi) sub Vettio Latrone,[3]
quin(is) et vic(enis) plur(ibusve) stipendis
emerit[is] dim(issis) hon(esta) missione,
quorum nomina subscr(ipta) sunt, ips(is) l⌐i⌐ b[e]ris[4]
posterisq(ue) eorum civitatem dedit et conubium
cum uxoribus, quas tunc habuissent, cum est
civitas iis data, aut, siqui caelibes essent, cum
is, quas postea duxissent dumtaxat singu⌐li⌐[5]
singulas.
pr. k. Au[g(ustas)] L. Fabio Gallo, Q. Fabio Iuliano
[cos.][6]

coh(ortis) I Flav(iae) Musulamior(um) cu[i praest]
Iulius Ho[---],[7] ex pedite Diurdano Damanaei
f. [Daco(?)] et Zispier Zurosi fil. uxori eius
[Dacae(?)][8] et Decebalo f. e[ius] et Dossacho
f. e[ius] et Comadici f. e[ius] et Dauappier fil.
e[ius] et Daeppier fil. e[ius].[9]
Descriptum et recognitum ex tabu[la aenea quae]
fixa est Romae in muro post t[emplum] divi
Aug(usti) ad Miner[vam].

1. This is an issue of 131 solely for the infantry of *cohors I Flavia Musulamiorum* based in Mauretania Caesariensis. The other units in the province were most likely to have been included on a parallel award. Cf. *RMD* VI 571 of 140 for Pannonia superior. Three other diplomas from the procuratorship of Vettius Latro are also known which cannot be closely dated (*RMD* V 377, VI 553, 554).

2. *cohors I Flavia Musulamiorum* is only attested in Mauretania Caesariensis (Holder 2003, Table 11).

3. L. Vettius Latro was equestrian governor of Mauretania Caesariensis

98

from 128 until, at least, 131 (*PIR*² V 476, Thomasson 2009, 41:010, Faoro 2011, 271-272).

4. Intus LLB for LIB.

5. Extrinsecus SINGVIL for SINGVLI.

6. The day date is not absolutely certain because only the tops of letters of the month have survived. W. Eck and A. Pangerl argue that August is more likely than May. Therefore, the date of issue would be 31 July 131. The authors argue that the consuls can be identified with L. Fabius Gallus (*PIR*² F 35) and Q. Fabius Iulianus (Optatianus) (*PIR*² F 39).

7. The cohort commander's name has not survived complete. W. Eck and A. Pangerl suggest that Iulius Ho[noratus?] was most likely his name. He is otherwise unknown.

8. The home of the recipient and of his wife can be restored as Dacus and probably Daca respectively (Dana - Matei-Popescu 2009, 214 [15]). Their names and those of their fathers are Dacian (Diurdanus *OnomThrac* 143-144, Damanaeus *OnomThrac* 110, Zispier *OnomThrac* 407, Zurosis *OnomThrac* 411).

9. Three sons and two daughters are named, all of whom also have Dacian names (Decebalus *OnomThrac* 115-117, Dossachus *OnomThrac* 162, Comadices *OnomThrac* 88, Davappier *OnomThrac* 114, Daeppier *OnomThrac* 106).

Photographs *ZPE* 153, 189.

553 HADRIANVS INCERTO

c.a.128/131

Published W. Eck - A. Pangerl *Zeitschrift für Papyrologie und Epigraphik* 153, 2005, 194-196. Two conjoining fragments from the lower middle of tabella I of a diploma. Height 2.8 cm; width 2.4 cm; thickness c. 0.6 mm; weight 4 g. The script on both faces is clear with that on the outer face smaller and more carefully inscribed. That on the inner face is larger and more angular. Letter height on the outer face about 3 mm; on the inner 3.5-4 mm.
AE 2005, 1725

intus: tabella I
]++[
]ER POSTE[
]VM VXO[
]IT IIS DA[
5   ]V[ ]++[

extrinsecus: tabella I
]MBR ET SVNT[
]ETTIO LATRO[
]TIPEND EM[
]NE QVORVM[
]LIBERIS POS[5
]T ET CONVB[

[Imp. Caesar, divi Traiani Parthici f., divi Nervae
nepos, Traianus Hadrianus Aug(ustus),
pont(ifex) max(imus), trib(unicia) pot(estate) --- ,
co(n)s(ul) III, p(ater) p(atriae), proco(n)sul?],[1]
[equitib(us) et peditib(us), qui militaverunt in alis
--- et cohortibus ---, quae appellantur --- et
IIII Suga]mbr(orum)[2] et sunt [in Mauretania
Caesariensi sub V]ettio Latro[ne,[1] quinis et
vicenis pluribusve] stipend(is) em[erit(is)
dimissis honesta missio]ne,
quorum [nomina subscripta sunt, ipsis] liberis
poste[risque eorum civit(atem) dedi]t
et conub[ium c]um uxo[ribus, quas tunc
habuissent, cum est civ]it(as) iis da[ta, aut, siqui

caelibes essent, c]u[m is quas postea duxissent
dumtaxat singuli singulas].

1. W. Eck and A. Pangerl argue that this is an issue for Mauretania Caesariensis when the governor was L. Vettius Latro (*PIR*² V 476). See further *RMD* VI 552 note 3.
2. Enough of the name in last place in the unit list has survived for it to be identified as *cohors IIII Sugambrorum*. This is also recorded in last place in the unit list on the diploma of 107 for Mauretania Caesariensis (*CIL* XVI 56) and in 152 (*RMD* V 407 with *AE* 2007, 1774, *AE* 2011, 1808). But it cannot then be assumed this grant included all the units in the province since other issues under Vettius Latro did not (*RMD* V 377, VI 552).

Photographs *ZPE* 153, 195.

554 HADRIANVS INCERTO

c.a. 128/131

Published W. Eck - A. Pangerl *Zeitschrift für Papyrologie und Epigraphik* 162, 2007, 235-237. Two non-joining fragments apparently from the same tabella I of a diploma. The larger comprises three conjoining fragments and is from the lower middle of the tabella; the smaller is from the left hand side just below the middle. The conjoining fragments: height 3.4 cm, width 3.5 cm, thickness 1 mm, weight 7 g; single fragment: height 1.6 cm, width 3 cm, weight 2 g. The script on both faces is neat and clear except where obscured by corrosion on the inner face. Letter height on the outer face 3 mm; on the inner 5 mm. On the outer face of the smaller fragment are two faint framing lines.

The top, bottom, and left hand edges of the larger fragment are straight and smooth except where there is a piece missing from the left hand corner. This suggests it had been cut from the rest of the tabella as a rectangle and that the right hand side is now incomplete. Apparently at the same time a hole was made in what had become the top left hand corner which destroyed the I of MISSIS and damaged the N of NO on the inner face.

AE 2007, 1773

	intus: tabella I		extrinsecus: tabella I	
	]+A+[		]PLVRIBVSVE[	
(!)	]R SVNT IN[	DIS EM[	]M•[.]SSIS HON[	
	]ATRONE[	MISSIO[	]M N O M I N [	
	]MERIT[	SC[	]S LIBERIS PO[	
5	]RVM N•O[		]ATEM DEDIT[	5
			]QVAS TVN[	
			]DATA A[	
	]+ [		]QVAS[	
	] [			
	] [			
	] [			
	] [			

[Imp. Caesar, divi Traiani Parthici f., divi Nervae nepos, Traianus Hadrianus Aug(ustus), pont(ifex) max(imus), trib(unicia) pot(estate) ---, co(n)s(ul) III, p(ater) p(atriae), proco(n)s(ul)?],[1]
[equitibus et peditibus, qui militaverunt in alis --- et cohortibus ---, quae appellantur ---]A[--- et IIII Sugamb]r(orum) <et>[2] sunt in [Mauretan(ia) Caesar(iensi) sub Vettio L]atrone,[1] [quinis et vicenis] pluribusve [stipen]dis emerit[is di]m[i]ssis hon[esta] missio[ne],
[quo]rum nomin[a subscripta sunt, ipsi]s liberis po[sterisque eorum civit]atem dedit [et conubium cum uxoribus], quas tun[c habuissent,

cum est civitas iis] data, a[ut, siqui caelibes essent, cum is], quas [postea duxissent dumtaxat singuli singulas].

1. W. Eck and A. Pangerl argue that this is an issue for Mauretania Caesariensis when the governor was L. Vettius Latro (*PIR*[2] V 476). See further *RMD* VI 552 note 3.
2. Intus [SVGAMB]R SVNT for [SVGAMB]R ET SVNT. *cohors IIII Sugambrorum* was also in last place on another diploma for the province of similar date, see *RMD* VI 553 (note 2). In the line above the bottoms of three letters are visible but only the middle letter can be positively identified as an A and no sense can be made.

Photographs *ZPE* 162, 235-236.

555 HADRIANVS INCERTO

a. 133 (Ian. 1 / Apr. 30)

Published W. Eck - A. Pangerl *Zeitschrift für Papyrologie und Epigraphik* 152, 2005, 248. Small fragment from the left lower half of tabella II of a diploma. Height 2 cm; width 3.6 cm; thickness 1 mm; weight 6 g. The surviving script on both faces is nest and clear with that on the inner face more angular. Letter height on the outer face 5 mm; on the inner 4 mm.
AE 2005, 1716

intus: tabella II

```
      ]ANTO[
  ]           [
  P ·  MVMM[
    ]   [
```

extrinsecus: tabella II

```
    ]     [
  ]VETTIENI   [
    ]       [
```

[*Imp. Caesar, divi Traiani Parthici f., divi Nervae nepos, Traianus Hadrianus Aug(ustus), pontif(ex) max(imus), trib(unicia) potest(ate) XVII, co(n)s(ul) III, p(ater) p(atriae)],*

[*a. d. --- M.]Antonio [Hibero,] P. Mumm[io Sisenna cos.]*[1]

[*--- .]; [C.]Vettieni [Hermetis?]; [---].*[2]

1. W. Eck and A. Pangerl demonstrate that the partially preserved names of the consuls on the inner face should be identified as M. Antonius Hiberus (*PIR*[2] A 837) and P. Mummius Sisenna (*PIR*[2] M 710, *DNP* 8, 467-468 [II 5]). They are known to have been the *ordinarii* of 133 and held office until the end of April. Cf *RMD* III 158.
2. The nomen of one of the witnesses has survived. In this year, only C. Vettienus Hermes is known to have acted as witness to diplomas. He is attested in last place on 8 April 133 (*RMD* III 158) and 2 July 133 (*CIL* XVI 76). C. Vettienus Modestus is last attested on 18 February 129 in fourth place (*CIL* XVI 74, *RMD* VI 546).

Photographs *ZPE* 152, 248.

556 HADRIANVS INCERTO

a. 133 (Mai. 1 / Aug. 31)

Published W. Eck - A. Pangerl *Zeitschrift für Papyrologie und Epigraphik* 152, 2005, 249-250. Fragment from the lower middle of tabella I of a military diploma. Height 4 cm; width 2.1 cm; thickness 1 mm; weight c. 5 g. The script on both faces is neat and clear except where obscured by corrosion. Letter height on the outer face 3 mm; on the inner 4 mm. Part of the right hand binding hole has survived.
AE 2005, 1717

intus: tabella I
]RNIO SENECA S[
]IMISS HONEST[
]SVBSCRIPT SV[
]SQ EORVM CIV[
5]VXORIB QVAS[
] ● [

extrinsecus: tabella I
]M CV++[
]SENT CVM EST C[
] ● [
]I CAELIBES ESSE[
]DVXISSENT DVM[
]S · A D V +[5
]LAVIO TE[
]VNIO RV[

[*Imp. Caesar, divi Traiani Parthici f., divi Nervae*
nepos, Traianus Hadrianus Aug(ustus),
pontif(ex) max(imus), trib(unicia) potest(ate)
XVII, co(n)s(ul) III, p(ater) p(atriae)],[1]
[*iis, qui militaverunt in classe praetoria*
Misenensi(?), quae est sub Calpu]rnio Seneca,[2]
s[ex et viginti stipendiis emeritis d]imiss(is)
honest(a) [missione],
[*quorum nomina] subscript(a) su[nt, ipsis liberis*
posteri]sq(ue) eorum civ[itatem dedit et
conubiu]m cu[m] uxorib(us), quas [tunc
habuis]sent, cum est c[ivitas iis data, aut, siqu]i
caelibes esse[nt, cum iis, quas postea] duxissent
dum[taxat singuli singula]s.
a. d. V [---- T. F]lavio Te[rtullo, Q. I]unio Ru[stico
cos.][3]

1. It is clear this grant to an Italian fleet was made between 1 May and 31 August 133 (note 3) and the titles of Hadrian have been restored accordingly.
2. W. Eck and A. Pangerl identify the commander as (M.) Calpurnius Seneca (Fabius Turpio Sentinatianus) (*PIR*[2] C 318). He is attested as prefect of the Misene fleet on 15 September 134 (*CIL* XVI 79). Prior to this he is known to have commanded the *classis praetoria Ravennas* (*AE* 2014, 1620). See also Magioncalda 2008, 1156. The authors suggest that the fleet named here was the *classis praetoria Misenensis*.
3. The consuls can be restored as Q. Flavius Tertullus (*PIR*[2] F 376, *DNP* 4, 551 [II 46]) and Q. Iunius Rusticus (*PIR*[2] I 814) who are attested in office on 2 July 133 (*CIL* XVI 76, *RMD* I 35). They were probably *suffecti* from 1 May to 31 August 133 (Eck-Holder-Pangerl 2010, 193-195).

Photographs *ZPE* 152, 249.

557 HADRIANVS INCERTO

c.a. 132/133

Published B. Steidl *Bayerische Vorgeschichtsblatter* 70, 2005, 133-140. Two conjoining fragments from the upper right corner of tabella I of a diploma found in 1997 at the recently discovered fort at Pfatter near Regensburg in Germany along with fragments from two other diplomas. Height 5.5 cm; width 3.2 cm; thickness 1 mm; weight not given. The script on both faces is neat and well formed although that on the inner face is more angular. On the outer face twin framing lines are visible along the original edges. Within these lines at the top right corner there is a hinge hole. Now in the Archäologische Staatssammlung München (E.-Nr. 1997/45; 1999/18).

AE 2005, 1149

	intus: tabella I		extrinsecus: tabella I	
	ET[		]THICI F DIVI NERVA ●	
	RIO R[		]ANVS AVG PONT MAX	
	DIM[		]II P P	
	PT S[		]ITAVER·IN ALIS IIII ET	
5	DED[		]T·I HISPANOR AVRINA (!) 5	
	HA[		]GVLAR C [.] ET II FLAV	
	●			

[Imp. Caesar, divi Traiani Par]thici f., divi Nerva[e
   nepos, Traianus Hadri]anus Aug(ustus),
   pont(ifex) max(imus), [trib(unicia) pot(estate ---,
   co(n)s(ul) I]II, p(ater) p(atriae),[1]
[equitib(us) et peditib(us), qui mil]itaver(unt)
   in alis IIII et [coh(ortibus) XIII vel XIIII,[2]
   quae appellan]t(ur) (1) I Hispanor(um)
   Auri<a>na [et (2) I Fl(avia) Gemell(a) et
   (3) I sin]gular(ium) c(ivium) [R(omanorum)]
   et (4) II Flav(ia) [(milliaria) p(ia) f(idelis)
   et (1) I Fl(avia) Canathen(orum) (milliaria)
   sagitt(ariorum) et (2) I Breuc(orum) c(ivium)
   R(omanorum) et (3) I Raet(orum) et (4) II
   Aquitan(orum) et (5) III Bracaraugustan(orum)
   et (6) III Thrac(um) vet(erana) et (7) III
   Thrac(um) c(ivium) R(omanorum) et (8)
   III Britannor(um) et (9) IIII Gallor(um) et
   (10) IIII Tungror(um) (milliaria) vex(illatio)
   et (11) V Bracaraugustan(orum) et (12) VI
   Lusitan(orum)] et (13) [VIIII Batavor(um)
   (milliaria) et sunt in Raetia sub ---]rio R[---,[3] ---
   stipendis emeritis] dim[issis honesta missione],
[quorum nomina subscri]pt(a) s[unt, ipsis liberis
   posterisque eorum civitatem] ded[it et conubium
   cum uxoribus, quas tunc] ha[buissent, cum

est civitas iis data, aut, siqui caelibes essent,
cum is quas postea duxissent dumtaxat singuli
singulas].

1. The inclusion of *pater patriae* in the titulature of Hadrian shows that this diploma was issued during June 128 at the earliest. B. Steidl argues that the latest date of issue can be estimated because the details of the award do not fit onto the first tabella but would have continued onto the second. The last known example of this within Hadrian's reign dates to 31 December 135 (Appendix IIa). Hadrian is attested as *proconsul* between May/December 129 and 9 December 132 which is not recorded on this diploma (Eck 2019b, 489-490). The possible dates of issue can be narrowed from the known procuratorial governors (note 3).
2. Extrinsecus line 5 AVRINA for AVRIANA. Four alae and either 13 or 14 cohorts were named in the unit list. The names of three of the alae are preserved and *ala I Flavia Gemella* can be restored in second place. Cf. *RMD* VI 563 where this ala is named in third place. See *RMD* VI 598 note 2 for the name. Cf. Eck-Pangerl 2021a which was issued to four alae and 13 cohorts with units in the same order. If 14 cohorts were listed *cohors II Raetorum* would have been in fourth.
3. Part of the name of the governor is preserved as [---]rio R[---] (Thomasson 2009, 15:009a (3.2), Faoro 2011, 266-267). B. Steidl suggests that he is likely to have governed Raetia from 130 to 133 and not later. In 129 Catonius [---] is attested (Thomasson 2009, 15:009a(3.1). Cf. Scri[bonius ---] attested 133/136 (*RMD* VI 563) and Petro[nius ---] attested 127/135 (Eck-Pangerl 2021a)).

Photographs *BVBl* 70 Taf. 9.1 and 9.2.

558 HADRIANVS INCERTO

a. 134 (Oct. 16 / Nov. 13)

Published W. Eck - A. Pangerl *Acta Musei Napocensis* 43-44/1, 2006-2007, 190-192. Fragment from the top right quarter of tabella I of a diploma when viewed from the outer face. The text on the inner face is normal for tabella II. Height 5.6 cm; width 4.2 cm; thickness 1 mm; weight 15 g. The script on both faces is clear with that on the inner face more irregular and angular. Letter height on the outer face 4 mm; on the inner 3 mm. There are two faint framing lines along the edges of the outer face.
AE 2007, 1760

[Imp. Caesar, divi Traiani Part]hici f., divi Ner[vae nepos, Traianus Hadria]nus Aug(ustus), pont(ifex) [maxim(us), trib(unicia) pot(estate) XVIII, co(n)s(ul)] III, p(ater) p(atriae),[1]

[equitib(us) et peditib(us), qui milita]ver(unt) in alis II et [coh(ortibus) II,[2] quae appell(antur) (1) I Claud(ia) Ga]llor(um) Capiton(iana) et [(2) --- et (1) II] Flav(ia) Numidar(um) [et (2) --- et s]unt in Dac(ia) in[fer(iore) sub ---] quinq(ue) et vig[inti stipend(is) emerit(is) dimiss(is) h]onest(a) mission(e),

[quor(um) nomina subscript(a) sunt, ips]is liber[is posterisque eorum civitatem dedit et conubium cum uxoribus, quas tunc habuissent, cum est civitas iis data, aut, siqui caelibes essent, cum iis, quas postea duxissent dumtaxat singuli singulas].

[a. d. ---] Nov(embres) [Pansa et] Macro\<ne\> cos.[3]

1. While the extrinsecus carries the text of tabella I the intus has that of tabella II. Cf. *RMD* VI 567 which has tabella I intus with tab II extrinsecus and is also part of an issue for Dacia inferior. The date of issue was late 134 when Macro was consul (note 3).
2. W. Eck and A. Pangerl argue that, in addition to the two alae, the unit list included two cohorts from the garrison of Dacia inferior. However, with about 24 letters missing from the outer face, there could be a cohort preceding *cohors II Flavia Numidarum*. In addition to this cohort only *ala Claudia Gallorum Capitoniana* and can be identified.
3. The cognomen should have been engraved as Macrone. Cf. *CIL* XVI 79 which has Macrone on tabella II intus but Macro on the extrinsecus of tabella I (similarly *CIL* XVI 80). He can be identified as L. Attius Macro (*PIR*[2] A1360) who was suffect consul with P. Licinius Pansa (*PIR*[2] L 228) from 1 September to 31 December 134.

Photographs *AMN* 43-44/1, 190.

559 IMP. INCERTVS INCERTO

c.a. 92/134

Published C. C. Petolescu - A.-T. Popescu *Dacia* N.S. 51, 2007, 151. Fragment from the lower right corner of tabella I of a diploma. Height 4.6 cm; width 3.2 cm; thickness 2 mm; weight not given. The script on both faces is clear and well formed. Letter height on both faces 2-3 mm. Along the edges of the outer face are two framing lines which run outside the hinge hole in the bottom right corner. Now in the Museum of the National Bank of Romania.
AE 2007, 1234

[Imp. Caesar ---],
(auxilia)
[quorum nomina subscripta sunt, ipsis liberis
   posterisque eorum civitatem dedit et conubium
   cum uxoribus, quas tunc hab]uisse[nt, cum est
   civitas iis data, aut, si]qui caelib[es essent,
   cum iis, quas postea duxissent dumtaxat singuli
   singulas].¹
(Date)
[alae/coh(ortis) --- cui praest --- ex --- et --- f. ei]us
   [et --- fi]l. eius [et --- fil. eius].²
[Descriptum et recognitum ex tab]ula ae[nea quae
   fixa est Romae in mu]ro post [templum divi
   Aug(usti) ad Mine]rvam.

1. C. C. Petolescu and A.-T. Popescu argue that the latest date for the issue of this diploma is 140 because of the use of the formula [--- si]qui caelib[es essent ---] which was not used after the changes to the award in that year. The earliest possible date is 90 when the original bronzes of a constitution were set up *in muro post templum divi Augusti ad Minervam*. A further indicator is the continuation of the details of the grant onto the inner face. The last example currently known prior to 140 dates to 31 December 135 (*RMD* V 382 and Appendix IIa).
2. A number of children were included in the grant. Both line 1 and line 2 of the outer face would have included the names of two children. The second pair would have been either a son and daughter or two daughters. The gap after line 2 show that a further daughter would have been included. Cf. *RMD* VI 533 of 121 for the layout of children's names.

Photographs *Dacia* N.S. 51 Fig. 3.

560 HADRIANVS INCERTO

c.a. 129/134

Published F. Matei-Popescu *Dacia* N.S. 51, 2007, 154-159. Fragment from the middle of the lower half of tabella I of a diploma reportedly found in Orhei county in the Republic of Moldova. Height 2.9 cm; width 2 cm; thickness c. 1 mm; weight 4.57 g. The script on the outer face is well formed and clear except where damaged by corrosion; that on the inner face is more angular and irregular and is more damaged by corrosion. Letter height on both faces 3-4 mm. Now in private ownership.

AE 2007, 1238

intus: tabella I
]+ AVG TH[
]ETR SAG +[
]O MARC[
] IS QV[

extrinsecus: tabella I
]+ERC+[
]   *vacat*   [
]EX GREGAL[
]EN TIS   F   [
]ET GERMANO[
]F EIVS ET VAL[5

[Imp. Caesar, divi Traiani Parthici f., divi Nervae
 nepos, Traianus Hadrianus Aug(ustus),
 pontif(ex) max(imus), trib(unicia) potest(ate) --,
 co(n)s(ul) III, p(ater) patriae)],[1]
[equitibus et peditibus, qui militaverunt in alis --- et
 cohortibus[2] ---, quae appellantur --- I Thracum
 Herculiana --- II]I Aug(usta) Th[r(acum) et
 --- V Ulp(ia) P]etr(eorum) sag(ittariorum) e[t
 --- et sunt in Syria sub Poblici]o Marc[ello,
 --- stip(endis) emer(itis) dim(issis) hon(esta)
 m]is(sione),
qu[orum nomina subscripta sunt, ---].
[a. d. --- cos.]

[alae I Thracum] Hercu[lianae cui praest ---],
 ex gregal[e --- Val]entis f. [--- et --- f. eius] et
 Germano [f. eius et ---] f. eius et Val[---].[3]

1. F. Matei-Popescu argues that the governor's name can be restored as (C. Quinctius Certus) Poblicius Marcellus (*PIR²* P 1040) and that the presence of auxiliary units stationed in Syria indicates that the diploma was therefore issued between 129 and 134. Cf. *RMD* VI 547 and VI 561.
2. This is the earliest record of *ala I Thracum Herculiana* in Syria. For further information about the units listed here, see Weiss 2006a.
3. While the name of the recipient is not known his father's name can be restored as Valens. It is possible that four children were named of whom three definitely were sons.

Photographs *Dacia* N.S. 51, fig. 2.

561 HADRIANVS INCERTO

c.a. 129/134

Published W. Eck and A. Pangerl *Scripta Classica Israelica* 24, 2005, 114-116. Fragment from the upper left middle of tabella I of a diploma. Height 3.4 cm; width 5.8 cm; thickness 1 mm; weight 10 g. The script on the outer face is clear and neat while that on the inner is more irregular. Letter height on the outer face 4 mm; on the inner 4 mm. *AE* 2005, 1735

intus: tabella I
```
         ]++[
     ] ET EQ Q M[
     ]THR SYR ET[
     ] POBLICIO +[
5    ]P EMER DIM[
     ]BSCR  SV[
      ]ET CON[
       ]VT SI[
```

extrinsecus: tabella I
```
          ]Q+++[
     ]LLORVM ET SVNT IN[
     ]O MARCELLO QVINQ[
     ]DIS EMERITIS DIMISSI[
     ]NE QVORVM NOMIN[          5
     ]S LIBERIS POSTER[
      ]DEDIT ET CON[
```

[Imp. Caesar, divi Traiani Parthici f., divi Nervae
    nep(os), Traianus Hadrianus Aug(ustus),
    pont(ifex) max(imus), tribun(icia) potest(ate) ---,
    co(n)s(ul) III, p(ater) p(atriae)],[1]
[ped(itibus)] et eq(uitibus), q(ui) m(ilitaverunt) [in
    coh(ortibus[2] ---, q(uae) app(ellantur) --- et --]
    Thr(acum) Syr(iaca) et [--- Ga]llorum et sunt
    in [Syria sub] Poblicio Marcello, quinq[ue et
    viginti[3] stipen]dis emeritis dimissi[s honesta
    missio]ne,
quorum nomin[a su]bscr(ipta) su[nt, ipsi]s
    liberis poster[isque eorum civitatem] dedit et
    con[ubium cum uxoribus, quas tunc habuissent,
    cum est civitas is data, a]ut, si[qui caelibes
    essent, cum is, quas postea duxissent dumtaxat
    singuli singulas].

1. W. Eck and A. Pangerl argue that the diploma was issued during the reign of Hadrian when (C. Quinctius Certus) Poblicius Marcellus was governor of Syria. This grant is not the same as that of 22 March 129 (*RMD* VI 547) nor of that for Syria of 129/134 (*RMD* VI 560).
2. The unit list was short and comprised only cohorts as shown by the use of the formula *ped(itibus) et eq(uitibus)*. W. Eck and A. Pangerl argue that only three cohorts were named of which one was a *cohors Thracum Syriaca*. Three of the four cohorts with that title were stationed in Syria while the first cohort was part of the garrison of Moesia inferior. The cohort in last place was either *cohors IIII Gallorum* or *cohors VII Gallorum* both of which are attested in Syria (Weiß 2006a, 278-279 and 287).
3. This constitution was issued to troops who had served exactly twenty-five years while that of 22 March 129 was awarded to men who had served twenty-five years or more (*RMD* VI 547).

Photographs *SCI* 24, 114.

562 HADRIANVS INCERTO

a. 135 (Nov. 14 / Dec. 1)

Published W. Eck - D. MacDonald - A. Pangerl *Acta Musei Napocensis* 39-40/1, 2003, 38-41. Fragment from just below the middle of the left half of tabella I of a diploma. Height 2.9 cm; width 3.9 cm; thickness 1.3 mm; weight 7.5 g. The script on both faces is clear except where damaged by corrosion with that on the inner face more irregular. Letter height on both faces c. 4 mm.
AE 2003, 2043

<table>
<tr><td>intus: tabella I</td><td>extrinsecus: tabella I</td></tr>
<tr><td>]ANI PART[</td><td>]VAS POSTEA DVX[</td></tr>
<tr><td>]NVS HADR[</td><td>]SINGVLAS   [</td></tr>
<tr><td>] XIX COS [</td><td>]TILIO FABIANO[</td></tr>
<tr><td>]LIS II ET CO[</td><td>]H II AVG NERV[</td></tr>
<tr><td>5]VNG FRON[</td><td>]L   SECVNDINIV[5</td></tr>
<tr><td>]+++[</td><td></td></tr>
</table>

[Imp. Caesar, divi Trai]ani Part[hici f., divi Nervae
nep(os), Traia]nus Hadr[ianus Aug(ustus),
pontif(ex) max(imus), trib(unicia) pot(estate)]
XIX, co(n)s(ul) [III p(ater) p(atriae)],[1]
[eq(uitibus) et ped(itibus) qui mil(itaverunt) in a]lis
II et co[h(ortibus) --[2] quae appellantur --- et
T]ung(rorum) Fron[t(oniana) et --- et II
Aug(usta) Nerviana Pacensis (milliaria)
Brittonum et --- et sunt in Dacia Porolissensi
sub Flavio Italico, --- stipendis emeritis
dimissis honesta missione],
[quorum nomina subscripta sunt, ipsis liberis
posterisque eorum civitatem dedit et conubium
cum uxoribus, quas tunc habuissent, cum est
civitas is data, aut, siqui caelibes essent, cum
is, q]uas postea dux[issent dumtaxat singuli]
singulas.
[a. d. --- P. Ru]tilio Fabiano, [Cn. Papirio Aeliano
cos.][3]
[co]h(ortis) II Aug(ustae) Nerv(ianae) [Pac(ensis)
(milliariae) Britt(onum) cui praest] L.
Secundiniu[s ---].[4]

[Descriptum et recognitum ex tabula aenea quae
fixa est Romae in muro post templum divi
Aug(usti) ad Minervam].

1. This diploma was issued when Hadrian held tribunician power for the nineteenth time from 10 December 134 and 9 December 135. The consular name indicates a day late in 135 (note 3). The titles of Hadrian and the name of the procurator have been restored accordingly. Most likely it is a second copy of *RMD* IV 248.

2. The unit list comprised two alae and an unknown number of cohorts of the garrison of Dacia Porolissensis. Line 5 of the inner face reveals that ala *[Tu]ng(rorum) Fron[t(oniana)]* was one of the former.

3. The name of the consul can be restored as P. Rutilius Fabianus attested holding the *fasces* with Cn. Papirius Aelianus (Aemilius Tuscillus) (*PIR²* P 108, *DNP* 9, 294) on a diploma for Mauretania Tingitana of 31 December 135 (*RMD* V 382 note 5). They were in office by 12 October 135 (*AE* 2017, 1762).

4. The unit of the recipient can be restored as *cohors II Augusta Nerviana Pacensis milliaria Brittonum*. L. Secundinius [---], currently otherwise unknown was a predecessor of L. Volusius [---] attested in 139/140 (*RMD* VI 574 with Eck-Pangerl 2020, 107-111).

Photographs *AMN* 39-40/1, 38.

563 HADRIANVS INCERTO

c.a. 133/136

Published B. Steidl *Bayerische Vorgeschichtsblatter* 70, 2005, 140-145. Two conjoining fragments from the left upper middle of tabella I of a diploma found in 1997 at the recently discovered fort at Pfatter near Regensburg in Germany along with fragments from two other diplomas. Height 5.45 cm; width 4.7 cm; thickness 1.3 mm; weight not given. The script on both faces is neat and well formed although that on the inner face is more irregular. Both binding holes have survived. Now in the Archäologische Staatssammlung München (E.-Nr. 1997/45; 1999/18).
AE 2005, 1150

intus: tabella I
```
          ]A ET I S[
          ]T I BREVC C R ● E[
          ]C R ET III BRACAV[
          ]R ET III BRITANN[
5         ]V BRACAVG ET VI L[
          ]N RAET SVB SCRI[
          ]R CIVIT DED E ● [
```

extrinsecus: tabella I
```
          ]L II FL ∞ P F ET I H[
          ]SINGVLAR C R ET I[
          ]REVC C R ET I RAET[
          ]II BRACARAVG ET III[
          ]R ET III BRITANNOR[          5
          ]ET V BRACARAVG ET V[
          ]VNT IN RAETIA SVB S[
          ]IN ET VICEN PLVRIB[
          ]MISSIS HONESTA M[
          ]SVBSCRIPTA SVN[               10
          ]●            ●[
          ]M CIVITAT[
```

[Imp. Caesar, divi Traiani Parthici f., divi Nervae nepos, Traianus Hadrianus Aug(ustus), pontifex maximus, tribunicia potestate ---, co(n)s(ul) III, p(ater) p(atriae)],[1]
[equitibus et peditibus, qui militaverunt in a(lis) IIII et coh(ortibus) XIIII,[2] quae appel]l(antur) (1) II Fl(avia) (milliaria) p(ia) f(idelis) et (2) I H[ispan(orum Aurian(a) et (3) I Fl(avia) Gemell]a et (4) I singular(ium) c(ivium) R(omanorum) et (1) I [Fl(avia) Canathen(orum) (milliaria) sagitt(ariorum) e]t (2) I Breuc(orum) c(ivium) R(omanorum) et (3) I Raet(orum) [et (4) II Raet(orum) et (5) II Aquitan(orum)] c(ivium) R(omanorum) et (6) III Bracaraug(ustanorum) et (7) III [Thrac(um) vet(erana) et (8) III Thrac(um) c(ivium)] R(omanorum) et (9) III Britannor(um) [et (10) IIII Gallor(um) et (11) IIII Tungror(um) (milliaria) vex(illatio)] et (12) V Bracaraug(ustanorum) et (13) VI L[usitan(orum) et (14) VIIII Batavor(um) (milliaria) et s]unt in Raetia sub Scri[bonio --- ,[3] qu]in(is) et vicen(is) plurib(usve) [stipendis emeritis di]missis honesta m[issione],

[quorum nomina] subscripta sun[t, ipsis liberis posterisque eoru]m civitat[em] ded(it) e[t conubium cum uxoribus, quas tunc habuissent, cum est civitas iis data, aut, siqui caelibes essent, cum iis, quas postea duxissent dumtaxat singuli singulas].

1. B. Steidl argues that the presence of the formula *[--- eo]r(um) civit(atem) ded(it) e[t ---]* shows this was issued before the exclusion of children from awards to auxiliaries in 140. Comparison with diplomas for Raetia of 129 (*RMD* IV 243) and 132/133 (*RMD* VI 557) indicates that it was issued after 129. B. Steidl suggests the date of issue was after the latter because of the identity of the governor (note 3) who might have been in Raetia from 133 to 136.
2. Sufficient of the names of the units listed on each face has survived for a total of four alae and 14 cohorts to be restored. The order of alae is totally different from that of 132/133 (*RMD* VI 557 note 2).
3. Part of the nomen of the governor has survived as Scri[bonio ---] (Thomasson 2009, 15:009a(3.3), Faoro 2011, 267). He cannot have been the same as the governor attested in 132/133 (*RMD* VI 557) nor Cosconius Celsus attested on a diploma of 10 July/ December 138 (*RMD* II 94). Cf. Petro[nio ---] (Eck-Pangerl 2021a) who was procurator before the end of 135.

Photographs *BVBl* 70, Taf. 9.3 and 9.4.

564 HADRIANVS INCERTO

c.a. 134/137

Published B. Pferdehirt *Römische Militärdiplome und Entlassungsurkunden in der Sammlung des Römisch-Germanischen Zentralmuseums*, 2004, Nr. 71. Fragment of the top right corner of tabella II of a diploma. Height 5.7 cm; maximum width 6.5 cm; thickness 1 mm; weight 30.3 g. The script on both faces is neat and clear with that on the inner more irregular. Letter height on the outer face 3-4.5 mm; on the inner 3.0 mm. There are twin framing lines parallel to the edges on the outer face. Traces of the top binding hole survive. Now in the Römisch-Germanisches Zentralmuseum, Mainz (Inv. Nr. O. 42537).

[*Imp. Caesar, divi Traiani Parthici f., divi Nervae nepos, Traianus Hadrianus Aug(ustus), pontifex maximus, tribunicia potestate --, imp(erator) II(?), co(n)s(ul) III, p(ater) p(atriae)*],[1]
(auxilia) aut (classis)
[---] *Besso [et ---] f. eius.*

[*P. Atti] Severi; [L. Pulli] Daphni; [Ti. Iuli] Felicis; [---]; [---]; [---]; [---].*[2]

1. B. Pferdehirt concludes that the date of issue of this diploma was during the reign of Hadrian, but after 127, based on the lack of the *descriptum et recognitum* formula on the inner face and the amount of unengraved space beneath the names of the recipient and his family.
2. The surviving witness names confirm this conclusion because the order pre-dates the introduction of the hierarchy of witnesses in 138. Ti. Iulius Felix is first known to have signed as a witness in 134 (Index 1: Witnesses Period 2). The possible date of issue is between 134 and 137 (*RMD* V p. 702 21*RGZM71).

Photographs *RGZM* Taf. 132.

565/300 HADRIANVS INCERTO

c.a. 117/138

A: Published P. Weiß *Zeitschrift für Papyrologie und Epigraphik* 163, 2007, 263-265. Fragment from the upper left side of tabella I of a diploma with a green patina. Height 4.1 cm; width 2.6 cm; thickness c. 1 mm; weight not given. The lettering on both faces is easy to read with that on the inner more irregular. Letter height on the outer face 3-4 mm; on the inner 2-4 mm. There are two framing lines along the left edge.
AE 2007, 1784

B: *RMD* IV 300. Tiny irregular rectangular shaped fragment from the upper left quarter of tabella I of a diploma. Maximum height 1.6 cm; maximum width 1.4 cm; thickness c. 0.5 mm; weight 1.06 g. Letters on the outer face are 3 mm high; on the inner face they are c. 4 mm.

While the two fragments do not exactly conjoin their positions relative to each other produce a cohesive text on both faces. The script on both faces is comparable.

	intus: tabella I		extrinsecus: tabella I
	]AESAR DIVI T[		IN C[..]ORTI[
	]AE NEPOS TR[{A}		CISIP[.]DENS[{B}
	]AX TRIB[		IN THRACI[
	]ET EQ[{B}		QVE ET[
5	]+[		SIS HO[5
			NA SVB[
			RISQVE[
			BIVM CV[
			{A}

[Imp. C]aesar divi T[raiani Parthici f., divi Nerv]ae
 nepos, Tr[aianus Hadrianus Aug(ustus),
 pont(ifex) m]ax(imus), trib(unicia) [pot(estate --,
 co(n)s(ul) ---],[1]
[peditibus] et eq[uitibus, qui militaverunt] in
 c[oh]orti[bus duabus,[2] quae appellantur
 (1) I] Cisip[a]dens[ium et (2) II Lucensium(?)
 et sunt] in Thraci[a sub --- , quin]que et [viginti
 stipendis emeritis dimis]sis ho[nesta missione],
[quorum nomi]na sub[scripta sunt, ipsis liberis
 poste]risque [eorum civitatem dedit et conu]bium
 cu[m uxoribus, quas tunc habuissent, cum est

civitas iis data, aut, siqui caelibes essent, cum iis, quas postea duxissent dumtaxat singuli singulas].

1. Sufficient of the text survives to show that this is a grant from the reign of Hadrian to cohorts in Thrace.
2. {B} intus first line should be read as] ET EQ[VITIBVS] and {B} extrinsecus line 1 should be read as]ORTI[BVS]. There seems to be space for only two cohorts to have been named. *cohors I Cisipadensium* is certain and *cohors II Lucensium* is most likely to have been the other (*RMD* V 385/260 notes 3-4).

Photographs **A**: *ZPE* 163, 263; **B**: *RMD* IV 300, Pl. 53a and 53b.

566 HADRIANVS INCERTO

c.a. 117/138

Published F. Matei-Popescu *Dacia* N.S. 51, 2007, 154. Fragment of the lower left corner of tabella I of a diploma reportedly found in Orhei county in the Republic of Moldova. Height 2.5 cm; maximum width 2 cm; thickness c. 1 mm; weight 3.29 g. The script on the outer face is well formed and clear; that on the inner face is more angular and irregular. Letter height on both faces 3-4 mm. Two framing lines are visible along the edges of the outer face. Now in private ownership.
AE 2007, 1237

intus: tabella I

```
]ERV NEP
   ]+[
```

extrinsecus: tabella I

```
ET D[
DESCR[
QVA[
DIVI[
```

[Imp. Caesar, divi Traiani Parthici f., divi N]erv(ae)
nep(os), [Traianus Hadrianus Aug(ustus),
pontif(ex) max(imus), tribunic(ia) potest(ate) ---,
co(n)s(ul) ---],[1]
(auxilia) aut *(classis)*

[ex ---] et D[---].[2]

Descr[iptum et recognitum ex tabula aenea] qua[e
fixa est Romae in muro post templum] divi
[Aug(usti ad Minervam].

1. F. Matei Popescu identifies the fragmentary imperial titles on the inner face as those of Hadrian.
2. Either a wife or at least one child was named implying this was an issue either for the auxilia or for one of the fleets.

Photographs *Dacia* N.S. 51, fig. 1.

567 HADRIANVS INCERTO

c a. 130/138

Published W. Eck - D. MacDonald - A. Pangerl *Acta Musei Napocensis* 39-40/1, 2003, 41-44. Fragment from the middle of the right hand side of tabella II of a diploma when viewed from the outer face. The inner face carries the text from the intus of a tabella I. Height 3.4 cm; width 3.5 cm; thickness 0.75 mm; weight 6.2 g. The script on both faces is clear but that on the inner face is irregular. Letter height on the outer face 5 mm; on the inner 4 mm. Along the right hand edge of the outer face are two framing lines.

AE 2003, 2044

	intus: tabella I	extrinsecus: tabella II	
	EQV ET PE[		]SEVERI
	GALL CAP [		]
	BESS ET II[		]DAPHNI
	CONSTAN[		]
5	QVOR N+[		]FESTI

*[Imp. Caesar, divi Traiani Parthici f., divi Nervae
    nep(os), Traianus Hadrianus Aug(ustus),
    pontif(ex) max(imus), tribunic(ia) potest(ate) ---,
    co(n)s(ul), III, p(ater) p(atriae)],[1]*
*equ(itibus) et pe[d(itibus),[2] q(ui) mil(itaverunt) in
    ala I* vel *alis II et coh(ortibus) II* vel *III, quae
    app(ellantur) (1) I Claud(ia)] Gall(orum)
    Cap[(itoniana) et --- et II Flav(ia)] Bess(orum)
    et II[--- et sunt in Dacia infer(iore) sub
    Claudio/Flavio] Constan[te,[3] quin(is) et
    vicen(is) plur(ibusve) stip(endis) emer(itis)
    dimis(sis) honest(a) miss(ione)],*
quor(um) no[m(ina) subscr(ipta) sunt, ---].

*[Ti. Claudi Menandri(?)]; [P. Atti] Severi];
    [L. Pulli] Daphni]; [P. Atti] Festi]; [---]; [---];
    [---].[4]*

1. The authors demonstrate that this is an issue for Dacia inferior from the reign of Hadrian betwwen 130 and 138 during the procuratorship of either Claudius Constans or Flavius Constans (note 3). Unusually while the outer face comprises the witness list from a tabella II, the inner face has the text from what would normally be tabella I. Cf. *RMD* VI 558 also for Dacia inferior which comprises the intus of tabella II and the extrinsecus of tabella I.

2. It is clear that the first line of the inner face comprised the formula introducing the unit list: EQV et PE[D …]. The unit list was short, perhaps two alae and three cohorts, but only the name of one ala, *ala I Claudia Gallorum Capitoniana*, and one cohort, *cohors II Flavia Bessorum*, can be restored. Part of the name of another cohort has survived which might have been either *cohors II Gallorum* or *cohors III Gallorum*. The final cohort is unlikely to have been *cohors II Flavia Numidarum* since this is generally named before *cohors II Flavia Bessorum*. Cf. *RMD* V 376. These unit names are not preserved on the list from *RMD* VI 568 which was also issued by one of these procurators.

3. The procurator can be identified either as Ti. Claudius Constans (*PIR*[2] C842, Thomasson 2009, 21:021a, Piso 2013, Nr. 82, Faoro 2011, 299) or as T. Flavius Constans (*PIR*[2] F247, *DNP* 4, 548 [II 19], Thomasson 2009, 21:022, Piso 2013, Nr. 84, Faoro 2011, 299-300). The former is attested in Dacia inferior between 130 and 132, the latter between 136/7 and 138/9.

4. The witnesses can be restored in second, third, and fourth places as [P. Attius] Severus, [L. Pullius] Daphnus, and [P. Attius] Festus. They are attested signing in same order from 133 to 142 with Ti. Claudius Menander in first place.

Photographs *AMN* 39-40/1, 42.

568 HADRIANVS INCERTO

c.a. 130/138

Published W. Eck - D. MacDonald - A. Pangerl *Acta Musei Napocensis* 39-40/1, 2003, 44-45. Fragment from the top left hand corner of tabella I of a diploma. Height 5.3 cm; width 3.8 cm; thickness c. 1 mm; weight c. 15 g. The script on both faces is clear and neatly engraved. Letter height on the outer face 5 mm; on the inner 5-6 mm. There are no traces of framing lines along the edges of the outer face.
AE 2003, 2045

intus: tabella I

```
IMP CAESAR D[
  NERVAE NEP[
  PONT MAX TR[
EQV[      ]PED[
```

extrinsecus: tabella I

```
IMP CAESAR[
  NERVAE NE[
  PONT MAX T[
EQVITIB ET P[
  ET COH V QV[                                    5
  FL COMMA[
  ET I TYRIOR S[
  SVNT IN DA[
  ]NTE QV[
```

Imp. Caesar, d[ivi Traiani Parth(ici) f., divi] Nervae
   nep(os), [Traianus Hadrianus Aug(ustus)],
   pont(ifex) max(imus), tr[ib(unicia) pot(estate) --,
   co(n)s(ul) III, p(ater) p(atriae)],[1]
equitib(us) et ped[itib(us), qui militaver(unt)
   in ala I vel *alis II] et coh(ortibus) V,[2]*
   qu[ae appell(antur) --- et (1) I] Fl(avia)
   Comma[gen(orum) et (2) --- et (3) ---] et (4) I
   Tyrior(um) s[ag(ittariorum) et (5) --- et] sunt in
   Da[cia infer(iore) sub Claudio/Flavio Consta]nte,
   qu[inis et vicenis pluribusve stipendis emeritis
   dimissis honesta missione],

1. W. Eck and A. Pangerl show that this is an issue for Dacia inferior from the reign of Hadrian between 130 and 138 when either Claudius Constans or Flavius Constans was procurator. See further *RMD* VI 567 note 3.
2. The intus has EQV[IT ET] PED[IT] which is last recorded in 133 during Hadrian's reign (*CIL* XVI 76). Thereafter EQV ET PED is normal. Five cohorts and either one or two alae were named on the diploma. Two of the cohorts, from the garrison of Dacia inferior, can be identified as *cohors I Flavia Commagenorum* and *cohors I Tyriorum sagittariorum*. Within the garrison of the province are five first cohorts. The other three are *cohors I Hispanorum veterana, cohors I Bracaraugustanorum*, and *cohors I Augusta Pacensis Nerviana Brittonum milliaria*. All could also have been listed here. This list is not the same as that on *RMD* VI 567 nor that on *RMD* VI 558 issued by one or other of these procurators.

Photographs *AMN* 39-40/1, 45.

569 IMP. INCERTVS INCERTO

c.a. 138/139

Published I. Boyanov *Archaeologia Bulgarica* 11, 2007, 70-72. Nearly rectangular fragment from the lower middle of tabella I of a diploma was found near Trapoklovo in the Sliven district of Bulgaria. Height 3.7 cm; width 2.5 cm; thickness 1 mm; weight not available. The script on the outer face is well formed while that on the inner is more irregular. The latter is more difficult to decipher where the surface has been damaged. Letter height on both faces 3-4 mm. The left hand binding hole survives on the outer face. Now in Yambol Museum (Inv. no. II 3765).

After the diploma had served its original purpose this almost rectangular fragment was cut from it. The angled upper left corner cuts across the binding hole and has a protruding tongue shape.

Interpretation of this fragment has benefitted from study of photographs supplied by I. Boyanov.

AE 2007, 1260

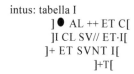

```
        intus: tabella I                               extrinsecus: tabella I
    ]● AL ++ ET C[                                 ]+++[
    ]I CL SV// ET·I[                               ]S NVN[
    ]+ ET SVNT I[                                  ]●   [
    ]+T[                                           ]AVT SIQV[
                                                   ]TEA DVXE[
                                                   ]   A D III[           5
                                                   ]O PRISCO[
                                                   ]V+[
```

[Imp. Caesar ---],[1]

[eq(uitibus) et ped(itibus), qui militaverunt in] al(is) -- et c[oh(ortibus) ---, q(uae) app(ellantur) --- et] I Cl(audia) Su[g(ambrorum)][2] et I [---] et sunt i[n Moesia inferior sub --- , ---],

[quorum nomina subscripta sunt, --- qua]s nun[c[1] habent cum iis civitas datur,] aut, siqu[i caelibes sunt, cum iis, quas pos]tea duxe[rint dumtaxat singuli singulas].

a. d. III[---]o Prisco, [--- cos.][3]

[alae/cohortis] VI(?) [---].

1. I Boyanov argues that the year of issue is 138 on the basis of the appearance of the words *nun[c]* and *duxe[r(int)]* in the clause recording the award of *conubium* to auxiliaries. The only known examples date between 28 February 138 (*CIL* XVI 83) and 13 February 139 (*RMD* I 38). See Eck 2007, 89.

2. The text on the inner face comprises part of the list of units eligible for the grant and breaks off just before the name of the province where these units were stationed. Comparison with this section on diplomas of similar date suggests that after the binding hole [---] AL ++ ET C[OH] may be read. The unit names would have been drastically abbreviated (Holder 2007a, 152-153). Line 2 may be restored as [--- ET] I CL SV// ET I [---]. After the V there is space for a letter but damage has obscured it. Whether this was *cohors I Claudia Sugambrorum veterana* or *cohors I Claudia Sugambrorum tironum* is uncertain (Matei-Popescu 2010, 228-231). The province would therefore have been Moesia inferior. Cf. *CIL* XVI 83 of 28 February 138 for Moesia inferior).

3. Part of the name a consul survives on the outer face. [-. ---]us Priscus is not recorded as a consul in either 138 or 139 (Eck 2013, 81). Potential months for his consulship are July to September 138 and May(?) to June 139. The old formula was again in use by 18 July 139 (*AE* 2010, 1262).

Photographs *Archaeologia Bulgarica* 11, 71-72.

570 PIVS M. SOLLIO GRACILI

a. 139 Aug. 22

Published W. Eck - A. Pangerl *Zeitschrift für Papyrologie und Epigraphik* 163, 2007, 217-223. Almost complete diploma broken into many pieces which, after restoration, lacks a tiny fragment from the bottom right quadrant of tabella I. Height 14.2 cm; width 11.8 cm; thickness tabella I 1 mm, tabella II 1.4 mm; weight tabella I 106 g, tabella II 130 g. It is unusual, at this time, for tabella II to be both thicker and heavier. Letter height on the outer face 4 mm; on the inner 4 mm. The script on both faces is clear and legible, but that on the inner is more angular and is more abbreviated. When found the binding wires were in place. They have been cut to provide access to the inner faces. There is a hinge hole in the lower right corner of both tablets. Twin lightly engraved framing lines are visible on the outer faces of both tabellae. Striations from the preparation of the surfaces are visible on both faces of tabella II. On the outer face of tabella II are faint traces of the position of the seal box astride the binding holes.

Extrinsecus line 18 is in a different hand with the lettering squashed together and COS extending outside the framing lines to the edge of the tabella.

AE 2007, 1786

intus: tabella I

```
   IMP CAES DIVI HADRIANI F DIVI TRAIANI
   PARTHICI NEPOS DIVI NERVAE PRONEP
   T AELIVS HADRIAN ANTONINVS AVG
      PIVS  PON   MAX   ●TRIB POT II COS II
5        DESIGN      III  P  P
   IIS QVI MIL IN CLASS PR RAVENN QVAE EST
   SVB FABIO SABINO QVI SENA ET VICEN
   PLVR STIP EMER DIMIS HON MIS QVOR
   NOM SVBSCR SVN IPS LIB POSTQ EOR
10 CIV DED ET CON CVM VXOR Q T HA[.
   CVM EST CIV IS DAT ● AVT SIQ CAEL ESS
   CVM IS Q POST DVX DVMTAX SIN SING
```

                                    ●

tabella II
                                    ●
```
      A D   XI  K SEPT
   NATALE   ET    PROCVLO COS
15        EX GRE●  GALE
   M SOLLIO ZVRAE  F GRACILI SCORD
      EX PANNON
              vacat
              vacat
              vacat
              vacat
                ●
              vacat
              vacat
              vacat
```

extrinsecus: tabella I

```
I MP CAESAR DIVI HADRIANI F DIVI TRAIAN
   PARTHICI NEPOS DIVI NERVAE PRONEP
   T AELIVS HADRIANVS ANTONINVS AVG
     PIVS   PONT    MAX TRIB POT II COS II
        DESIGN      III    P   P            5
IIS QVI MILITAVER IN CLASSE PRAETOR
   RAVENNATE QVAE EST SVB FABIO SABI
   NO QVI QVINA ET VICENA PLVRAVE       (!)
   STIPENDIA EMERVERVNT DIMISSIS
   HONESTA MISSIONE QVORVM NOMI         10
   NA SVBSCRIPTA SVNT IPSIS LIBERIS
   POSTERISQ EORVM CIVITATEM DEDIT
   ET CONV  BIVM CVM VXO   RIB QVAS
        ●                    ●
   TVNC HABVISSENT CVM EST CIVITAS IIS
   DATA AVT SIQVI CAELIBES ESSENT CVM   15
   IS QVAS POSTEA DVXISSENT DVMTA
   XAT SINGVLAS   A    D XI  K SEPT      (!)
   L MINICIO NATALE L CLAVDIO PROCLO COS (!)
        EX GREGALE
   M SOLLIO ZVRAE F GRACILI SCORDIS     20
                    [..] PANNON
   DESCRIPT ET RECOGN EX TAB[.]LA AEREA
   QVAE FIXA EST ROMAE IN MVRO POST
      TEMPL  DIVI  AVG AD  MINERVA    ●
           tabella II
   TI CLAVDI                 MENANDRI   25

   P   ATTI          ●          SEVERI

   L   PVLLI                    DAPHNI

   P   ATTI                     FESTI

   T   FLAVI                    ROMVLI

   TI  IVLI          ●          FELICIS  30

   C   IVLI                     SILVANI   ●
```

Imp. Caesar, divi Hadriani f., divi Traian(i) Parthici nepos, divi Nervae pronep(os), T. Aelius Hadrianus Antoninus Aug(ustus) Pius, pont(ifex) max(imus), trib(unicia) pot(estate) II, co(n)s(ul) II design(atus) III, p(ater) p(atriae),[1]

iis, qui militaver(unt)[2] in classe praetor(ia) Ravennate, quae est sub Fabio Sabino,[3] qui sena[4] et vicena plurave stipendia emeruerunt dimissis honesta missione,

ROMAN MILITARY DIPLOMAS VI

*quorum nomina subscripta sunt, ipsis liberis
posterisq(ue) eorum civitatem dedit et conubium
cum uxorib(us), quas tunc habuissent, cum est
civitas iis data, aut, siqui caelibes essent, cum
is, quas postea duxissent dumtaxat sin(guli)
singulas.[5]*

*a. d. XI k. Sept(embres) L. Minicio Natale, L.
Claudio Proculo cos.[6]*

*ex gregale M. Sollio Zurae f. Gracili, Scordis(co) ex
Pannon(ia).[7]*

*Descript(um) et recog(nitum) ex tab[u]la aerea[8]
quae fixa est Romae in muro post templ(um) divi
Aug(usti) ad Minerva(m).*

*Ti. Claudi Menandri; P. Atti Severi; L. Pulli
Daphni; P. Atti Festi; T. Flavi Romuli; Ti. Iuli
Felicis; C. Iuli Silvani.[9]*

1. This is a copy of a constitution for the Ravenna fleet of 22 August 139. The inner face of tabella I is heavily abbreviated as is common at this time. (Holder 2007a, 152-153). It is now clear that Pius was COS DESIG III by 22 August but after 18 July 139.
2. Extrinsecus MILITAVER(VNT) This is the earliest extent grant with *honesta missio* for members of the Ravenna fleet. But the old phrase for length of service QVI SENA ET VICENA PLVRAVE STIPENDIA is retained but with EMERVERVNT rather than MERVERVNT. See further Holder 2008, 146-148.
3. Fabius Sabinus, the prefect, has not previously been attested as commander of the *classis Ravennas*. W. Eck and A. Pangerl suggest that he should be identified with the Fabius Sabinus who is attested as prefect of *ala I Pannoniorum Tampiana* in Britain on 17 July 122 (*CIL* XVI 69, *PME* I,V F 14).
4. Extrinsecus QVINA for SENA.
5. Intus SIN SING but SINGVLAS extrinsecus.
6. Extrinsecus PROCLO for PROCVLO. The consuls most likely held office from 1 July until 31 August 139 (Eck 2013, 72). The names of L. Minicius Natalis (Quadronius Verus) are certain (*PIR*[2] M 620; *DNP* 8, 218 Minicius [10]). His colleague, L. Claudius Proculus, may also have had Cornelianus as a second cognomen (*PIR*[2] C 979, Eck 2013, 72, Holder 2018b, 265-267).
7. The recipient, M. Sollius Gracilis, possessed the *tria nomina*. See RMD VI 605 for arguments about his status. His father, Zura, has a Dacian name (*OnomThrac* 410). He was a Scordiscus from Pannonia inferior. According to Strabo the Scordisci were Galatians (Celts) who lived and mixed with Thracians and Illyrians (Strabo 7, 5, 2).
8. AEREA was widespread in 139 but there are a few examples of AENEA. See *RMD* VI 579.
9. For the witnesses, see Appendix IIIa.

Photographs *ZPE* 163, 218-219.

571 PIVS INCERTO

a. 140 (Ian. 1/ Dec. 9)

Published W. Eck - A. Pangerl *Zeitschrift für Papyrologie und Epigraphik* 152, 2005, 250-254. Fragment from the top right quarter of tabella I of a diploma lacking the corner and part of the right hand side. Height 6.4 cm; width 7.2 cm; thickness 1 mm; weight 32.5 g. The script on the outer face neat and clear while that on the inner is faintly engraved and much obscured by corrosion products. Letter height on the outer face 4 mm; on the inner 5 mm. Along the original edges of the outer face are two lightly engraved framing lines.

At a later date the fragment was cut from the rest of the tabella as shown by the regularity of the current left hand edge. Presumably at the same time a hole was punched through in the new top left hand corner which has destroyed the letter I in DIVI in line 2. This is larger on the outer face than it is on the inner.

AE 2005, 1718

intus: tabella I
```
  QVAE EST  IN PA[
 •PAVLLO  XXV//// [
  QVOR NOM///////////[
  CIVIT DED ET CON[
5 CVM EST CIV[
  ///////////////////[
  T[.]X//////[
   ]vacat[
```

extrinsecus: tabella I
```
   ]HADRIANI F DIVI TRAIAN[
   ]EP D •VI NERVAE PRONEP
   ]IANVS ANTONINVS AVG
   ]AX TRIB POT III COS III  P  P
   ]T QVI MILIT IN COH I VLPIA      5
   ]AE EST IN PANNON SVPER[
  ]+LLO QVINQVE ET VIGIN[
   ]IT DIMISS HONEST[
   ]NOMINA SVBSCRIP[
    ]RISQ EORVM C[              10
    ]BIVM CVM[
```

[Imp. Caesar, divi] Hadriani f., divi Traian[i
  Parthici n]ep(os), d[i]vi Nervae pronep(os),
  [T. Aelius Hadr]ianus Antoninus Aug(ustus),
  [pontif(ex) m]ax(imus), trib(unicia) pot(estate)
  III, co(n)s(ul) III, p(ater) p(atriae),[1]
[pedit(ibus) et equi]t(ibus), qui milit(averunt) in
  coh(orte) I Ulpia [Pannon(iorum) (milliaria),[2]
  q]uae est in Pannon(ia) super(iore) [sub Sergio]
  Paullo,[3] quinque et vigin[ti stipend(is) emer]it(is)
  dimiss(is) honest(a) [mission(e)],
[quorum] nomina subscrip[ta sunt, ipsis liberis
  poste]risq(ue) eorum[4] civit(atem) ded(it)
  et con[u]bium cum [uxoribus, quas tunc
  habuissent], cum est civ[it(as) iis data, aut, siqui
  caelibes essent, cum iis, quas postea duxissent
  dum]t[a]x(at) [singuli singulas].

1. Antoninus Pius held the consulship for the third time in 140. His third year of tribunician power ran from 10 December 139 until 9 December 140. This is therefore a grant for Pannonia superior issued between 1 January and 9 December 140.

2. Most unusually this award was made only to troops from *cohors I Ulpia Pannoniorum milliaria* who had served twenty-five years. Cf. the award to men of *cohors I Flavia Musulamiorum* based in Mauretania Caesariensis in 131 (*RMD* VI 552). Altogether five alae and seven cohorts are known to have been stationed in the province at about this time. The constitution of 18 July 139 has a full unit list (*AE* 2010, 1262). There is now a constitution of 140 which names six cohorts (of whom the names of one survive) and at least one ala (*AE* 2013, 1246). A potential reason for two separate constitutions in 140 would be that soldiers from *cohors I Ulpia Pannoniorum milliaria* had mistakenly been omitted from the original list sent by the governor. Cf. also the grant to just two men from different units in Cappadocia in 100 (*RMD* VI 508).

3. The cognomen of the governor of Pannonia superior is preserved as Paullus. W. Eck and A. Pangerl argue that he should most likely be identified with L. Sergius Paullus who was consul for the second time as one of the *ordinarii* of 161 (*PIR*² 530). His presence in the province around 140 has been confirmed by the discovery of a diploma for Pannonia superior of 18 July 139 with him as governor (*AE* 2010, 1262). The authors also argue that the slight traces of the governor's name on a diploma of 141 (*RMD* V 391) which has tentatively been identified as Statilius Hadrianus should be reread to name Sergius Paullus. He is also named on another diploma for the province which cannot be so closely dated (*RMD* VI 578).

4. Children are included in the grant and so this constitution should predate their exclusion late in 140 prior to the first known example of 13 December 140 (*RMD* I 39).

Photographs *ZPE* 152, 251.

572 IMP. INCERTVS INCERTO

c.a. 90/140

Published B. Pferdehirt *Römische Militärdiplome und Entlassungsurkunden in der Sammlung des Römisch-Germanischen Zentralmuseums*, 2004, Nr. 70. Small regularly shaped fragment from the upper left quarter of tabella I of a diploma. Maximum height 2.5 cm; width 2.0 cm; thickness 1.5 mm; weight 4.2 g. The script on both faces is well formed and easy to read. On both faces the letter height is 4 mm. Now in the Römisch-Germanisches Zentralmuseum, Mainz (Inv. Nr. O. 41841).

intus: tabella I
]+[   ]+[
]QVI MIL[
]E EST +[

extrinsecus: tabella I
]++[
]+ MAX[
]MILITA[
]+NS++[

[Imp. Caesar --- pontife]x aut *ponti]f(ex) max[imus,*
tribunic(ia) potestate --, co(n)s(ul) ---],[1]
[iis], qui milita[nt/verunt in classe praetoria
Misen]ens[i(?), qua]e est [sub ---],

1. Only short sections of text survive on each face but sufficient has survived to reveal elements of imperial titles followed by the opening of the section describing which section of the Roman armed forces was included in the grant. The layout of line 3 of the outer face and lines 2 and 3 of the inner suggest the possibility that this fragment can be identified as part of a fleet diploma. Line 4

of the outer face may be read as [MISEN]ENSI Q[VAE EST. This would then be part of an issue for the Misene fleet.
Possible text outer face:
[PONTI]F MAX[IMVS ---
[IIS QVI] MILITA[VERVNT IN CLASSE PRAETORIA]
[MISEN]ENSI Q[VAE EST SVB ---

Possible text inner face:
[IIS] QVI MIL[ITAV IN CLASSE PRAET MISENENS]
[QVA]E EST S[VB

Photographs *RGZM* Taf. 131.

573 IMP. INCERTVS INCERTO

c.a. 117/140

Published P. Weiß *Zeitschrift für Papyrologie und Epigraphik* 150, 2004, 243-245. Fragment from the middle of the bottom of tabella I of a diploma with a dark green patina. Height 4.6 cm; width 4.0 cm; thickness c. 0.9 mm; weight 12.31 g. The script on both faces is clear with that on the outer face neater than that on the inner. Letter height on the outer face 4-6 mm; on the inner 4-5 mm. There is a 1.1 cm border along the bottom edge of the outer face but no framing lines are visible.
AE 2004, 1914

intus: tabella I

]R STIP
]NOMIN
]OR CIVIT
]+

extrinsecus: tabella I

]X GREGAL[
]MI F COEL[
]T RECOGNIT[
] ROMAE IN M[
]D MINERV[5

[Imp. Caesar ---],[1]
[iis, qui militant aut *militaverunt in classe ---,*
    quae est sub ---, senis et vicenis plu]r(ibusve)
    stip(endis) [emeritis dimissis honesta missione],
[quorum] nomin(a) [subscripta sunt, ipsis liberis
    posterisque e]or(um) civit(atem) [dedit et
    conubium cum uxoribus, quas tunc habuissent,
    cum est civitas iis data, aut, siqui caelibes
    essent, cum iis, quas postea duxissent dumtaxat
    singuli singulas].
(Date)
[e]x gregal[e ---]mi f. Coel[---].[2]
[Descriptum e]t recognit(um) [ex tabula aenea
    quae fixa est] Romae in m[uro post templum divi
    Aug(usti) a]d Minerva[m].

1. P. Weiß argues that the position of the fragment within a complete tabella I indicates that the details of the grant on the inner face would have fitted on that tabella with only the date information and recipient details on the second. The earliest possible date would therefore be 126. The nature of the grant, including children, indicates the latest date would have been 140. Comparison with a copy of an award to the *classis Moesiaca* of 131/135 (*RMD* IV 252) has led the author to suggest that the grant was made to a fleet within the reign of Hadrian. This is not certain because the same formula continued to be used on praetorian fleet diplomas until 158.
2. The recipient is described as *gregalis* and had therefore served either in an ala or in a fleet. The position on line 2 of the outer face of COEL[---] indicates a cognomen rather than the home of the recipient. P. Weiß further suggests that the recipient possessed the *tria nomina* while his father was peregrine. He would therefore have served in one of the praetorian fleets.

Photographs *ZPE* 150, 243.

574 PIVS DIDAECVTTIO

c.a. 139/140

Published W. Eck - D. MacDonald - A. Pangerl *Acta Musei Napocensis* 39-40/1, 2003, 46-48. Fragment from the middle left hand side of tabella II of a diploma. Height 5.8 cm; width 7.7 cm; thickness c. 1 mm; weight c. 42 g. The script on both faces is neat and clear. Letter height on the outer face 4 mm; on the inner 4 mm. There are no traces of framing lines along the original left hand edge of the outer face. There are slight traces of the upper binding hole on the outer face along with remains of the solder for the box which protected the seals and binding wire.
AE 2003, 2046

*[Imp. Caesar, divi Hadriani f., divi Traiani
Parthici nepos, divi Nervae pronepos, T. Aelius
Hadrianus Antoninus Aug(ustus) Pius, pontifex
maximus, tribunicia potestate II vel III,
co(n)s(ul) II vel III, p(ater) p(atriae)],[1]
[equitibus et peditibus, qui militaverunt in alis ---
et cohortibus ---, quae appellantur --- et II
Aug(usta) Nerv(iana) Pac(ensis) (milliaria)
Brittonum --- et sunt in Dacia Porolissensi
sub ---].*
(Date)
*coh(ortis) II Aug(ustae) Nerv(ianae) [Pac(ensis)
(milliariae) Britt(onum) cui praest] L. Volusius
[---],[2] ex pe[dite] Didaecuttio L[--- f., Daco(?)]
et Diurpae Dotu[si(?) fil. uxori eius, Dacae(?)],[3]
et Iulio f. [eius et --- f. eius)] et Dimidusi fil.
[eius].[4]*

*[---]; P. Atti [Severi]; L. Pu<l>li [Daphni]; P.
Atti [Festi]; T. Flavi [Lauri?/Romuli?]; [---];
[---].[5]*

1. The authors argue that the date of issue can be narrowed to between 133 and 140 from the presence of T. Flavius [Laurus/Romulus] in conjunction with the other witnessses (note 5). This can now be narrowed to sometime in 139 or 140 by the publication of a fragmentary second copy (Eck-Pangerl 2020, 107-111).
2. The unit of the recipient can be restored as *coh(ors) II Aug(usta) Nerv(iana) [(milliaria) Britton(um)]*. Cf. *RMD* VI 562. The equestrian commander L. Volusius [---] cannot be identified. He is one of three commanders of this cohort known within a span of ten years. Cf. L. Secundinius [---] in 135 (*RMD* VI 562) and [L(?)]ivius Felix in 138/142 (*RMD* I 40 with Dana-Deac 2018, 276-278).
3. The recipient was an infantryman. His name is Dacian but of an uncertain nominative form (*OnomThrac* 129). His wife, Diurpa daughter of Dotusi(?) was also Dacian (*OnomThrac* 144 and 162).
4. A minimum of three children are named of whom at least one daughter, Dimidusis, possessed a Dacian name (*OnomThrac* 133).
5. The surviving witnesses signed in second to fifth place. They can be identified as P. Attius Severus, L. Pullius Daphnus, P. Attius Festus, and either T. Flavius Laurus or T. Flavius Romulus. The former is known to have signed between 133 and 140, while the latter is known from 134 to 139 (Index 1: Witnesses Period 2 and Period 3).

Photographs *AMN* 39-40/1, 46.

575 PIVS CELSO

a. 142 [Ian. 15]

Published B. Pferdehirt *Römische Militärdiplome und Entlassungsurkunden in der Sammlung des Römisch-Germanischen Zentralmuseums*, 2004, Nr. 29. Large parts of both tabellae of a diploma which had been broken into regular pieces. Five rectangular strips survive from tabella I comprising the left hand side and top right corner along with two strips from the middle of which one bridges the gap between upper left and upper right. The four fragments of tabella II comprise most of it apart from a strip along the bottom right hand side and the top right hand corner. Tabella I: height 14.3 cm; width 11.1 cm; thickness 1 mm; weight 60.9 g; Tabella II: height 14.3 cm; width 11.2 cm; thickness 0.5 mm; weight 71.8 g. The script throughout is clear and well formed. Letter height on the inner faces 4 mm; on the outer face of tabella I 3 mm but 4 mm on the outer face of tabella II. The position of the binding holes is visible on tabella I. They survive complete on tabella II and the outer face has clear evidence of the cover for the seals of the witnesses. There is a hinge hole in the top right corner of the outer face of tabella I and a hinge hole in the bottom left corner of the outer face of tabella II. Both outer faces have two framing lines forming a 3 mm wide border. Now in the Römisch-Germanisches Zentralmuseum, Mainz (Inv. Nr. O. 42187).

AE 2006, 1853

123

ROMAN MILITARY DIPLOMAS VI

Imp. Caes(ar), divi Hadrian(i) f., divi Traiani
Parthic(i) n(epos), divi Nerv(ae) pron(epos),
T. Aelius Hadrian(us) Antonin(us) Aug(ustus)
Pius, pont(ifex) max(imus), trib(unicia)
pot(estas) V, co(n)s(ul) III, p(ater) p(atriae),[1]
equit(ibus) et ped(itibus), q(ui) m[il(itaverunt) in
al]is III et coh(ortibus) XI,[2] quae appel(lantur)
(1) Gall(orum) et Thr(acum) const(antium) et
(2) Ant(iana) Gall(orum) et Thr(acum) et (3) VII
Phryg(um) et (1) I Seb(astena) (milliaria) et (2) I
Dam(ascenorum) Arm(eniaca) sag(ittariorum)
et (3) I Mont(anorum) c(ivium) R(omanorum) et
(4) I Fl(avia) c(ivium) R(omanorum) et (5) I et
(6) II Ulp(ia) [Galat(arum) et (7) III] et (8) IV
Call(aecorum) Brac(ar)aug(ustanorum) et
(9) IV et (10) VI [Ulp(ia) Petr(eorum) et]
(11) V gemel(la) c(ivium) R(omanorum) et sunt
in [S]yr(ia) Pal(aestina) sub [Domit]io [Se]neca,[3]
quinis et vicenis p[lurib(usve) e]mer(itis)
dimis(sis) hon(esta) mis[s(ione)],
[quor(um) nomin(a) subs]cr(ipta) sunt, civ(itatem)
Rom(anam), qui eor(um) [non haber(ent), d]ed(it)
et conub(ium) cum uxor(ibus), quas t[unc]
habuiss(ent), cum] est civ(itas) is data, aut
cum is, quas pos[tea] dux(issent) dumtax(at)
sing(ulis).

a. d. XIIX [k. Febr(uarias)] L. Cuspio Rufino,
L. Statio Quad[rato cos.][4]

alae Ant(ianae) Gall(orum) et Thr(acum) cui praest
C. Cornelius Vessonianus, Vercel(lis),[5]
ex gregale Celso Cozzupaei f., Philipp(is).[6]

Descript(um) et recogn[it(um) ex tabula aerea]
quae fixa est Rom[ae in muro post] templ(um)
divi Aug(usti) [ad Minervam].

Ti. Claudi Menand[ri]; P. Atti Seve[ri]; L. Pulli
Daphni; P. Atti Festi; M. Sentili Iasi; Ti. Iuli
Fe[licis]; C. Iuli [Silvani].[7]

1. The titles of Antoninus Pius reveal this is a grant to auxilia in Syria Palaestina made when he held tribunician power for the fifth

time between 10 December 141 and 9 December 142. The consuls were the *ordinarii* of 142 (note 4) on a day eighteen days before what must have been the Kalends of February. On the inner face there is a superscript bar above the N of *n(epos)* and above the N of *pron(epos)*.

2. Three alae and eleven cohorts of the garrison of Syria Palaestina were named in the grant. As B. Pferdehirt observes the grants of 22 November 139 (*CIL* XVI 87) and of 7 March 160 (*RMD* III 173, VI 612, 613; *AE* 2011, 1810) name twelve cohorts. The grant of 6 February 158 also names twelve cohorts (*AE* 2007, 1766, 1767, Sharankov 2009, 53-57. For this grant *cohors I Thracum milliaria* is not named. The unit names on the inner face are subject to extreme abbreviation including the omission of second ethnic names and additional titles such as *milliaria*. See further Holder 2007a, 152-153. For ease of comparison there follows the list on each face:

intus	extrinsecus
GAL	GALL ET THR CONST
ANT [T]HR	ANT GALL ET THR
V[II PHR]	VII PHRYG
[I S]EB	I SEB ∞
I DAM	I DAM ARM SAG
I MON	I MONT CR
[I F]L	[I] FL CR
I E[T]	I ET
[II GAL]	II VL[P GALAT]
[III] ET	[III ET]
IV CAL	[IV CA]LL BRACAVG
IV ET	IV [ET]
VI [PET]	[VI VLP PETR]
V GEM	[V GE]MEL CR

3. The full name of the governor has not survived. W. Eck has argued that he should be identified as Domitius Seneca (Eck 2006, 253-254, *AE* 2006, 1853, Thomasson 2009, 34:031a).

4. L. Cuspius (Pactumeius) Rufinus (*PIR²* C 1637) and L. Statius Quadratus (*PIR²* S 883) were the *ordinarii* of 142 and held office from 1 January until 31 March (Eck 2013, 73).

5. The commander of *ala Antiana Gallorum et Thracum* was C. Cornelius Vessonianus from Vercellae. He is otherwise unknown.

6. The recipient was Celsus, son of Cozzupaeus. His father has a Thracian name (*OnomThrac* 98). B. Pferdehirt has suggested he came from Philipp(opolis) in Thrace. Alternatively, and more likely for onomastic reasons, he was from Philippi, the home of another cavalryman of this ala (Dana 2010, 50 no. 22).

7. While not all witness names have survived in full, they can be restored from known complete lists (Appendix IIIa).

Photographs *RGZM* Taf. 48-50.

576 PIVS INCERTO

a. 142 Ian. 14/ Febr. 13

First published M. Scholz *Archäologische Ausgrabungen in Baden-Württemberg* 2005, 123-125. Republished W. Eck *Zeitschrift für Papyrologie und Epigraphik* 183, 2012, 241-244. Small rectangular shaped fragment from the lower right hand side of tabella I of a diploma found in excavations at Walheim in 2005. Its regular shape suggests the diploma had been broken up to be melted down. Height 2.0 cm; width 4.3 cm. The script on both faces is neat and clear. There are traces of two framing lines on the surviving original edge of the outer face.
AE 2005, 1114, *AE* 2012, 1011.

intus: tabella I
]M HON[
]N HAB[
]IS DATA[
]PRAET P[
5   ]PROCR[
]   *vacat* [

extrinsecus: tabella I
]+   ++
]R·ESSENT
]EBR
]IO QVADRATO COS
]M CVI PRAEST

[Imp. Caes(ar, divi Hadriani f., divi Traiani
Parth(ici) nep(os), divi Nervae abnep(os), T.
Aelius Hadrianus Antoninus Aug(ustus) Pius,
pont(ifex) max(imus), trib(unicia) pot(estate) V,
co(n)s(ul) III, p(ater) p(atriae)],[1]
[equit(ibus) et pedit(ibus), qui mil(itaverunt) in al(is)
-- et coh(ortibus) ---, quae app(ellantur --- et
sunt in Germ(ania) sup(erior) sub --- stip(endis)
emer(itis) di]m(issis) hon(esta) [miss(ione)],
[quor(um) nom(ina) subscr(ipta) sunt, c(ivitatem)
R(omanam), qui eor(um) no]n hab(erent),
[ded(it) et con(ubium) cum ux(oribus), q(uas)
tunc hab(uissent), cum est civ(itas)] is data, [aut
cum is, quas post(ea) dux(issent) dum(taxat)
sing(ulis)].
Praet(erea) p[raest(itit), ut liber(i) eor(um), quos
praes(idi) prov(inciae) ex se] procr(eatos),
[anteq(uam) in cast(ra) irent, probav(erint),
c(ives)] R(omani) essent.[2]

[a. d. --- F]ebr(uarias) [L. Cuspio Rufino, L. Stat]io
Quadrato cos.
[alae aut coh(ortis) ---]m cui praest [---].

1. The date of issue of this grant is between 14 January and 13 February of an uncertain year. M. Scholz suggests that the *consul posterior* named on the outer face can be identified either as L. Statius Quadratus, *ordinarius* in 142, or as M. Ummidius Quadratus who was *ordinarius* in 167. Recently W. Eck has argued that the earlier date is more likely. This is because the wording of the special formula for children is paralleled by that on an issue of 25 April 142 rather than by any of the later versions. Cf. Eck - Pangerl 2012, 173-182. The findspot suggests this was an award to auxilia in Germania superior.

2. Both faces have part of the special formula introduced after 140 whereby children of auxiliaries could be given Roman citizenship. W. Eck argues that the phrase *ut liberi decurionum et centurionum item caligatorum* cannot be fitted into the available space. Instead, the phrase *ut liberi eorum* would have been included as paralleled on an issue for Dacia superior of 25 April 142 (*AE* 2012, 1945). By 144 the longer phrase was in use. See most recently Eck 2019a, 245-252 and Eck 2020, 72-81.

Photographs *AAB-W* 2005, 123; *ZPE* 183, 242.

577 PIVS INCERTO

a. 141 (Dec. 10) / 142 (Iul. 31)

Published P. Weiß - M. P. Speidel *Zeitschrift für Papyrologie und Epigraphik* 150, 2004, 253-264. Fragment of most of the upper half of tabella I of a diploma with a dark green patina. Height 5.8 cm; width 12.0 cm; thickness c.1 mm; weight c. 58 g. The script on the outer face is regular and clear; that on the inner is clear but is angular and irregular. Letter height on the outer face 3-4 mm except for the initial letters on lines 1 and 5 which are 5 mm; on the inner 3-4 mm with initial capitals on lines 1 and 4 6 mm. Along the original edges of the outer face are two framing lines. *AE* 2004, 1925

intus: tabella I

```
    IMP CAES DIVI H[
     NEPOS T AELI[
     PIVS PONT MA[
     EQ ET PED Q MI[
5    GAET VET ET I V[
     THR C R ET I HIS[
     CLA ET VI HISP[
     AEMIL CARO[
     HON MIS QVO[
10   NON HAB DED[
     HAB CVM EST[
     POST DVX DV[
       vacat    [
```

extrinsecus: tabella I

```
IMP CAESAR DIVI HADRIANI F DIVI TRAIANI
 PARTHICI NEPOS DIVI NERVAE PRONEPOS
 T AELIVS HADRIANVS ANTONINVS AVG
 PIVS PONT MAX TRIB POT V COS III P   P
EQVITIB ET PEDIT QVI MILIT IN ALIS II ET COH VI   5
 QVAE APPELL CAETVL VETER ET VLPIA DROMA   (!)
 PALMYR ∞ ET I AVG THRAC ET I THRAC C R
 ET I HISP CYREN ET I AELIA CLASS ET II AVRE
 LIA CLASSIC ET VI HISPAN ET SVNT IN ARA
 BIA SVB AEMILIO CARO QVINIS ET VICEN     10
            ]S HON[
```

Imp. Caesar, divi Hadriani f., divi Traiani Parthici nepos, divi Nervae pronepos, T. Aelius Hadrianus Antoninus Aug(ustus) Pius, pont(ifex) max(imus), trib(unicia) pot(estate) V, co(n)s(ul) III, p(ater) p(atriae),[1]
equitib(us) et pedit(ibus), qui milit(averunt in alis II et coh(ortibus) VI,[2] quae appell(antur) (1) Gaetul(orum) veter(ana) et (2) I Ulpia droma(dariorum) Palmyr(enorum) (milliaria)[3] et (1) I Aug(usta) Thracum) et (2) I Thrac(um) c(ivium) R(omanorum) et (3) I Hisp(anorum) Cyren(aica) et (4) I Aelia class(ica) et (5) II Aurelia classica et (6) VI Hispan(orum) et sunt in Arabia sub Aemilio Caro,[4] quinis et vicen(is) [plurib(us)ve stipend(is) emerit(is) dimis]s(is) hon(esta) mis(sione),
quo[rum nomina subscripta sunt, civitatem Romanam, qui eorum] non hab(erent), ded(it) [et conubium cum uxoribus, quas tunc] hab(uissent), cum est [civitas is data, aut cum is, quas] post(ea) dux(issent) du[mtaxat singulis].

1. The first published constitution for the auxilia of Arabia was promulgated when Antoninus Pius held tribunician power for the fifth time between 10 December 141 and 9 December 142. As P. Weiß and M. P. Speidel observe Pius had not received his second imperatorial acclamation when this was issued. The earliest attestation on a diploma of this award dates to 1 August 142 (*RMD* IV 262, V 392). Therefore, this award was made between 10 December 141 and 31 July 142.
2. Two alae and six cohorts are included in the unit list and the authors discuss each one in detail. A recently published diploma for Arabia of 126? named two alae and five cohorts (*AE* 2016, 2014). Unfortunately, only the names of *ala I Ulpia dromadariorum Palmyrenorum milliaria* and *cohors VI Hispanorum* survived. This means that the situation regarding the naming of *cohors I Aelia classica* and *cohors II Aurelia classica* is still not clear because they are apparently named as *cohors I Aurelia* and *cohors I classica* on the unpublished diploma of 145 (Werner Eck pers. comm.).
3. The numeral is omitted on the outer face.
4. L. Aemilius Carus is known to have been governor of Arabia in 142 (*PIR*[2] A 338, *DNP* 1, 183 [II 2], Thomasson 2009, 35:006).

Photographs *ZPE* 150, 254-255.

578 PIVS INCERTO

c.a. 139/142

Published W. Eck - D. MacDonald - A. Pangerl *Revue des Études Militaires Anciennes* 1, 2004, 75-80. Fragment from the right hand side, just above the middle, of tabella I of a diploma. Height 4.1 cm; width 4.2 cm; thickness 0.75 mm; weight 8.4 g. The script on both faces is clear except where damaged by corrosion products but that on the inner face is more angular. Letter height on the outer face 3 mm; on the inner 3 mm. On the outer face the right hand binding hole has survived. A single faint framing line is visible along the right hand edge of the outer face.
AE 2004, 1903

intus: tabella I	extrinsecus: tabella I
]++ ++[	]ET I CANN
]AS TVNC ●[	]LP PANNONI
]CVM IS QVAS [	]N ET I AELIA CAE
] *vacat* [	]T V CALLAEC LV
] *vacat* [	]T SVNT IN PAN 5
	]PAVLO QVINIS
	]R DIMIS HONEST
	] ●

[Imp. Caesar, divi Hadriani f., divi Traiani
   Parthici nepos, divi Nervae pronepos, T. Aelius
   Hadrianus Antoninus Aug(ustus) Pius, pontifex
   maximus, tribunicia potestate ---, co(n)s(ul) ---,
   p(ater) p(atriae)],[1]
[equitibus et peditibus, qui militaverunt in alis
   --- et cohortibus ---, quae appellantur ---] et I
   Cann[anefat(ium) c(ivium) R(omanorum) --- et I
   U]lp(ia) Pannoni[or(um) (milliaria) et II
   Alpi]n(orum)(?) et I Aelia Cae[s--- (milliaria) et
   ---] et V Callaec(orum) Lu[cens(ium) et ---
   e]t sunt in Pan[nonia super(iore)[2] sub Sergio]
   Paulo,[3] quinis [et vicen(is)
   plurib(us)ve stip(endis) eme]r(itis) dimis(sis)
   honest(a) [mission(e)],
[quorum nomina subscripta sunt, civitatem
   Romanam, qui eorum non haberent, dedit et
   conubium cum uxoribus, qu]as tunc [habuissent,
   cum est civitas is data, aut] cum is, quas [postea
   duxissent dumtaxat singulis].

1. This is a copy of a grant to the auxilia of Pannonia superior, but, unfortunately, no titles of the reigning emperor have survived. The abbreviated text on the inner face shows that the intus of the lost tabella II would have started with the day date and the consular date as did the vast majority of diplomas issued after 127 (Appendix IIa and IIb). Closer dating is provided by recognising that the governor was in post early in the reign of Antoninus Pius (see note 3).
2. The unit list included at least one ala and four cohorts from the garrison of Pannonia superior. The authors suggest the third surviving cohort name should be read as *cohors I Aelia Gae[sat(orum)(milliaria)]* rather than *cohors I Aelia Cae[s(ariensis) sagittariorum (milliaria)]*.
3. The authors argue that the governor [---] Paulus should be identified with the [---] Paullus attested as governor in Pannonia superior in 140 (*RMD* VI 571; Thomasson 2009, 18:032a). It is now clear his full name was L. Sergius Paullus who was consul for the second time, as *ordinarius*, in 168 (*PIR*[2] S 530 and *RMD* V 391 note 3). He is now attested in the province on 18 July 139 (*AE* 2010, 1262) and most probably July/September 141 (*RMD* V 391). The next known governor of Pannonia superior, M. Pontius Laelianus, is first attested on 17 July 146 (*CIL* XVI 178; Thomasson 2009, 18:033).

Photographs *REMA* 1, 76.

579 PIVS INCERTO

a. 144 Sept. 7

Published H. Wolff *Ostbairische Grenzmarken* 46, 2004, 13-15. Fragment from the lower right quarter of tabella I of a diploma found in 1983 in the east vicus of the fort at Künzing. Height 5.8 cm; width 3.1 cm; thickness 0.9 mm; weight not available. The script on both faces is neat and clear. Two framing lines are visible along the right edge of the outer face.
AE 2004, 1065

intus: tabella I

]TAX[..] SING
]   *vacat*
]   *vacat*
]   *vacat*

extrinsecus: tabella I

]ONV[	
]S CVM	
]QVAS POST	
]A D VII ID SEP	
]TO	5
]IANO COS	
]VP PRAEST	(!)
]ALBA	
] *vacat*	
]RVNIC	10
]VS HSIVET	(!)
]BVL AENEA	(!)
]MVRO POST	
]RVAM	

*[Imp. Caesar, divi Hadriani f., divi Traiani
    Parthici nepos, divi Nervae pronepos, T. Aelius
    Hadrianus Antoninus Aug(ustus) Pius, pont(ifex)
    max(imus), trib(unicia) pot(estate) VII,
    imp(erator) II, co(n)s(ul) III, p(ater) p(atriae)],
[equitibus et peditibus, qui militaverunt in alis ---
    et cohortibus ---, quae appellantur --- et sunt
    in Raetia sub --- stipendis emeritis dimissis
    honesta missione],
[quorum nomina subscripta sunt, civitatem
    Romanam, qui eorum non haberent, dedit et c]
    onu[bium cum uxoribus, quas tunc habuis]s(ent),
    cum [est civit(atis) is data, aut cum is], quas
    post(ea) [duxissent dum]tax[at] sing(ulis).
a. d. VII id. Sep(tembres) [---]to, [Laberio
    Licin]iano cos.[1]
[alae/coh(ortis) ---] cu⌐i¬ praest [--- ?G]alba,[2] [ex ---]
    Runic(ati) [et --- fil. uxori ei]us H⌐el¬vet(iae).[3]
[Descript(um) et recognit(um) ex ta]bul(a) aenea[4]
    [quae fixa est Romae in] muro post [templ(um) divi
    Aug(usti) ad Mine]rvam.*

1. This is an issue from after 127 when the text on the inner face of tabella I, with very few exceptions, ended with abbreviated versions of SINGVLI SINGVLAS or SINGVLIS (Appendix IIa). The outer face preserves the day date of 7 September and part of the cognomina of the consuls - [---]to and [---]iano. H. Wolff suggests that the latter may be identified with Q. Laberius Licinianus who is attested as consul on a diploma of 7 September 144 for Pannonia inferior (*RMD* V 397, Eck 2013, 74). Cf. *RMD* VI 580 also for Raetia.
2. Extrinsecus [C]VP for [C]VI. *cohors V Bracaraugustanorum* was based at Künzing at this time and could have been the recipient's unit. H. Wolff suggests that the cognomen of the commander was probably [--- G]alba.
3. Neither the rank nor the name of the recipient have survived. His home was Runic(as), local to Raetia. His wife was named on the diploma but her name has not survived. There also seems to be errors in the engraving of her home which the author argues should read HELVET(iae) rather than HSIVET(iae).
4. Extrinsecus AENEA rather than the expected AEREA at this date. There are a few other instances of AENEA after 140, for example 25 April 142 (*AE* 2012, 1945), 11 August 146 (*RMD* VI 582), and 9 October 148 (*CIL* XVI 96).

Photographs and drawings *OG* 46, 13-14.

580 PIVS INCERTO

a. 144 (Sept.7)

Published B. Steidl *Bayerische Vorgeschichtsblatter* 70, 2005, 145-148. Small fragment from the middle of the bottom of tabella II of a diploma found in 1997 at the recently discovered fort at Pfatter near Regensburg in Germany along with fragments from two other diplomas. Height 2.95 cm; width 2.9 cm; thickness 1 mm; weight not available. The script of the few surviving letters is neat with that on the inner face more angular. There are two faint framing lines along the bottom edge of the outer face.
AE 2005, 1151

intus: tabella II
```
] SEPT · [
] vacat [
]ICIN[
  ]  [
```

extrinsecus: tabella II
```
]      [
]        [
]      SILV[
]          [
```

[Imp. Caesar, divi Hadriani f., divi Traiani Parthici nepos, divi Nervae pronepos, T. Aelius Hadrianus Antoninus Aug(ustus) Pius, pont(ifex) max(imus), trib(unicia) pot(estate) VII, imp(erator) II, co(n)s(ul) III, p(ater) p(atriae)],

[equitibus et peditibus, qui militaverunt in alis --- et cohortibus ---, quae appellantur --- et sunt in Raetia sub ---].

[a. d. VII id.] Sept(embres) [---to, (Laberio) L]icin[iano cos].¹

[---]; [---]; [---]; [---]; [---]; [---]; [C. Iuli] Silv[ani].

1. Only parts of the dating elements have survived. The day date encompasses days which included September. These range from *a. d. XVIII Kal. Sept.* to *id. Sept.* (14 August to 13 September). On the outer face the cognomen of the witness who signed in seventh place can be restored as SILV[ANI]. C. Iulius Silvanus, the only witness with this cognomen after the period when the text on tabella II intus started with the date, is known to have signed in this place between 138 and 146 (Appendix IIIa) This provides a narrow date range for the fragmentary consular name [---]ICIN[---] on the inner face. The most likely fit is [L]icin[iano] which would indicate it was a second copy of the known constitution for Raetia of 7 September during the consulship of [---]to and [---]iano (*RMD* VI 579).

Photographs *BVbl.* 70 Taf. 9, 5-6.

581 PIVS INCERTO

a. 145 (Sept. 1 / Oct. 31)

Published W. Eck - A. Pangerl *Zeitschrift für Papyrologie und Epigraphik* 152, 2005, 254-256. Almost square fragment from the lower left hand side of tabella I of a diploma. Height 2.8 cm; width 2.8 cm; thickness 0.5 mm; weight 5 g. The script on both faces is clear but that on the inner face is irregular compared to that on the outer. Letter height on the outer face 4 mm; on the inner 3 mm. There are two framing lines along the left edge of the outer face. On the inner there is a wider than usual space between the top edge and the first line of script.
AE 2005, 1719

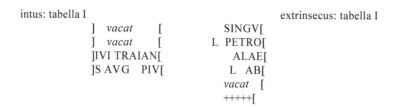

[Imp. Caes(ar), divi Hadriani f., d]ivi Traian[i Parth(ici) n(epos), divi Nervae pron(epos), T. Aelius Hadrianus Antoninu]s Aug(ustus) Piu[s, pont(ifex) max(imus), trib(unicia) pot(estate) VIII, imp(erator) II, co(n)s(ul) IIII, p(ater) p(atriae)],[1]
[equitibus et peditibus, qui militaverunt in alis --- et cohortibus ---, quae appellantur --- I Hispanorum Arvacorum(?) --- et sunt in Pannonia superiore sub --- stipendis emeritis dimissis honesta missione],
[quorum nomina subscripta sunt, --- duxissent dumtaxat] singu[lis].
[a. d. ---] L. Petro[nio Sabino, C. Vicrio Rufo cos.][2]
alae [I Hispanorum Arvacorum cui praest] L. Ab[urnius Severus, Heracl(ea),[3] ex gregale ---].

1. Part of the titulature of Antoninus Pius survives on the inner face where in line 2 PIV[S] can be read rather than PO[NT]. A more exact date is provided by the praenomen and nomen of the *consul prior* (note 2). The titles of Pius have been restored accordingly.

2. W. Eck and A. Pangerl argue that the *consul prior* should be identified as L. Petronius Sabinus (*PIR*[2] P 306). His colleague was C. Vicrius Rufus (*PIR*[2] V 624). They were suffect consuls most probably from 1 September until 31 October 145 (Eck 2013, 74).

3. The unit of the recipient was an ala and, fortunately, the praenomen and the first two letters of the nomen of the prefect have survived. W. Eck and A. Pangerl argue that he was a member of the Aburnii family from Heraclea ad Salbacum in Asia. In the reign of Trajan L. Aburnius Torquatus (*PME* I,IV,V A 4) and L. Aburnius Tuscianus (*PME* I,IV,V A 5) served as commander of auxiliary units. A third, L. Aburnius Severus, is attested as prefect of *ala I Hispanorum Arvacorum* on a diploma of 19 July 146 for Pannonia superior (*CIL* XVI 178, *PME* I,IV,V A 3). It is entirely possible he was prefect of this ala in September or October 145.

Photographs *ZPE* 152, 254.

582 PIVS INCERTO

a. 146 [Aug. 11]

Published W. Eck - D. MacDonald - A. Pangerl *Revue des Études Militaires Anciennes* 1, 2004, 86-91. Three conjoining fragments from the bottom right corner of tabella I of a diploma. Height 6.4 cm; width 3.3 cm; thickness less than 1 mm; weight 14 g. The script on the outer face is neat and clear except where obscured by corrosion products and breaks between the fragments. That on the inner face is lightly engraved and irregular and difficult to read along the broken edges. Letter height on the outer face 3 mm; on the inner 4-4.5 mm. The right hand binding hole on the outer face has survived. Two faint framing lines can be seen along the edges of the outer face.
AE 2004, 1906

intus: tabella I

```
]●
]+ HA B CVM E[
]M IS QVAS POST ++
]      vacat
```

extrinsecus: tabella I

```
                    ]+[
                    ]●
]VB CVM VXO
]L CVM EST
]VAS POSTEA                    5
]   vacat
]VNIORE COS
]I PRAESE                     (!)
]ATIAR
]      vacat                   10
]+I++O
]VL A ENEA
]RO POST
]      vacat
```

[Imp. Caesar, divi Hadriani f., divi Traiani Parthici
    nepos, divi Nervae pronepos, T. Aelius Hadrianus
    Antoninus Aug(ustus) Pius, pontifex maximus,
    tribunicia potestate VIIII, imp(erator) II,
    co(n)s(ul) IIII, p(ater) p(atriae)],
[equitibus et peditibus, qui militaverunt in alis --- et
    cohortibus ---, quae appellantur --- et sunt in
    Pannon(ia) infer(iore) sub Fuficio Cornuto, ---
    stipendis emeritis dimissis honesta missione],
[quorum nomina subscripta sunt, civitatem
    Romanam, qui eorum non haberent, dedit et
    con]ub(ium) cum uxo[r(ibus), quas tunc]
    hab[u]i(ssent), cum est [civit(as) is dat(a),
    aut cu]m is, quas postea du[xiss(ent)
    dumtax(at) sing(ulis)].
[a. d. III id. Aug(ustas) L. Aurelio Gallo, Cn. Terentio
    I]uniore cos.[1]
[ala/coh(ortis) --- cu]i praes⌐t⌐ [--- R]atiar(ia),[2]
    [ex ---] HILAO/NICIO.[3]
[Descript(um) et recognit(um) ex tab]ul(a) aenea[4]
    [quae fixa est Romae in mu]ro post [templ(um)
    divi Aug(usti) ad Minervam].

1. The authors argue that the partial name of the consul should be restored as [Cn. Terentius (Homullus) I]unior (*PIR²* T 73; *DNP* 12,1, 148). He was suffect consul with L. Aurelius Gallus (*PIR²* A 1515; *DNP* 2, 323) between 1 July and 30 September 146 (*FO²* 50; Eck 2013, 75). They further argue that this is another copy of the constitution for Pannonia inferior of 11 August 146 (*RMD* V 401, *AE* 2008, 1116, *AE* 2012, 1183). This is because the order of the consuls on both documents is the reverse of that found on the constitution of 19 July 146 for Pannonia superior (*CIL* XVI 178) and of 19 July 146 for Dacia inferior (*RMD* IV 269, *AE* 2011, 1791).
2. Extrinsecus PRAESE for PRAEST. The unit of the recipient is not known but its anonymous commander came from [R]atiar(ia).
3. Neither the rank nor the name of the recipient is known. His home has survived but it cannot be read with any certainty because a fracture in the metal runs across it. The authors suggest ---] HILAO; it is also possible to read ---]NICIO.
4. AENEA rather than the usual AEREA. For further examples, see *RMD* VI 579 note 4.

Photographs *REMA* 1, 87.

583 PIVS INCERTO

a. 146 [Oct. 11]

Published C. C. Petolescu, A.-T. Popescu *Dacia* N. S. 51, 2007, 149-151. Fragment from the upper right quarter of tabella I of a diploma, lacking the corner, found in the Dobrudja. Height 4.9 cm; width 4.7 cm; thickness 1.5 mm; weight not available. The script on both faces is neat and clear. Letter height on both faces 2-4 mm. Traces of a hinge hole are visible in the upper right corner of the outer face. There is a single clear framing line along the top edge of the outer face while along the right edge there is one clear and one faint line. Now in the Museum of the National Bank of Romania.
AE 2007, 1233

intus: tabella I

```
 ]I BRAC ET[
 CL·SATVRN[
 EM·DIM HON M[
 C·R QVI EOR NO[
5  TVNC HAB CVM[
 POST·DVX·DT·S[
```

extrinsecus: tabella I

```
 ]IVI TRAIANI  ●
 ]E PRONEPOS·T·
 ]INVS AVG PIVS
 ]IMP II COS  IIII  P  P
 ]AVER IN ALIS QVIN          5
 ]AE APPELL GALLOR ET
 ]ECTORIGIANA ET II
 ]PASIANA DARDANOR
 ]RACAROR CIV ROM ET
 ]AR ET I CLAV               10
 ]ET II CHAL
 ]+[
```

[Imp. Caesar, divi Hadriani f., d]ivi Traiani [nepos, divi Nerva]e pronepos, T. [Aelius Hadrianus Anton]inus Aug(ustus) Pius, [pont(ifex) max(imus), trib(unicia) pot(estate) VIIII], imp(erator) II, co(n)s(ul) IIII, p(ater) p(atriae),[1] [equitib(us) et peditib(us), qui milit]aver(unt) in alis quin[que et cohort(ibus) undecim,[2] qu]ae appell(antur) (1) Gallor(um) et [Pannon(iorum) et (2) Gallor(um) At]ectorigiana et (3) II [Hispan(orum) Aravacor(um) et (4) I Ves]pasiana Dardanor(um) [et (5) I Flav(ia) Gaetulor(um) et (1) I B]racaror(um) civ(ium) Rom(anorum) et [(2) II Mattiacor(um) et (3) I Flav(ia) Numid]ar(um) et (4) I Clau[d(ia) Sugambrum veter(ana) et (5) I Lusitanor(um)] et (6) II Chal[cidenor(um) sag(ittariorum) et (7) I Cilicum sag(ittariorum) et (8) I Thracum Syr(iaca) et (9) I Germanor(um) et (10) I] I Brac(araugustanorum) et (11) [II Flav(ia) Britton(um) et sunt in Moesia infer(iore) sub] Cl(audio) Saturn[ino,[3] quinis et vicenis item classicis senis et vicenis pluribusve stipendis] em(eritis) dim(issis) hon(esta) m[iss(ione)], [quorum nomina subscripta sunt,] c(ivitatem) R(omanam), qui eor(um) no[n haberent, dedit et conubium cum uxoribus, quas] tunc

hab(uissent), cum [est civitas is data, aut cum is, quas] post(ea) dux(issent) d(um)t(axat) s[ing(ulis)].

1. The earliest date for this constitution for troops in Moesia inferior is 1 January 145 when Antoninus Pius became consul for the fourth time. The governor, Ti. Claudius Saturninus, was in post from 145 to 147 (note 3) and grants during his governorship are known from 7 April 145 (*RMD* V 399/165, *AE* 2009, 1814, 1815), 11 October 146 (*RMD* IV 270, *AE* 2009, 1816, *AE* 2015, 1888, 1889), and probably 147 (*AE* 2008, 1725). Of these three that for 146 is the most likely because of the paucity of abbreviations in the unit list on the outer face especially QVIN[QVE] for the number of alae (Cf. *RMD* IV 270).

2. Five alae were listed of which three names have partially survived. The names of five cohorts have partially survived but there is little doubt that eleven were listed. *cohors [I B]racaror(um) civ(ium) Rom(anorum)* can be placed first in the cohort list and is abbreviated in almost the same fashion on another copy (*RMD* IV 270). C. Petolescu and A.-T. Popescu argue that the cohort in tenth place should be restored as *cohors [I]I Brac(araugustanorum)* rather than the *cohors I Bracar(augustanorum)* suggested by another copy (*RMD* IV 270) and that the latter is an error. Cf. *RMD* IV 270 note 3 and *RMD* V 399/165.

3. Ti. Claudius Saturninus is attested as governor of Moesia inferior between 145 and 147 (*PIR*[2] C 1012; *DNP* 3, 21 [II 60]; Thomasson 2009, 20:083). The day date of this grant is provided by two complete second tablets (*AE* 2015, 1888, 1889).

Photographs *Dacia* NS 51, fig. 2.

584 PIVS INCERTO

c.a. 146/149

Published E. Weber *Römisches Österreich* 19/20, 1991-1992, 10-14. Small fragment from near the middle of tabella I of a diploma with a green to grey-brown patina. Found in 1983 in Loretto in the Burgenland of Austria. Height 2.1cm; width 2.6 cm; thickness 1 mm; weight not available. The script on the outer face is clear and easy to decipher while that on the inner is more irregular and hence more difficult to read. Letter height on the outer face 3-4 mm; on the inner 3-6 mm. In a private collection in 1992.
AE 2002, 1141

	intus: tabella I	extrinsecus: tabella I
	]SVP[	]V CALLAEC L[
(!)	]T IM DI[	]R ET SVNT IN[
	]VN[	]ANO QVI[
		]DIMI[

[Imp. Caesar, divi Hadriani f., divi Traiani
    Parthici nepos, divi Nervae pronepos, T. Aelius
    Hadrianus Antoninus Aug(ustus) Pius, pontifex
    maximus, tribunicia potestate ---, imp(erator) II,
    co(n)s(ul) IIII, p(ater) p(atriae)],[1]
[equitibus et peditibus, qui militaverunt in
    alis --- et cohortibus ---, quae appellantur
    --- et] V Callaec(orum) L[ucens(ium) et IV
    vol(untariorum) c(ivium) R(omanorum) et XVIII
    vol(untariorum) c(ivium)] R(omanorum) et sunt
    in [Pannon(ia)] sup[er(iore) sub Pontio
    Laeli]ano,[2] qui[n(que) aut
    qui[n(is) --- s]t(ipendis) ⌐e⌐ m(eritis)
    dimi[s(sis) [hon(esta) mis(sione)],
[quor(um) nom(ina) subscr(ipta) s]un[t, ---].

1. The key dating criteria to the reign of Antoninus Pius for this fragmentary diploma is the partially preserved cognomen of the governor (note 2) and the identification of *cohors V Callaecorum Lucensium,* a unit from the auxiliary garrison of Pannonia superior. The surviving text on the inner face corroborates this because it is clearly an example of an abbreviated inner face without a unit list (Holder 2007a, 153-154 and Table 3). A date between 146 and 149 is probable because this text has similar abbreviations to those on the inner faces of extant diplomas for Pannonia superior of these years:

146 (*CIL* XVI 178): ST EM DIM HON MIS QVOR NOM SVBSCR SVNT
148 (*CIL* XVI 96): ST EM DIM HON MISS QVOR NOM SVBSCR SVNT
149 (*CIL* XVI 97): ST EM DIM HON MIS QVOR NOM SVBSCR SVNT
146/149: [S]T ⌐E⌐M DI[M HON MIS QVOR NOM SVBSCR S] VN[T]

Furthermore, parts of the names of two of the last three cohorts named in the grant have survived. The known copy of the constitution of 19 July 146 provides the closest parallel to these surviving unit names:

146 (*CIL* XVI 178): V CALLAEC LVCENS ET IV VOL C R ET XVIII VOL C R
148 (*CIL* XVI 96): ---] ET V CALLAECOR LVCENSIVM ET II ALPINOR
149 (*CIL* XVI 97): IV VOLVNT C R ET V CALLAECOR LVCENS ET XIIX VOLVNT C R
146/149: V CALLAEC L[VCENS ET IV VOL C R ET XVIII VOL C] R

However, at present there is no surviving example of a grant of 147 to the auxilia in Pannonia superior.

2. E. Weber therefore argues that the governor should be identified as M. Pontius Laelianus Larcius Sabinus, who is attested in the province between 146 and 149 (*PIR*² P 806, *DNP* 10, 140-141 [II 4], Thomasson 2009, 18:033).

Photographs *RÖ* 19/20, Taf. 2; drawings *RÖ* 19/20, 10.

585 PIVS INCERTO

a. 149 (Dec. 10) / 150 (Dec. 9)

Published W. Eck - A. Pangerl *Acta Musei Napocensis* 43-44, 2006-2007, 192-193. Fragment from the left upper corner of tabella I of a diploma. Height 4 cm; width 3.9 cm; thickness 1 mm; weight 14 g. The script on the outer face is neat and clear; that on the inner face is angular and irregular making some letters difficult to decipher. Letter height on the outer face 4 mm; on the inner 5 mm. There are two framing lines visible along the edges of the outer face. *AE* 2007, 1761

intus: tabella I

```
IMP CAES [
PARTHIC N[
DRIANVS [
POT   XIII[
```

extrinsecus: tabella I

```
IMP CAES DIVI [
NI PARTHIC N[
VS HADRIANV[
PONT MAX TRI[
EQVIT ET PEDIT[                    5
RO EQVIT ILLY[
ASTVR ET HI[
COMMAG[
```

Imp. Caes(ar), divi [Hadriani f., divi Traia]ni
   Parthic(i) n[ep(os), divi Nervae pron(epos),
   T. Aeli]us Hadrianus [Antoninus Aug(ustus)
   Pius], pont(ifex) max(imus), trib(unicia)]
   pot(estate) XIII, [imp(erator) II, co(n)s(ul) IIII,
   p(ater) p(atriae)],[1]
equit(ibus) et pedi[t(ibus), qui mil(itaverunt) in
   al(is) III et nume]ro equit(um) Illy[r(icorum)
   et coh(ortibus) VIIII, q(uae) app(ellantur)
   (1) I] Astur(um) et (2) Hi[sp(anorum) et
   (3) I Cl(audia) Gal(lorum) Cap(itoniana)
   et (1) I Fl(avia)] Commag[en(orum) et (2) I
   Bracaraug(ustanorum) et (3) I Tyrior(um)
   sag(ittariorum) et (4) I Aug(usta) Pac(ensis)
   Nerv(iana) Britt(onum) (milliaria) et (5) I
   Hisp(anorum) vet(erana) et (6) II Fl(avia)
   Numid(arum) et (7) II Fl(avia) Bessor(um)

et (8) II et (9) III Gallor(um) et sunt in Dacia
   infer(iore) sub --- stipendis emeritis dimissis
   honesta missione],[2]

1. W. Eck and A. Pangerl argue that this constitution was promulgated during the reign of Antoninus Pius when he held tribunician power for the thirteenth time between 10 December 149 and 9 December 150. They admit the possibility that line 4 of the inner face read POT XIII[I ---] but believe it is unlikely because of the position of the superscript bar.
2. From the list of auxiliary units, the names of *[nume]ro equit(um) Illy[r(icorum)]*, *ala [I] Astur(um)*, *ala Hi[sp(anorum)]*, and *cohors [I Fl(avia)] Commag[en(orum)]* have survived. All are attested in Dacia inferior in 146 (*RMD* IV 269, *AE* 2011, 1791). W. Eck and A. Pangerl therefore suggest that this grant would have comprised the same units as in that year.

Photographs *AMN* 43-44/1, 192.

586 PIVS SIASI

a. 151 Ian. 20

Published B. Pferdehirt *Römische Militärdiplome und Entlassungsurkunden in der Sammlung des Römisch-Germanischen Zentralmuseums*, 2004, Nr. 31. Complete diploma lacking a tiny chip from the top right corner of the outer face of tabella I and a fragment of the lower left corner of the outer face of tabella II. Tabella I has a crack just below the middle and there is a hole in the lower left quadrant of the outer face of tabella II. Tabella I: height 13.2 cm, width 10.4-10.6 cm, thickness 1.7 mm, weight 109 g; tabella II: height 13.1 cm, width 10.5 cm, thickness 0.8 mm, weight 64.3 g. The script on the outer faces is neat but is crowded on that of tabella I; on the inner faces the script is more angular and obscured by corrosion products in many areas. The striations from the preparation process also make the lettering difficult to read. Letter height on the outer face of tabella I c. 2 mm; on the inner 4 mm; that on both faces of tabella II is c. 3 mm. In places the tabellae are so thin that the engraver has pierced through to the other face. The outer faces have a 2 mm wide border comprising two framing lines. In addition to the binding holes there is a hinge hole in the top right corner of the outer face of tabella I and one in the bottom left corner of the outer face of tabella II. Also, on this face are traces of the solder for the cover of the seals of the witnesses. Now in the Römisch-Germanisches Zentralmuseum, Mainz (Inv. Nr. O. 42493).

ROMAN MILITARY DIPLOMAS VI

*Imp. Caes(ar), divi Hadriani f., divi Traiani
Parthic(i) nep(os), divi Nervae pronep(os), T.
Aelius Hadrianus Antoninus Aug(ustus) Pius,
pont(ifex) max(imus), trib(unicia) pot(estate)
XIII, imp(erator) II, co(n)s(ul) IV, p(ater)
p(atriae),[1]*

*equit(ibus) et pedit(ibus), qui milit(averunt) in alis
II et coh(ortibus) VIIII,[2] quae appel(lantur) (1)
Gall(orum) Flav(iana) et (2) Claud(ia) nova
miscel(lanea) et (1) I Pann(oniorum) vet(erana)
et (2) V Hisp(anorum) et (3) III campestr(is)
et (4) I Lusitan(orum) et (5) V Gall(orum)
Pann(oniorum) et (6) III Britt(onum) vet(erana)
et (7) I Antioch(iensium) sag(ittariorum) et (8)
II Gallor(um) Maced(onica) et (9) I Cretum
sag(ittariorum) et sunt in Moesia super(iore) sub
Sisenna Rutiliano,[3] quinque et viginti stip(endis)
emer(itis) dim(issis)[4] hon(esta) miss(ione),*

*quor(um) nom(ina) subscr(ipta) sunt, civit(atem)
Roman(am), qui eor(um) non hab(erent),
ded(it) et conub(ium) cum uxor(ibus), quas tunc
hab(uissent), cum est civit(as) is data, aut cum
is, quas post(ea) duxis(sent) dumtaxat singulis.*

*a. d. XIII k. Febr(uarias) S(ex). Quintilio Maximo,
S(ex). Quintilio Condian(o) <co>ss.[5]*

*coh(ortis) III Brittonum cui praest M. Blossius
Vestalis, Capua,[6] ex pedite Siasi Decinaei f.,
Caecom ex Moes(ia) et Priscae Dasmeni fil.
uxor(i) eius, Dard(anae).[7]*

*Descript(um) et recognit(um) ex tabul(a) aerea
quae fixa est Romae in muro post templ(um) divi
Aug(usti) ad Minervam.*

*M. Servili Getae; L. Pulli Chresimi; M. Sentili Iasi;
Ti. Iuli Felicis; C. [I]uli Silvani; L. Pulli Velocis;
P. Ocili Prisci.[8]*

1. This constitution for the auxilia of Moesia superior was issued on 20 January 151. There is now a second copy (*AE* 2008, 1742).
2. Two alae and nine cohorts were included in the grant. Generally, ten cohorts were named. Cf. the grant of 23 April 157 for this province (*RMD* VI 597). *cohors I Montanorum* apparently had no one eligible.
3. The governor was (P. Mummius) Sisenna Rutilianus (*PIR*² M 711, *DNP* 8, 468, Thomasson 2009, 20:039).
4. Intus DAM for DIM.
5. Sex. Quintilius (Valerius) Maximus and Sex. Quintilius Condian(us) were the *ordinarii* of 151 (Eck 2013, 76). Extrinsecus SS rather than <CO>SS.
6. The unit of the recipient is called *cohors III Brittonum* but within the unit list it is called *cohors III Brittonum veterana*. Cf. the unit names in Mauretania Tingitana on 26 October 153 where *ala I Augusta Gallorum civium Romanorum* lacks its epithet within the unit list (*RMD* VI 592). Its commander M. Blossius Vitalis was still prefect on 5 March 153 (*AE* 2008, 1743). By 23 April 157 Q. Clodius Secundus was in command (*RMD* VI 597).
7. The recipient, a former infantryman, was from CAECOM in Moesia. Siasis and Decinaeus are Thracian names (*OnomThrac* 327 and 117-118 respectively). Also included in the grant was his wife. Prisca daughter of Dasmenus was from Dardania (Dana 2010, 52 no. 26). Her home is omitted on the inner face. Dasmenus is a Dalmato-Pannonian name (*OPEL* II 93).
8. The witnesses are attested in this order between 5 July 149 and 24 December 153 (Appendix IIIa).

Photographs *RGZM* Taf. 54-56.

587 PIVS OCTAVIO

a. 151 Sept. 24

Published B. Pferdehirt Römische *Militärdiplome und Entlassungsurkunden in der Sammlung des Römisch-Germanischen Zentralmuseums*, 2004, Nr. 32. Nearly complete tabella I and partial tabella II of a diploma found inner faces together in the neighbourhood of the Plattensee in Hungary and carefully restored with small areas filled in to add strength. Tabella I, in eight fragments, lacks much of the top left quarter plus the top right corner and an area in the middle of the right side; in the lower left quarter there are two small areas missing. More of tabella II is missing with only three fragments surviving. It lacks the left side and the middle of the top; the lower right corner is also missing as well as part of lower right middle. Tabella I: height 13 cm, width 10.2 cm, thickness 1.2 mm, weight 76.1 g; tabella II: maximum height 7.5 cm, width 10.2 cm, thickness 0.7 mm, weight 32.4 g. The script on the outer faces is neat and easy to read except along the edges of fragments where the restoration process has obscured the letters. Letter height on the outer face of tabella I 2 mm; on tabella II 3-4 mm. Both inner faces have not been engraved. However, there is clearly discernible ink lettering on much of the intus of tabella I although no complete words can be deciphered. Analysis has revealed that the ink has a red tint and that gum arabic is used as the binding agent. Cf. *RMD* VI 588, 592. There is a 3 mm border consisting of two framing lines along the edges of both outer faces. The outer face of tabella I has a hinge hole in the lower right corner in addition to the two binding holes. The hinge hole has not survived on tabella II and only part of the upper binding hole is extant. Also, on the outer face of tabella II are traces of the position of the cover for the seals of the witnesses. Now in the Römisch-Germanisches Zentralmuseum, Mainz (Inv. Nr. O. 42168).

intus: tabella I

Not engraved
Traces of ink text

tabella II

Not engraved
Traces of ink text

extrinsecus: tabella I

```
]ES DIVI HADRIANI F DIVI TRAIANI
]IC N DIVI NERVAE PRON T AELIVS HA
]VS ANTONINVS AVG PIVS PONT MAX
]OT XIV IMP     II    COS    IV    P    P
]QVI MILIT IN ALIS VIII QVAE APPELL I        5
]AR ∞ ET I THRAC SAG C R ET I HISPAN AR
]ANNANEE C R ET III AVG THRAC SAGIT  (!)
]PANNON SVPER SVB CLAVDIO MAXI
]NMAC ∞ SAG ET I AVG THRAC        (!)
]ON TAMPIAN QVAE SVNT IN          10
]ROBATO QVINIS ET
]EMERIT DIMIS HO
]RIVM CLEM[
]ESSENT IN [..]PEDIT M[
SAR QVOR NOMIN SVBSCRICTA S[.]NT   (!) 15
CIVIT ROMAN QVI EORVM NON HABE

RENT DED[.]T ET CONVB CVM VXOR QVAS
TVNC HAB[.]ISS CVM EST CIVIT IS DATA
AVT CVM IS QVAS POSTEA DVXISS DVM
TAXAT  SINGVLIS   A  D  VIII  K OCT     20
     M    COMINIO         SECVNDO
     L    ATTIDIO     CORNELIANO COS
ALAE  I    HISPAN ARVACOR CVI PRAEST
     M    ANTONIVS        PILATVS
              EX GREGALE                25
OCTAVIO       CVSONIS  F   ASALO
DESCRIPT ET RECOGNIT EX TABVL AEREA
QVAE FIXA EST ROMAE IN MVRO POST
TEMPL DIVI AVG AD MINERVAM
          tabella II

                    ]GETAE       30
                    ]
                    ]CHRESIMI
                    ]
```

ROMAN MILITARY DIPLOMAS VI

```
]        •   [    ]      IASI
]                [  ]
]                     F[..]ICIS
]                     [   ]
]                     SILVANI
]            •
]                     VELOCIS        35
]                        [
]                     PRIS[
```

[Imp. Ca]es(ar), divi Hadriani f., divi Traiani
  [Parth]ic(i) n(epos), divi Nervae pron(epos),
  T. Aelius Ha[drian]us Aug(ustus) Pius, pont(ifex)
  max(imus), [trib(unicia) p]ot(estate) XIV,
  imp(erator) II, co(n)s(ul) IV, p(ater) p(atriae),[1]
[equit(ibus)], qui milit(averunt) in alis VIII,[2] quae
  appell(antur) (1) I [Ulp(ia) cont]ar(iorum)
  (milliaria) et (2) I Thrac(um) sag(ittariorum)
  c(ivium) R(omanorum) et (3) I Hispan(orum)
  Ar[vac(orum) et (4) I C]annane⌐f⌐(atium)[3]
  c(ivium) R(omanorum) et (5) III Aug(usta)
  Thrac(um) sagit(tariorum),[4] [quae sunt in]
  Pannon(ia) super(iore) sub Claudio Maxi[mo,[5]
  item (6) I Co]⌐m⌐ma⌐g⌐(enorum) (milliaria)
  sag(ittariorum)[6] et (7) I Aug(usta) Thrac(um)
  [et (8) I Pann]on(iorum) Tampian(a), quae sunt
  in [Norico sub --- P]robato,[7] quinis et [vicenis
  plurib(usve) stip(endis) emerit(is) dimis(sis)
  hon[est(a) mission(e) per Va]rium Clem[entem
  proc(uratorem), cum] essent in ex]pedit(ione)
  M[aur(etaniae) Cae]sar(iensis),[8]
quor(um) nomin(a) subscri⌐p⌐ta[9] s[u]nt, civitat(em)
  Roman(am), qui eorum non haberent, ded[i]t, et
  conub(ium) cum uxor(ibus), quas tunc
  hab[u]iss(ent), cum est civit(as) is data, aut cum
  is, quas postea duxiss(ent) dumtaxat singulis.
a. d. VIII k Oct(obres) M. Cominio Secundo,
  L. Attidio Corneliano cos.[10]
alae I Hispan(orum) Arvacor(um) cui praest M.
  Antonius Pilatus,[11] ex gregale Octavio Cusonis
  f., Asalo.[12]
Descript(um) et recognit(um) ex tabul(a) aerea
  quae fixa est Romae in muro post templ(um) divi
  Aug(usti) ad Minervam.

[M. Servili] Getae; [L. Pulli] Chresimi; [M. Servili]
  Iasi; [Ti. Iuli] F[el]icis; [C. Iuli] Silvani;
  [L. Pulli] Velocis; [P. Ocili] Pris[ci].[13]

1. The inner faces of this copy of a constitution were not engraved, potentially raising the question of whether the ink exemplar, of which traces remain, could have been accepted as the legal copy of the grant. The remaining text on the outer faces shows that this is an issue of 24 September 151 to cavalrymen from Pannonia superior and Noricum.

2. A total of eight alae were named in the list. All five alae stationed in Pannonia superior were included, namely *ala I Ulpia contariorum milliaria, ala I Thracum sagittariorum civium Romanorum, ala I Hispanorum Arvacorum, ala I Cannanefatium civium Romanorum*, and *ala III Augusta Thracum sagittariorum*. On the diploma of 1 August 150 (*CIL* XVI 99) two alae were named as having served in the Mauretanian expedition. Cf. *RMD* IV 273 where all five are also named along with probably four alae from Pannonia inferior.

3. [C]ANNANEE for [C]ANNANEF.

4. The G of SAGIT has been corrected from an S.

5. Claudius Maximus is first attested as governor of Pannonia superior in 150 and was still in post during November 154 (*PIR*[2] C 933, *DNP* 3, 19, Thomasson 2009, 18:038).

6. NMAC for MMAG.

7. Although the name of the province in which they served has not survived, the other three alae clearly belong to the garrison of Noricum (Holder 2003, 108-109 and Table 6). The cognomen of the procurator can be restored as Probatus. He is otherwise unknown (Thomasson 2009, 16:015a).

8. Enough has survived of this section of the text to show that the troops had been awarded honourable discharge by (T.) Varius Clemens, procurator of Mauretania Caesariensis, when they had served in the expedition to Mauretania Caesariensis (*PIR*[2] V 274, *DNP* 12/1, 1128-1129 [II 3], Thomasson 2009, 41:015). He was still there in 152 (*AE* 2007, 1774 with *RMD* V 407, and *AE* 2011, 1808 with *AE* 2007, 1775). The award of honourable discharge to five alae from Pannonia inferior and Pannonia superior on 1 August 150 was granted by Porcius Vetustinus (*CIL* XVI 99). Clemens therefore took up his post between that date and 24 September 151.

9. SVBSCRICTA for SVBSCRIPTA.

10. M. Cominius Secundus (*PIR*[2] C 1271) and L. Attidius Cornelianus (*PIR*[2] A 1341) were probably suffect consuls from 1 July until 30 September 151 (Eck 2013, 76).

11. *ala I Hispanorum Arvacorum* was commanded by M. Antonius Pilatus. He is not otherwise attested. The diploma of 1 August 150 was also awarded to a cavalryman from this ala but no commander was named (*CIL* XVI 99). B. Pferdehirt suggests its prefect may not have been in Mauretania Caesariensis at that time because only a vexillation from the ala was present. Pilatus, probably with more troops, was in Mauretania Caesariensis by 24 September 151.

12. Octavius, son of Cuso, was Asalus like the recipient of the diploma of 1 August 150 who served in the same ala (*CIL* XVI 99).

13. While the witness list is incomplete, their full names can be restored from other lists of similar date (Appendix IIIa).

Photographs *RGZM* Taf. 57-59; Farbtaf. I.

588 PIVS P. AELIO PACATO

a. 152 Mart. 1

Published B. Pferdehirt *Römische Militärdiplome und Entlassungsurkunden in der Sammlung des Römisch-Germanischen Zentralmuseums*, 2004, Nr. 33. Complete praetorian diploma although tabella I is broken from the left side almost to the right edge just beow the top. Tabella I: height 12.3 cm, width 9.4 cm, thickness 1.7 mm, weight 119.3 g; tabella II: height 12.4 cm, width 9.4 cm, thickness 1.3 mm, weight 100.9 g. The script on all faces is neat and clear. Letter height on the outer faces 3 mm; on the inner face of tabella I 4 mm and 3 mm on that of tabella II. On the inner face of tabella I are traces of the original ink version of the text. The ink has a red tint and has gum arabic as a binding agent. Cf. *RMD* VI 587, 592. There are traces of ink lettering on the inner face of tabella II but here it was written above the line as a correction to the engraved text. Incorrectly engraved letters have been scored through. The letters PHIL were added at the end of the line. A letter A has also been scored through on this face and on the outer face of tabella I. The outer faces have a 4 mm wide border comprising two framing lines. In addition to the binding holes there is a hinge hole in the top right corner of the outer face of tabella I and a corresponding hole in the bottom left corner of the outer face of tabella II. There are traces of the cover for the seals of the witnesses on the outer face of tabella II. The lack of patina where this cover would have been fixed suggests that it may have become detached only shortly before discovery. Now in the Römisch-Germanisches Zentralmuseum, Mainz (Inv. Nr. O. 42708).

intus: tabella I

```
     IMP CAES DIVI HADRIANI F DIVI TRAIANI
     PARTHICI NEP DIVI NERVAE PRONEP T AELIVS
     HADRIANVS ANTONINVS AVG PIVS PONT
     MAX TRIB POT XV IMP II COS IIII     P P
 5   NOMINA MILITV ● M QVI IN PRAETORIO
     MEO MILITAVER IN COH DECEM  I II III
     IV  V VI VII  VIII  IX  X  ITEM  VRBANIS
(!)  QVATTOR X XI XII XIV SVBIECI QVIBVS
     FORTITER ET PIE MILITIAE FVNCTIS IVS
10   TRIBVO CONVBII DVMTAXAT CVM SINGV
     LIS ET PRIMIS VXO ● RIBVS VT ETIAM
     SI PEREGRINI IVRIS FEMINAS MATRI
     MONIO SVO IVNXER PROINDE LIBEROS
     TOLLANT ACSI EX DVOBVS CIVIB ROMA
15   NIS NATOS
```

tabella II

```
        K      MAR
            vacat
     GLABRIONE ET HOMVLLO COS
        COH I    PR ●
            VO          PHILIPP
     P AELIO P F A VOL PACATO M̶A̶R̶C̶I̶A̶ PHIL
            vacat
            vacat
             ●
            vacat
            vacat
```

extrinsecus: tabella I

```
     IMP CAES DIVI HADRIANI F DIVI TRAI ●
     ANI PARTHICI NEPOS DIVI NERVAE
     PRONEPOS T AELIVS HADRIANVS AN
     TONINVS AVG PIVS PONT MAX TRIB
     POT XV IMP  II  COS   IIII        P P       5
     NOMIN MILITVM QVI IN PRAETO
     RIO MEO MILITAVERVNT IN COHORTI
     BVS DECEM I II III IV V VI VII VIII IX
     X ITEM VRBANIS QVATTOR X XI XII      (!)
      XIV SVBIECI QVIBVS FORTITER ET           10
     PIE MILITIAE FVNCTIS IVS TRIBVO
     CONVBII DVMTAXAT CVM SINGVLIS
     ET PRIMIS VXORIBVS VT ETIAM SI
              ●                    ●
     PEREGRINI IVRIS FEMINAS MA
     TRIMONIO SVO IVNXERINT PROIN           15
     DE LIBEROS TOLLANT AC SI EX DVOBVS
     CIVIBVS ROMANIS NATOS
            K          MART
     M/ ACILIO   GLABRIONE
     M   VALERIO  HOMVLLO     COS          20
            COH    I   PR
     P AELIO P F A̶ VOL PACATO  PHILIPP     (!)
     DESCRIPT ET RECOGNIT EX TABVL AEREA
     QVAE FIXA EST ROMAE IN MVRO POST
     TEMPL DIVI  AVG   AD  MINERVA        (!) 25
```

tabella II

M SEMPRONI		IVSTI
L ALLEDI	●	RVFINI
L VIBIDI		PROCVLI
C IVLI		LONGINI
C IVLI	●	PROBINI 30
L CONDITANI		MAIORIS
T LVCRETI		FELICIS
●		

ROMAN MILITARY DIPLOMAS VI

Imp. Caes(ar), divi Hadriani f., divi Traiani Parthici nepos, divi Nervae pronepos, T. Aelius Hadrianus Antoninus Aug(ustus) Pius, pont(ifex) max(imus), trib(unicia) pot(estate) XV, imp(erator) II, co(n)s(ul) IIII, p(ater) p(atriae),[1]

nomina militum, qui in praetorio meo militaverunt in cohortibus decem I.II.III.IV.V.VI.VII.VIII.IX.X item urbanis quatt<u>or[2] X.XI.XII.XIV subieci, quibus fortiter et pie militia{e}[3] functis, ius tribuo conubii dumtaxat cum singulis et primis uxoribus, ut, etiamsi peregrini iuris feminas iunxerint, proinde liberos tollant ac si ex duobus civibus Romanis natos.

k. Mart(iis) M. Acilio Glabrione, M. Valerio Homullo cos.[4]

coh(ors) I pr(aetoria). P. Aelio P. f. {a} Vol. Pacato, {Marcia(nopoli)} Philipp(is).[5]

Descript(um) et recognit(um) ex tabul(a) aerea quae fixa est Romae in muro post templ(um) divi Aug(usti) ad Minerva<m>.[6]

M. Semproni Iusti; L. Alledi Rufini; L. Vibidi Proculi; C. Iuli Longini; C. Iuli Probini; L. Conditani Maioris; T. Lucreti Felicis.[7]

1. This is a constitution for the praetorian and urban cohorts of 1 March 152. It is the third of what appears to be a series of grants of *conubium* to these troops at approximately two year intervals during the reign of Antoninus Pius. Cf. 29 February 148 (*CIL* XVI 95) and 18 February 150 (*CIL* XVI 98). This may just be coincidence because no term of service is involved. The likely findspot of the diploma was the Balkans which means Pacatus planned to marry once he had returned home and that his wife would most likely have been a peregrine.
2. On both faces QVATTOR for QVATTVOR.
3. On both faces MILITIAE for MILITIA.
4. M/. Acilius Glabrio (Cn. Cornelius Severus) (*PIR*² A 73) and M. Valerius Homullus (*PIR*² V 95) were the *ordinarii* of 152 (Eck 2013, 76).
5. The recipient had served in *cohors I praetoria*. On both faces he is named as P. Aelius Pacatus. His tribe, Voltinia, was amended from one beginning with an A by striking through this letter and engraving VOL. On the inner face an ink version VO was written above the line. Also, on the inner face his home was engraved as MARCIA which was then struck through and PHILIPP was written in ink above. PHIL was then engraved to the right of the deletion. On the outer face PHILIPP was engraved without the need for correction. He came from Philippi rather than Philippopolis (Dana 2010, 53 no. 28).
6. Extrinsecus MINERVA for MINERVAM.
7. The witnesses are different from those of 29 February 148 (*CIL* XVI 196) because they would have been fellow soldiers of the recipient.

Photographs *RGZM* Taf. 60-62; Farbtaf. II-III.

589 PIVS SVRODAGO

a. 152 Sept. 5

Published W. Eck - A. Pangerl *Zeitschrift für Papyrologie und Epigraphik* 148, 2004, 262-268. Complete diploma with binding wire intact rendering the inner faces unavailable for study. Both tabellae: height 13.2 cm; width 10.4 cm; thickness 1 mm; combined weight 240 g. The script is neat and clear. Letter height on the outer face of tabella I 3-4 mm; on that of tabella II 5 mm. Both tabellae have a border comprising two framing lines. The position of the cover for the seals of the witnesses is visible on the outer face of tabella II either side of the binding holes and binding wire. The outer face of tabella I has a hinge hole in the upper right corner. This is mirrored by one in the lower left corner of the outer face of tabella II. Now in private possession.
AE 2004, 1911

intus: tabella I

Inner faces
not available

extrinsecus: tabella I

```
IMP CAES DIVI HADRIANI F DIVI TRAIANI
PARTHIC N DIVI NERVAE PRON T AELIVS
HADRIANVS ANTONINVS AVG PIVS PONT
MAX   TRIB    POT  XV  IMP  II  COS IV P P
EQVITIB ET PEDIT EXERC GERM PII FID QVI        5
MIL IN AL IV ET COH XV QVAE APPELL NORIC
ET SVLPIC C R ET AFROR VET ET I THR ET I FL HISP
ET I LATOBIC ET VARC ET VI INGEN ET I PANN
ET DALM ET II C R ET I RAET ET VI RAET ET VI BRITT
ET II ASTVR ET I CLASS ET II HISP ET I LVCENS      10
ET XV VOL C R ET II VARC ET IV THR ET SVNT
IN GERM INFER SVB SALVIO IVLIANO LEG
QVINQ ET VIGINT ITEM CLASSIC SEX ET VI
GINT STIP EMER DIMIS HONEST MISS

QVOR NOMIN SVBSCRIPT SVNT CIVIT        15
ROMAN QVI EOR NON HAB DEDIT ET CONVB
CVM VXOR QVAS TVNC HAS CVM EST CIVIT    (!)
IS DAT AVT CVM IS QVAS POST DVXIS DVM
TAX SINGVL         NON          SEPT
C       NOVIO        PRISCO            20
L        IVLIO       ROMVLO  COS
COH       XV   VOL C R CVI PRAEEST
Q          GAVIVS        PROCVLVS
           EX PEDITE
SVRODAGO      SVRPOGISSI F DACO        25
DESCRIPT ET RECOGNIT EX TABVL AER
QVAE FIXA EST ROMAE IN MVRO POST
TEMPL DIVI AVG AD MINERVAM
           tabella II
M SERVILI                GETAE

L PVLLI                  CHRESIMI      30

M SENTILI                IASI

TI IVLI                  FELICIS

C IVLI                   SILVANI

L PVLLI                  VELOCIS

P OCILI                  PRISCI        35
```

Imp. Caes(ar), divi Hadriani f., divi Traiani
Parthic(i) n(epos), divi Nervae pron(epos),
T. Aelius Hadrianus Antoninus Aug(ustus) Pius,
pont(ifex) max(imus), trib(unicia) pot(estate) XV,
imp(erator) II, co(n)s(ul) IV, p(ater) p(atriae),[1]

equitib(us) et pedit(ibus) exerc(itus) Germ(anici)
pii fid(elis),[2] qui mil(itaverunt) in al(is)
IV et coh(ortibus) XV,[3] quae appell(antur)
(1) Noric(orum) et (2) Sulp(icia) c(ivium)
R(omanorum) et (3) Afror(um) vet(erana) et

141

ROMAN MILITARY DIPLOMAS VI

(4) I Thr(acum) et (1) I Fl(avia) Hisp(anorum)
et (2) I Latobic(orum) et Varc(ianorum) et
(3) VI ingen(uorum) et (4) I Pann(oniorum) et
Dalm(atarum) et (5) II c(ivium) R(omanorum)
et (6) I Raet(orum) et (7) VI Raet(orum) et
(8) VI Britt(onum) et (9) II Astur(um) et (10) I
class(ica) et (11) II Hisp(anorum) et (12) I
Lucens(ium) et (13) XV vol(untariorum)
c(ivium) R(omanorum) et (14) II Varc(ianorum)
et (15) IV Thrac(um) et sunt in Germ(ania)
infer(iore) sub Salvio Iuliano leg(ato),[4]
quinq(ue) et vigint(i) item classic(is)[5] sex
et vigint(i) stip(endis) emer(itis) dimis(sis)
honest(a) miss(ione),

quor(um) nomin(a) subscript(a) sunt, civit(atem)
Roman(am), qui eor(um) non hab(erent),
dedit et conub(ium) cum uxor(ibus), quas tunc
ha⌐b⌐ (uissent),[6] cum est civit(as) is dat(a), aut
cum is, quas post(ea) duxis(sent) dumtax(at)
singul(is).

non. Sept(embribus) C. Novio Prisco, L. Iulio
Romulo cos.[7]

coh(ortis) XV vol(untariorum) c(ivium)
R(omanorum) cui praeest Q. Gavius Proculus,[8]
ex pedite Surodago Surpogissi f., Daco.[9]

Descript(um) et recognit(um) ex tabul(a) aer(ea)
quae fixa est Romae in muro post templ(um) divi
Aug(usti) ad Minervam.

M. Servili Getae; L. Pulli Chresimi; M. Sentili Iasi;
Ti. Iuli Felicis; C. Iuli Silvani; L. Pulli Velocis;
P. Ocili Prisci.[10]

1. The inner faces of this complete copy of the constitution for Germania inferior of 5 September 152 are not available for study because the binding wires have been retained in situ. A second copy only partially surviving also had belonged to soldier of this cohort (*RMD* V 408). Two further partial copies have also been identified (*RMD* VI 590, *AE* 2010, 1867).
2. This complete copy reveals the army of Lower Germany was now called *exercitus Germanicus pius fidelis*. See further Eck 2012d, 76-82.
3. Four alae and fifteen cohorts are named in the grant. On 19 November 150 four alae and fourteen cohorts were included (Tomlin-Pearce 2018). While the ala list is the same, different cohorts are included although the order is broadly similar. In 150 *cohors III Breucorum* and *cohors VI Breucorum* are named in ninth and tenth but are not included here. Instead *cohors VI ingenuorum* and *cohors XV voluntariorum civium Romanorum*, both citizen cohorts, are named in a constitution for Lower Germany for the earliest extant time. The other unit not included in 150 is *cohors II Hispanorum* in eleventh place.
4. The governor, (L. Octavius Cornelius P.) Salvius Iulianus (Aemilianus), had been *consul ordinarius* in 148). It is not clear exactly when he took up his command (*PIR²* S 136, *DNP* 6, 8-9 [1], Thomasson 2009, 10:084).
5. *classici* were also included in the grant in 98, 127 and 150 (*RMD* IV 216, 239, *AE* 2018, 1102).
6. Extrinsecus HAS for HAB.
7. The suffect consuls, C. Novius Priscus (*PIR²* N 185, *DNP* 8, 1036) and L. Iulius Romulus (*PIR²* I 521, *DNP* 6, 41), held office from July to September 152 (*FO²* 41, Eck 2013, 76).
8. Q. Gavius Proculus, the commander of the cohort, should be identified with Q. Gavius Fulvius Proculus, from Caiatia in Regio I of Italy, who is attested as tribune of *cohors XV* and then tribune of *legio VIII Augusta* in Upper Germany (*PME* I,IV,V G 9). Cf. *RMD* V 408 note 8.
9. The infantryman recipient was Dacus. He was called Surodagus (*OnomThrac* 339). His father's name is given as Surpogissus. D. Dana suggests this is a phonetic variant of Diurpagissa (*OnomThrac* 144).
10. The witnesses are known to have signed in this order from 5 July 149 until 24 December 153 (Appendix IIIa).

Photographs *ZPE* 148, 263.

590 PIVS INCERTO

a. 152 [Sept. 5]

Published B. Pferdehirt *Römische Militärdiplome und Entlassungsurkunden in der Sammlung des Römisch-Germanischen Zentralmuseums*, 2004, Nr. 35. Fragment from the top left quarter of tabella I of a diploma. Height 5.6 cm; width 5.1 cm; thickness 0.9 mm; weight 16.3 g. The script on the outer face is neat and clear while that on the inner is more angular and less well engraved. Letter height on the outer face 2 mm; on the inner 3 mm. There is a 4 mm wide border comprising two framing lines on the outer face of tabella I. Now in the Römisch-Germanisches Zentralmuseum, Mainz (Inv. Nr. O. 42689).
RMD V Further notes on the Chronology pp. 702-703, 28*RGZM 35.

<table>
<tr><td colspan="2" align="center">intus: tabella I</td><td colspan="2" align="center">extrinsecus: tabella I</td></tr>
<tr><td>(!)</td><td>IMP CASS DIVI HA[</td><td>IMP CAES DIVI HADR[</td><td></td></tr>
<tr><td></td><td>PARTHIC N DI[</td><td>PARTHIC N DIVI N[</td><td></td></tr>
<tr><td></td><td>HADRIANVS A[</td><td>HADRIANVS ANT[</td><td></td></tr>
<tr><td></td><td>MAX TRIB POT[</td><td>MAX   TRIB · POT[</td><td></td></tr>
<tr><td>5</td><td>EQ ET PED QVI M[</td><td>EQVITIB ET PEDIT EXER[</td><td>5</td></tr>
<tr><td></td><td>QVAE APP NOR·[</td><td>IN AL IIII ET COH XV Q[</td><td></td></tr>
<tr><td></td><td>]++IO IV[</td><td>ET SVLPIC C R ET AFRO[</td><td></td></tr>
<tr><td></td><td></td><td>ET LATOBIC ET VARC ET[</td><td></td></tr>
<tr><td></td><td></td><td>ET DALM ET II C R ET I R[</td><td></td></tr>
<tr><td></td><td></td><td>ET II ASTVR ET I CLASS E[</td><td>10</td></tr>
<tr><td></td><td></td><td>ET XV VOL C R ET II VAR[</td><td></td></tr>
<tr><td></td><td></td><td>IN GERM INFEB SV[</td><td>(!)</td></tr>
<tr><td></td><td></td><td>QVINQ ET VIGINTI[</td><td></td></tr>
</table>

Imp. Caes(ar), divi Hadr[iani f., divi Traiani]
    Parthic(i) n(epos), divi N[ervae pron(epos),
    T. Aelius] Hadrianus Ant[oninus Aug(ustus)
    Pius, pont(ifex)] max(imus), trib(unicia)
    pot(estate) [XV, imp(erator) II, co(n)s(ul) IV,
    p(ater) p(atriae)],[1]
equitib(us) et pedit(ibus) exer[c(itus) Germ(anici)
    pii fid(elis)], qui mil(itaverunt)] in al(is)
    IIII et coh(ortibus) XV,[2] q[uae appell(antur)
    (1) Nor[ic(orum)] et (2) Sulpic(ia) c(ivium)
    R(omanorum) et (3) Afro[r(um) vet(erana) et
    (4) I Thr(acum) et (1) I Fl(avia) Hisp(anorum)]
    et (2) <I>Latobic(orum) et Varc(ianorum) et
    [(3) VI ingen(uorum) et (4) I Pann(oniorum)] et
    Dalm(atarum) et (5) II c(ivium) R(omanorum)
    et (6) I R[aet(orum) et (7) VI Raet(orum) et
    (8) VI Britt(onum)] et (9) II Astur(um) et (10)
    I class(ica) e[t (11) II Hisp(anorum) et (12)
    I Lucens(ium)] et (13) XV vol(untariorum)
    c(ivium) R(omanorum) et (14) II Var[c(ianorum)
    et (15) IV Thrac(um) et sunt] in Germ(ania)
    infe⌐r⌐ (iore)[3] su[b Salv]io Iu[liano leg(ato)],[4]
    quinq(ue) et vigint(i) i[tem classic(is) sex
    et vigint(i) stipend(is) emer(itis) dimiss(is)
    honest(a) miss(ione)],[5]
[quor(um) nomin(a) subscript(a) sunt, civi(tatem)
    Roman(am), qui eor(um) non hab(erunt),
    dedit et conub(ium) cum uxor(ibus), quas tunc

hab(uissent), cum est civit(as) is dat(a), aut
cum is, quas post(ea) duxiss(ent) dumtax(at)
singul(is)].

1. Intus CASS for CAES. The surviving imperial titles show that this is an issue of the reign of Antoninus Pius. It can be demonstrated that this is another copy of the constitution of 5 September 152 for Germania inferior (notes 2 and 5). Two other incomplete copies are also known (*RMD* V 408, *AE* 2010, 1867).
2. Four alae and fifteen cohorts of the garrison of Germania inferior were named in the grant in the same order as those in the complete copy of the constitution of 5 September 152 (*RMD* VI 589). On the outer face the layout of the unit names is nearly identical to that on the complete copy of this constitution. However, the text on the inner face does not seem to replicate such a full list and therefore must be earlier than late 153. There is one unit named, *ala Noricorum*, which may well have been the unit of the recipient. Cf. *RMD* V 398. The letter traces on line 7 fit better with the name of the governor [SALV]IO IV[LIANO] (*RMD* V pp. 702-703, 28*RGZM 35). This suggests that this is an example of an abbreviated inner face where the unit of the recipient was named (Holder 2007a, 155-157). Overall, the layout of the inner face is similar to that of other copies (*RMD* V 408, VI 589; *AE* 2010, 1867). This fragment is therefore most likely to have been a further copy of the constitution of 5 September 152 for Germania inferior.
3. Extrinsecus INFEB for INFER.
4. The governor can be identified as (L. Octavius Cornelius P.) Salvius Iulianus (Aemilianus). See further, *RMD* VI 589 note 4.
5. The auxiliaries eligible for the award had served exactly twenty-five years. On two of the three other known copies this same information has survived (*RMD* V 408, VI 589).

Photographs *RGZM* Taf. 67.

591 PIVS INCERTO

a. 152 (Iul. 1 / Sept. 30)

Published W. Eck - A. Pangerl *Acta Musei Napocensis* 43-44/1, 2006-2007, 198-203. Fragment from the middle of the left hand side of tabella I of a diploma. Height 5.5 cm; width 4.5 cm; thickness 1.5 mm; weight 21 g. The script on both faces is clear with that on the inner face more angular. Letter height on the outer face 3 mm; on the inner 4-5 mm. Along the edge of the outer face is a border comprising two faintly inscribed framing lines. Also on this face is the left hand binding hole.
AE 2007, 1763

	intus: tabella I	extrinsecus: tabella I	
	]IVI HADRIANI F[	ET II GALL[	
	]N DIVI NERVAE[	ET VEXIL EX[	
	]VS ANTONINV[	MAVR GEN[	
	]POT XV IMP II[	DATIO SEVER[	
	] ● [	PLVRVE STI[	5
5		● [	
	]MIL IN A[	QVOR N OMIN[	
		R OMAN Q V I EO[	
		NV B CVM V XO[	
		CIVIT IS DAT AVT[	
		DVMTAX SING[	10
		C NOVIO[	
		L I[	

[Imp. Caes(ar), d]ivi Hadriani f., [divi Traiani Parthici] n(epos), divi Nervae [pron(epos), T. Aelius Hadrian]us Antoninu[s Aug(ustus) Pius, pont(ifex) max(imus), tr(ibunicia)] pot(estate) XV, imp(erator) II, [co(n)s(ul) IV, p(ater) p(atriae)],[1]

[equit(ibus) et pedit(ibus), qui] mil(itaverunt) in a[lis -- et coh(ortibus) ---, quae appel(lantur) ---] et II Gall(orum)[--- et ---] et vexil(lariis) ex [--- qui sunt cum] Maur(is) gen[tilib(us)[2] in Dacia super(iore) sub Se]datio Sever[iano leg(ato),[3] quin(is) et vicen(is)] plur(ibus)ve sti[p(endis) emer(itis) dimis(sis) hon(esta) mis(sione)],

quor(um) nomin[a subscript(a) sunt, civitatem] Roman(am), qui eo[rum non hab(erent), dedit et co]nub(ium) cum uxo[r(ibus), quas tunc habuissent, cum est] civit(as) is dat(a), aut [cum is, quas postea duxiss(ent)] dumtax(at) sing[ulis].

[a. d. ---] C. Novio [Prisco,] L. I[ulio Romulo cos.][4]

1. This is an issue when Antoninus Pius held tribunician power for the fifteenth time between 10 December 151 and 9 December 152. The consuls can be identified and held office from 1 July to 30 September. W. Eck has suggested that the day date could have been 5 September in line with the constitutions for Germania inferior (*RMD* V 408, VI 589); Pannonia inferior (*AE* 2009, 1826); and *classis praetoria Ravennas* (*CIL* XVI 100) (Eck 2013, 76).

2. Only the end of the unit list has survived. In addition to *cohors II Gall(orum) [---]* there were *vexil(larii) ex [---]* and *Maur(i) gen[til(es)]*. The latter are attested in Dacia superior on 8 July 158 (*CIL* XVI 108). Also on the same diploma are *vex(illarii) Afric(ae) et Mau[r]et(aniae) Caes(ariensis)*. Either or both might have been listed here. In the province in 156 were a *cohors II Gallorum Pannonica* and a *cohors [II] Gallorum Dacica* (*CIL* XVI 107). Either might have been named here.

3. W. Eck and A. Pangerl conclude that this was a constitution for Dacia superior. The governor can therefore be identified as (M.) Sedatius Severianus (Iulius Acer Metilius Nepos Rufinus Ti. Rutilianus Censor) (*PIR*[2] S 306, Thomasson 1984, 21:10). He would have been governor from c. 151 until just before his consulate on 1 July 153.

4. The consuls can be identified as C. Novius Priscus and L. Iulius Romulus. See further *RMD* VI 589 note 7.

Photographs *AMN* 43-44/1, 198.

592 PIVS PVERIBVRI

a. 153 Oct. 26

Published B. Pferdehirt *Römische Militärdiplome und Entlassungsurkunden in der Sammlung des Römisch-Germanischen Zentralmuseums*, 2004, Nr. 34. Complete diploma with traces of ink writing on the inner faces. Tabella I: height 12.9-13.2 cm, width 10.4 cm, thickness 1.5 mm, weight 112.3 g; tabella II: height 12.9-13.2 cm, width 10.4 cm, thickness 1.9 mm, weight 125.3 g. The script on both outer faces is neat and well cut. On the inner faces the script is more angular and the incisions closely follow a preliminary script in ink which has a red tint and has gum arabic as the binding agent. Cf. *RMD* VI 587, 588. The letter height on tabella I is 3.5 mm and is 4 mm on tabella II. Also, on the inner face of tabella I is a particular letter shape with H engraved as Π. Both outer faces have a 4 mm wide border comprising two framing lines. There is a hinge hole in the bottom right corner of tabella I which is smaller than that in the mirror position of the bottom right corner of the outer face of tabella II. On the outer face of tabella II are traces of the solder for the cover of the seals of the witnesses on either side of the binding holes. Now in the Römisch-Germanisches Zentralmuseum, Mainz (Inv. Nr. O. 42272).

intus: tabella I

```
    IMP CAES DIVI HADRIANI F DIVI TRAIANI
    PARTH N DIVI NERVAE PRON T AELIVS HA
    DRIANVS ANTONINVS AVG PIVS P M  TR
    POT  XVI   IMP  II   COS  IIII    P  P
 5  EQ ET PED Q M IN AL V ET COH XI  Q A I AVG GALL
    ET GEM C R ET I TAVR VICTR C R ET III AST P F C R ET I
(!) ITVR C R ET I HAM SYR SAG ET V DALM ET II HISP C R
    ET I AST ET CALL C R ET II SYR SAG ∞ ET III AST C R ET II
    HISP C R ET LEMAV C R ET III GALL FELIX ET IV GALL C R
10  ET IV TVNGR VEXIL ET SVNT IN MAVRET TINGIT
    SVB FLAVIO FLAVIANO PROC XXV ITEM CLASSIC
    XXVI PLVE STIP EMER DIMIS HON MISS QVOR
     NOM SVBSCR SVNT CIVIT ROMAN QVI EOR
    NON HAB DEDIT ET CON CVM VXOR  QVAS
15  TVNC HAB CVM EST CIVIT IS DAT AVT CV M
    IS  QVAS POS DVXIS D T SINGVL
```

tabella II

vacat
vacat

```
    ALAE I AVG GALLOR C R  CVI  PRAEST
    C  OSTORIVS TRANQVILLIANVS  ROMA
            EX GREGALE
20  PVERIBVRI    DABONIS   F    DACO
```

vacat

vacat
vacat
vacat

extrinsecus: tabella I

```
    IMP CAES DIVI HADRIANI F DIVI TRAIANI PAR
    THIC NEP DIVI NERVAE PRONEP T AELIVS HA
    DRIANVS ANTONINVS AVG PIVS PONT MAX
    TRIB  POT  XVI   IMP   II   COS  IIII  P  P
    EQVITIB ET PEDITIB QVI MILIT IN ALIS V ET        5
    COH XI QVAE APPELL I AVG GALLOR ET GEMELLIAN
    C R ET I TAVRIAN VICTRIX C R ET III ASTVR P F C R
    ET I HAMIOR SYROR SAG ET I ITVRAEOR C R ET V
    DALMATAR C R ET II HISPANOR C R ET I ASTVR ET CALLAE
    COR C R ET II SYROR SAG ∞ ET III ASTVR C R ET II HIS    10
    PAN C R ET LEMAVOR C R ET III GALLOR FELIX ET IV
    GALLOR C R ET IV TVNGROR VEXIL ET SVNT IN
    MAVRETAN TINGITAN SVB FLAVIO FLAVIANO
    PROC QVINIS ET VICEN ITEM CLASSIC SENIS ET
    VICEN PLVRIBVSVE STIPEND EMERIT DIMISSIS      15
    HONEST M ISSION QVOR NOMIN  SVBSCRIC    (!)

    TA SVNT CIVITAT ROMAN QVI EORVM NON HABE
    RENT DEDIT ET CONVB CVM VXORIB QVAS TVNC
    HABVISS CVM EST CIVITAS IIS DATA AVT CVM IS
    QVAS POSTEA DVXISSENT DVMTAXAT SINGV       20
    LI SINGVLAS       A D · VII  K  NOV           (!)
    C CATTIO MARCELLO Q PETIEDIO GALLO COS
    ALAE  I AVG GALLOR C R   CVI   PRAEST
     C  OSTORIVS TRANQVILLIANVS  ROMA
            EX GREGALE                            25
    PVERIBVRI      DABONIS    F    DACO
    DESCRIPT ET RECOGNIT EX TABVL AEREA
    QVAE FIXA EST ROMAE IN MVRO POST
    TEMPL  DIVI AVG AD  MINERVAM
            tabella II
    M · SERVILI                      GETAE        30

    L · PVLLI                        CHRESIMI

    M · SENTILI                      IASI

    TI · IVLI                        FELICIS

    C · IVLI                         SILVANI

    L · PVLLI                        VELOCIS       35

    P · OCILI                        PRISCI
```

145

ROMAN MILITARY DIPLOMAS VI

Imp. Caes(ar), divi Hadriani f., divi Traiani
 Parthic(i) nep(os), divi Nervae pronep(os),
 T. Aelius Hadrianus Antoninus Aug(ustus) Pius,
 pont(ifex) max(imus), trib(unicia) pot(estate)
 XVI, imp(erator) II, co(n)s(ul) IIII, p(ater)
 p(atriae),[1]
equitib(us) et peditib(us), qui milit(averunt) in
 alis V et coh(ortibus) XI,[2] quae appell(antur)
 (1) I Aug(usta) Gallor(um) et (2) Gemellian(a)
 c(ivium) R(omanorum) et (3) I Taurian(a) victrix
 c(ivium) R(omanorum) et (4) III Astur(um)
 p(ia) f(idelis) c(ivium) R(omanorum) et
 (5) I Hamior(um) Syror(um) sag(ittariorum)
 et (1) I Ituraeor(um) c(ivium) R(omanorum)
 et (2) V Dalmatar(um) c(ivium) R(omanorum)
 et (3) II Hispanor(um) c(ivium) R(omanorum)
 et (4) I Astur(um) et Callaecor(um)
 c(ivium) R(omanorum) et (5) II Syror(um)
 sag(ittariorum) (milliaria) et (6) III Astur(um)
 c(ivium) R(omanorum) et (7) II Hispanor(um)
 c(ivium) R(omanorum) et (8) Lemavorum et
 (9) III Gallorum felix et (10) IV Galllor(um)
 c(ivium) R(omanorum) et (11) IV Tungror(um)
 vexil(latio) et sunt in Mauretan(ia) Tingitan(a) sub
 Flavio Flaviano proc(uratore),[3] quinis et vicen(is)
 item classic(is)[4] senis et vicen(is) pluribusve
 stipend(is) emerit(is) dimissis honest(a) mission(e),
quor(um) nomin(a) subscri⌐p⌐ta[5] sunt, civitat(em)
 Roman(am), qui eorum non haberent, dedit et
 conub(ium) cum uxorib(us), quas tunc habuiss(ent),
 cum est civitas iis data, aut cum is, quas postea
 duxissent dumtaxat singuli(s) {singulas}.[6]
a. d. VII k. Nov(embres) C. Cattio Marcello, Q. Petiedio
 Gallo cos.[7]
alae I Aug(ustae) Gallorum c(ivium) R(omanorum) cui
 praest C. Ostorius Tranquillianus, Roma,[8] ex gregale
 Pueriburi Dabonis f., Daco.[9]
Descript(um) et recognit(um) ex tabul(a) aerea quae fixa
 est Romae in muro post templ(um) divi Aug(usti) ad
 Minervam.

M. Servili Getae; L. Pulli Chresimi; M. Sentili Iasi;
 Ti. Iuli Felicis; C. Iuli Silvani; L. Pulli Velocis;
 P. Ocili Prisci.[10]

1. This is the first complete copy of the constitution of 26 October 153 for Mauretania Tingitana of which a number of fragmentary copies have also been published (*RMD* V 409, 410, 411, VI 593). Further copies have been published more recently (*AE* 2007, 1776, 1777, 1779, 1780, 1785, *AE* 2009, 1834, Mugnai 2016, Eck-Pangerl 2021b).
2. The names of the five alae and eleven cohorts are complete on both faces. This is the earliest closely dated example of this reversion to standard procedures after a period of abbreviated inner faces (Holder 2007a, 157-158). Within the unit list *ala I Augusta Gallorum* lacks its honorific title as on all other surviving lists (*RMD* V 409, 410, 411, *AE* 2007, 1776). Intus line 7 has I TVR CR before I HAM SYR SAG, extrinsecus line 8 has the correct order. It is now clear that *cohors II Hispanor(um) civium Romanorum* was named in third place and that *cohors II Hispan(a) civium Romanorum* was in seventh.
3. Flavius Flavianus is currently known only as procurator of Mauretania Tingitana (Thomasson 2009, 42:012a, Mihăilescu-Bîrliba - Dumitrache 2016). There are now further grants which show he was there in 152 or 153 and 156 (*AE* 2006, 1213 = *AE* 2016, 1366 and *AE* 2016, 2021 respectively).
4. Members of the fleet were also included in this grant. The only other known occurrence of *classici* on a constitution for Mauretania Tingitana is on 22 December 144 (*RMD* V 398). Normally they were based in Mauretania Caesariensis at Cherchel.
5. Extrinsecus SVBSCRICTA for SVBSCRIPTA.
6. Extrinsecus SINGVLI SINGVLAS for SINGVLIS.
7. C. Cattius Marcellus (*PIR*[2] C 569, *DNP* 2, 1032) and Q. Petiedius Gallus were the final pair of suffect consuls of 153. They held office from 1 October (Eck 2013, 77). On the *Fasti Ostienses* Marcellus appears second (*FO*[2] 51).
8. The unit of the recipient bears its full titles, *ala I Augusta Gallorum civium Romanorum*, as it does on other copies where it is the unit of the recipient (*RMD* V 411, VI 593, *AE* 2007, 1776). Its commander, C. Ostorius Tranquillianus from Rome, is not otherwise recorded.
9. Pueriburis, son of Dabo, was a Dacian (*OnomThrac* 278, 102). The other known recipients who had served in this ala were also Dacians (*RMD* V 411, VI 593, *AE* 2007, 1776).
10. The witnesses are known to have signed in this order from 5 July 149 until 24 December 153 (Appendix IIIa).

Photographs *RGZM* Taf. 63-66, Farbtaf. IV.

593 PIVS INCERTO

a. 153 [Oct. 26]

Published W. Eck - A. Pangerl *Zeitschrift für Papyrologie und Epigraphik* 153, 2005, 197-200. More than half of the right hand side of tabella II of a diploma. Height 8.1 cm; width 7.0 cm; thickness 1 mm; weight 45 g. The script on the outer face is neat and clear while that on the inner is more irregular. Letter height on the outer face 5 mm; on the inner 4 mm. On the outer face are visible two framing lines. There is also part of the lower binding hole which is within traces of the solder for the cover of the seals of the witnesses.
AE 2005, 1726

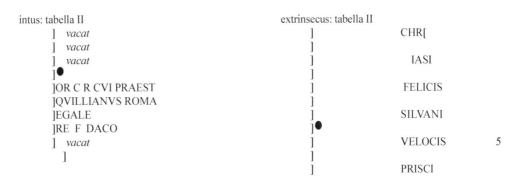

[Imp. Caesar, divi Hadriani f., divi Traiani
  Parthici nep(os), divi Nervae pron(epos),
  T. Aelius Hadrianus Antoninus Aug(ustus) Pius,
  pont(ifex) max(imus), trib(unicia) pot(estate)
  XVI, imp(erator) II, co(n)s(ul) IIII, p(ater)
  p(atriae)],[1]
[equit(ibus) et pedit(ibus), qui milit(averunt) in alis
  V et coh(ortibus) XI, quae appell(antur) --- et
  sunt in Mauret(ania) Tingit(ana) sub Flavio
  Flaviano proc(uratore), quinis et vicenis item
  classicis senis et vicenis pluribusve stipendis
  emeritis dimissis honesta missione],
[quorum nomina subscripta sunt, ---].
[a. d. VII k. Nov(embres) C. Cattio Marcello,
  Q. Petiedio Gallo cos.]
[alae I Aug(ustae) Gall]or(um) c(ivium) R(omanorum)
  cui praest [C. Ostorius Tran]quillianus, Roma,[2]
[ex gr]egale [---]re f., Daco.[3]

[M. Servili Getae]; [L. Pulli] Chr[esimi];
  [M. Sentili] Iasi; [Ti. Iuli] Felicis; [C. Iuli]
  Silvani; [L. Pulli] Velocis; [P. Ocili] Prisci.[4]

1. Although the day date and consular names are lacking this can be recognised as a further copy of the constitution for Mauretania Tingitana of 26 October 153 from the details of the recipient and of his unit along with the cognomina of the witnesses (note 4). For full details, see *RMD* VI 592.
2. The recipient's unit can be identified as *[ala I Aug(usta) Gall]or(um) c(ivium) R(omanorum)*. The commander can therefore be identified as C. Ostorius Tranquillianus from Rome. Cf. *RMD* VI 592 note 8.
3. Neither the name of the recipient nor that of his father has survived. He was a Dacian as were other known recipients of this grant who had served in the ala. See further, *RMD* VI 592 note 9.
4. All but one of the cognomina of the witnesses have survived. The list can be seen to match the order preserved on the complete copy of this constitution (*RMD* VI 592 note 10).

Photographs *ZPE* 153, 197.

594 PIVS INCERTO

a. 153 (Oct. 1 / Dec. 9)

Published P. Weiß *Chiron* 36, 2006, 265-276. Almost the complete upper half of tabella I of a diploma with a dark green patina on the outer face and a brown green patina on the inner. Height 6.6 cm; width 10.5 cm; thickness c. 0.6-1.1 mm; weight 55.03 g. The script on both faces is clear and neat although that on the inner face is more irregular and in another hand. Letter height on the outer face 3 mm; on the inner 2-3 mm. The edges of the outer face have a border comprising two framing lines. This face also has the left hand binding hole. Both faces exhibit regular scratched lines. Those on the inner face seem definitely to have resulted from the smoothing of the surface prior to engraving the text. There are also numerous small casting blemishes on the surfaces most notably on line 1 of the outer face where there is a gap between the H and A of HADRIANI.

AE 2006, 1841

<table>
<tr><td colspan="2" align="center">intus: tabella I</td><td colspan="2" align="center">extrinsecus: tabella I</td></tr>
<tr><td></td><td>IMP CAESAR DIVI HADRI[</td><td>IMP CAESAR DIVI H ADRIANI F DIVI TRAIANI</td><td></td></tr>
<tr><td></td><td>PARTH NEPOS DIVI NER[</td><td>PARTHICI NEPOS DIVI NERVAE PRONEPOS T</td><td></td></tr>
<tr><td></td><td>HADRIANVS ANTONIN[</td><td>AELIVS HADRIANVS ANTONINVS AVG PIVS</td><td></td></tr>
<tr><td></td><td>MAX TRIB POT XVI●[</td><td>PONT MAX TRIB POT XVI IMP II COS IIII P P</td><td></td></tr>
<tr><td>5</td><td>EQVIT ET PEDIT QVI MILI[</td><td>EQVITIBVS ET PEDITIB QVI MILITAVER IN ALIS</td><td>5</td></tr>
<tr><td></td><td>QVAE APP I FL AGRIP ET[</td><td>VII ET COH XX QVAE APPELLANT I FL AGRIPPIA</td><td></td></tr>
<tr><td></td><td>ET AVG XOIT ET I THR [</td><td>ET PRAETOR SING ET I VLP SYRIAC ET I AVG XOI</td><td></td></tr>
<tr><td></td><td>VLP DROM ∞ ET I VLP[</td><td>TAN ET I THR HERCVL ET I VLP SING ET I VLPIA</td><td></td></tr>
<tr><td>(!)</td><td>FL C R ET I LVCES ET I VL[</td><td>DROMAD ∞ ET I VLP DACOR ET I VLP PETRAEO</td><td></td></tr>
<tr><td>10(!)</td><td>GAET ET I VLP PANN E[</td><td>ET I FLAVIA C R ET I LVCENS ET I VLP SAGIT ET I FL</td><td>10</td></tr>
<tr><td></td><td>GEM LIG E T CORS ET[</td><td>CHALCID ET I GAETVL ET I AVG PANNON ET</td><td></td></tr>
<tr><td></td><td>SAG ET II VLP PAPH ET[</td><td>I CLAVD SVGAMBR ITRON ET II GEMI LIGVR (!)</td><td></td></tr>
<tr><td></td><td>ET III THR SYR ET III AV[</td><td>ET CORSOR ET I ASCALON SAGIT ET II CLASSIC</td><td></td></tr>
<tr><td></td><td>CALL LVCE ET VII GALL[</td><td>SAGIT ET II VLP PAPHL ET II VLP EQVIT SAGIT</td><td></td></tr>
<tr><td>15</td><td>PONTIO LAELIANO L[</td><td>ET II ITALIC C R ET III THR SYRIAC ET III AVG[</td><td>15</td></tr>
<tr><td></td><td></td><td>ET IIII GALL ET IIII CALL LVCEN[</td><td></td></tr>
<tr><td></td><td></td><td>●[</td><td></td></tr>
</table>

Imp. Caesar, divi Hadriani f., divi Traiani Parthici nepos, divi Nervae pronepos, T. Aelius Hadrianus Antoninus Aug(ustus) Pius, pont(ifex) max(imus), trib(unicia) pot(estate) XVI, imp(erator) II, co(n)s(ul) IIII, p(ater) p(atriae),[1] equitibus et peditib(us), qui militaver(unt) in alis VII et coh(ortibus) XX,[2] quae appellant(ur) (1) I Fl(avia) Agrippia(na) et (2) praetor(ia) sing(ularium) et (3) I Ulp(ia) Syriac(a) et (4) I Aug(usta) Xoitan(a)[3] et (5) I Thr(acum) Hercul(ana) et (6) I Ulp(ia) sing(ularium) et (7) I Ulpia dromad(ariorum) (milliaria) et (1) I Ulp(ia) Dacor(um) et (2) I Ulp(ia) Petraeo(rum) et (3) I Flavia c(ivium) R(omanorum) et (4) I Lucens(ium)[4] et (5) I Ulp(ia) sagit(tariorum) et (6) I Fl(avia) Chalcid(enorum) et (7) I Gaetul(orum) et (8) I Aug(usta) Pannon(iorum)[5] et (9) I Claud(ia) Sugambr(orum ⌐ti⌐ron(um)[6] et (10) II gemi(na) Ligur(um) et Corsor(um) et (11) I Ascalon(itanorum) sagit(tariorum) et (12) II classic(a) sagit(tariorum) et (13) II Ulp(ia) Paphl(agonum) et (14) II Ulp(ia) equit(ata) sagit(tariorum) et (15) II Italic(a) c(ivium) R(omanorum) et (16) III Thr(acum) Syriac(a) et (17) III Aug(usta) [Thr(acum)] et (18) IIII Gall(orum) et (19) IIII Call(aecorum) Lucen[s](ium) et (20) VII Gall(orum) [et sunt

in Syria sub] Pontio Laeliano l[eg(ato),[7] --- stipendis emeritis dimissis honesta missione],

1. Notable for being the largest single grant to auxiliary units in Syria this constitution was promulgated when Antoninus Pius held tribunician power for the sixteenth time between 10 December 152 and 9 December 153. P. Weiß argues that the date of issue can be further refined because of the layout of the unit list on each face. Between 146 and 153 this was abbreviated on the inner face. A complete unit list on this face is attested once more on 26 October 153 on a constitution for Mauretania Tingitana (*RMD* VI 592) The retention of the formula *equitibus et peditibus qui militaverunt in alis VII et cohortibus XX* also confirms a date in 153 rather than later. P. Weiß therefore suggests a date of issue between 1 October and 9 December 153.
2. Seven alae and twenty cohorts were included in the grant. Four years later four alae and sixteen cohorts were named in another constitution (*CIL* XVI 106). The latter included *cohors II Thracum Syriaca, cohors III Ulpia Paphlagonum,* and *cohors V Ulpia Petraeorum,* which were not included here. For further information about the units, see Weiß 2006a, 272-289. A few years later Valerius Lollianus commanded a cavalry vexillation drawn from six alae and fifteen cohorts based in Syria (*ILS* 2724; Haensch-Weiß 2012 especially 448-450).
3. Intus I omitted.
4. Intus LVCES for LVCENS.
5. Intus I VLP PANN for I AVG PANN.
6. Extrinsecus SVGAMBR ITRON for SVGAMBR TIRON.
7. The governor can be identified as (M.) Pontius Laelianus (Larcius Sabinus) (*PIR²* P 806, *DNP* 10, 140-141 [II 4], Thomasson 2009, 33:054).

Photographs *Chiron* 36, 268.

595 PIVS CLAVDIO MARCELLO

a. 154 Sept. 27

Published P. Weiß *Zeitschrift für Papyrologie und Epigraphik* 146, 2004, 247-254. Both tabellae of a carefully restored diploma with missing areas filled in. The pattern of breaks shows that it had been complete but only eight fragments have survived from each tabella. Tabella I lacks part of the right edge and the lower right corner; in this broken area are two small fragments of which the one on the right hand side has been placed too high. Tabella II has more missing. It lacks the left hand side from the third witness name down and two small areas in the right hand area. During restoration filler has obscured letter remains along the edge of the breaks. Both tabellae: height 12.8-12.9 cm; width 9.3-9.5 cm; thickness 0.6-1 mm; weight after restoration of tabella I 77g, of tabella II 85 g. The script on both faces is clear but that on the inner face is more irregular in shape and size. Letter height on the outer face of tabella I 2.5-3 mm and 2-4.5 mm on the inner; on the outer face of tabella II 3-4.5 mm but 3-6 on the inner. The binding holes have survived on both tabella but only the hinge hole in the top right corner of the outer face of tabella I is extant. The holes were pierced before the lettering was engraved because it circumvents the holes on the inner faces. Both outer faces have a border comprising two framing lines. Traces of the position of the cover for the seals of the witnesses are visible on the outer face of tabella II. Now in private possession.
AE 2004, 1923

intus: tabella I

```
    IMP CAE[.] DIVI HADRIANI F DIVI TRAIANI PAR
    THIC NEP DIVI NERVAE PRONEP T [...]IVS HADRI
    ANVS ANTONINVS AVG PIVS  PONT  MAX  TR
    POT    XVII  IMP   II    COS    IIII    P    P
 5  EQVIT ET PEDIT QVI MILIT IN ALIS V QVAE APPEL I FL
    AVG BRIT ∞ ET I THRAC ● V[.]T ET I C R ET I PRAET
    C R ET I AVG ITVR ET COH XIII III BATAV ∞ VEX ET I AL
    PIN EQVIT ET I THR GERM ET I ALP PED ET I NORIC ET
    III LVSIT ET II AST ET CALL ET VII BREVC ET I LVSIT E[.
10  II AVG THR ET I MONT ET I THR C R ET I CAM[..]AN
    VOLVNT ET SVNT IN PANN INFER SVB [        ]IO
    BASSO LEG [...] ITEM C ● LASS XXVI PLV[
    DIMIS HON [.]ISS QVOR NOMIN S[
    [.]IVIT ROMAN QVI EOR NON HA[
15  CLASSIC DE[..]T ET CONVB CV[.] VXOR QVA[
    ● HABV[       ]T CIVIT IS [...]A AVT CV[
```

tabella II

```
           ]A DVXISS DVMTAXAT SINGVLIS
           ]  D   V  K OCT
           ]OLA  ET   IVLIAN[.]  COS
           ]          vacat
           ]            ●
20         ]ETOR   C  R   CVI  PRAEST
           ]VS    HONORATVS   HADR
           ]   EX GREGALE
           ] PASSERIS  F  MARCELLO ANTIZ
    ET MVMMAE RETIMES ●FIL VXOR EIVS ERAV
25  DESCRIPT ET RECOGNIT EX TABVL AEREA
    QVAE FIXA EST ROMAE IN MVRO POST
    TEMPL DIVI AVG  AD   MINE[..]AM
```

extrinsecus: tabella I

```
    IMP CAES DIVI HADRIANI F DIVI TRA ●
    IANI PARTHIC NEP DIVI NERVAE PRON
    T AELIVS HADRIANVS ANTONINVS AVG PIVS
    PONT MAX TR POT XVII·IMP II COS IV P    (!)
 5  EQVITIB ET PEDITIB QVI MILIT IN ALIS III   (!)    5
    QVAE APPEL I FLAV AVG BRITT ∞ [.]T I THRAC
    VETER ET I C R ET I PRAETOR C R ET I AVG ITVR
    ET COH XIII III BATAVOR ∞ VEXIL ET I A[
    NOR EQVIT ET I THRAC GERMAN ET I ALPIN[
    DIT ET I NORICOR ET III LVSITAN ET II A[        10
    ET CALLAEC ET VII BREVCOR ET I LVS[
    ET II AVG THRAC ET I MONTAN ET I THRAC[
    ET I CAMPAN VOLVNT ET SVNT IN PANNON
    INFER SVB IALLIO BASSO LEG QVINIS ET VI
    CENIS ITEM CLASSIC SENIS ET VICENIS       15
    PLVRIBVE STIP EMERIT DIMIS HONEST
           ●          ●
    MISSION QVOR NOMIN SVB[...]I P T A
    SVNT CIVIT [.]OMAN QVI EOR NON HABE[
    ITEM FILIS [.]LASSIC DEDIT ET CONVB C[
    VXOR QVAS TVNC HABVIS CVM EST CIV[..]AS    20
    IS DATA AVT CVM IS QVAS POSTEA D[    ]DVM
    TAXAT SINGVLIS         A D V K[    ]
    SEX C[.]LPVRNIO AGRICOLA TI CL IV[    ]O COS
    A[.]AE PRAETORIAE  C R ·  CVI[      ]EST
        C  RVTILIVS HONORAT[          ]R    25
             EX GREGALE[          ]
    CLAVDIO     PASSERIS F[    ]R[
    ET MVMMAE RETIME[     ]IL VX[
    DESCRIPT ET RECOGNIT EX TABVLA[
    Q VAE FIXA EST ROMAE IN MVR[        30
    TEMPL  DIVI  AVG  AD MINERV[
              tabella II
    M  SERVILI              [..]TAE

    L · PVLLI              CHRESIMI

    M[ ..]NTILI        ●      IASI
    ]
    ]                     FELICIS      35
    ]
    ]                     SILVANI
    ]              ●
    ]NI                  [..]ATIANI
    ]
    ]                     PRISCI
    ]
```

ROMAN MILITARY DIPLOMAS VI

Imp. Caes(ar), divi Hadriani f., divi Traiani
  Parthic(i) nep(os), divi Nervae pronep(os),
  T. Aelius Hadrianus Antoninus Aug(ustus) Pius,
  pont(ifex) max(imus), tr(ibunicia) pot(estate)
  XVII, imp(erator) II, co(n)s(ul) IV, p(ater)
  p(atriae),¹
equitib(us) et peditib(us), qui milit(averunt) in alis
  V,² quae appel(lantur) (1) I Flav(ia) Aug(usta)
  Brit(annica) (milliaria) et (2) I Thrac(um)
  veter(ana) et (3) I c(ivium) R(omanorum) et
  (4) I praetor(ia) c(ivium) R(omanorum) et (5)
  I Aug(usta) Itur(aeorum) et coh(ortibus) XIII²
  (1) III Batavor(um) (milliaria) vexil(latio) et
  (2) I Alpinor(um) equit(ata) et (3) I Thrac(um)
  German(ica) et (4) I Alpin(orum) pedit(ata)
  et (5) I Noricor(um) et (6) III Lusitan(orum)
  et (7) II Ast(urum) et Callaec(orum) et (8) VII
  Breucor(um) et (9) I Lusit(anorum) et (10) II
  Aug(usta) Thrac(um) et (11) I Montan(orum)
  et (12) I Thrac(um) c(ivium) R(omanorum) et
  (13) I Campan(orum) volunt(ariorum) et sunt in
  Pannon(ia) infer(iore) sub Iallio Basso leg(ato),³
  quinis et vicenis item classic(is) senis et vicenis
  plurib(us)ve stip(endis) emerit(is) dimis(sis)
  honest(a) mission(e),
quor(um) nomin(a) sub[scr]ipta sunt, civit(atem)
  Roman(am), qui eorum non habe[r](ent),
  item filis classic(orum) dedit et conub(ium)
  cu[m] uxor(ibus,) quas tunc habuis(sent), cum
  est civitas is data, aut cum is, quas postea
  duxiss(ent) dumtaxat singulis.
a. d. V k. Oct(obres) Sex. C[a]lpurnio Agricola,
  Ti. Cl(audio) Iuliano cos.⁴
a[l]ae praetoriae c(ivium) R(omanorum) cui praest
  C. Rutilius Honoratus, Hadr(ia),⁵ ex gregale
  Claudio Passeris f. Marcello, Antiz(eti), et
  Mummae Retimes fil. uxor(i) eius, Erav(iscae).⁶

Descript(um) et recognit(um) ex tabul(a) aerea
  quae fixa est Romae in muro post templ(um) divi
  Aug(usti) ad Minervam.

M. Servili [Ge]tae; L. Pulli Chresimi; M. [Se]ntili
  Iasi; [Ti. Iuli] Felicis; [C. Iuli] Silvani;
  [C. Pompo]ni [St]atiani; [P. Ocili] Prisci.⁷

1. Extrinsecus the second P of *p(ater) p(atriae)* was omitted. This is a constitution of 27 September 154 for the auxilia of Pannonia inferior as confirmed by the titles of Antoninus Pius and by the day and consular dates. This information enables a previously published fragment recognised as another copy (*RMD* III 169). A further fragmentary copy has recently been published (*AE* 2013, 2198).
2. Extrinsecus ALIS III not ALIS V. Five alae are named followed by thirteen cohorts. The order of units is not the same as in the comparable lists of 9 October 148 (*CIL* XVI 179, 180/*RMD* IV 272) and of 8 February 157 (*RMD* II 102, 103).
3. M. Iallius Bassus (Fabius Valerianus) (*PIR²* I 4), *DNP* 5, 846, Thomasson 2009, 19:014) was still governor of Lower Pannonia on 8 February 157 (*RMD* II 102, 103). He had been replaced as governor before 6/11 December 157 by C. Iulius Geminus Capellianus (*AE* 2009, 1709, Thomasson 2009, 19:015).
4. Sex. Calpurnius Agricola (*PIR²* C 249, *DNP* 2, 945 [II 1] and Ti. Claudius Iulianus (*PIR²* C 902) were suffect consuls from 1 September 154 until 31 October 154 (Eck 2013, 77).
5. The unit of the recipient was named as *ala praetoria civium Romanorum* but was called *ala I praetoria civium Romanorum* within the unit list on both faces. The commander, C. Rutilius Honoratus was from Hadr(ia) in Regio V of Italy. He is not otherwise known.
6. The recipient was Claudius Marcellus, son of Passer. He lacked a praenomen and probably would not have been a Roman citizen (Mann 2002, 227-232). His home is given as Antiz(eti) which P. Weiß argues should refer to the Andizetes in Pannonia inferior because T had replaced D in everyday speech. His wife, Mumma was the daughter of Retimes and belonged to the Eravisci of the same province.
7. The names of the witnesses can be restored from parallel lists between 27 September 154 until 3 November 154 (Appendix IIIa).

Photographs *ZPE* 146 Taf. VII-VIII.

596 PIVS AELIO DASSIO

a. 155 Mart. 10

Published W. Eck, D. MacDonald and A. Pangerl *Revue des Études Militaires Anciennes* 1, 2004, 91-95. Ten fragments, four large, which make up almost the whole of tabella I of a diploma save for the upper corners and two small areas just below the middle. There are also cracks in the larger fragments. Height 13.3 cm; width 10.5 cm; thickness 1 mm; weight 102 g. The script on both faces is neat with that on the inner more angular. The surface of the inner face is in poor condition making parts of the text difficult to decipher. Letter height on the outer face 4 mm; on the inner 4 mm. There are incomplete traces of framing lines forming a border on the outer face. In addition to the two binding holes there is a small hinge hole in the lower right corner of the outer face.
AE 2004, 1907

intus: tabella I
```
      ]+ DIVI HADRIAN[.] F [.]IVI TRAIAN
   ]THIC NEP DIVI NERVAE PRON T AELIVS
   HADRIANVS ANTO[        ]++ PONT
   MAX TRIB POT XVIII IMP [..] COS IV [.] P
5  PED ET EQVIT QV ● I MIL IN COH III Q[
   APP I AEL ATHOIT ET II LVCENS ET II MATT
   ET [.]VNT [.]N [.]HRAC SVB IVLIO COMMODO
   LEG X[      ]VRIBVE STIP EMER DIMIS
   .]ONEST MISS [.]VOR NOMIN SVB
10    ]T [.]VNT CIVIT RO[.] QVI EOR
      ]DE[.]IT ●  ET C[..]VB CVM
      ]TVNC HA[.] CVM EST
      ]IS DAT AVT CVM IS QVAS [..]S
      ]DVMTAXAT SINGVLIS         ●
```

extrinsecus: tabella I
```
   ]AES DIVI HADRIAN[
   ]NI PARTHIC NEPOS[
   ]ONEPOS T AELIVS HAD[    ]NVS AN
   ..]NINVS AVG PIVS PON[.] MAX TRIB
   .]OT XVIII  IMP  II  COS  IV      P P              5
   PEDITIBVS ET EQVITIBVS QVI MILIT
   IN COH III QVAE APPELLANT I AELIA
   ATHOITAR ET II LVCENS ET II MAT
   TIACOR ET SVNT IN THRACIA SVB
   IVLIO COMMODO LEG QVINIS ET VI              10
   CENIS PLVRIBVSVE STIPEND EME
   RITIS DIMISS HONESTA MISSI
   ONE QVORVM NOMINA SVBSCRIPT
            ●              ●
   SVNT CIVITATEM ROMAN QVI EO
   RVM NON HABERENT DEDIT ET CONV          15
   BIVM CVM VXORIBVS QVAS TVNC HA
   .]VISS CVM EST CIVITAS [.] DATA AVT
   .]VM IS QVAS POSTEA D[      ]NT DVM
   TAXAT SINGVLIS  A D  VI ID MART
   C IVLIO SEVERO M IVNIO SABINIANO COS      20
   COH  II  MATTIACOR CVI PRAEST
   ANTONIVS   ANNIANVS
            EX PEDITE
   AELIO BATONIS  F  DASSIO PANN
   DESTRIPT ET RECOGNIT EX TAB AER      (!)   25
   QVAE FIXA EST ROM IN MVR POST
   TEMPL DIVI AVG AD MINERVAM
                              ●
```

[Imp. C]aes(ar), divi Hadrian[i] f., [d]ivi Traiani Parthic(i) nepos, divi Nervae pronepos, T. Aelius Hadrianus Antoninus Aug(ustus) Pius, pont(ifex) max(imus), trib(unicia) pot(estate) XVIII, imp(erator) II, co(n)s(ul) IV, p(ater) p(atriae),[1] peditibus et equitibus, qui milit(averunt) in coh(ortibus) III,[2] quae appellant(ur) (1) I Aelia Athoitar(um) et (2) II Lucens(ium) et (3) II Mattiacor(um) et sunt in Thracia sub Iulio Commodo leg(ato),[3] quinis et vicenis pluribusve stipend(is) emeritis dimiss(is) honesta missione, quorum nomina subscript(a) sunt, civitatem Roman(am), qui eorum non haberent, dedit et conubium cum uxoribus, quas tunc ha[b]uiss(ent), cum est civitas is data, aut cum is, quas postea d[uxisse]nt dumtaxat singulis.

a. d. VI id. Mart(ias) C. Iulio Severo, M. Iunio Sabiniano cos.[4]

coh(ortis) II Mattiacor(um) cui praest Antonius Annianus,[5] ex pedite Aelio Batonis f. Dassio, Pann(onio).[6]

Des⌐c⌐ript(um)[7] et recognit(um) ex tab(ula) aer(ea) quae fixa est Rom(ae) in mur(o) post templ(um) divi Aug(usti) ad Minervam.

1. This constitution for auxilia in Thrace was issued on 10 March 155.
2. All three cohorts known to have been stationed in Thrace in 157 (*RMD* V 417) were included in this grant. This is now the earliest attestation of *cohors I Aelia Athoitarum. cohors II Mattiacorum* had moved to Thrace from Moesia inferior after 147? in exchange for *cohors I Cisipadensium* (*AE* 2008, 1725).
3. The governor can be identified as (C.) Iulius Commodus (Orfitianus) (*PIR*² I 271, *DNP* 6, 33; Thomasson 2009, 22:025). He was still in Thrace on 23 April 157 (*RMD* V 417).

ROMAN MILITARY DIPLOMAS VI

4. C. Iulius Severus (*PIR*[2] I 574, *DNP* 6, 42 [II 134]) and M. Iunius (Rufinus) Sabinianus (*DNP* 6, 68 [II 26]) were the *consules ordinarii* of 155. The day date, 10 March, confirms that they did not relinquish the *fasces* before 31 March (Eck 2013, 77).
5. *cohors II Mattiacorum*, the unit of the recipient, was commanded by Antonius Annianus. He is otherwise unknown.
6. The infantryman recipient was a Pannonian. His cognomen, Dassius, and that of his father, Bato, are Dalmato-Pannonian (*OPEL* II 93, I[2] 115 respectively). His lack of praenomen inciates he was probably not a Roman citizen (Mann 2002, 227-232).
7. Extrinsecus DESTRIPT for DESCRIPT.

Photographs *REMA* 1, 93-94.

597 PIVS HIMERO

a. 157 Apr. 23

Published B. Pferdehirt *Römische Militärdiplome und Entlassungsurkunden in der Sammlung des Römisch-Germanischen Zentralmuseums*, 2004, Nr. 37. Complete diploma apart from a tiny fragment missing from the top right corner of tabella II. Both tabellae are cracked in a mirror position when viewed from the inner faces. Tabella I: height 12.7 cm, width 9.8 cm, thickness 1 mm, weight 87.4 g; tabella II: height 12.7 cm, width 9.8 cm, thickness 0.5 mm, weight 71.6 g. The script on the outer faces is neat and clear while that on the inner faces appears neat but is carelessly executed with much confusion between similar shaped letters such as E, I, L, T. Letter height on the outer faces 3-3.5 mm; on the inner 3-4 mm. The outer faces have a 3 mm wide border made up of twin framing lines. Both inner faces have striations from the smoothing operation during the preparation process. There is a hinge hole in the bottom right corner of the outer face of tabella I and in the same corner of the outer face of tabella II. The position of the cover of the seals of the witnesses is marked by traces of solder on the outer face of tabella II. Now in the Römisch-Germanisches Zentralmuseum, Mainz (Inv. Nr. O. 42648).

<table>
<tr><td colspan="2" align="center">intus: tabella I</td><td colspan="2" align="center">extrinsecus: tabella I</td></tr>
<tr><td>(!)</td><td>IMP CAES DIVI HADRIAN F DIVI TRAIAN PAI</td><td>IMP CAES DIVI HADRIAN F DIVI TRAIANI</td><td></td></tr>
<tr><td></td><td>THIC NEP DIVI NERVAE PRON T AELIVS HA</td><td>PARTHIC NEP DIVI NERVAE PRONEPOS</td><td></td></tr>
<tr><td></td><td>DRIANVS ANTONINVS AVG PIVS PONT MAX</td><td>T AELIVS HADRIANVS ANTONINVS AVG PIVS</td><td></td></tr>
<tr><td></td><td>TRIB POT XX   IMP   II   COS IIII   P P</td><td>PONT MAX TRIB POT XX IMP II COS IIII P P</td><td></td></tr>
<tr><td>5(!)</td><td>EQVIT ET PEDIT QVI MII IN AL II QVAE APPEL</td><td>EQVITIBVS ET PEDITIBVS QVI MIL IN ALIS II</td><td>5</td></tr>
<tr><td>(!)</td><td>PLAVD NOV MISPEL ● ET CALI FLAV ET COH X</td><td>QVAE APPELLANTVR CLAVD NOV MISCELL</td><td></td></tr>
<tr><td>(!)</td><td>V CALL PANN ET V HISP ET I MONT ET I ANTICL</td><td>ET GALLOR FLAV ET COH X V GALL PANNON</td><td></td></tr>
<tr><td>(!)</td><td>SAC ET I CPET SAC ET II IMN C R ET II CALL PANN</td><td>ET V HISPAN ET I MONT ET I ANTIOCH SAG</td><td></td></tr>
<tr><td>(!)</td><td>ET III BRIT VET ET I QVSO IT L PANN VPT ET SVNT</td><td>ET I CRETVM SAG ET II CAMPESTR C R</td><td>(!)</td></tr>
<tr><td>10(!)</td><td>IN MOES SVPERIOR SVB CVITITO IVSTO LEG</td><td>ET II GALLOR PANNON ET III BRITT VET</td><td>10</td></tr>
<tr><td>(!)</td><td>XXV STIP EMER OIM ● HON MISS QVOR NOM</td><td>ET I LVSIT ET I PANNON VET ET SVNT IN</td><td></td></tr>
<tr><td>(!)</td><td>SVBSIRIPL PVNT CIV ROM QVI EOR VON H B</td><td>MOESIA SVPERIOR SVB CVRTIO IVSTO</td><td></td></tr>
<tr><td>(!)</td><td>DIDIT E HON CVM VXOR QVAS IVNO HAB CVM</td><td>LEG QVINQVE ET VIGINT STIPENDIS</td><td></td></tr>
<tr><td>(!)</td><td>EST DV ET IS DAT RVI CVM IS QVAS POST DVX</td><td>EMERITIS DIMISSIS HONEST MISSION</td><td></td></tr>
<tr><td>15(!)</td><td>DVATAX SONGVLIS   ●</td><td>QVORVM N OMIN SVBSCRIPT SVNT</td><td>15</td></tr>
</table>

tabella II

          ●

<table>
<tr><td align="center">A D IX K MAI</td><td>CIVITATEM ROMANAM QVI EORVM</td><td></td></tr>
<tr><td align="center">vacat</td><td>NON HABERENT DEDIT ET CONVB CVM VXO</td><td></td></tr>
<tr><td align="center">AELIANO ET AELIANO   COS</td><td>RIB QVAS TVNC HABVISS CVM EST CIVIT</td><td></td></tr>
<tr><td align="center">vacat</td><td>IS DATA AVT CVM IS QVAS POSTEA DVXISS</td><td></td></tr>
<tr><td align="center">●</td><td>DVMTAXAT SINGVLIS A D VIIII K MAI</td><td>20</td></tr>
<tr><td></td><td>L ROSCIO   AELIANO   COS</td><td></td></tr>
<tr><td></td><td>CN PAPIRIO   AELIANO</td><td></td></tr>
<tr><td>(!) COH   III BRITI   VLT CVI PRAEST</td><td>COH III BRITT   VET CVI PRAEST</td><td></td></tr>
<tr><td>(!)   Q   CLODIVS   SICVNDVS</td><td>Q   CLODIVS   SECVNDVS</td><td></td></tr>
<tr><td>20   EX PEDITE</td><td>EX PEDITE</td><td>25</td></tr>
<tr><td>HIMERO   CALLISTRATI F LAVD</td><td>HIMERO   CALLISTRATI F LAVD</td><td></td></tr>
<tr><td align="center">●</td><td>DESCRIPT ET RECOGNIT EX TABVL AER</td><td></td></tr>
<tr><td>(!) DESTRIPT ET RECOGNIT EX TABVL AER</td><td>QVAE FIXA EST ROMAE IN MVR POST</td><td></td></tr>
<tr><td>QVAE FIXA EST ROM IN MVRO POST</td><td>TEMPL DIVI AVG AD MINERVAM ●</td><td></td></tr>
<tr><td>25 TEMPL DIVI AVG   AD MINERVAM</td><td align="center">tabella II</td><td></td></tr>
<tr><td align="center">vacat   [</td><td>M ·SERVILI   GETA[</td><td>30</td></tr>
<tr><td></td><td align="right">[</td><td></td></tr>
<tr><td></td><td>L · PVLLI   CHRESIMI</td><td></td></tr>
<tr><td></td><td>M ·SENTILI   ●   IASI</td><td></td></tr>
<tr><td></td><td>TI · IVLI   FELICIS</td><td></td></tr>
<tr><td></td><td>C ·BELLI   ●   VRBANI</td><td></td></tr>
<tr><td></td><td>C ·POMPONI   STATIANI</td><td>35</td></tr>
<tr><td></td><td>P · OCILI   PRISCI ●</td><td></td></tr>
</table>

ROMAN MILITARY DIPLOMAS VI

Imp. Caes(ar), divi Hadrian(i) f., divi Traiani
    Parthic(i) nep(os), divi Nervae pronepos,
    T. Aelius Hadrianus Antoninus Aug(ustus)
    P(ius), pont(ifex) max(imus), trib(unicia)
    pot(estate) XX, imp(erator) II, co(n)s(ul) IIII,
    p(ater) p(atriae),[1]
equitibus et peditibus, qui mil(itaverunt) in alis
    II,[2] quae appellantur (1) Claud(ia) nov(a)
    miscell(anea) et (2) Gallor(um) Flav(iana) et
    coh(ortis) X[2] (1) V Gall(orum) Pannon(iorum)
    et (2) V Hispan(orum) et (3) I Mont(anorum)
    et (4) I Antioch(ensium) sag(ittariorum) et
    (5) I Cretum sag(ittariorum) et (6) II<I>
    campestr(is) c(ivium) R(omanorum) et (7) II
    Gallor(um) Pannon(ica) et (8) III Britt(onum)
    vet(erana) et (9) I Lusit(anorum) et (10) I
    Pannon(iorum) vet(erana) et sunt in Moesia
    superior(e) sub Curtio Iusto leg(ato),[3] quinque
    et viginti stipendis emeritis dimissis honest(a)
    mission(e),
quorum nomin(a) subscript(a) sunt, civitatem
    Romanam, qui eorum non haberent, dedit
    et conub(ium) cum uxorib(us), quas tunc
    habuiss(ent), cum est civit(as) is data, aut cum
    is, quas postea duxiss(ent) dumtaxat singulis.[4]
a. d. VIIII k. Mai(as) L. Roscio Aeliano, Cn. Papirio
    Aeliano cos.[5]
coh(ortis) III Britt(onum) vet(erana) cui praest Q.
    Clodius Secundus,[6] ex pedite Himero Callistrati
    f., Laud.[7]
Descript(um)[8] et recognit(um) ex tabula aer(ea)
    quae fixa est Rom(ae) in muro post templ(um)
    divi Aug(usti) ad Minervam.

M. Servili Geta[e]; L. Pulli Chresimi; M. Sentili
    Iasi; Ti. Iuli Felicis; C. Belli Urbani;
    C. Pomponi Statiani; P. Ocili Prisci.[9]

1. This is the first complete copy of the constitution of 23 April 157 for Moesia superior of which a number of fragmentary copies have been published (*RMD* V 418, 419, *AE* 2008, 1712, 1718, 1744, 1745, 1747, ?1746).
Intus PAITHIC for PARTHIC.

2. Two alae and ten cohorts were included in the grant. The cohort in tenth place is called *cohors II Gallorum Pannonica* as on *RMD* V 419. On other copies it is named as *cohors II Gallorum Macedonica* especially where it is the unit of the recipient (*AE* 2008, 1747). For further information about all of the units, see Matei-Popescu - Țentea 2018).
Intus has a number of mistakes in the unit names:
MII for MIL.
PLAVD NOV MISPEL for CLAVD NOV MISCEL.
I ANILII for I ANTIOCH.
I CPET for I CRET.
II IMN CR for II CAM CR. Also extrinsecus has II CAMPESTR CR. Both an error for III CAMPESTR CR.
I QVSO for I LVSIT.
I PANN VPT for I PANN VET.

3. (C.) Curtius Iustus (*PIR*[2] C 1613, *DNP* 3, 247-248 [II 3], Thomasson 2009, 20:041) was governor of Moesia superior between M. Valerius Etruscus, attested 156/157 (Thomasson 1984, 20:40) and M. Pontius Sabinus, recorded in 160 (Thomasson 1984, 20:42).
Intus CVITITO for CVRTIO.

4. Intus has significant errors within the details of the award:
OIM for DIM.
SVBSIRIPL PVNT for SVBSCRIPT SVNT.
VON HB for NON HAB.
DIDIT E HON for DEDIT ET CON.
IVNO for TVNC.
DVLTIS DAT RVI for CIVIS IS DAT AVT.
DVATAX SONGVLIS for DVMTAX SINGVLIS.

5. The suffect consuls were L. Roscius Aelianus (Paculus) (*PIR*[2] R 90, *DNP* 10, 1137) and Cn. Papirius Aelianus. They held office from 1 April until 30 June 157 (Eck 2013, 78).

6. The unit of the recipient, *cohors III Brittonum veterana*, was commanded by Q. Clodius Secundus. He is otherwise unknown.
Intus COH III BRITI VLT for COH III BRITT VET and SICVNDVS for SECVNDVS.

7. The infantryman recipient was Himerus, son of Callistratus, from Laud(icea), probably the city in Syria. He was recruited in 132 at the time of the Bar Kokhba revolt. Cf. *RMD* V 418 of the same date where the recipient was a Greek in *cohors I Antiochensium sagittariorum*. See further, Holder 2017a, 17-18 with Table 4d.

8. Intus DESTRIPT for DESCRIPT.

9. The witnesses are known to have signed in this order between 13 December 156 and 8 July 158 (Appendix IIIa).

Photographs *RGZM* Taf. 68-70.

598 PIVS DISAPHO

a. 157 Sept. 28

Published B. Pferdehirt *Römische Militärdiplome und Entlassungsurkunden in der Sammlung des Römisch-Germanischen Zentralmuseums*, 2004, Nr. 38. Complete tabella I of a diploma lacking only the extremities of the top right and bottom right corners. Height 12.2 cm; width 9.7 cm; thickness 0.8 mm; weight 72.1 g. The script on both faces is clear with that on the inner face more irregular. Letter height on the outer face 2 mm; on the inner 4 mm. Along the edges of the outer face is a 3 mm wide border comprising two framing lines. Now in the Römisch-Germanisches Zentralmuseum, Mainz (Inv. Nr. O. 42283/1).

intus: tabella I

```
(!)   IMP CAESAR DIVI HADRIANI F DIVI TROI ANI
      PARTHICI NEPOS DIVI NERVAE PRONEPOS
      T AELIVS HADRIANVS ANTONINVS AVG PIVS PON
      TIFEX MAX TRIB POT XX IMP II COS IIII   P  P
5     EQVITIB ET PEDITIB QVI MILITAVER IN ALIS IV QVAE
      APPELLANTVR II·FL ∞ P F ET·I HISPANOR AVRIANA
      ET I FLAVIA GEMELLA ET I SINGVLAR C R ET COHORT[·
      BVS DECEM ET TRIBVS ●I FL CANATHEN ∞ SAGIT
(!)   TAR ET I BREVCORVM C R ET I RAETORVM ET II RA
10    TORVM ET II AQVITANORVM C R ET III BRACARAV
      GVSTANOR ET III·THRAC VETER ET III THRACVM C R
      ET III BRITANNOR ET IV GALLOR ET V BRACARAV
      GVSTANOR ET VI LVSITANOR ET VIIII BATAVOR ∞
(!)   ET SVNT IN RAETIA SV●B VACIO CLEMENTE PRO
15    C QVINIS ET VICENIS PLVRIBVE STIPENDIS
      EMERITIS DIMISSIS HONEST MISSION QVO
      RVM NOMINA SVBSCRIPTA SVNT CIVITAT RO
      MANAM QVI EOR NON HABER DED·ET CONVBIVM
      CVM VXORIB QVAS TVNC HABVISS CVM ES CIV[
20    ]S DATA AVT CVM IIS QVAS POSTEA DVXISS  [
      ]VMTAXAT SINGVLIS                            [
```

extrinsecus: tabella I

```
      IMP CAESAR DIVI HADRIANI F DIVI TR[
        THICI NEPOS DIVI NERVAE PRONEPOS   [
      T AELIVS HADRIANVS ANTONINVS AVG PIVS
        PONTIF MAXIMVS TRIBVNIC POT XX IMP II COS IV  (!)
      EQVITIB ET PEDITIB QVI MILITAVER IN ALIS IIII     5
        QVAE APPELLANTVR ET FL ∞ P F ET I HISPAN AV   (!)
      RIANA ET I FL GEMELLA ET I SINGVLAR C R
      ET COHORTIB DECEM ET TRIBVS I FL CANATHENOR
      ∞ SAGITTAR ET I BREVCORVM C R ET I RAETOR ET
      II RAETOR ET II AQVITANOR C R ET III BRACAR       10
      AVGVSTANOR ET III THRAC VETER ET III THRAC
      C R ET III BRITANNOR ET IV GALLOR ET V BRACAR
      AVGVSTANOR ET VI LVSITANOR ET VIIII BATAVO
      RVM ∞ ET SVNT IN RAETIA SVB VARIO CLEMEN
      TE PROC QVINIS ET VICENIS PLVRIBVE STI         15
      PEND EMERITIS DIMISSIS HONEST MISSION
      QVORVM NOMINA SVBSCRIPTA SVNT CIVITAT
      ROMAN QVI EORVM NON HABER DED ET CONV
              ●              ●
      BIVM  CVM  VXORIBVS  QVAS  TVNC  HA
      BVISSENT  CVM  EST  CIVITAS  IS  DATA       20
      AVT  CVM  IS  QVAS  POSTEA  DVXISSENT
      DVMTAXAT  SINGVLIS  A  D  IV  K  OCT
      C IVLIO ORFITIANO C CAELIO SECVNDO COS
      ALAE I HISPANOR AVRCANAT CVI PRAEST  (!)
      SEX GRAESIVS  SEVERVS        PICEN      25
              EX GREGALE
      DISAPHO DINICENTI F THRAC  ET AN
      DRAE EPTECENTI FIL VXOR EIVS THRAC
      DESCRIPTVM ET RECOGNIT EX TABVL
      AEREA QVAE FIXA EST ROMAE IN MVR      30
      POS TEMPL DIVI AVG AD MINERVA[
```

*Imp. Caesar, divi Hadriani f., divi Tr⌈a⌉iani
  Parthici nepos, divi Nervae pronepos, T. Aelius
  Hadrianus Antoninus Aug(ustus) Pius, pontif(ex)
  maximus, tribunic(ia) pot(estas) XX, imp(erator)
  II, co(n)s(ul) IIII, p(ater) p(atriae),[1]
equitib(us) et peditib(us), qui militaver(unt) in alis
  IIII,[2] quae appellantur (1) II Fl(avia) (milliaria)
  p(ia) f(idelis) et (2) I Hispanor(um) Auriana
  et (3) I Flavia Gemella et (4) I singular(ium)
  c(ivium) R(omanorum) et cohortib(us) decem
  et tribus[2] (1) I Fl(avia) Canathenor(um)
  (milliaria) sagittar(iorum) et (2) I Breucorum
  c(ivium) R(omanorum) et (3) I Raetor(um) et
  (4) II Raetor(um) et (5) II Aquitanorum c(ivium)
  R(omanorum) et (6) III Bracaraugustanor(um)
  et (7) III Thrac(um) veter(ana) et (8) III*

*Thracum c(ivium) R(omanorum) et (9) III
  Britannor(um) et (10) IV Gallor(um) et (11) V
  Bracaraugustanor(um) et (12) VI Lusitanor(um)
  et (13) VIIII Batavorum (milliaria) et sunt in
  Raetia sub Vario Clemente proc(uratore),[3]
  quinis et vicenis plurib(us)ve stipendis emeritis
  dimissis honest(a) mission(e),
quorum nomina subscripta sunt, civitat(em)
  Romanam, qui eorum non haber(ent), ded(it) et
  conubium cum uxoribus, quas tunc habuissent,
  cum est civitas is data, aut cum is, quas postea
  duxissent dumtaxat singulis.
a. d. IV k. Oct(obres) C. Iulio Orfitiano, C. Caelio
  Secundo cos.[4]
alae I Hispanor(um) Aur⌈i⌉ana⌈e⌉ cui praest Sex.
  Graesius Severus, Picen(o),[5] ex gregale Disapho*

155

ROMAN MILITARY DIPLOMAS VI

Dinicenti f., Thrac(i), et Andrae Eptecenti fil. uxor(i) eius, Thrac(ae).[6]

Descriptum et recognit(um) ex tabul(a) aerea quae fixa est Romae in mur(o) pos(t) templ(um) divi Aug(usti) ad Minerva[m].

1. Intus TROIANI for TRAIANI, extrinsecus P P omitted. This constitution for Raetia of 28 September 157 has previously been known through a number of incomplete copies of tabella I (*RMD* II 104/51, III 170, IV 275, most likely *CIL* XVI 106).
2. Extrinsecus ET FL for II FL, intus II RATORVM for II RAETORVM. Four alae and thirteen are named in the unit list in the usual order for the garrison of Raetia. It is now clear that the ala in third place was called *ala I Flavia Gemella* as here rather than *ala I Flavia Gemelliana* (Eck-Pangerl 2021a).
3. Intus VACIO CLEMENTE for VARIO CLEMENTE. The governor, (T.) Varius Clemens, is currently attested only in Raetia in 157 (*PIR²* V 274, *DNP* 12/1, 1128-1129 [II 3], Thomasson 2009, 15:013, Faoro 2011, 271-273). He had previously been procurator of Mauretania Caesariensis until at least 152 (*RMD* VI 587 note 8).

4. The consuls were C. Iulius (Commodus) Orfitianus (*PIR²* I 271, *DNP* 6, 33 [II 46]) and C. Caelius Secundus. They held office probably from 1 July until 30 September 157 (Eck 2013, 78).
5. Extrinsecus AVRCANAT for AVRIANAE. The commander of *ala I Hispanorum Auriana* was Sex. Graesius Severus from Picenum who is otherwise unknown.
6. The recipient had served as a cavalryman and came from Thrace. His name is more likely to have been Disaphus rather than Disa as first suggested (Dana 2010, 54 no. 30, *OnomThrac* 152). In addition, his father would then have been Dinicentus, a well known Thracian name (*OnomThrac* 134). His wife is included and her home is rendered as Thrac(a) rather than the usual Thraissa. Her name, Andra, has not previously been recorded as a female name and might not be correct (*OnomThrac* 6). Her father's name should be restored as Eptecentus although the N is incompletely formed, lacking the left downward stroke and so looks like a V (*OnomThrac* 177-179).

Photographs *RGZM* Taf. 71.

599 PIVS INCERTO

a. 158 (Ian. 1 / Mart. 31)

Published W. Eck - A. Pangerl *Zeitschrift für Papyrologie und Epigraphik* 163, 2007, 223-226. Fragment from the lower right quadrant of tabella I of a fleet diploma. Height 5.3 cm; width 5.4 cm; thickness 1 mm; weight 15 g. The script on the outer face is neat and legible except where obscured by corrosion products. That on the inner is angular and less well formed and is also obscured in places by corrosion products. Letter height on the outer face 3-4 mm; on the inner 4 mm. There is a single feint framing line along the original edges of the outer face.
AE 2007, 1787

intus: tabella I

```
            ]+[     ]+[
        ]ILISQVE EOR
        ]QVAS SECVM
        ]ISSE PROBA
        ] ON CVM ISDEM
        ]M HAB CVM EST
        ]TVNC NON HAB
        ]VXOR DVX DVMTAX
        ]LAS
```
(line number 5 at left)

extrinsecus: tabella I

```
            ]Q[..]S
        ]EST CIVIT
        ]NC NON HABVIS
        ]A VXOR DVXIS DVM
        ]LI SINGVLAS          5
        ]SEX SVLPICIO
        ]INEIO SACERDOTE COS
        ]ERNATORE
        ]+ ICONIS F  THRAC
        ]ECOGNIT EX TAB AER  10
        ]ROM IN MVRO POS
        ]//G AD MINERVAM
```

[Imp. Caesar, divi Hadriani f., divi Traiani
  Parthici nepos, divi Nervae pronepos, T. Aelius
  Hadrianus Antoninus Aug(ustus) Pius,
  pontifex maximus, tribunic(ia) potestat(e)
  XXI, imp(erator) II, co(n)s(ul) IIII, p(ater)
  p(atriae)],[1]

[iis, qui militaverunt in classe --- , quae est sub
  --- praef(ecto), sex et viginti stipendis emeritis
  dimissis honesta missione],

[quorum nomina subscript(a) sunt, ipsis f]ilisque
  eor(um), [quos susceperint ex mulieribus],
  quas secum [concessa consuetudine vix]isse
  proba[verint, civitatem Romanam dedit et
  c]on(ubium) cum isdem, q[ua]s
  [tunc secu]m hab(uissent), cum est civit(as)
  [iis data, aut, siqui] tunc non habuis(sent),
  [cum iis, quas poste]a uxor(es) duxis(sent)
  dumtax(at) [singu]li singulas.

[a. d. ---] Sex. Sulpicio [Tertullo, Q. T]ineio
  Sacerdote cos.[2]

[ex gub]ernatore [---]e Iconis(?) f. Thrac(i).[3]

[Descript(um) et r]ecognit(um) ex tab(ula)
  aer(ea) [quae fixa est] Rom(ae) in muro pos(t)
  [templ(um) divi Au]g(usti) ad Minervam.

1. This fragmentary diploma is part of one copy of a constitution issued when the *ordinarii* of 158 held office (note 2). The presence of the *concessa consuetudine* formula, introduced between 152

and 158, shows it was a grant to a praetorian fleet. W. Eck and A. Pangerl argue that this is a second copy of the constitution for the Misene Fleet of 6 February 158 (*RMD* III 171). There are, however, significant differences in the layout of the text and in the appearance of these two diplomas. *RMD* III 171 has three framing lines and is 18.6 cm in height. The binding holes (at about 9.3 cm from the bottom) are just above EST CIVITAS on the outer face. Here it is only about 5.2 cm from the bottom. There are no abbreviations on either face of tabella I of that diploma apart from *descript(um) et recognit(um)*. The present fragment is abbreviated on both faces. This is more in keeping with what is known of grants to the Ravenna fleet during Pius' reign. The tabellae are no more than 16.0 cm in height (*CIL* XVI 100, *RMD* IV 264, V 392, *AE* 2009, 1070) and there are abbreviations on the inner face. It is therefore possible that this was issued to a *gubernator* from the Ravenna fleet.

2. The names of the consuls are in smaller lettering than the rest of the outer face. There is a space after SINGVLAS in line 5 which indicates the day date was on the following line. The layout suggests this dating element was added at a late date in the production of this copy of the original constitution. Sex Sulpicius Tertullus (*PIR²* S 1022, *DNP* 11, 1107) and Q. Tineius Sacerdos (*PIR²* T 231, *DNP* 12/1, 604) were the *ordinarii* of 158 and held office until 31 March (Eck 2013, 79).

3. The recipient was a *gubernator* and was from Thrace. Unlike other known diploma recipients of the reign of Antoninus Pius from the Misene and Ravenna fleets he possessed simply a cognomen and patronymic. Also, unlike other recipients, only his home is named rather than his city or tribe and province. His father may have been called Ico (*OnomThrac* 197). See further *RMD* VI 605 note 4 concerning the status of recipients from the Italian fleets.

Photographs *ZPE* 163, 224.

600 PIVS INCERTO

a. 158 (Iul. 1 / Aug. 31)

Published W. Eck - A. Pangerl *Zeitschrift für Papyrologie und Epigraphik* 152, 2005, 256-258. Fragment from the left lower quarter of tabella II of a diploma. Height 4 cm; width 8 cm; thickness 0.75 mm; weight 22.7 g. The script on both faces is clear with that on the inner more angular. Along the edges of the outer face are twin lightly engraved framing lines and the bottom binding hole has survived.
AE 2005, 1720

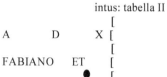

[Imp. Caesar, divi Hadriani f., divi Traiani Parthici nepos, divi Nervae pronepos, T. Aelius Hadrianus Antoninus Aug(ustus) Pius, pontifex maximus, tribunicia potestate XXI, imp(erator) II, co(n)s(ul) IV, p(ater) p(atriae)],
(auxilia) aut (classis)

a. d. X [--- (M. Servilio)] Fabiano[1] et [(Q. Iallio) Basso cos.]

[M. Servili Getae]; [L. Pulli Chresimi]; [M. Sentili Iasi]; [Ti. Iuli Felicis]; C. Belli [Urbani]; C. Pomponi [Statiani]; P. Ocili [Prisci].[2]

1. The cognomen of the *consul prior* of this diploma was Fabianus. W. Eck and A. Pangerl argue from the witness evidence (note 2) that he should be identified with M. Servilius Fabianus Maximus (*PIR*[2] S 583, *DNP* 11, 469 [II 3]). He is attested as consul on a diploma of 8 July 158 (*CIL* XVI 108) along with Q. Iallius Bassus (*PIR*[2] I 3, *DNP* 5, 846). Their period of office is unclear but two months from 1 July until 31 August is possible (Eck 2013, 79).
2. The surviving witness signed in fifth, sixth, and seventh positions. They can therefore be identified as C. Bellius Urbanus, C. Pomponius Statianus, and P. Ocilius Priscus. They are attested in this order between 13 December 156 and 8 July 158 (Appendix IIIa).

Photographs *ZPE* 152, 257.

601 PIVS INCERTO

a. 158 [Ian. 1] / (Dec. 9)

Published W. Eck, D. MacDonald and A. Pangerl *Revue des Études Militaires Anciennes* 1, 2004, 96-101. Three conjoining fragments from the upper left quarter of tabella I of a diploma. Maximum height 5.8 cm; maximum width 4.5 cm; thickness 0.75 mm; weight 19.5 g. The script on both faces is clear but that on the inner face is more angular and irregular. Letter height on the outer face 3-4 mm; on the inner 3.4 mm. Two framing lines are visible along the outer edges of the outer face.

AE 2004, 1908

intus: tabella I

```
   IMP CAE[.] DIVI HADR[
      NEP D[   ]NERVAE P[
      NVS ANTONINVS[
      POT  XXI     IMP[
5   PEDITIB ET EQVIT Q[
      ATHOITA[
      ++[
```

extrinsecus: tabella I

```
   IMP CAES DIVI HA[
   NI PART NEP DIVI[
   LIVS HADRIANVS[
   PONT MAX TRIB P[
      ]+IB ET EQV[               5
      ]E APPELL[
   LVCENSIVM Q[
   SVB POMPEI[
   ET VIGINT S[
   MISS HONE[                   10
   MIN SVBS[
```

Imp. Caes(ar), divi Hadr[iani f., divi Traia]ni
Part(hici) nep(os), divi Nervae p[ronep(os),
T Ae]lius Hadrianus Antoninus [Aug(ustus)
Pius], pont(ifex) max(imus), trib(unicia
pot(estate) XXI, imp(erator) [II, co(n)s(ul) IV,
p(ater) p(atriae)],[1]
peditib(us) et equit(ibus), q[ui mil(itaverunt in
coh(ortibus) II,[2] qua]e appell(antur) [(1)
I Aelia] Athoita[rum et (2) II] Lucensium
q[uae sunt in Thracia] sub Pompei[o Vopisco
leg(ato),[3] quinque] et vigint(i) s[tipend(is)
emerit(is) di]miss(is) hone[sta mission(e)],
[quorum no]min(a) subs[cript(a) sunt, ---].

1. This is a copy of a grant to auxilia in Thrace issued when Antoninus Pius held tribunician power for the twenty-first time from 10 December 157 until 9 December 158. There is a grant of 23 April 157 known for the units of Thrace (*RMD* V 417). In general a single award was made each year. Therefore this constitution is more likely to have been issued during 158.

2. The authors argue that there is room for only two cohorts to have been included in the unit list rather than three. These were *cohors [I Aelia] Athoita[rum]* and *cohors [II] Lucensium*. Not included would have been *cohors II Mattiacorum* although it had been named with the others on 23 April 157 (*RMD* V 417) and is included in the grant of 5 September 160 (*AE* 2013, 2188).

3. The governor of Thrace can be identified as L. Pompeius Vopiscus (*PIR*[2] P 660, Thomasson 2009, 22:027). He would have succeeded C. Iulius Commodus Orfitianus shortly after 23 April 157 when the latter is attested as governor (*RMD* VI 596 note 3, Thomasson 22:025). By 5 September 160 he had been replaced by M. Paccius Silvanus Coredius Gallus L. Pullaienus Gargilius Antiquus (*AE* 2013, 2188, Thomasson 2009, 22:028).

Photographs *REMA* 1, 97.

602 PIVS INCERTO

a. 158 [Ian. 1] / (Dec. 9)

Published P. Weiß *Revue des Études Militaires Anciennes* 1, 2004, 117-122. Two conjoining fragments from the upper left quadrant of tabella I, lacking the left hand edge, with a green patina and with corrosion damage on the smaller fragment. Height 7.5 cm; maximum width 4.5 cm; thickness 0.9 mm; weight not given. The script on both faces is neat and clear with some irregularities on the inner face. Letter height on the outer face 3-4 mm; on the inner 3-5 mm. Along the upper edge of the outer face are twin framing lines.
AE 2004, 1919

<table>
<tr><td colspan="2" align="center">intus: tabella I</td><td colspan="2" align="center">extrinsecus: tabella I</td></tr>
<tr><td></td><td>]HADRIANVS[</td><td>]ES DIVI HA[</td><td></td></tr>
<tr><td></td><td>PONT MAX TR POT X[</td><td>]PARTHICI NE[</td><td></td></tr>
<tr><td>(!)</td><td>EQVITIBVS QVI INIE[</td><td>]NEPOS T AELIV[</td><td></td></tr>
<tr><td></td><td>VERVNT QVIBVS PRA[</td><td>]NINVS AVG PIV[</td><td></td></tr>
<tr><td>5</td><td>NVS APRONIANVS [</td><td>]T XXI IMP I[</td><td>5</td></tr>
<tr><td></td><td>DIMISSIS HON[</td><td>.]Q[.]ITIBVS QVI IN[</td><td></td></tr>
<tr><td></td><td></td><td>]LITAVERVNT[</td><td></td></tr>
<tr><td></td><td></td><td>]+NVS BETVLE[</td><td></td></tr>
<tr><td></td><td></td><td>]VE ET VIGINTI[</td><td></td></tr>
<tr><td></td><td></td><td>]MISSIS HON[</td><td>10</td></tr>
<tr><td></td><td></td><td>]M NOMINA[</td><td></td></tr>
<tr><td></td><td></td><td>]EM ROMAN[</td><td></td></tr>
<tr><td></td><td></td><td>]BERENT[</td><td></td></tr>
</table>

[Imp. Ca]es(ar), divi Ha[driani f., divi Traiani]
Parthici ne[pos, divi Nervae pro]nepos,
T. Aeliu[s] Hadrianus [Anto]ninus Aug(ustus)
Piu[s], pont(ifex) max(imus), tr(ibunicia)
pot(estate) XXI, imp(erator) I[I, co(n)s(ul) IIII,
p(ater) p(atriae)],[1]
equitibus, qui in⌈t⌉ e[r² singulares mi]litaverunt, quibus
pra[est ---]nus Betulenus Apronianus,[3] [quinq]ue
et viginti [stipendis emeritis] dimissis hon[esta
missione],
[quoru]m nomina [subscripta sunt, civitat]em
Roman[am, qui eorum non ha]berent, [dedit et
conubium cum uxoribus, quas tunc habuissent, cum
est civitas is data, aut cum is, quas postea duxissent
dumtaxat singulis]·

1. Sufficient survives of the titulature of Antoninus Pius to show he held tribunician power for the twenty-first time when this diploma was issued. He did so from 10 December 157 until 9 December 158. By comparison with the day dates of other constitutions for the *equites singulares Augusti* P. Weiß suggests the grant would have been made early in 158, perhaps in March. While there are *missus honesta missione* inscriptions at Rome inscribed with the names of the *ordinarii* of 158, unfortunately they do not have a day date (Speidel 1994, Nr. 17, 18). Possible support for a date in March is provided by the recently published diploma for an *eques singularis Augusti* of 19 March 144 (*AE* 2015, 1904).
2. Intus INIE[R] for INTE[R].
3. The full name of the tribune has not survived. He possesses two gentilicia and his name can be restored as [---]nus Betulenus Apronianus. He is not otherwise known. Perhaps there was a kinship with the senatorial family of the Vetuleni (Betuleni) Aproniani (W. Eck pers.comm.).

Photographs *REMA* 1, 118.

603 PIVS INCERTO

a. 159 (Iun. 21)

Published W. Eck, D. MacDonald and A. Pangerl *Revue des Études Militaires Anciennes* 1, 2004, 80-83. Fragment from the lower middle of tabella I of a diploma with a very dark patina. Height 3.5 cm; width 3.2 cm; thickness c. 0.5 mm; weight 8 g. The script on both faces is small but clear with that on the inner face more cursive. Letter height on the outer face 3 mm; on the inner 3 mm.
AE 2004, 1904

intus: tabella I
]ARAVAC ET[
]PANN ∞ ET I[
]C R ET V CALL L[
]IN PANN SVP[
5]INO LEG XXV[
]++[

extrinsecus: tabella I
]AVT CVM IS QVA[
]AXAT SINGVLIS A[
]DO L MATVCCIO FVS[
]VICTR C R CVI[
]   P O M P E I V S [5
]GREGALE   [
]S   F   [

[Imp. Caes(ar), divi Hadriani f., divi Traiani
　　Parth(ici) nep(os), divi Nervae pronep(os),
　　T. Aelius Hadrianus Antoninus Aug(ustus) Pius,
　　pont(ifex) max(imus), trib(unicia) pot(estate)
　　XXII, imp(erator) II, co(n)s(ul) IV, p(ater)
　　p(atriae)],[1]
[equit(ibus) et pedit(ibus), qui milit(averunt)
　　in al(is) V, quae app(ellantur) (1) I Ulp(ia)
　　contar(iorum) (milliaria) et (2) I Thr(acum)
　　victr(ix) c(ivium) R(omanorum) et (3) I
　　Cannan(efatium) c(ivium) R(omanorum) et
　　(4) I Hispan(orum)] Aravac(orum) et [(5) III
　　Aug(usta) Thr(acum) sag(ittariorum) et
　　coh(ortibus) VI (1) I Ulp(ia)] Pann(oniorum)
　　(milliaria) et (2) I [Thr(acum) c(ivium)
　　R(omanorum) et (3) II Alp(inorum) et (4) IV
　　vol(untariorum)] c(ivium) R(omanorum) et
　　(5) V Call(aecorum) L[ucens(ium) et (6) XIIX
　　vol(untariorum) c(ivium) R(omanorum) et sunt]
　　in Pann(onia) sup[er(iore) sub Nonio Macr]ino[2]
　　leg(ato), XXV [stip(endis) emer(itis) dim(issis)
　　hon(esta) miss(ione)],
[quor(um) nom(ina) subscr(ipta) sunt), civit(atem)
　　Rom(anam), qui eor(um) non hab(erent),
　　ded(it) et conub(ium) cum uxor(ibus), quas tunc

habuis(sent), cum est civit(as) is dat(a)], aut cum
　　is, qua[s postea duxis(sent) dumt]axat singulis.
a. [d. XI k. Iul(ias) M. Pisibanio Lepi]do, L.
　　Matuccio Fus[cino cos.][3]
[alae I Thrac(um)] victr(icis) c(ivium)
　　R(omanorum) cui [praest Sulpicius] Pompeius,[4]
　　[ex] gregale [--- ---]s f. [---].

1.　The titles of Antoninus Pius have been restored on the basis that the consular date shows this is a further copy of the constitution for Pannonia superior of 21 June 159 (*RMD* V 422, 423, 424). Further copies have also been published (*RMD* VI 604, *AE* 2012, 1953). Following further conservation, it is now clear that *RMD* V 416 is another copy rather than dating to 155/156 (Beutler 2018, 111-115). Such a large number of diplomas of this date for this province could be the result of recruitment in 134 because of the Jewish War. But see also Holder 2017a, 17.

2.　The governor of Pannonia superior can be recognised as (M.) Nonius Macrinus who was probably legate from 159 until 161 (*PIR²* N 149, *DNP* 8, 993 [II 15], Thomasson 2009, 18:035).

3.　The consuls can be restored as M. Pisibanius Lepidus (*DNP* 9, 1043) and L. Matuccius Fuscinus (*PIR²* M 374, *DNP* 7, 1036). They held office from 1 April 159 until 30 June 159.

4.　The unit of the recipient can be restored as *[ala I Thracum] victr(ix) c(ivium) R(omanorum)*. The recipients of three other copies had also served in this ala (*RMD* V 422, 423, 424). The commander can be restored as Sulpicius Pompeius who is otherwise unknown.

Photographs *REMA* 1, 81.

604 PIVS INCERTO

a. 159 Iun. 21

Published W. Eck, D. MacDonald and A. Pangerl *Revue des Études Militaires Anciennes* 1, 2004, 83-86. Large fragment comprising just more than the upper right quadrant of tabella I of a diploma with the remains of the binding wire. Height 9.9 cm; width 7.0 cm; thickness 1.5 mm; weight 54 g. The script on the outer face is clear and relatively well formed, but that on the inner is of a very cursive nature and it is not possible to provide a full reading. Letter height on the outer face 3 mm; on the inner 3 mm. Along the edges of the outer face is a border comprising two framing lines. Both binding holes are extant.
AE 2004, 1905

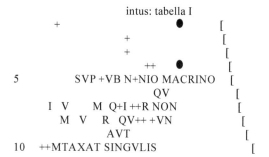

intus: tabella I	extrinsecus: tabella I

```
                intus: tabella I                          extrinsecus: tabella I
     +                    •       [                    ]VI HADRIANI F DIVI TRAIA
              +                   [                    ]NEP DIVI NERVAE PRONEP
              +                   [                    ]RIANVS ANTONINVS AVG PIVS
               ++         •       [                    ]R POT XXII IMP II COS IV P P
5        SVP +VB N+NIO MACRINO    [                    ]EDIT QVI MILIT IN ALIS QVAE   (!)5
                  QV              [                    ]ONT ∞ ET I THR SAG ET I CAN
     I V     M Q+I ++R NON        [                    ]I HISPAN ARVAC ET III AVG THRAC
        M  V   R  QV++ +VN        [                    ]VLP PANN ∞ ET I THRAC C R ET II
                  AVT             [                    ]IV VOL C R ET V CALLAEC LVCENS
10   ++MTAXAT SINGVLIS            [                    ]C R ET SVNT IN PANN SVPER      10
                                                       ]O MACRINO LEG QVINQ ET
                                                       ]IPEND EMER DIMIS HONEST
                                                       ]N QVOR NOMIN SVBSCRIPT
                                                       ]    •         •
                                                       ]IT ROMAN QVI EOR NON HABER
                                                       ]T CONVB CVM VXORIB QVAS TVNC   15
                                                       ]CVM EST CIVIT IS DAT AVT CVM
                                                       ]POS DVXIS DVMTAX SINGVLIS
                                                       ]XI  K  IVL M PISIBANIO LEPIDO
                                                       ]NO  COS
                                                       ]RAEST                          20
```

[Imp. Caes(ar), di]vi Hadriani f., divi Traia[ni Parthici] nep(os), divi Nervae pronep(os), [T. Aelius Had]rianus Antoninus Aug(ustus) Pius, [pont(ifex) max(imus), t]r(ibunicia) pot(estate) XXII, imp(erator) II, co(n)s(ul) IV, p(ater) p(atriae),[1]

[equit(ibus) et p]edit(ibus), qui milit(averunt) in alis <V>,[2] quae [app(ellantur) (1) I Ulp(ia) c]ont(ariorum) (milliaria) et (2) I Thr(acum) sag(ittariorum) et (3) I Can[nan(efatium) c(ivium) R(omanorum) et] (4) I Hispan(orum) Arvac(orum) et (5) III Aug(usta) Thrac(um) [sag(ittariorum) et coh(ortibus) VI[2] (1) I] Ulp(ia) Pann(oniorum) (milliaria) et (2) I Thrac(um) c(ivium) R(omanorum) et (3) II [Alpin(orum) et] (4) IV vol(untariorum)] c(ivium) R(omanorum) et (5) V Callaec(orum) Lucens(ium) [et (6) XIIX vol(untariorum)] c(ivium) R(omanorum) et sunt in Pann(onia) super(iore) sub Nonio Macrino leg(ato),

quinq(ue) et [vigint(i) st]ipend(is) emer(itis) dimis(sis) honest(a) [missio]n(e),

quor(um) nomin(a) subscript(a) [sunt, civ]it(atem) Romanam, qui eor(um) non haber(ent), [dedit e]t conub(ium) cum uxorib(us), quas tunc [habuiss(ent)], cum est civit(as) is dat(a), aut cum [is, quas] pos(tea) duxis(sent) dumtax(at) singulis.

[a. d. XI k. Iul(ias) M. Pisibanio Lepido, [L. Matuccio Fusci]no cos.

[--- cui p]raest [---].

1. The titles of Antoninus Pius along with the names of the consuls and the day date confirm that this is another copy of the constitution for Pannonia superior of 21 June 159. See *RMD* VI 603 for further details.
2. Extrinsecus I THR SAG for the expected I THR VICTR C R. Five alae and six cohorts were included in the grant. Parts of the titles of each of these units have survived. The number of alae has been omitted on line 5 of the outer face.

Photographs *REMA* 1, 84-85.

605 PIVS C. VALERIO DENTO[NI]

a. 160 Febr. 7

Published B. Pferdehirt *Römische Militärdiplome und Entlassungsurkunden in der Sammlung des Römisch-Germanischen Zentralmuseums*, 2004, Nr. 39. Two incomplete tablets of a diploma with binding wire still attached. Tabella I lacks much of the lower right quarter and there are cracks in the lower left area. Just over half of tabella II remains. Tabella I: height c. 18 cm (the sheet is bent), width 15 cm, thickness 1.5 mm, weight 260.7 g; tabella II: height 11.5, width 15 cm, thickness 1 mm, weight 142.8 g. The script on both tabellae is clear and easy to read with that on the inner faces more angular. Letter height on both outer faces 4 mm; on tabella I inner face 4 mm but 3-4 mm on tabella II. Along the edges of the outer faces is a 6 mm wide border comprising three framing lines. On the inner face of tabella II are vertical scratches left from the smoothing process. There is a hinge hole in the top right corner of tabella I when viewed from the outside and a similar one in the lower left corner of tabella II. All binding holes and hinge holes have survived complete and the position of the cover for the seals of the witnesses can be seen on the outer face of tabella II. Now in the Römisch-Germanisches Zentralmuseum, Mainz (Inv. Nr. O. 41990).

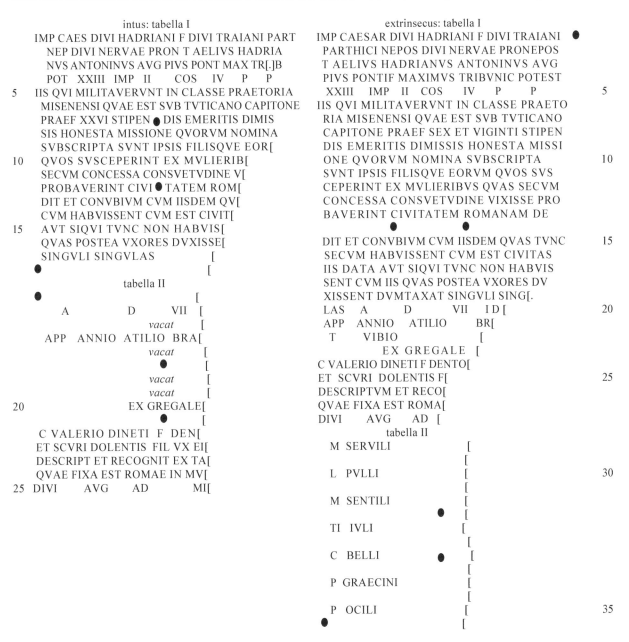

ROMAN MILITARY DIPLOMAS VI

Imp. Caesar, divi Hadriani f., divi Traiani Parthici
nepos, divi Nervae pronepos, T. Aelius
Antoninus Aug(ustus) Pius, pontif(ex) maximus,
tribunic(ia) potest(ate) XXIII, imp(erator) II,
co(n)s(ul) IV, p(ater) p(atriae),[1]
iis, qui militaverunt in classe praetoria Misenensi,
quae est sub Tuticano Capitone praef(ecto),[2]
sex et viginti stipendis emeritis dimissis honesta
missione,
quorum nomina subscripta sunt, ipsis filisque
eorum, quos susceperint ex mulieribus,
quas secum concessa consuetudine vixisse
probaverint, civitatem Romanam dedit et
conubium cum iisdem, quas tunc secum
habuissent, cum est civitas iis data, aut, siqui
tunc non habuissent, cum iis, quas postea uxores
duxissent dumtaxat singuli singulas.
a. d. VII id. [Febr(uarias)] App. Annio Atilio
Bra[dua], T. Vibio [Varo cos.][3]
ex gregale C. Valerio Dineti f. Denton[i, ---] et
Scuri Dolentis fil. ux(ori) ei[us,[4] Thraissae (?)].
Descriptum et recognit(um) ex ta[bula aerea] quae
fixa est Romae in mu[ro post templ(um)] divi
Aug(usti) ad Mi[nervam].

M. Servili [Getae]; L. Pulli [Chresimi]; M. Sentili
[Iasi]; Ti. Iuli [Felicis]; C. Belli [Urbani];
P. Graecini [Crescentis]; P. Ocili [Prisci].[5]

1. This is an almost complete copy of the constitution of 7 February 160 for men of the Misene fleet who had served twenty-six years. Numerous other copies are extant of which only one is complete (*RMD* IV 277). The remainder are in varying states of preservation (*RMD* II 105, III 172, V 425, 426, 427, VI 606, 607, 608, 609, 610). Such a large number of known copies of this grant to the Misene Fleet suggests large scale recruitment late in 133 for the Jewish War (Eck 2012a, 252-254).
2. Tuticanus Capito is attested as prefect of the Misene Fleet in 158 and in 160. He is known to have commanded the Ravenna Fleet in 152 (*PIR*² T 431, Magioncalda 2008, 1152-1153).
3. App. Annius Atilius Bradua (*PIR*² A 636, *DNP* 1, 714) and T. (Clodius) Vibius Varus (*PIR*² V 583, *DNP* 12/2, 178) were the *ordinarii* of 160 and held office until the end of February (Eck 2013, 80).
4. The recipient, C. Valerius Dento, possesses *tria nomina*, but his exact status is unclear. It has been suggested that he was a Roman citizen.at recruitment (Mann 2002, 232-233). It has also been proposed that he was a peregrine who simply adopted *tria nomina* on recruitment (Salomies 1996, 168-170). Another possibility is that had Latin rights where his name cannot be distinguished from that of a Roman citizen (Pferdehirt 2002, 167-173 and W. Eck pers. comm.). See also the peregrine in an Italian fleet in 158 (*RMD* VI 599) and men transferred to *legio X Fretensis* in Judaea in 133 (*PSI* 1026). Dento is an assonant Thracian name (*OnomThrac* 121). His father's name Dines is a variant of the Thracian name, Dinis (*OnomThrac* 135-136). His wife is named. Scuris bears a Thracian name as does her father Dolens (*OnomThrac* 309, 157-159).
5. The cognomina of the witnesses have been restored from the complete copy (*RMD* IV 277).

Photographs *RGZM* Taf. 72-75.

606 PIVS [---]LIO M[---]

a. 160 Febr. 7

Published W. Eck - A. Pangerl *Zeitschrift für Papyrologie und Epigraphik* 155, 2006, 241-243. Fragment from the lower left middle of tabella I of a diploma. Height 8.3 cm; width 10.3 cm; thickness c. 1 mm; weight not available. The script on both faces is lightly engraved but is well formed with that on the inner face more angular. Letter height on the outer face 5 mm; on the inner 5 mm. Along the left hand edge of the outer face two framing lines are visible and the left hand binding hole has survived.

AE 2006, 1855

```
           intus: tabella I                              extrinsecus: tabella I
        ]DRIANI F DI[                            DINE VIXISSE PROBAVE[
        ]VI NERVAE PRO[                          ROMANAM DEDIT ET CO[
        ]ONINVS AVG PIV[                                    ●            [
        ]XIII  IMP     II  [                     DEM QVAS TVNC SECVM HABV[
5       ]NT IN CLASSE PRAE[                      CIVITAS IIS DATA AVT SIQVI TVN[
        ]T SVB TVTICANO CAPIT[                   LSSENT CVM IIS QVAS POSTEA VX[        5
        ]EM ● ERITIS DIMISSIS[                   SENT DVMTAXAT SINGVLI SING[
        ]QVORVM NOMINA SVBS[                          A   D     VII    ID      FE[
        ]SQVE EORVM QVOS SVSCEPER[               ]NNIO ATILIO BRADVA T VIB[
10      ]S SECVM CONCESSA CON[                   ]        EX GREGALE        [
        ]ERINT CIVITATEM RO[                     ]LIO   AMATOCI  F  M[                 10
        ]VM IS[       ]VAS[                       ]POPOL    EX THRA[
                                                  ]THEROTIS  FIL  +[
                                                  ]ALETANAE[
```

[Imp. Caes(ar), divi Ha]driani f., di[vi Traiani
* Parthici nepos, di]vi Nervae pro[nep(os),*
* T. Aelius Hadrianus Ant]oninus Aug(ustus)*
* Piu[s, pontif(ex) maximus, tribunic(ia)*
* potestat(e) X]XIII, imp(erator) II, [co(n)s(ul)*
* IV, p(ater) p(atriae)],[1]*
[iis, qui militaveru]nt in classe prae[toria
* Misenensi, quae es]t sub Tuticano Capit[one*
* praef(ecto), XXVI stipendis] emeritis dimissis*
* [honesta missione],*
quorum nomina subs[cripta sunt, ipsis fili]sque
* eorum, quos susceper[int ex mulieribus, qua]s*
* secum concessa con[suetu]dine vixisse*
* probaverint, civitatem Romanam dedit et*
* co[nubium c]um isdem, quas tunc secum*
* habu[issent, cum est] civitas iis data, aut, siqui*
* tun[c non habu]issent, cum iis, quas postea*
* ux[ores duxis]sent dumtaxat singuli sing[ulas].*
a. d. VII id. Fe[br(uarias) App. A]nnio Atilio
* Bradua, T. Vib[io Varo cos.]*

ex gregale [---]lio Amatoci f. M[--- Philip]popol(i)
* ex Thra[c(ia) et --- Pi]therotis(?) fil. u[x(ori)*
* eius,[2] --- et --- f. eius et] Aletanae(?) [fil. eius].[3]*

1. Enough has survived to show that this is part of another copy of the constitution of 7 February 160 for the Misene Fleet. See *RMD* VI 605 for details of other copies and for information about the consuls and the prefect.

2. Only part of the name of the recipient has survived, but it seems that he came from [Philip]popolis in Thrace like other known recipients (Dana 2013, 251). His father, Amatocus, possesses a Thracian name (*OnomThrac* 4). His wife was included but her name has not survived. Her father, [Pi]theros(?), has a Greek name. After FIL in line 12 of the outer face is part of the top left of a letter. This has been read as a T but the surviving traces also look very like the curving V in line 8 which is what would be expected.

3. At least one child, Aletana(?), was named who possesses what seems to be a Thracian girl's name (*OnomThrac* 2).

Photographs *ZPE* 155, 242.

607 PIVS P. AELI[O ---]

a. 160 (Febr. 7)

Published W. Eck - A. Pangerl *Zeitschrift für Papyrologie und Epigraphik* 163, 2007, 227-229. Fragment from the lower left hand side of tabella I of a fleet diploma. Height 4.2 cm; width 3.3 cm; thickness not given; weight not given. The lettering on both faces is well formed and easy to read. The left hand edge of the outer face has a deep framing line and one faintly inscribed.
AE 2007, 1789

intus: tabella I

]F DIVI TRAI[
]ERVAE PRON[
]TONINVS A[
]P P[

extrinsecus: tabella I

QVAS[
SINGV[
APP A[
vacat [
P AELI[5
ET DIN[
ET DIEP[

[Imp. Caes(ar), divi Hadriani] f., divi Trai[ani
    Parthici nepos, divi N]ervae pron[epos,
    T. Aelius Hadrianus An]toninus A[ug(ustus)
    Pius, pont(ifex) max(imus), trib(unicia)
    pot(estate) XXIII, imp(erator) II, co(n)s(ul) IV,]
    p(ater) p(atriae),[1]
[iis, qui militaverunt in classe praetoria Misenensi,
    quae est sub Tuticano Capitone praef(ecto), sex
    et viginti stipendis emeritis dimissis honesta
    missione],
[quorum nomina subscripta sunt, ipsis filisque
    eorum, quos susceperint ex mulieribus,
    quas secum concessa consuetudine vixisse
    probaverint, civitatem Romanam dedit et
    conubium cum iisdem, quas tunc secum
    habuissent, cum est civitas iis data, aut, siqui

non habuissent, cum iis], quas [postea uxores
    duxissent dumtaxat] singu[li singulas].`
[a. d. VII id. Febr(uarias)] App. A[nnio Atilio
    Bradua, T. Vibio Varo cos.]
[ex gregale?] P. Aeli[o --- f. ---] et Din[---] et
    Diep[---].[2]

1. Sufficient has survived of the titles of Antoninus Pius and of the name of the *consul prior* to indicate that this is a further copy of the constitution for the Misene Fleet of 7 February 160. Cf. *RMD* VI 605 for details of other copies.
2. The recipient adopted Hadrian's family name on recruitment in 133. Unfortunately, no other part of his name has survived. Din[---] may either be the recipient's wife or a child. Diep[---] is either the name of the first or the second child. Both names are of Thracian origin (Dana 2013, 231 no. 101, *OnomThrac* 133).

Photographs *ZPE* 162, 227.

608 PIVS INCERTO

a. 160 [Febr. 7]

Published W. Eck - A. Pangerl *Zeitschrift für Papyrologie und Epigraphik* 155, 2006, 243-244. Fragment from the middle of the top of tabella I of a diploma. Height 5.3 cm; width 6.7 cm; thickness 1.5 mm; weight 31 g. The script on both faces is lightly engraved but clear except where obscured by corrosion products. That on the inner face is more angular. Letter height on both faces 5 mm. Along the top edge of the outer face is a border comprising three framing lines.

AE 2006, 1856

intus: tabella I

```
    ]AEF[
  HONESTA[
  SCRIPTA S[
  CEPERINT[
5 CESSA CON[
  RINT CIV[
  BIVM CVM[
  SENT CVM[
  QVI T[
```

extrinsecus: tabella I

```
  ]I HADRIANI F DIVI TR[
  ]DIVI NERVAE PRONE[
  ]ANVS ANTONINVS A[
  ]XIM TRIB POT XXIII IMP II[
  ]RVNT IN CLASSE PRAE[        5
  ]AE EST SVB TVTICANO CA[
         ]PEND[
```

[Imp. Caesar, div]i Hadriani f., divi Tr[aiani
  Parthici nepos], divi Nervae prone[pos,
  T. Aelius Hadri]anus Antoninus A[ug(ustus)
  Pius, pontif(ex) max]im(us), trib(unicia)
  pot(estate) XXIII, imp(erator) II, [co(n)s(ul) IV,
  p(ater) p(atriae)],[1]
[iis, qui militave]runt in classe prae[toria
  Misenensi, qu]ae est sub Tuticano Ca[pitone
  p]raef(ecto), [sex et viginti sti]pend[is emeritis
  dimissis] honesta [missione],
[quorum nomina sub]scripta s[unt, ipsis filisque
  eorum, quos sus]ceperint [ex mulieribus, quas
  secum con]cessa con[suetudine vixisse
  probave]rint, civ[itatem Romanam dedit et

conu]bium cum [isdem, quas tunc secum
habuis]sent, cum [est civitas iis data, aut,
si]qui t[unc non habuissent, cum iis, quas postea
uxores duxissent dumtaxat singuli singulas].

1. Sufficient has survived of the titles of Antoninus Pius to show this was issued while he held tribunician power for the twenty third time between 10 December 159 and 9 December 160. The presence of Tuticanus Capito, who was prefect of the Misene Fleet, makes it certain it is yet another copy of the constitution of 7 February 160 for that fleet. Cf. *RMD* VI 605 for details of the other copies.

Photographs *ZPE* 155, 244.

609 PIVS INCERTO

a. 160 [Febr. 7]

Published W. Eck - A. Pangerl *Zeitschrift für Papyrologie und Epigraphik* 155, 2006, 244-245. Top left hand corner of tabella I of a diploma. Height 5 cm; width 6 cm; thickness 1 mm; weight 19 g. The script on both faces is well formed, with that on the inner more angular, but corrosion has damaged the surfaces especially the outer face. Letter height on the outer face 5 mm; on the inner 6 mm. Traces of two framing lines can be made out along the top and left edges of the outer face.
AE 2006, 1857

<table>
<tr><td align="center">intus: tabella I</td><td align="center">extrinsecus: tabella I</td></tr>
<tr><td>IMP CAES DI[</td><td>IMP CAESAR DIV[</td></tr>
<tr><td>NEP DIVI N[</td><td>NI PARTHICI NE[</td></tr>
<tr><td>ONINVS AVG[</td><td>T AELIVS HADRI[</td></tr>
<tr><td>IMP   II [</td><td>VS PONTIF MAXI[</td></tr>
<tr><td>5 IIS QVI MILITAV[</td><td>XXIII   IMP   [5</td></tr>
<tr><td>NSI QVAE EST SV[</td><td>IIS QVI MILITAV[</td></tr>
<tr><td>PENDI[.] EM[</td><td>MISENENSI[</td></tr>
<tr><td></td><td>]EF SEX E[</td></tr>
</table>

Imp. Caesar, div[i Hadriani f., divi Traia]ni
    Parthici nep(os), divi N[ervae pronep(os)],
    T. Aelius Hadri[anus Ant]oninus Aug(ustus)
    [Pi]us, pontif(ex) maxi[m(us), trib(unicia)
    pot(estate)] XXIII, imp(erator) II, [co(n)s(ul) IV,
    p(ater) p(atriae)],[1]
iis, qui militav[erunt in classe praetoria] Misenensi,
    quae est su[b Tuticano Capitone pra]ef(ecto),
    sex e[t viginti sti]pendi[s] em[eritis dimissis
    honesta missione],
[quorum nomina subscripta sunt, ---].

1. It is clear this is a grant to men of the Misene Fleet when Antoninus Pius held tribunician power for the twenty-third time between 10 December 159 and 9 December 160. It therefore must be a further copy of the constitution of 7 February 160. Cf. *RMD* VI 605 for details of the other copies.

Photographs *ZPE* 155, 245.

610 PIVS INCERTO

a. 160 [Febr. 7]

Published W. Eck - A. Pangerl *Zeitschrift für Papyrologie und Epigraphik* 155, 2006, 245-246. Top left corner of tabella I of a diploma. Height c. 4 cm; weight 10.4 g. The script is clear with that on the inner face more angular. Along the top and left edges of the outer face two framing lines are visible.
AE 2006, 1858

intus: tabella I

```
IMP CA[
NEP DIV[
ANTONI[
XXIII    [
```

extrinsecus: tabella I

```
IMP CAES[
PARTHIC[
T AELIVS[
PIVS PON[
XXIII    [                                                    5
IIS QVI M[
```

Imp. Caes[ar, divi Hadriani f., divi Traiani]
    Parthic[i] nep(os), div[i Nervae pronep(os)],
    T. Aelius [Hadrianus] Antoni[nus Aug(ustus)]
    Pius, pon[tif(ex) maxim(us), trib(unicia)
    pot(estate)] XXIII, [imp(erator) II, co(n)s(ul) IV,
    p(ater) p(atriae)],[1]
iis, qui m[ilitaverunt in classe praetoria Misenensi,
    quae est sub Tuticano Capitone praef(ecto), ---].

1. Line 6 of the outer face has the formula *iis qui m[ilitaverunt in classe ---]*. This shows that it was a grant to men from a fleet issued when Antoninus Pius held tribunician power for the twenty-third time between 10 December 159 and 9 December 160. W. Eck and A. Pangerl argue that it is therefore part of another copy of the constitution of 7 February 160 for the Misene Fleet. Cf. *RMD* VI 605 for details of the other copies.

Photographs *ZPE* 155, 246.

611 PIVS VALERIO [---]

a. 160 (Ian. / Febr.)

Published B. Pferdehirt *Römische Militärdiplome und Entlassungsurkunden in der Sammlung des Römisch-Germanischen Zentralmuseums*, 2004, Nr. 40. Lower left corner of tabella I of a diploma. Maximum height 4 cm; maximum width 4.8 cm; thickness 1.5 cm; weight 20 g. The script on the outer face is neat and clear while that on the inner is very irregular and difficult to decipher. Letter height on the outer face 2.5-3 mm; on the inner 2 mm. The inner face has vertical striations from the smoothing process. Along the bottom and left sides of the outer face is a 3 mm wide border with a single framing line. Now in the Römisch-Germanisches Zentralmuseum, Mainz (Inv. Nr. O. 42535).

	intus: tabella I		extrinsecus: tabella I	
	]I TRAIANI		] ANNIO [	
	]N T AELIVS HA		T VIBIO [	
	]PIVS PONT MA		COH I MONT[	
	]S IV P P		GAVIVS [	
5(!)	]L II Q AI CL NOV		EX[	5
(!)	]P X V CALL AT V		VALERIO VALE[	
(!)	]ET I CRET E III		ET ACCAE D[	
	]T I LV[ ]		DESCRI[.]T ET REC[	
			QVAE FIX EST ROM[	
			DIVI AVG [	10

[Imp. Caes(ar), divi Hadriani f., div]i Traiani
[Parthici nep(os), divi Nervae pro]n(epos),
T. Aelius Ha[drianus Antoninus Aug(ustus)]
Pius, pont(ifex) ma(ximus), [trib(unicia)
pot(estate) XXIII, imp(erator) II, co(n)]s(ul) IV,
p(ater) p(atriae),[1]
[equitib(us) et peditib(us), qui mil(itaverunt) in
a]l(is) II,[2] q(uae) a⌐p⌐ (pellantur) (1) Cl(audia)
nov(a) [miscell(anea) et (2) Gall(orum)
Flav(iana) et co]⌐h⌐ (ortibus) X[2] (1) V
⌐G⌐ all(orum) ⌐e⌐ t (2) V [Hisp(anorum) et (3)
I Mont(anorum) et (4) I Antioch(ensium)] et
(5) I Cret(um) e(t) (6) III [Camp(estris) et (7)
II Gall(orum) et (8) III Britt(onum) e]t (9) I
Lu[sit(anorum) et (10) I Pann(noniorum) et
sunt in Moesia super(iore) sub Pontio Sabino
leg(ato),[3] XXV stip(endiis) emer(itis) dimis(sis)
hon(esta) miss(ione)],
[qu(orum) nom(ina) subscr(ipta) sunt, civit(atem)
Roman(am), qui eor(um) non hab(erent),
ded(it) et conub(ium) cum uxor(ibus), quas tunc
habuis(sent), cum est civit(as) is dat(a), aut
cum is, quas post(ea) duxis(sent) dumtax(at)
sing(ulis)].
[a. d. --- App.] Annio [Atilio Bradua], T. Vibio
[Varo cos.][4]

coh(ortis) I Mont[anor(um) cui praest] Gavius
[---],[5] ex[---] Valerio Vale[ri(?) f. --- , ---] et
Accae D[--- fil. ux(ori) eius ---].[6]
Descri[p]t(um) et rec[ognit(um) ex tabula aerea]
quae fix(a) est Rom[ae in muro post templ(um)]
di[v]i Aug(usti) [ad Minervam].

1. The dating for this constitution for the auxilia of Moesia superior is provided by the consuls who were the *ordinarii* of 160 (note 4). The titles of Antoninus Pius have been restored accordingly. It can now be seen that an already known fragmentary diploma for Moesia superior is another copy of this grant (*CIL* XVI 111).
2. Intus line 5 AI for AP, line 6 [CO]P for [CO]H, AT for ET, line 7 E for ET. Two alae and ten cohorts were included in the grant and their names can be restored from the other copy (*CIL* XVI 111).
3. M. Pontius Sabinus can be restored as the governor from the other copy (*CIL* XVI 111, Thomasson 1984, 20:42).
4. The consuls can be identified as App. Annius Atilius Bradua and T. Vibius Varus. See further, *RMD* VI 605 note 3.
5. The commander of *cohors I Montanorum*, Gavius [---] is not otherwise known. He might have been related to Q. Gavius Proculus attested as tribune of *cohors XV voluntariorum civium Romanorum* on 5 September 152 (*RMD* V 408, VI 589).
6. Sufficient space would have been available for the recipient to have possessed a nomen and cognomen. Cf. Valerius Valeri f. Valens, a recipient on 18 February 165 (*CIL* XVI 120). His lack of praenomen suggests he was not a Roman citizen (Mann 2002, 230). His wife, Acca, is named to validate the award of *conubium*.

Photographs *RGZM* Taf. 76.

612 PIVS MVTAE

a. 160 Mart. 7

Published B. Pferdehirt *Römische Militärdiplome und Entlassungsurkunden in der Sammlung des Römisch-Germanischen Zentralmuseums*, 2004, Nr. 41. Complete diploma with binding wire. Tabella I has two small holes near the right hand edge just above and below the middle which have destroyed parts of letters. There are also casting flaws visible on the inner face which are avoided by the lettering. Tabella II also has a number of holes in the top right quarter which have also destroyed parts of letters. There is a hole between the binding holes which seems to be part of a casting flaw since the lettering on the inner face of tabella II avoids this area. Tabella I: height c. 12.9 cm, width 10 cm, thickness 0.7 mm, weight 119.3 g; tabella II: height 13.1 cm, width 10 cm, thickness 0.6 mm, weight 104.8 g. The script throughout is clear with that on the inner face more angular and irregular. Letter height on the outer face of tabella I 2.5 mm; on the inner 2 mm. Letter height on the outer face of tabella II 3 mm; on the inner 3 mm. Both outer faces have a border comprising twin framing lines. The inner face of tabella II shows vertical scratches left over from the smoothing process. There is a hinge hole in the top right corner of tabella I when viewed from the outside and one in the bottom left corner of tabella II. Also, on this face of tabella II are traces of the cover for the seals of the witnesses. Now in the Römisch-Germanisches Zentralmuseum, Mainz (Inv. Nr. O. 42534).

intus: tabella I

```
   IMP CAES DIVI HADRIANI F DIVI TRAIANI PART NEP
      DIVI NERVAE PRON T AELIVS HADRIANVS
      ANTONINVS AVG PIVS PONT MAX TRIB  POT
      XXIII     IMP     II    COS     IV  P     P
 5  EQVITIBVS ET PEDITIBVS QVI MILITAVERVNT IN A
    LIS TRIBVS QVAE APPELLANTVR GALLORVM ET THRA
    CVM CONST ET ANTIAN G ● ALLORVM ET THRACVM
    SAG ET VII PHRYGVM ET COHORTIBVS XII V GEMEL
    LA ET I THRACVM ∞ ET I SEBASTENORVM ∞ ET I DA
10  MASCEN ARMENIAC SAG ET I MONTANORVM ET I FLA
    VIA C RET I ET II VLPIA GALATARVM ET III ET IV CALLAE
(!) COR BRACARAVGVSTAN ET IV ET VI VLPIAE PETREOR
    ET SVNT IN SYRIA PALA ● ESTINA SVB MAXIMO
    LVCILIANO LEG XXV STIPENDIS EMERITIS DI
15  MISSIS HONESTA MISSIONE QVORVM NOMINA
    SVBSCRIPTA SVNT CIVITATEM ROMANAM QVI E
    ORVM NON HABERENT DEDIT ET CONVBIVM CVM
    VXORIBVS QVAS TVNC HABV    ISSENT CVM EST
    CIVITAS IS DATA A[.]T CVM IS    QVAS POSTEA
20(!) ● DVXSSENT DVMTAXAT SINGVLIS
```

tabella II

```
   ●   NON                    MART
   A   PLATORIO               NEPOTE
   M   POSTVMIO               FESTO  COS
                     vacat
   COH I DAMASCEN AR ● MENIAC SAG CVI PRAEST
25 AVRELIVS                   PANILVS
              EX P    EDITE
                     vacat
   MVTAE   MVTETIS      F     ASPEND
                    ●
   DESCRIPT ET RECOGNIT EX TABVL AER
   QVAE FIX EST ROM IN MVR POST TEMPL
30 DIVI      AVG        AD    MINERVAM
```

extrinsecus: tabella I

```
   IMP CAES DIVI HADRIANI F DIVI TRAIANI ●
      PART NEP DIVI NERVAE PRON T AELIVS
      HADRIANVS ANTONINVS AVG PIVS PONT
      MAX TRIB POT XXIII IMP  II COS IV   P   P
   EQVITIBVS ET PEDITIBVS QVI MILITAVE         5
   RVNT IN ALIS TRIBVS QVAE APPELLANTVR
   GALLORVM ET THRACVM CONST ET ANTIAN
   GALLORVM ET THRACVM SAG ET VII PHRY
   GVM ET COHORTIBVS DECEM ET DVABVS
   V GEMELLA ET I THRACVM ∞ ET I SEBAS       10
   TENORVM ∞ ET I DAMASCEN ARMENIAC
   SAG ET I MONTANORVM ET I FLAVIA C R ET
   I ET II VLPIA GALATAR ET III ET IV CALLAECOR
   BRACARAVGVSTANOR ET IV ET VI VLPIAE       (!)
   PETREOR ET SVNT IN SYRIA PALAESTINA       15
   SVB MAXIMO LVCILIANO LEG QVINQ[.]E
         ●              ●
   ET VIGINTI STIPENDIS EMERITIS DI
   MISSIS HONESTA MISSIONE QVORVM
   NOMINA SVBSCRIPTA SVNT CIVITATEM
   ROMANAM QVI EORVM NON HABERENT           20
   DEDIT ET CONVBIVM CVM VXORIBVS QVAS
   TVNC HABVISSENT CVM EST CIVITAS
   IS DATA AVT CVM IS QVAS POSTEA DVXIS
   SENT DVMTAXAT SINGVLIS NON MART
   A    PLATORIO            NEPOTE           25
   M    POSTVMIO            FEST O   COS
   COH I DAMASCEN ARMENIAC SAG CVI PRAES
      AVRELIVS              PANLEVS
              EX PEDITE
   MVTA E   MVTETIS        F   ASPEND        30
   DESCRIPT ET RECOGNIT EX TABVL AER
   QVAE FIX EST ROM IN MVR POST TEMPL
   DIV     AVG       AD    MINERVAM
              tabella II
   M  SERVILI                 GETAE

   L  PVLLI                   CHRESIMI       35
                  ●
   M  SENTILI                  I A S I

   TI IVLI                     FELICIS

   C  BELLI          ●         VRBAN I
```

ROMAN MILITARY DIPLOMAS VI

P GRAECINI	CRESCENTIS	
● P OCILI	PRISCI	40

*Imp. Caes(ar), divi Hadriani f., divi Traiani
    Part(hici) nep(os), divi Nervae pron(epos),
    T. Aelius Hadrianus Antoninus Aug(ustus) Pius,
    pont(ifex) max(imus), trib(unicia) pot(estate)
    XXIII, imp(erator) II, co(n)s(ul) IV, p(ater)
    p(atriae),[1]*

*equitibus et peditibus, qui militaverunt in alis tribus,[2]
    quae appellantur (1) Gallorum et Thracum
    const(antium) et (2) Antian(a) Gallorum et
    Thracum sag(ittariorum) et (3) VII Phrygum et
    cohortibus decem et duabus[2] (1) V Gemella et
    (2) I Thracum (milliaria) et (3) I Sebastenorum
    (milliaria) et (4) I Damascen(orum) Armeniac(a)
    sag(ittariorum) et (5) I Montanorum et (6)
    I Flavia c(ivium) R(omanorum) et (7) I et
    (8) II Ulpia Galatar(um) et (9) III et (10) IV
    Callaecor(um) Bracaraugustanor(um) et (11) IV
    et (12) VI Ulpiae[3] Petreor(um) et sunt in Syria
    Palaestina sub Maximo Luciliano[4] leg(ato),
    quinq[u]e et viginti stipendis emeritis dimissis
    honesta missione,*

*quorum nomina subscripta sunt, civitatem
    Romanam, qui eorum non haberent, dedit et
    conubium cum uxoribus, quas tunc habuissent,
    cum est civitas is data, aut cum is, quas postea
    duxissent dumtaxat singulis.*

*non. Mart(iis) A. Platorio Nepote, M. Postumio
    Festo cos.[5]*

*coh(ortis) I Damascen(orum) Armeniac(ae)
    sag(ittariorum) cui praest Aurelius Panicus,[6] ex
    pedite Mutae Mutetis f., Aspend(o).[7]*

*Descript(um) et recognit(um) ex tabul(a) aer(ea)
    quae fix(a) est Rom(ae) in muro post templ(um)
    divi Aug(usti) ad Minervam.*

*M. Servili Getae; L. Pulli Chresimi; M. Sentili Iasi;
    Ti. Iuli Felicis; C. Belli Urbani; P. Graecini
    Crescentis; P. Ocili Prisci.[8]*

1. This is a second copy, but the first complete one, of the constitution of 7 March 160 for Syria Palaestina (*RMD* III 173). A third and fourth copy have also been published (*RMD* VI 613, *AE* 2011, 1810). The survival of four copies of this grant, each to a different unit, might suggest recruitment in late 134 for the Jewish War (Eck 2012a, 255-257, Holder 2017a, 17).

2. Three alae and twelve cohorts were included in the grant. The titles recorded here confirm and clarify the naming of the units of the garrison between 139 (*CIL* XVI 87) and 186 (*RMD* I 69). On 15 January 142 only eleven cohorts were named with *cohors I Thracum milliaria* not included in the grant (*RMD* VI 575). There the numerical order for the cohorts was also more accurate with *cohors V gemella civium Romanorum* in last position as in 139 (*CIL* XVI 87). Here this cohort is named in first as in 158 (*AE* 2007, 1766; Sharankov 2009, 53-57) and 186 (*RMD* I 69).

3. On both faces IV ET VI VLPIAE PETREOR was engraved. This plural is the correct form of the honorific title when two units are listed together. Cf. *RMD* IV 214 of 91 for Syria and the third copy (*RMD* VI 613 note 2).

4. Maximus Lucilianus is known as governor of Syria Palaestina only in this year (*DNP* 7, 467 [3], Thomasson 2009, 34:033a). On 6 February 158 the governor was C. Iulius Severus (*AE* 2007, 1766).
   Extrinsecus DVXSSENT for DVXISSENT.

5. The consuls, A. Platorius Nepos (Calpurnianus) (*PIR²* P 450, *DNP* 9, 1111) and M. Postumius Festus (*PIR²* P 886, *DNP* 10, 226), were the first pair of *suffecti* for 160. They held office from 1 March most likely until the end of April (Eck 2013, 80).

6. The recipient had served as an infantryman in *cohors I Damascenorum Armeniaca sagittariorum*. Its commander is named as Aurelius Panleus on the outer face of tabella I but seemingly as Aurelius Panicus on the inner face of tabella II. However, this potential C is more angular than definite examples on that face and could equally be an L. Of these possible cognomina only Pannicus is recorded (*OPEL* III, 122) which points to Panicus as the cognomen.

7. Muta, son of Mutes, was from Aspendus in Lycia et Pamphylia. Cf. the Greek personal names Moutas and Moutes (*LGPN* V.B 306). The other known recipients were also from this province. Serpodius was from Telmessus (*RMD* III 173); Vaxade (dat.) from Syedra (*RMD* VI 613), and Galata from Sagalassus (*AE* 2011, 1810).

8. The witnesses have signed in the order expected for the date of issue.

Photographs *RGZM* Taf. 77-79.

613 PIVS VAXADE

a. 160 Mart. 7

Published W. Eck and A. Pangerl *Scripta Classica Israelica* 24, 2005, 101-106. Almost complete tabella I of a diploma lacking the top right corner and bottom left corner along with a small fragment from the bottom. Height 13.2 cm; width 10 cm; thickness between 0.6 mm in the lower corner to 1 mm in the upper; weight 106 g. The script on both faces is neat and clear. Letter height on the outer face 2.85-4 mm; on the inner 2.5-4.5 mm. On the outer face a single framing line is visible and there is a hinge hole in the lower right corner.
AE 2005, 1730

intus: tabella I

IMP CAES DIVI HADRIANI F DIVI TRAIANI PARTH
  NEP DIVI NERVAE PRON T AELIVS HADRIANVS
  ANTONINVS AVG PIVS PONT MAX TRIB POT
  XXIII   IMP   II   COS   IV P P
5 EQVITIBVS ET PEDITIBVS QVI MILITAVERVNT IN A
  LIS TRIBVS QVAE APPELLANTVR GALLORVM ET THRA
  CVM CONST ET ANTIANA GALLORVM ET THRACVM
  SAG ET VII PHRYGVM ET COHORTIBVS XII V GEMEL
  LA ET I THRACVM ∞ E ● T I SEBASTENORVM ∞ ET
10 I DAMASCENORVM ARMENIACVM SAG ET I MONTA
  NORVM ET I FLAVIAE C R ET I ET II VLPIAE GALATARVM
  ET III ET IV CALLAECORVM BRACARAVGVSTANORVM
  ET IV ET VI VLPIAE PETR ● EORVM ET SVNT IN SYRIA
  PALAESTINA SVB MAXIMO LVCILIANO LEG XXV
15 STIPENDIS EMERITIS DIMISSIS HONESTA MISSIO
  NE QVORVM NOMINA SVBSCRIPTA SVNT CIVITA
  TEM ROMANAM QVI EORVM NON HABERENT DEDIT
  ET CONVBIVM CVM VXORIBVS QVAS TVNC HABVISSENT
  CVM EST CIVITAS IS DATA AVT CVM IS QVAS POSTEA ●
20 .JVXISSENT DVMTAXAT SINGVLIS

extrinsecus: tabella I

IMP CAES DIVI HADRIANI F DIVI TRAIA[
  PARTH∞ NEP DIVI NERVAE PRON T AELIVS H[
  DRIANVS ANTONINVS AVG PIVS PONT MAX
  TRIB POT XXIII IMP II COS IV   P   P
EQVITIBVS ET PEDITIBVS QVI MILITAVE   5
RVNT IN ALIS TRIBVS QVAE APPELLANTVR
GALLORVM ET THRACVM CONST ET ANTIA
NA GALLORVM ET THRACVM SAG ET VII PHRY
GVM ET COHORTIBVS DECEM ET DVABVS V GE
MELLA ET I THRACVM ∞ ET I SEBASTENORVM 10
∞ ET I DAMASCENORVM ARMENIACVM SAG
ET I MONTANORVM ET I FLAVIAE C R ET I ET
II VLPIAE GALATARVM ET III ET IV CALLAECO
RVM BRACARAVGVSTANOR ET IV ET VI VLPI
AE PETREORVM ET SVNT IN SYRIA PA   15
LAESTINA SVB MAXIMO LVCILIANO LEG
    ●   ●
QVINQVE ET VIGINTI STIPENDIS EMERI
TIS DIMISSIS HONESTA MISSIONE QVO
RVM NOMINA SVBSCRIPTA SVNT CIVITA
TEM ROMANAM QVI EORVM NON HABERENT 20
DEDIT ET CONVBIVM CVM VXORIBVS QVAS
TVNC HABVISSENT CVM EST CIVITAS IS DA
TA AVT CVM IS QVAS POSTEA DVXISSENT DVM
TAXAT SINGVLIS   NONIS   MART
A   PLATORIO   NEPOTE   25
M   POSTVMIO   FEST O COS
COH I SEBASTENORVM ∞ CVI PRAEST
    CAVILLIVS   MAXIMVS
        EX PEDITE
VAXADE VAXADI   F SVEDR   30
DESCRIPT ET RECOGNIT EX TABVLA AERE
QVAE FIX EST ROM IN MVR POST TEMPL ●
  DIVI   AVG   AD MINERVAM

Imp. Caes(ar), divi Hadriani f., divi Traiani
  Parth(ici) nep(os), divi Nervae pron(epos), T.
  Aelius Hadrianus Antoninus Aug(ustus) Pius,
  pont(ifex) max(imus), trib(unicia) pot(estate)
  XXIII, imp(erator) II, co(n)s(ul) IV, p(ater)
  p(atriae),[1]
equitibus et peditibus, qui militaverunt in alis
  tribus, quae appellantur[2] (1) Gallorum et
  Thracum const(antium) et (2) Antiana Gallorum
  et Thracum sag(ittariorum) et (3) VII Phrygum
  et cohortibus decem et duabus (1) V Gemella et
  (2) I Thracum (milliaria) et (3) I Sebastenorum
  (milliaria) et (4) I Damascenorum Armeniacum
  sag(ittariorum) et (5) I Montanorum et (6) I

Flavia{e} c(ivium) R(omanorum) et (7) I et
  (8) II Ulpiae Galatarum et (9) III et (10) IV
  Callaecorum Bracaraugustanorum et (11) IV
  et (12) VI Ulpiae Petreorum et sunt in Syria
  Palaestina sub Maximo Luciliano leg(ato),
  quinque et viginti stipendis emeritis dimissis
  honesta missione,
quorum nomina subscripta sunt, civitatem
  Romanam, qui eorum non haberent, dedit et
  conubium cum uxoribus, quas tunc habuissent,
  cum est civitas is data, aut cum is, quas postea
  duxissent dumtaxat singulis.
nonis Mart(iis), A. Platorio Nepote, M. Postumio
  Festo cos.

ROMAN MILITARY DIPLOMAS VI

coh(ortis) I Sebastenorum (milliaria) cui praest
    Cavillius Maximus,[3] ex pedite Vaxade Vaxadi f.,
    Suedr(o).[4]
Descript(um) et recognit(um) ex tabula aere(a)
    quae fix(a) est Rom(ae) in mur(o) post
    templ(um) divi Aug(usti) ad Minervam.

1. This complete tabella I is the third copy of the constitution for Syria Palaestina of 7 March 160 (*RMD* III 173, VI 612). A fourth has been published (*AE* 2011, 1810 = *IK* 70, 6). For details of the governor and the consuls, see *RMD* VI 612.
2. This unit list exhibits further examples of confusion with the case forms of the honorific titles of some of the units. As on *RMD* VI 612 both faces correctly have IV ET VI VLPIAE PETREORVM and I ET II VLPIAE GALATARVM. But, both incorrectly have I FLAVIAE C R.
3. The unit of the recipient was *cohors I Sebastenorum milliaria.* W. Eck and A. Pangerl argue that he was called C. Avillius Maximus. He is not otherwise known, but the authors suggest he might have been an older brother of C. Avilius Gavianus, from Industria in Italy, who is attested as an equestrian tribune of *legio III Gallic*a in Syria in the second century (*PME* I A 264). But it should be noted that none of the other three attested commanders from this constitution are credited with a praenomen (*RMD* III 173, VI 612, *AE* 2011, 1810). Indeed, the last attested example of an equestrian commander with tria nomina dates to 28 September 157 (*RMD* IV 275). It is therefore possible that Maximus' nomen was Cavillius. Cf. Solin-Salomies 1994, 51.
4. The recipient had served as an infantryman. He and his father possessed the same name but its nominative form is not clear. Cf. the Greek stem Ouaxa- in southern Asia Minor (*LGPN* V.B 333-334, V.C 337). W. Eck and A. Pangerl argue that his origo SVEDR should be identified as Syedra, a city on the coast of Lycia et Pamphylia. For details of the homes of the known recipients of this constitution, see *RMD* VI 612 note 7.

Photographs *SCI* 24, 103-104.

614 PIVS INCERTO

c.a. 145/160 (Iul. 16 / Aug. 13)

Published P. Weiß *Zeitschrift für Papyrologie und Epigraphik* 150, 2004, 245-247. Fragment from the upper right of tabella I of a diploma when viewed from the outside with a black patina and which lacks the original top edge. When viewed from the inside the text is that from the top right of a tabella II. Height 5.1 cm; width 2.8 cm; thickness c. 1 mm; weight 10 g. The script on both faces is neat and clear. Letter height on the outer face 4-5.5 mm; on the inner 3-5 mm. There is a hinge hole in the top right corner of the outer face. Along the right hand edge of the outer face there are two framing lines of which the inner is very faint. On the inner face there are traces of striations from the smoothing of the surface.
AE 2004, 1915

Imp. Caesar, divi Hadrian]i f., divi [Traiani Parthici nepos, d]ivi Ner[vae pronepos, T. Aelius Ha]drianus [Antoninus Aug(ustus) Pius, pont(ifex)] max(imus), [trib(unicia) pot(estate) --, imp(erator) II, co(n)s(ul)] IIII,[1] p(ater) p(atriae),

[iis, qui militaverunt in cl]asse[2] [---, quae est s]ub Papi[---].

[a. d. ---] Aug. [--- , ---] cos.

1. The titles of the emperor are spread across five lines of the outer face of this fleet diploma. Cf. Misene fleet: *RMD* III 171 (6 February 158), *RMD* VI 605, 607 (7 February 160); Ravenna fleet: *RMD* VI 570 (22 August 139). They reveal that Antoninus Pius had been consul for the fourth time. Therefore, the date of issue was after 1 January 145. On the inner face the day date can be seen to have been between 16 July and 13 August. Thus, the latest year of issue would have been 160 because Pius died on 7 March 161.
2. To which fleet the grant was made is unclear. If Papi[---] represents the name of the fleet commander there is currently no potential commander either of the Misene fleet or of the Ravenna fleet (Magioncalda 2008). P. Weiß suggests that the fleet could have been the *classis Britannica* since Papi[rius Aelianus] is known to have been governor of Britain in 146 (Birley 2005, 143-144). The only grant recording this fleet was issued solely to its members (*AE* 2008, 1754). This could therefore be a second.

Photographs *ZPE* 150, 245.

615 PIVS INCERTO

c.a. 156 (Dec. 10) / 160 (Dec. 9)

Published B. Pferdehirt *Römische Militärdiplome und Entlassungsurkunden in der Sammlung des Römisch-Germanischen Zentralmuseums*, 2004, Nr. 42. Two conjoining fragments from the upper left of tabella I of a diploma which lack the corner. Maximum height 4.3 cm; maximum width 5.4 cm; thickness 1 mm; weight 12.3 g. The script on both faces is small with that on the outer face clear and that on the inner more irregular and less well formed. Letter height on both faces 2.5 mm. On the outer face there is a 3 mm wide border comprising two framing lines. Now in the Römisch-Germanisches Zentralmuseum, Mainz (Inv. Nr. O. 42536).

	intus: tabella I			extrinsecus: tabella I	
	]CAES DI[			]P CAES DIVI HADRI[	
	]ARTHIC[			]ARTHICI NEP DIV[	
	HADRIAN[			]LIVS HADRIANVS AN[	
	TR POT [			PONT MAX TR POT XX[	
5	EQ ET PED Q M IN[			EQVITIB ET PEDIT QV[	5
(!)	RAC ET I CAN N[			APPEL I VLP CONT ∞[	
	AVG THR ET[			CANNANEF ET I[	
(!)	APII ET[			THRAC ET COH V[	
	SVNT[			]RAC C R ET II[	
10	X[			]AE LV[	10

[Im]p. Caes(ar), divi Hadri[ani f., divi Traiani P]arthici nep(os), div[i Nervae pronep(os), T. Ae]lius Hadrianus An[toninus Aug(ustus) Pius], pont(ifex) max(imus), tr(ibunicia) pot(estate) XX[---, imp(erator) II, co(n)s(ul) IV p(ater) p(atriae)],[1]

equitib(us) et pedit(ibus), qu[i milit(averunt) in alis V,[2] quae] appel(lantur) (1) I Ulp(ia) cont(ariorum) (milliaria) [et (2) I Th]rac(um) <victr(ix)>[3] et (3) I Cannanef(atium) et (4) I [Hispan(orum) Arvac(orum) et (5) III] Aug(usta) Thrac(um) et coh(ortibus) V[I² (1) I Ulp(ia) Pannon(iorum) (milliaria) et (2) I] Thrac(um) c(ivium) R(omanorum) et (3) II A<l>pi⌜n⌝(orum)[4] et [(4) IV volunt(ariorum) c(ivium) R(omanorum) et (5) V Call]ae(corum) Lu[cens(ium) et (6) XIIX vol(untariorum) c(ivium) R(omanorum) et] sunt [in Pannonia super(iore) sub --- leg(ato)], X[XV stipendis emeritis dimissis honesta missione], [quorum nomina subscripta sunt, ---].

1. This issue for troops in Pannonia superior is from when Antoninus Pius held tribunician power for at least the twentieth time between 10 December 156 and his death on 7 March 161. The latter year is ruled out because the known copies of the grant for the province of 8 February 161 have a differently ordered unit list (*RMD* IV 279/176, V 430, 431).

2. The order of the units included in the grant is clear but the exact numbers of alae and cohorts have not survived. The five alae attested in the province can be restored in the order they are listed in 159 (*RMD* V 422, VI 604). Five cohorts, or more, were listed in numerical order. B. Pferdehirt suggests there were only five. But the issue of 21 June 159 named six cohorts in the same order (*RMD* V 422, VI 604). It is now clear that *RMD* V 416 is another copy and named six in the same order (Beutler 2018, 111-115). They included *cohors XVIII voluntariorum civium Romanorum* after *cohors V Callaecorum Lucensium*. It is possible for the former to fit into line 8 of the inner face:

32: EQ ET PED Q M IN [al v q app i ulp cont ∞ et i th]
33: RAC ET I CANN[anef et i hispan arvac et iii]
34: AVG THR ET [coh vi i ulp pann ∞ et i thr c r et ii]
36: APII ET [iv vol c r et v call luc et xiix vol c r et]
35: SVNT [in pannon super sub nonio macrino leg]

3. Intus VICTR omitted.

4. Intus APII for ALPIN.

Photographs *RGZM* Taf. 80.

616 PIVS INCERTO

a. 159 (Dec. 10) / 160 (Dec. 9)

Published H. Wolff *Jahresbericht des Historischen Vereins für Straubing und Umgebung* 105, 2005, 59-64. Fragment from the upper left hand side of tabella I of a diploma found in 2004 during excavations in the Baltische Straße in Straubing. Height 5.0 cm; width 4.34 cm; thickness 1.4 mm; weight not available. The script on both faces is clear with that on the inner face less carefully formed. The left hand binding hole of the outer face has survived. Along the left hand edge of the outer face there are two framing lines.
AE 2005, 1153

intus: tabella I

```
   ] CAES DIVI HA[
   ]NI N DIVI N[
    ]NVS ANTONIN[
    ]POT  XXIII  I M[
5  ]T PED Q M IN AL I[
   ]AVRIAN ET I FL ●[
    ]AV CANATH ∞ E[
   ]T II AQVET C R ET[
   ]HR C R ET III B[
10 ]VI LVSI[.] E[ ]+[
```

extrinsecus: tabella I

```
   E[
   APPEL II FLAV[
   MEL CR ET I SING C R P F[
   THEN ∞ ET I BREVC C[
   ET II AQVITAN C R ET III[              5
   V BRACAVG ET VI LVSI[
   SVNT IN RAETIA SVB[
   QVINQVE ET VIGINTI STI[
              ●
```

[Imp.] Caes(ar), divi Ha[driani f., divi Traia]ni (Parthici) n(epos), divi N[ervae pron(epos), T. Aelius Hadria]nus Antonin[us Aug(ustus) Pius, pont(ifex) max(imus), trib(unicia)] pot(estate) XXIII,[1] im[p(erator) II, co(n)s(ul) IV, p(ater) p(atriae)],

e[quit(ibus) e]t ped(itibus), q(ui) m(ilitaverunt) in al(is) I[V,[2] q(uae)] appel(lantur) (1) II Flav(ia) [(milliaria) p(ia) f(idelis) et (2) I Hisp(anorum] Aurian(a) et (3) I Fl[av(ia) Ge]mel(la) c(ivium) R(omanorum) et (4) I sing(ularium) c(ivium) R(omanorum) p(ia) f(idelis)[3] [et coh(ortibus) XIII (1) I Fl]av(ia) Canathen(orum) (milliaria) et (2) I Breuc(orum) c(ivium) [R(omanorum) et (3) I et (4) II Raet(orum)] et (5) II Aquitan(orum)[4] c(ivium) R(omanorum) et (6) III [Brac(ar)aug(ustanorum) et (7) III Thr(acum) vet(erana) et (8) III T]hr(acum) c(ivium) R(omanorum) et (9) III B[rit(annorum) et (10) IV Gall(orum) et] (11) V Brac(ar)aug(ustanorum) et (12) VI Lusi[t(anorum)] e[t (13) VIIII Batav(orum) (milliaria) et] sunt in Raetia sub [Vario Prisco[5]

proc(uratore)], quinque et viginti[6] sti[pend(is) emerit(is) dimiss(is) honest(a) mission(e)], [quorum nomina subscripta sunt, ---].

1. Antoninus Pius held tribunician power for the twenty-third time when this grant was made to the auxilia of Raetia. This ran from 10 December 159 until 9 December 160.
2. Sufficient of the unit names have survived on each face for the full complement of four alae and thirteen cohorts to be restored. The order is the same as that found in diplomas from 157. See *RMD* VI 598.
3. On the outer face *ala I Flavia Gemella* has the epithet *civium Romanorum* and *ala I singularium civium Romanorum is* called *pia fidelis*. This is the first example of the former. Not since the reign of Trajan had the latter ala definitely been recorded on diplomas with this honorific title.
4. Intus AQVET for AQVIT.
5. The name of the procurator has not survived. H. Wolff argues that Varius Priscus, whose name has been restored on a diploma of 18 December 160 for Raetia (*RMD* IV 278), is to be restored here. Cf. Thomasson 2009, 15:013a (2), Faoro 2011, 273-275.
6. This is a constitution for soldiers who had served exactly twenty-five years. The grant of 18 December 160 was made to men who had served the same term (*RMD* IV 278). But there is now a grant of 6/12 February 160 whose recipients served an unknown term (*AE* 2016, 1178).

Photographs and drawings *JHVSU* 105, 62-63.

617 PIVS INCERTO

c.a. 138/161

Published W. Eck - A. Pangerl *Zeitschrift für Papyrologie und Epigraphik* 155, 2006, 251-252. Fragment from the top left hand corner of tabella I of a diploma. Height 7.3 cm; width 4.6 cm; thickness 1-2 mm; weight 44 g. The script on the outer face is clear and neat while that on the inner is angular and more lightly incised. Letter height on the outer face 5 mm; on the inner 6 mm. Along the left hand edge of the outer face there are faint traces of two framing lines while along the top edge only one is visible.
AE 2006, 1859

intus: tabella I

IMP CAESAR DIV[
NEP DIVI NER[

extrinsecus: tabella I

IMP CAESA[
PARTHICI N[
T AELIVS[
VS PONT M[
IIS QVI MIL[5
MISENEN[
SEX ET VIGI[
SIS HONES[
SVBSCR[
]++[

Imp. Caesar, div[i Hadriani f., divi Traiani]
   Parthici nep(os), divi Ner[vae pronep(os),]
   T. Aelius [Hadrianus Antoninus Aug(ustus)
   Pi]us, pont(ifex) m[axim(us), trib(unicia)
   pot(estate) ---, imp(erator)(?) --, co(n)s(ul) ---,
   p(ater) p(atriae)],[1]
iis, qui mil[itaverunt in classe praetoria]
   Misenen[si, quae est sub ---], sex et vigi[nti
   stipendis emeritis dimis]sis hones[ta missione,]
[quorum nomina] subscr[ipta sunt, ---].

1. The surviving imperial titles show that this is part of an issue from the reign of Antoninus Pius. Not enough survives for the date to be further refined. The grant was for members of the Misene Fleet who had served twenty-six years. Currently, only the constitution of 13 February 139 is known to have been awarded to members of the Misene fleet who had served twenty-six years or more (*RMD* I 38) while those of 140, 145, 158, and 160 were for those who had served exactly twenty-six.

Photographs *ZPE* 155, 252.

618 PIVS INCERTO

c.a. 138/161

Published W. Eck - A. Pangerl *Zeitschrift für Papyrologie und Epigraphik* 155, 2006, 251. Small fragment from the upper left hand side of tabella I of a diploma. Height 2.7 cm; width 2.7 cm; thickness 1 mm; weight 4.4 g. The script on both faces is clear and neat with that on the inner more angular. Letter height on the outer face 4 mm; on the inner 4 mm. Faint traces of framing lines are visible along the original edge of the outer face.
AE 2006, 1860

intus: tabella I

```
]P CAE[
 ]NER[
  ]+[
```

extrinsecus: tabella I

```
DI[.]I N[
NVS·A[
POTE[
IIS QV[
```

[Im]p. Cae[sar, divi Hadriani f., divi Traiani
Parthici nep(os)], di[v]i Ner[vae pronep(os),
T. Aelius Hadrianus Antoni]nus A[ug(ustus)
Pius, pont(ifex) maxim(us), trib(unicia)]
pote[st(ate) ---, [imp(erator)(?) --, co(n)s(ul) ---,
p(ater) p(atriae)],[1]
iis, qu[i militaverunt in classe praetoria ---, quae
est sub ---].

1. Enough survives of the titles of the emperor to show that this fragment comes from an issue of the reign of Antoninus Pius. The date, however, cannot be narrowed further. This was a grant for members of one of the fleets. Most of those known from this period were awarded to the Italian fleets. Only one constitution for a provincial fleet has been securely identified and dates to 151/161 (*RMD* V 432).

Photographs *ZPE* 155, 251.

619 PIVS INCERTO

c.a. 145/161

Published W. Eck - A. Pangerl *Zeitschrift für Papyrologie und Epigraphik* 153, 2005, 204-206. Fragment from the top right corner of tabella I of a diploma. Height 2.6 cm; width 2.9 cm; thickness 1 mm; weight 4.7 g. The script on the outer face is neat and clear while that on the inner face is more irregular and difficult to read where obscured by corrosion. Letter height on the outer face 3 mm; on the inner 4 mm. There is a hinge hole in the top right corner which had been punched before the letters had been inscribed since the last letter of both the first and second lines of the outer face have been re-aligned to miss it. On the outer face there are traces of a single framing line.
AE 2005, 1728

intus: tabella I

```
    DIM HO[
    CIVITA[
    VXOR Q[
     DAT AVT[
5   ● T A X [
```

extrinsecus: tabella I

```
              ]VI TRAIANI●
              ]AELIVS HA
              ]S PONT MAX
              ]OS IV   P  P
              ]LIT IN AL V        5
              ]T GEMELLIAN
```

[Imp. Caes(ar), divi Hadriani f., div]i Traiani
[Parthici nep(os), divi Nervae pron(epos), T.]
Aelius Ha[drianus Antoninus Aug(ustus) Piu]s,
pont(ifex) max(imus), [trib(unicia) potest(ate) --,
imp(erator) II, co(n)]s(ul) IV, p(ater) p(atriae),[1]
[equit(ibus) et pedit(ibus), qui mi]lit(averunt)
in al(is) V [et coh(ortibus)(?) ---, quae
appell(antur)(1) I Aug(usta) Gallor(um) e]
t (2) Gemellian(a) [c(ivium) R(omanorum)[2] et
(3) I Taurian(a) victrix c(ivium) R(omanorum)
et (4) III Astur(um) p(ia) f(idelis) c(ivium)
R(omanorum) et (5) I Hamior(um) Syror(um)
sag(ittariorum) et [--- et sunt in Mauretan(ia)
Tingitan(a) sub --- stip(endis) emer(itis)]
dim(issis) ho[n(esta) miss(ione),
quor(um) nomin(a) subscript(a) sunt], civita[t(em)
Roman(am), qui eor(um) non hab(erent), dedit

et conub(ium) cum] uxor(ibus), q[uas tunc
habuiss(ent), cum est civit(as) is] dat(a), aut [cum
is, quas postea duxissent dum]tax[at singulis].

1. The surviving titles of Antoninus Pius show that this was issued after he had become consul for the fourth time on 1 January 145.
2. Five alae were included in the grant and the name of one has survived. This is *ala Gemellian(a) [civium Romanorum]*. It indicates this is part of a grant for troops in Mauretania Tingitana. W. Eck and A. Pangerl suggest that the layout points to it being a further copy of the constitution of 26 October 153 but insufficient diagnostic sections of the text have survived. Cf. *RMD* V 410, VI 592 for the layout.

Photographs *ZPE* 153, 205.

620 PIVS INCERTO

c.a. 154/161

Published H. Wolff *Ostbairische Grenzmarken* 46, 2004, 15-16. Fragment from the bottom left corner of tabella I of a diploma found in 2001 in the Käserfeld part of the east vicus of the Roman fort at Künzing. Height 2.7 cm; width 3.78 cm; thickness 0.8 mm; weight not available. The script on the outer face is neat and clear except where damaged by corrosion while that on the inner is more irregular. Along the original left edge of the outer face are faint traces of two framing lines.

AE 2004, 1066

intus: tabella I		extrinsecus: tabella I
	]RAIANI	ALI+[
	]ELIVS	DESCRIPT ET[
	]PONT	QVAE FIXA E[
	]P · P	TEMPL DIVI [
5	]QVAE	

[Imp. Caesar, divi Hadriani f., divi T]raiani
   [Parthici nepos, divi Nervae pronepos, T.
   A]elius [Hadrianus Antoninus Pius Aug(ustus)],
   pont(ifex) [max(imus), trib(unicia) pot(estate)
   ---, imp(erator) --, co(n)s(ul) IV], p(ater)
   p(atriae),[1]
[equitibus et peditibus, qui militaverunt in alis ---],
   quae [appellantur --- et cohortibus --- et sunt in
   Raetia sub ---].

[--- ex ---] ALI[---].[2]
Descript(um) et [recognit(um) ex tabula aerea]
   quae fixa e[st Romae in muro post] templ(um)
   divi [Aug(usti) ad Minervam].

1. Only sufficient of the imperial titles have survived to show this is an issue from the reign of Antoninus Pius after he had accepted the title *pater patriae* from January 139. The findspot in the vicus at Künzing strongly suggests a grant to the garrison of Raetia. Line 5 of the inner face contained the *equitibus et peditibus* formula which shows this is an auxiliary diploma. Early in Pius' reign this clause was severely abbreviated and the phrase *quae appellantur* of which *quae* survives here would have been abbreviated to *q(uae) app(ellantur)*. Cf. *RMD* V 386 for Raetia. Between 143 and 153 no units were named on the inner face of diplomas for the provinces. After 154 alae and cohorts were split and the phrase became *militaverunt in alis ---, quae appellantur --- et cohortibus ---*. Part of this survives here *quae [appel(lantur)]*. Cf. *RMD* IV 275 for Raetia. The date of issue is therefore likely to be between 154 and the death of Pius in 161. See further Holder 2007a, 153-160.

2. Traces survive of the name of the recipient. H. Wolff restores this as A. Lic[inius ---] but the suggested interpunct is not certain. Preferable might be a cognomen beginning ALI[---].

Photographs and drawings *OG* 46, 16.

621 M. ANTONINVS ET L. VERVS INCERTO

a. 164 [Iul. 21]

Published W. Eck - A. Pangerl *Acta Musei Napocensis* 43-44/1, 2006-2007, 203-206. Fragment from the top left quadrant of tabella I of a diploma. Height 7.7 cm; width 7.2 cm; thickness 1 mm; weight 46 g. The script on both faces is neat and clear although that on the inner face is more irregular. Letter height on the outer face 3 mm; on the inner 4 mm. The left hand binding hole has survived on the outer face. There are two faint framing lines along the original edges of the outer face.
AE 2007, 1764

intus: tabella I

```
(!)   IMP CAES LVCIVS AVRELIVS VE[
      PONT MAX TRIB POT XVIII IMP[
      IMP CAES LVCIVS AVRELIVS VERVS[
      IIII IMP II PROCOS COS II DIV[
5     DRIANI NEPOTES DIVI TRAIA[
      DIVI      NERVAE        AD[
(!)   EQVITIBVS ET PEDIBVS QVI MIL[
      LOR ET PANNON ET PANNO ET II T● V[
      TON ∞ ET I BRITTANORM EQV[
10    NOR ∞ ET I AELIA  GAESAT ET II NE[
(!)   ∞ ET I HISPANOR ∞ ET I PANN[
      LINGON ET VI THRAC[
      SI SVB SEMPRONIO IN[
                    ]PEND[
```

extrinsecus: tabella I

```
      IMP CAESAR MARCVS AVR[
      AVG ARMENIAC PONTIFEX[
      NIC POTEST XIIX    IMP I[
      IMP CAESAR LVCIVS AVREL[
      MENIACVS TRIBVN POT IV[              5
      DIVI ANTONINI FILI DIVI H[
      DIVI TRAIANI PARTHICI [
      DIVI      NERVAE        AD[
EQVITIBVS ET PEDITIBVS QVI M[
      TRIBVS QVAE APPELLANT II GA[        10
      ET SILIAN C R ET I TVNGR FRO[
      ET DVABVS I BRITTON ∞ ET I[
      ET I HISPAN ∞ ET I BATAV ET I[
      NERV BRITTON ∞ ET II BRITAN[
      ∞ ET I CANNANEF ET II HISP [        15
      ET VI THRAC ET SVNT IN DAC[
      SVB SEMPRONIO INOPEN[              (!)
                ●[
```

Imp. Caesar Marcus Aur[elius Antoninus]
Aug(ustus) Armeniac(us), pontifex [maximus,
tribu]nic(ia) potest(ate) XIIX, imp(erator) [II,
co(n)s(ul) III et
Imp. Caesar Lucius Aurel[ius Verus Aug(ustus)
Ar]meniacus, tribun(icia) pot(estate) IV,
[imp(erator) II, proco(n)s(ul), co(n)s(ul) II,
divi Antonini fili, divi H[adriani nepotes],divi
Traiani Parthici [pronepotes], divi Nervae
adnepotes,[1]
equitibus et peditibus,[2] qui mil[itaverunt in
alis] tribus,[3] quae appellant(ur) (1) II
Ga[l]lor(um) et Pannon(iorum) et (2) Silian(a)
c(ivium) R(omanorum) et (3) I Tungr(orum)
Fro[nton(iana) et cohortibus decem] et
duabus[3] (1) I Britton(um) (milliaria) et (2) I
Brittanorum equ(itata) et (3) I Hispan(orum)
(milliaria) et (4) I Batav(orum) et (5) I Aelia
Gaesat(orum) et (6) II Nerv(iana) Britt(onum)
(milliaria) et (7) II Britan[n(orum)] (milliaria)
et (8) I Hispanor(um)] (milliaria) et (9) I
Cannanef(atium) et (10) II Hisp[an(orum) [et
(11) V] Lingon(um) et (12) VI Thrac(um) et
sunt in Dac[ia Porolissen]si sub Sempronio
In⌐g⌐en[uo⁴ proc(uratore), XXV plurib(us)ve
sti]pend(is) [emeritis dimissis honeste missione],

1. Intus line 1 LVCIVS for MARCVS and VE[RVS] for AN[TONINVS]. The titles of Marcus Aurelius and of Lucius Verus show this was issued when they held tribunician power respectively for the eighteenth time and for the fourth time which ran from 10 December 163 until 9 December 164. The unit list of three alae and twelve cohorts enables it to be recognised as the ninth copy of the constitution for Dacia Porolissensis of 21 July 164 (*CIL* XVI 185, *RMD* I 63, 64, 66, II 115, 116, 117, IV 287).
2. Intus PEDIBVS for PEDITIBVS.
3. As with the other relatively complete copies of this grant there are discrepancies in the naming of the units between the inner and outer face. Cf. *CIL* XVI 185, *RMD* I 63, 64, IV 287. The unit names have survived as:

intus	extrinsecus
]LOR ET PANNON	II GA[
PANNO	SILIAN CR
II TV[NGR]	I TVNGR FRO[
]TON ∞	I BRITTON ∞
I BRITTANORM EQV	I [
]NOR ∞	I HISPAN ∞
omitted	I BATAV
I AELIA GAESAT	I [
II NE[	[II] NERV BRITTON ∞
] ∞	II BRITAN [∞]
I HISPANOR ∞	] ∞
I PANN[	I CANNANEF
[---]	II HISP[
[V] LINGON	[---]
VI THRAC	VI THRAC

On the inner face PANNO was repeated instead of the expected SILIAN CR and II TV[NGR] was engraved for I TV[NGR]. In the cohort list I PANN was engraved instead of I CANN on the inner face. It is also clear that *cohors I Batavorum milliaria* was omittted on the inner face. Additionally, on the outer its *milliaria* sign is lacking but it is extant on other copies (*CIL* XVI 185: *RMD* I 64, IV 287).

4. The governor's name is incomplete on both faces. On the outer face of this copy his cognomen has been engraved as INOPEN[--], perhaps because of the poor quality of the ink exemplar. His correct name is (L.) Sempronius Ingenuus (*PIR²* S 356, Thomasson 1984, 21:30, Piso 2013, 127-129).

Photographs *AMN* 43-44/1, 203.

622 M. ANTONINVS ET L. AVRELIVS INCERTO

a. 165 (Ian. /Feb.)

Published H. Wolff *Ostbairische Grenzmarken* 46, 2004, 17-18 and H. Wolff *Jahresbericht des Historischen Vereins für Straubing und Umgebung* 105, 2005, 64-67. Fragment from the bottom of the right hand corner of tabella II of a diploma found in 1989 in excavations in the Oppelner Straße in Straubing. Viewed from the outside the top and bottom have been bent inwards where there are pieces missing from the edge; a third piece is missing between these two. Height 8.22 cm; width 4.33 cm; thickness 1.4 mm; weight not available. The script on the outer face is neat and clear; the few surviving letters on the inner face are more irregular. There are two framing lines visible along the edges of the outer face and there is a hinge hole in the lower right hand corner.
AE 2004, 1063

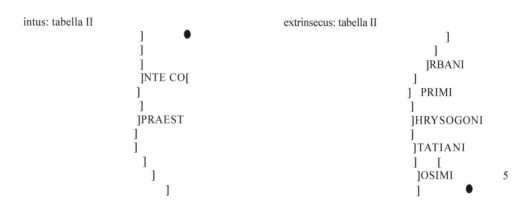

[Imp. Caesar Marcus Aurelius Antoninus
    Aug(ustus) --- et
Imp. Caesar Lucius Aurelius Verus Aug(ustus) ---],
[equitibus et peditibus, qui militaverunt in alis ---,
    quae appellantur --- et cohortibus --- et sunt
    in Raetia sub --- proc(uratore), --- stipendis
    emeritis dimissis honesta missione],
[quorum nomina subscripta sunt, ---].
[a. d. --- [(M. Gavio) Orfito et (L. Arrio) Pude]nte
    co[s.]¹
[alae/cohort(is) --- cui] praest [---].
[Descriptum et recognitum ---].

[M. Servili Getae]; [Ti. Iuli Felicis]; [C. Belli
    U]rbani; [L. Pulli] Primi; [L. Senti C]hrysogoni;
    [C. Pomponi S]tatiani; [L. Pulli Z]osimi.²

1. Part only of the cognomen of the *consul posterior* has survived. While there is no special diagnostic feature to his name H. Wolff demonstrates that he can be identified as L. Arrius Pudens, one of the *ordinarii* of 165 (*PIR*² A 1105). His colleague was M. Gavius Orfitus (*PIR*² G 105). The date is confirmed by the identification of the witnesses (note 2). The findspot of Straubing strongly indicates that this is part of a grant to the auxilia of Raetia.
2. Only parts of the cognomina of five witnesses have survived. But they can be identified as C. Bellius Urbanus, L. Pullius Primus, L. Sentius Chrysogonus, L. Pomponius Statianus, and L. Pullius Zosimus. They are known to have signed in these positions only between 21 July 164 and March or April 166 (Appendix IIIa).

Photographs and drawings *OG* 46, 17-18; *JHVSU* 105, 66-67.

623 M. ANTONINVS ET L. VERVS CANDIDO

c.a. 165/166

Published P. Weiß *Herrschen und Verwalten: der Alltag der römischen Administration in der Hohen Kaiserzeit*, ed. R. Haensch - J. Heinrichs, 2007, 160-167. Fragment from the lower left quadrant of tabella I of a diploma with a dark green patina which lacks the corner and bottom. The text on the outer face is that of tabella I but the inner face has the text for the intus of tabella II. Height 6.2 cm; maximum width 6.3 cm; thickness c. 1 mm; weight 22.18 g. The script on both faces is clear but that on the inner face is irregular compared to the neat script on the outer. Letter height on the outer face 3-4 mm; on the inner 2.5-5 mm. There are two framing lines along the left hand edge of the outer face. On the inner face there are heavy striations from the process for preparing the surface.

	intus: tabella II		extrinsecus: tabella I	
	]HO[		]B CA+[ ]+I[	
	] SERVILIV[		PLVRIBVE STIPENDI[	
	] EX [		NEST MISSION QVOR[	
	] CANDIDO DECIN[		SVNT CIVITAT ROMA[	
	] *vacat* [		BER DEDER ET CONVB[	5
5	]ESCRIPT ET RECOGN[		TVNC HABVISS CVM ES[	
	QVAE FIX EST ROMAE[		CVM IS QVAS POSTEA D[	
	]VI AVG A[		SINGVLIS A D X[	
	] [		L NERATIO PROCVLO M I[	
			COHORT I THRACVM[	10
			SERVILIVS BERY[	
			EX PEDITE[	
			CANDIDO DECINAEI[	
			]ESCRIPT E[.] RECOG[	
			]E FIXA E[	15
			]PL[ ]+[	

[Imp. Caes(ar) M. Aurelius Antoninus Aug(ustus)
    Armeniacus(?) Medicus(?) Parthicus(?),
    pontif(ex) max(imus), trib(unicia) pot(estate) --,
    imp(erator) --, co(n)s(ul) III et
Imp. Caes(ar) L. Aurelius Verus Aug(ustus)
    Armeniacus(?) Medicus(?) Parthicus max(imus)
    (?), trib(unicia) pot(estate) --, imp(erator) --,
    co(n)s(ul) III, patres patriae, divi Antonini f.,
    divi Hadriani nepotes, divi Traiani Parthici
    pronepotes, divi Nervae abnepotes],[1]
[equitibus et peditibus, qui militaverunt in alis
    ---, quae appellantur --- et cohortibus --- et
    I Thracum c(ivium) R(omanorum)(?) aut I
    Thracum Germ(anica)(?) --- et sunt in Pannonia
    inferiore(?) su]b Cae[cilio Ru]fi[no(?) leg(ato),[2]
    quin(is) et vicen(is)] plurib(us)ve stipend(is)
    e[merit(is) dimiss(is) ho]nest(a) mission(e),
quor[um nomina subscripta] sunt, civitat(em)
    Roma[nam, qui eorum non ha]ber(ent),
    deder(unt) et conub[ium cum uxoribus, quas]
    tunc habuiss(ent), cum es[t civitas is data, aut]
    cum is, quas postea d[uxissent dumtaxat] singulis.
a. d. X[---] L. Neratio Proculo, M. I[--- cos.][3]
cohort(is) I Thracum [c(ivium) R(omanorum)](?) aut
    German(icae)](?) cui praest] Servilius Bery[---],[4]
    ex pedite Candido Decinaei [f., Daco(?)].[5]
[D]escript(um) et recogn[it(um) ex tabula aerea]
    quae fixa est Romae [in tem]pl(um) [di]vi
    Aug(usti) a[d Minervam].

1. While no imperial titles have survived it is clear that this was issued after 140 and, from line 5 of the outer face, when joint emperors were on the throne. P. Weiß argues that the date was most likely 165/166 from the name of the surviving consul (note 3) and the likely name of the governor (note 2). The probable titles of Marcus Aurelius and Lucius Verus have therefore been restored.
2. The governor can be restored as (Q.) Cae[cilius Ru]fi[nus] (Crepereianus) who is known to have been governor of Pannonia inferior under joint emperors (*PIR*[2] C 76, Thomasson 1984, 19:17).
3. The consuls were *suffecti*. The first named, L. Neratius Proculus, should be identified with the senator from Saepinum where a statue in his honour was erected (*ILS* 1076 = CIL IX 2457, *PIR*[2] N 63). P. Weiß argues that his command of vexillations in a Parthian War should be dated to the end of the reign of Antoninus Pius. The likely date for his consulship would then be 165/166 (Eck 2013, 87) rather than 144 or 145 (*DNP* 8, 845 Neratius [6]). The second consul could not have been M. Insteius Bithynicus who is attested in 162 (*CIL* XVI 118). In this year Ti. Haterius Saturninus is attested as governor of lower Pannonia (*AE* 2010, 1854, *PIR*[2] H 32, Thomasson 1984, 19:16).
4. If the unit of the recipient was based in Pannonia inferior it could have been either *cohors I Thracum civium Romanorum* or *cohors I Thracum Germanica*. The commander's lack of praenomen indicates a date after 157.
5. The recipient was Candidus, son of Decinaeus. The father's name is Dacian (*OnomThrac* 117-118). Cf. *RMD* VI 586 of 20 January 151. His home can be restored as Dacus with some certainty (Dana - Matei-Popescu 2009, 216 no. 30).

Photographs *Herrschen und Verwalten* Taf. XI.

624 IMP. INCERTVS INCERTO

c.a. 90/168

Initial publication *RMD* IV 273 fragment B. Identified as separate fragment and republished B. Pferdehirt *Römische Militärdiplome und Entlassungsurkunden in der Sammlung des Römisch-Germanischen Zentralmuseums*, 2004, Nr. 72. Small rectangular shaped fragment from left of centre of the bottom of tabella I of a diploma which has a pale green patina. Height 2.2 cm; width 1.1 cm; thickness 1mm; weight 1.3 g. Lettering on both faces c. 3 mm. There are no traces of framing lines on the outer face. There are signs of the smoothing process with vertical striations on each face. Now in the Römisch-Germanisches Zentralmuseum, Mainz (Inv. Nr. O. 41837/5).

intus: tabella I	extrinsecus: tabella I
]ANO	]NRI[
]	]ET RE[
]	]ROM[
	] A[

[Imp. Caesar ---],

[---]ANO [---]

[---]NRI[---]

[Descriptum] et re[cognitum ex tabula aenea/aerea quae fixa est] Rom[ae in muro post templum divi Aug(usti)] a[d Minervam].[1]

1. This tiny fragment has too few diagnostic features to be certain to which tabella it belongs. It seems best to accept that the *descriptum et recognitum* formula is from the outer face of tabella I. The earliest date is therefore after 90 when the location for the original bronze record of a constitution was fixed as *in muro post templum divi Augusti ad Minervam*. The text on the inner face is at right angles to that on the outer and is from about the middle of the right hand side. If the text was from the inner face of tabella I the letters ANO would be part of a unit name or perhaps part of the cognomen of a governor or unit commander. For example, there is Tuticanus Capito, commander of both the Ravenna and Misene fleets between 152 and 160. Cf. *RMD* VI 605. It is also possible that the letters are from the cognomen or the home of the recipient engraved on the inner face of what was normally tabella II. Cf. *CIL* XVI 10, 12, *RMD* II 108, III 187, 192, 196. The letters on line 1 of the outer face are either part of the recipient's name or part of the name of a wife or child. The good quality of the lettering suggests a date before the suspension of issuing diplomas on metal for ten years in 167/168.

Photographs *RGZM* Taf. 132.

625 IMP. INCERTVS INCERTO

c.a. 144/168 Oct. 4

Published M. Scholz *Archäologische Ausgrabungen in Baden-Württemberg* 2004, 189-190. Fragment from the middle of the right hand side of tabella I of a diploma found in excavations in 2004 in "Fürsamen" between Heidenheim and Schnaitheim. Height 2.8 cm; width 2.9 cm. The script on both faces is neat and clear although that on the inner is more irregular. The right hand binding hole has survived on the outer face. The inner face shows vertical striations which have survived from the smoothing of the surface. There are two framing lines visible along the original right edge of the outer face.
AE 2004, 1060

[Imp. Caes(ar) ---],
[equitibus et peditibus, qui militaverunt in alis --- et
    cohortibus ---, quae appellantur --- et sunt in
    Raetia sub --- stipend(is) emerit(is) dimiss(is)
    honest(a) mis]sion(e)],
[quorum nomina subscripta sun]t, civitat(em)
    [Roman(am), qui eorum non haber(ent), de]dit
    et co[nubium cum uxoribus, quas tunc
    hab]uis(sent), cum [est civitas is data, aut cum]
    is quas, postea [duxissent dumtaxat singulis].
[a.]d. IV non. Oct(obres) [--- cos.]¹

1. This constitution was issued on 4 October of an unknown year, but after 140 because the clause *civitat(em) [Roman(am) qui eorum non haber(ent) de]dit* is used. M. Scholz argues that this is a grant to the auxilia of Raetia. He suggests that the transfer of *ala II Flavia milliaria pia fidelis* from Heidenheim to Aalen in 160 provides the latest date for the diploma. This, however, does not take into account the possible return to Heidenheim of the owner of the diploma after this date if he had spent most of his time as a serving soldier there before the move to Aalen.

Photographs *AAB-W* 2004, 189.

626 IMP. INCERTVS INCERTO

c.a. 152/168

Published P. Weiß *Zeitschrift für Papyrologie und Epigraphik* 150, 2004, 247. Fragment from about the middle of the right hand side of tabella I of a diploma with a green patina. Height 1.9 cm; width 3.4 cm; thickness c. 0.5 mm; weight c. 1-2 g. The script on the outer face is neat and clear but that on the inner face is irregular. Letter height on the outer face 3-4 mm; on the inner 2.5-4.5 mm.
AE 2004, 1916

intus: tabella I
]X M[
]S V E [
]M DED+[
]NC SECV[
5   ]T AVT[
]S QV[
] ++[

extrinsecus: tabella I
]ISSION[
]PTA SVNT IPSI[
]SVSCEPERINT[
]CVM CONCES[
]E PROBA[5

[Imp. Caesar ---],
(classis)

[--- stipendis emeritis dimissis honesta m]ission[e],
[quorum nomina subscri]pta sunt, ipsi[s filisque
eorum, quos] susceperint [e]x m[ulieribus,
quas se]cum conces[sa con]sue[tidine vixiss]e
proba[verint,[1] civitatem Romana]m dedi[t aut
dede[runt] [et conubium cum isdem, quas tu]nc
secu[m habuissent, cum est civitas is da]t(a), aut,
[siqui tunc non habuissent, cum i]s, qu[as, postea
uxores duxissent dumtaxat singuli singulas].

1.   While no imperial titles have survived nor any trace of consular names it is possible to deduce an approximate date of issue. The appearance of the *concessa consuetudine* formula for wives

of members of the fleets indicates the earliest possible date is 5 September 152 (*CIL* XVI 100). This is the last known example of the old formula. P. Weiß argues that the grant was later than the reign of Antoninus Pius because of the nature of the script and the likely small size of the complete diploma when compared to the known copies of the constitution for the Misene fleet of 7 February 160. Cf. *RMD* VI 605 which is the most complete copy. He therefore suggests that line 3 intus should probably read *[Romana]m dede[runt]* rather than *[Romana]m dedi[t]*. The date would then be within the joint reign of Marcus Aurelius and Lucius Verus. However, this is not certain and there is at least one example of a small fleet diploma after 152 (*RMD* VI 599). Cf. also *RMD* VI 627.

Photographs *ZPE* 150, 247.

627 IMP. INCERTVS INCERTO

c.a. 152/168

Published W. Eck - A. Pangerl *Zeitschrift für Papyrologie und Epigraphik* 163, 2007, 226-227. Fragment from the middle of the upper half of tabella I of a diploma. Height 3.4 cm; width 2.4 cm; thickness 1 mm; weight not available. The script on the outer face is well formed while that on the inner is irregular.
AE 2007, 1788

intus: tabella I
]ILI[   ]R[
]SI QVAE ES[
]VI STIPEN[
]ISSIO[

extrinsecus: tabella I
]MISSIS H[
]NOMINA SV[
]ORVM Q[
]BVS QVA[
]NE VIX[5
]MANA[

[Imp. Caesar ---],
[iis, qui m]ili[tave]r[unt in classe praetoria
Misenen]si, quae es[t sub --- praef(ecto),
XX]VI stipen[dis emeritis di]missis h[onesta
m]issio[ne],[1]
[quorum] nomina su[bscripta sunt, ipsis filisque
e]orum, q[uos susceperint ex mulieri]bus,
qua[s secum concessa consuetudi]ne vix[iss(e)
probaverint, civitatem Ro]mana[m dedit aut
dederunt et conubium cum iisdem, quas tunc
secum habuissent, cum est civitas iis data, aut,
siqui tunc non habuissent, cum iis, quas postea
uxores duxissent dumtaxat singuli singulas].*

1. This is part of an issue for the *classis praetoria Misenensis* granted to men who had served twenty-six years exactly. The latest date of issue is 208 because in the following year there is a constitution issued to men of this fleet who had served twenty-eight years (*RMD* I 73). The style of lettering on the inner face along with the abbreviation *XXVI* for *senis et vicenis* point to a date before 168. Cf. the inner face of *RMD* VI 626. The use of the *concessa consuetudine* formula regarding wives and children shows this postdates the last known appearance of the previous formula on a diploma of 5 September 152 (*CIL* XVI 100).

Photographs *ZPE* 163, 226.

628 IMP. INCERTVS INCERTO

c.a. 152/168

Published I. Boyanov *Archaeologia Bulgarica* 11, 2007, 69-70. Fragment from the middle of the bottom of tabella I of a diploma found near the village of Stroyno, Yambol district, Bulgaria. Height 4 cm; width 4 cm; thickness 1 mm; weight not available. The script on both faces is clear and easy to decipher although that on the inner face is more irregular. Along the bottom edge of the outer face there are three framing lines. Now in Yambol Historical Museum (Inv. No. 4748).
AE 2007, 1259

<table>
<tr><td colspan="2" align="center">intus: tabella I</td><td colspan="2" align="center">extrinsecus: tabella I</td></tr>
<tr><td></td><td>]MISENEN</td><td>]RE LI+[</td><td></td></tr>
<tr><td></td><td>]XXVI STI</td><td>]NSTANTI · [</td><td></td></tr>
<tr><td></td><td>]SIONE</td><td>]PT ET RECOGN[</td><td></td></tr>
<tr><td></td><td>]FILISQ</td><td>]XA EST ROM[</td><td></td></tr>
<tr><td>5</td><td>]BVS QVA</td><td>]IVI AVG   A[</td><td>5</td></tr>
</table>

[Imp. Caesar, ---],
[iis, qui militaverunt in classe praetoria]
   Misenen[si, quae est sub --- praef(ecto)], XXVI
   sti[pendis emeritis dimissis honesta mis]sione,[1]
[quorum nomina subscripta sunt, ipsis] filisq[ue
   eorum, quos susceperint ex mulieri]bus,
   qua[s secum concessa consuetudine vixisse
   probaverint, civitatem Romanam dedit aut
   dederunt et conubium cum iisdem, quas tunc
   secum habuissent, cum est civitas iis data, aut,
   siqui tunc non habuissent, cum iis, quas postea
   uxores duxissent dumtaxat singuli singulas].
[a. d. --- cos.]
[ex gregale(?) M. Au]reli[o --- et Co]nstanti [f.
   eius].[2]
[Descri]pt(um) et recogn[it(um) ex tabula aerea
   quae fi]xa est Rom[ae in muro post templum
   d]ivi Aug(usti) a[d Minervam].

1. This is part of a grant to men from the Misene Fleet who had served twenty-six years. The grant included wives and children according to the *concessa consuetudine* formula. This is first attested in the constitution of 8 February 158 for the Misene Fleet (*RMD* III 171) but it had been introduced at some time after 5 September 152 (*CIL* XVI 100). The personal information (note 2) is engraved in lettering which is the same size as the rest of the text. This indicates a date prior to 168. From 178, after the break in issuing copies of grants in bronze had ended, this information was normally engraved in larger lettering (Weiß 2017a, 144-145).
2. The outer face preserves some of the details of the recipient and his family. Line 2 reveals much of the name of a son, [Co]nstans, (rather than that of the recipient). Line 1 most likely comprises part of the nomen of the recipient since it is in the correct relative position allowing for about six missing letters. The nomen [Au]reli[us] seems best to fit the space (Dana 2013, 230 n. 91). Cf. the Marcus Aurelius attested on a diploma of 154/161 (*RMD* IV 283 revised = *RMD* V Appendix Ib).

Photographs *AB* 11, 71.

629 IMP. INCERTVS INCERTO

c.a. 153/168

Published W. Eck - A. Pangerl *Acta Musei Napocensis* 43-44/1, 2006-2007, 206-207. Small fragment from the lower middle of tabella I of a diploma. Height 2.8 cm; width 1.7 cm; thickness 0.5 mm; weight 3 g. The script on both faces is clear with that on the outer face neat but that on the inner more irregular. Letter height on the outer face 4 mm; on the inner 4 mm.
AE 2007, 1765

<table>
<tr><td>intus: tabella I</td><td>extrinsecus: tabella I</td><td></td></tr>
<tr><td>] ++++[</td><td>] + EAE[</td><td></td></tr>
<tr><td>]N ET TVNG [</td><td>]VS   [</td><td></td></tr>
<tr><td>]ET I VLP BRIT[</td><td>] EX PE[</td><td></td></tr>
<tr><td>]ES ∞ [</td><td>]E   NE+[</td><td></td></tr>
<tr><td></td><td>]T RECO[</td><td>5</td></tr>
<tr><td></td><td>]EST RO[</td><td></td></tr>
<tr><td></td><td>]I   A[</td><td></td></tr>
</table>

[Imp. Caesar ---],

[equitibus et peditibus, qui militaverunt in alis --- , quae appellantur¹ ---]n et Tung(rorum) [Front(oniana) et cohortibus ---] et I Ulp(ia) Brit[t(onum) (milliaria) et --- et I Ael(ia) Ga]es(atorum) (milliaria) [et ---et sunt in Dacia Porolissensi sub ---].

alae/cohortis --]EAE[--- cui praest ---i]us [---], ex pe[dite ---]E NE[---].
Descript(um) e]t reco[gnit(um) ex tabula aerea quae fixa] est Ro[mae in muro post templum div]i A[ug(usti) ad Minervam].

1. The inner face preserves the names of a number of auxiliary units. On line 1 *ala Tung(rorum) [Front(oniana)]* can be identified along with either *ala [Silia]n(a)* or *ala [Gall(orum) et Pan]n(oniorum). cohors I Ulp(ia) Brit[t(onum) (milliaria)]* and *cohors [I Ael(ia) ga]es(atorum) (milliaria)* can be recognised on lines 2-3. These units are attested in Dacia Porolissensis on diplomas from 133 to 164 (Holder 2003, 132 and Table 1). W. Eck and A. Pangerl argue that the style of the lettering on the inner face indicates a date after 153 but before 168 when the issue of bronze copies of these constitutions was suspended. A date after 178 is precluded because the details of the recipient on the outer face are engraved in lettering the same size as the remainder. After this date the lettering is usually larger. See *RMD* VI 628 note 1.

Photographs *AMN* 43-44/1, 206.

630 M. ANTONINVS ET COMMODVS TR[E]RISIO

a. 178 Mart. 23

Published W. Eck - A. Pangerl *Zeitschrift für Papyrologie und Epigraphik* 162, 2007, 226-231. Fragment of tabella I of a diploma broken into four pieces. This comprises much of the lower half apart from a triangular piece from the lower left and the upper left. Height 8.8 cm; width 9.8 cm; thickness 1.25 mm; weight 58 g. The script of the outer face is well formed and generally easy to read except where the surface has been damaged. However, corrosion and re-use have badly damaged the inner face leaving few letters readable and only the occasional continuous sense. Letter height on the outer face 4.25 mm apart from the recipient details which are in larger lettering; on the inner 5 mm. After the names of the consuls there is a space before the details of the recipient. This indicates these were added later and did not fill the space allocated. Parts of both binding holes have survived. No definite framing lines are visible.

At some stage after issue the right hand edge of the tabella was trimmed. Two large holes were drilled through line 16 of the outer face which contains the name of the recipient. They were placed the same distance in from the new edges and have destroyed the third letter of the recipient's name and the C in DACO. The authors suggest that the re-use may have been as some kind of cover plate.

AE 2007, 1770

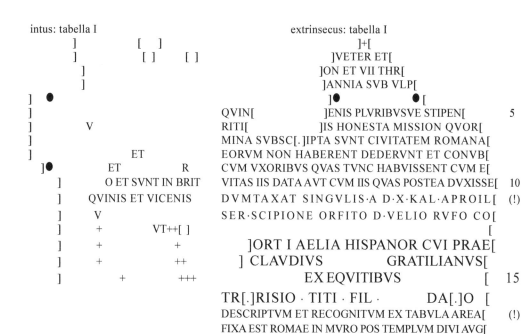

[Imp. Caesar, divi Antonini fil., divi Veri Parthici
maxim(i) frater, divi Hadriani nepos, divi
Traiani Parthici pronepos, divi Nervae abnepos,
M. Aurelius Antoninus Aug(ustus) Germanicus
Sarmatic(us), pontif(ex) max(imus), trib(unicia)
potest(ate) XXXII, imp(erator) VIII aut VIIII,
co(n)s(ul) III, p(ater) p(atriae) et
Imp. Caesar L. Aelius Aurelius Commodus
Aug(ustus), Antonin(i) Aug(usti) fil., divi Pii
nepos, divi Hadriani pronepos, divi Traiani
Parthici abnepos, divi Nervae adnepos,
Germanicus Sarmaticus, tribunic(ia) potest(ate)
III, imp(erator) II, co(n)s(ul) p(ater) p(atriae)],[1]
[equitibus et peditibus, qui militaverunt in alis V,[2]
quae appellantur (1) Gallor(um) et Thrac(um)
Classian(a) et (2) Aug(usta) Vocontior(um) et

(3) I Pannonior(um) Sabinian(a) et (4) Sebosian(a)
Gallor(um) et (5) Vetton(um) Hispanor(um) et
cohortibus XVI (1) I Aug(usta) Nerv(iana) et
(2) I Frisiavon(um) et (3) I Aelia Hispanor(um)
et (4) I fida Vardul(l)or(um) et (5) I Celtiber(orum)
et (6) III Lingon(um) et (7) II Hispanor(um) et
(8) I Thrac(um) et (9) I Batavor(um) et (10) II
Gallor(um)] veter(ana) et [(11) II Thrac(um)
veter(ana) et (12) II Lingon(um) et (13) IIII
Gallor(um) et (14) I Vangi]on(um) et (15) VII
Thr[ac(um) et (16) I Morin]o(rum) et sunt in
Brit[t]annia sub Ulp[io Marcello leg(ato)],
quinis et vicenis pluribusve stipen[dis eme]riti[s
dimiss]is honesta mission(e),
quor[um no]mina subsc[r]ipta sunt, civitatem
Romana[m, qui] eorum non haberent, dederunt

192

ROMAN MILITARY DIPLOMAS VI

*et conub[ium] cum uxoribus, quas tunc
habuissent, cum e[st ci]vitas iis data, aut cum
iis, quas postea duxisse[nt] dumtaxat singulis.*
*a. d. X kal. Apr{o}il(es)3 Ser. Scipione Orfito, D.
Velio Rufo co[s.]4*
*[coh]ort(is) I Aelia(e) Hispanor(um) cui prae[est]
Claudius Gratilianus,5 ex equitibus Tr[e]risio
Titi fil. Da[c]o.6*
*Descriptum et recognitum ex tabula a<e>rea7
[quae] fixa est Romae in muro pos(t) templum
divi Aug(usti) [ad] Minervam.*

1. This is part of an issue for troops in Britain. The day date and the consular date confirm that it is part of a copy of the constitution of 23 March 178 for Britain (*RMD* III 184, IV 293, 294). Cf. *RMD* VI 631, 632, 633. The titles of Marcus Aurelius and Commodus have been restored accordingly. The exact number of acclamations recorded for Marcus Aurelius in this grant is unclear. Either IMP VIII or IMP VIIII could have been engraved. For more detail, see *RMD* VI 632 note 1.
2. Most of the names of the five alae and sixteen cohorts in the unit list would have been preserved on the inner face. Because of the damage to the surface only a few letters can be deciphered with any certainty. The outer face preserves part of the names of three cohorts. These are *cohors [II Gallor(um)] veter(ana)*, *cohors [I Vangi]on(um)*, and *cohors VII Thr[ac(um)]* which were respectively tenth, fourteenth, and fifteenth in the list. Cf. *RMD* III 184, IV 293, 294).

3. Extrinsecus APROIL for APRIL.
4. The consuls were the *ordinarii* of 178. Their full names were Ser. (Cornelius) Scipio (Salvidienus) Orfitus (*PIR²* C 1448 and D. Velius Rufus (Iulianus) (*PIR²* V 349, *DNP* 12/1, 1168).
5. *cohors I Aelia Hispanorum* was the unit of the recipient. It is known to have been milliary (Holder 1998, 258-260). However, in this constitution there is no milliary sign. The two other definite milliary cohorts in the list, *cohors I fida Vardullorum* and *cohors I Vangionum*, are also not designated as such. Claudius Gratilianus, the commander of the cohort, is not otherwise known.
6. The recipient was Dacus and had served as a cavalryman. Similarly, the other known recipients of this grant were Dacians and had been cavalrymen, namely Thiodus of *cohors VII Thracum* (*RMD* III 184), Thia of *cohors II Gallorum veterana* (*RMD* IV 293), and Sisceus of *cohors I Augusta Nerv(iana)* (*RMD* IV 294). His name was most likely Trerisius (*OnomThrac* 380). His father's name was also Dacian rather than Latin. Titus in this context is variant of Thithi (*OnomThrac* 364-365). *ex equitibus* rather than the normal *ex equite* was engraved on the outer face. This would suggest that the plural on the original bronze copy had not been converted to the singular. Cf. *ex peditibus CIL* XVI 26, 28, *RMD* II 123, IV 226; *ex remigibus CIL* XVI 24.
7. Extrinsecus AREA for AEREA. *pos* for *post* as was becoming customary. See further *RMD* VI 635 note 6.

Photographs *ZPE* 162, 228.

631 M. ANTONINVS ET COMMODVS INCERTO

a. 178 Mart. 23

Published W. Eck, D. MacDonald and A. Pangerl *Revue des Études Militaires Anciennes* 1, 2004, 68-72. Fragment from the lower right quarter of tabella I of a diploma. Maximum height 4.0 cm; width 2.9 cm; thickness less than 1 mm; weight c. 8 g. The script on the outer face is cramped but easy to read while that on the inner face is irregular and cursorily inscribed. Letter height on the outer face 3-4 mm; on the inner 2-3 mm. The inner face shows traces of lines resulting from the smoothing process of the surface.
AE 2004, 1901

intus: tabella I

]RINOR ET SVN[
]VINIS ET V CE[
(!)   ]DIMI S I S V [
]SVBSCRIPT SVN[
5   ]BER E DEDER[
]TAS IIS DA[
]++[ ]+[

extrinsecus: tabella I

]BVSVE ST[
]A MISSIONE Q[
]ATEM ROMAN[
]ET CONVBIVM[
]T CVM EST CIV[5
]DVXISENT DV[(!)
] L A P R I L E [
]O R F I T O [
]R V F O[

[Imp. Caesar, divi Antonini fil., divi Veri Parthici
    maximi frater, divi Hadriani nepos, divi Traiani
    Parthici pronepos, divi Nervae abnepos, M.
    Aurelius Antoninus Germanicus Sarmaticus,
    pontifex maximus, tribunicia potestate XXXII,
    imperator VIII aut *VIII, co(n)s(ul) III, p(ater)*
    p(atriae) et
Imp. Caesar L. Aelius Aurelius Commodus
    Augustus, Antonini Augusti fil., divi Pii nepos,
    divi Hadriani pronepos, divi Traiani Parthici
    abnepos, divi Nervae adnepos, Germanicus
    Sarmaticus, tribunicia potestate III, imp(erator)
    II, co(n)s(ul), p(ater) p(atriae),]¹
[equitibus et peditibus, qui militaverunt in alis V,
    quae appellantur --- et cohortibus XVI --- et
    (16) I Mo]rinor(um)² et sun[t in Britannia sub
    Ulpio Marcello legato, q]uinis et v<i>ce[nis
    pluri]busve st[ipendis emeritis] dimis<s>is³
    ⌐h⌐ *[onest]a missione,*
q[uorum nomina] subscript(a) sun[t, civit]
    atem Roman[am, qui eorum non ha]bere(nt),
    deder[unt] et conubium [cum uxoribus, quas
    tunc habuissen]t, cum est civ[i]tas iis da[ta,

aut cum iis, quas postea] duxis(s)ent dum[taxat
    singulis].
[a. d. X ka]l. Aprile[s Ser. Scipione] Orfito,
    [D. Velio] Rufo [cos.]

1. The remaining traces of the day date and of the consular date reveal that this is an issue of March 178. The sole unit name on the inner face shows that the province was Britain (note 2). This is therefore another copy of the constitution of 23 March 178 for Britain (*RMD* III 184, IV 293, 294). Cf. *RMD* VI 630, 632, 633. The exact number of acclamations recorded for Marcus Aurelius in this grant is unclear. Either IMP VIII or IMP VIIII could have been engraved. For more detail, see *RMD* VI 632 note 1.

2. The troops eligible for this grant had served twenty-five years or more. On the inner face there is part of the name of the final cohort in the unit list. This can be identified as *cohors I Morinorum*, part of the garrison of Britain. It is in last place because the unit list was not in numerical order. This cohort appears in exactly the same position in the more complete copies of the constitution of 23 March 178 for Britain (*RMD* III 184, IV 293, 294).

3. On the inner face letters have occasionally not been engraved within words, perhaps because of confusion with the ink original. Thus V.CENIS for VICENIS line 2 and DIMIS.IS for DIMISSIS line 3.

Photographs *REMA* 1, 69.

632 M. ANTONINVS ET COMMODVS INCERTO

a. 178 [Mart. 23]

Published W. Eck, D. MacDonald and A. Pangerl *Revue des Études Militaires Anciennes* 1, 2004, 72-75. Fragment from the top right hand of tabella I of a diploma which lacks the corner. There is some surface damage on both faces which has obscured the lettering. Height 4.8 cm; width 4.4 cm; thickness less than 0.5 mm; weight 11 g. The script on the outer face is neat but smaller than normal and in places it encroaches into the frame along the right hand edge. The script on the inner face is irregular and more angular. Letter height on the outer face 2-3 mm; on the inner c. 3 mm. Framing lines are visible along the top and right hand edges of the outer face.
AE 2004, 1902

intus: tabella I	extrinsecus: tabella I

```
        L[                              ]IVI VERI PARTHICI M[.
        N[.]M[                          ]EPOS DIVI TRAIANI PA
        VAN [                           ]BNEPOS M  AVRELIVS
        IN BR[                          ]SARMATICVS PONTI
    5   RIBVS[                          ]XII IMP VIIII COS III P P ET   (!)5
        QVORVM[                         ]VS AVG ANTONINI
        EORVM N[                        ]NEPOS DIVI
        RIBVS QVAS T[                   ]E ADNEPOS
        CVM IIS QVAS[                   ]COS P P
            vacat    [                  ]IN ALIS V        10
                                        ]ONTIOR
```

[Imp. Caesar, divi Antonini fil., d]ivi Veri Parthici
  M[aximi frater, divi Hadriani n]epos, divi
  Traiani Pa[rthici pronepos, divi Nervae
  a]bnepos, M. Aurelius [Antoninus Aug(ustus)
  Germanicus] Sarmaticus ponti[fex maximus,
  tribunic(ia) potest(ate) XX]XII, imp(erator)
  VIIII co(n)s(ul) III, p(ater) p(atriae) et
[Imp. L. Aelius Aurelius Commod]us Aug(ustus),
  Antonini [Aug(usti) fil., divi Pii nepos, divi
  Hadriani pro]nepos, divi [Traiani Parthici
  abnepos, divi Nerva]e adnepos, [Germanic(us)
  Sarmatic(us) tribunic(ia) potest(ate) III,
  imp(erator) II], co(n)s(ul), p(ater) p(atriae),[1]
[equitibus et peditibus, qui militaverunt] in alis V,[2]
  [quae appellantur (1) Gallor(um) et Thrac(um)
  Classian(a) et (2) Aug(usta) Voc]ontior(um)
  [et (3) I Pannonior(um) Sabinian(a) et (4)
  Sebosian(a) Gallor(um) et (5) Vetton(um)
  Hispanor(um) et cohortibus XVI ---]L[---]
  NA(?)[--- et (14) I] Van[gion(um) et (15) VII
  Thrac(um) et (16) I Morinor(um) et sunt] in
  Br[itannia sub Ulpio Marcello leg(ato), quinis

et vicenis plu]ribusv[e stipendis emeritis
  dimissis honesta missione],
quorum [nomina subscripta sunt, civitatem
  Romanam, qui] eorum n[on haberent, dederunt
  et conubium cum uxo]ribus, quas t[unc
  habuissent, cum est civitas iis data, aut] cum iis,
  quas [postea duxissent dumtaxat singulis].

1. The authors demonstrate that this is an issue from the joint reign of Marcus Aurelius and Commodus when the former held tribunician power for the thirty second time from 10 December 177 until 9 December 178. They conclude that this is a further copy of the constitution of 23 March 178 for Britain. Cf. *RMD* III 184, IV 293, 294, VI 630, 631, 633. Here Marcus Aurelius has nine acclamations as is the case for two of the other copies of this grant for Britain (*RMD* IV 293, 294) although he is IMP VIII on the outer face of another (*RMD* III 184) and on the inner face of the constitution for Lycia Pamphylia of this date (*CIL* XVI 128).

2. Five alae were listed in the grant but only the name of *ala [Augusta Voc]ontior(um)* has partially survived. Of the cohorts only *cohors [I] Van[gion(um)]* can be positively identified from the full list of sixteen preserved on the more complete copies (*RMD* III 184, IV 293, 294).

Photographs REMA 1, 73.

633 M. ANTONINVS ET COMMODVS INCERTO

a. 178 [Mart. 23]

Published P. Weiß *Zeitschrift für Papyrologie und Epigraphik* 156, 2006, 251-254. Fragment from the upper left side of tabella I of a diploma with a dark grey-green patina. The faces have suffered little corrosion. Height 2.8 cm; width 3.5 cm; thickness 0.8-1.1 mm; weight 6.65 g. The script on the outer face is neat and clear while that on the inner is irregular. Letter height on the outer face 2-3.5 mm, average 3 mm; on the inner 3-4 mm. The script on the inner face is arranged opposite to the norm and starts at what is usually the bottom of that face. Along the original edge of the outer face are faint traces of two framing lines.

At a later date the piece was cut from the tabella along the line of the binding holes when viewed from the outside. This edge is clean and smooth. On the inner face there are a large number of small indentations whose purpose is unclear.

AE 2006, 1837

intus: tabella I		extrinsecus: tabella I	
]NOM[		ET[	
]M NON H[		XVI·I[	
]QVAS TV[		ET I FIDA VAR[	
]Q[.]AS POS[		GON ET II · HI[	
] *vacat* [		LOR VETER ET[	5
] *vacat* [		GALLOR ET·I·V[	
] *vacat* [		*vacat* [	

*[Imp. Caesar, divi Antonini fil., divi Veri Parthici
maxim(i) frater, divi Hadriani nepos, divi
Traiani Parthici pronepos, divi Nervae abnepos,
M. Aurelius Antoninus Aug(ustus) Germanicus
Sarmatic(us), pontif(ex) max(imus), trib(unicia)
potest(ate) XXXII, imp(erator) VIII aut VIIII,
co(n)s(ul) III, p(ater) p(atriae) et
Imp. Caesar L. Aelius Aurelius Commodus
Aug(ustus), Antonin(i) Aug(usti) fil., divi Pii
nepos, divi Hadriani pronepos, divi Traiani
Parthici abnepos, divi Nervae adnepos,
Germanicus Sarmaticus, tribunic(ia) potest(ate)
III, imp(erator) II, co(n)s(ul) p(ater) p(atriae)],[1]
[equitibus et peditibus, qui militaverunt in alis V,
quae appellantur --- et cohortibus] XVI (1) I
[Aug(usta) Nerv(iana) et (2) I Frisiavon(um)
et (3) I Aelia Hispanor(um)] et (4) I fida
Var[dullor(um) et (5) I Celtiber(orum) et (6)
III Lin]gon(um) et II Hi[spanor(um) et (8)
I Thrac(um) et (9) I Batavor(um) et (10) II
Gal]lor(um) veter(ana) et [(11) II Thrac(um)
veter(ana) et (12) II Lingon(um) et (13) IIII]
Gallor(um) et (14) I V[angion(um) et (15) VII
Thrac(um) et (16) I Morinor(um) et sunt in*

*Britannia sub Ulpio Marcello leg(ato), quinis
et vicenis pluribusve stipendis emeritis dimissis
honesta missione],
[quorum] nom[ina subscripta sunt, civitatem
Romanam, qui eoru]m non h[aberent, dederunt
et conubium cum uxoribus], quas tu[nc
habuissent, cum est civitas is data, aut cum is],
q[u]as pos[tea duxissent dumtaxat singulis].*

1. While none of the standard dating elements have survived, P. Weiß argues from the remains of the unit list that this is a further copy of the constitution for Britain of 23 March 178 (*RMD* III 184, IV 293, 294). Cf. *RMD* VI 630, 631, 632. Sixteen cohorts were included in the list the names six of which have partially survived. These are *cohors I fida Var[dullor(um)], cohors [III Lin]gon(um), cohors II Hi[spanor(um)], cohors [II Gal]lor(um) veter(ana), cohors [IIII] Gallor(um),* and *cohors I V[angion(um).* The non-numerical order of the list and the relative positions of the cohorts within it are the same as on the more complete copies of this grant. Cf. *RMD* III 184, IV 293, 294. The cohort in first place can therefore be restored as *cohors I [Aug(usta) Nerv(iana)].* The remaining names can be supplied from the complete copies. The titles of Marcus Aurelius and Commodus have been restored accordingly although the exact number of acclamations recorded for Marcus Aurelius in this grant it is unclear. For more detail, see *RMD* VI 632 note 1.

Photographs *ZPE* 156, 251-252.

634 M. ANTONINVS ET COMMODVS INCERTO

c.a. 178

Published B. Pferdehirt *Römische Militärdiplome und Entlassungsurkunden in der Sammlung des Römisch-Germanischen Zentralmuseums,* 2004, Nr. 68. Small fragment from the bottom left corner of tabella II of a diploma. Height 2.8cm; width 3.5 cm; thickness 1 mm; weight 6.1 g. Lettering on the outer face 4 mm. There are traces of a framing line on the outer face. Both faces show signs of the smoothing process with vertical striations on each. Now in the Römisch-Germanisches Zentralmuseum, Mainz (Inv. Nr. O. 42248c).

[Imp. Caes(ar) ---]

[---]; [---]; [---]; [---]; [---]; C. Publ[ici Luperci]; M. Iu[ni Pii].[1]

1. Only the praenomen and part of the nomen of the witnesses who signed in sixth and seventh place have survived. However, this is sufficient for them to be identified as C. Publicius Lupercus and M. Iunius Pius. Currently they are attested in these positions in witness lists only on diplomas of 23 March 178 for Lycia Pamphylia (*CIL* XVI 128) and for Britain (*RMD* III 184, IV 293). There is also an unpublished fragment with them in the same positions. Later, during the reign of Commodus, they are found in fourth and fifth position (*RMD* VI 637). By 193 they signed in second and third positions (*CIL* XVI 133). See Appendix IIIb. Thus, a date of 178 seems appropriate as the year of issue.

Photographs *RGZM* Taf. 131.

635 COMMODVS [---]DEXTRO

a. 183 or 184 Mai. 24

Published W. Eck - A. Pangerl *Zeitschrift für Papyrologie und Epigraphik* 152, 2005, 258-262. Fragment from the middle part of tabella I of a diploma. The bottom, when viewed from the outside, is buckled and cracked near the right hand side. Height 7.7 cm; width 6.8 cm; thickness 1 mm; weight 29.5 g. The script on the outer face is clear and easy to decipher while that on the inner is less well formed. Letter height on the outer face 3-4 mm with the taller letters in lines 10-15; on the inner 4 mm. Along the right hand edge of the outer face are twin framing lines and in the bottom right corner are remains of a hinge hole. Also on the outer face is the right hand binding hole.
AE 2005, 1721

intus: tabella I

```
                        ]DIMISS[
                ]BSCRIPTA SVNT CIV[
              ] EORVM NON HABER[
                ]M VXORIBVS QVAS TVNC
5             ]EST CIVITAS IS DATA AVT CVM IS
              ]DVXISSENT DVMTAXAT SING
              ]
```

extrinsecus: tabella I

```
                            ]++
                        ]IMISIS        (!)
                        ]M NOMIN
                        ]M ROMANAM
                        ]
                ]ABERENT DEDIT ET        5
                ]XORIB QVAS TVNC
                ]ST CIVITAS IS DAT AVT
                ]DVXISSEN DVMTAXA
                ]IX  K  IVN
                ]APRONIANO               10
                ]   TERTVLLO    COS
                ]SIVM CVI  PRAEST
                ]S     PHILIPPVS
                ]ECVRIONE
                ]L  F   DEXTRO  CASTR     15
                ]E[..]GNIT EX TABVL AERE
                        ]IN MVRO POS
                            ]
```

[Imp. Caesar, divi M. Antonini fil., divi Pii nep(os),
   divi Hadriani pronep(os), divi Traiani Parthici
   abnep(os), divi Nervae adnep(os), M. Aurelius
   Commodus Antoninus Pius Felix Augustus
   Sarmaticus Germanicus maximus Britannicus,
   pontifex maximus, trib(unicia) pot(estate) ---,
   imp(erator ---, co(n)s(ul) ---, p(ater) p(atriae)],[1]
[peditibus et equitibus, qui militaverunt in
   cohortibus ---, quae appellantur II Lucensium
   et --- et sunt in Thracia sub --- leg(ato), ---
   stipendis emeritis dimissis[2] [honesta missione],
[quoru]m nomin(a) [su]bscripta sunt, civ[itate]
   Romanam, [qui] eorum non haberent, dedit
   et [conubium cu]m uxoribus, quas tunc
   [habuissent, cum] est civitas is data, aut cum is,
   [quas postea] duxissent dumtaxat[2] sing[ulis].
[a. d.] IX k. Iun(ias) [---] Aproniano, [---]
   Tertullo cos.[3]
[coh(ortis) II Lucen]sium cui praest [---]s
   Philippus,[4] [ex d]ecurione [---] L. f. Dextro,
   castr(is).[5]
[Descript(um) et r]e[co]gnit(um) ex tabul(a)
   aere(a) [quae fixa est Romae] in muro pos(t)[6]
[templum divi Aug(usti) ad Minervam].

1. This is a grant made by a single emperor whose titles have not survived on either face. While the day date of 24 May and the cognomina of the consuls are extant it is not possible to determine the exact date because the latter are not attested elsewhere (note 3). The earliest possible date is 140 when children were excluded from auxiliary diplomas and when the formula relating to citizenship was changed to *civitatem Romanam qui eorum non haberent*. The inner face has little abbreviation within the wording of the grant. This indicates a date after about 160 when extreme abbreviation on the inner face ceases (Holder 2007a, 160). The latest possible date of issue is currently 25 January 206, the date of the last known auxiliary diploma (*AE* 2012, 1960). On the outer face are a number of unusual abbreviations which point to a date after 177 (note 3). It would appear that POS [TEMPLVM] was used in the *descriptum et recognitum* formula on this face. Again, this suggests a date after 177 (note 7). On the other hand PRAEST rather than the PRAEEST which might be expected is used when naming the unit commander. Additionally, the name of the recipient and his unit have not been engraved in larger letters which is customary after 177 (Weiß 2017a, 144-145). However, there is a parallel in the known diploma of 23 March 178 for Lycia et Pamphylia where the name of the recipient and of his unit have not been engraved in larger letters (*CIL* XVI 128). Overall, the suggested date of 183/184 seems to suit the available evidence.

2. On the outer face there are a number of unusual abbreviations which suggest a date after the reintroduction of metal copies of grants in 178. Thus there is [DI]MISIS for [DI]MISSIS, DVXISSEN for DVXISSENT, and DVMTAXA for DVMTAXAT. For details, see Holder 2007b, 173-175 and Table 5A. Cf. Weiß 2017a, 142-144.

3. W. Eck and A. Pangerl argue that there are two senators from the reign of Commodus who can be identified with these consuls.

K.(?) Cassius Apronianus, father of Cassius Dio, was consul under Commodus, possibly in 183/184 (*PIR*² C 485, Leunissen 1989, 139). Tib. Claudius [---u]s Vibianus Tert[ullus] is attested as consul at Perge early in the reign of Commodus (*IPerge* 194).

4. The authors argue that the unit of the recipient was a cohort and was most likely *cohors II Lucensium*. The grant would have therefore been made to units in Thrace. Known diplomas of 155 (*RMD* VI 596) and 158 (*RMD* VI 601) have abbreviated inner faces. The intus of the known diploma for 160 is not available for study (*AE* 2013, 2188). Philippus, the commander of the cohort, does not give his *origo* which indicates a date after 157/158 for this grant as the authors point out.

5. The recipient had served as a *decurio*. He gives his origo as *castris*. Having been born in camp, Dexter was most likely a citizen as suggested by his filiation.

6. *aere* for *aerea* and *pos* for *post* on the outer face. These abbreviations are commonplace after 178 but there are occurrences from earlier, for example 110 (*CIL* XVI 164), 142 (*AE* 2014, 1640), 150 (*CIL* XVI 98, 99), 157 (*RMD* IV 275), 160 (*RMD* III 173).

Photographs *ZPE* 152, 258.

636 IMP. INCERTVS [- FI]RMIO [---]

c.a. 178/192 Apr. 27

Published A. Buonopane *Quaderni di Archeologia del Mantovano* 4, 2002, 27-34. Small fragment from the lower left part of tabella I of a diploma found in 1994 on the fondo Boario Cardinala in the comune of Serravalle a Po near Mantua, Italy. Height 2.2 cm; width 4.1 cm; thickness 2 mm. Letter height inner face varies from 2 mm to 4 mm; on the outer face they vary from 4 mm to 5 mm. The lettering on the outer face is well cut and easy to read except where the surface of the bronze is damaged. On the inner face the lettering is irregular and more difficult to read. The inner face shows traces of scouring lines from the preparation of the surface which had not been completely smoothed. Held by the Soprintendenza Archeologica della Lombardia-Nucleo Operativo di Mantova.

At some stage this fragment was cut from the original to form a pierced roundel of which half has survived.

AE 2002, 568.

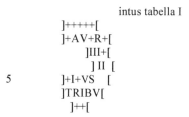

[Imp. Caesar ---

[nomina militum, qui milit]av[e]r[unt in cohortibus praetoris decem I.II.III.IIII.V.VI.VII.VIII.VIIII.X item urbanis IV X.XI.XII.XIIII subieci, quib]us [fortiter et pie militia functis, ius] tribu[i/ imus[1] conubii dumtaxat cum singulis et primis uxoribus, ut, etiamsi peregrini iuris feminas matrimonio suo iunxerint, proinde liberos tollant ac si ex duobus civibus Romanos natos].

[a. d.] V kal. Mai[as -]Arrio Sever[o,[2] --- cos.] coh(ors) [--]III p[r(aetoria. - Fi]rmio3 [-] f. [---].

1. The text on the outer face shows this is part of a grant to the Rome cohorts. Details of the recipient are in larger lettering which suggests a date after 177 (Weiß 2017a, 144-145). The day of issue is 27 April and so the grant must predate the standardisation of the day date of praetorian constitutions to 7 January which occurred by 210. Most of the name of the *consul prior* has survived, but in this period most *consules suffecti* are unknown (note 2). Closer dating is dependent on what can be deciphered on the inner face. Unfortunately, any titles which survived in line 1 are too damaged to make sense. The following line is part of the phrase *[nomina militum qui milit]av[e]r[unt]*. The next recognisable word is *tribu[i]/tribu[imus]* in line 6. If a single emperor was responsible for the grant the singular *tribui* would have been engraved. Between these lines there is sufficient space for both praetorian and urban cohorts to have been listed. This would indicate that this constitution was promulgated no later than the death of Commodus after which only separate grants to praetorians and urban cohorts are known (Weiß 2017b, 158-159). Such a conclusion is supported by the apparent Italian origin of the recipient (note 3).
2. While the praenomen is lacking the remaining names of the *consul prior* can be restored as [-.] Arrius Severus. No consul with those names is currently known.
3. The recipient's nomen was most likely Firmius. There are nine nomina]RMIVS in Solin-Salomies 1994, 243. The find spot indicates he was most likely an Italian. There is space between COH and]III P[for one or two letters. Firmius had therefore served in *cohors IIII praetoria*, or *VIII praetoria*, or *VIIII praetoria* or possibly *cohors XIIII urbana*.

Photographs *QAM* 4, 33-34.

637 COMMODVS [M. V]LPIO MARTIALI

c.a. 180/192 Apr. 14

Published W. Eck - A. Pangerl *Zeitschrift für Papyrologie und Epigraphik* 163, 2007, 229-232. Greater part of tabella II of a fleet diploma lacking a strip from the left hand side. Height 16.5 cm; width 15 cm; thickness and weight not available. The script on both faces is neat and clearly legible. There is a hinge hole in the lower right corner. There are no clear traces of framing lines on the outer face. However, on this face, either side of the binding holes, are remains of the solder which held the seal box in place.
AE 2007, 1790

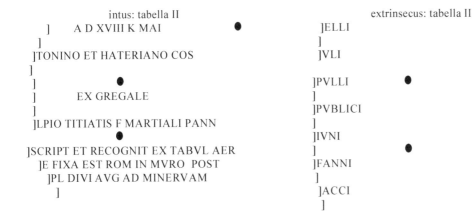

[Imp. Caes(ar), divi M. Antonini Pii Germ(anici)
  Sarm(atici) fil., divi Pii nep(os), divi Hadriani
  pronep(os), divi Traiani Parthici abnep(os), divi
  Nervae adnepos, L. Aelius Aurelius Commodus
  Pius felix Aug(ustus) Sarm(aticus) Germ(anicus)
  max(imus) --- , pontif(ex) maxi(mus),
  trib(unicia) pot(estate) ---, imp(erator) ---,
  co(n)s(ul) ---, p(ater) p(atriae)],
[iis, qui militaverunt in classe praetoria ---, quae
  est sub --- praefecto, sex et viginti stipendis
  emeritis dimissis honesta missione],
[quorum nomina subscripta sunt, ipsis filiisque
  eorum, quos susceperint ex mulieribus,
  quas secum concessa consuetudine vixisse
  probaverint, civitatem Romanam dedit et
  conubium cum iisdem, quas tunc secum
  habuissent, cum est civitas iis data aut, siqui
  tunc non habuissent, cum iis, quas postea uxores
  duxissent dumtaxat singuli singulas].
a. d. XVIII k. Mai(as) [An]tonino et Hateriano cos.[1]
ex gregale [M. U]lpio Titiatis f. Martiali,
  Pann(onio).[2]
[De]script(um) et recognit(um) ex tabul(a) aer(ea)
  [qua]e fixa est Rom(ae) in muro post
  [tem]pl(um) divi Aug(usti) ad Minervam.

[C. B]elli Urbani; [Ti. I]uli Crescentis; [L.] Pulli
  Marcionis; [C.] Publici Luperci; [M.] Iuni Pii;
  [C.] Fanni Arescontis; [-. -]acci Prisci.[3]

1. This fleet diploma was promulgated on 14 April of an unknown year. The cognomina of the consuls can be restored as [An]toninus and Haterianus. They were probably the first *suffecti* of their year but they cannot be identified for certain because the *fasti* are incomplete for the reign of Commodus whose reign is indicated by the witness list (note 3). W. Eck and A. Pangerl suggest that the *consul prior* may have been a member of either the family of the Arrii Antonini or of the Vedii Antonini. They argue that Haterianus may have belonged to a family from Lepcis Magna, the Silii Plauti, and that he may be identified with [---]sus Claudius [L.?] Silius Q. P[lautius] Haterianus. He was legate of *legio II Augusta* and then propraetorian legate in Cilicia late in the reign of Marcus Aurelius or early in Commodus' reign (*PIR*[2] P 466, Birley 2005, 258-259).

2. The recipient had served as a *gregalis* but not in a named auxiliary ala or in the *equites singulares Augusti*. He must therefore have belonged to one of the Italian fleets. His name can be restored as [M. U]lpius Martialis, a Roman citizen, although his father was peregrine. The nominative form of his father's name is not clear.

3. The names of the witnesses can be restored with certainty with the exception of the seventh. The earliest attestation of C. Bellius Urbanus in first place is 167/168 (*RMD* V 443). In 178 Ti. Iulius Crescens, L. Pullius Marcio, C. Publicius Lupercus, and M. Iunius Pius are known to have signed in third, fourth, sixth, and seventh places respectively (Appendix IIIb). This constitution therefore postdates that year. It is now clear the witness in sixth place was called C. Fannius Aresco. Until now he was only known from diplomas of 193 (*CIL* XVI 133, *RMD* V 446). The date of issue is thus before 16 March 193 when the order of witnesses was different (Appendix IIIb).

Photographs *ZPE* 163, 229.

638 SEVERVS ET ANTONINVS M AVRELIO SYRIONI

202 Apr. 30

Published B. Pferdehirt *Römische Militärdiplome und Entlassungsurkunden in der Sammlung des Römisch-Germanischen Zentralmuseums*, 2004, Nr. 46. Complete tabella I of a diploma. Height 14.6 cm; width 10.6 cm; thickness 2.5 mm; weight 329.6 g. The script on the outer face is neat and well formed while that on the inner is irregular and difficult to decipher especially where it is very cramped. Letter height on the outer face 3 mm except the first line and the details of the recipient which are inscribed with taller letters. The letters on the inner face are 2-3 mm high with the smaller ones concentrated in the first few lines. The inner face retains deep scouring lines from the incomplete preparation process of the surface while the outer face is mostly smooth except toward the bottom. There is a 5 mm wide, neat, border comprising two framing lines. Now in the Römisch-Germanisches Zentralmuseum, Mainz (Inv. Nr. O. 42721).

intus: tabella I

(!) IMP CAES DIVI M ANTONINI PII GERM SARM FIL DIV ANMMODI FRA
(!) DIVI ANTONINI PII NEP DIVI HADRIANI PRONEP DIVI TRAIANI PARTHICI·RIV
     DIVI NERVAE ADNEP L SEPTIMIVS SEVERVS PIVS PERTIN AVG ARAB ADIAB
     PARTH MAX PONTIF MAX TR PT XI IMP XI COS III P P ET
5   IMP CAES L SEPTIMI SEVERI PII PERTIN AVG ARAB ADIAB PARTH MAX
(!) FIL DIVI M ANTONINI III GERM SARM NEP DIVI ANTONINI PII
     PRONEP DIVI HADRIANI ABNEP DIVI TRAIANI PARTH
     ET DIVI NERVE ADNEP ●
     M AVREL ANTONI PIVS AVG TR POT V COS·
10   NOMIN MILIT QVI MILIT IN COHOR PRAETOR·X·
     I·II III IIII·V VI VII VIII VIIII X PIIS VINDICIB QVI PIE
(!) ET FORTIT MITIT FVNCT SVNT IVS TRIBVIMVS
     CONVBII DVMTAXAT CVM SINGVLIS
     ET PRIMIS VXORIB ● VT ETIAM SI PEREGRI
15   NI IVRIS FEMINAS IN MATRIMONIO SVO IVN
(!) XERINT PRONDE LIBEROS TOLLANT AC
     SI EX DVOBVS CIVIBVS ROMANIS
     NAT OS

vacat

extrinsecus: tabella I

IMP CAES DIVI M ANTONINI PII GERM SARM FIL DIVI
COMMODI FRATER DIVI ANTONINI PII NEP DIVI HADRIANI
PRONEP DIVI TRAIANI PARTHIC ABNEP DIVI NERVE ADNEP
L·SEPTIMIVS SEVERVS PIVS PERTIN AVG ARAB ADIAB PARTH
MAX PONT MAX TRIB POT XI·IMP XI·COS III·P P·ET·   5
IMP CAES L·SEPTIMI SEVERI PII PERTIN AVG ARAB ADIAB
PARTHIC MAX FIL DIVI M ANTONINI PII GERM SARM NEP
DIVI ANTONINI PII PRONEP DIVI HADRIANI ABNEP DIVI
TRAIANI PARTHIC ET DIVI NERVE ADNEP·
M AVRELIVS ANTONINVS AVG TRIB POT V COS   10
NOMINA MILITVM QVI MILITA VERVNT IN COHORTIB
PRAETORIS DECEM·I·II·III·IIII·V·VI·VII·VIII·VIIII·X·PIIS
VINDICIBVS·QVI PIE MILITIA FVNCT SVNT IVS CONVB· (!)
TRIBVIMVS·DVMTAXAT CVM SINGVLIS·ET PRI
        ●   ●
MIS VXORIBVS VT ETIAM·SI PEREGRINI·IVRIS 15
FEMINAS IN MATRIMONIO SVO IVNXERINT
PROINDE LIBEROS TOLLANT AC SI EX DVOBVS·
CIVIBVS ROMANIS NATOS·A D PR·KAL·MAIAS
Q ·CAECILIO   SPERATIA NO
L ·CLODI O·   POMPEIANO   COS 20
    COH · III · PRAETOR ·   P·V·
M·AVRELIO·M· FIL·   SYRIONI·
    PAVTALIA·
DESCRIPT ET RECOGNIT EX TABVLA AEREA QVE FIXA
EST ROME IN MVRO POS TEMPL DIVI AVG AD MINERV· 25

Imp. Caes(ar), divi M. Antonini Pii Germ(anici)
Sarm(atici) fil., divi Commodi frater, divi Antonini
Pii nep(os), divi Hadriani pronepos, divi Traiani
Parthici abnep(os), divi Nervae adnepos, L.
Septimius Severus Pius Pertin(ax) Aug(ustus)
Arab(icus) Adiab(enicus) Parth(icus) max(imus),
pontif(ex) max(imus), trib(unicia) pot(estate) XI,[1]
imp(erator) XI, co(n)s(ul) III, p(ater) p(atriae) et
Imp. Caes(ar), L. Septimi Severi[2] Pii Pertin(acis)
Aug(usti) Arab(ici) Adiab(enici) Parthic(i)
max(imi) fil., divi M. Antonini Pii Germ(anici)
Sarm(atici) nep(os), divi Antonini Pii
pronep(os), divi Hadriani abnep(os), divi
Traiani Parthic(i) et divi Nerv(a)e adnep(os),
M. Aurelius[3] Antoninus Aug(ustus) trib(unicia)
pot(estate) V co(n)s(ul),
nomina militum, qui militaverunt in cohortib(us)
praetoris decem I.II.III.IIII.V.VI.VII.VIII.
VIIII.X piis vindicibus,[4] qui pie et fortit(er)[5]

militia[6] funct(i) sunt, ius tribuimus conubii[7]
dumtaxat cum singulis et primis uxoribus, ut,
etiamsi peregrini iuris feminas in matrimonio
suo iunxerint, proinde[8] liberos tollant ac si ex
duobus civibus Romanis natos·
a. d. pr. kal. Maias Q. Caecilio Speratiano, L.
Clodio Pompeiano cos.[9]
coh(ors) III praetor(ia) p(ia) v(index). M. Aurelio
M. fil. Syrioni, Pautalia.[10]
Descript(um) et recognit(um) ex tabula aerea que
fixa est est Rome in muro pos(t)[11] templ(um)
divi Aug(usti) ad Minerv(am).

1. A discrepancy between the titles of Septimius Severus and those of his son, Caracalla, means that the date of issue of the grant to praetorians is not immediately clear. On both faces Severus is credited as holding tribunician power for the eleventh time which ran from 10 December 202 until 9 December 203. Caracalla, on the other hand, is recorded with tribunician power for the fifth time which ran from 10 December 201 to 9 December 202. The *consules ordinarii* of 202 were Severus for the third time and

202

Caracalla for the first. The following year the *ordinarii* are also known. Therefore, the consuls named in this grant with a day date of 30 April were *suffecti*, otherwise unknown. On current evidence they were consuls in 202 (note 9). It should also be noted that on a diploma of 20 December 202 Severus is recorded as holding tribunician power for the tenth time which ran from 10 December 201 until 9 December 202 (*RMD* V 449). This is the earliest known praetorian constitution of their joint reign.

Intus ANMMODI for COMMODI line 1, RIV for ABNEP line 2. Extrinsecus NERVE for NERVAE line 3 but within the titles of Caracalla on both faces.

2. The first letter of SEVERI has been altered from I to S on the outer face.

3. Extrinsecus AVRELIVS for the usual AVRELLIVS. This also occurs on a diploma for the Ravenna fleet of 20 December 202 (*RMD* V 449).

4. This is now the earliest example of the epithet *piae vindices* being applied to the praetorian cohorts. Cf. *RMD* V 452 note 3.

5. Extrinsecus ET FORTITER omitted.

6. Intus MITIT for MILIT.

7. *ius conub(ii) tribuimus* has been engraved rather than *ius tribuimus conubii* on the outer face. Cf. The outer face of *RMD* VI 641 of 22 January 208.

8. Intus PRONDE for PROINDE.

9. Q. Caecilius Speratianus and L. Clodius Pompeianus were suffect consuls, but they are otherwise unknown. W. Eck has suggested that the former was related to Q. Caecilius Dentilianus, suffect consul 167/168, and Q. Caecilius Secundus Servilianus, consul about 193 and proconsul of Asia 208-209. He has suggested that Pompeianus was the father of Clodius Pompeianus who was *consul ordinarius* in 241 (*PIR*² C 570) and that this family was separate from the Claudii Pompeiani (Eck 2006, 353). In 203 the *ordinarii* were C. Fulvius Plautianus and P. Septimius Geta. A diploma of 31 August 203 is dated by them (*RMD* III 187). On present evidence it would seem that all diplomas of that year were dated by these consuls. Speratianus and Pompeianus would therefore have been consuls in 202. This is supported by the fact that the grant of 20 December 202 for the Ravenna fleet was dated by T. Murrenius Severus and C. Cassius Regalianus who were also suffect consuls (*RMD* V 449). The emperors were in Rome early in April 202 for Severus' *decennalia* (Kienast-Eck-Heil 2017, 150). Cf. *RMD* V p.704 45**RGZM*46.

10. The recipient, M. Aurelius Syrio, had served in *cohors III praetoria*. His cognomen is Thracian (*OnomThrac* 342). He is the earliest known praetorian recipient from Pautalia in Thrace (Dana 2013, 250). His *tribus* was not engraved but a space was left. Cf. M. Cominius Memor (*RMD* VI 639). See also Dana 2020, 333.

11. As is customary at this time *que* has been engraved instead of *quae*, *Rome* instead of *Romae*, and *pos* rather than *post*.

Photographs *RGZM* Taf. 89.

639 SEVERVS ET ANTONINVS M. COMINIO MEMORI

a. 207 Mart. 30

Published B. Pferdehirt *Römische Militärdiplome und Entlassungsurkunden in der Sammlung des Römisch-Germanischen Zentralmuseums*, 2004, Nr. 48. Intact tabella I of a diploma apart from a small fragment of the bottom right hand corner along with a very large fragment of tabella II. The bronze has weathered to a very dark brown with several slight traces of green on both sides. Tabella I: height 14.8 cm; width 11.2 cm; thickness variable 1.5-1.9 mm; weight 187 g; tabella II: height 11.2 cm; maximum preserved width 11.8 cm; thickness 0.8 mm; weight 47.6 g. The lettering on both outer faces is well engraved and clear and there are traces of guide lines lightly marked on the outer face of tabella I. Letter height on the outer face of tabella I averages 3.5 mm, but some imperial initials are taller. The script is legible but letters are very closely spaced on this face. The letter height on the outer face of tabella II averages 5 mm. high. The inner face of each tabella shows signs of careless preparation with many scouring lines from the incomplete process for smoothing the surface. The lettering is relatively careless but legible. Letter heights on both inner faces are c. 4 mm. The binding holes were punched through from the outer faces. Those through tabella I were made after the inner face had been engraved. In line 7 the I of SEVERI has been destroyed and in line 15 VLI has been destroyed in SINGVLIS. Traces of the box covering the binding wire and seals are faintly preserved on the outer face of tabella II. There is a 5 mm wide border comprising twin framing lines on both outer faces. The entire last line of the outer face of tabella I is engraved over the upper line of the frame at the bottom. Now in the Römisch-Germanisches Zentralmuseum, Mainz (Inv. Nr. O. 42057).

Initial transcription by M. M. Roxan based on photographs with a more complete tabella II. There was a small fragment, now missing, just above the bottom right hand corner of tabella II (Plate 4). At this time the two tabellae were still fastened together with bronze wire through the central binding holes. The letters which are now missing are indicated by italics.

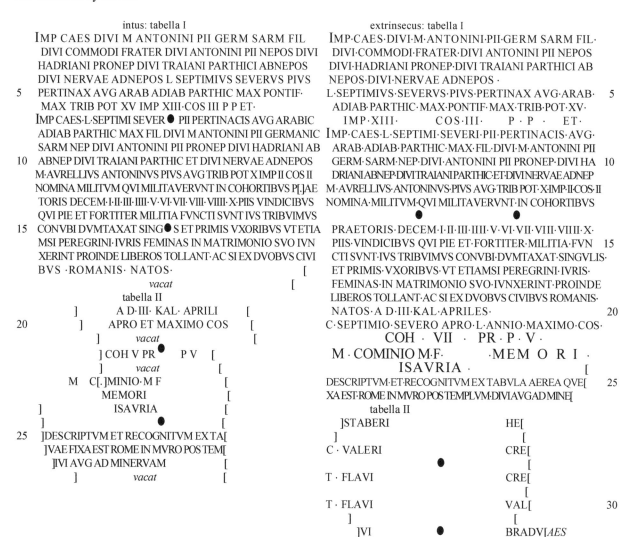

]	[
]RFLI	M AX[*IMI* (!)
]	[
]PTIMI	CELE[

Imp. Caes(ar), divi M. Antonini Pii Germ(anici)
  Sarm(atici) fil., divi Commodi frater, divi
  Antonini Pii nepos, divi Hadriani pronep(os),
  divi Traiani Parthici abnepos divi Nervae
  adnepos,
L. Septimius Severus Pius Pertinax Aug(ustus)
  Arab(icus) Adiab(enicus) Parthic(us)
  max(imus), pontif(ex) max(imus), trib(uncia)
  pot(estate) XV, imp(erator) XIII,[1] co(n)s(ul) III,
  p(ater) p(atriae) et
Imp. Caes(ar), L. Septimi Severi Pii Pertinacis
  Aug(usti) Arab(ici) Adiab(enici) Parthic(i)
  max(imi) fil., divi Antonini Pii Germ(anici)
  Sarm(atici) nep(os), divi Antonini Pii
  pronep(os), divi Hadriani {ab}abnep(os), divi
  Traiani Parthic(i) et divi Nervae adnep(os)
M. Aurellius Antoninus Pius Aug(ustus), trib(unicia)
  pot(estate) X, imp(erator) II, co(n)s(ul) II,
nomina militum, qui militaverunt in cohortibus
  praetoris decem I.II.III.IIII.V.VI.VII.VIII.VIIII.X
  piis vindicibus, qui pie et fortiter militia functi
  sunt, ius tribuimus conubi dumtaxat <cum>[2]
  singulis et primis uxoribus, ut, etiamsi peregrini
  iuris feminas in matrimonio suo iunxerint,
  proinde liberos tollant ac si ex duobus civibus
  Romanis natos.
a. d. III kal. Apriles C. Septimio Severo Apro, L.
  Annio Maximo cos.[3]
coh(ors) VII pr(aetoria) p(ia) v(index). M. Cominio
  M. f. Memori, Isauria.[4]
Descriptum et recognitum ex tabula aerea quae fixa
  est Rome in muro pos(t)[5] templum divi Aug(usti)
  ad Minervam.

[-.] Staberi He[-----]; C. Valeri Cre[----]; T. Flavi
  Cre[----]; T. Flavi Val[-----]; [-. ---]vi Braduaes;
  [-. Au]r⌈e⌉li Maximi; [-. Se]ptimi Cele[ris?].[6]

1. When this constitution was issued Septimius Severus held tribunician power for the fifteenth time and his son, Caracalla, held it for the tenth time. Both ran from 10 December 206 until 9 December 207. Additionally, Severus had apparently been acclaimed *imperator* thirteen times although this is debatable as B. Pferdehirt demonstrates. On praetorian constitutions of 22 January 208 Severus was credited with only twelve imperatorial acclamations (*RMD* VI 641, 642, 643). Similarly, Caracalla is recorded as having been acclaimed for the second time. This too may not have been official as B. Pferdehirt suggests. See also *RMD* V 454 note 2 and *RMD* III Appendix IVB.
2. CVM is omitted on both faces. Cf. the outer face of *RMD* VI 640 of the same date. Similarly, CVM is omitted on both faces of three of the copies of the constitution of 22 January 208 (*CIL* XVI 135, *RMD* VI 641, 642), but it is not omitted from a further copy (*RMD* VI 643).
3. The *ordinarii* of 207 were C. Septimius Severus Aper (*PIR*[2] S 489, *DNP* 11, 435) and L. Annius Maximus (*PIR*[2] A 671). See further *RMD* V 454 note 5.
4. M. Cominius Memor had served in *cohors VII praetoria*. No *tribus* is engraved although space has been left on the outer face. Cf. *RMD* VI 638. The recipient of a second copy does have his engraved (*RMD* VI 640). A praetorian from Poetovio who had also served in *cohors VII praetoria* had received the grant the previous year (*RMD* III 188).
5. As is customary at this time *Rome* has been engraved rather than *Romae* and *pos* instead of *post*. On the inner face, correctly, is *quae* but on the outer face is *que*.
6. Sufficient of the witness list has survived to show that none of the names are homonyms of those who had witnessed the diploma of the recipient from the same cohort the previous year (*RMD* III 188). See further *RMD* VI 649 note 12. [AV]RFLI for [AV]RELI.

Photographs *RGZM* Taf. 92-94.

Plate 4 Photograph of 639 (a) tabella II outer face (Margaret Roxan Photograph Archive)

640 SEVERVS ET ANTONINVS [---] DRIBALO

a. 207 Mart. 30

Published A. Ivantchik - O. Pogorelets - R. Savvov *Zeitschrift für Papyrologie und Epigraphik* 163, 2007, 255-262. Two conjoining fragments from the lower right corner of tabella I of a diploma with a grey-green patina. Along the line of the break a small piece is missing. Found in 2006 near the village of Zarichanka in the Khmel`nitsky region of Ukraine. Height 6.43 cm; width 6.7 cm; thickness 1 mm; weight not given. The text on the outer face has well formed, carefully engraved, letters; that on the inner face is more irregular in a cursive script. The letter heights on both faces vary between 3 mm and 5 mm. The inner face retains scouring lines from the incomplete preparation of the surface. There are faint traces of two framing lines on the outer face. The straightness of the left hand edge of the outer face strongly suggests that this was cut in antiquity.

AE 2007, 1211

intus: tabella I

```
                        ]+NE++
        ]RIB POT·X·IMP II COS II
        ]VNT IN COHORTIBVS PRAETO
        ]VIII · VIIII · X · PIIS VINDICI
5(!)    ]FVNCTI SVNT·IVS TRIBVMVS
        ]RIMIS VXORIBVS VT ETIAM
        ]N MATRIMONIO SVO IVN
        ]ANT AC SI EX DVOBVS
        ]          vacat
              ]          vacat
              ]          vacat
              ]          vacat
```

extrinsecus: tabella I

```
        ]RTITER·MI[
        ]DVMTAXAT SING[
        ]MSI PEREGRINI·IVRIS[
        ]VNXERINT PROINDE LI[
        ]VS·CIVIBVS·ROMANIS·N[          5
        ]AL  ·  APRILES        [
        ]APRO·L·ANNIO·MAXIM[
        ] PR  P  V
        ]AEL·DRIBALO DVROSTO
        ]O                            10
        ]TVM EX TABVLA AEREA QVE FIXA EST
        ]PLVM·DIVI AVG AD MINERVAM
```

[Imp. Caes(ar), divi M. Antonini Pii Germ(anici)
  Sarm(atici) fil., divi Commodi fr(ater), divi
  Antonini Pii nep(os), divi Hadriani pron(epos),
  divi Traiani Parthici abnep(os), divi Nervae
  adnep(os), L. Septimius Severus Pius Pertinax
  Aug(ustus) Arab(icus) Adiab(enicus) Par(thicus)
  nax(imus), pont(ifex) max(imus), trib(unicia)
  pot(estate) XV, imp(erator) XIII, co(n)s(ul) III,
  p(ater) p(atriae),
Imp. Caes(ar), L. Septimii Severi Pii Pertinacis
  Aug(usti) Arab(ici) Adiab(enici) Parthici
  max(imi) fil., divi M. Antonini Pii Germ(anici)
  Sarm(atici) nep(os), divi Antonini Pii
  pronep(os), divi Hadriani abnep(os), divi
  Traiani Parthici et divi Nervae adnep(os), M.
  Aurelius Antoninus Pius Felix Aug(ustus),
  t]rib(unicia) pot(estate) X, imp(erator) II,
  co(n)s(ul) II,[1]
[nomina militum, qui militaver]unt in cohortibus
  praeto[ris decem I.II.III.IIII.V.VI.VII.]VIII.
  VIIII.X piis vindici[bus, qui pie et
  fo]rtiter mi[litia] functi sunt, ius tribu<i>mus[2]
  [conubi] dumtaxat <cum>[3] sing[ulis et p]rimis
  uxoribus, ut, etiamsi peregrini iuris [feminas i]n
  matrimonio suo iunxerint, proinde li[beros toll]ant
  ac si ex duobus civibus Romanis n[atos].

[a. d. III k]al. Apriles [C. Septimio Severo] Apro, L.
  Annio Maxim[o cos.]
[coh ---] pr(aetoria) p(ia) v(index). [--- f.] Ael.
  Dribalo Durosto[r]o.[4]
[Descriptum et recogni]tum ex tabula aerea que[5]
  fixa est [Romae in muro pos(t) tem]plum divi
  Aug(usti) ad Minervam·

1. The surviving dating elements of the titles of Caracalla and of the day and consular date reveal that this is a second copy of the praetorian constitution of 30 March 207 (*RMD* VI 639). The full titles of Severus and Caracalla have been restored from the titles engraved on the nearly complete copy although the number of imperial acclamations for each of them is uncertain. The consuls can be restored as C. Septimius Severus Aper and L. Annius Maximus. Cf. *RMD* VI 639 note 3.
2. Intus TRIBVMVS for TRIBVIMVS.
3. CVM is omitted on the outer face as on the other copy (*RMD* VI 639). It is also omitted from three of the copies of the constitution of 22 January 208 (*CIL* XVI 135, *RMD* VI 641, 642) though not from the fourth (*RMD* VI 643).
4. The recipient was from Durostorum in Lower Moesia which was the base of *legio XI Claudia pia fidelis* from the reign of Trajan. It had been granted the status of *municipium* early in the reign of Marcus Aurelius (*DNP* 3, 851). Only his cognomen, Dribalus, has survived. This is of Dacian origin (*OnomThrac* 163).
5. On the outer face, as is customary at this date, *que* has been engraved rather than *quae*.

Photographs *ZPE* 163, 262.

641 SEVERVS ET ANTONINVS L. SEPTIMIO PVRVLA

a. 208 Ian. 22

Published B. Pferdehirt *Römische Militärdiplome und Entlassungsurkunden in der Sammlung des Römisch-Germanischen Zentralmuseums*, 2004, Nr. 49. Nearly complete praetorian diploma each tabella of which has been bent vertically and horizontally as if in an attempt to fold them. Additionally, tabella II has been bent elsewhere and has been damaged along the edges and there is a hole just below the lower binding hole. Tabella I: height 15 cm, width 11.3 cm, thickness 1 mm, weight 150.5 g; tabella II: height 15 cm, width 11.2 cm, thickness 0.5 mm, weight 86.74 g. The script on the outer faces is neat and readily legible while that on the inner faces is irregular and poorly formed making it difficult to decipher especially with the ancient damage. Letter height on the outer faces 5 mm; on the inner 3 mm. Each tabella has two binding holes but no hinge hole. No border is visible on the outer faces. Now in the Römisch-Germanisches Zentralmuseum, Mainz (Inv. Nr. O. 42215).

<table>
<tr><td colspan="2" align="center">intus: tabella I</td></tr>
<tr><td></td><td>IMP CAES DIVI M ANTONINI PII GERM SARM F</td></tr>
<tr><td></td><td>DIVI COMMODI FRATER DIVI ANTONINI PII NEP DIVI</td></tr>
<tr><td></td><td>HADR PRON DIVI TRAIANI PART ABN DIVI NER AD[</td></tr>
<tr><td></td><td>L·SEPTIMIVS SEVERVS PIVS PERTIN AVG ARAB ADIAB</td></tr>
<tr><td>5</td><td>PART·MAX PONT MAX TR POT·XVI·IMP XII COS·III·P P</td></tr>
<tr><td></td><td>IMP CAES L SEPTIMI SEVERI ● PII·PERTIN·AVG·ARAB AD[</td></tr>
<tr><td></td><td>PART MAX FIL·DIVI M ANTONINI PII GERM SARM</td></tr>
<tr><td></td><td>NEP DIVI ANTONINI PII PRONEP DIVI HADR ABNEP</td></tr>
<tr><td></td><td>DIVI TRAIANA·PARTH ET DIVI NER ADNEP·</td></tr>
<tr><td>10</td><td>M·AVRELL·ANTONINVS PIVS AVG TR POT XI·IMP II COS·III·</td></tr>
<tr><td></td><td>NOM MILIT·QVI MILITAVER·IN COHORTIB PRAET·</td></tr>
<tr><td></td><td>X·I·II·III·IIII·V·VI·VII·VIII·VIIII·X·PIIS VINDICIB</td></tr>
<tr><td></td><td>QVI PIE ET FORTITER MI●LIT·FVNCTI·SVNT·IVS</td></tr>
<tr><td></td><td>TRIB·CONVB·DVMTAX·SINGVLIS ET PRIMIS</td></tr>
<tr><td>15</td><td>VXORIB VT ETIAMSI PEREGRINI IVR·FE M</td></tr>
<tr><td></td><td>IN MATRIMONIO SVO IVNXER PROINDE LIB</td></tr>
<tr><td></td><td>ER·TOLLANT AC SI EX DVOB CIVIB ROMANIS</td></tr>
<tr><td></td><td>NATOS ·</td></tr>
</table>

<table>
<tr><td colspan="2" align="center">tabella II</td></tr>
<tr><td></td><td>A D·XI · K · F</td></tr>
<tr><td>20</td><td>IMP ANTO[ ]INO PIO AVG III</td></tr>
<tr><td></td><td>ET·GETA CAES II·COS</td></tr>
<tr><td></td><td>COH·I· ● PR P V·</td></tr>
<tr><td></td><td>L SEPTIMIO·L·F · VLP · PVRVL A</td></tr>
<tr><td></td><td>NICOPOLI</td></tr>
<tr><td>25(!)</td><td>DESCRIPTVM ET RECOGNITVM EX TABVL POST</td></tr>
<tr><td>(!)</td><td>MVR QVAE FIXA ●[ ]T ROME IN MVRO POS</td></tr>
<tr><td></td><td>TEMPLVM DIVI AVG [ ] MINERVAM</td></tr>
<tr><td></td><td>[ ]</td></tr>
</table>

extrinsecus: tabella I

IMP CAES DIVI M ANTONINI PII GERM SARM FIL DIVI·
COMMODI·FRATERTER DIVI ANTONINI PII NEP DIVI HADRI (!)
AN PRONEP DIVI TRAIAN PARTH ABN DIVI NERV ADNEP
L SEPTIMIVS SEVERVS PIVS PERTIN AVG ARAB ADIAB PAR
TH MAX PONTIF MAX·TR·POT·XVI IMP XII·COS III·P P· 5
IMP CAES L·SEPTIMI SEVERI PII PERTIN·AVG ARAB ADIAB
PARTH MAX FIL DIVI M ANTONINI PII GERM SARM ·
NEP DIVI ANTONINI PII PRONEP DIVI HADRIANI AB
NEP DIVI TRAIAN PARTH ET DIVI NERVE ADNEP·
M·AVRELLIVS ANTONINVS PIVS AVG TR POT XI·IMP II·COS III· 10
NOMINA MILITVM QVI MILITAVERVNT IN COHORTI
BVS PRAETOR DEC·I·II·III·IIII·V·VI·VII·VIII·VIIII·X·
PIIS VINDICIBVS QVI PIE ET FORTI   TER MILI
  ●   ●
TIA FVNCTI SVNT IVS CONVBI TRIBVIMVS DVM   (!)
TAXAT SINGVLIS·ET PRIMIS VXORIBVS VT ETIAM   15
SI PEREGRINI IVRIS FEMIN·IN MATRIMO
NIO·SVO IVNXER·PROINDE LIBEROS TOLLANT·
AC SI EX DVOB·CIVIB·ROMAN·NATOS·A·D·XI·K·FEBR·
IMP ANTONINO PIO·AVG·III·ET P SEPTIMIO
GETA NOBILISSIMO· CAES· II   COS·   20
COH · I · PR · P · V·
L·SEPTIMIO·L·F· VLP·PVRVLA·
NICOPOLI·
DESCRIPT·ET RECOGNIT·EX TABVL·AER·QVE FIX
EST·ROM·IN MVR·POS TEMPL·DIVI AVG AD MINER 25
VAM ·

tabella II

TI · CLAVDI		REPENTILLI
TI · CLAVDI ·		COLOSSI
M · AVRELI	●	FLAVI ·
C · ANNI		THARSAE 30
C · IVLI	●	CRESCENTIAN[
M · AVRELI		FILONIS ·
M · VALERI		MAXIMI

Imp. Caes(ar), divi M. Antonini Pii Germ(anici)
Sarm(atici) fil., divi Commodi frater, divi
Antonini Pii nep(os), divi Hadrian(i) pronep(os),
divi Traian(i) Parth(ici) abn(epos), divi
Nerv(ae) adnep(os), L. Septimius Severus Pius
Pertin(ax) Aug(ustus) Arab(icus) Adiab(enicus)

Parth(icus) max(imus), pontif(ex) max(imus),
tr(ibunicia) pot(estate) XVI, imp(erator) XII,[1]
co(n)s(ul) III, p(ater) p(atriae),[2]
Imp. Caes(ar), L. Septimi Severi Pii Pertin(acis)
Aug(usti) Arab(ici) Adiab(enici) Parth(ici)
max(imi) fil., divi M. Antonini Pii Germ(anici)

ROMAN MILITARY DIPLOMAS VI

Sarm(atici) nep(os), divi Antonini Pii pronep(os), divi Hadriani abnep(os), divi Traian(i) Parth(ici) et divi Nerv(a)e[3] adnep(os), M. Aurellius Antoninus Pius Aug(ustus) tr(ibunicia) pot(estate) XI, imp(erator) II, co(n)s(ul) III,

nomina militum, qui militaverunt in cohortibus praetor(is) dec(em) I.II.III.IIII.V.VI.VII.VIII. VIIII.X piis vindicibus, qui pie et fortiter militia functi sunt, ius tribuimus conubi[4] dumtaxat <cum>[5] singulis et primis uxoribus, ut, etiamsi peregrini iuris femin(as) in matrimonio suo iunxer(int), proinde liberos tollant ac si ex duob(us) civib(us) Roman(is) natos.

a. d. XI k. Febr(uarias) Imp. Antonino Pio Aug(usto) III et P. Geta nobilissimo Caes(are) II cos.

coh(ors) I praetoria p(ia) v(index). L. Septimio L. f. Ulp. Purula, Nicopoli.[6]

Descriptum et recognitum ex tabul(a) aer(ea) quae[7] fixa est Rome in muro pos(t)[8] templum divi Aug(usti) ad Minervam.

Ti. Claudi Repentilli; Ti. Claudi Colossi; M. Aureli Flavi; C. Anni Tharsae; C. Iuli Crescentian[i]; M. Aureli Filonis; M. Valeri Maximi.[9]

1. This is a complete copy of a praetorian constitution of 22 January 208. It provides the date of issue for a previously published fragment from this year (*CIL* XVI 135). Two further copies are also extant (*RMD* VI 642 and 643). While the number of Caracalla's imperatorial acclamations is the same as on the praetorian diplomas of 207 (*RMD* VI 639, 640) his father's is discrepant. Here he has been acclaimed for the twelth time, once less than in 207. The other recent copies have the same number (*RMD* VI 642, 643). However, the long known fragment records Severus with eleven acclamations (*CIL* XVI 135). See also, *RMD* III Appendix IVB. Extrinsecus FRATERTER for FRATER line 2.

2. ET omitted on both faces. Similarly, it is missing from the long extant copy (*CIL* XVI 135). However, it has been engraved on the other two recent copies (*RMD* VI 642, 643).

3. Extrinsecus NERVE for NERVAE.

4. On the outer face *ius conubi tribuimus* has been engraved as opposed to the more usual *ius tribuimus conubi*. Cf. *RMD* VI 638.

5. CVM omitted on both faces as it is on *RMD* VI 642 of the same date and on the surviving face of the older copy (*CIL* XVI 135). But it is not omitted on a further copy (*RMD* VI 643). The previous year CVM was omitted from both faces of *RMD* VI 639 and the outer face of *RMD* VI 640

6. The recipient had served in *cohors I praetoria*. L. Septimius Purula came from Nicopolis as had C. Valerius Bassus, the recipient of another copy of this constitution, who had served in *cohors VIIII praetoria* (*RMD* VI 642). For the most complete list of praetorian recipients from Nicopolis, see Dana 2020, Annexe 357-368. Cf. Eck 2012a, Anhang 332-336. Purula, a variant of Pyrula, is a Thracian name (*OnomThrac* 283-284).

7. Intus TABVL POST MVR QVAE is engraved rather than TABVLA AEREA QVAE.

8. Engraved on the outer face, as is customary, is *que*, *Rome*, and *pos*. On the inner face of tabella II only the latter is shortened.

9. This is the first witness list relating to this constitution. The witnesses would have been comrades of the recipient. Whether they served in the same cohort or whether they came from the same home is uncertain. The cognomen of the fourth witnesss, Tharsa, is a variant of the Thracian name, Tarsa (*OnomThrac* 345-348).

Photographs *RGZM* Taf. 95-96.
Drawings *RGZM* Taf. 97-98.

642 SEVERVS ET ANTONINVS C. VALERIO BASSO

a. 208 Ian. 22

Published B. Pferdehirt *Römische Militärdiplome und Entlassungsurkunden in der Sammlung des Römisch-Germanischen Zentralmuseums*, 2004, Nr. 50. Complete tabella I of a praetorian diploma. Height 15 cm; width 11.5 cm; thickness 1 mm; weight 142.2 g. The script on the outer face is neat and easy to read except where obscured or damaged by corrosion. That on the inner face is angular and cramped and hence difficult to decipher which is made worse in areas by the rough surface of the face and by corrosion. Letter height on the outer face 2-3 mm; on the inner 3 mm. There is no border visible on the outer face and there is no hinge hole. Now in the Römisch-Germanisches Zentralmuseum, Mainz (Inv. Nr. O. 42270).

intus: tabella I

IMP CAES DIVI· M ANTONINI PII GERM SARM FIL·
DIVI COMMODI FRATER DIVI ANTONINI PII NEPOS·
DIVI HADRIANI PRONEP· DIVI TRAIANI PARTHICI
ABNEP DIVI NERVAE ADNEPOS· L· SEPTIMIVS SEVERVS
5(!) PIVS PERTINAX· AVG ARAR ADIAB PARTHIC MAX PONTIF
MAX TRIB· POT· XVI· IMP· XII· COS· III· P· P· ET
IMP CAES· L· SEPTIMI SEVERI ● PII PERTINACIS AVG ARAB
ADIAB PARTHIC· MAX· FIL DIVI M ANTONINI PII GERM
SARM NEP· DIVI ANTONINI PII PRONEP DIVI HADRI
10 ABNEP· DIVI TRAIAN PARTHIC ET DIVI NERVAE ADNEP·
M AVRELL ANTONINVS PIVS AVG TRIB POT· XI· IMP II COS III
NOMINA· MILITVM QVI MILITA VERVNT IN COHORTIB
PRAETORIS· DECEM· I· II· III· IIII· V· VI· VII· VIII· VIIII· X· PIIS
VINDICIBVS QVI PIE ET FOR ● TITER· MILITIA FVNCTI SVNT
15 IVS TRIBVIMVS CONVBI· DVMTAXAT SINGVLIS ET PRIMIS
VXORIBVS VT ETIAM SI PEREGRINI IVRIS FEMINAS·
IN MATRIMONIO SVO IVNXERINT PROINDE LIBEROS
TOLLANT AC SI EX DVOBVS CIVIBVS ROMANIS NATOS·

extrinsecus: tabella I

IMP CAES· DIVI M ANTONINI PII [ ]ERM SARM FIL
DIVI COMMODI· FRATER· DIVI ANTONINI PII NEPOS
DIVI HADRIANI PRONEPOS· DIVI TRAIANI PARTHI
CI· ABNEPOS· DIVI NERVAE ADNEPOS·
L· SEPTIMIVS· SEVERVS· PIVS· PERTINAX· AVG ARAB   5
]DIAB PARTHIC· MAX· PONTIF· MAX· TRIB POT·
XVI· IMP· XII·   COS· III· P· P·   ET
IMP CAES· L· SEPTIMI· SEVERI· PII PERTINACIS AVG
ARAB ADIAB· PARTHIC· MAX· FIL· DIVI· M· ANTONINI
PII GERM· SARM· NEP· DIVI ANTONINI PII· PRONEP·   10
DIVI HADRIANI ABNEPOS· DIVI TRAIANI PARTHICI
ET· DIVI NERVAE ADNEPOS·
M· AVRELLIVS ANTONINVS PIVS AVG TRIB POT· XI· IMP II COS III
NOMINA MILITVM QVI MILITA VERVNT· IN COHORTIB·
PRAETORIS· DECEM· I· II· III· IIII· V· VI· VII· VIII· VIIII· X·   15
●   ●
PIIS· VINDICIBVS QVI PIE· ET· FORTITER MILITIA FVN
CTI SVNT· IVS· TRIBVIMVS CONVBI· DVMTAXAT· SINGV
LIS· ET· PRIMIS VXORIBVS VT· ETIAM· SI PEREGRINI
IVRIS FEMINAS· IN MATRIMONIO· SVO· IVNXERINT·
PROINDE· LIBEROS TOLLANT· AC SI EX DVOBVS CIVIBVS   20
ROMANIS· NATOS· A D XI· KAL· FEBR·
IMP ANTONINO· PIO· AVG· III· ET· P· SEPTIMIO·
GETA· NOBILISSIMO·   CAES· II·   COS·
COH· VIIII   P R   P· V·
C· VALERIO C F· VLP·   BASSO   25
NICOPOLI ·
DESCRIPTVM ET RECOGNITVM EX TABVLA AEREA QVE FI
XA EST· ROME· IN MVRO POS TEMPLVM· DIVI AVG AD MI
NERVAM

Imp. Caes(ar), divi M. Antonini Pii Germ(anici)
  Sarm(atici) fil., divi Commodi frater, divi
  Antonini Pii nepos, divi Hadriani pronepos, divi
  Traiani Parthici abnepos, divi Nervae adnepos,
  L. Septimius Severus Pius Pertinax Aug(ustus)
  Arab(icus) Adiab(enicus) Parthic(us) max(imus),
  pontif(ex) max(imus), trib(unicia) pot(estate) XVI,
  imp(erator) XII, co(n)s(ul) III, p(ater) p(atriae) et
Imp. Caes(ar), L. Septimi Severi Pii Pertinacis
  Aug(usti) Arab(ici) Adiab(enici) Parthic(i)
  max(imi) fil., divi M. Antonini Pii Germ(anici)
  Sarm(atici) nep(os), divi Antonini Pii
  pronep(os), divi Hadriani abnepos, divi
  Traian(i) Parthici et divi Nervae adnepos, M.
  Aurellius Antoninus Pius Aug(ustus) trib(unicia)
  pot(estate) XI, imp(erator) II, co(n)s(ul) III,[1]

nomina militum, qui militaverunt in cohortib(us)
  praetoris decem I.II.III.IIII.V.VI.VII.VIII.VIIII.X
  piis vindicibus, qui pie et fortiter militia functi
  sunt, ius tribuimus conubi dumtaxat <cum>[2]
  singulis et primis uxoribus, ut, etiamsi peregrini
  iuris feminas in matrimonio suo iunxerint,
  proinde liberos tollant ac si ex duobus civibus
  Romanis natos.
a. d. XI kal. Febr(uarias) Imp. Antonino Pio
  Aug(usto) III et P. Septimio Geta nobilissimo
  Caes(are) II cos.
coh(ors) VIIII pr(aetoria) p(ia) v(index). C. Valerio
  C. f. Ulp. Basso, Nicopoli.[3]
Descriptum et recognitum ex tabula aerea que fixa
  est Rome in muro pos(t)[4] templum divi Aug(usti)
  ad Minervam.

ROMAN MILITARY DIPLOMAS VI

1. Intus ARAR for ARAB line 5.This is a further copy of the praetorian constitution of 22 January 208 (*CIL* XVI 135, *RMD* VI 641, 643).
2. CVM omitted on both faces. See further *RMD* VI 641 of the same date.
3. The recipient had served in *cohors VIIII praetoria*. C. Valerius Bassus came from Nicopolis as had L. Septimius Purula, the recipient of another copy of this grant (*RMD* VI 641). But he had served in *cohors I praetoria*.
4. As is customary at this time *que*, Rome, and *pos* have been engraved.

Photographs *RGZM* Taf. 99.

643 SEVERVS ET ANTONINVS INCERTO

a. 208 [Ian. 22]

Published B. Pferdehirt *Römische Militärdiplome und Entlassungsurkunden in der Sammlung des Römisch-Germanischen Zentralmuseums*, 2004, Nr. 51. Fragment from the upper right quadrant of tabella I of a Praetorian diploma which lacks the corner. Maximum height 8.9 cm; maximum width 5.5 cm; thickness 1 mm; weight 26.4 g. The script on the outer face is neat and clear while that on the inner is poorly engraved and difficult to decipher especially where there are deep scouring lines from the incomplete preparation process. Letter height on the outer face 4 mm; on the inner 3 mm. The outer face has a faintly inscribed border comprising two framing lines. Also visible on this face is the right hand binding hole. Now in the Römisch-Germanisches Zentralmuseum, Mainz (Inv. Nr. O. 42538). Photographs in the collection of the late Dr Margaret Roxan have also been utilised in making the transcript presented here.

intus: tabella I

```
////////////////////VI////V/[
F/////TITER MILITIA[
VB DVMTAX CVM S[.]NG[
VT ETIAM·SI PEREGR●NI[
5  MATRIMONIO SVO·IVNXE[
TOLLANT·AC SI EX DVOBVS CIVI[
           vacat              [
           vacat              [
```

extrinsecus: tabella I

```
]I PII GERM·SARM·FI[
]ONINI·PII NEP DIVI HA[
]ABNEP DIVI NERVAE ADNEP
]RTINAX·AVG ARAB ADIAB PAR
]OT XVI IMP·X·II·COS·III·P P·ET      5
]II PERTINACIS AVG ARAB
]M·ANTONINI·PII·GERM·
]PII PR/////P DIVI HADRIANI·
]ET DIVI NERVAE ADNEP
]T·XI·IMP II COS III            10
]N COHORTIBVS
]VI VII·VIII·VIIII X
]MILITIA·FVNCTI
]●
]CVM SINGVLIS
]MIN[                          15
```

[Imp. Caes(ar), divi M. Antonin]i Pii Germ(anici)
Sarm(atici) fi[l., divi Commodi frater, divi
Ant]onini Pii nep(os), divi Ha[driani pronep(os),
divi Traiani Parth(ici)] abnep(os), divi Nervae
adnep(os), [L. Septimius Severus Pius
Pe]rtinax Aug(ustus) Arab(icus) Adiab(enicus)
Par[thic(us) max(imus), pontif(ex) max(imus),
trib(unicia) p]ot(estate) XVI, imp(erator) XII,
co(n)s(ul) III, p(ater) p(atriae) et
[Imp. Caes(ar), L. Septimi Severi P]ii Pertinacis
Aug(usti) Arab(ici) [Adiab(enici) Parthic(i)
max(imi) fil., divi] M. Antonini Pii Germ(anici)
[Sarm(atici) nep(os), divi Antonini]
Pii pr[one]p(os), divi Hadriani [abnepos, divi
Traiani Parth(ici)] et divi Nervae adnep(os),
[M. Aurellius Antoninus Pius Aug(ustus)
trib(unicia) po]t(estate) XI, imp(erator) II,
co(n)s(ul) III,[1]

[nomina militum, qui militaverunt i]n cohortibus
[praetoris decem I.II.III.IIII.V].VI.VII.VIII.
VIIII.X [piis vindicibus, qui pie et] f[or]titer
militia functi [sunt, ius tribuimus con]ubi
dumtax(at) cum[2] singulis [et primis uxoribus],
ut, etiamsi peregr[i]ni [iuris fe]min[as in]
matrimonio suo iunxe[rint, proinde liberos]
tollant ac si ex duobus civi[bus Romanis natos].

1. The surviving titles of Septimius Severus and of Caracalla on the outer face reveal that this is a fourth copy of the praetorian constitution of 22 January 208 (*CIL* XVI 135, *RMD* VI 641, 642).
2. Unlike the other copies of this constitution CVM has been engraved on both faces (*CIL* XVI 135, *RMD* VI 641, 642).

Photographs *RGZM* Taf. 100.

644 ANTONINVS ANTONINI MAGNI F. C. VALERIO MARCO

a. 219 Ian. 7

Published B. Pferdehirt *Römische Militärdiplome und Entlassungsurkunden in der Sammlung des Römisch-Germanischen Zentralmuseums*, 2004, Nr. 52. Complete tabella II of a praetorian diploma with a crumpled top left corner and a bent top right corner. Height 14.8 cm; width 11 cm; thickness 1 mm; weight 80.7 g. The script on the outer face is neat and well formed while that on the inner is more irregular. On both faces the lettering is obscured by corrosion toward all edges. Letter height on the outer face 4 mm; on the inner 3-4 mm. The upper binding hole when viewed from the outside is much larger than the lower. On the inner face the letters AV of AVG have been destroyed in line 7. There are two framing lines very faintly engraved along the edges of the outer face. Now in the Römisch-Germanisches Zentralmuseum, Mainz (Inv. Nr. O. 42687).

	intus: tabella II			extrinsecus: tabella II				
	A D VII IDVS IAN		C	IVL	I		VICTORINI	
(!)	IMP ANTONINO AVG·II SARCERDOTE II COS		C	IVL	I		FLAVI	
	COH II PR ANTONINIANA P V ●		C	IVL	I	●	IANVARI	
	C VALERIO C F VLP MARCO NICOP		M	AVREL	I		MARTINI	
	vacat		L	SPECTAT	I		AVITIANI	
5(!)	DESCRIPT ET RECOGNIT EX TALVLA					●		
	AEREA QVE FIXA EST ROME IN MVRO		M	VLP	I		AESTIVI	5
	POS TEMPL DIVI ●G AD MINER							
	VAM		L	RESTVT	I		FRATERNI	
	vacat							
	vacat							

[Imp. Caes(ar), divi Antonini Magni Pii Aug(usti) fil., ---],

[nomina militum, qui militaverunt in cohortibus praetoris Antoninianis decem ---].

a. d. VII idus Ian(uarias) Imp. Antonino Aug(usto) II, Sa{r}cerdote II cos.[1]

coh(ors) II pr(aetoria) Antoniniana p(ia) v(index).
C. Valerio C. f. Ulp. Marco, Nicop(oli).[2]

Descript(um) et recognit(um) ex ta⌈b⌉ula aerea que fixa est Rome in muro pos(t)[3] templ(um) divi [Au]g(usti) ad Minervam.

C. Iuli Victorini; C. Iuli Flavi; C. Iuli Ianuari; M. Aureli Martini; L. Spectati Avitiani; M. Ulpi Aestivi; L. Restuti Fraterni.[4]

1. Intus SARCERDOTE for SACERDOTE. This is a praetorian grant from the consulship of Elagabalus and Q. Tineius Sacerdos (*PIR²* T 229, *DNP* 12/1, 604 [5]), both for the second time. The date of issue was 7 January 219.
2. C. Valerius Marcus, the recipient, had served in *cohors II praetoria*. He was from Nicopolis as were a further two of the other five known recipients from the reign of Elagabalus. See Dana 2020, 361.
3. *que*, *Rome*, and *pos* have been engraved as is usual at this time.
4. The witnesses were comrades of the recipient. However, it is virtually impossible to know if any witnesses have been recorded more than once rather than just being homonyms. Therefore, readings of names may not be certain. The cognomen of the first witness ends near to the inner framing line. This has obscured what can be read. Rather than an N for the last letter it is equally possible that this was an I followed by a diagonal mark and part of the framing line. Restutius is an acceptable nomen for the last witness (*OPEL* IV 28).

Photographs *RGZM* Taf. 101.

645 ANTONINVS ANTONINI MAGNI F. ET ALEXANDER CAESAR C. IVLIO GAIANO

a. 222 Ian. 7

Published B. Pferdehirt *Römische Militärdiplome und Entlassungsurkunden in der Sammlung des Römisch-Germanischen Zentralmuseums*, 2004, Nr. 54. Complete tabella I of a praetorian diploma with the top right section nearly broken off and lacking a tiny piece from the corner. Height 14.6 cm; width 11.2 cm; thickness 1 mm; weight 120.8 g. The script on the outer face is neat but sometimes cramped; that on the inner face is more irregular and more difficult to read with the beginning of the lines in a different hand from the ends. Letter height on the outer face 3-6 mm; on the inner 3-4 mm. Along the edges of the outer face there is a 5 mm wide border consisting of two parallel framing lines. The binding holes were added after the text on the inner face had been inscribed. The lower one has obliterated the V for the fifth cohort. Now in the Römisch-Germanisches Zentralmuseum, Mainz (Inv. Nr. O. 42188).

intus: tabella I

```
    IMP CAES DIVI·ANTONINI MAGNI PII·FIL·
      DIVI SEVERI·PII·NEP M AVR·ANTONINVS
      PIVS FELIX·AVG SACERDOS·AMPLISSIM·
      DEI INVICTI SOLIS ELAGABALI PONT MAX
5     TRIB POT V COS IIII P P ● ET IMP CAES·M
      AVR·ANTONINI PII FELI AVG FIL·DIVI·
(!)   ANTONINI·PII·FELIC·AVG FIL DIVI·SE
(!)   VERI·PII·NEP·M·AVR·ALEXANDRE NO
(!)   BILISSIM·IMP ET SACERDOTIS DO
10    NOMINA MILITVM QVI MILIT·IN COH PR·
      ANTONINIANIS·X·I II III IIII ● VI VII VIII·VIIII·X·PIIS
(!)   VINDICIB·QVI PIE MILITIA FVNCT·IVS TRIBVIM
(!)   CONVB DVMTAXA SINGVLIS·ET PRIMI·S
(!)   VXOR·IN MATRIM·SVO·INXER PROIN
15    DE LIBEROS·TOLLANT A C SI  EX
      DVOBVS  CIVIBVS  ROMANIS
      NATOS
```

extrinsecus: tabella I

```
   IMP·CAES·DIVI·ANTONINI·MAGNI·PII·
     FIL·DIVI·SEVERI·PII·NEPOS·
   M·AVRELLIV[[                        ]]DOS·
     AMPLISSIMVS·DEI·INVICTI SOLIS·E[[        ]]LI
     PONTIF·MAX·TRIB·POT·V·COS IIII · P · P ·  ET·   5
   IMP·CAES·M·AVRELLI·ANTONINI·PII FELICIS·AVG FIL·
     DIVI·ANTONINI MAGNI·PII NEP DIVI·SEVERI·PII·PRON
     M·AVRELLIVS·ALEXANDER NOBILISSIMVS
     CAES·IMPERI ET·SACERDOTIS·COS·
   NOMINA·MILITVM·QVI MILITAVERVNT·IN COHORTIBVS· 10
     PRAETORIS·ANTONINIANIS·DECEM·I·II·III·IIII·V·VI·
     VII·VIII·VIIII·X·PIIS·VINDICIBVS·QVI PIE ET FORTI
     TER·MILITIAM·FVNCTI·SVNT·IVS TRIBVIMVS (!)
                ●                    ●
     CONVBII·DVMTAXAT·CVM SINGVLIS·ET·PRIMIS·
     VXORIBVS·VT ETIAM·SI PEREGRINI·IVRIS·FEMI  15
     NAS·IN MATRIMONIO·SVO IVNXERINT·PROINDE
     LIBEROS·TOLLANT AC SI·EX DVOBVS·CIVIBVS
     ROMANIS·NATOS· A D·VII·IDVS·    IAN·
   IMP·M·AVRELLIO·ANTONINO·PIO·FELICE·AVG·IIII·
     M·AVRELLIO·ALEXANDRO·CAES·  COS·      20
        COH·VI·  PR·ANTONINIANA·P·V·
        C·IVLIO·C·FIL·VLP·GAIANO·
              NICOPOLI·
     DESCRIPT·ET·RECOGNIT·EX TABVL AEREA·QVE FIXA EST·
     ROMAE·IN MVRO POS TEMPL·DIVI·AVG·AD MINERVAM·  25
```

Imp. Caes(ar), divi Antonini Magni Pii fil., divi Severi Pii nepos, M. Aurelliu[s] Antoninus Pius Felix Aug(ustus), sacerdos amplissimus dei invicti solis Elagabali, pont(ifex) max(imus), trib(unicia) pot(estate) V, co(n)s(ul) IIII, p(ater) p(atriae)[1] et Imp. Caes(ar), M. Aurelli Antonini Pii Felicis Aug(usti) fil., divi Antonini Magni Pii nep(os), divi Severi Pii pron(epos),[2] M. Aurellius Alexander,[3] nobilissimus Caes(ar) imperi et sacerdotis, co(n)s(ul),[3]

nomina militum, qui militaverunt in cohortibus praetoris Antoninianis decem I.II.III.IIII.V.VI. VII.VIII.VIIII.X piis vindicibus, qui pie et fortiter militia functi sunt,[4] ius tribuimus conubii dumtaxat cum[5] singulis et primis uxoribus, ut, etiamsi peregrini iuris feminas[6] in matrimonio suo iunxerint,[7] proinde liberos tollant ac si ex duobus civibus Romanis natos.

a. d. VII idus Ian(uarias) Imp. M. Aurellio Antonino Pio Felice Aug(usto) IIII, M. Aurellio Alexandro Caes(are) cos.

coh(ors) VI pr(aetoria) Antoniniana p(ia) v(index). C. Iulio C. fil. Ulp. Gaiano, Nicopoli.[8]

Descript(um) et recognit(um) ex tabul(a) aerea que fixa est Romae in muro pos(t)[9] templ(um) divi Aug(usti) ad Minervam.

1. This is another copy of the praetorian constitution of 7 January 222 of which two are complete (*RMD* I 75, IV 308), three are fragmentary (*CIL* XVI 140, 141, *RMD* V 460), and another is also a complete tabella I (Sharankov 2009, 58-61). Unlike the others there has been a serious attempt to erase Elagabalus' names from the outer face but the inner has not been touched. Cf. the erasure on the diploma of 7 January 234 (*RMD* VI 653). This copy refers to the praetorian guard on both faces as does one other copy (*CIL* XVI 140). However, the three other copies where tabella I is complete relate to the urban cohorts on the inner face (*RMD* I 75, IV 308, Sharankov 2009, 58-61) with an urban recipient named on

ROMAN MILITARY DIPLOMAS VI

the single surviving tabella II (*RMD* IV 308). This may indicate there were a number of spare copies from the urban issue which were re-used for the praetorian constitution.

2. The genealogy of Severus Alexander has been thoroughly confused on the inner face. Thus, *Pii Felic Aug fil* has been repeated instead of *Magni Pii nep* and then *nep(os)* has been engraved rather than *pron(epos)*.

3. Intus ALEXANDRE for ALEXANDER line 8, DO for COS line 9.

4. Intus ET FORTITER and SVNT both omitted line 12. Extrinsecus MILITIAM for MILITIA line 13.

5. Intus CVM omitted. Cf. *RMD* VI 639 of 30 March 207 and *RMD* VI 641, 642 of 22 January 208.

6. The complete phrase *ut etiamsi peregrini iuris feminas* has been omitted from the inner face.

7. Intus INXER for IVNXER.

8. The recipient had served in *cohors VI praetoria*. Of the other known recipients of this issue one had served in *cohors I praetoria* and two others in *cohors VII praetoria* (Dana 2020, 361). C. Iulius Gaianus came from Nicopolis as had another recipient of this grant, M. Aurelius Artemidorus (Sharankov 2009, 58-61).

9. As was customary at this time *que* and *pos* have been engraved on the outer face.

Photographs *RGZM* Taf. 103.

646 SEVERVS ALEXANDER C. VALERIO VALENTI

a. 223 Ian. 7

Published B. Pferdehirt *Römische Militärdiplome und Entlassungsurkunden in der Sammlung des Römisch-Germanischen Zentralmuseums*, 2004, Nr. 55. Complete diploma apart from damage to the right hand corners and right hand edge of tabella II. In addition the binding wire and seal cover had survived. Tabella I: height 18 cm, width 14.2 cm, thickness 2 mm, weight 251.7 g; Tabella II: height 17.9 cm, width 14.2 cm, thickness 0.5-1 mm, weight including cover 157.3 g. The script on the outer faces is well formed and easy to decipher. That on the inner faces is less well engraved and is difficult to read where there are deep scouring lines from the incomplete preparation of the surfaces. Letter height on the inner faces 3-5mm; on the outer face of tabella I 4-5 mm, except for lines 19-21 which are 6 mm, and on the outer face of tabella II 6mm. The right side of tabella II is thinner than the other side and the engraving of the cognomina of the witnesses pushed the inner surface outwards leaving clear reverse impressions of the letters. There is a 5 mm wide border on the outer faces comprising two thin parallel lines. The binding holes on both tabellae were punched from the outside and damaged or destroyed letters on the already engraved inner faces. On tabella I inner face on line 5 QVI has lost VI and in line 13 TV of TVNC was destroyed; on tabella II inner face on line 3 the N of DOMINI was destroyed as was the A of ROMAE on line 7. Seal cover: length 9.5 cm; width 2.1 cm. The top edge and the edges of both long sides have been folded over the cover plate to keep it in position. Now in the Römisch-Germanisches Zentralmuseum, Mainz (Inv. Nr. O. 42613).

<table>
<tr><td colspan="2">intus: tabella I</td><td colspan="2">extrinsecus: tabella I</td></tr>
<tr><td></td><td>IMP CAES DIVI·ANTONINI·MAGNI PII·FIL·</td><td>IMP·CAES·DIVI·ANTONINI·MAGNI·PII·FIL·</td><td></td></tr>
<tr><td></td><td>DIVI SEVERI·PII·NEPOS·</td><td>DIVI SEVERI PII NEPOS</td><td></td></tr>
<tr><td></td><td>M·AVRELLIVS·SEVERVS·ALEXANDER PIVS·FELIX·</td><td>M AVRELLIVS·SEVERVS·ALEXANDER·PIVS</td><td></td></tr>
<tr><td></td><td>AVG·PONTIF·MAX·TRIB·POT·II·COS P·P·</td><td>FELIX·AVG·PONTIF MAX·TRIB·POT·II·COS·P·P·</td><td></td></tr>
<tr><td>5</td><td>EQVITIB ET PEDITIB Q ● MILITAVER IN AL II</td><td>EQVITIBVS·QVI INTER SINGVLARES·MILITAVE</td><td>5</td></tr>
<tr><td></td><td>EQVITIB·QVI INTER SINGVLAR·MILITAVER·</td><td>RVNT·CASTRIS·NOVIS SEVERIANIS</td><td></td></tr>
<tr><td></td><td>CASTRIS· NOVIS SEVERIANIS QVIB</td><td>QVIBVS·PRAEEST·AVRELIVS NEMESIANVS</td><td></td></tr>
<tr><td></td><td>PRAEEST·AVREL·NEMESIANVS TRIBVNVS</td><td>TRIBVNVS QVINIS·ET·VICENIS PLVRIBVSVE</td><td></td></tr>
<tr><td></td><td>QVINIS ET VICEN·PLVRIBVSVE·STIPEND·</td><td>STIPENDIS·EMERITIS·DIMISSIS·HONESTA</td><td></td></tr>
<tr><td>10</td><td>EMERIT·DIMISSIS·H·M·QVORVM NOM</td><td>MISSIONE·QVORVM·NOMINA SVBSCRIPTA</td><td>10</td></tr>
<tr><td></td><td>SVBSCRIPTA·SVNT·CIVITAT·ROMANAM</td><td>SVNT·CIVITATEM ROMANAM QVI EORVM</td><td></td></tr>
<tr><td></td><td>QVI EOR·NON HABER·DEDIT·ET CONVBIVM</td><td>NON·HABERENT DEDIT ET CONVBIVM·</td><td></td></tr>
<tr><td></td><td>CVM VXORIB·QVAS ●VNC·HABVISSENT·</td><td>●   ●</td><td></td></tr>
<tr><td></td><td>CVM EST CIVIT·IIS DATA·AVT CVM IIS QVAS</td><td>CVM VXORIBVS·QVAS TVNC HABVISSENT·</td><td></td></tr>
<tr><td>15</td><td>POSTEA·DVXISSENT·DVMTAXAT SINGVLIS</td><td>CVM EST CIVITAS·IIS DATA·AVT CVM IIS QVAS</td><td></td></tr>
<tr><td></td><td>*vacat*</td><td>POSTEA·DVXISSENT·DVMTAXAT·SINGVLIS</td><td>15</td></tr>
<tr><td></td><td>*vacat*</td><td>A· D· VII· IDVS·IANVAR·</td><td></td></tr>
<tr><td></td><td>tabella II</td><td>L· MARI O· MAXIMO· II· ET</td><td></td></tr>
<tr><td></td><td>A·D·VII·IDVS·IAN·</td><td>L· ROSCIO· AELIANO·   COS</td><td></td></tr>
<tr><td></td><td>MARIO MAXIMO·ET ROSC·AELIANO·COS</td><td>EX·EQVITE·DOMINI·N·AVG</td><td></td></tr>
<tr><td></td><td>*vacat*</td><td>C·VALERIO·DRIGITI·FIL VALENTI</td><td>20</td></tr>
<tr><td></td><td>EX·EQ·DOMI●I·N·AVG·</td><td>EX MOESIA INFER· PAP· OESCO</td><td></td></tr>
<tr><td></td><td>C·VALERIO DRIGITI·FIL·VALENTI</td><td>DESCRIPT ET·RECOGNIT EX TABVLA AEREA QVAE FIXA·EST</td><td></td></tr>
<tr><td>20</td><td>EX MOES·INF· PAP·OESCO</td><td>ROMAE·IN MVRO POS TEMPL DIVI AVG AD MINERVAM</td><td></td></tr>
<tr><td></td><td>*vacat*</td><td>tabella II</td><td></td></tr>
<tr><td></td><td>DESCRIPT·ET·RECOGNIT·EX TABVL·AEREA·</td><td>TI·CLAVDI   CASSANDRI</td><td></td></tr>
<tr><td></td><td>QVAE FIXA EST·ROM●E IN MVRO POS</td><td></td><td></td></tr>
<tr><td></td><td>TEMPL·DIVI·AVG AD MINERVAM</td><td>TI·CLAVDI   EPINICI</td><td>25</td></tr>
<tr><td></td><td>*vacat*</td><td></td><td></td></tr>
<tr><td></td><td>*vacat*</td><td>TI·CLAVDI   ●   PAVLLI</td><td></td></tr>
<tr><td></td><td></td><td>TI·CLAVDI   PARTHENI</td><td></td></tr>
<tr><td></td><td></td><td>TI·I VL I   DATIVI</td><td></td></tr>
<tr><td></td><td></td><td>TI·CLAVDI   ●   EROTIS</td><td></td></tr>
<tr><td></td><td></td><td>TI·CLAVDI   EVTYCHETIS</td><td>30</td></tr>
</table>

ROMAN MILITARY DIPLOMAS VI

Imp. Caes(ar), divi Antonini Magni Pii fil.,
divi Severi Pii nepos, M. Aurellius Severus
Alexander Pius Felix Aug(ustus), pontif(ex)
max(imus), trib(unicia) pot(estate) II, co(n)s(ul),
p(ater) p(atriae),[1]

[[equitib(us) et peditib(us), q[ui] militaver(unt) in
al(is) II]][2]

equitibus, qui inter singulares militaverunt castris
novis[3] Severianis, quibus praeest Aurelius
Nemesianus[4] tribunus, quinis et vicenis
pluribusve stipendiis emeritis dimissis honesta
missione,

quorum nomina subscripta sunt, civitatem
Romanam, qui eorum non haberent, dedit et
conubium cum uxoribus, quas tunc habuissent,
cum est civitas iis data, aut cum iis, quas postea
duxissent dumtaxat singulis.

a. d. VII idus Ianuar(ias) L. Mario Maximo II et L.
Roscio Aeliano cos.[5]

ex equite domini n(ostri) Aug(usti) C. Valerio
Drigiti fil. Valenti ex Moesia infer(iore) Pap.
Oesco.[6]

Descript(um) et recognit(um) ex tabula aerea quae
fixa est Romae in muro pos(t)[7] templ(um) divi
Aug(usti) ad Minervam.

Ti. Claudi Cassandri; Ti. Claudi Epinici; Ti. Claudi
Paulli; Ti. Claudi Partheni; Ti. Iuli Dativi; Ti.
Claudi Erotis; Ti. Claudi Eutychetis.[8]

1. The titles of Severus Alexander show this is an issue of 7 January 223 to the *equites singulares Augusti*. A fragmentary copy has already been published (*RMD* V 462).
2. On the inner face the opening phrase of the grant was engraved as *equitib et peditib qui militaverunt in al II* which would indicate a grant to auxiliaries. This, however, was struck through. Immediately below, in the same hand, is the correct opening *equitib qui inter singular militaver*. After the complete text had been engraved the binding holes were punched through and the top one destroyed the VI of QVI in the incorrect phrase. Currently the last known grant to auxiliary troops was issued on 25 January 206 (*AE* 2012, 1960).
3. Both faces have space on either side of NOVIS, the adjective describing the fort to which the recipient belonged. This suggests that the basic text had been prefabricated with details specific to the recipient added later. In this example PRIORIBVS would have required more space than NOVIS.
4. The tribune of the new camp was Aurelius Nemesianus. It is known that he and his brother, Aurelius Apollinaris, were tribunes of the *equites singulares Augusti* when they became involved in the assassination of Caracalla on 8 April 217 (Dio 78, 5, 1-5). M. P. Speidel has argued that the brothers were most probably removed from their posts by Elagabalus who claimed to be a son of Caracalla. After the death of Elagabalus on 11 or 12 March 222, the new emperor, Severus Alexander, reinstated men removed from key offices by the latter such as the praetorian prefect, Iulius Flavianus. This diploma, M. P. Speidel argues, shows that Nemesianus had been reappointed. Later he became praesidial procurator of Mauretania Tingitana (Speidel 2005).
5. The *ordinarii* for 223 were L. Roscius Aelianus (Paculus Salvius Iulianus) (*PIR²* R 92, *DNP* 10, 1138 [II 2]) and L. Marius Maximus (Perpetuus Aurelianus) (*PIR²* M 308, *DNP* 7, 908 [II 10]). The latter was consul for the second time but *II* has been omitted on the inner face.
6. The recipient was C. Valerius Valens. The cognomen of his father could have been either Drigitis, Drigites, or Drigitus and is possible Dacian (*OnomThrac* 164). Valens came from Oescus which had been made a colony by Trajan hence *Pap(iria)(tribu)* (Dana 2013, 250).
7. On each face *post* has been shortened to *pos*.
8. The witnesses signed in the same order as they had in 221 and 222 (Appendix IIIb). See *RMD* VI 647 note 7 for a discussion of the order of these witnesses in 225.

Photographs *RGZM* Taf. 104-108.

647 SEVERVS ALEXANDER C. LONGINO ORESTI

a. 225 Nov. 17

Published B. Pferdehirt *Römische Militärdiplome und Entlassungsurkunden in der Sammlung des Römisch-Germanischen Zentralmuseums*, 2004, Nr. 56. The lower half of tabella I and approximately two-thirds of tabella II, in several large fragments, of a diploma. Maximum height of tabella I: 10.5 cm, width 15 cm, thickness 2 mm, weight 236.5 g; tabella II: width 19 cm, height 15 cm, thickness 1 mm, weight 174.6 g. The script on both outer faces is clear and very well set out; that on the inner faces is irregular and difficult to decipher especially where there are heavy scouring lines from the incomplete preparation of the surfaces. Letter height on the outer face of tabella I 4 mm except lines 6-10 which is taller but decreases from 6 mm in line 6 to 5 mm in line 10; that on the outer face of tabella II 7 mm. Letter height on the inner faces 3 mm. Both outer faces have a 7 mm wide border comprising two faint framing lines. The positions of the binding holes are visible on both tabellae. Initial transcription by M. M. Roxan. Now in the Römisch-Germanisches Zentralmuseum, Mainz (Inv. Nr. O. 42064).

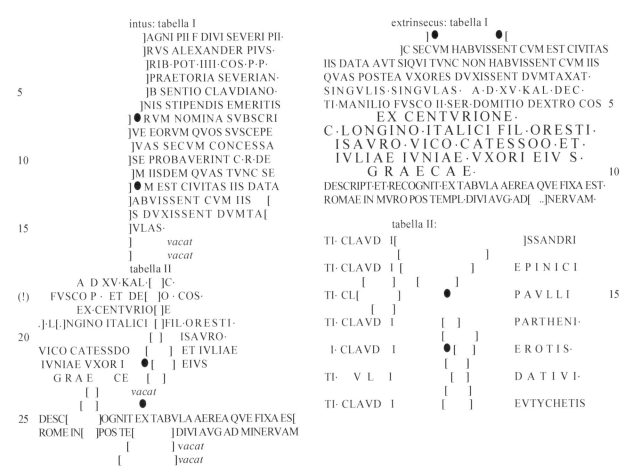

*[Imp. Caes(ar), divi Antonini M]agni Pii f., divi
Severi Pii [nep(os), M. Aurellius Seve]rus
Alexander Pius [Felix Aug(ustus), pontif(ex)
max(imus), t]rib(unicia pot(estate)) IIII,[1]
co(n)s(ul), p(ater) p(atriae),
[iis, qui milit(averunt) in classe] praetoria
Severian(a) [Misenensi, quae est su]b[2] Sentio
Claudiano [praef(ecto), octonis et vice]nis
stipendis emeritis [dimissis honest(a) miss(ione)],
[quo]rum nomina subscri[pta sunt, ipsis filiisq]ue
eorum, quos suscepe[rint ex mulieribus, q]uas
secum concessa [consuetudine vixis]se*

*probaverint, c(ivitatem) R(omanam) de[dit
et conubium cu]m iisdem, quas tunc secum
habuissent, cum est civitas iis data, aut, siqui
tunc non habuissent, cum iis, quas postea uxores
duxissent dumtaxat singulis singulas.*

*a. d. XV kal. Dec(embres) Ti. Manilio Fusco II, Ser.
Domitio Dextro cos.[3]*

*ex centurione[4] C. Longino Italici f., Oresti, Isauro vico
CatessD/Oo et Iuliae Iuniae uxori eius, Graecae.[5]*

*Descript(um) et recognit(um) ex tabula aerea que
fixa est Romae in muro pos(t)[6] templ(um) divi
Aug(usti) ad Minervam.*

ROMAN MILITARY DIPLOMAS VI

Ti. Claudi [Ca]ssandri; Ti. Claudi Epinici; Ti. Cl[audi)] Paulli; Ti. Claudi Partheni; <T>i. Claudi Erotis; Ti. <I>uli Dativi; Ti. Claudi Eutychetis.[7]

1. This was issued when Severus Alexander held tribunician power for the fourth time which ran from 10 December 224 until 9 December 225. There is a constitution issued to members of the Ravenna Fleet on 18 December 225 (*RMD* IV 311, 312/194, VI 648). The commander there was Valerius Oclatius rather than Sentius Claudianus. The diploma has therefore been attributed to the Misene Fleet.
2. The stroke of a letter immediately before the S of Sentio on line 5 of the inner face is identifiable as the B of SVB. Sentius Claudianus is not otherwise known (Eck 2006, 351; Magioncalda 2008, 1154).
3. Ti. Manilius Fuscus (*PIR²* M 137) and Ser. (Calpurnius) Domitius Dexter (*PIR²* C 261) were the *ordinarii* for 225, Fuscus being consul for the second time. The praetorian diplomas of 225 record the praenomen of Fuscus as M. not Ti. (*RMD* IV 309, 310). Intus FVSCO P for FVSCO II.
4. This is the sixth praetorian fleet diploma to name a centurion as recipient. Four date from 71 of which two recipients had served in the Misene fleet (*CIL* XVI 12, *RMD* IV 204) and two in the *classis Ravennas* (*CIL* XVI 14, *RMD* IV 205). the fifth had served in the Misene fleet and was discharged in 212 (*RMD* I 74).

5. The home of C. Longinus Orestes is given as Isauro along with the name of a *vicus*. Unfortunately, the penultimate letter of its name cannot be read for certain. On the inner face the irregular shape suggests a D, while on the outer the letter is as rounded as the following O. Potential support for the reading *Catessoo* is provided by the issue of 27 November 214 for the Misene fleet (*RMD* II 131). The recipient, a *principalis*, was *natione Isaurus* and his village was *vico Calloso* where the second L had been amended from an O. See also Weiß 2000 concerning the name forms of homes of fleet recipients. The wife of the recipient has Latin names and no patronymic. She is identified as Greek. The wife of the other known Isaurian recipient came from the same village as her husband (*RMD* II 131).
6. As is customary at this time *que* and *pos* have been engraved on both faces but *Romae* rather than *Rome* appears on the outer face.
7. The witnesses bear the same names as those appearing in diplomas of the fleets of the period 221-225. The sole difference here is that Ti. Claudius Eros and Ti. Iulius Dativus are recorded in fifth and sixth places respectively rather than their normal sixth and fifth. It is therefore not clear whether this is an error because, currently, this is the only known copy of this constitution.
   The T of the praenomen of Ti. Claudius Eros and the first I of the nomen of Ti. Iulius Dativus were not engraved.

Photographs *RGZM* Taf. 109-111.
Drawings *RGZM* Taf. 112-113.

648 SEVERVS ALEXANDER INCERTO

a. 225 [Dec. 18]

Published B. Pferdehirt *Römische Militärdiplome und Entlassungsurkunden in der Sammlung des Römisch-Germanischen Zentralmuseums*, 2004, Nr. 57. The upper right quadrant of tabella I of a diploma which is badly bent toward the bottom. Maximum height 12.1 cm; maximum width 8.6 cm; thickness 2 mm; weight 115.8 g. The script on the outer face is neat with line 1 slightly larger than the remaining lines; that on the inner face is irregular and hard to decipher especially where the ends of lines run into each other. Letter height on the outer face 4-5 mm; on the inner 3 mm. There is a 5 mm wide border along the edges of the outer face comprising two framing lines. The right hand binding hole has survived. The inner face has deep horizontal scouring from the incomplete preparation process of the surface. Now in the Römisch-Germanisches Zentralmuseum, Mainz (Inv. Nr. O. 42283/3).

	intus: tabella I	extrinsecus: tabella I	
	]IVI ANTONINI MAGNI PII F	]NTONINI·MAGNI·PII F	
	]EVERI PII NEPOS	]RI PII · NEPOS	
	]S SEVERVS ALEXANDER PIVS	]S·ALEXANDER·PIVS FELIX AVG·	
(!)	]ONT MAX TRB POT IIII COS	]OT IIII COS·DESIG II P P	
5	]P P·IIS QVI MILITA VERVNT	]N·CLASSE PRAETORIA·SEVE	5
	]RAVEN ● NATE QVE EST SVB VAL	]VE EST·SVB VALERIO OCLATIO	
	]PR AEF OCTONI ET VICENI	]CENIS STIPENDIS·EMERITIS	
	]ERIT DIMIS HON MI	]MISSIONE QVORVM NOMINA	
	]ERIB QVAS SECV	]FILISQVE EORVM·QVOS SVS	
10	]ESSA	]VS QVAS SECVM·CONCESSA	10
		]BAVERINT·CIVITATEM	
		]NVBIVM·CVM IISDEM ·	
		] ●	
		]SSENT CVM EST·CIVITAS	
		]N·HABVISSENT·CVM IIS	
		]ENT·DVMTAXAT	15
		]KAL[	

[Imp. Caes(ar), d]ivi Antonini Magni Pii f., [divi S]everi Pii nepos, [M. Aurelliu]s Severus Alexander Pius Felix, [p]ont(ifex) max(imus), tr<i>b(unicia) pot(estate) IIII, co(n)s(ul) desig(natus) II, p(ater) p(atriae),[1]

iis, qui militaverunt [i]n classe praetoria Seve[riana] Ravennate, que[2] est sub Valerio Oclatio praef(ecto),[3] octoni(s) et vicenis stipendis emeritis dimis(sis) hon(esta) missione,

quorum nomina [subscripta sunt, ipsis] filisque eorum, quos sus[ceperint ex muli]eribus, quas secum concessa [consuetudine vixisse pro]baverint, civitatem [Romanam dedit et co]nubium cum iisdem, [quas tunc secum habui]ssent, cum est civitas [iis data, aut, siqui no]n habuissent, cum iis, [quas postea uxores duxis]sent dumtaxat [singuli singulas].

[a. d. XV] kal. [Ianuar(ias) Ti. Manilio Fusco II, Ser. Domitio Dextro cos.]

1. Enough of the titles of Severus Alexander have survived to show this is a further copy of the grant to the Ravenna fleet of 18 December 225 (*RMD* IV 311, 312/194). As with the other copies Alexander is credited with tribunician power for the fourth time which ended on 9 December 225 thereby confirming a discrepancy between the enactment of the constitution and its publication. Cf. *RMD* IV 311 note 1 and Eck 2002, 261.
   Intus TRB for TRIB.

2. Both faces have *que* rather than *quae* as on the two other extant copies (*RMD* IV 311, 312/194).

3. Valerius Oclatius, the prefect of the Ravenna fleet, is otherwise unknown (Magioncalda 2008, 1151).

Photographs *RGZM* Taf. 114.

649 SEVERVS ALEXANDER M. AVRELIO CELSO

a. 226 Ian. 7

Published B. Pferdehirt *Römische Militärdiplome und Entlassungsurkunden in der Sammlung des Römisch-Germanischen Zentralmuseums*, 2004, Nr. 58. Complete praetorian diploma apart from the loss of the lower right corner of tabella II. The inner face of tabella I reveals it had been cut from another object. There is an ancient repair below the lower binding hole which the diploma lettering avoids, and there are engraved lines along the top and bottom sides. Tabella I: height 14.2 cm, width 10.8 cm, thickness 0.5-1.6 mm, weight 175.7 g; tabella II: height 14.1 cm, width 10.7 cm, thickness 1 mm, weight 119.8 g. The script on the outer faces is well formed and clear; that on the inner faces is irregular and difficult to decipher especially where obscured by corrosion or, on tabella II, by heavy scouring marks from the incomplete preparation of the surface. Letter height on the outer face of tabella I 3 mm except line 1 and lines 17-19 which is 5 mm; that on the outer face of tabella II 4 mm. Letter height on the inner faces 3-4 mm. On the outer faces there is a 4 mm wide border comprising twin parallel framing lines. The binding holes were punched from the outer face of each tabella after the text on the inner faces had been inscribed. Those on tabella I have destroyed the O of COH in line 6 and the O of VXORIBVS in line 11. Now in the Römisch-Germanisches Zentralmuseum, Mainz (Inv. Nr. O. 42322).

intus: tabella I

```
      IMP CAES DIVI ANTONINI MAGNI PII
      FIL·DIVI SEVERI PII NEPOS·  M·AV
(!)   RELLIVS SEVERVS ALEXANDERI PIVS
      FELIX AVG PONT MAX TRIB POT·V·
5(!) COS II PP· NOMINA MILITVM QVI I
      MILITAVERVNT IN C●H P·R·SEVERIANI S
      DECEM·I·II·III·IIII·V·VI·VII·VIII·VIIII·X PIIS
      VINDICIBVS QVI PIE ET FORTITER MILI
      TIA FVNCT·SVNT·IVS TRIB CONVB
10(!) DVMTAXAT SINGVLIS CVM SINGVLI
(!)   ET ET PRIMIS VX●RIBVS VT ETIAM SI
(!)   PEREGRIN IS IVRIS FEMINAS IN M
(!)   TRIMO[          ]INIO SVO IVNXER
(!)   NIT PR[          ]+RO TOLLANT AC SI
15   DVOB CIVIBV[      ]ROMANIS NA
      TO   S
```

tabella II

```
            A D VII IDVS IANVAR [
      IMP SEVERO ALEXANDRO II MARCELLO[
                  vacat              [
            COH III·  PR SEVERIANA·P·V[
20    M·AVRELIO M F·●VLP CELSO ·
            N I C O P O L I ·
                  vacat
                  vacat
                    ●
(!)   DESCRIPT ET ET RECOGN EX TABVLA AERE[
      QVE·FIXA EST ROMAE IN MVRO POS TE
(!)   MPL DIVI AVAVG AD MINERVAM
                  vacat
                  vacat
```

extrinsecus: tabella I

```
IMP·CAES·DIVI·ANTONINI·MAGNI·
  PII·FIL·DIVI·SEVERI·PII·NEPOS·
M·AVRELLIVS·SEVERVS·ALEXANDER·PIVS FE
LIX·AVG·PONTIF·MAX·TRIB·POT·V·COS II P·P·
NOMINA· MILITVM· QVI MILITAVERVNT IN      5
COHORTIBVS·PRAETORIS·SEVERIANIS·
DECEM·I·II·III·IIII·V·VI·VII·VIII·VIIII·X·PIIS VINDICI
BVS QVI PIE ET FORTITER· MILITIA FVNCTI
SVNT·IVS TRIBVI·CONVBII·DVMTAXAT·CVM
SINGVLIS·ET·PRIMIS·VXORIBVS·VT·ETIAM    10
SI PEREGRINI·IVRIS·FEMINAS·IN MATRI
          ●                    ●
MONIO·SVO·IVNXERINT PROINDE L[..]ER[
TOLLANT·AC SI·EX DVOBVS·CIVIBVS ROMANIS
NATOS·  A D·  VII·  IDVS ·  IANVAR ·
IMP·M·AVRELLIO·SEVERO ALEXANDRO·PIO FE    15
LICI·AVG·II·C· AVFIDIO·MARCELLO II·COS·    (!)
     COH·III·  PR SEVERIANA·P·V·
M·AVRELIO M F·VLP CELS O·
         NICOPOLI·
DESCRIPT·ET·RECOGNITVM EX TABVLA·AEREA·    20
QVE FIXA EST·ROMAE IN MVRO·POS TE[.]PLVM
     DIVI·AVG·AD·MINERVAM
              tabella II
```

C · I V L I		PROB I	
M · AVRELI·		VERANI	
P · A E L I	●	APRONIANI	25
T · COCCEI·		VIATORIS	
T · FLAV I	●	PROCLIA[	
		[	
L · CORDI·		VICTO[	
		[	
M · PRIMANI·		SEV[	

Imp. Caes(ar), divi Antonini Magni Pii fil.,
divi Severi Pii nepos, M. Aurellius Severus
Alexander Pius Felix Aug(ustus), pontif(ex)
max(imus), trib(unicia) pot(estate) V, co(n)s(ul)
II, p(ater) p(atriae),[1]

nomina militum, qui[2] militaverunt in cohortibus
praetoris Severianis decem[3] I.II.III.IIII.V.VI.VII.
VIII.VIIII.X piis vindicibus, qui pie et fortiter
militia functi sunt, ius tribui conubii dumtaxat
cum singulis et primis uxoribus, ut, etiamsi

ROMAN MILITARY DIPLOMAS VI

peregrini iuris feminas in matrimonio suo iunxerint,[4] proinde l[ib]ero(s) tollant ac si ex duobus civibus Romanis natos.

a. d. VII idus Ianuar(ias) Imp. M. Aurellio Severo Alexandro Pio Felic⌐e⌐ Aug(usto) II, C. Aufidio Marcello II cos.[5]

coh(ors) III pr(aetoria) Severiana p(ia) v(index). M. Aurelio M. f. Ulp. Celso, Nicopoli.[6]

Descript(um) et recognit(um) ex tabula aerea que fixa est Romae in muro pos(t)[7] templum divi Aug(usti) ad Minervam.

C. Iuli Probi; M. Aureli Verani; P. Aeli Aproniani; T. Coccei Viatoris; T. Flavi Proclia[ni]; L. Cordi Victo[r---]; M. Primani Sev[---].[8]

1. This is a third copy, nearly complete, of the praetorian constitution of 7 January 226 (*CIL* XVI 143, *RMD* V 466/195). There is a fourth, fragmentary, copy (*RMD* VI 650). Four further copies are now also known (Dana 2020, 362-363).
   Intus ALEXANDERI for ALEXANDER.
2. Intus QVII for QVI.
3. Extrinsecus DEM for DECEM.
4. Intus line 10-11 SINGVLIS CVM SINGVLI ET ET rather than CVM SINGVLIS ET, line 11 PEREGRINIS for PEREGRINI,

line 11-12 MTRIMO[...]INIO for MATRIMONIO, line 13-14 IVNXERNIT for IVNXERINT.

5. The consuls were the *ordinarii* of 226, both for the second time. For C. Aufidius Marcellus, see further *PIR²* A 1389, *DNP* 2, 270. Extrinsecus FELICI for FELICE.
6. The recipient had served in *cohors III praetoria*. The other known recipients had each served in a different cohort. M. Aurelius Celsus was from Nicopolis as were two other known recipients of this constitution (Dana 2020, 362-363).
7. Intus line 22 DESCRIPT ET ET, line 24 AVAVG for AVG. On both faces the customary *que* and *pos* have been engraved rather than *quae* and *post*. On the inner face *Roma* is engraved rather than *Romae* or *Rome*.
8. This is the third copy of this constitution with a witness list but there are no names in common. This should not surprise because of the size of each praetorian cohort, some 1,000 men at this time and about 75 guardsmen were discharged annually from each cohort (Scheidel 1996, 124-129). With 7 witnesses to each diploma about 530 men from each cohort could sign before becoming a witness for the second time. It is also uncertain whether the witnesses served in the same cohort as the recipient or whether they came from the same home. Nicopolis is the most frequently attested home of known recipients. Cf. Dana 2020, 352-354. The cognomina of the witnesses in third and fifth places extend beyond the inner framing line. The incomplete cognomina of the witnesses in sixth and seventh are therefore not certain.

Photographs *RGZM* Taf. 115-117.

650 SEVERVS ALEXANDER M. AVRELIO SENECIO

a. 226 Ian. 7

Published B. Pferdehirt *Römische Militärdiplome und Entlassungsurkunden in der Sammlung des Römisch-Germanischen Zentralmuseums*, 2004, Nr. 59. Tabella I of a praetorian diploma lacking part of the top left quarter when viewed from the outer face. Height 14.3; width 10.5 cm; thickness 2 mm; weight 204.4 g. The script on the outer face is neat and easy to read; that on the inner face is irregular and, in parts, carelessly engraved making it difficult to decipher. Letter height on the outer face 3 mm and 5 mm on line 1 and lines 17-19; on the inner 3-5 mm. The inner face has scouring marks from the incomplete preparation process. Also on the inner face are specks of solder which are avoided by the lettering. The outer face has a 4 mm wide border comprising two parallel framing lines. Now in the Römisch-Germanisches Zentralmuseum, Mainz (Inv. Nr. O. 42472).

intus: tabella I

IMP CAES DIVI ANTONINI MAGNI PII·
(!) FIL·DIVI·SEVERV PII NEPOS· M· AVR
ELLIVS SEVERVS·ALEXANDER·PIVS FELIX·
(!) AVG PONT MAX TRB POT·V·COS II · P P ·
5(!) NOMINA V MILITVM ● QVI MILITIAM·IN CO
H P R·SEVERIANIS DECEM·I·II·III·IIII·V·VI·
(!) VII·VIII·VIIII·X PIS VIND QVI PI ET FORTITE
(!) R MILIT FVN IVS TRIB V I CONVI DVM[
TAXAT CVM SING E ● PRI·VXORI [
10 ETIAM SI PEREG IVRIS[   ]M[
(!) NMI SVO IITXR PROIN LIB[
TOLLANT AC SI·EX DVOB[
CIVIB VS ROMANIS[

extrinsecus: tabella I

]IVI ANTONINI MAG
]VS DIVI SEVERI PII NEP·
]IVS SEVERVS ALEXANDER PIVS
]G·PONTIF·MAX·TRIB·POT·V·COS II P P
]A MILITVM QVI MILITAVERVNT IN CO   5
]BVS PRAETORIS SEVERIANIS DECEM·
]VI·VII·VIII·VIIII·X·PIIS VINDICIBVS
]ET FORTITER MILITIA FVNT IVS TRI   (!)
B[··] CONVBII DVMTAXAT CVM SINGVLIS ET
PRIMIS VXORIBVS VT ETIAM SI PEREGRI   10
NI IVRIS FEMINAS IN MATRIMONIO SVO
        ●   ●
IVNXERINT PROINDE LIBEROS TOLLANT
AC SI EX DVOBVS CIVIBVS ROMANIS NA
TOS   A D VII IDVS   IANVAR
IMP M AVRELLIO SEVERO ALEXANDRO PIO   15
FELICE·AVG·II·C·AVFIDIO MARCELLO II COS
COH· VIIII· PR SEVERIANA P V·
M·AVRELIO·M·F·COL·SENECIO·
ZERMIZEGETVSA·
DESCRIPTVM ET RECOGNITVM EX TABVLA   20
AEREA QVAE FIXA EST ROMAE IN MVRO
POS TEMPLVM DIVI AVG AD MINERVAM

*Imp. Caes(ar), divi Antonini Magni Pii fil[i]us,
divi Severi Pii nepos, M. Aurellius Severus
Alexander Pius Felix Aug(ustus), pontif(ex)
max(imus), trib(unicia) pot(estate) V, co(n)s(ul)
II, p(ater) p(atriae),[1]*
*nomina militum, qui militaverunt[2] in coh[orti]bus
praetoris Severianis decem I.II.III.IV.V.VI.VII.
VIII.VIIII.X piis vindicibus, qui pie[3] et fortiter
militia fun<cti sun>t,[4] ius tribui conubii[5]
dumtaxat cum singulis et primis uxoribus, ut,
etiamsi peregrini iuris feminas in matrimonio
suo iunxerint,[6] proinde liberos tollant ac si ex
duobus civibus Romanis natos.*
*a. d. VII idus Ianuar(ias) Imp. M. Aurellio Severo
Alexandro Pio Felice Aug(usto) II, C. Aufidio
Marcello II cos.*
*coh(ors) VIIII pr(aetoria) Severiana p(ia) v(index).
M. Aurelio M. f. Col. Senecio, Zermizegetusa.[7]*
*Descriptum et recognitum ex tabula aerea quae
fixa est Romae in muro pos(t)[8] templum divi
Aug(usti) ad Minervam.*

1. This is another copy of the praetorian constitution of 7 January 226. See further *RMD* VI 649 note 1 and 6.
   Intus SEVERV for SEVERI line 2, TRB for TRIB line 4.
2. Intus line 5 an extraneous V was engraved between NOMINA and MILITVM, MILITIAM for MILITAVERVNT.
3. Intus line 7 PIS for PIIS and PI for PIE.
4. Rather than *functi sunt*, *fun* has been engraved on the inner face and *funt* on the outer.
5. Intus CONVI for CONVBI.
6. On the inner face *nmi suo iitxr* has been engraved instead of *matrimonio suo iunxer(int)*.
7. The recipient had served in *cohors VIIII praetoria*. M. Aurelius Senecius was from Zermizegetusa. The latter is a recorded variant of (Colonia Ulpia Traiana Augusta Dacica) Sarmizegetusa (Dana - Matei-Popescu 2009, 217 no. 39; 232 note 69). D. Dana has suggested that *Col.* should be expanded as *Col(onia)* rather than *Col(lina) (tribu)* (Dana 2010, 57 no. 38).
8. Only *post* is abbreviated to *pos* within the formula.

Photographs *RGZM* Taf. 118.

222

651 SEVERVS ALEXANDER M. AVRELIO AVLVTRALI

a. 231 Ian. 7

Published B. Pferdehirt *Römische Militärdiplome und Entlassungsurkunden in der Sammlung des Römisch-Germanischen Zentralmuseums*, 2004, Nr. 61. Complete tabella I with about one-third of tabella II of a praetorian diploma. Tabella I: height 14.1 cm, width 10.8 cm, thickness 2.2 mm, weight 216.5 g; tabella II: height 10.9 cm maximum width 4.9 cm, thickness 0.5-1 mm, weight 31.3 g. The script on both outer faces is well formed and easy to decipher; that on the inner face of tabella I is poorly formed and irregular making it very difficult to read in areas with corrosion. Letter height on the outer face of tabella I 3 mm except line 1 and lines 17-19 which is 5 mm; that on the outer face of tabella II 5 mm. Letter height on the inner face of tabella I 2-3 mm. There is a 4 mm wide border comprising two faint parallel framing lines on the outer faces. Both inner faces have heavy scouring lines running top to bottom which are the remains of the incomplete smoothing process. The binding holes on tabella I were punched from the outside before the lettering had been engraved since the lettering avoids the holes. In places the metal of tabella II is so thin that the engraved letters on the outside have pierced through to the inner face. Now in the Römisch-Germanisches Zentralmuseum, Mainz (Inv. Nr. O. 42528).

<table>
<tr><td colspan="2">intus: tabella I</td><td colspan="3">extrinsecus: tabella I</td></tr>
<tr><td></td><td>IMP CAES DIVI ANTONINI MAGNI PII·FIL·DI</td><td colspan="3">IMP CAES DIVI ANTONINI·MAGNI·</td></tr>
<tr><td></td><td>VI· SEVERI· PII NEPOS</td><td colspan="3">PII·FIL· DIVI·SEVERI PII·NEP</td></tr>
<tr><td></td><td>M·AVRELLIVS SEVERVS ALEXANDER PIVS FELIX</td><td colspan="3">M·AVRELLIVS SEVERVS ALEXANDER·PIVS·FELIX·</td></tr>
<tr><td></td><td>AVG PONT MAX TRIB POT·X·COS·III· P P</td><td colspan="3">AVG·PONTIF MAX·TRIB·POT X·COS III·P·P·</td></tr>
<tr><td>5</td><td>NOMINA MILITVM QV I MILITAVER·IN COHORTIB</td><td colspan="2">NOMINA MILITVM·QVI MILITAVESVNT·IN COOR</td><td>(!) 5</td></tr>
<tr><td></td><td>PRAETORIS·A[.]EXAND● RIANIS·DECEM·I·II·</td><td colspan="3">TIBVS·PRAETORIS ALEXANDRIANIS·DECEM·</td></tr>
<tr><td></td><td>III·IIII·V VI·VII·VIII VIIII·X·PIIS VINDICIBVS</td><td colspan="2">I·II·III·IIII·V·VI·VII VIII VIIII X PIE·VINDICIBVS</td><td>(!)</td></tr>
<tr><td></td><td>QVI PIE·ET FORTITER·MILITIA FVNCTI SVNT</td><td colspan="2">QVI·PIE ET·FORTITER·MILITA FVNCTI·SVNT·</td><td>(!)</td></tr>
<tr><td></td><td>IVS TRIBVI·CONVBI·DVMTAXAT·CVM SIN</td><td colspan="3">IVS TRIBVI·CONVBII DVMTAXAT CVM SIN</td></tr>
<tr><td>10</td><td>GVLIS ET PRIMIS·VXOR·VT·AETIAM SI PE</td><td colspan="2">GVLIS ET PRIMIS VXORIBVS·VT ETIAM SI</td><td>10</td></tr>
<tr><td></td><td>REGRINI·IVRIS·F EMINAS·IN MATRI</td><td colspan="3">PEREGRINI·IVRIS·FEMINAS·IN MATRI</td></tr>
<tr><td></td><td>MONIO·SVO·IVN ●XERIN · PR OIN</td><td colspan="3">● ●</td></tr>
<tr><td></td><td>DE·LIBEROS TOLLANT·AC SI·EX DVOB</td><td colspan="3">MONIO·SVO·IVNXERINT·PROINDE·LIBE</td></tr>
<tr><td></td><td>CIVIBV S · ROMANIS · NATOS·</td><td colspan="2">ROS TOLLANT·AC SI IX DVOBVS CIVIBVS</td><td>(!)</td></tr>
<tr><td></td><td>tabella II</td><td colspan="3">ROMANIS·NATOS· A D· VII· IDVS · IAN</td></tr>
<tr><td></td><td>]</td><td colspan="2">L · TI · CL · POMPEIANO · ET</td><td>15</td></tr>
<tr><td></td><td>]</td><td colspan="2">T·FL·SALLVSTIO·PELICNIANO CO</td><td>(!)</td></tr>
<tr><td></td><td>] no traces</td><td colspan="3">COH·V· PR·ALEXANDRIANA·P V</td></tr>
<tr><td></td><td>]</td><td colspan="3">M·AVRELIO·M·F VLP AVLVTRA</td></tr>
<tr><td></td><td>] of</td><td colspan="3">LI· N ICOPOLI·</td></tr>
<tr><td></td><td>]</td><td colspan="2">DESCRIPT ET RECOGNIT EX TABVLA AEREA QVE</td><td>20</td></tr>
<tr><td></td><td>] lettering</td><td colspan="3">FIXA EST ROMAE·IN MVRO·POS TEMPL</td></tr>
<tr><td></td><td>]</td><td colspan="3">DIVI· AVG· AD·MINERVAM</td></tr>
<tr><td></td><td>]</td><td colspan="3">tabella II</td></tr>
<tr><td></td><td>]</td><td></td><td>] DIZAE</td><td></td></tr>
<tr><td></td><td>]</td><td></td><td>]</td><td></td></tr>
<tr><td></td><td>]</td><td></td><td>] BITHI</td><td></td></tr>
<tr><td></td><td></td><td></td><td>]</td><td></td></tr>
<tr><td></td><td></td><td></td><td>]EPTETRALI</td><td>25</td></tr>
<tr><td></td><td></td><td></td><td>]</td><td></td></tr>
<tr><td></td><td></td><td></td><td>] SALVI ·</td><td></td></tr>
<tr><td></td><td></td><td></td><td>]</td><td></td></tr>
<tr><td></td><td></td><td></td><td>] TARSAE</td><td></td></tr>
<tr><td></td><td></td><td></td><td>]</td><td></td></tr>
<tr><td></td><td></td><td></td><td>] LONGINI</td><td></td></tr>
<tr><td></td><td></td><td></td><td>]</td><td></td></tr>
<tr><td></td><td></td><td></td><td>] EPONI[.]HI</td><td></td></tr>
</table>

Imp. Caes(ar), divi Antonini magni Pii fil.,
divi Severi Pii nepos, M. Aurellius Severus
Alexander Pius Felix Aug(ustus), pontif(ex)
max(imus), trib(unicia) pot(estas) X, co(n)s(ul)
III, p(ater) p(atriae),[1]

nomina militum, qui militaverunt in cohortibus
praetoris Alexandrianis decem I.II.III.IIII.V.VI.
VII.VIII.VIIII.X piis vindicibus, qui pie et fortiter
militia[2] functi sunt, ius tribui conubii dumtaxat
singulis et primis uxoribus, ut, etiamsi[3] peregrini
iuris feminas in matrimonio suo iunxerint,

ROMAN MILITARY DIPLOMAS VI

*proinde liberos tollant ac si ex[4] duobus civibus
Romanis natos.*

*a. d. VII idus Ian(uarias) L. Ti. Cl(audio)
Pompeiano et T. Fl(avio) Sallustio Peli⌈g⌉niano
cos.[5]*

*coh(ors) V pr(aetoria) Alexandriana[6] p(ia) v(index).
M. Aurelio M. f. Ulp. Aulutrali, Nicopoli.[7]*

*Descript(um) et recognit(um) ex tabula aerea que
fixa est Romae in muro pos(t)[8] templum divi
Aug(usti) ad Minervam.*

*[---] Dizae; [---] Bithi; [---] Eptetrali; [---]
Salvi; [---] Tarsae; [---] Longini; [---]
Eponi[c]hi.[9]*

1. This is a second copy of the praetorian constitution of 7 January 231 (*RMD* IV 315).
2. Extrinsecus line 5-6 MILITAVESVNT for MILITAVERVNT and COORTIBVS for COHORTIBVS, line 7 PIE for PIIS, line 8 MILITA for MILITIA.
3. On the inner face VT AETIAM SI has been engraved rather than VT ETIAM SI. This is the earliest example of a closely dated group of the variant. Cf. *CIL* XVI 145 of 7 January 233 with the variant on both faces; *RMD* VI 652 of 7 January 233 and *CIL* XVI 177 of 7 January 236 where it is only on the outer face.
4. Extrinsecus IX for EX.
5. The consuls were the *ordinarii* for 231. As on the previous copy L. Ti. Cl(audius) Pompeianus (Commodus) has two praenomina (*RMD* IV 315, *DNP* 3, 20). Similarly, the cognomen of T. Flavius Sallustius Paelignianus is spelt as PELICNIANO on the outer face. On the other copy the G was engraved correctly (*RMD* IV 315, *PIR²* F 235).
6. From 231 the epithet *Severiana* was changed to *Alexandriana* because it was clear there would be a war against Parthia (Eck 2019c).
7. The recipient had served in *cohors V praetoria*. The other known recipient of this grant had served in *cohors VIII praetoria*. M. Aurelius Aulutralis bears a Thracian name (*OnomThrac* 17).
8. On the outer face the customary forms *que* and *pos* are used.
9. Only the cognomina of the witnesses have survived which makes it more difficult to identify names engraved incorrectly. The cognomen of the fifth witness can be read as Tarsa rather than Tapsa (Dana 2010, 58 no. 39). The shape of upright of the third letter with a large bottom serif is more like R and there are slight traces of a diagonal also with a serif. For the seventh witness, the cognomen is better read as Eponi[c]hus as the last two letters are in the same hand.

Photographs *RGZM* Taf. 120-121.

652 SEVERVS ALEXANDER P. CAMVRIO CRESCENTI

a. 233 Ian. 7

Published B. Pferdehirt *Römische Militärdiplome und Entlassungsurkunden in der Sammlung des Römisch-Germanischen Zentralmuseums*, 2004, Nr. 62. Both tabellae of a praetorian diploma still bound together when found. The upper left part of tabella I had been damaged by fire which had fused to tabella II. There was similar damage along the top right of the tabella. Part of the lower right corner is also missing. In tabella II there is a hole in the middle part just above the binding wire. Tabella I: height 13.8 cm, width 10.1 cm, thickness 1-1.7 mm, weight 114.5 g; tabella II: height 13.7 cm, width 10 cm, thickness 0.5-1 mm, weight 89.7 g. The script on the outer faces is well formed and clear except where the surfaces are damaged by corrosion. In places the letters have pierced the inner face during the engraving process. The script on the inner faces is irregular and difficult to decipher especially where obscured by damage. Additionally, in places, there are heavy scouring marks from the incomplete preparation of the surface of the inner face of tabella I. Letter height on the outer face of tabella I 4 mm except line 1 and lines 18-20 where it is 5 mm; on the inner faces it is 3 mm. There is a 4 mm wide border on the outer faces comprising two faint framing lines. The binding holes were punched from the outer face of both tabellae before the inner faces were engraved. Now in the Römisch-Germanisches Zentralmuseum, Mainz (Inv. Nr. O. 42035).

intus: tabella I

```
       ]AES DIVI ANTONINI MAGNI PII FIL· D[
       ]IVI SEVERI PII NEPOS              [
       ]AVRELL·SEVER ALEXANDER PIVS F[
     . ]VG PONT MAX TR POT XII·COS III·P P·PROCO[
5    NOMINA MILITVM QV●I MILITAVER IN CO[
     PRAET ALEXANDRIANIS DEC·I·II·III·IIII·V·VI·V[
     VIII·VIIII·X·PIIS VINDIC·QVI PIE·ET·FORT[
(!)  MILITIA FVLIITI SVNT IVS TRIBVI DVM[
       ]T·CVM SINGVL ET PRIMIS VXORIBVS[
10(!)·]T ETIAMSI PEREGRIN IVRIS VT ETIAM
     SI PERE[··]INI IVRIS·FEMINAS·IN·MA
     TRIMONIO SVO IV ● NXERINT PROIN
     LIBEROS TOLLANT AC·SI EX DVO
     BVS C·ROMANIS·N A T O S
                tabella II
           A D·VII · ID · IAN ·
15       MAXIMO ET PATERNO COS
                    ●
     COH V ·  PR·ALEXANDRIAN·P·V·
     P · CAMVR·P F VLP·CRESCEN
          T I·NICOPOL
     DESCRIPT ET RECOGNIT EX TABVLA·AER QVE
20 FIXA EST ROMAE ● IN MVRO POS TEMPL
     DIVI·AVG AD MINERVAM
              vacat      ] [
              vacat      ] [
              vacat      ] [
```

extrinsecus: tabella I

```
]AES·DIVI·AN[ ]NINI[
]FIL·DIVI·SEVERI PII·NEPOS
]ELLIVS·SEVERVS ALEXANDER·PI
]L AVG·PONT·MAX TRIB POT XII·COS III
] PP·PROCOS                              5
..]MINA·MILITVM·QVI MILITAVERVNT·IN
..]HORTIBVS PRAETORIS ALEXANDRIANIS
..]CEM·I·II·III·IIII·V·VI·VII·VIII·VIIII·X·PIIS
.]INDICIBVS·QVI PIE·ET·FORTITER·MI
LITIA·FVNCTI SVNT·IVS TRIBVI·CONV      10
BII DVMTAXAT·CVM·SINGVLIS·ET PRIMIS
VXOR VT AETIAM·SI PEREGRINI IVRIS FE    (!)
        ●              ●
MINAS·IN MATRIMONIO·SVO·IVNXER·
PROINDE LIBEROS TOLLANT·AC SI·EX DV
OBVS·CIVIB·ROMAN·NATOS A D VII ID IAN  15
L · VALER I O·MAX I M O · ET·
CN·CORNE L I O·PATER N O·COS
  COH·V · PR·ALEXANDRIAN P V
P CAMVRIO P F VLP CRESCENTI
        N I C O P O L I                 20
DESCRIPT·ET RECOGNIT·EX TABVLA[
QVE FIXA EST ROMAE IN MVRO PO[
PL DIVI AVG·AD·MINERV[
             tabella II
Q · COCCEI ·        ] [      G A M I
                   ] [
P · A E L I ·       ] [      INGENVI ·   25
L ·SEPTIMI ·       ●        CANDIDIANI
M ·AVREL I ·                CARP I ·
M ·AVREL I ·                EVMORPHI
                   ●
M ·AVREL I ·                FIRM I
M · AVREL I ·               MESTRIANI ·  30
```

[Imp. C]aes(ar), divi Antonini Magni Pii fil.,
divi Severi Pii nepos, [M.] Aurellius Severus
Alexander Pius F[e]l(ix) Aug(ustus), pont(ifex)
max(imus), trib(unicia) pot(estate) XII,
co(n)s(ul) III, p(ater) p(atriae), proco(n)s(ul),[1]

nomina militum, qui militaverunt in cohortibus
praetoris Alexandrianis decem I.II.III.IIII.V.VI.
VII.VIII.VIIII.X piis vindicibus, qui pie et fortiter
militia functi[2] sunt, ius tribui conubii dumtaxat
cum singulis et primis uxoribus, ut, etiamsi[3]

225

ROMAN MILITARY DIPLOMAS VI

*peregrini iuris feminas in matrimonio suo
iunxerint, proinde liberos tollant ac si ex duobus
civib(us) Romanis natos.*

*a. d. VII id(us) Ian(uarias) L. Valerio Maximo et
Cn. Cornelio Paterno cos.[4]*

*coh(ors) V pr(aetoria) Alexandrian(a) p(ia) v(index).
P. Camurio P. f. Ulp. Crescenti, Nicopoli.[5]*

*Descript(um) et recognit(um) ex tabula aer(ea) que
fixa est Romae in muro pos(t)[6] templ(um) divi
Aug(usti) ad Minervam.*

*Q. Coccei Gami; P. Aeli Ingenui; L. Septimi
Candidiani; M. Aureli Carpi; M. Aureli
Eumorphi; M. Aureli Firmi; M. Aureli Mestriani.[7]*

1. This is the second copy of the praetorian constitution of 7 January 233 (*CIL* XVI 145). A further three are known now (Dana 2020, 364).

2. Intus MIILTIA FVLIITI for MILITIA FVNCTI.

3. Intus VT ETIAM SI PEREGRINI IVRIS is repeated. On the outer face VT AETIAM SI has been engraved instead of VT ETIAM SI. On the other copy both faces have AETIAM (*CIL* XVI 145). See further *RMD* VI 651 note 3.

4. The *ordinarii* of 233 were L. Valerius Maximus (*PIR²* V 131, *DNP* 12/1, 1108) and Cn. Cornelius Paternus (*PIR²* C 1413).

5. The recipient had served in *cohors V praetoria* as had another known recipient of this constitution, Ael. Aurelius Atticus (*CIL* XVI 145).

6. The customary forms *que* and *pos* are used.

7. The witnesses were comrades of the recipient. While there are no definite examples of witnesses signing twice the possibility of homonyms arises. Thus, the seventh witness possesses a name common in western Thracian name, Mestrianus (*OnomThrac* 216-217). Cf. *RMD* V 469 note 6. The cognomen of the first witness should be read as Gamus. Examples have been recorded in Italy, Spain, Gallia Narbonensis, and Dalmatia (*OPEL* II 160).

Photographs *RGZM* Taf. 122-125.

653 SEVERVS ALEXANDER L. SEPTIMIO DOLATRALI

a. 234 Ian. 7

Published B. Pferdehirt *Römische Militärdiplome und Entlassungsurkunden in der Sammlung des Römisch-Germanischen Zentralmuseums*, 2004, Nr. 63. Complete praetorian diploma. Tabella I: height 13.5 cm; width 10.1 cm; thickness 1.3 mm; weight 115.5 g; tabella II: height 13.6 cm; width 10 cm; thickness 1.3 mm; weight 99.8 g. The script on the outer faces is neat and clear; that on the inner faces is irregular and difficult to read especially where obscured by the scouring lines, mostly horizontal, from the incomplete process for preparing the inner faces. Letter height on the outer face of tabella I is 3 mm and 5 mm on line 1 and lines 18-20; on the outer face of tabella II 4-5 mm. On both inner faces the letter height is 3 mm. Both outer faces have a 4 mm border consisting of twin parallel framing lines. There are traces of the cover for the seals of the witnesses on the outer face of tabella II. Now in the Römisch-Germanisches Zentralmuseum, Mainz (Inv. Nr. O. 42892).

<table>
<tr><td colspan="2" align="center">intus: tabella I</td></tr>
<tr><td></td><td>IMP CAES DIVI ANTONINI MAGNI PII FIL DIVI</td></tr>
<tr><td></td><td>SEVERI PII NEPOS M AVRELLIVS SEVERVS</td></tr>
<tr><td></td><td>ALEXANDER PIVS FELIX AVG PONTIF MAX</td></tr>
<tr><td></td><td>TRIB POT XIII COS III   P P PROC</td></tr>
<tr><td>5</td><td>NOMINA MILITVM ● QVI MILITAVERVNT</td></tr>
<tr><td></td><td>IN COHORTIBVS PRAETORIS ALEXANDRI</td></tr>
<tr><td></td><td>ANIS DECEM I II III IIII V VI VII VIII VIIII X PIIS</td></tr>
<tr><td></td><td>VINDICIBVS QVI PIE ET FORTITER MILITIA</td></tr>
<tr><td></td><td>FVNCTI SVNT IVS TRIBVI CONVBII DVM</td></tr>
<tr><td>10</td><td>TAXAT CVM SINGVLIS ET PRIMIS</td></tr>
<tr><td></td><td>VXORIB VT ETIAM SI PEREGRINI</td></tr>
<tr><td></td><td>IVRIS FEMIN ●AS IN MATRIMO</td></tr>
<tr><td></td><td>NIO SVO IVNXERINT PROINDE</td></tr>
<tr><td></td><td>LIBEROS TOLLANT AC SI EX DV</td></tr>
<tr><td>15</td><td>OBVS CIVIB ROMANIS NATOS</td></tr>
<tr><td></td><td align="center">*vacat*</td></tr>
<tr><td></td><td align="center">tabella II</td></tr>
<tr><td></td><td align="center">A D VII IDVS IAN</td></tr>
<tr><td></td><td align="center">MAXIMO ET VRBANO COS</td></tr>
<tr><td></td><td align="center">*vacat*</td></tr>
<tr><td></td><td align="center">COH IIII PR A ● LEXANDR P V</td></tr>
<tr><td></td><td align="center">L SEPT LF DOLAT R A L</td></tr>
<tr><td>20</td><td align="center">VL P FILIPPOLI</td></tr>
<tr><td></td><td align="center">*vacat*</td></tr>
<tr><td></td><td align="center">*vacat*</td></tr>
<tr><td></td><td>DESCRIPT ET REC ●OGNIT EX TABVLA AEREA</td></tr>
<tr><td></td><td>QVE FIX EST ROME IN MVRO POS TEM</td></tr>
<tr><td></td><td>PL DIVI AVG AD MINERVAM</td></tr>
<tr><td></td><td align="center">*vacat*</td></tr>
</table>

extrinsecus: tabella I

IMP CAES DIVI ANTONINI MAGNI
PII·FIL·DIVI SEVERI·PII·NEP
M AVRELLIVS SEVERVS [[ALEXANDER]]
PIVS FELIX AVG PONTIF MAX TRIB
POT XIII COS III· P P· PROCOS — 5
NOMINA MILITVM QVI MILITAVERVNT·IN
COHORTBVS PRAETORIS [[ALEXANDRIANIS]] (!)
DECEM I·II·III·IIII·V·VI·VII·VIII·VIIII·X PIIS·
VINDICIBVS QVI PIE ET FORTITER MILITIA
FVNCTI SVNT IVS TRIBVI CONVBII DVM — 10
TAXAT CVM SINGVLIS ET PRIMIS VXORIBV
●   ●
VT ETIAM SI PEREGRINI IVRIS FEMINAS
IN MATRIMONIO SVO IVNXERINT PRO
INDE LIBEROS TOLLANT AC SI EX DVOBVS
CIVIBVS ROMANIS NATOS A D VII IDVS IAN — 15
M· PVPIENO MAXIMO II
M· MVNATIO VRBANO COS
COH IIII·PR·[[ALEXAND]]R· P· V·
L·SEPTIMIO·L·F·DOLATRALI·VLP
FILIPPOLI· — 20
DESCRIPT ET RECOGNIT EX TABVLA AEREA
QVE FIXA EST ROMAE IN MVRO POS TEMPLVM
DIVI AVG AD MINERVAM
tabella II

<table>
<tr><td>M · AVRELI·</td><td></td><td>B A S S I·</td><td></td></tr>
<tr><td>M · AVRELI·</td><td rowspan="2" align="center">●</td><td>BERONICIANI·</td><td>25</td></tr>
<tr><td>M · AVRELI·</td><td>A L F I I·</td><td></td></tr>
<tr><td>M · AVRELI·</td><td></td><td>MERCVRI·</td><td></td></tr>
<tr><td>M · SEPTIMI·</td><td rowspan="2" align="center">●</td><td>SELEVCI·</td><td></td></tr>
<tr><td>C I V L I</td><td>MVCIANI·</td><td></td></tr>
<tr><td>M · AVRELI·</td><td></td><td>PYRRI·</td><td>30</td></tr>
</table>

Imp. Caes(ar), divi Antonini Magni Pii fil.,
divi Severi Pii nepos, M. Aurellius Severus
Alexander Pius Felix Aug(ustus), pontif(ex)
max(imus), trib(unicia) pot(estate) XIII,
co(n)s(ul) III, p(ater) p(atriae), proco(n)s(ul),[1]
nomina militum, qui militaverunt in cohortibus[2]
praetoris Alexandrianis decem I.II.III.IIII.V.VI.
VII.VIII.VIIII.X piis vindicibus, qui pie et fortiter

militia functi sunt, ius tribui conubii dumtaxat
cum singulis et primis uxoribus, ut, etiamsi
peregrini iuris feminas in matrimonio suo
iunxerint, proinde liberos tollant ac si ex duobus
civibus Romanis natos.
a. d. VII idus Ian(uarias) M. Pupieno Maximo II, M.
Munatio Urbano cos.[3]

ROMAN MILITARY DIPLOMAS VI

coh(ors) IIII pr(aetoria) Alexandr(iana) p(ia)
v(index). L. Septimio L. f. Dolatrali Ulp.
Filip<o>poli.[4]

Descript(um) et recognit(um) ex tabula aerea que
fixa est Romae in muro pos(t)[5] *templum divi*
Aug(usti) ad Minervam.

M. Aureli Bassi; M. Aureli Beroniciani; M. Aureli
Alfii; M. Aureli Mercuri; M. Septimi Seleuci;
C. Iuli Muciani; M. Aureli Pyrri.[6]

1. The titles of Severus Alexander along with the consular date show this is a copy of a praetorian constitution of 7 January 234. A second copy has been published more recently (*AE* 2009, 1799). On each of their occurrences on the outer face an attempt has been made to erase ALEXANDER and ALEXANDRIANIS. No attempt was made to gain access to the inner faces so that the erasure could be carried out there. The recipient could have received his copy after the death of Alexander Severus on his return to Rome (Werner Eck pers.comm.). Cf. the erasures on a praetorian diploma of 7 January 222 (*RMD* VI 645).

2. Extrinsecus COHORTBVS for COHORTIBVS.

3. The *ordinarii* for 234 were M. (Clodius) Pupienus Maximus (*PIR²* C 1179) and M. Munatius Urbanus. The former is only shown as consul for the second time on the outer face of tabella I while *II* is missing on both faces of the other copy (*AE* 2009, 1799). The latter can be identified as M. Munatius Sulla Urbanus, son of M. Munatius Sulla Cerialis who was *ordinarius* in 215 (*PIR²* M 735). See further Krieckhaus 2005.

4. The recipient had served in *cohors IIII praetoria* while the other known recipient had served in *cohors III praetoria*. L. Septimius Dolatralis was from Filip<o>polis (Philippopolis). His cognomen is Thracian (*OnomThrac* 156).

5. As is usual at this time *que* is engraved on both faces for *quae* and *post* is abbreviated to *pos*. However *Romae* is abbreviated to *Rome* only on the inner face.

6. The sixth and seventh witness each have a common Thracian assonant cognomen, respectively Mucianus (*OnomThrac* 246-255) and Pyrrus (*OnomThrac* 281-282). However, there are no known examples of other witnesses with their full names. Cf. *RMD* V 469 note 6.

Photographs *RGZM* Taf. 126-128.

654 IMP. INCERTVS INCERTO

c.a. 222/235

Published P. Weiß *Zeitschrift für Papyrologie und Epigraphik* 150, 2004, 249-250. Small, almost square, fragment from the middle of the top of tabella I of a diploma with a green patina. Height 1.9 cm; width 2.0 cm; thickness c. 0.5 mm; weight c. 1-2 g. The lettering on the outer face is regular and well cut. That on the inner face is irregular and angular and not so easy to decipher. Letter height on the both faces 4-5 mm. Along the upper edge of the outer face are two framing lines. The inner face has scouring lines from the incomplete preparation process. In a private collection.
AE 2004, 1917

intus: tabella II

```
]   vacat
]EA QVE
]VI·AVG
```

extrinsecus: tabella I

```
]S·DIVI·A[
]DIVI·SE[
```

[Imp. Cae]s(ar), divi A[ntonini Pii f.], divi Se[veri Pii nepos, ---].[1]

[Descriptum et recognitum ex tabula aer]ea que[2] [fixa est in muro pos(t) templ(um) di]vi Aug(usti) [ad Minervam].

1. P. Weiß demonstrates that the surviving traces of the imperial titles on the outer face belong to Severus Alexander. Unusually, the inner face, rather than containing part of the details of the award, has instead part of the closing *descriptum et recognitum* formula. This is normally found at the end of the inner face of tabella II.
2. On the inner face *que* is engraved rather than *quae* as is normal at this date.

Photographs *ZPE* 150, 249.

655 TREBONIANVS GALLVS ET VOLVSIANVS M. VLPIO SE[---]

a. 252 or 253 [Ian. 7]

Published A. Pangerl *Archäologisches Korrespondenzblatt* 34, 2004, 101-105. Fragment from the bottom left corner of tabella I of a praetorian diploma which has a black patina. Height 4.9 cm; width 7.2 cm; thickness 2 mm; weight 44.1 g. On the outer face the lettering is well formed and about 4 mm in height except for that of the recipient and his unit which is about 6-8 mm in height. The lettering on the inner face is more difficult to read and is about 4 mm in height. Two faint lines parallel to the bottom edge of the outer face probably represent framing lines. The inner face shows scouring lines from the incomplete preparation of the surface. Now in private possession.
AE 2004, 1918

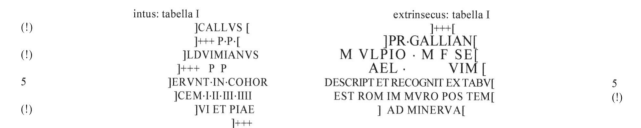

[*Imp. Caes(ar) C. Vibius Trebonianus*] ⌈G⌉*allus*
[*Pius Fel(ix) Aug(ustus), pont(ifex) max(imus),*
trib(unicia) pot(estate) --, co(n)s(ul) --], p(ater)
p(atriae)[et]
[*Imp. Caes(ar) C. Vibius Ve*]*ldu{i}m<n>ianus*
[*Volusianus Pius Fel(ix) Aug(ustus), pont(ifex)*
max(imus), trib(unicia) pot(estate) --, co(n)s(ul)
--], p(ater) p(atriae),[1]
[*nomina militum, qui militav*]*erunt in cohor[tibus*
praetoris Gallianis Volusianis de]cem
I.II.III.IIII.[V.VI.VII.VIII.VIIII.X. piis vindicibus,
q]ui {et} piae[2] [*et fortiter militia functi sunt,*
ius tribuimus conubii dumtaxat cum singulis
et primis uxoribus, ut, etiamsi peregrini iuris
feminas in matrimonio suo iunxerint, proinde
liberos tollant ac si ex duobus civibus Romanis
natos].
[*a. d. VII id. Ian(uarias) --- cos.*]
[*coh. ---*] *pr. Gallian[a Volusiana p(ia) v(index)].*
M. Ulpio M. f. Se[---] Ael. Vim[inacio].[3]

Descript(um) et recognit(um) ex tabu[la aerea quae fixa] est Rom(ae) i⌈n⌉ *muro pos(t)*[4] *tem[pl(um) divi Aug(usti)] ad Minerva[m].*

1. Intus CALLVS for GALLVS and [VE]LDVIMIANVS for [VE]LDVMNIANVS. It is clear from the surviving imperial names that this is an issue from the joint reign of Trebonianus Gallus and his son, Volusianus. The names and imperial titles of each occupies two lines. However, the exact imperial titles are not clear beyond the fact that *p(ater) p(atriae)* was the last element for each emperor. The date of issue of this praetorian constitution was therefore 7 January in either 252 or 253.
2. Intus [Q]VI ET PIAE has been engraved rather than [Q]VI PIAE [ET].
3. The number of the praetorian cohort in which the recipient had served has not survived. M. Ulpius Se[---] was from Viminacium in Moesia superior which had been made a *municipium* by Hadrian. In 239 it was awarded the status of a colony (*DNP* 12/2, 224-225).
4. Extrinsecus IM for IN. As is customary *pos* is engraved for *post*.

Photographs *AK* 34, 102 Abb. 1.

APPENDIX I: Sites on the Capitol before 90

From 74 the location on the intus finished at *quae fixa est Romae in Capitolio*

XVI 1	52 Dec. 11	C	*aedis Fidei populi Romani parte dexteriore*
XVI 2	41/54 Febr. 13	A	*in aede Fidei p(opuli) R(omani) latere sinisteriore extri(n)secus*
XVI 3	54 Iun. 18	A	*in aede{m} Opis in prona{ev}o latere dexteriore*
XVI 4	61 Iul. 2	A	*ad latus sinistr(um) aedis thensar(um) extri(n)secus*
RMD IV 202	61 Iul. 2	A	*ad latus sinistrum aedis thensarum extri(n)secus*
XVI 5	64 Iun. 15	A	*post aedem Iovis O(ptimi) M(aximi) in basi Q. Marcis Regis pr(aetoris)*
RMD II 79	65 Iun. 17	A	*ante aerarium militare in basi Claudiorum Marcellorum*
XVI 7	68 Dec. 22	L/C	*in ara gentis Iulia(e)*
XVI 8	68 Dec. 22	L/C	*ad aram*
XVI 9	68 Dec. 22	L/C	*ad aram gentis Iuliae latere dextro*
RMD III 136	68 [Dec. 22]	L/C	*tab(ula) III, pa[g(ina) .., ad aram] gentis Iu[liae ...]*
RMD IV 203	70 Febr. 26	C	*in podio muri ante aedem Geni p(opuli) R(omani)*
XVI 10	70 Mart. 7	L/C	*ad aram gentis Iuliae latere dextro ante signum Liberi patris, tabula I, pag(ina) I, loco XXV*
XVI 11	70 Mart. 7	L/C	*t(abula) I, pag(ina) V, loc(o) XXXXVI ... in podio arae gentis Iuliae latere dextro ante signu(m) Lib(eri) patris*
RMD V 323	70 Mart. 7	L/C	*ante aram gentis [Iuliae ad] podium latere dexte[rior(is) contra sign(um) Lib(eri) patr(is)]*
RMD VI 477	70 Mart. 7	L/C	*ante aram gentis Iuliae intri(n)secus podium lateris dexteriori(s) contra signum Liberi{s} patris, tabula II*
XVI 12	71 Febr. 9	C	*ad aram gentis Iul(iae) in podio parte exteriore, tab(ula) I*
XVI 13	71 Febr. 9	C	*tab(ula) I, pag<i>na V, loco XI ... in podio parte exteriore arae gentis Iul(iae) contr(a) sig(num) Lib(eri) patris*
RMD IV 204	71 Febr. 9	C	*loco XXIII ... in podio arae gentis Iuliae*
XVI 14	71 Apr. 5	C	*ad aram gentis Iuliae de foras podio sinisteriore tab(ula) I, pag(ina) II, loco XXXXIIII*
XVI 15	71 Apr. 5	C	*in podio arae gentis Iuliae parte exteriore*
XVI 16	71 Apr. 5	C	*in pod(io) arae genti(s) Iuliae tab(ula) III, pag(ina) VI, loc(o) XIX*
RMD IV 205	71 Apr. 5	C	*in podio arae gentis Iuliae parte sinisteriore extri(n)secus*
RMD VI 478	71 Apr. 5	C	*ad a[ram gentis Iuliae ex]tri(n)secus podi parte sin[isteriore tab(ula) -, pag(ina) -], loc(o) XX*
XVI 17	71 Apr. 14/30	C	*ad aram [gentis Iu]liae*
RMD V 324	71 Iul. 30	A	*in ara gentis Iuliae in podio anti secus*
XVI 19	64/74	?	*[ad aram ge]ntis [Iuliae ...]*
XVI 20	74 Mai. 21	A	*intro euntibus ad sinistram in muro inter duos arcus*
RMD III 137	70/74		*[---]teriore t(abula) II, pa[g(ina) -, loc(o) ---]*
RMD I 2	75 Apr. 28	A	*pos(t) piscinam in tribunal(i) deorum*
XVI 21	76 Dec. 2	P/UC	*in basi Iovis Africi*
XVI 22	78 Febr. 7	A	*post piscinam in tribunal(i) deorum parte posteriore*
AE 2008, 1714	78 Febr. 7	A	*[post piscinam] in tribu[nal(i) deorum parte pos]teriore*
AE 2008, 1728	78 Febr. 7	A	*post pis[cinam in tribu]nal(i) deorum parte [posteriore]*
AE 2010, 1853	78 Febr. 7	A	*post piscinam in tribunal(i) deorum parte posteriore*
RMD IV 209	75 or 78??	A	*[?post piscinam in tribunal(i) deorum] parte p[osteriore]*
XVI 23	78 Apr. 15	A	*post casam Romuli*
AE 2016, 2018	79 Iun. 11	UC	*post reges Romanorum ad horologium*
XVI 24	79 Sept. 8	C	*in basi Pompil[i regis ad] aram gentis Iuliae*
RMD VI 482	79 Sept. 8	A	*in tribunal(i) Apollinis magni parte posteriore*
RMD VI 483	79 Sept. 8	A	*in tribunal(i) Apollinis magn[i] parte posteriore*
XVI 158	80 Ian. 26/28	A	*post Ligures*
RMD VI 484	80 Ian. 26/28	A	*post Ligures*
XVI 26	80 Iun. 13	A	*post aedem Fidei p(opuli) R(omani) in muro*
XVI 28	82 Sept. 20	A	*in tribunali Caesarum Vespasiani, T(iti), Domitiani*
XVI 29	83 Iun. 9	A	*intra ianuam Opis ad latus dextrum*
RMD IV 210	83 ?Iun.	A	*[in]tra ianuam Op[is] ad latus dextrum]*
XVI 30	84 Sept. 3	A	*post thesarium veterem*
RMD III 139	85 Febr. 22	P/UC	*in latere dextro tabulari publici*
RMD IV 214	85 Mai. 30	UC	*in gradibus aerari militaris parte dexteriore*
XVI 31	85 Sept. 5	A	*in basi columnae parte posteriore, quae est secundum Iovem Africum*
XVI 32	86 Febr. 17	C	*post tropaea Germanici, q(uae) [sun]t ad aedem Fidei p(opuli) R(omani)*
XVI 33	86 Mai. 13	A	*post tropaea Germanici in tribunali, quae sunt ad aedem Fidei p(opuli) R(omani)*
AE 2010, 1871	86 Mai. 13	A	*post tropaea Germanici in tribunali, quae sunt ad aedem Fidei p(opuli) R(omani)*
AE 2007, 1782	86 Mai. 13	A	*in tribunali Iovis Parati parte posteriore*
AE 2012, 1859	87 Iun. 8	A	*post piscina[m] in tribunali deorum parte posteriore*
XVI 159	88 Ian. 9	A	*in tabulario publico parte sinisteriore*
RMD I 3	88 Nov. 7	A	*in latere sinistro tabulari publici*
XVI 35	88 Nov. 7	A	*in latere sinistro tabulari publici*
RMD V 330	88 Nov. 7	A	*[in] latere sinistro tab[ulari p]ublici*
RMD V 329	88 Nov. 7	A	*in latere sinistro tabulari publici*

APPENDIX IIa: INNER FACE OF TABELLA I: Last line, 118-140

Diplomas dateable to within a year published before 2021

3/5-118	RMD V 348	German super	[... I]IS DATA AVT [SIQVI]
16-3/13-4-119	RMD VI 524	Pannon infer	QV[...] EST CIVIT[...]
12-11-119	RMD VI 525/351	Dacia super	RVM CIVIT DEDIT ET CONVB CVM
1/12-119	AE 2012, 1958	class Raven	TAS IIS DATA AVT SIQV[I ...]
25-12-119	RMD VI 526	class Misen	ET CONVBIVM VXORIBVS
25-12-119	RMD VI 527/353	class Misen	NVBIVM CV[M ...]
14/31-12-119	RMD V 354	class Syriaca	[HABVISS C]VM EST CIVIT IIS DATA AVT SIQV[I]
29-6-120	CIL XVI 67	Macedonia	[HABVISS] CVM EST CIVIT IS DATA AVT SI
19-10-120	AE 2009, 1808	Moesia infer	QVE EORVM CIVI[TATEM ...]
19-10-120	AE 2009, 1807	Moesia infer	MISSIONE [QVORVM ...]
19-8-121	RMD VI 533	Cilicia	AVT SIQVI CALLIB ESSENT CVM IIS QVAS
5/12-121	AE 2008, 1722	Moesia infer	AV[T SIQVI ...]
17-7-122	CIL XVI 69	Britannia	HONESTA MISSIONE PER POMPEIVM FALCONE QVORVM
17-7-122	RMD V 361	Dacia infer	[QVAS TVNC HA]BVIS CVM ES CIVIT IS
17-7-122	RMD VI 535	Dacia infer	[CVM IS QVAS POST] DVX DVMTAX SING
17-7-122	RMD VI 536	Dacia infer	[…] QVAS POS[T ...]
17-7-122	RMD VI 537	Dacia infer	[... CIVI]TAS IIS DAT[A ...]
18-11-122	CIL XVI 169/73	Mauret Tingit	EOR CIVIT DED ET CONVB CVM VXORIB
121/122	RMD VI 538	class Raven	ESS CVM EST C[IVIT …]
14-4-123	RMD VI 539	Dacia super	SIQVI C[A]ELIB ESS CVM IIS QVAS POSTEA
16-6-123	AE 2015, 1893	Dacia infer	[... DVMT]AX SI[...]
10-8-123	RMD I 21	Dacia Porol	[IPSIS LI]BER POSTERQ EOR CIVIT DED
10-8-123	AE 2011, 1792	Dacia Porol	ET CONVBIVM CVM VXORIBVS QVAS TVNC
16-9-124	CIL XVI 70	Britannia	LIBERIS POSTERISQVE EORVM CIVITATEM DED
24-11-124	AE 2010, 1857	Dacia super	AVT SIQVI CAEL ESS CVM IS QVAS POST DVXISS
1-6-125	RMD IV 235	Moesia infer	HABVISSEN[T C]VM EST CIV[I]TAS IIS DATA
1-6-125	AE 2009, 1810	Moesia infer	QVI CAELIB [ESS …]
1-7-126	RMD IV 236	Pannon super	DVMTAX SING SINGVLAS
1-7-126	AE 2008, 1717	Moesia super	IIS QVA[S POSTEA …]
1-7-126	AE 2015, 1886	Moesia super	ESSENT C[VM IIS] QVAS POSTEA DVXISS
14-9/15-10-126?	RMD V 365	auxilia	[… I]IS QVAS POSTEA […]
125/126	AE 2010, 1861	Pannon inferr	TVNC HAB[…]
20-8-127	RMD IV 239	German infer	QVAS TVNC HABVISS CVM EST CIVIT IS DATA AVT
20-8-127	RMD IV 240	Britannia	[POSTEA DVXIS DVM]TAX [SING SING]VLAS
20-8-127	RMD IV 241	Moesia infer	QVAS POST DVXIS DVMTAXAT SING SINGVL
11-10-127	CIL XVI 72	class Raven	POSTEA DVXIS DVMTAXAT S[ING SINGVLAS]
18-2-129	CIL XVI 74	class Misen	ESSENT CVM IIS QVAS POSTEA DVXISS
18-2-129	RMD VI 546	class Misen	DVMTAXAT SING SINGVL
18-2-129	AE 2018, 1994	Moesia super	IIS QVAS POST DVX DVMTAX SING SINGVLAS
22-3-129	CIL XVI 75	Dacia infer	CAETIB ESS CVM IIS QVAS POST DVX DVMTAX
22-3-129	RMD VI 547	Syria	EST CIVIT IIS DATA AVT SIQ CAELIB ESSENT
22-3-129	RMD VI 548/372	Syria	HAB CVM EST CINIT [...]
22-3-129	RMD VI 550	Syria	CVM VXO[R …]
18-8-129/130	CIL XVI 173	Mauret Tingit	[POST ... SI]NGVLAS
129/130	RMD V 376	Dacia infer	POST DVX DVMTAX SIN[G …]
17-1-131	AE 2015, 1881	class Misen	[SINGVLAS]
15/16-4-131	EphNapoc 30, 295	Dacia Porol	GVLAS
16/17-1/4-131	RMD III 157	Mauret Tingit	[… PO]ST [DVX DVM SING ...]
31-7-131	RMD VI 552	Mauret Caesar	[CAEL ESS CV]M IS QV[AS ...]
9-12-132	AE 2010, 1856	Britannia	GVLAS
8-4-133	RMD III 158	Eq sing Aug	[SINGVLAS]
8-4-133	AE 2011, 1104	Eq sing Aug	XAT [SING SINGVLAS]
2-7-133	CIL XVI 76	Pannon super	QVAS [POST DVX DVMTAX S]ING SINGVLAS
2-7-133	CIL XVI 77	Pannon super	[…] SING SINGVLAS
2-7-133	RMD I 35	Dacia Porol	[AV]T SIQVI CAELIB ESSENT CVM IIS QVAS POS
5/8-133	AE 2009, 1832	auxilia	[DVX DVMTAX SI]NG SINGVL
9-9-133	RMD IV 247	Moesia super	[... SING SINGVLAS]
2-4-134	CIL XVI 78	Moesia infer	TAX SING SINGVL
2-4-134	AE 2008, 1723	Moesia infer	[… DV]X DVMTAX SIN[G ...]
15-9-134	CIL XVI 79	class Misen	QVAS POST DVX DVMTAX SIANG SINGVLAS
16-10-134	CIL XVI 80	German super	QVAS POST DVX DVMTAX SING [SINGVLAS]
16-10/13-11-134	RMD IV 250	Pannon super	CVM IIS QVAS [POS]T D[VX DVMTAX] SIN SING

ROMAN MILITARY DIPLOMAS VI

14-4-135	CIL XVI 82	Britannia	[IIS QVAS POST DVX DV]MTAX SIN SING
19-5-135	RMD IV 251	Pannon infer	IIS QVAS POS DVX DVMTAX SING SING
12-10-135	AE 2017, 1262	Moesia super	SIN
14-11/1-12-135	RMD IV 248	Dacia Porol	[… D]VX DVMTA[X SING SING]
31-12-135	RMD V 382	Mauret Tingit	[... S]I CAELIB ESS CVM IS QV[AS]
19-1-136	AE 2010, 1852	Moesia infer	[DVX DVMTAX SING SINGV]LAS
28-2-138	CIL XVI 83	Moesia infer	[SING]
16-6-138	CIL XVI 84	Pannon super	[TAX SIN SING]
1-3/10-7-138	RMD III 161	Lycia et Pamph	IIS Q POST DVX DVMTAX SIN SING
10-10-138	RMD V 385/260	Thracia	POST DVX DVMTAX SING SINGVLA[S]
14-11/1-12-138	AE 2009, 995	Noricum	[...]
13-2-139	RMD I 38	class Misen	DVMTAXAI SING SINGVL
18-7-139	CIL XVI 176	Mauret Tingit	[...]
22-8-139	RMD VI 570	class Ravenn	CVM IS Q POST DVX DVMTAX SIN SING
13-2/22-8-139	AMN 57/1, 105	auxilia	P D[VX ...]
30-10-139	RMD IV 261	Raetia	[...] IS Q POS DVX [...]
30-10-139	RMD V 386	Raetia	TAX SIN SING
22-11-139	CIL XVI 87	Syria Palaest	TAX SIN SINC
26-11-140	CIL XVI 177	class Misen	SINGVL
13-12-140	RMD I 39	Dacia infer	DVX DT SINGVLIS
1-1/9-12-140	RMD VI 571	Pannon super	T[A]X[...]

APPENDIX IIb: INNER FACE OF TABELLA II: First line, 118-140

Diplomas dateable to within a year published before 2021

28-3-118	CIL XVI 166	Mauret Tingit	[... CV]M EST CIVITAS IIS DATA AVT
3/4-119	RMD VI 524	Pannon infer	[IIS DATA AV]T SI[QVI CAELIBES ...]
3/4-119	AE 2013, 2193	auxilia	[... DVMT]AXAT SINGVLI SING
25-12-119	RMD V 352	class Misen	CVM IIS Q[VAS POSTEA DVXISSENT DVM]
25-12-119	RMD VI 526	class Misen	QVAS TVNC HABVISSENT CVM
25-12-119	AE 2014, 1618	class Misen	CVM EST CIVITAS IIS DATA
14/31-12-119	RMD VI 530	class Misen?	[... SING]VLI SINGVL[AS]
16-5/13-6-120	RMD IV 232	auxilia	[... DV]XISSENT DVMTAX
29-6-120	RMD VI 531	Dacia super	EORVM CIVITATEM DEDIT ET CONVBIVM
19-10-120	RMD V 356 + AMN 57/1, 90	Moesia infer	CVM VXORIB QVAS TVNC HABVISSENT CVM EST
13-1/3-121	CIL XVI 168	classis	CIVIT DEDIT [ET CONVB CVM VXORIB QVAS TVNC]
11/12-121	RMD V 349	auxilia	TEA DVXISSENT [DVMTAXAT SINGVLI SIN]
19-3-122	RMD V 359	auxilia	[... POSTEA DVXISS]ENT DVMTAXAT [...]
17-7-122	CIL XVI 69	Britannia	NOMINA SVBSCRIPTA SVNT IPSIS LIBERIS POSTERISQV
17-7-122	RMD VI 534	Britannia	[PER POMPEI]VM FAICONEM Q[VORVM ...]
17-7-122	AE 2013, 2194	Dacia infer	SVNT IPSIS LIBER[IS POSTERISQ EORVM CIVITAT]
17-7-122	AMN 56/1, 60	Dacia infer	[... SI]NGVLI SINGVLAS
16-6-123	RMD VI 540	auxilia	[... PO]STEA DVXISSE[NT ...]
16-6-123	AE 2015, 1893	Dacia infer	[... A] D XVI K IVL
10-8-123	RMD IV 233	Dacia Porol	CAELIBES ESSENT CV[M IIS QVAS POSTEA]
10-8-123	AE 2011, 1792	Dacia Porol	HABVISSENT CVM EST CIVITAS IIS DATA
4/6-124	RMD V 363	auxilia	[CAELIBES ESSEN]T CVM IIS QVAS POSTEA [...]
24-11-124	AE 2010, 1857	Dacia super	DVMTAXAT SINGVLI SINGVLAS A D VIII K DEC
1-6-125	RMD V 375	Moesia infer	DATA AVT SIQVI [CAELIBES ESSENT CVM IIS]
1-6-125	AE 2009, 1831	Moesia infer	[... SIN]GVLI SIN[GVLAS ...]
1-6-125	AE 2014, 1641	Moesia infer	[... S]INGVLI S[INGVLAS ...]
1-7?-126	RMD VI 542	Moesia super?	[...] SINGVL[I SINGVLAS]
1-7-126	AE 2015, 1886	Moesia super	DVMTAXAT SING[VLI SINGVLAS K IV]L
14/30-4-127	RMD I 30	auxilia	[...] K MAI
20-8-127	RMD IV 241	Moesia infer	A D XIII K SEPT
20-8-127	RMD VI 544	Moesia infer	A D XIII K SEPTEMBRES
20-8-127	AE 2009, 1829	auxilia	[...] XIII K SEPT
18-2-129	CIL XVI 74	class Misen	DVMTAXAT SINGVLI SINGVLAS
18-2-129	RMD VI 546	class Misen	A D XII K MART
18-2-129	AE 2018, 1994	Moesia super	A D XII K MATR
22-3-129	CIL XVI 75	Dacia infer	SING SINGVLAS [A] D XI K APR
22-3-129	AE 2012, 1956	Syria	SINGVLAS
30-4-129	RMD I 34	Pannon infer	PR K MAI
9-12-132	AE 2010, 1856	Britannia	A D V LD DEC
2-7-133	CIL XVI 76	Pannon super	[A D] VI NON IVL
2-7?-133	DissArch 3.3, 71	Pannon infer	A D [...]
9/12-133	RMD III 159	German super	SING SINGVL [A D ...]
2-4-134	CIL XVI 78	Moesia infer	A D IIII NON APR
15-9-134	CIL XVI 79	class Misen	A D XVII K OC
10/11-134	RMD VI 558	Dacia infer	[...] NOV
19-5-135	RMD IV 251	Pannon infer	XIIII K IVN
12-10-135	AE 2017, 1762	Moesia super	A D II[I]I ID OCT
135?	RMD I 36	auxilia	A D I[...]
28-2-138	CIL XVI 83	Moesia infer	PR K [MART]
14-11/1-12-138	AE 2009, 995	Noricum	[...] K DE[C]
13-2-139	RMD I 38	class Misen	IDIB FEBR
22-8-139	RMD VI 570	class Raven	A D XI K SEPT
30-10-139	RMD V 386	Raetia	A D [III K NOV]
22-11-139	CIL XVI 87	Syria Palaest	A D X K DEC
26-11-140	CIL XVI 177	class Misen	A D VI DEC
13-12-140	RMD I 39	Dacia infer	EX NVMER EQ ILLYRIC
139/140	AMN 57/1, 107	Dacia Porol	A D [...]

APPENDIX IIIa: Period 3 witness lists, 138-168

A number of recently published diplomas have once more contributed to our knowledge concerning the seniority of witnesses in Period 3. Therefore an update of *RMD* V Appendix III has been produced which incorporates material published to the end of 2018. For convenience the witness lists from this period are set out in tabular form:

28-2-138 (XVI 83) to 22-8-139 (*RMD* VI 570)	30-10-139 (*RMD* V 386) to 26-11-140 (XVI 177)	13-12-140 (*RMD* I 40)	15-1-142 (*RMD* VI 575) to 9/10-142 (*RMD* V 396)
Ti. Claudi Menandri	Ti. Claudi Menandri	Ti. Claudi Menandri	Ti. Claudi Menandri
P. Atti Severi	P. Atti Severi	P. Atti Severi	P. Atti Severi
L. Pulli Daphni	L. Pulli Daphni	L. Pulli Daphni	L. Pulli Daphni
P. Atti Festi	P. Atti Festi	P. Atti Festi	P. Atti Festi
T. Flavi Romuli	T. Flavi Lauri	T. Flavi Lauri	M. Sentili Iasi
Ti. Iuli Felicis	Ti. Iuli Felicis	M. Sentili Iasi	Ti. Iuli Felicis
C. Iuli Silvani	C. Iuli Silvani	C. Iuli Silvani	C. Iuli Silvani

7-8-143 (*RMD* IV 266)	19-3-144 (*AE* 2014, 1657; 2015, 1903, 1904))	22-12-144 (*RMD* V 398) to 19-7-146 (XVI 178)	11-10-146 (*AE* 2015, 1888)
P. Atti Severi	P. Atti Severi	P. Atti Severi	Q. Hortensi Diadumeni
L. Pulli Daphni	L. Pulli Daphn[i]	L. Pulli Daphni	M. Ulpi Charitonis
P. Atti Festi	M. Servili Getae	M. Servili Getae	C. Qu(i)nti Epaphroditi
M. Tetti Proculi	M. Tetti Proculi	L. Pulli Chresimi	Q. Caecili Silvestri
M. Sentili Iasi	M. Sentili Iasi	M. Sentili Iasi	M. Quintili Iasi
Ti. Iuli Felicis	Ti. Iuli Felicis	Ti. Iuli Felicis	Ti. Claudi Chresimi
C. Iuli Silvani	C. Iuli Silvani	C. Iuli Silvani	C. Calpurni Pamphili

11-10-146 (*AE* 2015, 1889)	146/148? (*RMD* V 403)	9-10-148 (XVI 96)	9-10-148 (XVI 179, 180)
Q. Hortensi Diadumeni	[P. Atti] Severi	L. Pulli Daphni	L. Pulli Daphni
M. Ulpi Charitonis	[L. Pulli] Daphni	M. Servili Getae	M. Servili Getae
C. Quinti Epaphroditi	[L. Pulli C]hresimi	L. Pulli Chresimi	L. Pulli Chresimi
Q. Caecili Silvestri		M. Sentili Iasi	M. Ulpi Blasti
M. Quintili Iasi		Ti. Iuli Felicis	Ti. Iuli Felicis
Ti. Claudi Chresimi		C. Iuli Silvani	C. Iuli Silvani
C. Calpurni Campyli		P. Ocili Prisci	P. Ocili Prisci

5-7-149 (XVI 97) to 24-12-153 (XVI 102)	27-9-154 (*RMD* VI 595) to 3-11-154 (XVI 104)	13-12-156 (XVI 107) to 8-7-158 (XVI 108)	21-6-159 (*RMD* V 424) to 18-12-160 (*RMD* IV 278)
M. Servili Getae	M. Servili Getae	M. Servili Getae	M. Servili Getae
L. Pulli Chresimi	L. Pulli Chresimi	L. Pulli Chresimi	L. Pulli Chresimi
M. Sentili Iasi	M. Sentili Iasi	M. Sentili Iasi	M. Sentili Iasi
Ti. Iuli Felicis	Ti. Iuli Felicis	Ti. Iuli Felicis	Ti. Iuli Felicis
C. Iuli Silvani	C. Iuli Silvani	C. Belli Urbani	C. Belli Urbani
L. Pulli Velocis	C. Pomponi Statiani	C. Pomponi Statiani	P. Graecini Crescentis
P. Ocili Prisci	P. Ocili Prisci	P. Ocili Prisci	P. Ocili Prisci

8-2-161 (*RMD* V 430) to 23-8-162 (*AE* 2010, 1854)	21-7-164 (*RMD* I 64) to 3/4-166 (XVI 121)	5-5-167 (XVI 123)	167/168 (*RMD* V 443)
M. Servili Getae	M. Servili Getae	Ti. Iuli Felicis	C. B[elli Urbani]
L. Pulli Chresimi	Ti. Iuli Felicis	C. Belli Urbani	L. Pul[li Primi]
Ti. Iuli Felicis	C. Belli Urbani	L. Pulli Primi	L. Se[nti Chrysogoni]
C. Belli Urbani	L. Pulli Primi	L. Senti Chrysogoni	L. Pu[lli Zosimi]
P. Graecini Crescentis	L. Senti Chrysogoni	C. Pomponi Statiani	Ti. Iuli [Crescentis]
L. Senti Chrysogoni	C. Pomponi Statiani	L. Pulli Zosimi	P. Ocil[i Prisci]
C. Pomponi Statiani	L. Pulli Zosimi	P. Ocili Prisci	L. Calav[i ---]

APPENDIX IIIb: Period 3 witness lists, 178-237

23-3-178 (*CIL* XVI 128, *RMD* III 184, IV 293)

C. Belli Urbani
L. Senti Chrysogoni
Ti. Iuli Crescentis
L. Pulli Marcionis
S. Vibi Romani
C. Publici Luperci
M. Iuni Pii

178? (*RMD* VI 634)

C. Pub[lici Luperci]
M. Iu[ni Pii]

178? (unpublished)

[L. Pulli] Marcionis
[S. Vibi] Romani
[C. Publici] Luperci
[M. Iuni] Pii

178? (XVI 188)

[-. --- ---]i
[Ti. Iuli Cresc]entis
[L. Pulli Mar]cionis
[S. Vibi R]omani

1-4-179 (*RMD* II 123)

D. Aemili Felicis
Cn. Pompei Nicionis
P. Tulli Callicrates
D. Aemili Quadrati
P. Orvi Dii
P. Aeli Trofimi
D. Aemili Agatocletis

14-4-180/192 (*RMD* VI 637)

[C. B]elli Urbani
[Ti. I]uli Crescentis
[L.] Pulli Marcionis
[C.] Publici Luperci
[M.] Iuni Pii
[C.] Fanni Arescontis
[-. -]acci Prisci

16-3-193 (XVI 133)

L. Pulli [Marcionis]
C. Publici [Luperci]
M. Iuni [Pii]
Ti. Claudi [I]uliani
L. Pulli Benig[ni]
C. Fanni Arescon[t]i[s]
C. Fanni [R]uf[i]

11-8-193 (*RMD* V 446)

[L. Pu]lli [Marcionis]
C. Publici Lu[perci]
M. Iuni Pii
Ti. Claudi Iulian[i]
L. Pulli [B]enign[i]
C. Fanni A[r]esconti[s]
[C. F]anni Rufi

20-12-202 (*RMD* V 449)

L. Pulli Marcionis
C. Publici Luperci
M. Iuni Pii
Ti. Claudi Iuliani
Ti. Claudi Cassandri
L. Pulli Benigni
Ti. Iuli Dativi

7-9-192/202 or 204/206 (*RMD* IV 304)

L. Pulli Marcionis
C. Publici Luperci
M. Iuni Pii
Ti. Claudi Iuliani
Ti. Claudi Cassandri
L. Pulli Benigni
Ti. Iuli Dativi

25-1-206 (*AE* 2012, 1960)

L. Pulli Marcionis
C. Publici Luperci
M. Iuni Pii
Ti. Claudi Iuliani
Ti. Claudi Cassandri
L. Pulli Benigni
Ti. Iuli Dativi

22-11-206 (*RMD* III 189)

L. Pulli Marcionis
C. Publici Luperci
M. Iuni Pii
Ti. Claudi Cassandri
Ti. Claudi Epinici
L. Pulli Benigni
Ti. Iuli Dativi

13-5-206/212 (XVI 127)

L. Pulli Marcionis
C. Publici Luperci
M. Iuni Pii
Ti. Claudi Cassandri
Ti. Claudi Epinici
L. Pulli Benigni
Ti. Iuli Dativi

30-8-212 (*RMD* I 74)

L. Pulli M[arcionis]
C. Pub[l]ici Lu[perci]
M. Iun[i] P[ii]
Ti. Claudi Cassandr[i]
Ti. Claudi Epin[ici]
L. Pulli Benign[i]
Ti. Iuli [D]a[ti]vi

27-11?-218 (*RMD* III 192)

[L. Pul]li [Marci]onis
[C. Publi]ci Luperci
[M. Iun]i Pii
[Ti. Clau]di Cassandri
[Ti. Clau]di Epinici
[Ti. Clau]di Part[he]ni
[Ti. Iul]i [Da]t[i]v[i]

9-1/11-10-221 (*RMD* V 457/317, 458)

[Ti. Claudi] Cassandri
[Ti. Claudi] Epinici
[Ti. Clau]di [P]aul[li]
[Ti. Clau]di [Partheni]
[Ti. Iul]i [Dativi]
[Ti. Claudi Erotis]
[Ti. Claudi Eutychetis]

29-11-221 (*RMD* IV 307)

[Ti.] Claudi Cassandri
Ti. Claudi Epinici
Ti. Claudi Paulli
Ti. Claudi [Partheni]
Ti. Iuli Dativi
Ti. Claudi Erotis
Ti. Claudi Eutychetis

7-1-222 (*RMD* V 459)

Ti. Cl[a]udi [Cassandri]
Ti. Claud[i Epinici]
Ti. Cla[udi Paulli]
Ti. Claudi [Partheni]
Ti. Iuli [Dativi]
Ti. Claudi [Erotis]
Ti. Claudi [Eutychetis]

7-1-223 (*RMD* VI 646)

Ti. Claudi Cassandri
Ti. Claudi Epinici
Ti. Claudi Paulli
Ti. Claudi Partheni
Ti. Iuli Dativi
Ti. Claudi Erotis
Ti. Claudi Eutychetis

17-11-225 (*RMD* VI 647)

Ti. Claudi [C]assandri
Ti. Claudi Epinici
Ti. Claudi Paulli
Ti. Claudi Partheni
[T]i. Claudi Erotis
Ti. [I]uli Dativi
Ti. Claudi Eutychetis

18-12-225 (*RMD* IV 311)

Ti. Claudi [Ca]ssandri
Ti. Claudi Epinici
Ti. Claudi Paulli
Ti. Claudi Partheni
Ti. Iuli Dativi
Ti. Claudi Erotis
Ti. Claudi Eutychetis

7-1-237 (*RMD* III 198)

Ti. Claudi Epinici
Ti. Claudi Paulli
Ti. Claudi Partheni
Ti. Claudi Erotis
Ti. Claudi Eutychetis
Ti. Claudi Fortissimi
Cl. Laberi Aproniani

CONCORDANCES

AE 1969/70-2018	CIL XVI
AE 1969/70, 743	CIL XVI 176
AE 1972, 669	CIL XVI 106
AE 1979, 515	CIL XVI 67
AE 1980, 726	CIL XVI 132
AE 1980, 760	CIL XVI 110/RMD I 47
AE 1980, 996	CIL XVI 166
AE 1983, 449	CIL XVI 40
AE 1983, 451	CIL XVI 9
AE 1983, 787	CIL XVI 112
AE 1983, 787	CIL XVI 113
AE 1983, 844	CIL XVI 110/RMD I 47
AE 1985, 701	CIL XVI 101
AE 1991, 1286	CIL XVI 174
AE 1994, 387	CIL XVI8
AE 1995, 1217	CIL XVI 6
AE 1995, 1218	CIL XVI 52
AE 1995, 1222	CIL XVI 174
AE 1997, 1277	CIL XVI 113
AE 2002, 59	CIL XVI 152
AE 2002, 1181	CIL XVI 132
AE 2006, 1182	CIL XVI 41
AE 2006, 1869	CIL XVI 177
AE 2008, 613	CIL XVI 127
AE 2008, 617	CIL XVI 16
AE 2017, 1188	CIL XVI 180/RMD IV 272
AE 2018, 1286	CIL XVI 109
AE 2018, 1956	CIL XVI 167
AE 2018, 1957	CIL XVI 176

AE	RMD
AE 1951, 270	RMD I 54
AE 1957, 23 col. 2	RMD I 41
AE 1957, 66	RMD I 48
AE 1957, 156	RMD I 32
AE 1957, 199	RMD I 64
AE 1958, 30	RMD I 17
AE 1958, 89	RMD I 45
AE 1959, 31	RMD I 17
AE 1959, 37	RMD I 63
AE 1959, 48	RMD I 24
AE 1959, 162	RMD I 45
AE 1960, 21	RMD I 62
AE 1960, 101	RMD I 13
AE 1960, 103	RMD I 53
AE 1961, 128	RMD I 50
AE 1961, 173	RMD I 25
AE 1961, 174	RMD I 68
AE 1961, 240	RMD I 78
AE 1961, 319,2	RMD I 4
AE 1962, 253	RMD I 8
AE 1962, 255	RMD I 35
AE 1962, 264	RMD I 39
AE 1962, 264,2	RMD I 5
AE 1962, 391,1	RMD I 26
AE 1963, 105	RMD I 46
AE 1964, 269	RMD I 75
AE 1965, 131	RMD I 19
AE 1966, 339	RMD I 75
AE 1966, 613	RMD I 29
AE 1967, 390	RMD I 35
AE 1967, 395	RMD I 27

AE 1968, 400	RMD I 52
AE 1968, 407	RMD I 36
AE 1968, 446	RMD I 2
AE 1968, 513	RMD I 9
AE 1969/70, 420	RMD I 1
AE 1969/70, 447	RMD I 32
AE 1969/70, 448	RMD I 59
AE 1969/70, 449	RMD I 72
AE 1969/70, 571	RMD I 76
AE 1969/70, 739	RMD I 12
AE 1969/70, 740	RMD I 54
AE 1969/70, 741	RMD I 57
AE 1969/70, 742	RMD I 15
AE 1969/70, 744	RMD I 18
AE 1969/70, 745	RMD I 43
AE 1969/70, 749	RMD I 33
AE 1971, 349	RMD II 80
AE 1972, 503	RMD I 77
AE 1972, 552	RMD I 76
AE 1972, 657	RMD I 55
AE 1973, 383	RMD I 10
AE 1973, 384	RMD I 42
AE 1973, 385	RMD I 71
AE 1973, 386	RMD II 95/58
AE 1973, 458	RMD I 31
AE 1973, 459	RMD I 21
AE 1973, 467	RMD I 23
AE 1974, 569	RMD I 19
AE 1974, 655	RMD I 3
AE 1975, 245	RMD II 105
AE 1975, 714	RMD I 20
AE 1975, 715	RMD II 117
AE 1975, 716	RMD V 355
AE 1975, 717	RMD I 7
AE 1975, 758	RMD I 67
AE 1976, 690	RMD I 69
AE 1976, 794	RMD I 73
AE 1977, 696	RMD I 28
AE 1977, 701	RMD I 30
AE 1977, 703	RMD I 21
AE 1977, 722	RMD I 6
AE 1977, 793	RMD I 38
AE 1977, 798	RMD I 44
AE 1978, 520	RMD I 46
AE 1978, 588	RMD I 59
AE 1978, 589	RMD II 104/51
AE 1978, 590	RMD I 68
AE 1978, 591	RMD I 25
AE 1978, 658	RMD II 79
AE 1978, 689	RMD II 92
AE 1978, 697	RMD II 121
AE 1978, 713	RMD I 67
AE 1979, 515	RMD I 67
AE 1979, 516	RMD II 111
AE 1979, 517	RMD II 114
AE 1979, 553	RMD II 84
AE 1979, 626	RMD II 131
AE 1979, 631	RMD I 60
AE 1979, 632	RMD I 69
AE 1980, 756	RMD I 40
AE 1980, 757	RMD I 49
AE 1980, 761	RMD II 115/65
AE 1980, 762	RMD I 66
AE 1980, 763	RMD I 20
AE 1980, 788	RMD I 2

CONCORDANCES

AE 1980, 992	RMD I 11	AE 1990, 799	RMD III 169
AE 1980, 994	RMD I 56	AE 1990, 860	RMD III 148
AE 1981, 656	RMD II 120	AE 1990, 1023	RMD III 185
AE 1981, 845	RMD II 100	AE 1991, 1018	RMD III 201
AE 1982, 718	RMD II 90	AE 1991, 1270	RMD III 156
AE 1982, 762	RMD II 99	AE 1991, 1322	RMD III 167
AE 1982, 771	RMD II 87	AE 1991, 1357	RMD III 144
AE 1982, 788	RMD II 81	AE 1991, 1359	RMD III 192
AE 1982, 789	RMD II 135	AE 1991, 1360	RMD III 143
AE 1982, 838	RMD II 114	AE 1991, 1380	RMD V 399/165
AE 1983, 523	RMD III 137	AE 1991, 1538	RMD III 161
AE 1983, 638	RMD II 83	AE 1992, 1133	RMD III 145
AE 1983, 639	RMD II 97	AE 1992, 1409	RMD III 174
AE 1983, 775	RMD II 134	AE 1992, 1453	RMD III 181
AE 1983, 783	RMD II 80	AE 1992, 1501	RMD III 150
AE 1983, 784	RMD II 103	AE 1992, 1507	RMD III 172
AE 1983, 785	RMD II 102	AE 1993, 646	RMD IV 288
AE 1983, 786	RMD II 113	AE 1993, 860	RMD III 201
AE 1983, 788	RMD II 110	AE 1993, 1006	RMD III 137
AE 1983, 844	RMD II 101	AE 1993, 1010	RMD IV 312/194
AE 1983, 849	RMD II 89	AE 1993, 1240	RMD III 155
AE 1983, 850	RMD II 116	AE 1993, 1788	RMD III 139
AE 1983, 853	RMD II 118	AE 1993, 1789	RMD III 189
AE 1983, 854	RMD II 127	AE 1994, 910	RMD III 179
AE 1984, 529	RMD II 107	AE 1994, 1330	RMD IV 256
AE 1984, 706	RMD II 94	AE 1994, 1393	RMD IV 279/176
AE 1984, 735	RMD II 122	AE 1994, 1480	RMD V 345/152+228
AE 1984, 953	RMD I 3	AE 1994, 1487	RMD III 177
AE 1985, 390	RMD II 124	AE 1994, 1519	RMD III 158
AE 1985, 700	RMD II 85	AE 1994, 1528	RMD V 399/165
AE 1985, 764	RMD III 140	AE 1994, 1914	RMD III 173
AE 1985, 770	RMD III 136	AE 1995, 1164	RMD IV 258
AE 1985, 821	RMD II 133	AE 1995, 1182	RMD IV 275
AE 1985, 994	RMD III 171	AE 1995, 1183	RMD IV 261
AE 1985, 991	RMD III 157	AE 1995, 1185	RMD IV 229
AE 1985, 992	RMD III 186	AE 1995, 1186	RMD III 155
AE 1986, 526	RMD III 171	AE 1995, 1219	RMD II 93
AE 1986, 616	RMD III 187	AE 1995, 1282	RMD I 40
AE 1987, 454	RMD III 163	AE 1995, 1283	RMD IV 248
AE 1987, 843	RMD II 123	AE 1995, 1284	RMD IV 289
AE 1987, 853	RMD III 144	AE 1995, 1337b	RMD IV 305
AE 1987, 854	RMD III 148	AE 1995, 1565	RMD IV 307
AE 1987, 855	RMD III 197	AE 1995, 1822	RMD IV 277
AE 1987, 856	RMD III 140	AE 1995, 1823	RMD IV 236
AE 1987, 1132	RMD III 190	AE 1995, 1824	RMD IV 264
AE 1988, 598	RMD III 196	AE 1996, 710	RMD IV 297
AE 1988, 891	RMD III 138	AE 1996, 1246	RMD IV 286
AE 1988, 901	RMD III 149	AE 1996, 1250	RMD IV 263
AE 1988, 902	RMD III 164	AE 1996, 1257	RMD IV 268
AE 1988, 903	RMD III 166	AE 1996, 1328	RMD IV 291
AE 1988, 904	RMD III 178/112	AE 1997, 1001	RMD V 420
AE 1988, 905	RMD III 170	AE 1997, 1268	RMD III 188
AE 1988, 906	RMD II 86	AE 1997, 1273	RMD IV 204
AE 1988, 915	RMD II 93	AE 1997, 1298	RMD IV 212
AE 1988, 916	RMD II 108	AE 1997, 1299	RMD IV 259
AE 1988, 932	RMD V 346+154	AE 1997, 1300	RMD IV 296
AE 1988, 979	RMD III 187	AE 1997, 1314	RMD IV 239
AE 1989, 315	RMD III 142	AE 1997, 1334	RMD IV 227/14
AE 1989, 450	RMD III 168	AE 1997, 1761	RMD V 330
AE 1989, 626	RMD II 79	AE 1997, 1762	RMD V 331
AE 1990, 433	RMD III 182	AE 1997, 1763	RMD V 362
AE 1990, 577	RMD III 168	AE 1997, 1764	RMD V 376
AE 1990, 759	RMD III 183	AE 1997, 1765	RMD V 379
AE 1990, 763	RMD III 159	AE 1997, 1766	RMD V 398
AE 1990, 771	RMD III 162	AE 1997, 1767	RMD V 410
AE 1990, 794	RMD III 180	AE 1997, 1768	RMD V 421
AE 1990, 798	RMD III 147	AE 1997, 1769	RMD V 425

ROMAN MILITARY DIPLOMAS VI

AE 1997, 1770	RMD V 458	AE 2000, 1138	RMD IV 243
AE 1997, 1771	RMD IV 203	AE 2000, 1139	RMD IV 278
AE 1997, 1772	RMD IV 235	AE 2000, 1203	RMD V 460
AE 1997, 1773	RMD V 326	AE 2000, 1214	RMD IV 304
AE 1997, 1774	RMD V 338	AE 2000, 1849	RMD V 461
AE 1997, 1775	RMD V 340	AE 2000, 1850	RMD V 341
AE 1997, 1776	RMD V 356	AE 2000, 1851	RMD V 366
AE 1997, 1777	RMD V 385/260	AE 2000, 1852	RMD V 376
AE 1997, 1778	RMD V 412	AE 2001, 1538	RMD V 334
AE 1997, 1779	RMD IV 240	AE 2001, 1568	RMD V 434
AE 1997, 1780	RMD IV 241	AE 2001, 1602	RMD IV 245
AE 1997, 1781	RMD V 393	AE 2001, 1640	RMD V 430
AE 1997, 1782	RMD IV 223	AE 2001, 1648	RMD V 416
AE 1998, 467	RMD I 78	AE 2001, 1705	RMD V 404
AE 1998, 1004	RMD V 387	AE 2001, 1725	RMD II 106
AE 1998, 1056	RMD IV 202	AE 2001, 1726	RMD V 397
AE 1998, 1059	RMD V 428	AE 2001, 2150	RMD VI 525/351
AE 1998, 1116	RMD V 405	AE 2001, 2151	RMD V 367
AE 1998, 1614	RMD V 328	AE 2001, 2152	RMD V 374
AE 1998, 1616	RMD V 335	AE 2001, 2153	RMD V 371
AE 1998, 1617	RMD V 418	AE 2001, 2154	RMD V 442
AE 1998, 1620	RMD V 385/260	AE 2001, 2155	RMD IV 269
AE 1998, 1621	RMD V 385/260	AE 2001, 2156	RMD V 401
AE 1998, 1622	RMD V 439	AE 2001, 2157	RMD V 432
AE 1998, 1623	RMD V 435	AE 2001, 2158	RMD V 452
AE 1998, 1624	RMD V 437	AE 2001, 2159	RMD V 466/195
AE 1998, 1625	RMD V 440	AE 2001, 2160	RMD V 414
AE 1998, 1626	RMD V 441	AE 2001, 2161	RMD V 449
AE 1998, 1627	RMD V 417	AE 2001, 2162	RMD V 471
AE 1998, 1628	RMD IV 313	AE 2001, 2163	RMD V 467
AE 1999, 703	RMD III 142	AE 2001, 2164	RMD V 395
AE 1999, 900	RMD IV 312/194	AE 2001, 2165	RMD V 457/317
AE 1999, 1103	RMD IV 287	AE 2001, 2166	RMD V 469
AE 1999, 1181	RMD IV 261	AE 2002, 58	RMD V 449
AE 1999, 1183	RMD V 386	AE 2002, 568	RMD VI 636
AE 1999, 1188	RMD IV 229	AE 2002, 1084	RMD IV 278
AE 1999, 1189	RMD V 390	AE 2002, 1141	RMD VI 584
AE 1999, 1190	RMD IV 278	AE 2002, 1147	RMD V 391
AE 1999, 1191	RMD IV 278	AE 2002, 1148	RMD V 406
AE 1999, 1192	RMD IV 292	AE 2002, 1178	RMD V 429
AE 1999, 1258	RMD V 339	AE 2002, 1182	RMD IV 303
AE 1999, 1267	RMD V 415	AE 2002, 1200	RMD V 347
AE 1999, 1280	RMD IV 232	AE 2002, 1211	RMD V 413
AE 1999, 1312	RMD V 342	AE 2002, 1212	RMD V 428
AE 1999, 1313	RMD V 402	AE 2002, 1222bis	RMD IV 232
AE 1999, 1314	RMD V 403	AE 2002, 1223	RMD V 384
AE 1999, 1315	RMD V 419	AE 2002, 1237	RMD V 447
AE 1999, 1316	RMD V 448	AE 2002, 1723	RMD V 325
AE 1999, 1317	RMD V 451	AE 2002, 1724	RMD V 408
AE 1999, 1351a	RMD V 422	AE 2002, 1726	RMD V 431
AE 1999, 1351b	RMD V 423	AE 2002, 1727	RMD V 346+154
AE 1999, 1351c	RMD V 424	AE 2002, 1728	RMD V 345/152+228
AE 1999, 1352	RMD IV 251	AE 2002, 1729	RMD V 350
AE 1999, 1353	RMD IV 266	AE 2002, 1730	RMD V 364
AE 1999, 1354	RMD V 463	AE 2002, 1731	RMD V 375
AE 1999, 1355	RMD V 459	AE 2002, 1732	RMD V 407
AE 1999, 1356	RMD V 462	AE 2002, 1733	RMD V 323
AE 1999, 1357	RMD V 438	AE 2002, 1734	RMD VI 527/353
AE 1999, 1358	RMD V 358	AE 2002, 1735	RMD V 383
AE 1999, 1359	RMD IV 270	AE 2002, 1736	RMD V 381
AE 1999, 1360	RMD IV 217	AE 2002, 1737	RMD V 456
AE 1999, 1361	RMD IV 219	AE 2002, 1738	RMD V 470
AE 1999, 1362	RMD IV 253	AE 2002, 1739a	RMD V 464
AE 1999, 1363	RMD IV 311	AE 2002, 1739a	RMD V 465
AE 2000, 739	RMD V 476	AE 2002, 1740	RMD V 443
AE 2000, 740	RMD III 201	AE 2002, 1741	RMD V 343
AE 2000, 1017	RMD IV 216	AE 2002, 1742	RMD V 361

CONCORDANCES

AE 2002, 1743	RMD V 380	AE 2004, 1898	RMD VI 518
AE 2002, 1744	RMD V 389	AE 2004, 1900	RMD VI 534
AE 2002, 1745	RMD V 378	AE 2004, 1901	RMD VI 631
AE 2002, 1746	RMD V 354	AE 2004, 1902	RMD VI 632
AE 2002, 1747	RMD VI 548/372	AE 2004, 1903	RMD VI 578
AE 2002, 1748	RMD V 388	AE 2004, 1904	RMD VI 603
AE 2002, 1749	RMD V 400	AE 2004, 1905	RMD VI 604
AE 2002, 1751	RMD V 373	AE 2004, 1906	RMD VI 582
AE 2002, 1752	RMD V 368	AE 2004, 1907	RMD VI 596
AE 2002, 1753	RMD V 377	AE 2004, 1908	RMD VI 601
AE 2002, 1754	RMD V 455	AE 2004, 1909	RMD IV 263
AE 2002, 1755	RMD V 472	AE 2004, 1910	RMD VI 488
AE 2002, 1756	RMD V 474	AE 2004, 1911	RMD VI 589
AE 2002, 1757	RMD V 475	AE 2004, 1912	RMD VI 499
AE 2002, 1758	RMD V 426	AE 2004, 1913	RMD VI 508
AE 2002, 1759	RMD V 433	AE 2004, 1914	RMD VI 573
AE 2002, 1760	RMD V 427	AE 2004, 1915	RMD VI 614
AE 2002, 1761	RMD V 394	AE 2004, 1916	RMD VI 626
AE 2002, 1762	RMD V 348	AE 2004, 1917	RMD VI 654
AE 2002, 1763	RMD V 349	AE 2004, 1918	RMD VI 655
AE 2002, 1764	RMD V 352	AE 2004, 1919	RMD VI 602
AE 2002, 1765	RMD IV 232	AE 2004, 1920	RMD VI 498
AE 2002, 1766	RMD V 356	AE 2004, 1921	RMD V 392
AE 2002, 1767	RMD V 359	AE 2004, 1922	RMD VI 482
AE 2002, 1768	RMD V 363	AE 2004, 1923	RMD VI 595
AE 2002, 1769	RMD V 365	AE 2004, 1924	RMD V 398
AE 2002, 1770	RMD IV 213	AE 2004, 1925	RMD VI 577
AE 2002, 1771	RMD IV 205	AE 2005, 691	RMD VI 546
AE 2002, 1775	RMD V 337	AE 2005, 954	RMD VI 510
AE 2003, 1033a-b	RMD VI 505	AE 2005, 1114	RMD VI 576
AE 2003, 1324	RMD V 436	AE 2005, 1149	RMD VI 557
AE 2003, 1378	RMD IV 247	AE 2005, 1150	RMD VI 563
AE 2003, 1543	RMD V 453	AE 2005, 1151	RMD VI 580
AE 2003, 1544	RMD V 454	AE 2005, 1153	RMD VI 616
AE 2003, 1545	RMD V 473	AE 2005, 1332	RMD V 338
AE 2003, 1546	RMD V 396	AE 2005, 1703	RMD VI 525/351
AE 2003, 1547	RMD V 411	AE 2005, 1704	RMD VI 503
AE 2003, 1548	RMD VI 496	AE 2005, 1705	RMD V 337
AE 2003, 1549	RMD V 344	AE 2005, 1706	RMD VI 497
AE 2003, 2034	RMD V 382	AE 2005, 1707	RMD VI 501
AE 2003, 2041	RMD VI 524	AE 2005, 1708	RMD VI 500
AE 2003, 2042	RMD VI 536	AE 2005, 1709	RMD VI 502
AE 2003, 2043	RMD VI 562	AE 2005, 1710	RMD VI 522
AE 2003, 2044	RMD VI 567	AE 2005, 1711	RMD VI 530
AE 2003, 2045	RMD VI 568	AE 2005, 1712	RMD VI 540
AE 2003, 2046	RMD VI 574	AE 2005, 1713	RMD VI 541
AE 2003, 2047	RMD VI 525/351	AE 2005, 1714	RMD VI 542
AE 2003, 2054	RMD V 327	AE 2005, 1715	RMD VI 545
AE 2003, 2055	RMD V 336	AE 2005, 1716	RMD VI 555
AE 2003, 2056	RMD V 333	AE 2005, 1717	RMD VI 556
AE 2003, 2057	RMD V 444	AE 2005, 1718	RMD VI 571
AE 2003, 2058	RMD V 446	AE 2005, 1719	RMD VI 581
AE 2003, 2059	RMD V 357	AE 2005, 1720	RMD VI 600
AE 2003, 2060	RMD V 324	AE 2005, 1721	RMD VI 635
AE 2003, 2061	RMD V 329	AE 2005, 1722	RMD V 368
AE 2003, 2062	RMD V 332	AE 2005, 1723	RMD VI 521
AE 2004, 849	RMD V 360	AE 2005, 1724	RMD VI 552
AE 2004, 858	RMD VI 505	AE 2005, 1725	RMD VI 553
AE 2004, 1060	RMD VI 625	AE 2005, 1726	RMD VI 593
AE 2004, 1063	RMD VI 622	AE 2005, 1727	RMD V 410
AE 2004, 1064	RMD IV 278	AE 2005, 1728	RMD VI 619
AE 2004, 1065	RMD VI 579	AE 2005, 1729	RMD III 192
AE 2004, 1066	RMD VI 620	AE 2005, 1730	RMD VI 613
AE 2004, 1256	RMD VI 514	AE 2005, 1731	RMD VI 485
AE 2004, 1259	RMD VI 483	AE 2005, 1732	RMD VI 493
AE 2004, 1282	RMD VI 478	AE 2005, 1733	RMD VI 495
AE 2004, 1891	RMD VI 511	AE 2005, 1734	RMD VI 504

ROMAN MILITARY DIPLOMAS VI

AE 2005, 1735	RMD VI 561	AE 2008, 1711	RMD IV 205
AE 2005, 1736	RMD VI 549	AE 2008, 1740	RMD VI 521
AE 2005, 1737	RMD VI 519	AE 2008, 1751	RMD V 357
AE 2005, 1738	RMD VI 526	AE 2008, 1752	RMD I 19
AE 2006, 1184	RMD V 405	AE 2008, 1756	RMD VI 528
AE 2006, 1832	RMD IV 273	AE 2008, 1757	RMD VI 527/353
AE 2006, 1833	RMD VI 477	AE 2008, 1759	RMD VI 477
AE 2006, 1834	RMD VI 516	AE 2010, 1457	RMD I 67
AE 2006, 1836	RMD VI 551	AE 2011, 1807	RMD VI 545
AE 2006, 1837	RMD VI 633	AE 2012, 1011	RMD VI 576
AE 2006, 1838	RMD VI 486	AE 2012, 1947	RMD V 463
AE 2006, 1839	RMD VI 487	AE 2013, 1297	RMD I 23
AE 2006, 1840	RMD VI 492	AE 2013, 1716	RMD VI 539
AE 2006, 1841	RMD VI 594	AE 2013, 2186	RMD V 349
AE 2006, 1842	RMD VI 490	AE 2013, 2187	RMD V 350
AE 2006, 1843	RMD VI 491	AE 2013, 2191	RMD VI 502
AE 2006, 1844	RMD VI 489	AE 2013, 2196	RMD VI 540
AE 2006, 1845	RMD VI 547	AE 2014, 1129	RMD III 143
AE 2006, 1846	RMD VI 548/372	AE 2014, 1148	RMD IV 265
AE 2006, 1847	RMD VI 548/372	AE 2014, 1617	RMD VI 478
AE 2006, 1848	RMD V 388	AE 2016, 1179	RMD II 85
AE 2006, 1849	RMD V 371	AE 2016, 1347	RMD V 405
AE 2006, 1850	RMD VI 549	AE 2016, 2019	RMD VI 525/351
AE 2006, 1851	RMD VI 548/372	AE 2017, 1191	RMD I 35
AE 2006, 1852	RMD VI 550	AE 2017, 1218	RMD III 158
AE 2006, 1853	RMD VI 575	AE 2017, 1764	RMD VI 521
AE 2006, 1854	RMD V 427	AE 2018, 1287	RMD V 416
AE 2006, 1855	RMD VI 606	AE 2018, 1325	RMD I 40
AE 2006, 1856	RMD VI 608	AE 2018, 1990	RMD V 405
AE 2006, 1857	RMD VI 609	AE 2018, 1991	RMD III 141
AE 2006, 1858	RMD VI 610		
AE 2006, 1859	RMD VI 617	**RGZM**	**RMD**
AE 2006, 1860	RMD VI 618		
AE 2006, 1861	RMD VI 479	RGZM 1	RMD VI 480
AE 2006, 1862	RMD VI 507	RGZM 2	RMD VI 481
AE 2006, 1863	RMD VI 523	RGZM 3	RMD VI 483
AE 2006, 1865	RMD VI 482	RGZM 4	RMD VI 484
AE 2006, 1870	RMD I 38	RGZM 5	RMD IV 213
AE 2007, 1211	RMD VI 640	RGZM 6	RMD IV 214
AE 2007, 1232	RMD VI 478	RGZM 7	RMD VI 498
AE 2007, 1233	RMD VI 583	RGZM 8	RMD VI 506
AE 2007, 1234	RMD VI 559	RGZM 9	RMD VI 509
AE 2007, 1237	RMD VI 566	RGZM 10	RMD VI 512
AE 2007, 1238	RMD VI 560	RGZM 11	RMD VI 513
AE 2007, 1259	RMD VI 628	RGZM 12	RMD I 9
AE 2007, 1260	RMD VI 569	RGZM 13	RMD VI 515
AE 2007, 1759	RMD VI 537	RGZM 14	RMD VI 517
AE 2007, 1760	RMD VI 558	RGZM 15	RMD IV 223
AE 2007, 1761	RMD VI 585	RGZM 16	RMD IV 226
AE 2007, 1762	RMD VI 531	RGZM 17/18	RMD V 345/152+228
AE 2007, 1763	RMD VI 591	RGZM 19	RMD VI 533
AE 2007, 1764	RMD VI 621	RGZM 20	RMD VI 535
AE 2007, 1765	RMD VI 629	RGZM 21	RMD VI 538
AE 2007, 1770	RMD VI 630	RGZM 22	RMD VI 539
AE 2007, 1773	RMD VI 554	RGZM 23	RMD VI 544
AE 2007, 1781	RMD V 410	RGZM 24	RMD VI 543
AE 2007, 1784	RMD VI 565/300	RGZM 25	RMD VI 529
AE 2007, 1786	RMD VI 570	RGZM 26	RMD IV 250
AE 2007, 1787	RMD VI 599	RGZM 27	RMD IV 251
AE 2007, 1788	RMD VI 627	RGZM 28	RMD V 385/260
AE 2007, 1789	RMD VI 607	RGZM 29	RMD VI 575
AE 2007, 1790	RMD VI 637	RGZM 30	RMD IV 266
AE 2008, 358	RMD V 329	RGZM 31	RMD VI 586
AE 2008, 358	RMD V 330	RGZM 32	RMD VI 587
AE 2008, 358	RMD V 331	RGZM 33	RMD VI 588
AE 2008, 1190	RMD V 399/165	RGZM 34	RMD VI 592
AE 2008, 1210	RMD I 19	RGZM 35	RMD VI 590

CONCORDANCES

RGZM 36	RMD IV 273	RGZM 55	RMD VI 646
RGZM 37	RMD VI 597	RGZM 56	RMD VI 647
RGZM 38	RMD VI 598	RGZM 57	RMD VI 648
RGZM 39	RMD VI 605	RGZM 58	RMD VI 649
RGZM 40	RMD VI 611	RGZM 59	RMD VI 650
RGZM 41	RMD VI 612	RGZM 60	RMD V 467
RGZM 42	RMD VI 615	RGZM 61	RMD VI 651
RGZM 43	RMD V 430	RGZM 62	RMD VI 652
RGZM 44	RMD V 447	RGZM 63	RMD VI 653
RGZM 45	RMD V 449	RGZM 64	RMD V 471
RGZM 46	RMD VI 638	RGZM 65	RMD VI 520
RGZM 47	RMD V 453	RGZM 66	RMD IV 280
RGZM 48	RMD VI 639	RGZM 67	RMD IV 282
RGZM 49	RMD VI 641	RGZM 68	RMD VI 634
RGZM 50	RMD VI 642	RGZM 69	RMD IV 306
RGZM 51	RMD VI 643	RGZM 70	RMD VI 572
RGZM 52	RMD VI 644	RGZM 71	RMD VI 565
RGZM 53	RMD V 457/317	RGZM 72	RMD VI 624
RGZM 54	RMD VI 645		

DIPLOMAS 477-655 INDICES

1. WITNESSES: a revised list of all known witnesses up to *RMD VI*

The index of witnesses includes all those attested up to the end of *RMD* VI.
It represents an updated version of the lists in *RMD* I, II, III, IV, and V.
The numbers of the diplomas in which the witness names appear are given in the *NOMINA* index (those published since 1954 are indicated by † before the number).
First and last dates of witnesses occurring more than once are shown in the *COGNOMINA* index. (Imprecise date spans are not shown unless other evidence is lacking.)

Period 1: A.D. 52 - 73/74

NOMINA SIGNATORVM: auxilia et classes

M.	AEMILIVS Ca⌐p⌐ito, ve⌐t⌐(eranus) leg. I adiut⌐r⌐ic(is)	9
D.	ALARIVS Pontificalis, Caralitanus	9
	Alexsander Magnus, Macedo	16
L.	ANNIVS Potens,Aquileiensis	†79
C.	ANTIST⌐IVS⌐ Marinus	2
Q.	ANTISTIVS Q. f. Ser. Rufus Clodianus, Philipp(iensis), eq. R(omanus)	†203
C.	APONIVS Firmus	†324
Sex.	APVLEIVS Macer, centurio	3
M.	ARRIVS Rufus, Sardi⌐an⌐us	7
M.	ATTIVS Lo[------]	†137
L.	AVLANIVS Saturninus	†324
L.	BETVEDIVS Primigenius, Philippie(n)s(is)	12
L.	BETVEDIVS Valens, Philippie(n)s(is)	12
	Breucus Isticani f., princ(eps) Antizit(ium)	†205
C.	CAECINA Herma, Aquileiensis	†79
P.	CAETENNIVS Clemens, Salon(itanus)	14
C.	CAISIVS Longinus, vet(eranus)	†203
C.	CAISIVS Victor, Caralitanus	9
	Caledo Sammonis f., princ(eps) Boior(um)	†205
P.	CARVLLIVS P. f. ⌐G⌐al. Sabinus, dec(urio), Philippiensis	10
A.	CASCELLIVS Successus	2
C.	CASSIVS Longinus, tribuni b(eneficiarius)	3
Cn.	CESSIVS Cn. f. Col. Cestus, Antioche(n)s(is)	15
Cn.	CETRONIVS Verecundus	†324
Ti.	CLAVDIVS Chaerea, Antio(chensis)	8
Ti.	CLAVDIVS Clina, Philipp(i)ens(is)	†477
Ti.	CLAVDIVS Demosthenes, Laudic(enus)	15
Ti.	CLAVDIVS Epaphroditus, Antioche(n)s(is)	15
Ti.	CLAVDIVS Qui. Fidinus, Maonian(us)	7
	Cobromarus Tosiae f., princ(eps) Boioru⌐m⌐	†205
C.	CORNELIVS Ampliatus, Dyrrachinus	1
P.	CORNELIVS Crispinus, eq. R(omanus)	†202
Cn.	CORNELIVS Florus, Philippie(n)sis	12
Cn.	CORNELIVS Ionicus	5
L.	⌐C⌐ORNELIVS Optatus, Antioc(hensis)	8
L.	CORNELIVS Simo, Caesarea Straton(is)	15
P.	CRITTIVS Narcissus	†202
Appius	DIDIVS Praxia, Laudicenus, eq. R(omanus)	15
L.	DOMITIVS Severus, vet(eteranus), Breucus	†204
C.	DVRRACHINIVS Anthus, Dyrrachinus	1
M.	FALTONIVS Fortunatus, 7 leg. XV Apollin(aris)	†324
T.	FANIVS Celer, Iadestin(us), dec(urio)	14
C.	FLAMINIVS Regillus, Apre(n)sis	†477
T.	FLAVIVS Serenus, princ(eps) Iasio(rum)	†205
Ti.	FONTEIVS Cerialis, Sard(ianus)	7
L.	GRAECI⌐N⌐IVS Felix, Caralitanus	9
P.	GRA⌐T⌐TIVS P. f. Aem. Provincial(is) Ipesius (?)	7
T.	GRATTIVS Valens	2
M.	HELENIVS Primus	2
C.	HELVIVS Lepidus, Salonitanus	11
C.	HERENNIVS Faustus, Caralitanus	9
C.	HERENNVLEIVS Chryseros, Philippie(n)sis	12

ROMAN MILITARY DIPLOMAS VI

l.	HOSTILIVS Blaesus, Emoniensis	†79
C.	IVLIVS Agathoclus, Laudicenus	15
C.	IVLIVS Agrippa, Apama(e)a	8
C.	IVLIVS Aquila, Aprensis	10
C.	IVLIVS Aquila, Aprensis	†203
Ti.	IVLIVS Fab. Cestianus	16
C.	IVLIVS Charmus, Sardian(us)	7
C.	IVLIVS Clarus, Aquileiensi(s)	†204
C.	IVLIVS C. f. Col. Libo, Sard(ianus)	7
C.	IVLIVS Cornel. Niger	16
Ti.	IVLIVS Pardala, Sard(ianus)	7
Sex.	IVLIVS Proculus	†324
C.	IVLIVS Pudens, Philipp(i)ensis	†477
Ti.	IVLIVS Pudens, Philippiensis	10
T.	IVLIVS Rufus, Salonit(anus), eq. R(omanus)	14
C.	IVLIVS Sace<rd>os, An ⌈t⌉io(chensis)	8
C.	IVLIVS ⌈S⌉enecio, Sulcitanus	9
C.	IVLIVS Theopompus, Antioche(n)sis	15
D.	LIBVRNIVS Rufus, Philippie(n)sis	12
	Licco Davi f., princ(eps) Breucor(um)	†205
L.	LICINIVS Aquila, NET cur(ator)	†205
L.	LICINIVS Pudens	16
L.	LVCCIVS Atratinus	†324
L.	LVCILIVS Aristo	5
L.	LVCILIVS Chresimus	5
L.	LVCILIVS Proculus	5
P.	LVCRETIVS P. f. Vol. Apulus, mil. coh. IX pr., Philippiens(is)	10
P.	LVRIVS Moderatus, Risinitan(us)	14
Q.	LVSIVS Saturninus	5
Sex.	MAGIVS, b(eneficiarius) Rufi navarchi	3
C.	MARCIVS Nobilis, Emon(iensis)	†204
C.	MARCIVS Nobilis, Emoniensis	†79
C.	MARCIVS Proculus, Iadestin(us), dec(urio)	14
L.	MESTIVS L. f. Aem. Priscus, Dyrrachinus	1
L.	MINEIVS Iucundus, Aquileiensis	†204
N.	MINIVS Hyla, Thessalonicensis	1
P.	MINVCIVS Modestus	†202
M.	NASSIVS Phoebus, Salonit(anus)	11
L.	NOVELLIVS Crispus, veteranus Philipp(iensis)	10
L.	NVMERIVS Lupus, tribuni b(eneficiarius)	3
L.	NVTRIVS Venustus, Dyrrachinus	1
C.	OCLATIVS ⌈M⌉acer, Caralitanus	9
L.	OVIDIVS Priscus	†202
C.	PACILIVS Priscus	5
L.	PETICIVS Bassus, leg. II miss(icius)	†477
M.	PETRONIVS Flaccus, eq. R(omanus)	†202
Q.	PETRONIVS Musaeus, Iadestinus	11
M.	PETRONIVS Narcissus	†202
T.	PICATIVS Carpus, Aquileiensis	†79
C.	PIDIENVS, Aquiliens(is)	†204
Sex.	POMPILIVS Florus, eq. R(omanus)	†202
T.	POMPONIVS Epaphroditus, Dyrrachinus	1
L.	POMPONIVS Hyginus	5
M.	PONTIVS Pudens, veter(anus)	10
P.	POPILLIVS Rufus, Philippie(n)sis	12
Q.	POBLICIVS Crescens, Iadest(inus)	14
Q.	PVBLICIVS Crescens	11
L.	PVBLICIVS Germullus	11
Q.	PVBLICIVS Macedo, Neditanus	11
L.	RENNIVS Oriens	5
L.	RVFINIVS Chaerea	16
P.	RVTILIVS Norbanus, leg. II p.f.	†477
C.	SABINIVS Nedymus, Dyrrachinus	1
C.	SALLVSTIVS Crescens, m. c(o)h. IIII pr. 7 Augur(ini), Philipp(iensis)	12
L.	SECVRA Alexandrus, veteranus	8
P.	SERVILIVS Adiutor	2
T.	SEXTIVS Primus	5

WITNESSES

M.	SLAVIVS Putiolanus, Caralitanus	9
Sex.	TEIVS Niceros, Aquileiensis	†79
M.	TITINIVS Macer, centurio	3
C.	TITIVS Firmus	†202
C.	TITIVS Rece⌐p⌐tus	†324
M.	TREBONIVS Hyginus, Aquileiensis	†79
L.	VALERIVS Acutus, Salonit(anus)	11
M.	VALERIVS Alexsand⌐er⌐	16
L.	VALERIVS Capito, leg. II miss(icius)	†477
M.	VA⌐L⌐ERIVS Diodorus, veteranus	8
M.	VALERIVS Firmus, tribuni [b(eneficiarius)]	3
L.	VALERIVS Her[m]a, Caralitanus	9
L.	VALERIVS Naso, Phil(ippiensis)	†203
C.	VALERIVS{A} Niger, mil. coh. XIII urb.	†205
L.	VALERIVS Pavo, vet(eranus), Breuc{i}us	†204
L.	VALERIVS Verus	16
L.	VALERIVS Volsenus, m[i]ssi(cius) cl(assis), Bessus	3
L.	VELINA Nauta, Antioc(hensis)	8
C.	VETIDIVS C. f. Vol. Rasinianus, dec(urio), Philippiensis	10
C.	VETIDIVS Rasi<ni>anus, Philipp(i)ens(is)	†477
C.	VETTIDIVS Rasinianus	†203
P.	VETTIVS Pierus, Philip(piensis)	†203
M.	VIBIVS Macedo, vet(eranus)	†203
P.	VIBIVS Maximus, Epitaur(ensis), eq. R(omanus)	14
Q.	VIBIVS Sauricus	2
M.	VIRIVS Marcellus, dec(urio) leg., Savar(iensis)	†204
L.	VITELLIVS Sossianus	2

COGNOMINA SIGNATORVM (Period 1)

		Date
L. Valerius	ACVTVS	70
P. Servilius	ADIVTOR	41/54
C. Iulius	AGATHOCLES	71
C. Iulius	AGRIPPA	68
M. Valerius	ALEXSAND⌐ER⌐	71
	ALEXSANDER MAGNVS	71
L. Secura	ALEXANDRVS	68
C. Cornelius	AMPLIATVS	52
C. Durrachinius	ANTHVS	52
P. Lucretius	APVLVS	70
C. Iulius	AQVILA	70
C. Iulius	AQVILA	70
L. Licinius	AQVILA	71
L. Lucilius	ARISTO	64
L. Luccius	ATRATINVS	71
L. Peticius	BASSVS	70
L. Hostilius	BLAESVS	65
	BREVCVS	71
	CALEDO	71
M. Aemilius	CA⌐P⌐ITO	68
L. Valerius	CAPITO	70
T. Picatius	CARPVS	65
T. Fanius	CELER	71
Ti. Fonteius	CEREALIS	68
Cn. Cessius	CESTVS	71
Ti. Iulius	CESTIANVS	71
Ti. Claudius	CHAEREA	68
L. Rufinius	CHAEREA	71
C. Iulius	CHARMVS	68
L. Lucilius	CHRESIMVS	64
C. Herennuleius	CHRYSEROS	71
P. Caetennius	CLEMENS	71
C. Iulius	CLARVS	71
Ti. Claudius	CLINA	70
Q. Antistius Rufus	CLODIANVS	70
	COBROMARVS	71
Q. Poblicius	CRESCENS	71

Q. Publicius	CRESCENS	70
P. Cornelius	CRISPINVS	61
C. Sallustius	CRESCENS	71
L. Novellius	CRISPVS	70
[---]ius	DEC[-----](19)	64/74
Ti. Claudius	DEMOSTHENES	71
M. Va⌈l⌉erius	DIODORVS	68
Ti. Claudius	EPAPHRODITVS	71
T. Pomponius	EPAPHRODITVS	52
C. Herennius	FAVSTVS	68
L. Graeci⌈n⌉ius	FELIX	68
Ti. Claudius	FIDINVS	68
C. Aponius	FIRMVS	71
C. Titius	FIRMVS	61
M. Valerius	FIRMVS	54
M. Petronius	FLACCVS	61
Cn. Cornelius	FLORVS	71
Sex. Pompilius	FLORVS	61
M. Faltonius	FORTVNATVS	71
L. Publicius	GERMVLLVS	70
C. Caecina	HERMA	65
L. Valerius	HER⌈M⌉A	68
L. Pomponius	HYGINVS	64
M. Trebonius	HYGINVS	65
N. Minius	HYLA	52
Cn. Cornelius	IONICVS	64
L. Mineius	IVCVNDVS	71
C. Helvius	LEPIDVS	70
C. Iulius	LIBO	68
	LICCO	71
C. Caisius	LONGINVS	70
C. Cassius	LONGINVS	54
M. Attius	LO[------]	70/74
L. Numerius	LVPVS	54
Q. Publicius	MACEDO	70
M. Vibius	MACEDO	70
Sex. Apuleius	MACER	54
C. Oclatius	⌈M⌉ACER	68
M. Titinius	MACER	54
	ALEXSANDER MAGNVS	71
M. Virius	MARCELLVS	71
C. Antist⌈ius⌉	MARINVS	41/54
P. Vibius	MAXIMVS	71
P. Lurius	MODERATVS	71
P. Minucius	MODESTVS	61
Q. Petronius	MVSAEUS	70
P. Crittius	NARCISSVS	61
M. Petronius	NARCISSVS	61
L. Valerius	NASO	70
L. Velina	NAVTA	68
C. Sabinius	NEDYMVS	52
Sex. Teius	NICEROS	65
C. Iulius	NIGER	71
C. Valerius{a}	NIGER	71
C. Marcius	NOBILIS	65
C. Marcius	NOBILIS	71
P. Rutilius	NORBANVS	70
L. ⌈C⌉ornelius	OPTATVS	68
L. Rennius	ORIENS	64
Ti. Iulius	PARDALA	68
L. Valerius	PAVO	71
M. Nassius	PHOEBVS	70
P. Vettius	PIERVS	70
D. Alarius	PONTIFICALIS	68
L. Annius	POTENS	65
Appius Didius	PRAXIA	71
L. Betuedius	PRIMIGENIVS	71

WITNESSES

M. Helenius	PRIMVS	41/54
T. Sextius	PRIMVS	64
L. Mestius	PRISCVS	52
L. Ovidius	PRISCVS	61
C. Pacilius	PRISCVS	64
Sex. Iulius	PROCVLVS	71
L. Lucilius	PROCVLVS	64
C. Marcius	PROCVLVS	71
P. Gra⌈t⌉tius	PROVINCIALIS	68
C. Iulius	PVDENS	70
Ti. Iulius	PVDENS	70
L. Licinius	PVDENS	71
M. Pontius	PVDENS	70
M. Slavius	PVTIOLANVS	68
C. Vetidius	RASINIANVS	70
C. Vetidius	RASI<NI>ANVS	70
C. Vettidius	RASINIANVS	70
C. Titius	RECE⌈P⌉TVS	71
C. Flaminius	REGILLVS	70
Q. Antistius	RVFVS CLODIANVS	70
M. Arrius	RVFVS	68
T. Iulius	RVFVS	71
D. Liburnius	RVFVS	71
P. Popillius	RVFVS	71
P. Carullius	SABINVS	70
C. Iulius	SACE<RD>OS	68
L. Aulanius	SATVRNINVS	71
Q. Lusius	SATVRNINVS	64
Q. Vibius	SAVRICVS	41/54
C. Iulius	⌈S⌉ENECIO	68
T. Flavius	SERENVS	71
L. Domitius	SEVERVS	71
L. Cornelius	SIMO	71
L. Vitellius	SOSSIANVS	41/54
A. Cascellius	SVCESSVS	41/54
C. Iulius	THEOPOMPVS	71
L. Betuedius	VALENS	71
T. Grattius	VALENS	41/54
L. Nutrius	VENESTVS	52
Cn. Cetronius	VERECVNDVS	71
L. Valerius	VERVS	71
C. Caisius	VICTOR	68
[---]ius	VILL[-----](19)	64/74
L. Valerius	VOLSENVS	54
C. Pidienus	[-----------]	71

Period 2: A.D. 73/74 - 138

NOMINA SIGNATORVM: auxilia et classes

------( ) number of signatures lacking *cognomina.*
*Name which appears in indices of periods 2 and 3.
[ ] Diploma where the name has been partly restored.
[?] Diploma where possible alternatives are indicated.

Q.	A[------]	†500
Q.	AEMILIVS Soterichus	39, †335, †6, 56
C.	ALFIVS Priscus	23, [29?]
L.	ALLIVS Cre[---]	[†5], [†491]
A.	AMP(H)IVS Epaphroditus	46, †Appendix, †222
P.	ANNIVS Trophimus	56, [†13?]
Q.	APIDIVS Thallus	[†7], 55, [†517], †Appendix, [†12], [†86], 61, [†345/152], [65]
Q.	AQVILIVS C.f. Vol. Campan[us]	†2
L.	ARRIVS Iustus	[†328?], 159
M.	ATEIVS Mopsus	†251
P.	ATINIVS Amerimnus	28, 38, †6, 49, 50, †512, [†513], [†8] †9, 55, †148, [161], 163, 160, [†12], [†519], †344, †223, [†86]

248

ROMAN MILITARY DIPLOMAS VI

P.	ATINIVS P. f. Vel. Augustalis	†2
P.	ATINIVS Crescens	[166], †526, [†352], [†232], 68, †17, †531, [†19], [†363?], [†234?], [105?]
P.	ATINIVS Florus	[166], 68, †17, [†531], [†532], [†233], [†156], [†245?]
P.	ATINIVS Hedonicus	48
P.	ATINIVS Rufus	(trib. Pal.) 20, 22, 23, 24, 26, 28, [29], 30, [†326]
P.	ATINIVS Trophimus	†Appendix, [†227/14], [†13?]
P.	ATINIVS ------(5)	†7, †517, †219, 168, †349
L.	ATTEIVS Atteianus	[68], †17, †531, [†532], [†19?], 74, [†546], [†256]
P.	ATTIVS Festus*	†158, [76]
P.	ATTIVS Severus*	[†540], [†233], [†363], [70], [†156], [†158], [76], 79, [†564]
P.	AVILLIVS Antiochus	†226
L.	AVRELIVS Potitus	23
Q.	A[-----] Felix	[†226]
C.	CA[-----]	†500
M.	CAECILIVS Annianus	†482
L.	CAECILIVS Gorgus	†356
L.	CAECILIVS Flaccus	31
L.	CAECILIVS L. f. Quir. Iovinus	20
Q	CAECILIVS Victor	31
M.	CAELIVS Fortis	†496, [†497], [37]
C.	CAESIVS Romanus	[166], †27, [72], 74, [†546]
Sex.	CAESONIVS Callistus	42, [†80]
M.	CALPVRNIVS Iustus	[†328?], 32, †3, 35, [†331], †5, †490
C.	CAMERIVS Ascanus	†142
L.	CANNVTIVS Lucullus Clu., Tuder(tinus)	20
C.	CARRINATIVS Quadratus	†6
A.	CASCELLIVS Proculus	[164], †227/14, †526, [†352], [†19], [105?]
P.	CAVLIVS Gemellus	49, [†339]
P.	CAVLIVS Restitutus	[41?], 50, †512, [†513], [†8], †9, [†517?]
P.	CAVLIVS Vitalis	39, †335, 48, 50, †512, [†513], [†8], †9, 55, [†517?], †Appendix, [†518], [†147?], †227/14, 61, [†345/152], [†346/154], [166], [†20], [†362],
P.	CAVLIVS ------(1)	†517
Ti.	CLAVDIVS Erastus	33
Ti.	CLAVDIVS Eros	68, †17, †531
Ti.	CLAVDIVS Felix	[†140], [†503], †507, [†141], [167], [†143], 164
Ti.	CLAVDIVS Hermes	[41?], †142, [†19?], [†359?], [†234?], [76?]
Ti.	CLAVDIVS Hermes	78(134)
Ti.	CLAVDIVS Honoratus	†482
Ti.	CLAVDIVS Iustus	61, †345/152, [†245?]
Ti.	CLAVDIVS Menander*	48, †222, †526, 69, [†534], [†363], [†30], †241, †544, [72], 74, [†546], 75, †34, [†158], [76], 79
Ti.	CLAVDIVS Protus	[†503], [41], †142
C.	CLAVDIVS Sementivus	[26], [29], [†326], †3, 35, [†331]
C.	CLAVDIVS Silvanus	†482
Ti.	CLAVDIVS Vitalis	46
Ti.	CLAVDIVS ------(3)	168, †349, †375
L.	CLEVANIVS Firmus	159
P.	COELIVS Q.f. Fal. Brutus Rufus	†2, [†206?]
Sex.	COELIVS Crescens	†222
D.	CONSIVS Alcimus	[†212?], 33
P.	CORNELIVS Alexander	†6, †148, 163, 160
[Se]x.	CORNELIVS [Ep]agatus	32
P.	CORNELIVS Verecundus	30
P.	CVRTILIVS Rufus	†482
C.	CVRTIVS Niger	159
C.	DOMITIVS Restitutus	[41?], †142
L.	DOMITIVS L. f. Col. Verus	†2, [†206?]
M'.	EGNATIVS Celer	23, [29?]
M.	EGNATIVS Rufus	159
Cn.	EGNATIVS Vitalis	38, 39, †335
Sex.	ELEIVS Pudens	31
L.	EQVITIVS Gemellus	[†19], [†359], [†234], [†375], †27, [†28], 26, 75, †158
L.	EQVITIVS Phoebio	†251
T.	ERREDIVS Alcides	78, [105]
Q.	FABIVS Itus	†526, [†232], 68, †17, †531, [†532], [†356]
C.	FICTORIVS Politicus	[†143]
T.	FLAVIVS Abascantus	42, [†80]

WITNESSES

T.	FLAVIVS Laurus*	[76], †251
T.	FLAVIVS Romulus*	78, 79, †251
T.	FLAVIVS Secundus	42, [†80], 48
T.	FLAVIVS Vitalis	†226
T.	FLAVIVS -------(1)	†7
Sex.	FVFICIVS Alexander	†507
A.	FVLVIVS Iustus	69, [†534], [†20], [†245?]
C.	HOSTILIVS Martialis	33
C.	HOSTILIVS Verus	†482
Q.	IVLIANIVS Amandus	†34
C.	IVLIVS Aprilis	46, †Appendix, [†518]
C.	IVLIVS Clemens	28, 30, 36
M.	IVLIVS Clemens	50, †512, [†513], [†8], †9, [†518], [161], †148
C.	IVLIVS Ep[ic]tetus	[†226]
Ti.	IVLIVS Euphemus	50, †512, [†513], [†8], †9
C.	IVLIVS Eutychus	56, [†13], †34
M.	IVLIVS Eutychus (cf. C. Iulius Eutychus)	†222
Ti.	IVLIVS Felix*	78, 79, [105], †251, [†564]
Ti.	IVLIVS Fronto	159
C.	IVLIVS Helenus	32, †3, 35, †496, [†497], [37]
Sex.	IVLIVS C. f. Fab. Italicus, Rom(a)	20
Q.	IVLIVS Lentulus	†2
C.	IVLIVS Longinus	[†328], 31
C.	IVLIVS Martialis	†142
C.	IVLIVS Maximus	32
C.	IVLIVS Paratus	[49], [161], †148, [†220], 163, 160, [†86], 61, †345/152, [†356], [70]
C.	IVLIVS Ru[---]	[†5], [†490]
C.	IVLIVS Saturninus	39, †335
C.	IVLIVS Severus	[†328], 31
C.	IVLIVS Silvanus*	78, 79
L.	IVLIVS C. f. Silvinus, Carthag(iniensis)	20
C.	IVLIVS Valens	31
Ti.	IVLIVS Vibianus (cf. Ti. Iulius Vrbanus)	
C.	IVLIVS Vitalis	†6
Ti.	IVLIVS Vrbanus	49, [†339], 50, †512, [†513], [†8], †9, [†517], [†518], †148, [†519], †344, [†86], †227/14, 61, †345/152, [†346/154], [166], [†524], †526, 69, [†534], [†20], [†362], [70], †27, [†241], †544, 74, [†546], †34, [†89], [†245]
C.	IVLIVS ------(1)	†226
Ti.	IVLI[VS] ------(1)	[†159]
M.	IVNIVS Eutychus	†Appendix, [†220], 163, 160, [68], [†17], †531, [†532]
C.	IVNIVS Primus	[†140], [†503], 42, [†80]
Q.	IVNIVS Sylla	30, [†328]
A.	LAPPIVS Pollianus	†496, [†497], [37]
A.	LARCIVS Phronimus	56
M.	LICINIVS Cerialis	†482
Q.	LOLLIVS Festus	69, [†534], †27, [†28], †241, †544, [72], 75, [†159], †158, [76], †251
M.	LOLLIVS Fuscus	†5, †490
Q.	LOLLIVS Pietas	23
M.	LOLLIVS Rufus	22
Sex.	LOSSIVS T. f. Gal. Apollinaris	†2
T.	LOSSIVS T. f. Gal. Severus	†2, [†206?]
C.	LVCRETIVS Modestus	28, [29], 30, 159, †3, 35, [†331], 36, [†5], †490
L.	LVCRET[IVS] ------(1)	†211
P.	LVSCIVS Amandus	[†140], [†503], [†507], †142, [†143], 164
C.	MAECIVS Bassus	[†5], †490
M.	MAECIVS Eupator	61, †345/152
Sex.	MANLIVS Cinnamus	38
P.	MANLIVS Laurus	26, [†143]
P.	M[..]ILIVS -----(MANLIVS or MANILIVS)	†7
Cn.	MATICIVS Barbarus	†496, [†497], [37]
Q.	MVCIVS Augustalis	24, 28, [29], 30, †3, 35, [†331], 36
C.	MVNA[TIVS] ------(1)	†211
L.	NAEVIVS Vestalis	22
L.	NESVLNA Proculus	†507
L.	NONIVS Victor	69, [†534]
C.	NORBANIVS Primus	56, [†518]
-.	[N]VMERIVS Capito	32

250

ROMAN MILITARY DIPLOMAS VI

Q.	ORFIVS Cupitus	†496, [37], 38, 39, †335
Q.	ORFIVS Paratus	†241, †544
C.	PAPIVS Eusebes	48
P.	PETRONIVS Paullus	159
C.	POMPEIVS Eutrapelus	[26,], 28, [29], [†326], †3, 35, 36, †5
Q.	POMPEIVS Homerus	†6, 42, [†7], 46, 48, 50, †512, [†513], [†8], †9, 55, †517, [†11], †Appendix, [†83], [†147]
Cn.	POMPEIVS Maximus	22
C.	POMPTINIVS Hyllus	56
Sex.	PRIVERNIVS Celer	22, [29?]
L.	PVLLIVS Anthus	[†227/14], 68, †17, †531, 69, [†534], 75, †34, [†156]
L.	PVLLIVS Charito	†223, [†19?]
L.	PVLLIVS Daphnus*	69, [†534], [†233], †27, [†28], †241, †544, 75, [76], 79, [105], [†564]
L.	PVLLIVS Epaphroditus	42, [†149?]
L.	PVLLIVS Heracla	39, †335
L.	PVLLIVS Ianuarius	24, 26, 36
L.	PVLLIVS Speratus	24, 26, 28, [†326], †496, [37], 38, 39, †335, 46
L.	PVLLIVS Trophimus	†6, [49], [†13?], [†222], 160, 163, [†223]
L.	PVLLIVS Verecundus	24, †3, 35, 36, †496, [37], 38, 46, 49, 55, †148, 163, 160, [†519], †344, †223, [†86], †227/14, 61, [†345/152], †524, [†352], [†530], [†232], [†19], 74, [†546]
L.	PVLLIVS ------(8)	†7, †517, †342, †344, 168, †375, 72, †159
C.	QVINCTIVS ------(1)	†349
C.	QVINTIVS Philetus	33
P.	QVIRINIVS Pothus	[†141], [167], [†143], 164,
M.	RIGIVS Felix	[†233]
C.	SALIVS Lupercus	†226
P.	SALLIENVS Philumenus	33
M.	SALVIVS Norbanus Fab.	20
C.	SAVFEIVS Crescens	†222
C.	SEMPRONIVS Secundus	20
M.	SENTILIVS Iasus*	†251
P.	SERTORIVS Celsus	32
L.	SESTIVS Maximus	30
P.	SEXTILIVS Clemens	†222
P.	SILIVS Hermes	33,
M.	STLACCIVS Iuvenalis	22
M.	STLACCIVS Philetus	24, 26
C	TERENTIVS Natalis	[†212?], 33
C.	TERENTIVS Philetus	[†140],]†503], †142, 164
M.	TETTIVS ------(1)	72
A.	TITINIVS Iustus	23
L.	TVRRANIVS Maximus	23
C.	TVTICANIVS Helius	†507, 164, †223
C.	TVTICANIVS Saturninus	[†507], †143, 55, [161], †148, [†220], 163, 160, †223
C.	TVTICANIVS ------(1)	†522
L.	VALERIVS Basterna	42, [†149]
C.	VALERIVS Eucarpus	†507, [†141], [†143]
D.	VALERIVS Faustianus	78
M.	VALERIVS Firmus	†482
L.	VALERIVS Martialis	†222
P.	VALERIVS Rufus	31
D.	VALERIVS Saturninus	78
C.	VETTIENVS Hermes	[†344], †223, †227/14, [†359?], [†234?], †27, [†542], †241, †544, 74, [†546], 75, †34, [†158], †555, [76], 79, [†36?]
C.	VETTIENVS Modestus	46, 48, 49, [†339], 55, [†517?], [†11], [†147?], [†232], 74, †546
C.	VETTIENVS ------(1)	†517
C.	V[ETTIENVS] ------(1)	†147
Q.	VETTIVS Octavius	36
M.	VETVRIVS Montanus	22
L.	VIBIVS Vibianus	[166], [†19?], †27, †241, †544, [72], 75, †34
T.	VIBIVS Zosimus	24
P.	VIGELLIVS Priscus	†526
T.	VILLIVS Agatha	†158
T.	VILLIVS Heraclida	56, [†518]
M.	VLPIVS C[--]stus	[†226]
P.	VMBRIVS ------(1)	†349
A.	VOLVMNIVS Expectatus	38

WITNESSES

Fragmentary, lacking *praenomen* and *cognomen:*

-.	[C]AELIVS ------	(1) †146
-.	[AL]FIVS aut [OR]FIVS ------	(1) †91
-.	ATINIVS ------	(1) 70
-.	[A]TIN[IVS] ------	(1) †91
-.	CAVLIVS ------	(1) †7
-.	PVLLIVS ------	(1) 65
-.	----LIVS ------	(2) †146, †255
-.	---NIVS ------	(1) †256
-.	----IVS ------	(2) †219, †256

COGNOMINA SIGNATORVM (Period 2)

		Date
T. Flavius	ABASCANTVS	98
-. ------	AGATHOPVS (41)	97
T. Villius	AGATHA	129-133
T. Erredius	ALCIDES	129/134-134
D. Consius	ALCIMVS	86
-. ------	[ALC]IMVS (†212)	85
P. Cornelius	ALEXANDER	96-110
Sex. Fuficius	ALEXANDER	99
Q. Iulianius	AMANDVS	126-129
P. Luscius	AMANDVS	97-110
P. Atinius	AMERIMNVS	82-113
-. ------	AMPLIATVS (105)	129/134
M. Caecilius	ANNIANVS	79
L. Pullius	ANTHVS	114-129
P. Avillius	ANTIOCHVS	114
Sex. Lossius	APOLLINARIS	75
C. Iulius	APRILIS	100-108
C. Camerius	ASCANVS	100
L. Atteius	ATTEIANVS	120-117/138
P. Atinius	AVGVSTALIS	75
Q. Mucius	AVGVSTALIS	79-90
Cn. Maticius	BARBARVS	92
C. Maecius	BASSVS	87-91
L. Valerius	BASTERNA	98
-. ------	[BAST]ERNA (†149)	82/112?
P. Coelius	BRVTVS RVFVS	75
-. ------	[BR]VTTVS RVFVS (†206)	75?
Sex. Caesonius	CALLISTVS	98
Q. Aquilius	CAMPAN[VS]	75
-. [N]umerius	CAPITO	86
M'. Egnatius	CELER	78
Sex. Privernius	CELER	78
-. ------	CELER (29)	83
P. Sertorius	CELSVS	86
M. Licinius	CERIALIS	79
L. Pullius	CHARITO	112-115
-. ------	CHARITO (†19)	121
Sex. Manlius	CINNAMVS	94
C. Iulius	CLEMENS	82-90
M. Iulius	CLEMENS	105-109
P. Sextilius	CLEMENS	111
-. ------	[CLE]MENS (†149)	82/112?
P. Atinius	CRESCENS	115-121
Sex. Coelius	CRESCENS	111
C. Saufeius	CRESCENS	111
C. Tuticanius	CRESCENS	115
-. ------	[C]RESC[ENS] (†234)	118/124?
-. ------	[CR]ESCEN[S] (105)	122/134
L. Allius	CRE[---]	91
Q. Orfius	CVPITVS	92-94
M. Ulpius	C[---]STVS	114
L. Pullius	DAPHNVS*	122-148
[Se]x. Cornelius	[EP]AGATVS	86

ROMAN MILITARY DIPLOMAS VI

A. Amp(h)ius	EPAPHRODITVS	99-111
L. Pullius	EPAPHRODITVS	98-99
-. ------	[EPA]PHRODITVS (†149)	82/112?
C. Iulius	EP[IC]TETVS	114
Ti. Claudius	ERASTVS	86
Ti. Claudius	EROS	119-121
C. Valerius	EVCARPVS	99-101
Q. Tulianius [Iulianius]	EVGRAMVS	93
M. Maecius	EVPATOR	114
Ti. Iulius	EVPHEMVS	105
C. Papius	EVSEBES	103
C. Pompeius	EVTRAPELVS	80-91
C. Iulius	EVTYCHVS	107-129
M. Iulius	EVTYCHVS	111
M. Iunius	EVTYCHVS	108-120
-. ------	[EVT]YCHVS (†13)	104/114
-. ------	EVTYCHVS	117/129
A. Volumnius	EXPECTATVS	94
D. Valerius	FAVSTIANVS	134
Q. A[-----]	FELIX	114
Ti. Claudius	FELIX	97-110
Ti. Iulius	FELIX*	134-167
M. Rigius	FELIX	123
-. ------	FELIX (†356)	120
P. Attius	FESTVS*	129-143
Q. Lollius	FESTVS	122-135
L. Clevanius	FIRMVS	88
M. Valerius	FIRMVS	79
L. Caecilius	FLACCVS	85
P. Atinius	FLORVS	118-114/129
-. ------	FL[ORVS] (†245)	114/129?
M. Ca<e>lius	FORTIS	92
Ti. Iulius	FRONTO	88
M. Lollius	FVSCVS	91
P. Caulius	GEMELLVS	93-105
L. Equitius	GEMELLVS	121-133
L. Caecilius	GORGVS	120
P. Atinius	HEDONICVS	103
C. Iulius	HELENVS	86-92
C. Tuticanius	HELIVS	99-112
L. Pullius	HERACLA	94
T. Villius	HERACLIDA	107-108
Ti. Claudius	HERMES	97?-118/124?
Ti. Claudius	HERMES	134
P. Silius	HERMES	86
C. Vettienus	HERMES	112-135?
-. ------	HERMES (41)	97
-. ------	HERMES (†86)	113
-. ------	HERMES (†19)	121
-. ------	HER[MES] (†359)	122
-. ------	[H]ERMES (†234)	118/124?
Q. Pompeius	HOMERVS	93-108
Ti. Claudius	HONORATVS	79
C. Pomptinius	HYLLVS	107
-. ------	HYPATVS (†140, †503, †141, 167)	97-99
L. Pullius	IANVARIVS	79-90
M. Sentilius	IASVS*	135-160
L. Caecilius	IOVINVS	74
Sex. Iulius	ITALICVS	74
Q. Fabius	ITVS	119-120
L. Arrius	IVSTVS	85?-88
M. Calpurnius	IVSTVS	85?-92
Ti. Claudius	IVSTVS	114
A. Fulvius	IVSTVS	122-123
A. Titinius	IVSTVS	78
-. ---rius	IVSTVS (†206)	75?
-. ------	IVSTVS (†328)	85

253

WITNESSES

-. ------	IVSTVS (†245)	114/129?
M.Stlaccius	IVVENALIS	78
T. Flavius	LAVRVS*	133-140
P. Manlius	LAVRVS	80-101
Q. Iulius	LENTVLVS	75
-. ------	LEONA (166)	118
C. Iulius	LONGINVS	85
M. Septimius	LONGINVS	86
L. Cannutius	LVCVLLVS	74
C. Salius	LVPERCVS	114
M. Valerius	MACER	86
-. ---au---	MACER (32)	86
C. Hostilius	MARTIALIS	86
C. Iulius	MARTIALIS	100
L. Valerius	MARTIALIS	111
C. Iulius	MAXIMVS	86
Cn. Pompeius	MAXIMVS	78
L. Sestius	MAXIMVS	84
L. Turranius	MAXIMVS	78
Ti. Claudius	MENANDER*	103-142
C. Lucretius	MODESTVS	82-91
C. Vettienus	MODESTVS	100-129
M. Veturius	MONTANVS	78
M. Ateius	MOPSVS	135
C. Terentius	NATALIS	85?-86
-. ------	[NA]TALIS (†212)	85
C. Curtius	NIGER	88
M. Salvius	NORBANVS	74
-. ------	NYMPHODOTVS (41)	97
Q. Vettius	OCTAVIVS	90
C. Iulius	PARATVS	105-124
Q. Orfius	PARATVS	127
P. Petronius	PAVLLVS	88
C. Quintius	PHILETVS	86
M. Stlaccius	PHILETVS	79-80
C. Terentius	PHILETVS	97-110
P. Sallienus	PHILVMENVS	86
L. Equitius	PHOEBIO	135
A. Larcius	PHRONIMVS	107
Q. Lollius	PIETAS	78
C. Fictorius	POLITICVS	101-110
A. Lappius	POLLIANVS	92
P. Quirinius	POTHVS	99-110
L. Aurelius	POTITVS	78
C. Iunius	PRIMVS	97-98
C. Norbanius	PRIMVS	107-108
C. Alfius	PRISCVS	78-83?
P. Vigellius	PRISCVS	119
-. ------	PRISCVS (29)	83
-. ------	PRISCVS (†518)	108
A. Cascellius	PROCVLVS	110-122/134
L. Nesulna	PROCVLVS	99
C. Sertorius	PROCVLVS	86
[-. ---]e[.]nus	PROCVLVS	87
Ti. Claudius	PROTVS	97-100
Sex. Eleius	PVDENS	85
C. Carrinatus	QVADRATVS	96
P. Caulius	RESTITVTVS	97?-107?
C. Domitius	RESTITVTVS	97?-100
-. ------	RESTITVTVS (41)	97
C. Caesius	ROMANVS	118-129
T. Flavius	ROMVLVS*	132-139
P. Atinius	RVFVS	74-84
P. Coelius	BRVTVS RVFVS	75
-. ------	[BR]VTTVS RVFVS (†206)	75?
P. Curtilius	RVFVS	79
M. Egnatius	RVFVS	88

ROMAN MILITARY DIPLOMAS VI

M. Lollius	RVFVS	78
P. Valerius	RVFVS	85
C. Iulius	RV[---]	91
C. Iulius	SATVRNINVS	94
C. Tuticanius	SATVRNINVS	99-112
D. Valerius	SATVRNINVS	134
-. ------	SATVRNINVS (†503)	97
T. Flavius	SECVNDVS	98-103
C. Sempronius	SECVNDVS	74
C. Claudius	SEMENTIVVS	80-88
P. Attius	SEVERVS*	123-148
C. Iulius	SEVERVS	85
T. Lossius	SEVERVS	75
C. Claudius	SILVANVS	79
C. Iulius	SILVANVS*	132-154
L. Iulius	SILVINVS	74
Q. Aemlius	SOTERICHVS	94-107
L. Pullius	SPERATVS	79-100
Q. Iunius	SYLLA	84-85
Q. Apidius	THALLVS	99-114
P. Annius	TROPHIMVS (cf. P. Atinius)	107
P. Atinius	TROPHIMVS	99-114
L. Pullius	TROPHIMVS	96-112
-. ------	[TR]OPHIMVS (†86)	113
-. ------	[TR]OPHIMVS († 13)	104/114
C. Iulius	VALENS	85
P. Cornelius	VERECVNDVS	84
L. Pullius	VERECVNDVS	79-129
L. Domitius	VERVS	75
C. Hostilius	VERVS	79
L. Naevius	VESTALIS	78
Ti. Iulius	VIBIANVS (cf. Ti. Iulius Urbanus)	127
L. Vibius	VIBIANVS	118-129
Q. Caecilius	VICTOR	85
L. Nonius	VICTOR	122
P. Caulius	VITALIS	94-123
Ti. Claudius	VITALIS	100
Cn. Egnatius	VITALIS	92-94
T. Flavius	VITALIS	114
C. Iulius	VITALIS	96
Ti. Iulius	VRBANVS	105-129
Ti. Vibius	ZOSIMVS	79

Lacking *praenomen* and *nomen*:

-. ------	[---]IANVS (†19)	121
-. ------	[---]TO (†149)	82/112?
-. ------	[Se]VERVS aut	
-. ------	VERVS (†206)	75?

Period 3: A.D. 138-237 (see also Appendix III)

NOMINA SIGNATORUM: auxilia, classes, equites singulares Augusti, cohors XIII urbana

P.	AELIVS Trofimus	†123
D.	AEMILIVS Agatocles	†123
D.	AEMILIVS Felix	†123
D.	AEMILIVS Quadratus	†123
P.	ATTIVS Festus*	[83], [†385/260], †38, †570, [†386], 87, 177, †39, †575, †264, †392, [†396], [†40], [†41], [89], †266
P.	ATTIVS Severus*	[83], [†385/260], †38, †570, [†386], [87], 177, †39, [†575], †264, †392, [†41], [89], [†42], [†96], †266, [†398], †44, 178, †269, [†402], [†45], [†99], [†271], [†403]
C.	BELLIVS Vrbanus	[107], †102, [†103], †597, †171, [†420], [108], [†600], [†54], [†424], †105, †277, [†605], †612, [†278], [†430], †64, 120, [†622], [121], [†120], [126], 123, [†443], 128, †184, †293, [†637]
L.	CALAVIVS ------(1)	[†443]
Ti.	CLAVDIVS Cassander	†449, †304, †189, 127, [†74], [†192], [†458], [†307], [†459], †646, [†647], †311
Ti.	CLAVDIVS Epinicus	†189, 127, [†74], [†192], [†458], †307, [†459], †646, †647, †311, †198
Ti.	CLAVDIVS Eros	†307, [†459], †646, [†647], †311, †198

WITNESSES

Ti.	CLAVDIVS Eutyches	†307, [†459], †646, †647, †311, †198
Ti.	CLAVDIVS Fortissimus	†198
Ti.	CLAVDIVS Iulianus	[133], [†446], †449, †304
Ti.	CLAVDIVS Menander*	[83], [†385/260], †38, †570, [†386], [87], 177, †39, [†575], †264, †392, [†41], [89], [†42], [†96]
Ti.	CLAVDIVS Parthenius	[†192], [†457/317], †307, [†459], †646, [†647], †311, †198
Ti.	CLAVDIVS Paullus	[†457/317], [†458], †307, [†459], †646, [†647], †311, †198
C.	FANNIVS Aresco	[†637], [133], [†446]
C.	FANNIVS Rufus	[133], [†446]
T.	FLAVIVS Laurus*	[†386], 87, 177, †39
T.	FLAVIVS Romulus*	[83], [†385/260], †38, †570
P.	GRAECINIVS Crescens	[†424], †105, †277, [†427], [†605], †612, [†278], [†430]
Ti.	IVLIVS Crescens	[†443], 128, †184, †293, [188?], [†637]
Ti.	IVLIVS Dativus	†449, †304, †189, 127, [†74], [†192], [†457/317], †307, [†459], †646, [†647], †311
Ti.	IVLIVS Felix*	[83], [†385/260], †38, †570, †386, 87, 177, [†575], †264, †392, [†396], †266, [†398], †44, †269, [†402], 96, 179, 180/†272, 97, [99], †586, †404, [†587], [†406], 100, †589, †592, [†593], 102, †412, [†595], [110/†47], 104, [107], †102, [†103], †597, [†420], [108], [109], [†424], †105, †277, [†605], [†427], †612, [†278], [†283], [†430], †64, [120], [121], [†180], [†120], [126], 123
C.	IVLIVS Silvanus*	[83], †38, †570, †386, 87, 177, †39, [†575], †264, †392, [†396], †266, [†398], †44, 178, †269, [†402], 96, 179, [180/†272], 97, 99, [†586], †404, [†587], [†406], 100, †589, †592, [†593], 102, †412, [†595], [110/†47], 104
M.	IVNIVS Pius	128, †184, †293, [†634], [†637], [133], [†446], †449, †304, †189, 127, [†74], [†192]
Cl.	LABERIVS Apronianus	†198
P.	OCILIVS Priscus	96, 179, [180/†272], 97, [99], †586, †404, [†587], [†406], 100, †589, †592, [†593], 102, [†412], [†595], [110/†47], 104, [107], †102, [†103], †597, †171, [108], [†600], [†424], †105, †277, [†427], [†605], †612, [†278], [†429], 123, [†443]
P.	ORVIVS Dius	†123
Cn.	POMPEIVS Nico	†123
C.	POMPONIVS Statianus	[†595], [110/†47], 104, [107], †102, [†103], †597, †171, [†420], [108], [†600], [†54], [†430], [†64], 120, [†622], [121], [†291], [†120], [†121], [†292], 123
C.	PVBLICIVS Lupercus	128, †184, †293, [†634], [†637], [133], [†446], †449, †304, †189, 127, [†74], [†192]
L.	PVLLIVS Benignus	[133], [†446], †449, †304, †189, 127, [†74]
L.	PVLLIVS Chresimus	[†398], †44, 178, †269, [†402], [†403], 96, 179, 180/†272, 97, 99, †586, †404, [†587], [†406], 100, †589, †592, [†593], 102, †412, †595, [†101], 104, [†413], [107], †102, [†103], †597, †171, [†420], 108, [109], [†424], †105, †277, [†605], [†427], †612, [†278], [†283], [†430]
L.	PVLLIVS Daphnus*	[83], [†385/260], †38, †570, †386, 87, 177, †39, †575, †264, †392, [†40], [†41], [89], [†96], †266, [†398], †44, 178, †269, [†402], [†45], [†99], [†271], [†403], 96, 179, 180/†272
L.	PVLLIVS Marcio	128, †184, †293, [188], [†637], [133], [†446], †449, †304, †189, 127, [†74], [†192]
L.	PVLLIVS Primus	[†64], 120, [†622], [121], 123, †120, [†129?], [†443]
L.	PVLLIVS Velox	97, [99], [†586], [†587], †404, [†406], 100, †589, †592, [†593], 102, †412
L.	PVLLIVS Zosimus	[†64], 120, [†622], [121], 123, [†120], [†121], [†443]
M.	SENTILIVS Iasus*	†39, †575, †264, †392, [†396], †266, [†398], †44, 178, †269, [†402], 96, 97, 99, †586, †404, [†587], [†406], 100, †589, †592, [†593], 102, †412, [†595], [†101], 104, [†413], [107], †102, [†103], †597, †171, [†420], 108, [109], [†424], †105, †277, [†605], [†427], †612, [†278], [†283]
L.	SENTIVS Chrysogonus	[†430], [†64], 120, [†622], [121], [†120], [†121], [†292], 123, [†443], 128, †184, †293
M.	SERVILIVS Geta	[†398], †44, 178, †269, [†402], [†45], [†99], 96, 179, 180/†272, 97, 99, †586, †404, [†587], [†406], 100, †589, †592, 102, †412, [†595], [†101], 104, [†413], [107], †102, [†103], [†597], †171, 108, [†424], †105, †277, [†605], [†427], †612, [†278], [†283], [†430], [120], [121], [†180], [126], [†118]
M.	TETTIVS Proculus	†266
P.	TVLLIVS Callicrates	†123
Sex.	VIBIVS Romanus	128, †184, †293, [188]
M.	VLPIVS Blastus	179, 180/†272
[-.]	[-]ACCIVS Priscus	[†637]

COGNOMINA SIGNATORVM (Period 3)

		Date
D. Aemilius	AGATOCLES	179
Cl. Laberius	APRONIANVS	237
C. Fannius	ARESCO	180/192-193
L. Pullius	BENIGNVS	193-212
M. Ulpius	BLASTVS	148
P. Tullius	CALLICRATES	179
Ti. Claudius	CASSANDER	192/206-225
L. Pullius	CHRESIMVS	144-162
L. Sentius	CHRYSOGONVS	161-178
P. Graecinius	CRESCENS	159-162
Ti. Iulius	CRESCENS	167/168-180/192
L. Pullius	DAPHNVS*	122-148

ROMAN MILITARY DIPLOMAS VI

Ti. Iulius	DATIVVS	192/206-225
P. Orvius	DIVS	179
Ti. Claudius	EPINICVS	206-237
Ti. Claudius	EROS	221-237
Ti. Claudius	EVTYCHES	221-237
D. Aemilius	FELIX	179
Ti. Iulius	FELIX*	134-167
P. Attius	FESTVS*	129-143
Ti. Claudius	FORTISSIMVS	237
M. Servilius	GETA	144-166
M. Sentilius	IASVS*	135-160
Ti. Claudius	IVLIANVS	193-192/206
T. Flavius	LAVRVS*	133-140
C. Publicius	LVPERCVS	178-218
L. Pullius	MARCIO	178-218
Ti. Claudius	MENANDER*	103-142
Cn. Pompeius	NICO	179
Ti. Claudius	PARTHENIVS	218-237
Ti. Claudius	PAVLLVS	221-237
M. Iunius	PIVS	178-218
L. Pullius	PRIMVS	164-167/168
P. Ocilius	PRISCVS	148-167/168
[-.-]accius	PRISCVS	180/192
M. Tettius	PROCVLVS	143-144
D. Aemilius	QVADRATVS	179
Sex. Vibius	ROMANVS	178
T. Flavius	ROMVLVS*	132-139
C. Fannius	RVFVS	193
P. Attius	SEVERVS*	123-148
C. Iulius	SILVANVS*	134-154
C. Pomponius	STATIANVS	154-167
P. Aelius	TROFIMVS	179
L. Pullius	VELOX	149-153
C. Bellius	VRBANVS	156-180/192
L. Pullius	ZOSIMVS	164-167/168

Praetorian and Urban Cohorts (A.D. 73/74-306)

NOMINA SIGNATORVM

C.	ACONIVS Maximus, Sisc(iensis)	18
P.	AELIVS Alexander	95
P.	AELIVS Apronianus	†649
P.	AELIVS Bassanus	155
P.	AELIVS Carus	143
P.	AELIVS Crescens	†473
P.	AELIVS Diogenes	†310
P.	AELIVS Ingenuus	†652
C.	AELIVS Iulianus	147
P.	AELIVS Marcellus	†473
P.	AELIVS Mestrius	†310
P.	AELIVS Rufinianus	143
C.	AELIVS Saturninus	†466/195
T.	AELIVS Senilianus	†75
P.	AELIVS Stratullinus	†75
P.	AEL[IVS] Victor	†188
P.	AELIVS Vitalis	189
L.	ALLEDIVS Rufinus	†588
C.	ANNIVS Tharsa	†641
L.	ANTONIVS Saturninus	95
P.	APPEIVS Marcellinus	155
M.	ASCANIVS Domesticus	95
C.	ATTICIVS Valens	147
M.	AVRELIVS Aelianus	147
M.	AVRELIVS Alfius	†653
M.	AVRELIVS Amandus	145
M.	AVRELIVS Aquilinus	†303

WITNESSES

M.	AVRELIVS Augustalis	†75
M.	AVRELIVS Bassus	†653
M.	AVRELIVS Beronicianus	†653
M.	AVRELIVS Carpus	†652
M.	AVRELIVS Celer	†469
M.	AVRELIVS Diogenes	†77
M.	[A]VRELIVS Dionysius	145
M.	AVRELIVS Diza	†469
M.	AVRELIVS Diza	†77
M.	AVRELIVS Diza	†473
M.	AVRELIVS Eumorphus	†652
M.	AVRELIVS Filo	†641
M.	AVRELIVS Firminus	†303
M.	AVRELIVS Firmus	†455
M.	AVRELIVS Firmus	†455
M.	AVRELIVS Firmus	†652
M.	AVRELIVS Flavus	†641
M.	AVRELIVS Heraclida	†473
M.	AVRELIVS Ingenuus	†467
M.	AVRELIVS Iustus	†308
M.	AVRELIVS Liccavus	†474
M.	AVRELIVS Longinus	143
M.	AVRELIVS Lucilianus	†309
M.	AVRELIVS Lucius	†469
[M.]	AVRELIVS Ma[----]	†466/195
M.	AVRELIVS Ma⌜c⌝rinus	155
M.	AVRELIVS Martinus	†644
M.	AVRELIVS M⌜a⌝ximinus (†Miximinus†)	†467
M.	AVRELIVS Maximus	189
-.	[AV]R⌜E⌝LIVS Maximus	†639
M.	AVRELIVS Mercurius	†653
M.	AVRELIVS Mestrianus	†474
M.	AVRELIVS Mestrianus	†652
M.	AVRELIVS †Miximinus† (Maximinus)	†467
M.	AVRELIVS Montanus	†315
M.	AVRELIVS Mucapor	189
M.	AVRELIVS Mucatra	†308
M.	AVRELIVS Mucatralis	†469
M.	AVRELIVS Mucianus	147
M.	AVRELIVS Mucianus	†469
M.	AVRELIVS Nepotianus	†75
M.	AVRELIVS Priscus	†473
M.	AVRELIVS Pyrrus	†653
M.	AVRELIVS Quintianus	155
M.	AVRELIVS Romanus	†309
M.	AVRELIVS Sabinianus	145
M.	AVRELIVS Secundinus	†308
T.	AVRELIVS Secundus	†75
L.	AVRELIVS Simplicius	155
M.	AVRELIVS Tertullinus	†310
M.	AVRELIVS Tesibus	189
M.	AVRELIVS Tharsa	†455
M.	AVRELIVS Valens	143
M.	AVRELIVS Valens	†315
M.	AVRELIVS Valerianus	†310
M.	AVRELIVS Valerianus	†467
M.	AVRELIVS Valerius	†75
M.	AVRELIVS Veranus	†649
M.	AVRELIVS Victor	†473
M.	AVRELIVS Vithus	143
M.	AVRELIVS [---]ius	†315
M.	AVRELIVS [---]ulanus	†315
P.	BELLICIVS Vicentius	155
C.	CAELIVS Germanicinus	155
Ti.	CLAVDIVS Aurelianus	147
T.	CLAVDIVS Barbarus	189
T.	CLAVDIVS Bassus	†77

ROMAN MILITARY DIPLOMAS VI

Ti.	CLAVDIVS Colossus	†641
Ti.	CLAVDIVS Laberianus	†455
T.	CLAVDIVS Marcellus	†315
T.	CLAVDIVS Paternus	†310
T.	CLAVDIVS Maximianus	†467
T.	CLAV<D>IVS Mucianus	145
Ti.	CLAVDIVS Repentillus	†641
T.	CLAVDIVS Surio	147
Q.	COCCEIVS Gamus	†652
T.	COCCEIVS Viator	†649
L.	CONDITANIVS Maior	†588
L.	CORDIVS Victo[--]	†649
L.	CORINTIANIVS Augustus	†467
L.	CORNELIVS Augurinus	†303
L.	CORNELIVS Avitus	†474
C.	CVRTIVS Secundus, Sirm(iensis)	18
L.	DIGITIVS Valens	95
C.	EQVITIVS Rufinus	95
L.	FESCENNA Priscus	95
C.	FABIVS Septiminus	†303
T.	FLAVIVS Cre[---]	†639
T.	FLAVIVS Festus, Sisc(iensis)	18
T.	FLAVIVS Heraclida	†466/195
T.	FLAVIVS Licinius	†455
T.	FLAVIVS Maximianus	†75
T.	FLAVIVS Proclia[nus]	†649
T.	FLAVIVS Val[---]	†639
M.	GALLIVS Priscianus	189
C.	GEMELLIVS Gemellinus	†455
M.	IANV[AR]IVS Iuventus	†188
C.	IVLIVS Aurelius	†309
C.	IVLIVS Celer	95
C.	IVLIVS Crescentian[us]	†641
C.	IVLIVS Flavus	†644
C.	IVLIVS Fortunatus	†188
C.	IVLIVS Ianuarius	†644
-.	IVLIVS Iulia[nus?]	†466/195
C.	IVLIVS Longinus	†588
C.	IVLIVS Maximus	†469
C.	IVLIVS Mucianus	†653
C.	IVLIVS Optatinus	†188
C.	IVLIVS Probinus	†588
C.	IVLIVS Probus	†649
C.	IVLIVS Romanus	†315
C.	IVLIVS Tertius	†455
C.	IVLIVS Victorinnus	†588
C.	IVLIVS [---]ens	†315
Sex.	IVVENTIVS Ingenuus, Sirm(iensis)	18
M.	LVCILIVS Saturninus, Sisc(iensis)	18
T.	LVCRETIVS Felix	†588
L.	LVPPONIVS Severianus	†474
P.	MARCIANIVS Vitalis	†310
C.	MARCIVS Aquilinus	†308
T.	MARCIVS Maximus	†467
C.	MARCIVS Valentinus	†308
G.	MASILIVS Ingenuus	†77
C.	MINVCIVS Septiminus	†308
M.	MOLLIVS Agatopus	†77
G.	POPILIVS Fortunatus	†77
M.	PRIMANIVS Sev[---]	†649
L.	RESTVTIVS Fraternus	†644
T.	ROMANIVS Domitianus	†474
M.	RVTILIVS Hermes, Sisc(iensis)	18
M.	QVINTIVS Lucus	†188
M.	SEMPRONIVS Iustus	†588
L.	SEPTIMIVS Amandus	†474
P.	SEPTIMIVS Bassus	†77

WITNESSES

L.	SEPTIMIVS Candidianus	†652
-.	[SE]PTIMIVS Celer	†639
L.	SEPTIMIVS Luppus	†467
M.	SEPTIMIVS Seleucus	†653
C.	SEROTINVS Ingenuus	†309
L.	SPECTATIVS Avitianus	†644
C.	SETTIVS Martinus	†309
-.	STABERIVS He[---]	†639
M.	STATORIVS Sabinus, Sirm(iensis)	18
L.	TITINIVS Vitali<s>	†303
C.	TREBECCIVS Saturninus	†469
M.	TVLLIVS Valens	†466/195
.	VALERIVS Albinus	†78
C.	VALERIVS Cre[---]	†639
C.	VALERIVS Cygnus	†309
C.	VALERIVS Gaianus	143
.	VALERIVS Gaianus	†78
.	VALERIVS Ianuarius	†78
C.	VALERIVS Marcellinus	†303
C.	VALERIVS Maximus	†309
C.	VALERIVS Maximus	†474
M.	VALERIVS Maximus	†641
C.	VALERIVS Mucianus	†466/195
.	VALERIVS Traianus	†78
.	VALERIVS Valentinus	†78
C.	VALERIVS Victor	147
.	VALERIVS Victor	†78
-.	VALERIVS Vitalianus	145
C.	CALERIVS Vitalis	†303
.	VALERIVS Vitalis	†78
L.	VIBIDIVS Proculus	†588
M.	VLPIVS Aestivus	†644
M.	VLPIVS Batavus	†466/195
M.	VLPIVS Cepianus	143
M.	VLPIVS Firmus	†308
M.	VLPIVS Longinus	†473
M.	VLPIVS Marcianus	189
-.	VLPIVS Po{n}tens	145
M.	VLPIVS Socrates	†310
C.	VLPIVS Valens	145
-.	[---]VIVS Bradua	†639

COGNOMINA SIGNATORVM

		Date
M. Aurelius	AELIANVS	243
M. Ulpius	AESTIVVS	219
M. Mollius	AGATOPVS	236
Valerius	ALBINVS	306
P. Aelius	ALEXANDER	148
-. -----	ALEXANDER (136)	212
M. Aurelius	ALFIVS	234
M. Aurelius	AMANDVS	233
L. Septimius	AMANDVS	248
-. -----	APOLLINARIS (136)	212
M. Aurelius	AQVILINVS	206
C. Marcius	AQVILINVS	222
P. Aelius	APRONIANVS	226
L. Cornelius	AVGVRINVS	206
M. Aurelius	AVGVSTALIS	222
L. Corintianius	AVGVSTVS	227
L. Spectatius	AVITIANVS	219
L. Cornelius	AVITVS	248
-. -----	AVLVSANVS (136)	212
Ti. Claudius	AVRELIANVS	243
C. Iulius	AVRELIVS	225
T. Claudius	BARBARVS	224
P. Aelius	BASSANVS	254

M. Aurelius	BASSVS	234
T. Claudius	BASSVS	236
P. Septimius	BASSVS	236
M. Ulpius	BATAVVS	226
M. Aurelius	BERONICIANVS	234
-. -----	BITHVS (†651)	231
-. [---]vius	BRADVA (†639)	207
-. -----	CAESIANVS(†179)	166
L. Septimius	CANDIDIANVS	233
M. Aurelius	CARPVS	233
P. Aelius	CARVS	226
M. Aurelius	CELER	230
C. Iulius	CELER	148
-. [Se]ptimius	CELE[R?]	207
M. Ulpius	CEPIANVS	226
Ti. Claudius	COLOSSVS	208
P. Aelius	CRESCENS	247
-. -----	[C]RESCENS (136)	212
C. Iulius	CRESCENTIAN[VS]	208
T. Flavius	CRE[---]	207
C. Valerius	CRE[---]	207
-. ------	CRISPINIANVS (†320)	245
C. Valerius	CYGNVS	225
P. Aelius	DIOGENES	225
M. Aurelius	DIOGENES	236
M. Aurelius	DIONYSIVS	233
M. Aurelius	DIZA	230
-. -----	DIZA (†651)	231
M. Aurelius	DIZA	236
M. Aurelius	DIZA	247
M. Ascanius	DOMESTICVS	148
T. Romanius	DOMITIANVS	248
-. -----	EPONI[C]HVS (†651)	231
-. -----	EPTETRALIS (†651)	231
M. Aurelius	EVMORPHVS	233
T. Lucretius	FELIX	152
T. Flavius	FESTVS	85
M. Aurelius	FILO	208
M. Aurelius	FIRMINVS	206
M. Aurelius	FIRMVS	212
M. Aurelius	FIRMVS	212
M. Aurelius	FIRMVS	233
M. Ulpius	FIRMVS	222
M. Aurelius	FLAVVS	208
C. Iulius	FLAVVS	219
C. Iulius	FORTVNATVS	206
G. Popilius	FORTVNATVS	236
L. Restutius	FRATERNVS	219
C. Valerius	GAIANVS	226
Valerius	GAIANVS	306
Q. Cocceius	GAMVS	233
C. Gemellius	GEMELLINVS	212
C. Caelius	GERMANICINVS	254
M. Aurelius	HERACLIDA	247
T. Flavius	HERACLIDA	226
-. ------	HERCVLANVS (†320)	245
M. Rutilius	HERMES	85
-. Staberius	HE[---]	207
C. Iulius	IANVARIVS	219
Valerius	IANVARIVS	306
M. Aurelius	INGENVVS	227
P. Aelius	INGENVVS	233
Sex. Iuventius	INGENVVS	85
G. Masilius	INGENVVS	236
C. Serotinus	INGENVVS	225
C. Aelius	IVLIANVS	243
-. Iulius	IVLIA[NVS?]	226

WITNESSES

-. -----	[I]VN[IA]NVS? (†188)	206
M. Aurelius	IVSTVS	222
M. Sempronius	IVSTVS	152
M. Ianu[ar]ius	IVVENTVS	206
Ti. Claudius	LABERIANVS	212
-. -----	LABERIANVS (136)	212
M. Aurelius	LICCAVVS	248
T. Flavius	LICINIVS	212
M. Aurelius	LONGINVS	226
C. Iulius	LONGINVS	152
M. Ulpius	LONGINVS	247
-. -----	LONGINVS (†651)	231
M. Aurelius	LVCILIANVS	225
M. Aurelius	LVCIVS	230
M. Quintius	LVCIVS	206
L. Septimius	LVPPVS	227
M. Aurelius	MA⌈C⌉RINVS	254
L. Conditanius	MAIOR	152
P. Appeius	MARCELLINVS	254
C. Valerius	MARCELLINVS	206
-. -----	MARCELLINVS (†472)	246
-. -----	MARCELLIN[VS] (†179)	166
P. Aelius	MARCELLVS	247
T. Claudius	MARCELLVS	231
M. Ulpius	MARCIANVS	224
-. -----	MARCIANVS (†472)	246
M. Aurelius	MARTINVS	219
C. Settius	MARTINVS	225
T. Claudius	MAXIMIANVS	227
T. Flavius	MAXIMIANVS	222
M. Aurelius	M⌈A⌉XIMINVS (†MIXIMINVS†)	227
C. Aconius	MAXIMVS	85
M. Aurelius	MAXIMVS	224
-. [Au]r⌈e⌉lius	MAXIMVS	207
C. Iulius	MAXIMVS	230
T. Marcius	MAXIMVS	227
C. Valerius	MAXIMVS	225
C. Valerius	MAXIMVS	248
M. Valerius	MAXIMVS	208
M. Aurelius	MA[-----]	226
M. Aurelius	MERCVRIVS	234
M. Aurelius	MESTRIANVS	233
M. Aurelius	MESTRIANVS	248
P. Aelius	MESTRIVS	225
M. Aurelius	†MIXIMINVS† (MAXIMINVS)	227
M. Aurelius	MONTANVS	231
M. Aurelius	MVCAPOR	224
M. Aurelius	MVCATRA	222
M. Aurelius	MVCATRALIS	230
M. Aurelius	MVCIANVS	230
M. Aurelius	MVCIANVS	243
T. Clau<d>ius	MVCIANVS	233
C. Iulius	MVCIANVS	234
C. Valerius	MVCIANVS	226
M. Aurelius	NEPOTIANVS	222
C. Iulius	OPTATINVS	206
T. Claudius	PATERNVS	225
-. Ulpius	PO{N}TENS	233
-. -----	[P]OTEN[S/TINVS] (†472)	246
-. -----	PRIMVS (†188)	206
M. Gallius	PRISCIANVS	224
M. Aurelius	PRISCVS	247
L. Fescenna	PRISCVS	148
C. Iulius	PROBINVS	152
C. Iulius	PROBVS	226
-. -----	PROBVS (†320)	245
T. Flavius	PROCLIA[NVS]	226

ROMAN MILITARY DIPLOMAS VI

L. Vibidius	PROCVLVS	152
M. Aurelius	PYRRVS	234
M. Aurelius	QVINTIANVS	254
-. -----	QVINTVS (†320)	245
Ti. Claudius	REPENTILLVS	208
M. Aurelius	ROMANVS	225
C. Iulius	ROMANVS	231
P. Aelius	RVFINIANVS	226
L. Alledius	RVFINVS	152
C. Equitius	RVFINVS	148
M. Aurelius	SABINIANVS	233
M. Statorius	SABINVS	85
-. -----	SABINVS (136)	212
-. -----	SABINVS (†179)	166
-. -----	SALVVS (†651)	231
C. Aelius	SATVRNINVS	226
L. Antonius	SATVRNINVS	148
M. Lucilius	SATVRNINVS	85
C. Trebeccius	SATVRNINVS	230
M. Aurelius	SECVNDINVS	222
T. Aurelius	SECVNDVS	222
C. Curtius	SECVNDVS	85
M. Septimius	SELEVCVS	234
T. Aelius	SENILIANVS	222
C. Fabius	SEPTIMINVS	206
C. Minucius	SEPTIMINVS	222
L. Lupponius	SEVERIANVS	248
M. Primanius	SEV[---]	226
-. -----	SILVESTER (†320)	245
L. Aurelius	SIMPLICIVS	254
-. -----	SINNA (†472)	246
M. Ulpius	SOCRATES	225
P. Aelius	STRATVLLINVS	222
T. Claudius	SVRIO	243
-. -----	TARSA (†651)	231
C. Iulius	TERTIVS	212
M. Aurelius	TERTVLLINVS	225
M. Aurelius	TESIBVS	224
C. Annius	THARSA	208
M. Aurelius	THARSA	212
-. -----	THRASVS (136)	212
Valerius	TRAIANVS	306
C. Atticius	VALENS	243
M. Aurelius	VALENS	226
M. Aurelius	VALENS	231
L. Digitius	VALENS	148
M. Tullius	VALENS	226
C. Ulpius	VALENS	233
-. -----	VALENS (†472)	246
C. Marcius	VALENTINVS	222
Valerius	VALENTINVS	306
M. Aurelius	VALERIANVS	225
M. Aurelius	VALERIANVS	227
M. Aurelius	VALERIVS	222
T. Flavius	VAL[---]	207
M. Aurelius	VERANVS	226
T. Cocceius	VIATOR	226
P. Bellicius	VICENTIVS	254
P. Ael[ius]	VICTOR	206
M. Aurelius	VICTOR	247
Valerius	VICTOR	306
C. Valerius	VICTOR	243
-. ------	VICTOR (†320)	245
C. Iulius	VICTORINVS	219
L. Cordius	VICTO[--]	226
-. Valerius	VITALIANVS	233
P. Aelius	VITALIS	224

WITNESSES

P. Marcianius	VITALIS	225
L. Titinius	VITALI<S>	206
Valerius	VITALIS	306
C. Valerius	VITALIS	206
-. ------	VITALIS (†320)	245
M. Aurelius	VITHVS	226
C. Iulius	[---]ENS	231
M. Aurelius	[---]IVS	231
M. Aurelius	[---]VLANVS	231

2. NAMES

This contains the names of all persons (other than emperors and Caesars) appearing in *RMD* VI except those of witnesses.

The diploma number in which the name appears is given in the NOMINA index; the date is given in the COGNOMINA index.

Where only part of a name has survived the diploma, or date, is given in brackets ().

The use of capital letters for an entire name identifies a member of the senatorial order, otherwise distinction between the orders is only indicated when the format might cause confusion (e.g. (eq.) for equestrian).

[ ] = a name wholly or partly restored.

NOMINA VIRORVM ET MVLIERVM

L.	AB[VRNIVS	Severus]	581
M.	ACILIVS	GLABRIO	588
	AELIVS	Batonis f. Dassius	596
L.	(AELIVS)	LAMIA PLA[VTI]VS AELIA[NVS]	484
P.	AELIVS	P. f. Vol. Pacatus	588
P.	AELI[VS	---] (160)	607
	AEMILIVS	CARVS	577
L.	AEMILIVS	[IVNC]VS	545
L.	AEMILIVS	[---] (eq.) (127)	545
Cn.	AFRANIVS	DEXTER	512
Cn.	AFRANIVS	DEXTER	513
Cn.	AFRANIVS	DEXTER	514
[-.]	AM[---	---] (eq.) (98)	505
App.	ANNIVS	ATILIVS BRA[DVA]	605
[App.	A]NNIVS	ATILIVS BRADVA	606
App.	A[NNIVS	ATILIVS BRADVA]	607
[App.]	ANNIVS	[ATILIVS BRADVA]	611
L.	ANNIVS	MAXIMVS	639
[L.	ANNIVS	MAXI]MVS	640
C.	ANNIVS	[---] (107)	517
	ANTONIVS	Annianus	596
M.	ANTONIVS	Busi f. Celer	527/353
[M.]	ANTONIVS	[HIBERVS]	555
M.	ANTONIVS	Pilatus	587
Q.	ANTONIVS	Q. f. T[---]	508
	ANTONIVS	D[---] (?) (127)	545
M.	ARRECI[NVS	Gemellus]	488
M.	ARRIVS	FLACCVS	482
M.	ARRIVS	FLACCVS	482
[(L.	ARRIVS)	PVDE]NS	622
[-.]	ARRIVS	SEVERVS	636
Q.	ARTICVLEIVS	PAETINVS	539
Q.	ARTICVLEIVS	PAETVS	509
L.	ATTIDIVS	CORNELIANVS	587
[(L.	ATTIVS)]	MACRO	558
Sex.	ATTIVS	SVBVRANVS	509
M.	ATTIVS	M. [f. ---] (92)	497
C.	AVFIDIVS	MARCELLVS	649
C.	AVFIDIVS	MARCELLVS	650
L.	AVIANIVS	[G]ratus	525/351
[T.	AVIDIVS	QVIETVS]	505
M.	AVRELIVS	M. f. Ulp. Aulutralis	651
M.	AVRELIVS	M. f. Ulp. Celsus	649
[L.	AVRELIVS	GALLVS]	582
	AVRELIVS	Nemesianus	646
	AVRELIVS	Panicus	612
M.	AVRELIVS	M. f. Col. Senecius	650
M.	AVRELIVS	M. fil. Syrio	638
	AVRELIVS	[---] (eq.) (100)	508
[M.	AV]RELI[VS	[---] (152/168)	628
M.	BAEBIVS	Athi f. Firmus	526

NAMES

M.	BLOSSIVS	Vestalis	586
	[BRVTTIVS	PRAESENS]	544
A.	CAECILIVS	FAVSTINVS	506
A.	CAECILIVS	FAVSTINVS	507
A.	CAECILIVS	FAVSTINVS	512
A.	CAECILIVS	FAVSTINVS	513
A.	CAECILIVS	FAVSTINVS	514
	CAE[CILIVS	RV]FINVS (?)	623
Q.	CAECILIVS	SPERATIANVS	638
L.	CAELIVS	[RVFVS]	543
C.	CAELIVS	SECVNDVS	598
Sex.	CALPVRNIVS	AGRICOLA	595
	CALPVRNIVS	CESTIANVS	533
	[CALPV]RNIVS	Seneca	556
[M.	CALPVRNIVS	---ICVS] (96)	500
P.	CAMVRIVS	P. f. Ulp. Crescens	652
L.	CASSIVS	Cassi f. [---] (120)	532
Ti.	CATIVS C[AESIVS	FRONTO]	500
C.	CATTIVS	MARCELLVS	592
	CAVILLIVS	Maximus	613
C.	CILNIVS	[PROCVLVS]	508
Ti.	CLAVDIVS	Ti. f. Qui. Apollinaris	482
Ti.	CLAVDIVS	Ti. f. Qui. Apollinaris	483
	CLAVDIVS	Gratilianus	630
Ti.	CLAVDIVS	IVLIANVS	595
	CLAVDIVS	Passeris f. Marcellus	595
[Ti.	CLAV]DIVS	Ti. f. Qui. Maximinus	547
[Ti.	CLAVDIVS]	Ti. f. Qui. [Maximinus]	548/372
[Ti.	CLAVDIVS	Ti.] f. Qui. M[aximinus]	549
	CLAVDIVS	MAXI[MVS]	587
L. Ti.	CLAVDIVS	POMPEIANVS	651
[Ti.(?)	CLAV]DIVS	Prisci[---]	534
L.	CLAVDIVS	PROCVLVS	570
	CLAVDIVS	SATVRNINVS	583
[Ti.(?)	C]LAVDIVS	Verax	518
L.	CLODIVS	POMPEIANVS	638
M.	(CLODIVS)	PVPIENVS MAXIMVS	653
Q.	CLODIVS	Secundus	597
	COCCEIVS	Naso	535
	[COCCEIVS	Naso]	536
	[COCCEIVS	N]aso	537
L.	COELIVS	RVFVS	525/351
L.	COELIVS	RVFVS	526
L.	COELIVS	RVFVS	527/353
[L.	COELIVS]	RV[FVS]	530
M.	COMINIVS	M. f. Memor	639
M.	COMINIVS	SECVNDVS	587
M.	COMINIVS	Cubesti f. Vielo	546
L.	CORNEL[IVS	LATINIANVS]	524
[A.	CORNELIVS	PALMA FR]ONTO[NIANVS]	516
Cn.	CORNELIVS	PATERNVS	652
Ser.	(CORNELIVS)	SCIPIO ORFITVS	630
[Ser.	(CORNELIVS)	SCIPIO] ORFITVS	631
C.	CORNELIVS	Vessonianus	575
M.	CO[---	---] (eq.) (96)	500
L.	CRISPINIVS	---] (eq.) (120)	532
	CVRTIVS	IVSTVS	597
[L.]	CVSPIVS	C[AMERINVS]	542
L.	CVSPIVS	RVFINVS	575
[L.	CVSPIVS	RVFINVS]	576
A.	DIDIVS GALLVS FABRICIVS	VEIENTO	484
[L.	DOMITIVS	APOLLINARIS]	502
Ser.	DOMITIVS	DEXTER	647
[Ser.	DOMITIVS	DEXTER]	648
	[DOMIT]IVS	[SE]NECA	575
Q.	FABIVS	BARBARVS	506
Q.	FABIVS	BARBARVS	507

ROMAN MILITARY DIPLOMAS VI

	[F]ABIVS	CAT[VLLINVS]	545
L.	FABIVS	L. f. Pal. Fabullus	514
L.	FABIVS	GALLVS	552
Q.	FABIVS	IVLIANVS	552
[L.	FABIVS	IVSTVS]	517
[L.	FABIVS	IVSTVS]	518
	FABIVS	Sabinus	570
C.	FIDVS	Q. f. Gal. Loreianus	531
[-.	FI]RMIVS	[-.] f. [---] (178/192)	636
	FLAVIVS	Flavianus	592
	[FLAVIVS	Italicus]	562
T.	FLAVIVS SALLVSTIVS	PELICNIANVS	651
[T.	F]LAVIVS	TE[RTVLLVS]	556
[(M.	GAVIVS)	ORFITVS]	622
Q.	GAVIVS	Proculus	589
	GAVIVS	[---] (eq.) (160)	611
[Q.	GLITIVS	A]TILIVS AGRICOLA	503
[Q.	GLITIVS]	ATILIVS A[GRICOLA]	504
[Q.	GLI]TIVS	ATILIVS AGRICOLA	510
Sex.	GRAESIVS	Severus	598
[Sex.]	HERMENT[IDIVS	CAMPANVS]	502
C.	HERENNIVS	CAPELLA	525/351
C.	HERENNIVS	CAPELLA	526
C.	HERENNIVS	C[A]PELLA	527/353
[C.	HERENNIVS	C]APELLA	530
[L.	HERENNIVS	SATVRNINVS]	515
	IALLIVS	BASSVS	595
[(Q.	IALLIVS)	BASSVS]	600
[L.	IAVOLENVS	PRISCVS]	488
	IVLIA	Bithi fil. Florentina	539
	IVLIA	Iunia	647
Ti.	IVLIVS	Ti. f. Pup. Agricola	506
Q.	IVLIVS	BALBVS	546
Q.	IVLIVS	BALBVS	547
Q.	IVLIVS	[BALBVS]	548/372
[Q.	IVLIVS	BALBVS]	549
C.	IVLIVS	BASSVS	512
C.	IVLIVS	BASSVS	513
C.	IVLIVS	BASSVS	514
C.	IVLIVS	C. f. Col. Capito	496
Ti.	IVLIVS	[CAPITO]	534
Ti.	IVLIVS	CAPITO	535
[Ti.	IVLIVS	CAPITO]	536
Ti.	IVLIVS	CELSVS POLEMAEANVS	496
[Ti.	IVLIVS	CELSVS POLEMAEANVS]	497
[L.]	IVLIVS	L. f. Claudianus	521
	IVLIVS	COMMODVS	596
Sex.	IVLIVS	F[RONTINVS]	505
L.	IVLIVS	Fronto	526
L.	IVLIVS	Fronto	527/353
[L.	IV]LIVS	Fronto	528
L.	IVL[IVS	Fronto]	529
	IVLIVS	Fronto	546
[L.]	IVLIVS	FRVGI	521
L.	IVLIVS	FRVG[I]	522
C.	IVLIVS	C. fil. Ulp. Gaianus	645
	IVLIVS	Ho[---] (eq.)	552
C.	IVLIVS	LONGINVS	517
C.	IVLIVS	ORFITIANVS	598
C.	ANTIVS IVLIVS	QVADRATVS	498
L.	IVLIVS	ROMVLVS	589
L.	I[VLIVS	ROMVLVS]	591
C.	IVLIVS	C. f. Vol. Rufinus	509
	[IVLIVS	SEVERVS]	531
	[IVLIVS	SEVERVS]	532
	IVLIVS	SEVERVS	539
[Sex.	IVLI]VS	SEVERVS	545

NAMES

	IVLIVS	SEV[E]RVS	551
C.	IVLIVS	SEVERVS	596
[Q.	I]VNIVS	RV[STICVS]	556
M.	IVNIVS	SABINIANVS	596
P.	IVVENTIVS	CELSVS	521
[P.	IVVENTIVS	CELSVS]	522
P.	IVVENTIVS	CELSVS	546
[P.	IVVE]NTIVS	CELSVS	547
[P.	IVVENTIVS]	CELSVS	548/372
[P.	IVVENTIVS	CELS]VS	549
M.	I[---	---] (sen.) (165/166)	623
[-.	LABERIVS	LICIN]IANVS	579
(-.	LABERIVS)	[L]ICIN[IANVS]	580
[A.	BVCIVS LAPPIVS]	MAXIMVS	489
A.	BVCIVS LAPPIVS	MAXIMVS	490
A.	[BVCCIVS LAPPIVS	MAXIMVS]	491
[A.	BVCCIVS LAPPIVS	MAXIMVS]	492
[A.	BVCCIVS LAPPIVS	MAXIMVS]	493
[A.	BVCCIVS LAPPIVS	MAXIMVS]	494
[A.	BVCCIVS LAPPIVS	MAXIMVS]	495
M.	LICIN[IVS	NEPOS]	543
M.	LICINIVS	NEPOS	544
[(P.	LICINIVS)	PANSA]	558
[M.(?)	L]ICINIVS	RV[SO]	519
	LIVIVS	Gratus	539
M.	LOLLIVS	PAVLLINVS VALERIVS ASIATICVS SAT[VRNINVS]	498
C.	LONGINVS	Italici f. Orestes	647
Sex.	LVCILIVS	Bassus	478
C.	LVCILIVS	C. f. Ouf. [---] (eq.) (94)	498
[Sex.	LV]SIANVS	PRO[CVLVS]	499
Q.	LVTATIVS	Q. f. Pup. Dexter [Laelianus]	484
Ti.	MANILIVS	FVSCVS	647
[Ti.	MANILIVS	FVSCVS]	648
M.	MARCIVS	[MACER]	508
	MARCIVS	Turbo	525/351
L.	MARIVS	MAXIMVS	646
L.	MATVCCIVS	FVS[CINVS]	603
[L.	MATVCCIVS	FVSCI]NVS	604
	[METILIVS	NEPOS]	505
[P.	M]ETILIVS	SECVNDVS	540
[Cn.	MINICIVS]	FAVSTINVS	489
Cn.	MINICIVS	FAVSTINVS	490
Cn.	MINI[C]IVS	FAVST[INVS]	491
Cn.	[MINICIVS	FAVSTINVS]	493
L.	MINICIVS	NATALIS	570
[T.	SALVIVS] RVF[INVS MINICIVS	OPIMIANVS]	541
P.	MVMM[IVS	SISENNA]	555
(P.	MVMMIVS)	SISENNA RVTILIANVS	586
M.	MVNATIVS	VRBANVS	653
Q.	NAEVIVS	[---] (eq.) (107)	517
L.	NERATIVS	PRISCVS	509
L.	NERATIVS	PROCVLVS	623
	[NONIVS	MACR]INVS	603
	[NONI]VS	MACRINVS	604
C.	NOVIVS	PRISCVS	589
C.	NOVIVS	[PRISCVS]	591
D.	NOVIVS	PRISCVS	484
	NVMERIVS	Albanus	538
M.	NVMISIVS	M. f. Gal. Senecio Antistianus	490
M.	NVMISIVS	M. f. Gal. Senecio Ant[istianus]	491
Sex.	OCTAVIVS	FRONTO	496
[Sex.	OCTAVIVS	FRONTO]	501
	[OCTAVIVS	FRONTO]	503
C.	OSTORIVS	Tranquillianus	592
[C.	OSTORIVS	Tran]quillianus	593
C.	PACONIVS	C. f. Arn. Felix	535
[Cn.	PAPIRIVS	AELIANVS]	562

ROMAN MILITARY DIPLOMAS VI

Cn.	PAPIRIVS	AELIANVS]	597
	PAPI[---	---] (145/160)	614
[Cn.	PEDIVS	CASCVS]	478
Q.	PETIEDIVS	GALLVS	592
L.	PETRO[NIVS	SABINVS]	581
Cn.	[PINARIVS	CLE]MENS	481
[M.	PISIBANIVS	LEPI]DVS	603
M.	PISIBANIVS	LEPIDVS	604
Q.	PLANIVS	Sardus C. f. Pup. Truttedius Pius	507
[A.	PLATORI]VS	[NEPO]S	524
[A.	PLATORIVS	NEPOS]	534
A.	PLATORIVS	NEPOS	612
A.	PLATORIVS	NEPOS	613
L.	[PLOTIVS	Grypus	511
	POBLICIVS	MARCELLVS	547
	P[O]BLICIVS	MARC[ELLVS]	548/372
	[POBLICIVS	MARCELLVS]	549
	[POBLICIVS	MARCELLVS]	550
	[POBLICI]VS	MARC[ELLVS]	560
	POBLICIVS	MARCELLVS	561
[Q.	RO]SCIVS MVRENA POMPEIVS	FALCO	518
[Q.]	POMPEIVS	F[ALCO]	523
	[POMPEI]VS	FALCO	534
Cn.	POMPEIVS	LONGINVS	485
[Cn.	POMPEIVS	LONGINVS]	488
	POMPEI[VS	VOPISCVS]	601
[T.	POMPONIVS	BASSVS]	508
[L.	POMPONIVS]	MATERNVS	503
[L.	POMPONIVS	MATERNVS]	504
[Q.	POMPONIVS	RVFVS]	503
Q.	POMPONIVS	RVFVS	506
[Q.	POMPONIVS	RVFVS]	507
	[PONTIVS	LAELI]ANVS	584
	PONTIVS	LAELIANVS	594
	[PONTIVS	SABINVS]	611
M.	POSTVMIVS	FESTVS	612
M.	POSTVMIVS	FESTVS	613
[T.	PRIFERNIVS	GEMINVS]	540
C.	PVBLICIVS	MARCELLVS	531
[C.	PVBLICIVS	MARCELLVS]	532
[(L.)	ALBIVS PVLLAIENVS	POLLIO]	488
S.	QVINTILIVS	CONDIANVS	586
S.	QVINTILIVS	MAXIMVS	586
L.	ROSCIVS	AELIANVS	597
L.	ROSCIVS	AELIANVS	646
T.	RVBRIVS	AELIVS NEPOS	482
T.	RVBRIVS	AELIVS NEPOS	483
[P.	RV]TILIVS	FABIANVS	562
C.	RVTILIVS	Honoratus	595
L.	RVTILIVS	PROPINQVVS	531
[L.	RVTILIVS	PROPINQVVS]	532
L.	RVTILIVS	Ravonianus	512
[C.	S]AENIVS	S[EVERVS]	542
	SALVIVS	IVLIANVS	589
	[SALV]IVS	IV[LIANVS]	590
	SCRI[BONIVS	---] (eq.) (133/136)	563
L.	SECVNDINIVS	[---] (eq.) (135)	562
	[SE]DATIVS	SEVER[IANVS]	591
L.	SEIVS	L. f. Tro. Avitus	513
L.	SEMPRONIVS	MERVLA AVSPICATVS	533
	SEMPRONIVS	Ingenuus	621
T.	SENI[VS	---] Rusticus	524
[Cn.	SENTIVS	ABVRNIANVS]	541
	SENTIVS	Claudianus	647
L.	SEPTIMIVS	L. f. Dolatralis	653
L.	SEPTIMIVS	L. f. Ulp. Purula	641
C.	SEPTIMIVS	SEVERVS APER	639

269

NAMES

[C.	SEPTIMIVS	SEVERVS] APER	640
	[SERGIVS]	PAVLLVS	571
	[SERGIVS]	PAVLVS	578
	SERVILIVS	Bery[---] (eq.)	623
(M.	SERVILIVS)	FABIANVS	600
[·.]	SESTIVS	Panthera	521
P.	SEXTILIVS	Felix	482
P.	SEXTILIVS	Felix	483
T.	SEXTIVS	CORNELIVS AFRIC[ANVS]	519
M.	SOLLIVS	Zurae f. Gracilis	570
C.	STATILIVS	Crito	544
L.	STATIVS	QVADRATVS	575
[L.	STAT]IVS	QVADRATVS	576
M.	STATORIVS	SECVNDVS	533
L.	STERTINIVS	AVITVS	496
[L.]	STERTI[NIVS	AVITVS]	497
	SVDERNIVS	Priscus	533
	[SVLPICIVS]	Pompeius	603
Sex.	SVLPICIVS	[TERTVLLVS]	599
[Cn.	TERENTIVS	I]VNIOR	582
[Q.	TINEI]VS	RVFVS	543
Q.	TINEIVS	RVFVS	544
[Q.	T]INEIVS	SACERDOS	599
(Q.	TINEIVS)	SA{R}CERDOS	644
[M.	TI]TIVS	LVSTRICVS BRVTTIANVS	518
	TVTICANVS	Capito	605
	TVTICANVS	Capit[o]	606
	TVTICANVS	Ca[pito]	608
L.	TVTILIVS	LVPERCVS	521
C.	VALERIVS	C. f. Ulp. Bassus	642
C.	VALERIVS	Dineti f. Dento	605
M.	VALERIVS	HOMVLLVS	588
C.	VALERIVS	C. f. Ulp. Marcus	644
[P.	VALERIVS]	MARINVS	489
P.	VALERIVS	MARINVS	490
P.	VALER[IVS	MAR[INVS]	491
P.	[VALERIVS	MARINVS]	493
L.	VALERIVS	MAXIMVS	652
	VALERIVS	Oclatius	648
[P.	VA]LERIVS	PA[TRVINVS]	486
[P.	VAL]ERIVS	PA]TR[VINVS]	487
C.	VALE[RIVS	PAVLLINVS]	517
C.	VALERIVS	M. f. Ruf[---]	519
C.	VALERIVS	Drigiti fil. Valens	646
	VALERIVS	Vale[---]	611
M.	VALERIVS	[---] (eq.) (92)	497
	[VA]RIVS	Clem[ens]	587
	VARIVS	Clemens	598
	[VARIVS	Priscus] (?)	616
D.	VELIVS	RVFVS	630
[D.	VELIVS]	RVFVS	631
L.	VENVLEIVS	APRONIANVS	539
	VETTIVS	Latro	552
	[V]ETTIVS	Latro	553
	[VETTIVS	L]atro	554
Sex.	VETTVLENVS	CERI[ALIS]	479
[Sex.	VETT]VLENVS	CE[RIALIS]	480
T.	VIBIVS	[VARVS]	605
T.	VIB[IVS	VARVS]	606
[T.	VIBIVS	VARVS]	607
T.	VIBIVS	[VARVS]	611
[C.	VICRIVS	RVFVS]	581
L.	VITR[ASIVS	FLAMININVS]	534
L.	VITRASIVS	FLAMININVS	535
[L.	VITRASIVS	FLAMINI]NVS	536
[M.	VLPIVS]	Zo[r]damusi f. Canuleius	547
	VLP[IVS	MARCELLVS]	630

ROMAN MILITARY DIPLOMAS VI

	[VLPIVS	MARCELLVS]	631
	[VLPIVS	MARCELLVS]	632
	[VLPIVS	MARCELLVS]	633
[M.	V]LPIVS	Titiatis f. Martialis	637
M.	VLPIVS	M. f. Se[---]	655
	VLPIVS	Victor	539
[M.	VLPIVS	---]osiae f. [---] (129)	549
L.	VOLVSIVS	[---] (eq.) (139/140)	574
	[---]LIVS	Amatoci f. M[---]	606
	[---]NVS	Betulenus Apronianus	602
	[---]RIVS	R[---] (eq.) (132/133)	557
	[---]S	Philippus (eq.)	635
	[---I]VS	PRISCVS	569
	[---I]VS	[---] (eq.) (153/168)	629

COGNOMINA VIRORVM ET MVLIERVM

		ABISALMA (539)	123
[Cn.	SENTIVS	ABVRNIANVS]	123
		ACCA D[--- fil.] (611)	160
		ACHILLEVS (539)	123
		ACRESIO (496)	92
		ADIVTOR Isi f. (531)	120
[Cn.	PAPIRIVS	AELIANVS]	135
Cn.	PAPIRIVS	AELIANVS]	157
L.	ROSCIVS	AELIANVS	157
L.	ROSCIVS	AELIANVS	223
[-.	---]	AELIANVS (eq.) (536)	122
T.	SEXTIVS CORNELIVS	AFRIC[ANVS]	112
Sex.	CALPVRNIVS	AGRICOLA	154
[Q.	GLITIVS A]TILIVS	AGRICOLA	97
[Q.	GLITIVS] ATILIVS	A[GRICOLA]	97
[Q.	GLI]TIVS ATILIVS	AGRICOLA	102
Ti.	Iulius Ti. f. Pup.	AGRICOLA	99
	Numerius	ALBANVS	121/122
		ALETANA (?) (606)	160
		ALEXANDER Andronici f. (533)	121
		ALEXANDRA (533)	121
		AMATOCVS (606)	160
		ANDRA Eptecenti fil. (598)	157
		ANDRONICVS (533)	121
	Antonius	ANNIANVS	155
(-.	---)	[AN]TONINVS (sen.) (637)	180/192
		ANTONIVS D[---] (?) (545)	127
		ANTONIVS (545)	127
Ti.	Claudius Ti. f. Qui.	APOLLINARIS	79
Ti.	Claudius Ti. f. Qui.	APOLLINARIS	79
[L.	DOMITIVS	APOLLINARIS]	97
		APRILIS (535)	122
		APRONIA (535)	122
L.	VENVLEIVS	APRONIANVS	123
	[---]nus Betulenus	APRONIANVS (602)	158
[-.	---]	APRONIANVS (sen.) (635)	183/184
		ARSAMA (539)	123
		ASTICVS (517)	107
		ATEIO (513)	105
		ATHVS (526)	119
		ATRECTVS Capitonis f. (514)	105
		ATTO (513)	105
		AVESSO (525/351)	119
		AVGVSTA (496)	92
L.	Seius L. f. Tro.	AVITVS	105
L.	STERTINIVS	AVITVS	92
[L.]	STERTI[NIVS	AVITVS]	92
M.	Aurelius M. f. Ulp.	AVLVTRALIS	231
		A[---] (532)	120
Q.	IVLIVS	BALBVS	129

NAMES

Q.	IVLIVS	BALBVS	129
Q.	IVLIVS	[BALBVS]	129
[Q.	IVLIVS	BALBVS]	129
Q.	FABIVS	BARBARVS	99
Q.	FABIVS	BARBARVS	99
	IALLIVS	BASSVS	154
[(Q.	IALLIVS)	BASSVS]	158
C.	IVLIVS	BASSVS	105
C.	IVLIVS	BASSVS	105
C.	IVLIVS	BASSVS	105
Sex.	Lucilius	BASSVS	71
[T.	POMPONIVS	BASSVS]	100
C.	Valerius C. f. Ulp.	BASSVS	208
[-.	---] P. f.	BASSVS (eq.) (489)	91
		BATO (596)	155
		BENZIS (507)	99
	Servilius	BERY[---] (eq.) (623)	165/166
		BITHVS (539)	123
		BITICENTHVS (491)	91
		BOLLICO Icci f. Iccus (535)	122
App.	ANNIVS ATILIVS	BRA[DVA]	160
[App.	A]NNIVS ATILIVS	BRADVA	160
App.	A[NNIVS ATILIVS	BRADVA]	160
[App.]	ANNIVS [ATILIVS	BRADVA]	160
		BRVZENVS Delsasi f. (490)	91
		BVSI (gen.) (527/353)	119
		BVSVDIA[---] (534)	122
		CALLISTRATVS (597)	157
		CALVS Papi f. (544)	127
[L.]	CVSPIVS	C[AMERINVS]	126
[Sex.]	HERMENT[IDIVS	CAMPANVS]	97
		CANDIDVS Decinaei [f.] (623)	165/166
[M.	Ulpius] Zo[r]damusi f.	CANVLEIVS	129
C.	HERENNIVS	CAPELLA	119
C.	HERENNIVS	CAPELLA	119
C.	HERENNIVS	C[A]PELLA	119
[C.	HERENNIVS	C]APELLA	119
C.	Iulius C. f. Col.	CAPITO	92
Ti.	IVLIVS	[CAPITO]	122
Ti.	IVLIVS	CAPITO	122
[Ti.	IVLIVS	CAPITO]	122
	Tuticanus	CAPITO	160
	Tuticanus	CAPIT[O]	160
	Tuticanus	CA[PITO]	160
		CAPITO (514)	105
		CARDENTES Bithicenti [f.] (491)	91
		CARSIA (544)	127
	AEMILIVS	CARVS	141/142
[Cn.	PEDIVS	CASCVS]	71
		CASSIVS (532)	120
		CASV[--- f.] (524)	119
	[F]ABIVS	CAT[VLLINVS]	127
M.	Antonius Busi f.	CELER	119
M.	Aurelius M. f. Ulp.	CELSVS	226
P.	IVVENTIVS	CELSVS	115
[P.	IVVENTIVS	CELSVS]	115
P.	IVVENTIVS	CELSVS	129
[P.	IVVE]NTIVS	CELSVS	129
[P.	IVVENTIVS]	CELSVS	129
[P.	IVVENTIVS	CELS]VS	129
		CELSVS Cozzupaei f. (575)	142
Ti.	IVLIVS	CELSVS POLEMAEANVS	92
[Ti.	IVLIVS	CELSVS POLEMAEANVS]	92
Sex.	VETTVLENVS	CERI[ALIS]	73
[Sex.	VETT]VLENVS	CE[RIALIS]	75
	CALPVRNIVS	CESTIANVS	121
[L.]	Iulius L. f.	CLAVDIANVS	115

ROMAN MILITARY DIPLOMAS VI

	Sentius	CLAVDIANVS	225
Cn.	[PINARIVS	CLE]MENS	76
	[Va]rius	CLEM[ENS]	151
	Varius	CLEMENS	157
	[---]mi f.	COEL[---] (?) (573)	117/140
		C[O]G[IT]ATA (?) (532)	120
		COMADICES (552)	131
		COMATVMARA (525/351)	119
	IVLIVS	COMMODVS	155
S.	QVINTILIVS	CONDIANVS	151
	[---]	CONSTAN[S] (eq.) (567)	130/138
	[---	CONSTA]NS (eq.) (568)	130/138
		CONSTANS (628)	152/168
L.	ATTIDIVS	CORNELIANVS	151
		COTVS Tharsa[e] f. (483)	79
		COZZVPAEVS (575)	142
P.	Camurius P. f. Ulp.	CRESCENS	233
		CRISPINA Eptacenti fil. (513)	105
		CRISPINVS (513)	105
C.	Statilius	CRITO	127
		CVBESTVS (546)	129
		CVSO (587)	151
		DABO (587)	153
		DAEPPIER (552)	131
		DAMANAEVS (552)	131
		DASMENVS (586)	151
	Aelius Batonis	DASSIVS	155
		DAVAPPIER (552)	131
		DAVBASGVS (543)	127
		DECEBALVS (477)	70
		DECEBALVS (552)	131
		DECINAEVS (586)	151
		DECINAEVS (623)	165/166
		DELSASES (490)	91
		DEMVNCIVS Avessonis f. (525/351)	119
		DENEVSI Esiaetralis fil. (507)	99
C.	Valerius Dineti f.	DENTO	160
Cn.	AFRANIVS	DEXTER	105
Cn.	AFRANIVS	DEXTER	105
Cn.	AFRANIVS	DEXTER	105
Ser.	DOMITIVS	DEXTER	225
[Ser.	DOMITIVS	DEXTER]	225
	[---] L. f.	DEXTER (635)	183/184
Q.	Lutatius Q. f. Pup.	DEXTER [LAELIANVS]	80
		DIASEVA Dipini f. (484)	80
		DIDAECVTTIVS L[--- f.] (574)	139/140
		DIEP[---] (607)	160
		DIMIDVSIS (574)	139/140
		DINES (605)	160
		DINICENTVS (598)	157
		DIN[---] (607)	160
		DIPINVS (484)	80
		DISAPHVS Dinicenti f. (598)	157
		DIVRDANVS Damanaei f. (552)	131
		DIVRPA Dotu[si (?) fil.] (574)	139/140
		DOLARRVS (518)	108
L.	Septimius L. f.	DOLATRALIS	234
		DOLAZENIS (527/353)	119
		DOLAZENVS Mucacenthi f. (507)	99
		DOLENS (498)	94
		DOLENS (605)	160
		DOMNINA (521)	115
		DORISA Dolentis f. (498)	94
		DOTV[SI] (?) (574)	139/140
		DOQVVS (482)	79
		DOSSACHVS (552)	131
[-.	---] Ael.	DRIBALVS (640)	207

273

NAMES

		DRIGETI (gen.) (646)	223
		DVSSINA (532)	120
		DVZES (478)	71
		D[---] (545)	127
		D[---] (611)	160
		EPTACENS (509)	101
		EPTACENTVS (513)	105
		EPTECENTVS (598)	157
		ESIAETRALIS (507)	99
[P.	RV]TILIVS	FABIANVS	135
(M.	SERVILIVS)	FABIANVS	158
L.	Fabius L. f. Pal.	FABVLLVS	105
[Q.	RO]SCIVS MVRENA POMPEIVS	FALCO	108
[Q.]	POMPEIVS	F[ALCO]	116
	[POMPEI]VS	FALCO	122
A.	CAECILIVS	FAVSTINVS	99
A.	CAECILIVS	FAVSTINVS	99
A.	CAECILIVS	FAVSTINVS	105
A.	CAECILIVS	FAVSTINVS	105
A.	CAECILIVS	FAVSTINVS	105
[Cn.	MINICIVS]	FAVSTINVS	91
Cn.	MINICIVS	FAVSTINVS	91
Cn.	MINI[C]IVS	FAVST[INVS]	91
Cn.	[MINICIVS	FAVSTINVS]	91
C.	Paconius C. f. Arn.	FELIX	122
P.	Sextilius	FELIX	79
P.	Sextilius	FELIX	79
M.	POSTVMIVS	FESTVS	160
M.	POSTVMIVS	FESTVS	160
M.	Baebius Athi f.	FIRMVS	119
M.	ARRIVS	FLACCVS	79
M.	ARRIVS	FLACCVS	79
L.	VITR[ASIVS	FLAMININVS]	122
L.	VITRASIVS	FLAMININVS	122
[L.	VITRASIVS	FLAMINI]NVS	122
	Flavius	FLAVIANVS	153
		FLAVVS (507)	99
	Iulia Bithi fil.	FLORENTINA	123
Sex.	IVLIVS	F[RONTINVS]	98
Ti.	CATIVS C[AESIVS	FRONTO]	96
L.	Iulius	FRONTO	119
L.	Iulius	FRONTO	119
[L.	Iu]lius	FRONTO	119
L.	Iul[ius	FRONTO]	119
	Iulius	FRONTO	129
Sex.	OCTAVIVS	FRONTO	92
[Sex.	OCTAVIVS	FRONTO]	96/97
	[OCTAVIVS	FRONTO]	97
		FRONTO (544)	127
[L.]	IVLIVS	FRVGI	115
L.	IVLIVS	FRVG[I]	115
L.	MATVCCIVS	FVS[CINVS]	159
[L.	MATVCCIVS	FVSCI]NVS	159
Ti.	MANILIVS	FVSCVS	225
[Ti.	MANILIVS	FVSCVS]	225
C.	Iulius C. fil. Ulp.	GAIANVS	222
[L.	AVRELIVS	GALLVS]	146
L.	FABIVS	GALLVS	131
Q.	PETIEDIVS	GALLVS	153
M.	Arreci[nus	GEMELLVS]	90
[T.	PRIFERNIVS	GEMINVS]	123
		GERMANVS (560)	129/134
M.	ACILIVS	GLABRIO	152
M.	Sollius Zurae f.	GRACILIS	139
	Claudius	GRATILIANVS	178
L.	Avianius	[G]RATVS	119
	Livius	GRATVS	123

ROMAN MILITARY DIPLOMAS VI

L.	[Plotius	GRYPVS]	104
		GVSVLA Doqui f. (482)	79
(-.	---)	HATERIANVS (sen.) (637)	180/192
		HERACLIDES (533)	121
[M.]	ANTONIVS	[HIBERVS]	133
		HIMERVS Callistrati f (597).	157
M.	VALERIVS	HOMVLLVS	152
C.	Rutilius	HONORATVS	154
	Iulius	HO[---] (eq.) (552)	131
		IAMBA (533)	121
		ICCVS (535)	122
		ICCVS (535)	122
		ICO (?) (599)	158
	Sempronius	INGENVVS	164
		ISI (gen.) (531)	120
	[Flavius	ITALICVS	135
		ITALICVS (647)	225
Ti.	CLAVDIVS	IVLIANVS	154
Q.	FABIVS	IVLIANVS	131
	SALVIVS	IVLIANVS	152
	[SALV]IVS	IV[LIANVS]	152
		IVLIVS (513)	105
		IVLIVS (521)	115
		IVLIVS (535)	122
		IVLIVS (574)	139/140
L.	AEMILIVS	[IVNC]VS	127
	Iulia	IVNIA	225
[Cn.	TERENTIVS	I]VNIOR	146
	CVRTIVS	IVSTVS	157
[L.	FABIVS	IVSTVS]	107
[L.	FABIVS	IVSTVS]	108
	[PONTIVS	LAELI]ANVS	146/149
	PONTIVS	LAELIANVS	153
L.	(AELIVS)	LAMIA PLA[VTI]VS AELIA[NVS]	80
L.	CORNEL[IVS	LATINIANVS]	119
	Vettius	LATRO	131
	[V]ettius	LATRO	128/131
	[Vettius	L]ATRO	128/131
[M.	PISIBANIVS	LEPI]DVS	159
M.	PISIBANIVS	LEPIDVS	159
[-.	LABERIVS	LICIN]IANVS	144
(-.	LABERIVS)	[L]ICIN[IANVS]	144
C.	IVLIVS	LONGINVS	107
[Cn.	POMPEIVS	LONGINVS]	86
[Cn.	POMPEIVS	LONGINVS]	90
C.	Fidus Q. f. Gal.	LOREIANVS	120
L.	TVTILIVS	LVPERCVS	115
[M.	TI]TIVS	LVSTRICVS BRVTTIANVS	108
		L[---] (574)	139/140
		MACEDO (478)	71
M.	MARCIVS	[MACER]	100
	[NONIVS	MACR]INVS	159
	[NONI]VS	MACRINVS	159
		MACRINVS Acresionis f. (496)	92
[(L.	ATTIVS)]	MACRO	134
C.	AVFIDIVS	MARCELLVS	226
C.	AVFIDIVS	MARCELLVS	226
C.	CATTIVS	MARCELLVS	153
	Claudius Passeris f.	MARCELLVS	154
	POBLICIVS	MARCELLVS	129
	P[O]BLICIVS	MARC[ELLVS]	129
	[POBLICIVS	MARCELLVS]	129
	[POBLICIVS	MARCELLVS]	129
	[POBLICI]VS	MARC[ELLVS]	129/134
	POBLICIVS	MARCELLVS	129/134
C.	PVBLICIVS	MARCELLVS	120
[C.	PVBLICIVS	MARCELLVS]	120

NAMES

	VLP[IVS	MARCELLVS]	178
	[VLPIVS	MARCELLVS]	178
	[VLPIVS	MARCELLVS]	178
	[VLPIVS	MARCELLVS]	178
C.	Valerius C. f. Ulp.	MARCVS	219
		MARCVS (496)	92
		MARCVS (503)	97
		MARCVS (506)	99
		M[ARC]VS (?) (532)	120
[P.	VALERIVS]	MARINVS	91
P.	VALERIVS	MARINVS	91
P.	VALER[IVS]	MAR[INVS]	91
P.	[VALERIVS	MARINVS]	91
[M.	U]lpius Titiatis f.	MARTIALIS	180/192
[L.	POMPONIVS]	MATERNVS	97
[L.	POMPONIVS	MATERNVS]	97
		MAXIMA (545)	127
[Ti.	Clau]dius Ti. f. Qui.	MAXIMINVS	129
[Ti.	Claudius] Ti. f. Qui.	[MAXIMINVS]	129
[Ti.	Claudius Ti.] f. Qui.	M[AXIMINVS]	129
L.	ANNIVS	MAXIMVS	207
[L.	ANNIVS	MAXI]MVS	207
	Cavillius	MAXIMVS	160
	CLAVDIVS	MAXI[MVS]	151
[A.	BVCIVS LAPPIVS]	MAXIMVS	91
A.	BVCIVS LAPPIVS	MAXIMVS	91
A.	[BVCCIVS LAPPIVS	MAXIMVS]	91
[A.	BVCCIVS LAPPIVS	MAXIMVS]	91
[A.	BVCCIVS LAPPIVS	MAXIMVS]	91
[A.	BVCCIVS LAPPIVS	MAXIMVS]	91
[A.	BVCCIVS LAPPIVS	MAXIMVS]	91
L.	MARIVS	MAXIMVS	223
S.	QVINTILIVS	MAXIMVS	151
L.	VALERIVS	MAXIMVS	233
		MAXIMVS (533)	121
		MAXIMVS LVCILIANVS (sen.) (612)	160
		MAXIMVS LVCILIANVS (sen.) (613)	160
M.	Cominius M. f.	MEMOR	207
L.	SEMPRONIVS	MERVLA AVSPICATVS	121
		MOCAZENIS (489)	91
		MOCIMVS (544)	127
		MVCACENTHVS (507)	99
		MVCACENTVS Eptacentis f. (509)	101
		MVCATRALIS (526)	119
		MVMMA (595)	154
		MVTA Mutetis f. (612)	160
		MVTES (612)	160
	[---]lius Amatoci f.	M[---] (606)	160
		NAMESIS (?) (543)	127
		NANNIS (518)	108
	Cocceius	NASO	122
	[Cocceius	NASO]	122
	[Cocceius	N]ASO	122
L.	MINICIVS	NATALIS	139
	Aurelius	NEMESIANVS	223
		NENE (507)	99
M.	LICIN[IVS	NEPOS]	127
M.	LICINIVS	NEPOS	127
	[METILIVS	NEPOS]	98
[A.	PLATORI]VS	[NEPO]S	119
[A.	PLATORIVS	NEPOS]	122
A.	PLATORIVS	NEPOS	160
A.	PLATORIVS	NEPOS	160
T.	RVBRIVS AELIVS	NEPOS	79
T.	RVBRIVS AELIVS	NEPOS	79
		NORBANVS (517)	107
	Valerius	OCLATIVS	225

[T.	SALVIVS] RVF[INVS MINICIVS
C.	Longinus Italici f.
C.	IVLIVS
[(M.	GAVIVS)
P.	Aelius P. f. Vol.
Q.	ARTICVLEIVS
Q.	ARTICVLEIVS
[A.	CORNELIVS
	Aurelius
[(P.	LICINIVS)
[-.]	Sestius
Cn.	CORNELIVS
[P.	VA]LERIVS
[P.	VAL]ER[IVS
C.	VALE[RIVS
M.	LOLLIVS
	[SERGIVS]
	[SERGIVS]
T.	FLAVIVS SALLVSTIVS
	[---]s
M.	Antonius
[(L.)	ALBIVS PVLLAIENVS
L. Ti.	CLAVDIVS
L.	CLODIVS
	[Sulpicius]
	[BRVTTIVS
[Ti.(?)	Clau]dius
[L.	IAVOLENVS
L.	NERATIVS
[D.	NOVIVS
C.	NOVIVS
C.	NOVIVS
	Sudernius
	[Varius
	[---]VS
[-.	---]
	[---
C.	CILNIVS
L.	CLAVDIVS
Q.	Gavius
L.	NERATIVS
L.	RVTILIVS
[L.	RVTILIVS
[(L.	ARRIVS)
M.	(CLODIVS)
L.	Septimius L. f. Ulp.
C.	ANTIVS IVLIVS
L.	STATIVS
[L.	STAT]IVS
[T.	AVIDIVS
L.	Rutilius
L.	IVLIVS
L.	I[VLIVS

OCTAVIVS Cusonis f. (587)	151
OPIMIANVS]	123
ORESTES	225
ORFITIANVS	157
ORFITVS]	165
PACATVS	152
PAETINVS	123
PAETVS	101
PALLAEVS (539)	123
PALMA FR]ONTO[NIANVS]	104/106
PANICVS	160
PANSA]	134
PANTHERA	115
PAPVS (544)	127
PASSER (595)	154
PATERNVS	233
PA[TRVINVS]	88
PA]TR[VINVS]	88
PAVLLINVS]	107
PAVLLINVS VALERIVS ASIATICVS SAT[VRNINVS]	94
PAVLLVS	140
PAVLVS	139/142
PELICNIANVS	231
PHILIPPVS (eq.) (635)	183/184
PILATVS	151
[PI]THEROS (?) (606)	160
POLLIO]	90
POLYDORVS (509)	101
POMPEIANVS	231
POMPEIANVS	202
POMPEIVS	159
POTENS (525/351)	119
PRAESENS]	127
PRAETIOSA (513)	105
PRIMVS Marci f. (506)	99
PRIMVS (525/351)	119
PRISCA Dasmeni fil. (586)	151
PRISCI[---] (eq.) (534)	122
PRISCVS]	90
PRISCVS	101
PRISCVS]	80
PRISCVS	152
[PRISCVS]	152
PRISCVS	121
PRISCVS] (?)	159/160
PRISCVS (sen.) (569)	138/139
PRISCVS (eq.) (503)	97
P]ROBATVS (eq.) (587)	151
[PROCVLVS]	100
PROCVLVS	139
PROCVLVS	152
PROCVLVS	165/166
PROPINQVVS	120
PROPINQVVS]	120
PVDE]NS	165
PVERIBVRIS Dabonis f. (592)	153
PVPIENVS MAXIMVS	234
PVRVLA	208
QVADRATVS	94
QVADRATVS	142
QVADRATVS	142
QVIETVS]	98
RAVONIANVS	105
RETIMES (595)	154
ROMVLVS	152
ROMVLVS]	152
RVFINA (544)	127

NAMES

	CAE[CILIVS	RV]FINVS (?)	165/166
L.	CVSPIVS	RVFINVS	142
[L.	CVSPIVS	RVFINVS]	142
C.	Iulius C. f. Vol.	RVFINVS	101
L.	CAELIVS	[RVFVS]	127
L.	COELIVS	RVFVS	119
L.	COELIVS	RVFVS	119
L.	COELIVS	RVFVS	119
[L.	COELIVS]	RV[FVS]	119
[Q.	POMPONIVS	RVFVS]	97
Q.	POMPONIVS	RVFVS	99
[Q.	POMPONIVS	RVFVS]	99
[Q.	TINEI]VS	RVFVS	127
Q.	TINEIVS	RVFVS	127
D.	VELIVS	RVFVS	178
[D.	VELIVS]	RVFVS	178
[C.	VICRIVS	RVFVS]	145
		RVFVS (519)	112
		RVFVS (544)	127
C.	Valerius M. f.	RVF[---] (519)	112
		RVMA (544)	127
[M.(?)	L]ICINIVS	RV[SO]	112
[Q.	I]VNIVS	RV[STICVS]	133
T.	Sen[ius ---]	RVSTICVS	119
	[---]rius	R[---] (eq.) (557)	132/133
		SABINA (539)	123
M.	IVNIVS	SABINIANVS	155
	Fabius	SABINVS	139
L.	PETRO[NIVS	SABINVS]	145
	[PONTIVS	SABINVS]	160
		SABINVS (539)	123
[Q.	T]INEIVS	SACERDOS	158
(Q.	TINEIVS)	SA{R}CERDOS	219
Q.	Planius	SARDVS C. f. Pup. Truttedius Pius	99
		SATVRNINA (517)	107
	CLAVDIVS	SATVRNINVS	146
[L.	HERENNIVS	SATVRNINVS]	104/105
		SATVRNINVS (496)	92
		SATVRNINVS (525/351)	119
Ser.	(CORNELIVS)	SCIPIO ORFITVS	178
[Ser.	(CORNELIVS)	SCIPIO] ORFITVS	178
		SCVRIS Dolentis fil. (605)	160
C.	CAELIVS	SECVNDVS	157
Q.	Clodius	SECVNDVS	157
M.	COMINIVS	SECVNDVS	151
[P.	M]ETILIVS	SECVNDVS	123
M.	STATORIVS	SECVNDVS	121
	[Calpu]rnius	SENECA	133
	[DOMIT]IVS	[SE]NECA	142
M.	Numisius M. f. Gal.	SENECIO ANTISTIANVS	91
M.	Numisius M. f. Gal.	SENECIO ANT[ISTIANVS]	91
M.	Aurelius M. f. Col.	SENECIVS	226
	[SE]DATIVS	SEVER[IANVS]	152
L.	Ab[urnius	SEVERVS]	145
[-.]	ARRIVS	SEVERVS	178/192
Sex.	Graesius	SEVERVS	157
	[IVLIVS	SEVERVS]	120
	[IVLIVS	SEVERVS]	120
	IVLIVS	SEVERVS	123
[Sex.	IVLI]VS	SEVERVS	127
	IVLIVS	SEV[E]RVS	130/131
C.	IVLIVS	SEVERVS	155
[C.	S]AENIVS	S[EVERVS]	126
C.	SEPTIMIVS	SEVERVS APER	207
[C.	SEPTIMIVS	SEVERVS] APER	207
M.	Ulpius M. f.	SE[---] (655)	252/253
		SIASIS Decinaei f. (586)	151

ROMAN MILITARY DIPLOMAS VI

P.	MVMM[IVS	SISENNA]	133
(P.	MVMMIVS)	SISENNA RVTILIANVS	151
Q.	CAECILIVS	SPERATIANVS	202
Sex.	ATTIVS	SVBVRANVS	101
		SVRODAGVS Surpogissi f. (589)	152
		SVRPOGISSVS (589)	152
		SV[--- ---]ae [fil.] (524)	119
M.	Aurelius M. fil.	SYRIO	202
		TAIA (546)	129
		TARSA Duzi f. (478)	71
		TARSA Tarsae f. (512)	105
		TARSA (512)	105
		TATIA (546)	129
		TERES (527/353)	119
[T.	F]LAVIVS	TE[RTVLLVS]	133
Sex.	SVLPICIVS	[TERTVLLVS]	158
[-.	---]	TERTVLLVS (sen.) (635)	183/184
		THARSA (483)	79
		THARSA [--- f.] (488)	90
		TITIATIS (gen.) (637)	180/192
		TITVS (630)	178
C.	Ostorius	TRANQVILLIANVS	153
[C.	Ostorius	TRAN]QVILLIANVS	153
		TR[E]RISIVS Titi fil. (630)	178
	Marcius	TVRBO	119
Q.	Antonius Q. f.	T[---] (508)	100
C.	Valerius Drigiti fil.	VALENS	223
	Valerius	VALE[---] (611)	160
		VAL[---] (560)	129/134
T.	VIBIVS	[VARVS]	160
T.	VIB[IVS	VARVS]	160
[T.	VIBIVS	VARVS]	160
T.	VIBIVS	[VARVS]	160
		VAXADE Vaxadi f. (dat.) (613)	160
		VAXADI (gen.) (613)	160
A.	DIDIVS GALLVS [FABRICIVS]	V[EIENTO]	80
[Ti.(?)	C]laudius	VERAX	108
C.	Cornelius	VESSONIANVS	142
M.	Blossius	VESTALIS	151
		VIBIA (525/351)	119
	Ulpius	VICTOR	123
		VICTORIA (535)	122
M.	Cominius Cubesti f.	VIELO	129
	POMPEI[VS	VOPISCVS]	158
M.	MVNATIVS	VRBANVS	234
		VRBANVS Ateionis f. (513)	105
		ZABAEVS (539)	123
		ZACCA Pallaei f. (539)	123
		ZISPIER (552)	131
		ZO[R]DAMVSES (547)	129
		ZVRA (570)	139
		ZVRAZIS Decebali f. (477)	70
		ZVROSIS (552)	131
		ZYASCELIS Polydori f. (509)	101
		[---]A (524)	119
		[---]ENS (560)	129/134
[M.	CALPVRNIVS	---ICVS] (sen.) (500)	96
		[---]MVS (573)	117/140
[-.	---	---]NINVS (eq.) (479)	73
		[---]NVS Dolarri f. (518)	108
		[---]OSIA (549)	129
		[---]RES (593)	153
		[---]RRIVS (518)	108
[-.	---	---]TVS (sen.) (579)	144
[-.	---	---TVS] [sen.] (580)	144

3a. GOVERNORS

NAME	ORDER	PROVINCE	DATE		NO.
[F]abius Cat[ullinus]	Praetorian	Africa	127	Oct. 8/13	545
Aemilius Carus	Praetorian	Arabia	141/142		577
[T. Avidius Quietus]	Consular	Britannia	98	[Febr. 20]	505
[P. Metilius Nepos]	Consular	Britannia	98	[Febr. 20]	505
[A. Platorius Nepos]	Consular	Britannia	122	Iul. 17	534
[Pompei]us Falco	Consular	Britannia	122	Iul. 17	534
Iulius Sev[e]rus	Consular	Britannia	130/131		551
Ulp[ius Marcellus]	Consular	Britannia	178	Mart. 23	630
[T. Pomponius Bassus]	Consular	Cappadocia	100	Mart. / Apr.	508
Calpurnius Cestianus	Praetorian	Cilicia	121	Aug. 19	533
Cocceius Naso	Praetorian	Dacia inferior	122	Iul. 17	535
[Cocceius Naso]	Praetorian	Dacia inferior	122	Iul. 17	536
[Cocceius N]aso	Praetorian	Dacia inferior	[122	Iul. 17]	537
[---] Constan[s]	Praetorian	Dacia inferior	130/138		567
[--- Consta]ns	Praetorian	Dacia inferior	130/138		568
Livius Gratus	Praetorian	Dacia Porolissensis	123	Apr. 14	539
Sempronius Ingen[us]	Praetorian	Dacia Porolissensis	164	[Iul. 21]	621
Marcius Turbo	Equestrian	Dacia superior	119	Nov. 12	525/351
[Iulius Severus]	Consular	Dacia superior	120	Iun. 29	531
Iulius Severus	Consular	Dacia superior	123	Apr. 14	539
[Se]datius Sever[ianus]	Consular	Dacia superior	152	[Sept. 5]	591
[D. Iunius Novius Priscus]	Consular	Germania inferior	80	Ian. [26/28]	484
L. Neratius Priscus	Consular	Germania inferior	101	Mart. 11	509
L. Caelius [Rufus]	Consular	Germania inferior	127	(Aug. 20)	543
Salvius Iulianus	Consular	Germania inferior	152	Sept. 5	589
[Salv]ius Iu[lianus]	Consular	Germania inferior	152	[Sept. 5]	590
Cn. [Pinarius Cle]mens	Consular	Germania superior	76	(Mart.15/Iun.30)	481
[L. Iavolenus Priscus]	Consular	Germania superior	90	Oct. 27	488
[Sex. Lu]sianus Pro[culus]	Consular	Germania superior	94/96	(Sept. 18)	499
[Cn. Pompeius Longinus]	Praetorian	Iudaea	86	[Mai. 13]	485
Vettius Latro	Equestrian	Mauretania Caesariensis	131	Iul. 31?	552
[V]ettius Latro	Equestrian	Mauretania Caesariensis	128/131		553
[Vettius L]atro	Equestrian	Mauretania Caesariensis	128/131		554
[Va]rius Clem[ens]	Equestrian	Mauretania Caesariensis	151	Sept. 24	587
L. [Plotius Grypus]	Equestrian	Mauretania Tingitana	104	[Sept. 20]	511
Flavius Flavianus	Equestrian	Mauretania Tingitana	153	Oct. 26	592
[Flavius Flavianus]	Equestrian	Mauretania Tingitana	153	Oct. 26	593
Sex. Vettulenus Cerialis	Consular	Moesia	73	(Apr. / Iun.)	479
[Sex. Vett]ulenus Ce[rialis]	Consular	Moesia	75	[Apr. 28]	480
Sex. Octavius Fronto	Consular	Moesia inferior	92	Iun. 14	496
[Sex. Octavius Fronto]	Consular	Moesia inferior	92	[Iun. 14]	497
[Sex. Octavius Fronto]	Consular	Moesia inferior	96/97		501
[Q. Pompeius Rufus]	Consular	Moesia inferior	97	Sept. 9	503
[Sex. Octavius Fronto]	Consular	Moesia inferior	97	Sept. 9	503
Q. Pomponius Rufus	Consular	Moesia inferior	99	Aug. 14	506
[Q. Pomponius Rufus]	Consular	Moesia inferior	99	Aug. 14	507
A. Caecilius Faustinus	Consular	Moesia inferior	105	Mai. 13	512
A. Caecilius Faustinus	Consular	Moesia inferior	105	Mai. 13	513
A. Caecilius Faustinus	Consular	Moesia inferior	105	Mai. 13	514
[L. Fabius Iustus]	Consular	Moesia inferior	107	[Nov. 24]	517
Pompeius Fa[lco]	Consular	Moesia inferior	116	[Febr.22/Mart.31]	523
[Bruttius Praesens]	Consular	Moesia inferior	127	Aug. 20	544
Cl(audius) Saturn[inus]	Consular	Moesia inferior	146	[Oct. 11]	583
[L. Herennius Saturninus]	Consular	Moesia superior	104/105		515
L. Tutilius Lupercus	Consular	Moesia superior	115	Iul. 5	521
Sisenna Rutilianus	Consular	Moesia superior	151	Ian. 20	586
Curtius Iustus	Consular	Moesia superior	157	Apr. 23	597
[Pontius Sabinus]	Consular	Moesia superior	160	[Ian. / Febr.]	611
P. Sextilius Felix	Equestrian	Noricum	79	Sept. 8	482
P. Sextilius Felix	Equestrian	Noricum	79	Sept. 8	483
[--- P]robatus	Equestrian	Noricum	151	Sept. 24	587
[Q. Gli]tius Atilius Agricola	Consular	Pannonia	102	[Nov. 19]	510
L. Corne[lius Latinianus]	Praetorian	Pannonia inferior	119	(Mart.16/Apr.13)	524

[Fuficius Cornutus]	Praetorian	Pannonia inferior	146	[Aug. 11]	582
Iallius Bassus	Praetorian	Pannonia inferior	154	Sept. 27	595
Cae[cilius Ru]fi[nus](?)	Praetorian	Pannonia inferior	165/166		623
[Sergius] Paullus	Consular	Pannonia superior	140	(Ian.1/Dec.9)	571
[Sergius] Paullus	Consular	Pannonia superior	139/142		578
[Pontius Laeli]anus	Consular	Pannonia superior	146/149		584
Claudius Maxi[mus]	Consular	Pannonia superior	151	Sept. 24	587
[Nonius Macr]inus	Consular	Pannonia superior	159	(Iun. 21)	603
Nonius Macrinus	Consular	Pannonia superior	159	Iun. 21	604
[---]rius R[---]	Equestrian	Raetia	130/133		557
Scri[bonius ---]	Equestrian	Raetia	129/136		563
Varius Clemens	Equestrian	Raetia	157	Sept. 28	598
[Varius Priscus]	Equestrian	Raetia	159/160		616
[P. Va]lerius Patruinus	Consular	Syria	88	[Nov. 7]	486
P. Val]er[ius Pa]tr[uinus]	Consular	Syria	88	[Nov. 7]	487
[A. Bucius Lappius] Maximus	Consular	Syria	91	Mai. 12	489
A. Bucius Lappius Maximus	Consular	Syria	91	Mai. 12	490
A. [Bucius Lappius Maximus]	Consular	Syria	91	(Mai. 12)	491
[A. Bucius Lappius Maximus]	Consular	Syria	91	Mai. 12	492
[A. Bucius Lappius Maximus]	Consular	Syria	91	Mai. 12	493
[A. Bucius Lappius Maximus]	Consular	Syria	[91	Mai. 12]	494
[A. Bucius Lappius Maximus]	Consular	Syria	[91	Mai. 12]	495
[A. Cornelius Palma Fr]onto[nianus]	Consular	Syria	104/106		516
Poblicius Marcellus	Consular	Syria	129	Mart. 22	547
P[o]blicius Marc[ellus]	Consular	Syria	129	Mart. 22	548
[Poblicius Marcellus]	Consular	Syria	129	[Mart. 22]	549
[Poblicius Marcellus]	Consular	Syria	129	[Mart. 22]	550
[Poblici]us Marc[ellus]	Consular	Syria	129/134		560
Poblicius Marcellus	Consular	Syria	129/134		561
Pontius Laelianus	Consular	Syria	153	Oct. / Dec.	594
[Domitius Se]neca	Consular	Syria Palaestina	142	[Ian. 15]	575
Maximus Lucilianus	Consular	Syria Palaestina	160	Mart. 7	612
Maximus Lucilianus	Consular	Syria Palaestina	160	Mart. 7	613
Iulius Commodus	Praetorian	Thracia	155	Mart. 10	596
Pompei[us Vopiscus]	Praetorian	Thracia	158	[Ian.1]/(Dec.9)	601

3b. PREFECTS OF THE FLEETS

NAME	FLEET	DATE		NO.
L. Iulius Fronto	PRAETORIA MISENENSIS	119	Dec. 25	526
L. Iulius Fronto	PRAETORIA MISENENSIS	119	Dec. [25]	527/353
L. Iu]lius Fronto	PRAETORIA MISENENSIS	119	[Dec. 25]	528
L. Iul[ius Fronto]	PRAETORIA MISENENSIS	119	[Dec. 25]	529
Iulius Fronto	PRAETORIA MISENENSIS	129	Febr. 18	546
[Calpu]rnius Seneca	PRAETORIA MISENENSIS(?)	133	(Mai./Aug.)	556
Tuticanus Capito	PRAETORIA MISENENSIS	160	Febr. 7	605
Tuticanus Capit[o]	PRAE[TORIA MISENENSIS]	160	Febr. 7	606
Tuticanus Ca[pito]	PRAE[TORIA MISENENSIS]	160	[Febr. 7]	608
[Tuticanus Capito]	PRAETORIA MISENENSIS	160	[Febr. 7]	609
Sentius Claudianus	PRAETORIA SEVERIANA [MISENENSIS]	225	Nov. 17	647
[Sex. Lucilius] Bassus	RAVENNAS	71	Apr. 5	478
Numerius Albanus	PRAETORIA RAVENNAS	121/122		538
Fabius Sabinus	PRAETORIA RAVENNAS	139	Aug. 22	570
Valerius Oclatius	PRAETORIA RAVENNAS	225	[Dec. 18]	648
Papi[---]	[---]	145/160		614

4. RECIPIENTS, THEIR UNITS, AND THEIR FAMILIES

4a. PRAETORIANI ET VRBANI

NAME	HOME	UNIT	DATE	NO.
P. Aelio P. f. Vol. Pacato	Philipp(is) ~~MARCIA~~	cohors I pr.	152	588
[-. Fi]rmio [-.] f. [---]		cohors [-]III p[r.]	178/192	636
M. Aurelio M. fil. Syrioni	Pautalia	cohors III praetor. p.v.	202	638
M. Cominio M. f. Memori	Isauria	cohors VII pr. p.v.	207	639
[---] Ael. Dribalo	Durosto[r]o	[cohors ---] pr. p.v.	207	640
L. Septimio L. f. Ulp. Purula	Nicopoli	cohors I pr. p.v.	208	641
C. Valerio C. f. Ulp. Basso	Nicopoli	cohors VIIII pr. p.v.	208	642
C. Valerio C. f. Ulp. Marco	Nicop(oli)	cohors II pr. Antoniniana p.v.	219	644
C. Iulio C. fil. Ulp. Gaiano	Nicopoli	cohors VI pr. Antoniniana p.v.	222	645
M. Aurelio M. f. Ulp. Celso	Nicopoli	cohors III pr. Severiana p.v.	226	649
M. Aurelio M. f. Col. Senecio	Zermizegetusa	cohors VIIII pr. Severiana p.v.	226	650
M. Aurelio M. f. Ulp. Aulutrali	Nicopoli	cohors V pr. Alexandriana p.v.	231	651
P. Camurio P. f. Ulp. Crescenti	Nicopoli	cohors V pr. Alexandriana p.v.	233	652
L. Septimio L. f. Dolatrali Ulp.	Filip(o)poli	cohors III pr. [Alexand]riana p.v.	234	653
M. Ulpio M. f. Se[---] Ael.	Vim[inacio]	[cohors --] pr. Gallian[a Volusiana p.v.]	252/253	655

4b. MILITES ALARVM ET COHORTIVM

NAME	STATUS	HOME	UNIT	PROVINCE	DATE	NO.
Gusulae Doqui f.	gregali	Thrac(i)	ala I Thracum victrix	NORICVM	79	482
Coto Tharsa[e] f.	gregali	Thrac(i)	ala I Thracum victrix	NORICVM	79	483
Diasevae Dipini f.	equi[ti]	[Thrac(i)?]	cohors IIII Th[r]acum	[GERMANIA]	80	484
Tharsae [---]	[equiti]	[Thrac(i)?]	[coho]rs I A[quitanorum veterana]	[GERM. SVP.]	90	488
[---] Mocazenis f.	pediti	Thrac(i)	[cohors I Thracu]m milliaria	[SYRIA]	91	489
Bruzeno Delsasi f.	gregali	Thrac(i)	ala veterana Gallica	SYRIA	91	490
Cardenti Biticenthi [f.]	gregali	Disdiv( )	ala veterana Gallica	SYRIA	91	491
Macrino Acresionis f. et Marco f. eius et Saturnino f. eius et Augustae filiae eius	equiti	Apamen(o)	cohors VII Gallorum	MOES. INF.	92	496
M. Attio M. [f. ---]	ex [---]	[---]	cohors II Fla[via Bessorum]	[MOES. INF.]	92	497
Dorisae Dolentis [f.]	ex gregale	[Thrac(i)?]	ala Thracum Herculana	[GALAT. ET CAPPAD.]	94	498
[---] Marci f.	[pe]diti	AnC/O/Q[---]	[cohors ---]orum vetera[na]	[MOES. INF.]	97	503
Primo Marci f.	gregali	Ubio	ala I Asturum	MOES. INF.	99	506
Dolazeno Mucacenthi f. et Deneusi Esiaetralis filiae uxori eius et Flavo f. eius et Nene fil. eius et Benzi fil. eius	gregali	Bess(o) [B]ess(ae)	ala I Flavia Gaetulorum	[MOES. INF.]	99	507
Q. Antonio Q. f. T[---]	ex ce[nturione]	[---]	cohors I Augus[ta Cyrenaica]	CAPPAD.	100	508
Mucacento Eptacentis f. et Zyasceli Polydori f. uxori eius	centurioni	Thrac(i) Thrac(a)	cohors I c(ivium) R(omanorum) p. f.	GERM. INF.	101	509
Tarsae Tarsae f.	pediti	Besso	cohors I Tyriorum sagittariorum	MOES. INF.	105	512
Urbano Ateionis f. et Crispinae (H)Eptacenti fil. uxori eius et Attoni f. eius et Iulio f. eius et Crispino f. eius et Praetiosae fil. eius	gregali	Trevir(o)	ala I Asturum	MOES. INF.	105	513

ROMAN MILITARY DIPLOMAS VI

Atrecto Capitonis f.	gregali	Nemet(o)	ala II Hispanorum et Arvacorum	MOES. INF.	105	514
C. Annio [---] et Saturnin[ae --- fil. uxori eius] et Astico [f. eius] et Norbano [f. eius]	grega[li]	[---] [---]	ala I Favia Gaetu[lorum]	[MOES. INF.]	107	517
[---]no Dolarri f. et ---]rrio f. eius et Nanni fil. eius	ex pedite	Sequan(o)	[cohors] V Hispanorum	[MOES. SVP.]	108	518
[L.] Iulio L. f. Claudiano [e]t Iulio f. eius et Domninae fil. [eius]	ex gregale	An[---]	[a]la praetoria singularium	MOES. SVP.	115	521
Casu[---] et Su[---]ae [fil. uxori eius]	[e]x gr[egale]	[B]esso [B]ess(ae)	ala Sil[iana armillata t]o[rqu]ata	PANN. INF.	119	524
Demuncio Avessonis f. et Primo f. eius et Saturnino f. eius et Potenti f. eius et Vibiae fil. eius et Comatumarae fil. eius	ex pedite	Eravisc(o)	cohors VIII Raetorum	DAC. SVP.	119	525/351
Adiutori ⌐T⌐si. f.	ex gregale	[Be]sso	ala Hispanorum	[DAC. SVP.]	120	531
L. Cassio Cassi f. [---] et M[arc]o(?) f. eius et A[--- f. eius] et Cogitatae fil eiu[s] [et --- fil. eius] et Dussinae fil. eius	ex equit[e]	[---]	[cohors ---]	[DAC. SVP.]	120	532
Alexandro Andronici f. et Maximo f. eius et Iambae f. eius et Heraclide f. eius et Alexandrae fil. eius	ex pedite	Anti(ochiae)	cohors IIII Gallorum	CILICIA	121	533
[---] Busudia[---]	ex grega[le]	[---]	[ala G]allorum Picentian[a]	[BRITANNIA]	122	534
Bolliconi Icci f. Icco et Aprili f. eius et Iulio f. eius et Aproniae fil. eius et Victoriae fil. eius	ex gregale	Britt(oni)	ala I Claudia Gallorum Capitoniana	DAC. INF.	122	535
[---] f.	[---]	Dalmat(ae)	[ala/cohors ---]	[DAC. INF.]	122	536
Zaccae Pallaei f. et Iuliae Bithi fil. Florentinae uxor. eius et Arsamae f. eius et Abisalmae f. eius et Sabino f. eius et Zabaeo f. eius et Achilleo f. eius et Sabinae fil. eius	ex equite	Syro Bess(ae)	cohors II Flavia Commagenorum	DAC. SVP.	123	539
[---] Daubasgi f. [et ---]namesis fil. uxori [eius]	ex pedite	[---]	[cohors ---] Varcianorum	[GERM. INF.]	127	543
Calo Papi f. et Mocimo f. eius et Frontoni f. eius et Rumae f. eius et Rufo f. eius et Carsiae fil. eius et Rufinae fil. eius	ex pedite	Cyrro	cohors I Thracum Syriaca	[MOES. INF.]	127	544
Antonio D[---] et Antonio f. eius [et ---] et Maximae fil. eiu[s] [et --- fil. eius]	[---]	[---]	cohors II [---]	AFR[ICA]	127	545
[M. Ulp]io Zordamusi f. Canuleio	ex pedite	Daco	[cohors I] Ulpia Dacorum	SYRI[A]	129	547
[---]	[ex] pedite	[Daco(?)]	[cohors I U]lpia Daco[rum]	[SYR]IA	129	548/372

RECIPIENTS, THEIR UNITS, AND THEIR FAMILIES

[M. Ulpio ---]osiae f. [---]	[ex] pedite	[Daco(?)]	[cohors I Ulpia] D[acorum]	SYRIA	129	549
Diurdano Damanaei f.	ex pedite	[Daco(?)]	cohors I Flavia Musulamiorum	MAVR. CAES.	131	552
et Zispier Zurosi fil. uxori eius		[Dacae(?)]				
et Decebalo f. e[ius]						
et Dossacho f. e[ius]						
et Comadici f. e[ius]						
et Davappier fil. e[ius]						
et Daeppier fil. e[ius]						
[---]	[---]	[---]	[ala/cohors ---]	[---]	92/134	559
[et --- f. ei]us						
[et --- fi]l. eius						
[---]entis f.	ex gregal[e]	[---]	[ala I Thracum] Hercu[liana]	[SYRIA]	129/134	560
[et --- f. eius]						
et Germano [f. eius]						
[et ---] f. eius						
et Val[---]						
[---]	[---]	Besso	[ala/cohors ---]	[---]	134/137	564
[---] f. eius						
[---]	[---]	[---]	[ala/cohors ---]	[---]	117/138	566
et D[---]						
Didaecuttio L[--- f.]	ex pe[dite]	[Daco(?)]	cohors II Augusta Nerviana [milliaria Brittonum]	[DAC.POROL.]	139/140	574
et Diurpae Dotu[si(?) fil. uxori eius]		[Dacae(?)]				
et Iulio f. [eius]						
[et --- f. eius]						
et Dimidusi fil. [eius]						
Celso Cozzupaei f.	ex gregale	Philipp(is)	ala Antinana Gallorum et Thracum	[S]YR. PAL.	142	575
[---]	[---]	Runic(ati) H⌐el⌐vet(iae)	[ala/cohors ---]	[RAETIA]	144	579
[et --- fil. uxori ei]us						
[---]	[---]	HILAO/ NICIO	[ala/cohors ---]	[PANN. INF.]	146	582
Siasi Decinaei f.	ex pedite	Caecom( ) ex Moes(ia) Dard(anae)	cohors III Brittonum	MOES. SVP.	151	586
et Priscae Dasmeni fil. uxor. eius						
Octavio Cusonis f.	ex gregale	Asalo	ala I Hispanorum Arvacorum	[PANN. SVP.]	151	587
Surodago Surpogissi f.	ex pedite	Daco	cohors XV voluntariorum c. R.	GERM. INF.	152	589
Pueriburi Dabonis f.	ex gregale	Daco	ala I Augusta Gallorum c. R.	MAVR. TING.	153	592
[---]re f.	[ex gr]egale	Daco	[ala I Augusta Gall]orum c. R.	[MAVR.TING.]	153	593
Claudio Passeri f. Marcello et Mummae Retimes fil. uxor. eius	ex gregale	Antiz(eti) Erav(iscae)	a[l]a praetoria c.R.	PANN. INF.	154	595
Aelio Batonis f. Dassio	ex pedite	Pann(onio)	cohors II Mattiacorum	THRACIA	155	596
Himero Callistrati f.	ex pedite	Laud(icea)	cohors III Brittonum veterana	MOES. SVP.	157	597
Disapho Dinicenti f.	ex gregale	Thrac(i) Thrac(ae)	ala I Hispanorum Aur⌐i⌐ana	RAETIA	157	598
et Andrae Eptecenti fil. uxor. eius						
[---]s f.	[ex] gregale	[---]	[ala I Thracum] victrix c.R.	PANN. SVP.	159	603
Valerio Vale[---]	ex [---]	[---]	cohors I Mont[anorum]	MOES. SVP.	160	611
et Accae D[--- fil. uxor. eius]		[---]				
Mutae Mutetis f.	ex pedite	Aspend(o)	cohors I Damascenorum Armeniacum sagittariorum	SYR. PAL.	160	612
Vaxade Vaxadi f.	ex pedite	Suedr(o)	cohors I Sebastenorum millaria	SYR. PAL.	160	613
ALI[---]	[---]	[---]	[ala/cohors ---]	[RAETIA]	154/161	620
Candido Decinaei [f.]	ex pedite	[Daco(?)]	cohors I Thracum [c. R.(?)]	[PANN. INF.]	165/166	623
[---]E NE[---]	ex pe[dite]	[---]	[cohors ---]	[DAC.POROL.]	153/168	629
Tr[e]risio Titi fil.	ex equitibus	Da[c]o	[coh]ors I Aelia Hispanorum	BRIT[T]ANN.	178	630
[---] L. f. Dextro	[ex d]ecurione	castr(is)	[cohors II Lucen]sium	[THRACIA]	183/184	635

4c. EQVITES SINGVLARES AVGVSTI

NAME	STATUS	HOME	UNIT	DATE	NO.
C. Valerio Drigiti fil. Valenti	ex equite domini n. Aug.	ex Moesia infer. Pap. Oesco	equitibus qui inter singulares militaverunt castris novis Severianis	223	646

4d. CLASSICI

NAME	STATUS	HOME	UNIT	DATE	NO.
M. Baebio Athi f. Firmo et Mucatrali f. eius	ex gregale	Besso	classis praetoria Misenensis	119	526
M. Antonio Busi f. Celeri et Teri f. eius et Dolazeni f. eius	ex gregale	Besso	classis praetoria Misenensis	119	527/353
M. Cominio Cubesti f. Vieloni et Taiae fil. eius et Tatiae fil. eius	ex gregale	Corso Cobac/Cobas	classis praetoria Misenensis	129	546
C. Valerio Dineti f. Dento[ni] et Scuri Dolentis fil. ux. ei[us]	ex gregale	[---] [---]	classis praetoria Misenensis	160	605
[---]lio Amatoci f. M[---] [et --- Pi]therotis(?) fil. u[x. eius] [et --- eius] [et] Aletanae(?) [fil. eius]	ex gregale	[Philip]popol(is) ex Thra[c(ia)] [---]	classis prae[toria Misenensis]	160	606
P. Aeli[o ---] et Din[---] et Diep[---]	[ex gregale]	[---]	[classis praetoria Misenensis]	160	607
[-. Au]reli[o ---] [et Co]nstanti [f. eius]	[---]	[---]	[classis praetoria] Misenen[sis]	152/168	628
C. Longino Italici fil. Oresti et Iuliae Iuniae uxori eius	ex centurione	Isauro vico Catessdo/Catessoo Graecae	[classis] praetoria Severian(a) Misenensis]	225	647
C. Valerio M. f. Ruf[---] et Rufo f. eiu[s]	ex centurion[e]	[---]	classis Flavia Moe[sica]	112	519
Tarsae Duzi f. et Macedoni f. [eius]	tessera[rio]	[---]	[classis Ravennas]	71	478
M. Sollio Zurae f. Gracili	ex gregale	Scordis(co) ex Pannon(ia)	classis praetoria Ravennas	139	570
[---]mi f. [Coel[---]	[e]x gregal[e]	[---]	[classis ---]	117/140	573
[---]+ Iconis(?) f.	[ex gub]ernatore	Thrac(i)	[classis ---]	158	599
[M. U]lpio Titiatis f. Martiali	ex gregale	Pann(onio)	[classis ---]	180/192	637
Zurazis Decebali f.		Dacus	leg(io) II adiutrix p. f.	70	477

5a. COMMANDERS OF AUXILIARY UNITS NAMED IN THIS VOLUME

NAME	UNIT	PROVINCE	DATE	NO.
L. Aemilius [---]	cohors II [---]	AFRICA	127	545
[-.] Am[---]	ala I Pannonior[um ---]	BRITANNIA	98	505
[Ti.? Clau]dius Priscian[us]	[ala G]allor(um) Picentian[a]	BRITANNIA	122	534
Claudius Gratilianus	[coh]ors I Aelia Hispanor(um)	BRITANNIA	178	630
[-.] Aurelius [---]	cohors I Augus[ta Cyrenaica]	CAPPAD.	100	508
Sudernius Priscus	cohors IIII Gallor(um)	CILICIA	121	533
C. Paconius C. f. Arn Felix, Carthagin(ensis)	ala I Claud(ia) Gallor(um) Capiton(iana)	DACIA INF.	122	535
[---] Aelianus	[---]	DACIA INF.	122	536
L. Secundiniu[s ---]	[co]hors II Aug(usta) Nerv(iana) [Brittonum (milliaria)	DACIA POROL.	135	562
L. Volusius [---]	cohors II Aug(usta) Nerv(iana) [Brittonum (milliaria)]	DACIA POROL.	133/140	574
[---]us [---]	[---]EAE[---]	DACIA POROL.	153/168	629
L. Avianius [G]ratus	cohors VIII Raetorum	DACIA SVP.	119	525/351
C. Fidus Q. f. Gal. Loreianus	ala Hispanorum	DACIA SVP.	120	531
L. Crispinius [---]	[cohors ---]	DACIA SVP.	120	532
Ulpius Victor	cohors II Flavia Commagenor(um)	DACIA SVP.	123	539
C. Lucilius C. f. Ouf. [---]	ala Thracum Herculana	GALAT. ET CAPP.	94	498
Q. Lutatius Q. f. Pup. D⌐e⌐x⌐t⌐e[r Laelianus]	cohors IIII Thr[a]cum	GERM. INF.	80	484
C. Iulius C. f. Vol. Rufinus	cohors I c. R. p. f.	GERM. INF.	101	509
[---S[---]	[cohors I Latobicor(um) et] Varcianor(um)	GERM. INF.	127	543
Q. Gavius Proculus	cohors XV vol(untariorum) c.R.	GERM. INF.	152	589
M. Arreci[nus Gemellus]	[coho]rs I A[quitanorum veterana]	GERM. SVP.	90	488
M. Co[---]	cohor[s ---]	GERM. SVP.	96	500
Iulius Ho[---]	cohors I Flav(ia) Musulamior(um)	MAVR. CAES.	131	552
C. Ostorius Tranquillianus, Roma	ala I Aug(usta) Gallor(um) c.R.	MAVR. TING.	153	592
[C. Ostorius Tran]quillianus, Roma	[ala I Aug(usta) Gall]or(um) c.R.	MAVR. TING.	153	593
C. Iulius C. f. Col. Capito	cohors VII Gallorum	MOES. INF.	92	496
M. Valerius [---]	cohors II Fla[via Bessorum]	MOES. INF.	92	497
[---] Priscus	[cohors ---]orum vetera[na]	MOES. INF.	97	502
Ti. Iulius Ti. f. Pup. Agricola	ala I Asturum	MOES. INF.	99	506
Q. Planius Sardus C. f. Pup. Truttedius Pius	ala I Flavia Gaetulorum	MOES. INF.	99	507
L. Rutilius Ravonianus	cohors I Tyriorum sagittariorum	MOES. INF.	105	512
L. Seius L. f. Tro. Avitus	ala I Asturum	MOES. INF.	105	513
L. Fabius L. f. Pal. Fabullus	ala II Hispanorum et Aravacorum	MOES. INF.	105	514
Q. Naevius [---]	ala I Flavia Gaetu[lorum]	MOES. INF.	107	517
C. Statilius Crito	cohors I Thrac(um) Syriac(a)	MOES. INF.	127	544
[Ti.? C]laudius Verax	[cohors] V Hispanor(um)	MOES. SVP.	108	518
[-.] Sestius Panthera	[a]la praetoria singularium	MOES. SVP.	115	521
M. Blossius Vestalis, Capua	cohors III Brittonum	MOES. SVP.	151	586
Q. Clodius Secundus	cohors III Brit(onum) vet(erana)	MOES. SVP.	157	597
Gavius [---]	cohors I Mont[an(orum)]	MOES. SVP.	160	611
Ti. Claudius Ti. f. Qui. Apollinaris	ala I Thracum vindex	NORICVM	79	482
Ti. Claudius Ti. f. Qui. Apollinaris	ala I Thracum vindex	NORICVM	79	483
T. Seni[---] Rusticus	ala Sil[i]an[a --- t]o[rqu]at(a)	PANN. INF.	119	524
[---, R]atiar(ia)	[---]	PANN. INF.	146	582
C. Rutilius Honoratus, Hadr(ia)	ala praetoria c(ivium) R(omanorum)	PANN. INF.	154	595
Servilius Bery[---]	cohors I Thracum [c.R.?]	PANN. INF.	165/166	623
L. Ab[urnius Severus, Heracl(ea)](?)	ala [---]	PANN. SVP.	145	581
M. Antonius Pilatus	ala I Hispan(orum) Arvacor(um)	PANN. SVP.	151	587
[Sulpicius] Pompeius	[ala I Thrac(um)] victr(ix) c.R.	PANN. SVP.	159	603
[---], Alba	[---]	RAETIA	144	579
Sex. Graesius Severus, Picen(o)	ala I Hispanor(um) Aucanat	RAETIA	157	598
[---] P. f. Bassus	[cohors I Thracu]m milliaria	SYRIA	91	489
M. Numisius M. f. Gal. Senecio Antistianus	ala veterana Gallica	SYRIA	91	490
M. Numisius M. f. Gal. Senecio Ant[istianus]	ala veterana Gallica	SYRIA	91	491
[Ti. Clau]dius Ti. f. Qui. Maximinus, Neapol.	[cohors I] Ulp(ia) Dacor(um)	SYRIA	129	547
[Ti. Claudius] Ti. f. Qui. [Maximinus, Neapol.]	[cohors I U]lp(ia) Daco[r(um)]	SYRIA	129	548
[Ti. Claudius Ti.] f. Qui. M[aximinus, Neapol.]	[cohors I Ulp(ia)] D[acor(um)]	SYRIA	129	549

ROMAN MILITARY DIPLOMAS VI

[---]	[ala I Thrac(um) H]erc[ulian(a)	SYRIA	129/134	560
C. Cornelius Vessonianus, Vercel(lae)	ala Ant(iana) Gall(orum) et Thr(acum)	SYRIA PAL.	142	575
Aurelius Panicus	cohors I Damascen(orum) Armeniac(a) sag(ittariorum)	SYRIA PAL.	160	612
Cavillius Maximus	cohors I Sebastenorum (milliaria)	SYRIA PAL.	160	613
Antonius Annianus	cohors II Mattiacor(um)	THRACIA	155	596
[---]s Philippus	[cohors II Lucen]sium	THRACIA	183/184	635
[---]	[cohors ---]onica		97	504
L. [---]	cohors [---]		123	541

5b. COMMANDERS OF *EQVITES SINGVLARES AVGVSTI*

NAME	UNIT	DATE	NO.
[---]nus Betulenus Apronianus	[e]q[u]itibus qui inte[r singulares mi]litaverunt	158	602
Aurelius Nemesianus, tribunus	equitibus qui inter singulares militaverunt castris novis Severianis	223	646

6. UNITS

Those units whose names have been wholly restored are indicated by square brackets around the diploma numbers, otherwise only questionable partial restorations are bracketed. Units of recipients are starred.

UNIT	DATE	NO.
COHORTES PRAETORIAE		
decem I-X (I*)	152	588
[decem I-X] (-III*)	178/192	636
decem I-X p. v. (III*)	202	638
decem I-X p. v. (VII*)	207	639
[decem I-VII] VIII VIIII X p. v.	207	640
decem I-X p. v. (I*)	208	641
decem I-X p. v. (VIIII*)	208	642
[decem I-V] VI VII VIII VIIII X [p. v.]	208	643
[Antoninianae decem I-X p. v.] (II*)	219	644
Antoninianae decem I-X p. v. (VI*)	222	645
Severianae decem I-X p. v. (III*)	226	649
Severianae decem I-X p. v. (VIIII*)	226	650
Alexandrianae decem I-X p. v. (V*)	231	651
Alexandrianae decem I-X p. v. (V*)	233	652
Alexandrianae decem I-X p. v. (IIII*)	234	653
[Gallianae Volusianae de]cem I II III IIII [V-X p. v.] (-*)	252 or 253	655
COHORTES VRBANAE		
quattuor X XI XII XIV	152	588
EQVITES SINGVLARES AVGVSTI		
equitibus qui inte[r singulares mi]litaverunt	158	602
equitibus qui inter singulares militaverunt castris novis Severianis	223	646
LEGIO/CLASSIS		
legio II Adiutrix p. f.	70	477

UNIT	PROVINCE	DATE	NO.
AVXILIA			
ALAE			
Afrorum veterana	GERMANIA INFERIOR	101	509
Afrorum veterana	[GERMANIA INFERIOR]	127	[543]
Afrorum veterana	GERMANIA INFERIOR	152	589
Afro[rum veterana]	GERMANIA INFERIOR	152	590
I Flavia Agrippiana	SYRI[A]	129	547
[I] Flavia Agrippiana	[SYR]IA	129	548/372
I Flavia Agrippiana	SYRIA	129	[549]
I Flavia [Agrippiana]	SVRIA	129	550
I Flavia Agrippiana	SYRIA	153	594
I Arvacorum	[PANNONIA]	102	[510]
I Asturum*	MOESIA INFERIOR	99	506
I Asturum	[MOESIA INFERIOR]	99	[507]
I Asturum*	MOESIA INFERIOR	105	513
I Asturum	MOESIA INFERIOR	105	514
I Asturum	[DACIA INFE]RIOR	122	[535]
[I] Asturum	[DACIA INFERIOR]	149/150	585
II Asturum	[BRITANNIA]	130/131	551
[III] Asturum [p. f. c. R.]	[MAVRETANIA TINGITANA]	104	511
III Asturum p. f. c. R.	MAVRETANIA TINGITANA	153	592
III Asturum p. f. c. R.	[MAVRETANIA TINGITANA]	145/161	[619]
Atectorigiana	MOESIA INFERIOR	105	512
I Augusta c. R.	[MAVRETANIA TINGITANA]	104	[511]
Batavorum c. R.	GERMANIA INFERIOR	101	509
I Flavia Britanniciana milliaria c. R.	[PANNONIA]	102	[510]
I Flavia Augusta Brittaniciana (milliaria)	PANNONIA INFERIOR	154	595

ROMAN MILITARY DIPLOMAS VI

I Brittonum c. R.*	DACIA POROLISENSIS	123	539
I Can[nenefatium]	[GERM]ANIA	76	481
I Cannenefatium	[GERMANIA SVPERIOR]	90	488
I Cannanefatium	[PANNONIA SVPERIOR]	156/160	615
I Cann[anefatium c. R.]	PAN[NONIA SVPERIOR]	139/142	578
[I C]annanefatium c. R.	PANNONIA SVPERIOR	151	587
I Cannanefatium c. R.	PANNONIA SVP[ERIOR]	159	[603]
I Can[nanefatium c. R.]	PANNONIA SVPERIOR	159	604
I c. R.	PANNONIA INFERIOR	154	595
Claudia [nova]	[GERM]ANIA	76	481
Claudia nova(?)	[MOESIA SVPERIOR]	97	[502]
Claudia nova miscellanea	MOESIA SVPERIOR	151	586
Claudia nova miscellanea	MOESIA SVPERIOR	157	597
Claudia nova [miscellanea]	[MOESIA SVPERIOR]	160	611
gemina colonorum	[GALATIA ET CAPPADOCIA]	94	[498]
[I Co]mmagenorum (milliaria) sagittariorum	[NORICVM]	151	587
[I Ulpia cont]ariorum (milliaria)	PANNONIA SVPERIOR	151	587
I Ulpia contariorum (milliaria)	PANNONIA SVP[ERIOR]	159	[603]
[I Ulpia c]ontariorum (milliaria)	PANNONIA SVPERIOR	159	604
I Ulpia contariorum (milliaria)	[PANNONIA SVPERIOR]	156/160	615
I Vespasiana Dardanorum	MOESIA INFERIOR	92	496
I Vespasiana Dardanorum	MOESIA INFERIOR	99	506
I Vespasiana Dardanorum	[MOESIA INFERIOR]	99	[507]
[I Ves]pasiana Dardanorum	[MOESIA INFERIOR]	146	583
I Ulpia dromadariorum (milliaria)	SYRIA	153	594
I Ulpia dromadariorum Palmyrenorum (milliaria)	ARABIA	141/142	577
I Flavia	AFR[ICA]	127	[545]
II Flav[ia (milliaria) p.f.]	[RAETIA]	132/133	557
II Flavia (milliaria) p. f.	RAETIA	133/136	563
II Flavia (milliaria) p. f.	RAETIA	157	598
II Flavia [(milliaria) p. f.]	RAETIA	159/160	616
I Flavia gemella	[RAETIA]	132/133	[557]
[I Flavia gemell]a	RAETIA	133/136	563
I Flavia gemella	RAETIA	157	598
I Flavia [ge]mella c. R.	RAETIA	159/160	616
[I Fla]via gemina	[GERM]ANIA	76	481
I Flavia [gemina]	[GERMANIA SVPERIOR]	90	488
[II Fl]avia gemina	[GERM]ANIA	76	481
ve[terana Gaetu]lor[um]	[IVDAEA]	86	485
Gaetulorum veterana	ARABIA	141/142	577
I Flavia Gaetulorum	MOESIA INFERIOR	92	496
I Flavia Gaetulorum	MOESIA INFERIOR	99	506
I Flavia Gaetulorum*	[MOESIA INFERIOR]	99	507
I Flavia Gaetulorum	MOESIA INFERIOR	105	513
I Flavia Gaetulorum	MOESIA INFERIOR	105	514
I Flavia Gaetu[lorum]*	[MOESIA INFERIOR]	107	517
I Flavia Gaetulorum	[MOESIA INFERIOR]	146	[583]
[v]etera[na Gallica]	[SYRIA]	88	486
veterana Gallica	[SYRIA]	88	[487]
veterana Gallica*	SYRIA	91	490
vetera[na Gallica]*	SYRIA	91	491
veterana Gallica	SYRIA	91	[492]
Gallorum Atectorigiana	MOESIA INFERIOR	92	496
Atectori[g]iana Gallorum	MOE[SIA INFERIOR]	116	523
Gallorum Atectorigiana	[DACIA INFE]RIOR	122	535
[Gallorum At]ectorigiana	[MOESIA INFERIOR]	146	583
Flaviana Gallorum	MOESIA INFERIOR	92	496
Gallorum Flaviana	MOESIA SVPERIOR	151	586
Gallorum Flaviana	MOESIA SVPERIOR	157	597
Gallorum Flaviana	[MOESIA SVPERIOR]	160	[611]
Gallorum Petriana (milliaria) [c. R.]	[BRITANNIA]	130/131	551
[G]allorum Picentian[a]*	[BRITANNIA]	122	534
Sebosiana Gallorum	BRIT[T]ANIA	178	[630]
Sebosiana Gallorum	BR[ITTANIA]	178	[632]
Sebosiana Gallorum	[BRITTANIA]	178	[633]
Gallorum et Thracum Antiana	SYRIA	91	490
[Gallorum et Thracum Antia]na	SYRIA	91	491

UNITS

Gallorum et Thracum Antiana	SYRIA	91	[492]
[Gallor]um et [Thracum Antiana](?)	SYRIA	91	495
Antiana Gallorum et Thracum*	[S]YRIA PALAESTINA	142	575
Antiana Gallorum et Thracum sagittariorum	SYRIA PALAESTINA	160	612
Antiana Gallorum et Thracum sagittariorum	SYRIA PALAESTINA	160	613
Gallorum et Thracum Classiana	BRIT[T]ANIA	178	[630]
Gallorum et Thracum Classiana	BR[ITTANIA]	178	[632]
Gallorum et Thracum Classiana	[BRITTANIA]	178	[633]
Gallorum et {I} Thracum Classiana c. R. torquata victrix	[GERMANIA INFERIOR]	127	[543]
[Gallorum] et Thracum [constantium]	[SYRIA]	91	489
G[allorum et Thra]cum co[nstantium]	[SYRIA]	91	494
Gallorum et Thracum constantium	[S]YRIA PALAESTINA	142	575
Gallorum et Thracum constantium	SYRIA PALAESTINA	160	612
Gallorum et Thracum constantium	SYRIA PALAESTINA	160	613
I Augusta Gallorum	MAVRETANIA TINGITANA	153	592
I Augusta Gallorum	[MAVRETANIA TINGITANA]	145/161	[619]
I Augusta Gallorum c. R.*	MAVRETANIA TINGITANA	153	592
[I Augusta Gall]orum c. R.*	[MAVRETANIA TINGITANA]	153	593
[I] Cla[udia Gallorum](?)	[MOESIA INFERIOR]	103/114	520
I Claudia Gallorum Capitoniana*	[DACIA INFE]RIOR	122	535
[I Claudia Ga]llorum Capitoniana	DACIA IN[FERIOR]	134	558
[I Claudia] Gallorum Capitoniana	[DACIA INFERIOR]	130/138	567
I Claudia Gallorum Capitoniana	[DACIA INFERIOR]	149/150	[585]
II Claudia Gallorum	MOESIA INFERIOR	92	496
Gem[elliana]	[MAVRETANIA TINGITANA]	104	511
Gemelliana c. R.	MAVRETANIA TINGITANA	153	592
Gemelliana [c. R.]	[MAVRETANIA TINGITANA]	145/161	619
I Augusta Germani[ciana]	[GALATIA ET CAPPADOCIA]	94	498
[I Ha]miorum sagittariorum	[MAVRETANIA TINGITANA]	104	511
I Hamiorum Syriorum sagittariorum	MAVRETANIA TINGITANA	153	592
I Hamiorum Syriorum sagittariorum	[MAVRETANIA TINGITANA]	145/161	[619]
Hispanorum	MOESIA INFERIOR	92	496
Hispanorum	MOESIA INFERIOR	105	512
Hispanorum	DACIA SVPERIOR	119	525/351
Hispanorum*	[DACIA SVPERIOR]	120	531
Hi[spanorum]	[DACIA INFERIOR]	149/150	585
Vettonum Hispanorum	BRIT[T]ANIA	178	[630]
Vettonum Hispanorum	BR[ITTANIA]	178	[632]
Vettonum Hispanorum	[BRITTANIA]	178	[633]
I Hispanorum Arvacorum*(?)	[PANNONIA SVPERIOR]	145	[581]
I Hispanorum Arvacorum*	PANNONIA SVPERIOR	151	587
[I Hispanorum] Aravacorum	PANNONIA SVP[ERIOR]	159	603
I Hispanorum Arvacorum	PANNONIA SVPERIOR	159	604
I [Hispanorum Arvacorum]	[PANNONIA SVPERIOR]	156/160	615
[I] Hispanorum Asturum	[BRITANNIA]	130/131	551
I H[ispanorum Auriana]	RAETIA	133/136	563
I Hispanorum Auriana*	RAETIA	157	598
[I Hispanorum] Auriana	RAETIA	159/160	616
I Hispanorum Aurina	[RAETIA]	132/133	557
[I Hispanoru]m Campa[gonum]	[BRITANNIA]	98	505
[I Hisp]anorum Campagonum [c. R.]	[PANN]ONIA INFERIO[R]	119	524
II Hispanorum et Arvacorum	MOESIA INFERIOR	105	513
II Hispanorum et Arvacorum*	MOESIA INFERIOR	105	514
[II Hispanorum et Ar]va[corum](?)	[MOESIA INFERIOR]	103/114	520
II Hispanorum et Arvacorum	MOE[SIA INFERIOR]	116	523
II [Hispanorum Arvacorum]	[MOESIA INFERIOR]	146	583
Indiana	GERMANIA INFERIOR	101	509
I Augusta Ituraeorum	PANNONIA INFERIOR	154	595
Moesica	GERMANIA INFERIOR	101	509
Noricorum	GERMANIA INFERIOR	152	589
Nor[icorum]	GERMANIA INFERIOR	152	590
Noricorum c. R.	GERMANIA INFERIOR	101	509
I Noricorum c. R.	[GERMANIA INFERIOR]	127	[543]
Gallorum et [Pannoniorum]	[MOESIA INFERIOR]	146	583
I Pannoniorum	MOESIA INFERIOR	92	496
I Pa[nnoniorum]	[MOESIA INFERIOR]	96/97	501

I Pannoniorum	MOESIA INFERIOR	105	512
I Pannoniorum	AFR[ICA]	127	545
I Pannoniorum Sabiniana	BRIT[T]ANIA	178	[630]
I Pannoniorum Sabiniana	BR[ITTANIA]	178	[632]
I Pannoniorum Sabiniana	[BRITTANIA]	178	[633]
I Pannonior[um Tampian]a*	[BRITANNIA]	98	505
[I Panno]niorum Tampiana	[NORICVM]	151	587
II [Pannoniorum]	[SYRIA]	88	486
II Pannoniorum	[SYRIA]	88	[487]
[II Pannon]iorum	[MOESIA SVPERIOR]	97	502
II Pannoniorum	[MOESIA SV]PERIOR	104/105	515
II Ga[l]lorum et Pannoniorum	DAC[IA POROLISSEN]SIS	164	621
Phrygum	SYRIA	91	490
Phrygum	SYRIA	91	[491]
Phrygum	SYRIA	91	[492]
Phry[gum]	SYRIA	91	495
VII Phrygum	[S]YRIA PALAESTINA	142	575
VII Phrygum	SYRIA PALAESTINA	160	612
VII Phrygum	SYRIA PALAESTINA	160	613
[Picen]tiana	[GERM]ANIA	76	481
pr[aetoria]	[MOESIA SVPERIOR]	97	502
praetoria c. R.	[PANN]ONIA INFERIO[R]	119	524
praetoria c. R.*	PANNONIA INFERIOR	154	595
praetoria singularium	[MOESIA SV]PERIOR	104/105	[515]
praetoria singularium* translata in expeditionem	MOESIA SVPERIOR	115	521
praetoria singularium	SYRIA	153	594
Flavia praetoria singularium	[SYRIA]	91	[489]
[Flavia] praetor[ia singul]arium	[SYRIA]	91	494
Scubulorum	[GERM]ANIA	76	[481]
Scubulorum	[GERMANIA SVPERIOR]	90	[488]
[Scub]ulo[rum]	GE[RMANIA SVPERIOR]	94/96	499
gemina Sebastena	SYRIA	91	490
[gem]ina Sebastena	SYRIA	91	491
gemina Sebastena	SYRIA	91	[492]
Silian[a c. R.]	[PANNONIA]	102	510
Siliana [armil]l[ata to]rquata c. R.*	[PANN]ONIA INFERIO[R]	119	524
Siliana c. R.	DAC[IA POROLISSEN]SIS	164	621
I singularium	[GERMANIA SVPERIOR]	90	[488]
[I sin]gularium c. [R.]	[RAETIA]	132/133	557
I singularium c. R.	RAETIA	133/136	563
I singularium c. R.	RAETIA	157	598
I singularium c. R. p. f.	RAETIA	159/160	616
I Ulpia singularium	SYRIA	153	594
Sulpicia c. R.	GERMANIA INFERIOR	101	509
Sulpicia c. R.	[GERMANIA INFERIOR]	127	[543]
Sulpicia c. R.	GERMANIA INFERIOR	152	589
Sulpicia c. R.	GERMANIA INFERIOR	152	590
I Ulpia Syriaca	SYRIA	153	594
[Tauriana] torquata victrix c. R.	[MAVRETANIA TINGITANA]	104	511
I Tauriana victrix c. R.	MAVRETANIA TINGITANA	153	592
I Tauriana victrix c. R.	[MAVRETANIA TINGITANA]	145/161	[619]
I Thracum	[GERMANIA INFERIOR]	127	[543]
I Thracum	GERMANIA INFERIOR	152	589
I Thracum	GERMANIA INFERIOR	152	[590]
[I Th]racum	[PANNONIA SVPERIOR]	156/160	615
[T]hracum Herculana*	[GALATIA ET CAPPADOCIA]	94	498
[Thracum Herculan]a	CAPPADO[CIA]	100	508
[I Thracum] Hercu[lana]*	[SYRIA	129/134	560
I Thracum Herculana	SYRIA	153	594
I Thracum Mauretana	[IVDAEA]	86	[485]
I Thracum sagittariorum	PANNONIA SVPERIOR	159	604
I Thracum sagittariorum c. R.	PANNONIA SVPERIOR	151	587
I Thracum veterana	PANNONIA INFERIOR	154	595
I Thracum victrix*	NORICVM	79	482
I Thracum victrix*	NORICVM	79	482
I Thracum] victrix c. R.*	PANNONIA SVP[ERIOR]	159	603
I Augusta Thracum	[NORICVM]	151	587

UNITS

III Augusta Thracum	[SYRIA]	88	[486]
III Augusta Thracum	[SYRIA]	88	[486]
III Thracum Augusta	[SYRIA]	91	[489]
III Thracum Augusta	[SYRIA]	91	[494]
[III] Augusta Thracum	[PANNONIA SVPERIOR]	156/160	615
III Augusta Thracum sagittariorum	PANNONIA SVPERIOR	151	587
III Augusta Thracum sagittariorum	PANNONIA SVP[ERIOR]	159	[603]
III Augusta Thracum [sagittariorum]	PANNONIA SVPERIOR	159	604
I Tungrorum	[BRITANNIA]	130/131	551
[T]ungrorum Fron[toniana]	[DACIA POROLISSENSIS]	135	562
I Tungrorum Fro[ntoniana]	DAC[IA POROLISSEN]SIS	164	621
Tungrorum [Frontiniana]	[DACIA POROLISSENSIS]	153/168	629
Augusta Vocontiorum	BRIT[T]ANIA	178	[630]
[Augusta Voc]ontiorum	BR[ITTANIA]	178	632
Augusta Vocontiorum	[BRITTANIA]	178	[633]
Augusta Xoitana	SYRI[A]	129	547
Augusta Xoitana	[SYR]IA	129	[548/372]
Augusta Xoitana	SYRIA	129	[549]
Augusta Xoitana	SVRIA	129	550
I Augusta Xoitana	SYRIA	153	594
Flavi[---]	[MOESIA INFERIOR]	96/97	501
[---]n( )	[DACIA POROLISSENSIS]	153/168	629

COHORTES

[I] Flavia Afrorum	AFR[ICA]	127	545
[II Flavia] Afrorum	AFR[ICA]	127	545
[I Alpino]rum	[PANNONIA]	102	510
I Al[pinorum]	[MOESIA SV]PERIOR	104/105	515
I Alpinorum	DACIA SVPERIOR	119	525/351
I Alpinorum	[PANN]ONIA INFERIO[R]	119	524
I Alpinorum	[PANN]ONIA INFERIO[R]	119	524
I Alpinorum equitata	PANNONIA INFERIOR	154	595
I Alpin[orum] peditata	PANNONIA INFERIOR	154	595
II Alpinorum	[PANNONIA]	102	[510]
[II Alpi]norum(?)	PAN[NONIA SVPERIOR]	139/142	578
II Alpinorum	PANNONIA SVP[ERIOR]	159	[603]
II [Alpinorum]	PANNONIA SVPERIOR	159	604
II Alpinorum	[PANNONIA SVPERIOR]	156/160	615
I Antiochensium	MOESIA SVPERIOR	115	521
I Antiochensium	[MOESIA SVPERIOR]	160	[611]
I Antiochensium sagittariorum	MOESIA SVPERIOR	151	586
I Antiochensium sagittariorum	MOESIA SVPERIOR	157	597
I A[quitanorum veterana]*	[GERMANIA SVPERIOR]	90	488
[I]I Aquitanor[um]	[GERMANIA SVPERIOR]	90	488
[II Aquitanorum] c. R.	RAETIA	133/136	563
II Aquitanorum c. R.	RAETIA	157	598
II Aquitanorum c. R.	RAETIA	159/160	616
III Aquitanorum	[GERMANIA SVPERIOR]	90	[488]
IIII Aquitanorum	[GERMANIA SVPERIOR]	90	[488]
[I Ascalonita]no[rum]	[SYRIA]	88	486
I Ascalonitanorum	[SYRIA]	88	[487]
I Ascalonitanorum sagittariorum	SYRI[A]	129	547
[I] Ascalon[itanorum sagittariorum]	[SYR]IA	129	548/372
I Ascalonitanorum sagittariorum	SYRIA	129	[549]
[I Ascal]onitanorum sagittariorum	SVRIA	129	550
I Ascalonitanorum sagittariorum	SYRIA	153	594
I Asturum	NORICVM	79	482
I Asturum	NORICVM	79	483
I Asturum	[GERMANIA SVPERIOR]	90	[488]
I Astu[rum]	GE[RMANIA SVPERIOR]	94/96	499
II Asturum	[GERMANIA]	80	[484]
II Asturum	GERMANIA INFERIOR	101	509
II Asturum	[GERMANIA INFERIOR]	127	543
II A[sturum]	[BRITANNIA]	130/131	551
II Asturum	GERMANIA INFERIOR	152	589
II Asturum	GERMANIA INFERIOR	152	590

ROMAN MILITARY DIPLOMAS VI

III Asturum c. R.	[MAVRETANIA TINGITANA]	104	511
III Asturum c. R.	MAVRETANIA TINGITANA	153	592
I As[turum et Callaecorum]	[MAVRETANIA TINGITANA]	104	511
I Asturum et Callaecorum c. R.	MAVRETANIA TINGITANA	153	592
II Ast[urum] et Callaecorum	PANNONIA INFERIOR	154	595
I Aelia Athoitarum	THRACIA	155	596
[I Aelia] Athoita[rum]	THRACIA	158	599
[Augusta c]ivium Romanorum	[GALATIA ET CAPPADOCIA]	94	498
I Augusta Nerviana	BRIT[T]ANNIA	178	[630]
I Augusta Nerviana	BR[ITANNIA]	178	[632]
I [Augusta Nerviana]	[BRITANNIA]	178	633
I A[---]	[BRITANNIA]	98	505
I Batavorum	DAC[IA POROLISSEN]SIS	164	621
I Batavorum	BRIT[T]ANNIA	178	[630]
I Batavorum	BR[ITANNIA]	178	[632]
I Batavorum	[BRITANNIA]	178	[633]
III Batavorum (milliaria) vexillatio	PANNONIA INFERIOR	154	595
VIIII Batavorum (milliaria)	RAETIA	133/136	[563]
VIIII Batavorum (milliaria)	RAETIA	157	598
VIIII Batavorum (milliaria)	RAETIA	159/160	[616]
I Flavia Bessorum	MOESIA SVPERIOR	115	521
II Flavia Bessorum	MOESIA INFERIOR	92	496
II Fla[via Bessorum]*	[MOESIA INFERIOR]	92	497
II Flavia [Bessorum]	MOE[SIA INFERIOR]	116	523
[II Flavia Bes]sorum	[DACIA INFE]RIOR	122	535
[II Flavia] Bessorum	[DACIA INFERIOR]	130/138	567
[I Biturigu]m	[GERMANIA SVPERIOR]	90	488
[I Bracarau]gustan[orum]	MOESIA	75	480
I Bracaraugustanorum	MOESIA INFERIOR	92	496
I Bracaraugustanorum	MOESIA INFERIOR	105	513
I Bracaraugustanorum	MOESIA INFERIOR	105	514
[I] Bracaraugustanorum	[DACIA INFE]RIOR	122	535
II Bra[caraug]ustanorum	MOESIA INFERIOR	92	496
[I]I Bracaraugustanorum	[MOESIA INFERIOR]	146	583
[III] Bracaraugustanorum	[BRITANNIA]	130/131	551
III Bracaraugustanorum	RAETIA	133/136	563
III Bracaraugustanorum	RAETIA	157	598
III [Bracaraugustanorum]	RAETIA	159/160	616
IIII Bracaraugustanorum	[SYRIA]	88	[486]
IIII Bracaraugustanorum	[SYRIA]	88	[487]
V Bracaraugustanorum	RAETIA	133/136	563
V Bracaraugustanorum	RAETIA	157	598
V Bracaraugustanorum	RAETIA	159/160	616
[I Bra]carorum c. R.	[MAVRETANIA TINGITANA]	104	511
[I B]racarorum civium Romanorum	[MOESIA INFERIOR]	146	583
I Breucorum c. R.	RAETIA	133/136	563
I Breucorum c. R.	RAETIA	157	598
I Breucorum c. [R.]	RAETIA	159/160	616
III Breucorum	GERMANIA INFERIOR	101	509
III Breucorum	[GERMANIA INFERIOR]	127	[543]
[VI] Breucorum	[GERMANIA INFERIOR]	127	543
VII Breucorum	PANNONIA INFERIOR	154	595
VII Breucorum c. R. translata in expeditione	MOESIA SVPERIOR	115	521
[I Britanni]ca (milliaria) c. R.	[MOESIA SV]PERIOR	104/105	515
I Brittannica (milliaria) c. R.	DACIA SVPERIOR	119	525/351
I Brittanorum equitata	DAC[IA POROLISSEN]SIS	164	621
II Britan[norum (milliaria)]	DAC[IA POROLISSEN]SIS	164	621
III Britannorum	RAETIA	133/136	563
III Britannorum	RAETIA	157	598
III B[ritannorum]	RAETIA	159/160	616
I [Brittonum (milliaria)	[MOESIA SV]PERIOR	104/105	515
I millia[ria] Brittonum	MOE[SIA INFERIOR]	116	523
I Brittonum (milliaria)	DAC[IA POROLISSEN]SIS	164	621
I Augusta Nerviana Pacensis (milliaria) Brittonum	MOESIA INFERIOR	105	512
I Ulpia Brit[tonum (milliaria)]	[DACIA POROLISSENSIS]	153/168	629
[II] Brittonum (milliaria) c. R. p. f.	DACIA SVPERIOR	119	525/351
II Brittonum Augusta Nerviana Pacensis (milliaria)	MOESIA INFERIOR	105	512

UNITS

II Augusta Nerviana [Pacensis (milliaria) Brittonum]*	[DACIA POROLISSENSIS]	135	562
II Augusta Nerviana [Pacensis (milliaria) Brittonum]*	[DACIA POROLISSENSIS]	139/140	574
II Nerviana Brittonum (milliaria)	DAC[IA POROLISSEN]SIS	164	621
[II Flavia] Bri[ttonum]	[MOESIA INFERIOR]	96/97	501
II Flavia Brittonum	MOESIA INFERIOR	99	506
II Flavia Brittonum	MOESIA INFERIOR	105	513
II Flavia Brittonum	MOESIA INFERIOR	105	514
II Flavia Brittonum	[MOESIA INFERIOR]	146	[583]
III Brittonum*	MOESIA SVPERIOR	151	586
III Brittonum	[MOESIA SVPERIOR]	160	[611]
III Brittonum veterana	MOESIA SVPERIOR	115	521
III Brittonum veterana	MOESIA SVPERIOR	151	586
III Brittonum veterana*	MOESIA SVPERIOR	157	597
III Augusta Nerviana Brittonum translata in expeditione	MOESIA SVPERIOR	115	521
VI Brittonum	[GERMANIA INFERIOR]	127	[543]
VI Brittonum	GERMANIA INFERIOR	152	589
VI Brittonum	GERMANIA INFERIOR	152	[590]
I Aelia Cae[s--- (milliaria)]	PAN[NONIA SVPERIOR]	139/142	578
[III] Callaecorum Bracaraugustanorum	[S]YRIA PALAESTINA	142	575
III Callaecorum Bracaraugustanorum	SYRIA PALAESTINA	160	612
III Callaecorum Bracaraugustanorum	SYRIA PALAESTINA	160	613
IIII Callaecorum Bracaraugustanorum	SYRIA	91	490
[IIII Calla]ecorum Bracar[augustanorum]	SYRIA	91	491
[III]I Call[aecorum Bracaraugustanorum]	SYRIA	91	492
IV Callaecorum Bracaraugustanorum	[S]YRIA PALAESTINA	142	575
IV Callaecorum Bracaraugustanorum	SYRIA PALAESTINA	160	612
IV Callaecorum Bracaraugustanorum	SYRIA PALAESTINA	160	613
IIII Callaecorum Lucensium	[SYRIA]	88	[486]
IIII Ca[llaecorum Lucensium]	[SYRIA]	88	487
IIII Callaecorum Lucensium	SYRIA	91	490
IIII Callaeco[rum Lucensium]	SYRIA	91	491
IIII Callaecorum Lucensium	SYRIA	91	[492]
[IIII Callaecorum Lucen]si[um]	[SYRIA]	104/106	516
IIII Callaecorum Lucensium	SYRI[A]	129	547
[IIII Callaeco]rum Lucensium	[SYR]IA	129	548/372
IIII Call[aecorum Lucensium]	SYRIA	129	549
IIII Callaecorum Luc[ensium]	SVRIA	129	550
IIII Callaecorum Lucen[sium]	SYRIA	153	594
V Callaecorum Lu[censium]	PA[NNONIA SVPERIOR]	139/142	578
V Callaecorum L[ucensium]	[PANNONIA] SVP[ERIOR]	146/149	584
V Callaecorum L[ucensium]	PANNONIA SVP[ERIOR]	159	603
V Callaecorum Lucensium	PANNONIA SVPERIOR	159	604
[V Call]aecorum Lu[censium]	[PANNONIA SVPERIOR]	156/160	615
I Campanorum voluntariorum	PANNONIA INFERIOR	154	595
III campestris	MOESIA SVPERIOR	151	586
III [campestris]	[MOESIA SVPERIOR]	160	611
III cam[pestris c. R.]	[MOESIA SV[PERIOR]	104/105	515
III campestris c. R.	MOESIA SVPERIOR	157	597
I Cannanefatium	DAC[IA POROLISSEN]SIS	164	621
I [Flavia Canathenorum (milliaria) sagittariorum]	RAETIA	133/136	563
I Flavia Canathenorum (milliaria) sagittariorum	RAETIA	157	598
[I Fl]avia Canathenorum (milliaria) sagittariorum	RAETIA	159/160	616
II Cantabrorum	[IVDAEA]	86	[485]
[I] Celtiberorum	[MAVRETANIA TINGITANA]	104	511
I Celtiberorum	BRIT[T]ANNIA	178	[630]
I Celtiberorum	BR[ITANNIA]	178	[632]
I Celtiberorum	[BRITANNIA	178	[633]
I Chalcidenorum	AFR[ICA]	127	545
I Flavia Chalcidenorum	SYRIA	153	594
II Chalc[idenorum]	MOESIA	75	480
[II Cha]lcidenorum	MOESIA INFERIOR	92	496
II Chalcidenorum	MOESIA INFERIOR	99	506
II Chalcidenorum	MOESIA INFERIOR	105	513
II Chalcidenorum	MOESIA INFERIOR	105	514
II Chal[cidenorum sagittariorum]	[MOESIA INFERIOR]	146	583
Cilicu[m]	MOESIA	75	480
I Cilicum translata in expeditione	MOESIA SVPERIOR	115	521

ROMAN MILITARY DIPLOMAS VI

I Cilicum sagittariorum	[MOESIA INFERIOR]	146	[583]
I Cisipadensium translata in expeditione	MOESIA SVPERIOR	115	521
[I] Cisip]a]dens[ium]	THRACI[A]	117/138	565/300
I c. R. p. f.*	GERMANIA INFERIOR	101	509
[II civi]um Romanorum	[GERMANIA]	80	484
II c. R.	GERMANIA INFERIOR	101	509
II c. R.	[GERMANIA INFERIOR]	127	[543]
II c. R.	GERMANIA INFERIOR	152	589
II c. R.	GERMANIA INFERIOR	152	590
I clas[sica]	[GERMANIA]	80	484
I classica	GERMANIA INFERIOR	101	509
I classica	[GERMANIA INFERIOR]	127	543
I classica	GERMANIA INFERIOR	152	589
I classica	GERMANIA INFERIOR	152	590
I Aelia classica	ARABIA	141/142	577
II classica	[SYRIA]	88	[486]
II classica	[SYRIA]	88	[487]
II classica	SYRIA	91	490
II classica	SYRIA	91	491
II classica	SYRIA	91	[492]
II classica	SYRI[A]	129	547
II classica	[SYR]IA	129	548/372
II classica	SYRIA	129	[549]
II classica	SVRIA	129	[550]
II classica sagittariorum	SYRIA	153	594
II Aurelia classica	ARABIA	141/142	577
I Flavia Commagenoorum	MOESIA INFERIOR	92	496
[I Flavia] Com[magenorum]	[MOESIA INFERIOR]	96/97	501
[I] Flavia Comma[genorum]	[DACIA INFERIOR]	130/138	568
[I Flavia] Commag[enorum]	[DACIA INFERIOR]	149/150	585
[II Flavia] Commageno[rum]	[MOESIA SV[PERIOR	104/105	515
II Flavia Commagenorum*	DACIA SVPERIOR	123	539
VI Commagenorum	AFR[ICA]	127	545
I Cretum	[MOESIA SVPERIOR]	160	611
I Cretum sagittariorum	MOESIA SVPERIOR	151	586
I Cretum sagittariorum	MOESIA SVPERIOR	157	597
[IIII Cypria] c. R.	[MOESIA SV[PERIOR	104/105	515
I Augus[ta Cyrenaica]*	CAPPADO[CIA]	100	508
II Cyrenaica	[GERMANIA SVPERIOR]	90	[488]
I Aelia Dacorum (milliaria)	[BRITANNIA]	130/131	551
I Ulpia Dacorum*	SYRI[A]	129	547
[I Ulpia] Dacorum*	[SYR]IA	129	548/372
I Ulpia Dacorum*	SYRIA	129	549
I Ulpia [Dacorum]	SVRIA	129	550
I Ulpia Dacorum	SYRIA	153	594
II Dalmatarum	[BRITANNIA]	130/131	551
[V Dalma]tarum	[MAVRETANIA TINGITANA]	104	511
V Dalmatarum c. R.	MAVRETANIA TINGITANA	153	592
I Damascenorum Armeniaca sagittariorum	[S]YRIA PALAESTINA	142	575
I Damascenorum Armeniaca sagittariorum*	SYRIA PALAESTINA	160	612
I Damascenorum Armeniaca sagittariorum	SYRIA PALAESTINA	160	613
I Flavia D[amascenorum milliaria]	[GERMANIA SVPERIOR]	90	488
[I Flavia Damascenorum m]illiar[ia]	GE[RMANIA SVPERIOR]	94/96	499
[III Delmat]arum	[GERMANIA]	80	484
[III Delmat]arum	[GERMANIA SVPERIOR]	90	488
V Delmatarum	[GERMANIA SVPERIOR]	90	[488]
II Ulpia equitum sagittariorum	SYRIA	153	594
II Ulpia equitum sagittariorum c. R.	SYRI[A]	129	547
I[I U]lpia equitum [sagittariorum c. R.]	[SYR]IA	129	548/372
[II Ul]pia equitum sa[gittariorum c. R.]	SYRIA	129	549
II Ulpia equitum sagittariorum c. R.	SVRIA	129	[550]
Flavia translata in expeditione	MOESIA SVPERIOR	115	521
[I Fla]via	[GERMANIA]	80	484
I Flavia	AFR[ICA]	127	545
[I Flavia civium Romano]rum	[SYRIA]	88	486
I Flavia civium Romanorum	[SYRIA]	88	[487]
I Flavia c. R.	[S]YRIA PALAESTINA	142	575

UNITS

I Flavia c. R.	SYRIA	153	594
I Flavia c. R.	SYRIA PALAESTINA	160	612
I Flavia c. R.	SYRIA PALAESTINA	160	613
I Frisiavonum	BRIT[T]ANNIA	178	[630]
I Frisiavonum	BR[ITANNIA]	178	[632]
I Frisiavonum	[BRITANNIA]	178	[633]
I Aelia gaesatorum	DAC[IA POROLISSEN]SIS	164	621
[I Aelia ga]esatorum (milliaria)	[DACIA POROLISSENSIS]	153/168	629
I Gaetulorum	[SYRIA]	91	[489]
I [Gaetulorum]	[SYRIA]	91	494
I Gaetulorum	SYRIA	153	594
I Ulpia [Galatarum]	[S]YRIA PALAESTINA	142	575
I Ulpia Galatarum	SYRIA PALAESTINA	160	612
I Ulpia [Galatarum]	SYRIA PALAESTINA	160	613
II Ulpia [Galatarum]	[S]YRIA PALAESTINA	142	575
II Ulpia Galatarum	SYRIA PALAESTINA	160	612
II Ulpia Galatarum	SYRIA PALAESTINA	160	613
II Gallorum	MOESIA INFERIOR	92	496
II Gallorum	[BRITANNIA]	130/131	551
II Gallorum	DACIA SVPERIOR	152	591
II Gallorum	[MOESIA SVPERIOR]	160	[611]
II Gallorum Macedonica	DACIA POROLISENSIS	123	539
II Gallorum Macedonica	MOESIA SVPERIOR	151	586
II Gallorum Pannonica	MOESIA SVPERIOR	157	597
[II Gallorum] veterana	BRIT[T]ANNIA	178	630
II Gallorum veterana	BR[ITANNIA]	178	[632]
[II Gal]lorum veterana	[BRITANNIA]	178	633
III Gallorum	MOESIA INFERIOR	92	496
III Gallorum	MOESIA INFERIOR	99	506
III Gallorum	[DACIA INFE]RIOR	122	535
III Gallorum felix	MAVRETANIA TINGITANA	153	592
IIII Gallorum	MOESIA INFERIOR	92	496
IIII Gallorum*	CILICIA	121	533
IIII Ga[l]lorum	[BRITANNIA]	130/131	551
IIII Gallorum	RAETIA	133/136	[563]
IIII Gallorum	SYRIA	153	594
IIII Gallorum	RAETIA	157	598
IIII Gallorum	RAETIA	159/160	[616]
IIII Gallorum	BRIT[T]ANNIA	178	[630]
IIII Gallorum	BR[ITANNIA]	178	[632]
[IIII] Gallorum	[BRITANNIA]	178	633
IIII Gallo[rum c. R.]	[MAVRETANIA TINGITANA]	104	[511]
IV Gallorum c. R.	MAVRETANIA TINGITANA	153	592
V Gallorum	DACIA SVPERIOR	119	525/351
[V] Gallorum	[BRITANNIA]	130/131	551
V Gallorum	[MOESIA SVPERIOR]	160	611
V Gallorum Pannoniorum	MOESIA SVPERIOR	151	586
V Gallorum Pannoniorum	MOESIA SVPERIOR	157	597
VII Gallorum*	MOESIA INFERIOR	92	496
VII Gallorum	MOESIA INFERIOR	99	506
VII Gallorum	MOESIA INFERIOR	105	512
VII Gallorum	SYRIA	153	594
[--- G]allorum	[SYRIA]	129/134	561
V gemella	SYRIA PALAESTINA	160	612
V gemella	SYRIA PALAESTINA	160	613
V gemella c. R.	[S]YRIA PALAESTINA	142	575
[I Germ]anorum	GE[RMANIA SVPERIOR]	94/96	499
I Germanorum]	[MOESIA INFERIOR]	146	[583]
II Ha[miorum]	AFR[ICA]	127	545
II Hispana c. R.	[MAVRETANIA TINGITANA]	104	[511]
II Hispana c. R.	MAVRETANIA TINGITANA	153	592
I Hispanorum	GERMANIA INFERIOR	101	509
I Hispano[rum]	[MOESIA SV]PERIOR	104/105	515
I Hispanorum Cyrenaica	ARABIA	141/142	577
I Hispanorum (milliaria)	DAC[IA POROLISSEN]SIS	164	619
I Hispanorum (milliaria)	DAC[IA POROLISSEN]SIS	164	619
I Hispanorum p. f.	DACIA SVPERIOR	119	525/351

ROMAN MILITARY DIPLOMAS VI

I Hispanorum veterana	MOESIA INFERIOR	105	512
I Aelia Hispanorum*	BRIT[T]ANNIA	178	630
I Aelia Hispanorum	BR[ITANNIA]	178	[632]
I Aelia Hispanorum	[BRITANNIA]	178	[633]
I Flavia H[ispanorum milliaria]	[MOESIA SVPERIOR]	97	502
I Flavia Hispanorum	GERMANIA INFERIOR	101	509
I Flavia Hispanorum	[GERMANIA INFERIOR]	127	[543]
I Flavia Hispanorum	GERMANIA INFERIOR	152	589
I Flavia Hispanorum	GERMANIA INFERIOR	152	[590]
II Hispanorum	GERMANIA INFERIOR	101	509
II Hispanorum	GERMANIA INFERIOR	101	509
[II His]panorum	[GERMANIA INFERIOR]	127	543
II Hispanorum	AFR[ICA]	127	[545]
II Hispanorum	GERMANIA INFERIOR	152	589
II Hispanorum	GERMANIA INFERIOR	152	[590]
II Hisp[anorum]	DAC[IA POROLISSEN]SIS	164	619
II Hispanorum	BRIT[T]ANNIA	178	[630]
II Hispanorum	BR[ITANNIA]	178	[632]
II H[ispanorum]	[BRITANNIA]	178	633
II Hispano[rum c. R.]	[MAVRETANIA TINGITANA]	104	511
II Hispanorum c. R.	MAVRETANIA TINGITANA	153	592
IIII Hispa[norum]	MOESIA	75	480
V Hispanorum*	[MOESIA SVPERIOR]	108	518
V Hispanorum	MOESIA SVPERIOR	115	521
V Hispanorum	MOESIA SVPERIOR	151	586
V Hispanorum	MOESIA SVPERIOR	157	597
V [Hispanorum]	[MOESIA SVPERIOR]	160	611
VI ingenuorum	GERMANIA INFERIOR	152	589
VI ingenuorum	GERMANIA INFERIOR	152	[590]
I Italica milliaria	[GALATIA ET CAPPADOCIA]	94	[498]
I Italica milliaria [voluntariorum ci]vium Romanorum	[GALATIA ET CAPPADOCIA]	94	[498]
II Italica civium Romanorum	[SYRIA]	88	[486]
II Italica civium Romanorum	[SYRIA]	88	[487]
II Italica [civium Romanorum]	[SYRIA]	91	489
II Italica civium Romanorum	[SYRIA]	91	[494]
II Italica c. R.	SYRI[A]	129	547
II Italica c. R.	[SYR]IA	129	548/372
II Italica c. R.	SYRIA	129	[549]
II Ita[lica c. R.]	SVRIA	129	550
II Italica c. R.	SYRIA	153	594
I Ituraeorum	[SYRIA]	88	[486]
I Ituraeorum	[SYRIA]	88	[487]
[I Itur]aeorum c. R.	[MAVRETANIA TINGITANA]	104	511
I Ituraeorum c. R.	MAVRETANIA TINGITANA	153	592
I [Ituraeorum milliaria]	[GALATIA ET CAPPADOCIA]	94	498
I Augusta Ituraeorum	[PANNONIA]	102	[510]
I Latobicorum et Varcia[norum]	[GERMANIA]	80	484
I Latobicorum et Varcianorum	GERMANIA INFERIOR	101	509
[I La]tobicorum et Varcianorum	[GERMANIA INFERIOR]	127	543
I Latobicorum et Varcianorum	GERMANIA INFERIOR	152	589
I Latobicorum et Varcianorum	GERMANIA INFERIOR	152	590
Lemavorum c. R.	MAVRETANIA TINGITANA	153	592
I Lemavorum c. R.	[MAVRETANIA TINGITANA]	104	[511]
[I Lepidiana] civiu[m Romanorum]	[MOESIA INFERIOR]	96/97	501
I Lepidiana c. R.	MOESIA INFERIOR	99	506
I Lepidiana c. R.	[MOESIA INFERIOR]	99	[507]
I Lepidiana c. R.	MOESIA INFERIOR	105	513
II gemina Ligurum et Corsorum	SYRI[A]	129	547
I[I gemina Ligurum] et Corsorum	[SYR]IA	129	548/372
II gemina Ligurum et Corsorum	SYRIA	129	[549]
[II] gemina [Ligurum et Corsorum]	SVRIA	129	550
II gemina Ligurum et Corsorum	SYRIA	153	594
II Lingonum	[BRITANNIA]	130/131	551
II Lingonum	BRIT[T]ANNIA	178	[630]
II Lingonum	BR[ITANNIA]	178	[632]
II Lingonum	[BRITANNIA]	178	[633]
III Lingonum	[BRITANNIA]	130/131	551

UNITS

III Lingonum	BRIT[T]ANNIA	178	[630]
III Lingonum	BR[ITANNIA]	178	[632]
[III Lin]gonum	[BRITANNIA]	178	633
IIII Lingonum	[BRITANNIA]	130/131	551
[V] Lingonum	DAC[IA POROLISSEN]SIS	164	621
I Lucensium	[SYRIA]	88	[486]
I Lucensium	[SYRIA]	88	[487]
I Lucensium	[SYRIA]	91	489
I Lucensium	[SYRIA]	91	[494]
I Lucensium	GERMANIA INFERIOR	101	509
I [Lucensium]	[GERMANIA INFERIOR]	127	543
I Lucensium	GERMANIA INFERIOR	152	589
I Lucensium	GERMANIA INFERIOR	152	[590]
I Lucensium	SYRIA	153	594
II Lucensium	MOESIA INFERIOR	92	496
II Lucensium?	THRACI[A]	117/138	[565/300]
II Lucensium	THRACIA	155	596
[II] Lucensium	THRACIA	158	599
[II Lucen]sium*	[THRACIA]	183/184	635
I Lusitanorum	MOESIA SVPERIOR	115	521
I [Lusita]norum	[PANN]ONIA INFERIO[R]	119	524
I Lusitanorum	[MOESIA INFERIOR]	146	[583]
I Lusitanorum	MOESIA SVPERIOR	151	586
I Lusitanorum	PANNONIA INFERIOR	154	595
I Lusitanorum	MOESIA SVPERIOR	157	597
I Lu[sitanorum]	[MOESIA SVPERIOR]	160	611
I Lusitanorum Cyrenaica	MOESIA INFERIOR	92	496
I Lusitanorum Cyrenaica	MOESIA INFERIOR	99	506
I Augusta Lusitanorum	[IVDAEA]	86	[485]
III Lusitanorum	GERMANIA INFERIOR	101	509
III Lusitanorum	PANNONIA INFERIOR	154	595
VI L[usitanorum]	RAETIA	133/136	563
VI Lusitanorum	RAETIA	157	598
VI Lusi[tanorum]	RAETIA	159/160	616
VII Lusitanorum	AFR[ICA]	127	545
II Mattiacorum	MOESIA INFERIOR	105	513
II Mattiacorum	MOESIA INFERIOR	105	514
II Mattiacorum	[MOESIA INFERIOR]	146	[583]
II Mattiacorum*	THRACIA	155	596
I [milliaria]	[SYRIA]	88	486
I milliaria	[SYRIA]	88	[487]
I Montanorum	NORICVM	79	482
I Montanorum	NORICVM	79	483
I Montanorum	[PANNONIA]	102	[510]
I Montanorum	[PANN]ONIA INFERIO[R]	119	524
[I Monta]norum	[MOESIA SV]PERIOR	104/105	515
I Montanorum translata in expeditione	MOESIA SVPERIOR	115	521
I Montanorum	PANNONIA INFERIOR	154	595
I Montanorum	MOESIA SVPERIOR	157	597
I Mont[anorum]*	[MOESIA SVPERIOR]	160	611
I Montanorum	SYRIA PALAESTINA	160	612
I Montanorum	SYRIA PALAESTINA	160	613
I Montanorum c. R.	[S]YRIA PALAESTINA	142	575
[I Morin]orum	BRIT[T]ANNIA	178	630
[I Mo]rinorum	[BRITANNIA]	178	631
I Morinorum	BR[ITANNIA]	178	[632]
I Morinorum	[BRITANNIA]	178	[633]
Mu[sulamiorum]	[SYRIA]	88	486
Mu[sulamiorum]	[SYRIA]	88	487
Musulamiorum	SYRIA	91	490
Musulamiorum	SYRIA	91	[491]
Musulamiorum	SYRIA	91	[492]
I Flavia Musulamiorum*	MAVRETANIA CAESARIENSIS	131	552
II Nerviorum	[BRITANNIA]	130/131	551
III Nerviorum	[BRITANNIA]	130/131	[551]
VI Nerviorum	[BRITANNIA]	130/131	551
I Noricorum	PANNONIA INFERIOR	154	595

ROMAN MILITARY DIPLOMAS VI

I Numidarum	[SYRIA]	88	[486]
I Numidarum	[SYRIA]	88	[487]
I Flavia Numidarum	MOESIA INFERIOR	105	512
[I Flavia Numid]arum	[MOESIA INFERIOR]	146	583
II Flavia Numidarum	MOE[SIA INFERIOR]	116	523
II Flavia Num[idarum]	[DACIA INFE]RIOR	122	535
[II] Flavia Numidarum	DACIA IN[FERIOR]	134	558
I Pannoniorum	[MOESIA SVPERIOR]	160	[611]
I Pannoniorum veterana	GERMANIA INFERIOR	101	509
I Pannoni[orum veterana]	[MOESIA SV]PERIOR	104/105	515
I Pannoniorum veterana	MOESIA SVPERIOR	151	586
I Pannoniorum veterana	MOESIA SVPERIOR	157	597
I Pannoniorum et Delmatarum c. R.	GERMANIA INFERIOR	101	509
I [Pannoniorum et Dalmatarum]	[GERMANIA INFERIOR]	127	543
I Pannoniorum et Dalmatarum	GERMANIA INFERIOR	152	589
[I Pannoniorum] et Dalmatarum]	GERMANIA INFERIOR	152	[590]
[Augusta Pannonior]um	[SYRIA]	88	486
[Augusta Panno]niorum	[SYRIA]	88	487
Augusta Pannoniorum	SYRIA	91	490
[Augusta Pa]nnoniorum	SYRIA	91	491
[Augu]sta Pann[oniorum]	SYRIA	91	492
[Augusta Pa]nnoni[orum]	SYRIA	91	495
I Augusta Pannoniorum	SYRIA	153	594
I Ulpia [Pannoniorum (milliaria)]	PANNONIA SVPERIOR	140	571
[I U]lpia Pannoni[orum (milliaria)]	PAN[NONIA SVPERIOR]	139/142	578
[I Ulpia] Pannoniorum (milliaria)	PANNONIA SVP[ERIOR]	159	603
[I] Ulpia Pannoniorum (milliaria)	PANNONIA SVPERIOR	159	604
I Ulpia Pannoniorum (milliaria)	[PANNONIA SVPERIOR]	156/160	[615]
II Ulpia Paphlagonum	SYRIA	153	594
I Ulpia Petreorum sagittariorum	SYRI[A]	129	547
[I] Ulpia Petreorum sa[gittariorum]	[SYR]IA	129	548/372
I Ulpia Petreorum sagittariorum	SYRIA	129	[549]
I Ulpia Petraeorum s[agittariorum]	SYRIA	129	550
I Ulpia Petraeorum	SYRIA	153	594
IV [Ulpia Petreorum]	[S]YRIA PALAESTINA	142	575
IV Ulpia Petreorum	SYRIA PALAESTINA	160	612
IV Ulpia Petreorum	SYRIA PALAESTINA	160	613
V Ulpia Petreorum sagittariorum	SYRI[A]	129	547
V [U]lpia Petreorum [sagittariorum]	[SYR]IA	129	548/372
V Ulpia Petreorum sagittariorum	SYRIA	129	[549]
V Ulpia Petreorum sagittariorum	SVRIA	129	[550]
[V Ulpia P]etreorum sagittariorum	[SYRIA]	129/134	560
VI [Ulpia Petreorum]	[S]YRIA PALAESTINA	142	575
VI Ulpia Petreorum	SYRIA PALAESTINA	160	612
VI Ulpia Petreorum	SYRIA PALAESTINA	160	613
I Raetorum	MOESIA INFERIOR	92	496
I Raetorum	RAETIA	133/136	563
I Raetorum	GERMANIA INFERIOR	152	589
I R[aetorum]	GERMANIA INFERIOR	152	590
I Raetorum	RAETIA	157	598
I Raetorum	RAETIA	159/160	616
I Raetorum c. R.	GERMANIA INFERIOR	101	509
[I Raetorum c.] R.	[GERMANIA INFERIOR]	127	543
II Raetorum	[GERMANIA SVPERIOR]	90	[488]
II Raetorum	RAETIA	133/136	[563]
II Raetorum	RAETIA	157	598
II Raetorum	RAETIA	159/160	616
IIII Raetorum translata in expeditione	MOESIA SVPERIOR	115	521
VI Raetorum	[GERMANIA INFERIOR]	127	[543]
VI Raetorum	GERMANIA INFERIOR	152	589
VI Raetorum	GERMANIA INFERIOR	152	[590]
VII Raetorum	[GERMANIA SVPERIOR]	90	[488]
[V]III Rae[torum]	[PANNONIA]	102	510
VIII Raetorum*	DACIA SVPERIOR	119	525/351
VII[I Raetorum c. R.]	[MOESIA SV]PERIOR	104/105	515
I Ulpia sag[i]ttariorum c. R.	SYRI[A]	129	547
I Ulpia [sagittariorum c. R.]	[SYR]IA	129	548/372

UNITS

I Ulpia sagittariorum c. R.	SYRIA	129	[549]
[I Ulpia sagit]tariorum c. R.	SVRIA	129	550
I Ulpia sagittariorum	SYRIA	153	594
I Sebastena	[SYRIA]	88	[486]
I Sebastena	[SYRIA]	88	[487]
I Sebastena	[SYRIA]	91	[489]
[I Sebas]tena	[SYRIA]	91	494
I Sebastenorum (milliaria)	[S]YRIA PALAESTINA	142	575
I Sebastenorum (milliaria)	SYRIA PALAESTINA	160	612
I Sebastenorum (milliaria)*	SYRIA PALAESTINA	160	613
I Sugambrorum tironum	MOESIA	75	[480]
I Sugambrorum tironum	MOESIA INFERIOR	92	496
I Sugambrorum tironum	MOESIA INFERIOR	105	513
I Sugambrorum tironum	MOESIA INFERIOR	105	514
I Sugambrorum tironum	MOE[SIA INFERIOR]	116	523
I Sugambrorum veterana	MOESIA INFERIOR	92	496
I Sugambrorum veterana	MOESIA INFERIOR	105	512
[I] Sug[ambrorum veterana]	[MOESIA INFERIOR	103/114	520
[I Claudia Su]gambrorum	[MOESIA INFERIOR]	138/139	569
[I Claudi]a S[ugambrorum tironum]	[MOESIA INFERIOR]	103/114	520
I Claudia Sugambrorum tironum	SYRIA	153	594
I Clau[dia Sugambrorum veterana]	[MOESIA INFERIOR	146	583
[IIII Sug]ambrorum	[MAVRETANIA CAESARIENSIS]	128/131	553
[IIII Sugamb]rorum	[MAVRETANIA CAESARIENSIS]	128/131	554
IIII Syriaca	[SYRIA]	88	[486]
[IIII Syri]aca	[SYRIA]	88	487
[I Syrorum s]agittariorum(?)	AFR[ICA]	127	545
[II Syror]um (milliaria) sagittari[or]um	[MAVRETANIA TINGITANA]	104	511
II Syrorum sagittariorum (milliaria)	MAVRETANIA TINGITANA	153	592
I Thracum	[GERMANIA]	80	[484]
I [Thracum]	[IVDAEA]	86	485
I Thracum	[GERMANIA SVPERIOR]	90	488
I Thracum	BRIT[T]ANNIA	178	[630]
I Thracum	BR[ITANNIA]	178	[632]
I Thracum	[BRITANNIA]	178	[633]
I Thracum c. R.	GERMANIA INFERIOR	101	509
I Thracum c. R.	ARABIA	141/142	577
I Thracum c. R.	PANNONIA INFERIOR	154	595
I Thracum c. R.	PANNONIA SVP[ERIOR]	159	603
I Thracum c. R.	PANNONIA SVPERIOR	159	604
[I] Thracum c. R.	[PANNONIA SVPERIOR]	156/160	615
I Thracum c. R. p. f.	[PANN]ONIA INFERIO[R]	119	524
I Thracum Germanica	PANNONIA INFERIOR	154	595
I Thracum milliaria*	[SYRIA]	91	489
[I Thracum milliar]ria	[SYRIA]	91	494
I Thracum milliaria	SYRIA PALAESTINA	160	612
I Thracum milliaria	SYRIA PALAESTINA	160	613
I Thracum Syriaca translata in expeditione	MOESIA SVPERIOR	115	521
I Thracum Syriaca*	[MOESIA INFERIOR]	127	544
I Thracum Syriaca	[MOESIA INFERIOR]	146	[583]
I Thracum [---]*	[PANNONIA INFERIOR]	165/166	623
I Augusta Thracum	ARABIA	141/142	577
II Thracum	[GERMANIA]	80	[484]
II [Thracum]	[IVDAEA]	86	485
II Thracum	GERMANIA INFERIOR	101	509
II Thracum civium Romanorum	[SYRIA]	88	[486]
II Thracum civium Romanorum	[SYRIA]	88	[487]
[II Thra]cum civium Roma[norum]	[SYRIA]	91	489
[II Thracum Syri]aca	[SYRIA]	91	489
II Thracum Syriaca	[SYRIA]	91	[494]
II Thracum veterana	BRIT[T]ANNIA	178	[630]
II Thracum veterana	BRTANNIA]	178	[632]
II Thracum veterana	[BRITANNIA]	178	[633]
II Augusta Thracum	PANNONIA INFERIOR	154	595
[III Thracum c.] R.	RAETIA	133/136	563
III Thracum c. R.	RAETIA	157	598
[III T]hracum c. R.	RAETIA	159/160	616
III Thracum Syriaca	[SYRIA]	88	[486]

ROMAN MILITARY DIPLOMAS VI

III Thracum Syriaca	[SYRIA]	88	[487]
III Thracum Syriaca	SYRIA	91	490
III Thracum Syriaca	SYRIA	91	[491]
III Thracum Syriaca	SYRIA	91	[492]
III Thracum Syriaca sagittariorum	SYRI[A]	129	547
III [Thr]acum Syriaca sa[gittariorum]	[SYR]IA	129	548/372
[III Thracum Syriaca s]agittariorum	STRIA	129	549
III Thracum Syriaca sagittariorum	SVRIA	129	[550]
III Thracum Syriaca	SYRIA	153	594
III [Thracum veterana]	RAETIA	133/136	563
III Thracum veterana	RAETIA	157	598
III Thracum veterana	RAETIA	159/160	[616]
III Augusta Thracum	[SYRIA]	88	[486]
III Augusta Thracum	[SYRIA]	88	[487]
[II]I Augusta Th[racum]	[SYRIA]	129/134	560
III Augusta [Thracum]	SYRIA	153	594
IIII Th[r]acum*	[GERMANIA]	80	484
IIII Thracum	GERMANIA INFERIOR	101	509
IIII Thracum	[GERMANIA INFERIOR]	127	[543]
IV Thracum	GERMANIA INFERIOR	152	589
IV Thracum	GERMANIA INFERIOR	152	[590]
IIII Thracum Syriaca	SYRIA	91	490
IIII Thracum Syriaca	SYRIA	91	[491]
IIII Thracum Syriaca	SYRIA	91	[492]
[---] Thracum Syriaca	[SYRIA]	129/134	561
VI [Thracum]	[GERMANIA]	80	484
VI Th[ra]cum	[MOESIA SV]PERIOR	104/105	515
VI Thracum	DAC[IA POROLISSEN]SIS	164	621
VII Thracum	[BRITANNIA]	130/131	551
VII Thr[acum]	BRIT[T]ANNIA	178	630
VII Thracum	BR[ITANNIA]	178	[632]
VII Thracum	[BRITANNIA]	178	[633]
IIII Tungrorum (milliaria) vexillatio	RAETIA	133/136	[563]
IV Tungrorum vexillatio	MAVRETANIA TINGITANA	153	592
T[yriorum]	MOESIA	75	480
I Tyriorum	MOESIA INFERIOR	99	506
I Tyriorum sagittaria	MOESIA INFERIOR	105	512
I Tyriorum sagittariorum*	MOESIA INFERIOR	105	512
I Tyriorum sagittariorum	MOE[SIA INFERIOR]	116	523
I Tyriorum s[agittariorum]	[DACIA INFERIOR]	130/138	568
Ubiorum	MOESIA	75	480
Ubiorum	MOESIA INFERIOR	92	496
Ubiorum	MOESIA INFERIOR	105	513
Ubiorum	MOESIA INFERIOR	105	514
[I Vangi]onum	BRIT[T]ANNIA	178	630
[I] Van[gionum	BR[ITANNIA]	178	632
I V[angionum]	[BRITANNIA]	178	633
II Varcianorum	GERMANIA INFERIOR	101	509
II Varcianorum	[GERMANIA INFERIOR]	127	[543]
II Varcianorum	GERMANIA INFERIOR	152	589
II Var[cianorum]	GERMANIA INFERIOR	152	590
[---] Varcianorum*	[GERMANIA INFERIOR]	127	543
I fida Vardullorum	BRIT[T]ANNIA	178	[630]
I fida Vardullorum	BR[ITANNIA]	178	[632]
I fida Var[dullorum]	[BRITANNIA]	178	633
IIII Vindelicorum	[GERMANIA SVPERIOR]	90	[488]
IV voluntariorum c. R.	[PANNONIA] SVP[ERIOR]	146/149	[584]
[IV vol]untariorum c. R.	PANNONIA SVP[ERIOR]	159	603
IV voluntariorum c. R.	PANNONIA SVPERIOR	159	604
IV voluntariorum c. R.	[PANNONIA SVPERIOR]	156/160	[615]
XV voluntariorum c. R.*	GERMANIA INFERIOR	152	589
XV voluntariorum c. R.	GERMANIA INFERIOR	152	590
[XVIII voluntariorum c.] R.	[PANNONIA] SVP[ERIOR]	146/149	584
XIIX voluntariorum c. R.	PANNONIA SVP[ERIOR]	159	603
[XIIX vol]untariorum c. R.	PANNONIA SVPERIOR	159	604
XIIX voluntariorum c. R.	[PANNONIA SVPERIOR]	156/160	[615]
[I --- m]illiari[a]	[BRITANNIA]	98	505
[I ---]anorum	[MOESIA SVPERIOR]	97	502

UNITS

	Name/Province	Date	No.
[I ---]um	GE[RMANIA SVPERIOR]	94/96	499
I [---]	GE[RMANIA SVPERIOR]	94/96	499
I [---]	[MOESIA SVPERIOR]	97	502
I [---]	[MOESIA INFERIOR	138/139	569
[I ---]	GE[RMANIA SVPERIOR]	94/96	499
[I ---]	[DACIA I(NFE]RIOR	122	535
[I ---]	[BRITANNIA]	130/131	551
II [---]*	AFR[ICA]	127	545
[II ---]			
III[---]	SYRIA	91	495
[IIII ---]	[BRITANNIA]	130/131	551
[--- civi]um R[omanorum]	GE[RMANIA SVPERIOR]	94/96	499
[---]orum veterana*	[MOESIA INFERIOR]	97	503

ALAE/COHORTES

	Name/Province	Date	No.
[---]ica*	[---]	97	504
[---]anorum	[DACIA INFERIOR]	122	537
[---]R	[DACIA INFERIOR]	122	537

NVMERI

	Name/Province	Date	No.
[nume]rus equitum Illy[ricorum]	[DACIA INFERIOR]	149/150	585
[pedites singula]res Brit[anniciani]	[MOESIA SV]PERIOR	104/105	515
pedites Brittanniciani	DACIA SVPERIOR	123	539
Mauri gen[tiles]	DACIA SVPERIOR	152	591
vexillarii ex [---]	DACIA SVPERIOR	152	591

NAME/PROVINCE	DATE	NO.
CLASSIS		
Germania inferior	127	543
Germania inferior	152	589
Germania inferior	152	[590]
classis quae e[st in Moesia]	73	479
Flavia Moe[sica]	112	519
Moesia inferior	146	[583]
Pannonia inferior	154	595
praetoria Misenensis	119	526
praetoria Misenensis	119	527/353
[praet]oria Mis[en]ensis	119	528
[praetoria] Misenensis	119	529
praetoria Misenensis	129	546
praetoria Misenensis(?)	133	[556]
[praetoria Misen]ens[is](?)	90/140	572
praetoria Misenensis	160	605
prae[toria Misenensis]	160	606
praetoria Misenensis	160	[607]
prae[toria Misenensis]	160	608
[praetoria] Misenensis	160	609
[praetoria] Misenen[sis]	138/161	617
[praetoria Misenen]sis	152/168	627
[praetoria] Misenen[sis]	152/168	628
praetoria Severiana [Misenensis]	225	647
Ravennas	71	[478]
praetoria Ravennas	121/122	538
praetoria Ravennas	139	570
praetoria Seve[riana] Ravennas	225	648
praetoria ---	180/192	[637]
Uncertain	117/140	573
Uncertain	158	599
Uncertain	145/160	614

7. PEOPLES AND PLACES

BRITANNIA		[Dacus(?)]	552	THRACIA			
Britt(o)	535	[Dacus(?)]	574	[B]ess(a)	507		
CORSICA		Dacus	589	[B]ess(a)	524		
Corsus Cobac/Cobas( )	546	Dacus	592	Bess(a)	539		
DACIA		Dacus	593	Bess(us)	507		
Zermizegetusa	650	Da[c]us	630	Bessus	512		
DALMATIA		Durosto[r]um	640	[B]essus	524		
Dalmata	536	Nicopolis	641	Bessus	526		
GALLIA BELGICA		Nicopolis	642	Bessus	527		
Nemetus	514	Nicop(olis)	644	[Be]ssus	531		
Trevir	513	Nicopolis	645	Bessus	565		
GERMANIA INFERIOR		Nicopolis	649	~~Marcia~~(nopolis)	588		
Ubius	506	Nicopolis	651	Pautalia	638		
GERMANIA SVPERIOR		Nicopolis	652	Philipp(opolis)	588		
HSIVET H⌐el⌐vet(ia)	579	ex Moesia infer. Pap. Oescus	646	[Philip]popol(is) ex Thra[c(ia)]	606		
Sequan(us)	518	MOESIA SVPERIOR		Filip(o)polis	653		
GREECE		Dard(ana)		Thrac(a)	509		
Graeca	647	Vim[inacium]	655	Thrac(a)	598		
ISAVRIA		PANNONIA		Thrax	482		
Isauria	639	Pann(onius)	596	Thrax	483		
Isaurus vico Catessoo/Catessdo	647	Pann(onius)	637	[Thrax?]	484		
LYCIA ET PAMPHYLIA		PANNONIA INFERIOR		[Thrax?]	488		
Aspend(us)	612	Antiz(etis)	595	Thrax	489		
Suedr(enus)	613	Asalus	587	Thrax	490		
MACEDONIA		Erav(isca)	595	[Thrax?]	498		
Philipp(i)	575	Eravisc(us)	525	Thrax	509		
MOESIA		Scordis(cus) ex Pannon(ia)	570	Thrax	598		
Caecom( ) ex Moes(ia)	586	RAETIA		Thrax	599		
MOESIA INFERIOR		Runicas	579	UNCERTAIN			
[Daca(?)]	552	SYRIA		AN[---]	521		
[Daca(?)]	574	Apamen(us)	496	ANC/O/Q	503		
Dacus	477	Cyrrus	544	Anti(ochia)	533		
Dacus	547	Laud(icea)	597	Disdiv( )	491		
[Dacus(?)]	548/372	Syrus	539	HILAO/NICIO	582		
[Dacus(?)]	549			castr(is)	635		

303

www.ingramcontent.com/pod-product-compliance
Lightning Source LLC
Chambersburg PA
CBHW041604140425
25064CB00040B/865